LE

RÈGNE VÉGÉTAL

—

TEXTES

Paris — Imprimerie de P.-A. BOURDIER et C⁰, rue des Poitevins, 6.

LE
RÈGNE VÉGÉTAL

DIVISÉ EN

TRAITÉ DE BOTANIQUE GÉNÉRALE, FLORE MÉDICALE ET USUELLE

HORTICULTURE THÉORIQUE ET PRATIQUE

(PLANTES POTAGÈRES, ARBRES FRUITIERS, VÉGÉTAUX D'ORNEMENT)

PLANTES AGRICOLES ET FORESTIÈRES

HISTOIRE BIOGRAPHIQUE ET BIBLIOGRAPHIQUE DE LA BOTANIQUE

PAR MM.

O. REVEIL
docteur en médecine,
pharmacien en chef des hôpitaux,
professeur agrégé à la Faculté de médecine de Paris
et à l'École supérieure de pharmacie,
membre de plusieurs Sociétés savantes, etc.

A. DUPUIS
professeur d'histoire naturelle,
ancien professeur de botanique et de sylviculture
à l'Institut agronomique de Grignon,
membre de plusieurs Académies
et Sociétés savantes, etc.

FR. GÉRARD
botaniste - micrographe,
membre de plusieurs Sociétés savantes, l'un des
collaborateurs du Dictionnaire
d'histoire naturelle,

F. HÉRINCQ
botaniste attaché au Muséum d'histoire naturelle,
rédacteur en chef de l'Horticulteur français,
membre de plusieurs Sociétés
savantes, etc.

ET D'APRÈS LES TRAVAUX DES PLUS ÉMINENTS BOTANISTES FRANÇAIS ET ÉTRANGERS

formant (avec l'Histoire de la Botanique)

Dix-sept beaux volumes

dont neuf volumes grand in-8° jésus de textes

ET HUIT ATLAS PETIT IN-QUARTO DE PLANCHES GRAVÉES

Les Atlas renfermant (avec des textes descriptifs en regard)

PLUS DE 3000 DESSINS DE PLANTES OU DE DÉTAILS BOTANIQUES

FINEMENT COLORIÉS

TEXTES

ÉDITÉ PAR L. GUÉRIN

DÉPÔT ET VENTE

A LA LIBRAIRIE DES SCIENCES NATURELLES ET DES ARTS ILLUSTRÉS

De Théodore MORGAND, libraire-éditeur

RUE BONAPARTE, 5

—

Réserve de tous droits.

1867

FLORE MÉDICALE

USUELLE ET INDUSTRIELLE

DU XIXe SIÈCLE

———

TEXTE

Paris. — Imp. BOURDIER, CAPIOMONT fils aîné et Cⁱᵉ, rue des Poitevins, 6.

FLORE

MÉDICALE

USUELLE ET INDUSTRIELLE

DU XIXᵉ SIÈCLE

PAR MM.

O. REVEIL

docteur en médecine,
pharmacien en chef des hôpitaux,
professeur agrégé à la Faculté de médecine de Paris
et à l'École supérieure de pharmacie,
membre de plusieurs Sociétés savantes, etc.

*(Pour la partie chimique, la matière médicale
et la thérapeutique)*

A. DUPUIS

professeur d'histoire naturelle,
ancien professeur de botanique et de sylviculture
à l'Institut agronomique de Grignon,
membre de plusieurs Académies
et Sociétés savantes, etc.

*(Pour la description, l'habitat et la culture
des plantes)*

DONNANT

LA DESCRIPTION, LA CULTURE, LA COMPOSITION CHIMIQUE
LES PROPRIÉTÉS CURATIVES OU DANGEREUSES, LES USAGES ÉCONOMIQUES
ET INDUSTRIELS DES PLANTES

TOME TROISIÈME

ÉDITÉ PAR L. GUÉRIN

DÉPOT ET VENTE A LA

LIBRAIRIE THÉODORE MORGAND

RUE BONAPARTE, 5

1867

FLORE MÉDICALE

DU XIXᵉ SIÈCLE

PALIURE

Paliurus aculeatus Lam. *Rhamnus Paliurus* L.
(Rhamnées - Zizyphées.)

Le Paliure épineux, vulgairement appelé Argalou, Épine du Christ, Chapeau d'évêque, Porte-chapeau, etc., est un arbuste épineux, buissonnant, touffu, dont les tiges tortueuses, couvertes d'une écorce brune et lisse, se divisent en rameaux alternes, flexueux, cylindriques, étalés, portant des feuilles alternes, ovales, un peu mucronées, dentées en scie, très-glabres et d'un vert foncé à la face supérieure, plus pâles à l'inférieure, qui est marquée de trois nervures longitudinales fortement saillantes. Les fleurs, petites, jaunes, sont groupées en ombellules rameuses axillaires. Elles présentent un calice à tube très-déprimé, presque plane, à limbe partagé en cinq divisions peu profondes, ovales, aiguës; une corolle à cinq pétales presque spatulés, obovales, onguiculés, insérés sur les bords d'un disque glanduleux étroit et court; cinq étamines saillantes, opposées aux pétales, à filets cylindriques, comprimés à la base, à anthères arrondies; un ovaire à trois loges uniovulées, entouré d'un disque charnu, arrondi et coloré, et surmonté de trois styles terminés chacun par un stigmate simple. Le fruit est coriace, sec, subéreux, déprimé et comme tronqué, entouré d'un large rebord membraneux ondulé et strié; il renferme un noyau à deux ou trois loges, dont chacune contient une graine brune, aplatie sur une face et un peu convexe sur l'autre.

Habitat. — Le paliure habite les bords du bassin méditerranéen; il est très-répandu dans le midi de la France. On le trouve dans les broussailles, les haies, les lieux incultes, etc.

Culture. — Le paliure n'est pas cultivé pour l'usage médical; on

le trouve quelquefois dans les jardins d'agrément; mais on l'emploie
surtout à faire des haies défensives. Il croît dans tous les sols. On le
multiplie très-facilement de graines, semées en place ou en pépinière, ou de rejetons enracinés que l'on plante de préférence à la fin
de l'hiver.

PARTIES USITÉES. — Les racines, les tiges, les feuilles, les fruits, les
noyaux.

RÉCOLTE. — Les feuilles sont récoltées en août, les racines et le
bois à l'automne, les fruits à leur maturité.

COMPOSITION CHIMIQUE. — Les feuilles de cet arbuste sont amères et
astringentes; les fruits ont une saveur légèrement sucrée.

USAGES. — D'après Valmont de Bomare, les différentes parties de
cette plante sont employées en décoction contre la diarrhée. Le fruit
a été regardé comme diurétique, et comme facilitant l'expectoration
dans l'asthme humide. M. Gustaldi le regarde comme un bon remède
contre la pierre, et ses graines ont été employées avec succès, dit-on,
contre l'hydropisie, et comme pouvant tonifier les fibres relâchées.

PANICAUT

Eryngium campestre et *maritimum* L.
(Ombellifères-Saniculées.)

Le Panicaut des champs (*E. campestre* L.), appelé aussi Chardon
Roland ou roulant, Barbe de chèvre, etc., est une plante vivace, à
racine très-longue, cylindrique, épaisse, brune, pivotante. La tige,
haute de 0^m,40 à 0^m,60, cylindrique, pleine, striée, robuste, blanc
verdâtre, dressée, se divise dès la base en rameaux étalés donnant à
l'ensemble de la plante un aspect globuleux. Les feuilles sont
alternes, d'un vert glauque, à nervures saillantes, épineuses; les radicales pétiolées, penniséquées, à segments décurrents, dentés; les
caulinaires sessiles et largement embrassantes. Les fleurs, blanches
ou blanc verdâtre, sont groupées en capitules arrondis, nombreux,
dont l'ensemble forme des corymbes terminaux. Chaque capitule
est entouré d'un involucre à bractées linéaires-lancéolées, entières
ou à peine découpées, épineuses aux bords, et surtout au sommet.
Chaque fleur présente un calice à cinq lobes foliacés, épineux; une
corolle à cinq pétales oblongs; cinq étamines droites, saillantes, à
anthères oblongues; un ovaire infère, à deux loges uniovulées, sur-

monté de deux styles longs, divergents, terminés chacun par un petit stigmate. Le fruit est un diakène obovale-oblong, couvert d'écailles imbriquées et surmonté par les lobes persistants du calice.

Le Panicaut maritime (*E. maritimum* L.) se distingue du précédent par sa souche rampante, ses feuilles blanchâtres, ses capitules ovoïdes et ses fleurs bleues.

HABITAT. — Le panicaut des champs est commun dans toute l'Europe; il croît dans les lieux arides, aux bords des champs, le long des chemins. Le panicaut maritime habite les plages sablonneuses.

CULTURE. — Ces plantes ne sont cultivées que dans les jardins botaniques. On les propage par semis faits à l'automne, en terre légère, sèche et chaude; au printemps, on repique en place les jeunes plants.

PARTIES USITÉES. — La racine.

RÉCOLTE. — La racine est rarement employée fraîche; on peut alors la récolter en tout temps. Lorsqu'on veut la conserver, il vaut mieux la cueillir au printemps ou à l'automne. Après l'avoir lavée pour en détacher la terre, et avoir détaché les radicelles, on la coupe par tronçons de deux centimètres de longueur; et quelquefois, dans le but de faciliter la dessiccation, on la fend longitudinalement.

Cette racine est de la grosseur du doigt ou du pouce et au-dessus; elle est blanchâtre, succulente à l'intérieur, grise à l'extérieur, présentant à sa surface des anneaux incomplets ou des aspérités. Elle possède une saveur amère, un peu sucrée; son odeur est un peu aromatique, mais elle la perd promptement lorsqu'elle est piquée des vers. Très-souvent on trouve à l'extrémité supérieure de cette racine un amas de lamelles fibreuses en forme de pinceaux; elles sont dues aux débris des feuilles de l'année qui a précédé la récolte. On les observe surtout au printemps, et ce sont elles qui ont fait donner à cette racine le nom d'*Eryngium, Barbe de bouc.*

COMPOSITION CHIMIQUE. — La racine du Chardon-Roland et celle de l'*Eryngium maritimum* n'ont pas été analysées; elles renferment du sucre, de l'amidon et une substance odorante, probablement de nature résineuse.

USAGES. — Du temps de Dioscoride, on conservait dans la saumure les feuilles de panicaut pour s'en nourrir. De Candolle, qui a décrit quatre-vingt-quatre espèces de panicaut, dit que cette plante est alimentaire dans certains pays, et, dès le seizième siècle, Belon assurait qu'en Crète on mangeait les cimes de l'*E. maritimum*. La racine est la seule partie employée en médecine. On la regarde comme fondante, apéritive et diurétique. On l'ordonnait contre l'hydropisie, les scrofules, les affections des voies urinaires. On la mangeait en Allemagne et en France, confite dans du sucre ou du miel, et on la regardait comme susceptible d'exciter l'appétit dans les cas d'atonie de l'estomac et du canal intestinal ; on la préconisait aussi comme aphrodisiaque. Le suc exprimé a été vanté par Hoffman de Manheim contre la phthisie pulmonaire, et le Dr Guthrie assure avoir guéri les phthisiques par ce moyen. On l'employait en infusions théiformes. Aujourd'hui elle est très-peu usitée.

D'après Coxe (*Amer. Dispens.*, p. 268), les Indiens emploient la racine de l'*E. aquaticum* L., qui croît aux États-Unis, comme sudorifique, et Bertholl indique comme sédative, altérante et fébrifuge la racine de l'*E. fetidum* L., qui croît à Cayenne et à la Jamaïque (Sprengel, *Hist. de la méd.*, t. V, p. 497). En Sibérie, l'*E. planum*, qui croît chez nous, est considéré comme sudorifique.

PAQUERETTE

Bellis perennis L.
(Composées - Astérées.)

La Pâquerette commune, appelée aussi Fleur de Pâques, Pâquerette, Petite Marguerite, etc., est une petite plante vivace, à souche courte, tronquée, rameuse, cespiteuse, traçante, émettant de nombreuses fibres radicales, fasciculées. Les feuilles, toutes en apparence radicales, sont étalées en rosette, presque sessiles, obovales, spatulées, crénelées, assez épaisses, pubescentes, d'un vert jaunâtre. Du milieu de ces feuilles s'élèvent des pédoncules presque radicaux, cylindriques, longs de 0^m,10 à 0^m,20, grêles, dressés, terminés par des capitules floraux, radiés, à réceptacle conique allongé, nu, entouré d'un involucre à folioles herbacées, égales, disposées sur deux rangs. Les fleurs du centre sont jaunes, tubuleuses, hermaphrodites ; celles de la circonférence femelles, ligulées, blanches, teintées de rose au sommet. Le fruit est un akène obovale-comprimé, un peu velu, entouré d'une bordure saillante obtuse, et dépourvu de couronne membraneuse.

On trouve dans les jardins plusieurs variétés à fleurs toutes ligulées, et entièrement rouges, roses, blanches ou panachées.

La Pâquerette sauvage (*B. sylvestris* L.) est aussi vivace, et se distingue de la précédente par sa taille beaucoup plus élevée, ses feuilles trinervées et ses capitules plus larges.

La Pâquerette annuelle (*B. annua* L.) a des racines fibreuses, capillaires; des tiges ordinairement ramifiées dès la base; des feuilles alternes, obovales-spatulées, crénelées, à pétiole cilié; des capitules petits et des fleurs ligulées entièrement blanches.

Habitat. — La pâquerette vivace est abondamment répandue dans toute l'Europe; elle croît dans les champs, les prés, au bord des chemins, etc. Les deux autres espèces habitent les régions méridionales. Ces plantes ne sont cultivées que dans les jardins botaniques ou d'agrément.

Parties usitées. — Les feuilles et les fleurs.

Récolte. — La pâquerette, aujourd'hui inusitée, n'était guère employée que fraîche; cependant on la faisait quelquefois sécher. On la récoltait au moment de la floraison. On la lavait pour enlever la terre qui la recouvre le plus souvent.

Composition chimique. — Cette plante est très-peu amère; elle renferme un suc un peu visqueux lorsqu'elle est très-jeune; en se développant, elle devient de plus en plus amère. Elle est tout à fait inodore.

Usages. — Dans quelques localités, on mange la pâquerette jeune en salade. Autrefois on la faisait cuire et on l'assaisonnait en guise d'épinards ou de chicorée. Elle est aujourd'hui presque complétement abandonnée comme aliment et comme médicament. C'est surtout comme vulnéraire qu'elle était vantée. On la faisait macérer dans du vin blanc; et le botaniste français Jacques-Philippe Cornut, dit Cornutus (*Canadensium plantarum Historia*, 1635), considérait ce remède comme un des plus efficaces que l'on pût employer contre les coups, les chutes, les contusions, les ecchymoses, etc. On faisait des applications externes de ce vin et on l'administrait à l'intérieur dans les mêmes cas, et contre les rhumatismes, les engorgements viscéreux, la gravelle, etc. Quelquefois aussi on administrait le suc mélangé au vin blanc.

Le suc de pâquerette, d'après Schrœder et Garidel, serait laxatif à la dose de cent à cent vingt-cinq grammes. Murray nie avec raison ses propriétés. Cependant Baglivi et Fouquet l'employaient contre les catarrhes, et même dans la phthisie pulmonaire; et, quoique MM. Roques et Cazin assurent que cette plante n'est pas dépourvue de propriétés fondantes, et que, mangée en salade, elle détermine de légères purgations, et qu'elle ait bien agi dans des cas d'infiltrations séreuses, d'engorgements abdominaux, dans les convalescences des fièvres intermittentes, et même d'ictère, elle est aujourd'hui à peu près abandonnée.

PARALIER

Paralea Guyanensis Aubl.
(Diospyrées.)

Le Paralier ou Parala de la Guyane est un arbre dont la tige, atteignant au plus la hauteur de 10 mètres, se divise en rameaux alternes, allongés, couverts d'un duvet brunâtre, munis de feuilles alternes, courtement pétiolées, longues de $0^m,16$ et larges de $0^m,08$, ovales-oblongues, aiguës, entières, d'un vert foncé, glabres et lisses en dessus, et garnies sur leurs bords de poils nombreux, courts, formant un duvet fauve. Les fleurs, polygames monoïques, assez grandes, d'un rouge ferrugineux, odorantes, accompagnées de bractées tomenteuses et de couleur fauve, sont réunies en glomérules presque sessiles à l'aisselle des feuilles. Elles présentent un calice monosépale, régulier, turbiné et presque campanulé, à quatre dents aiguës, dressées, tomenteuses, fauves; une corolle monopétale, régulière, à tube court, un peu renflé, urcéolé, charnu, à limbe plane, divisé en quatre lobes étalés, presque cordiformes, assez courts; une vingtaine d'étamines incluses, inégales, insérées au fond du tube, grêles et dressées. Le fruit (d'après Richard) est une baie globuleuse, de la grosseur d'une prune, entourée par le calice persistant et accru en prenant une forme tétragone. Le péricarpe, coriace, contient une pulpe peu épaisse, renfermant huit graines à tégument mince et adhérent, convexes au dehors et planes sur les deux faces latérales, à embryon entouré d'un albumen corné et blanchâtre.

Ce végétal n'est pas encore parfaitement connu, et les botanistes conservent encore quelques doutes sur le genre auquel on doit le rapporter. Il paraît très-voisin des Ébéniers.

HABITAT. — Le paralier croît à la Guyane, et particulièrement dans le canton de Sinnamary ; on le trouve surtout dans les forêts humides, à une vingtaine de lieues de la mer.

Parties usitées. — Les feuilles, la pulpe des fruits.

Récolte. — Les fruits du paralier doivent être récoltés à leur complète maturité.

Composition chimique. — L'analyse de cette plante n'a pas été faite. Ses feuilles sont astringentes et amères ; la saveur douceâtre sucrée et acidulée des fruits indique suffisamment qu'ils contiennent un acide organique, du sucre et de la pectine.

Usages. — D'après Aublet, les indigènes de la Guyane se lavent les mains avec la décoction des feuilles de cet arbre, lorsqu'ils ont la fièvre (Aublet, *Histoire des plantes de la Guyane française*, 1775, p. 577). On mange le fruit cru et on en fait des confitures. Il possède une saveur analogue à celle des fruits du plaqueminier.

PAREIRA

Cissampelos Pareira Lam. *C. scandens* Brown.
(Ménispermées.)

Le Pareira-brava, appelé aussi Vigne bâtarde, Liane à serpent, Herbe Notre-Dame, etc., est un arbrisseau grimpant, dont la racine, dure et ligneuse, atteint souvent la grosseur du bras. Les tiges, longues, grêles, volubiles, portent des feuilles alternes, pétiolées, arrondies, cordiformes, veloutées-cotonneuses en dessous. Les fleurs, diclines, verdâtres, très-petites, sont groupées en épis courts, axillaires ou terminaux. Les mâles ont un calice monosépale, à quatre divisions étalées ; une corolle à quatre pétales ; des étamines nombreuses, à filets soudés en une colonne centrale, à anthères uniloculaires. Les fleurs femelles ont un calice unisépale ; une corolle unisépale ; un ovaire simple, uniovulé, surmonté d'un style terminal, trigone, partagé au sommet en trois divisions, dont chacune se termine par un stigmate obtus. Le fruit est une drupe arrondie, comprimée, hispide, écarlate, monosperme (Pl. I).

Nota. D'après les observations les plus récentes, un grand nombre d'espèces qui ont été employées en médecine, et qu'on croyait distinctes du *C. pareira*, doivent lui être rapportées. Ce sont, dans l'ordre alphabétique :

Cissampelos acuminata Benth., *Pl. Hartw.*

Cissampelos Caapeba D.C., Roxb., A. Rich.

C. Cocculus Poir., *Encycl.*

C. comata Miers, in *Niger. Flor.*, p. 215.

C. convolvulacea W., D.C.

C. discolor A. Gr. ap. Exp. *Wilkes*, t. I, p. 98, *nec* D.C.

C. gracilis A.S.H., *Fl. Bras. merid.*, t. I, p. 54.

C. hernandiæfolia, Cat. Wall., 4977, A.B.

C. hirsuta D.C., *Prodr.*, t. I, p. 101.

C. mauritiana Thouars, in *Journ. bot.*, t. (1809), pl. III, IV.

C. microcarpa D.C., *Prodr.*, t. I, p. 101.

C. mucronata A. Rich., *Tent. Fl. Seneg.*, p. 11.

C. nephrophylla Bojer, in *Ann. sc. nat.*, sér. 2, t. XX, p. 55.

C. obtecta Wall., Cat., 4981.

C. pareiroides D.C., *Ess. med.*

C. tomentosa D.C., *Prodr.*, t. I, p. 101.

C. Vogelii Miers, *Niger. Fl.*, p. 214 (pl. masc.).

Menispermum orbiculatum L., *Spec.* 1468.

Cocculus membranaceus Wall., *Cat.*, 4967.

C. orbiculatus D.C.

C. villosus Wall., Cat., 4957, G. part.

Habitat. — Cet arbrisseau croît dans les Indes orientales, l'Amérique du Sud et aux Antilles. Il habite surtout les régions montueuses. On ne le cultive, en Europe, que dans les serres chaudes des jardins botaniques.

Parties usitées. — Les racines, la souche et les rameaux.

Récolte. — La racine de pareira du commerce est de la grosseur du poignet environ, inodore, amère, avec arrière-goût de réglisse. Fraîche, elle est compacte et pesante; mais lorsqu'elle est desséchée, elle se compose de faisceaux fibreux qui se séparent les uns des autres en couches concentriques et radiées autour d'un axe plus ou moins latéral.

Quoique le pareira-brava des pharmacies, ou *racine de butua*, soit généralement attribué au *Cissampelos pareira*, qui croît principalement dans les bois montueux des Antilles, il serait plutôt produit par le *Cocculus platyphylla* Saint-Hil., croissant au Brésil, ou par l'*Abuta rufescens* d'Aublet (*Cocculus rufescens* Endl.). Il paraît aussi que le *Cissampelos glaberrima* Saint-Hil., qui est le *Caapeba* de Pison et de Margraff, et que Linné avait confondu avec le *C. pa-*

reira; les *C. ebracteata* Saint-Hil. et *ovalifolia* D.C., qui portent, au Brésil, le nom de *Orelha de conça*, le *C. caapeba* L. et le *C. Mauritiana* Dupetit-Thouars, produisent des racines analogues que l'on confond avec le pareira du Brésil.

Composition chimique. — M. Feneuille a analysé la racine de pareira-brava ; il y a trouvé une résine, un principe jaune amer et des sels, entre autres de l'azotate de potasse qui y existe en proportion trop minime pour qu'on puisse expliquer par sa présence les propriétés diurétiques qu'on a attribuées à cette racine.

La racine de pareira est souvent mélangée avec les rameaux, qui sont moins actifs et qui doivent être rejetés. On la reconnaît à sa structure et à son épiderme grisâtre, ridé longitudinalement.

Usages. — C'est en 1688 que le pareira-brava fut introduit dans la matière médicale. On l'annonça comme un lithontriptique puissant qui, suivant Jean-Adrien Helvétius, devait rendre la lithotomie inutile. Au Brésil, on en faisait un fréquent usage ; on le désignait sous le nom de *médecine universelle*. Geoffroy l'aîné le vantait dans les maladies des voies urinaires, des reins et de la vessie. On lui attribuait des propriétés toniques énergiques. On le conseillait comme stomachique dans la dyspepsie. Lochner, botaniste et médecin allemand, mort en 1720, le prescrivait contre les hydropisies ascites, la tympanite, l'asthme, la leucorrhée, etc. C'est surtout aux Antilles qu'on l'employait contre les écoulements muqueux. Pison (*Historia naturalis Brasiliæ*, 1648) dit qu'au Brésil on en fait une sorte de bière, et que le suc des feuilles est usité contre la morsure des serpents. On applique ces feuilles contusées sur les morsures et on fait boire du vin dans lequel on a fait macérer la racine, dans le but, dit Descourtils, d'expulser le venin, propriété qui lui paraît incontestable (*Flore méd. des Antilles*, t. III, p. 231).

Les naturels de Caracas appellent *Hierba-Raton* le *C. tomentosa* D.C. Ils emploient les feuilles en cataplasmes pour mûrir les abcès. La racine du *C. ovalifolia* D. C. est regardée comme tonique et fébrifuge, et celle du *C. pareiroides* est employée dans la dernière période des maladies des intestins, mêlée à des aromates (*Mat. méd.*, t. II, p. 316). Ses feuilles sont considérées comme rafraîchissantes.

PARIÉTAIRE
Parietaria officinalis L.
(Urticées.)

La Pariétaire, appelée aussi vulgairement Perce-muraille, Casse-pierre, Herbe de Notre-Dame, etc., est une plante bisannuelle ou vivace, à racines grêles, fibreuses, rougeâtres. Les tiges, longues de $0^m,30$ à $0^m,60$, nombreuses, rarement solitaires, étalées, ascendantes ou dressées, charnues, cassantes, rougeâtres, velues, simples ou rameuses, portent des feuilles alternes, pétiolées, entières, ovales ou lancéolées, pointues, pubescentes, rudes, ponctuées. Les fleurs, polygames, verdâtres, sont disposées en glomérules sessiles à l'aisselle de feuilles, et entourées d'un involucre à plusieurs folioles libres ou soudées à la base. Les fleurs hermaphrodites ont un calice à quatre sépales presque égaux soudés à la base, persistants; quatre étamines à filets grêles; un ovaire libre, uniovulé, surmonté d'un style très-court terminé par un stigmate en pinceau. Les mâles n'ont qu'un ovaire rudimentaire. Les femelles ont un calice tubuleux, renflé, strié, à quatre dents persistantes; l'ovaire comme dans les fleurs hermaphrodites. Le fruit est un akène oblong, comprimé, lisse, luisant, renfermé dans le calice accru.

Cette plante présente plusieurs variétés, dont une a été quelquefois érigée en espèce sous le nom de *P. Judaïca* L.

La Pariétaire rampante (*P. Lusitanica* Viv.), dont on a fait le genre *Helxine*, est une plante vivace à tiges cespiteuses, filiformes, radicantes, portant des feuilles très-petites, sessiles, obliques, arrondies, à peine pubescentes, et des fleurs solitaires, brun verdâtre.

HABITAT. — La pariétaire officinale est commune dans toute l'Europe; elle croît en abondance dans les fissures et au pied des murs, dans les décombres, etc. La pariétaire rampante habite les régions méridionales. Ces plantes ne sont cultivées que dans les jardins botaniques.

PARTIES USITÉES. — Les tiges et les feuilles.

RÉCOLTE.—La pariétaire peut être récoltée fraîche pendant tout l'été. On recommande de préférer celle qui vient sur terre lorsqu'on veut l'employer comme émollient, et celle des murailles lorsqu'on recherche des propriétés sudorifiques ou diurétiques. Pour la dessécher, on la récolte en pleine floraison ; on la dispose en paquets et en guirlandes, et on l'étend au séchoir ou au soleil. Lorsque la dessiccation est mal opérée, la plante devient noire.

COMPOSITION CHIMIQUE. — Dans son jeune âge, la pariétaire est aqueuse, mucilagineuse et émolliente ; plus tard, elle devient plus riche en principes extractifs et en nitrate de potasse. C'est à ce sel que l'on a attribué les propriétés diurétiques de la plante. D'après M. Planche (*Journ. de pharmacie*, t. XVIII, p. 367), la pariétaire contient beaucoup de soufre ; il reste à déterminer l'état sous lequel s'y trouve cet élément important.

USAGES. — Les anciens employaient beaucoup la pariétaire. Dioscoride dit que, dans son temps, on la regardait comme résolutive, et qu'on l'appliquait sur les tumeurs goutteuses. On l'a donnée contre les fièvres intermittentes à type quarte, et ensuite on l'a considérée comme adoucissante, émolliente, rafraîchissante et diurétique ; on l'a employée sous forme de tisane contre la dysurie, la strangurie, la cystite, la blennorrhagie, les affections fébriles inflammatoires, et les épanchements cellulaires, en un mot, dans tous les cas où les diurétiques et les antiphlogistiques sont indiqués ; elle faisait partie autrefois des herbes émollientes ; on l'appliquait cuite, sous forme de cataplasme, sur les tumeurs et les abcès pour en hâter la résolution ou la maturité. Son eau distillée, très-célèbre autrefois contre les hydropisies, et comme lithontriptique, est aujourd'hui inusitée, tant à cause de son inefficacité reconnue, que parce qu'elle s'altère promptement ; c'est tout au plus si l'on emploie quelquefois encore l'infusion comme diurétique.

PARISETTE

Paris quadrifolia L.
(Liliacées – Asparagées.)

La Parisette, appelée aussi Herbe à Paris, Étrangle-Loup, Pariette, Raisin de Renard, etc., est une plante vivace, à rhizome horizontal, articulé, assez épais, brunâtre, longuement traçant, émettant en dessous des fibres radicales. La tige, annuelle, haute de $0^m,20$ à $0^m,30$, ferme, cylindrique, verte, un peu rougeâtre à la base, simple, dressée, nue dans la plus grande partie de sa longueur, porte quatre (rarement cinq) feuilles, sessiles, ovales, acuminées, entières, glabres, d'un beau vert, à trois ou cinq nervures ramifiées. Ces feuilles sont réunies en verticille vers le sommet de la tige, et forment une sorte d'involucre. La fleur, verdâtre, assez grande, est solitaire à l'extrémité d'un pédoncule qui naît du centre de ce verticille de feuilles. Elle présente un périanthe à huit divisions alternant sur deux rangs et presque libres, jusqu'à la base, étalées, les quatre extérieures lancéolées, les intérieures très-étroites, linéaires et plus courtes ; huit étamines incluses, à filets dilatés, membraneux et soudés entre eux à la base, à anthères munies d'un connectif prolongé en pointe ; un ovaire libre, ovoïde, pourpre foncé, à quatre loges pluriovulées, surmonté de quatre styles filiformes, libres, terminés chacun par un très-petit stigmate. Le fruit est une baie d'un noir violacé, à quatre loges polyspermes.

HABITAT. — Cette plante est assez commune en Europe ; elle habite les bois, les pâturages ombragés, etc.

CULTURE. — La parisette est assez abondante à l'état sauvage pour suffire aux besoins de la médecine. Aussi ne la cultive-t-on que dans les jardins botaniques. Elle demande une exposition un peu ombragée, une terre fraîche, légère et substantielle. On la propage de graines semées au printemps, ou d'éclats de pied, au printemps et à l'automne. Elle est assez difficile à élever.

PARTIES USITÉES. — La souche, les feuilles et la hampe, les fruits.

RÉCOLTE. — La souche, rarement employée, est arrachée avant la floraison ; on la lave, et on la fait sécher ; les feuilles et les tiges sont cueillies pendant tout l'été, et les fruits au commencement de l'automne. Toutes ces différentes parties perdent de leurs propriétés par la dessiccation.

COMPOSITION CHIMIQUE. — Sa saveur est un peu âcre, mais faible ; son odeur est assez vireuse ; son analyse n'a pas été faite. Les toxicologistes la placent parmi les poisons irritants.

USAGES. — La parisette est à peu près inusitée de nos jours. On la regarde, avec juste raison, comme irritante et vénéneuse : c'est ce que les expériences de M. Orfila ont démontré surabondamment, contrairement à l'opinion qu'on avait autrefois qu'elle était l'antidote de certains poisons âpres et corrosifs. On l'a employée contre les maladies mentales et l'épilepsie. Dans quelques contrées de la Russie, on l'a, dit-on, employée contre la rage ; on recommandait alors de la cueillir avant la fructification. Schrœder et Ettmüller la recommandaient contre la peste; d'autres contre la folie. Bergius la faisait prendre à petites doses contre la toux spasmodique des enfants; il employait les feuilles. On l'a administrée contre les convulsions des enfants. Linné l'a proposée comme un succédané de l'ipécacuanha. Aussi Coste et Wilmet considèrent-ils la racine comme un vomitif doux ; dans beaucoup de cas ils la préfèrent à l'émétique ; les fruits sont beaucoup plus actifs. Nous nous refusons à croire qu'elle puisse être administrée avec succès pour combattre les empoisonnements par l'acide arsénieux et le bichlorure de mercure, comme le prétendaient Lobel et Pena. Bulliard dit que les semences excitent les vomissements. On a employé les feuilles en teinture.

Quoique Bergius, Boerhaave, Vicat, Ettmüller, Hoffmann aient prescrit la parisette contre les affections nerveuses et mentales, et que d'autres médecins l'aient préconisée dans un grand nombre de cas, elle est aujourd'hui très-peu employée ; et ce serait une grave erreur que celle qui consisterait à la faire prendre pour combattre l'empoisonnement par la noix vomique, comme le voulait Gesner (*Epist. med.*, t. 1, p. 53).

La parisette est employée en médecine homœopathique sous le signe *Spr* et l'abréviation *par*.

PARNASSIE

Parnassia palustris L.
(Saxifragées.)

La Parnassie des marais est une plante vivace, à racines fibreuses, chevelues. Les feuilles, presque toutes radicales, sont pétiolées, cordiformes, entières, glabres, lisses. Du centre de ces feuilles s'élèvent des tiges ou hampes radicales, hautes de $0^m,15$ à $0^m,20$, anguleuses, simples, droites, portant vers le tiers de leur longueur une feuille sessile, amplexicaule, semblable du reste aux feuilles radicales. Les fleurs blanches, assez grandes, sont solitaires à l'extrémité des hampes. Elles présentent un calice à cinq sépales oblongs, étalés, persistants; une corolle à cinq pétales arrondis, échancrés au sommet, concaves, striés, étalés, munis chacun à leur base d'une écaille nectarifère, concave, ciliée ; cinq étamines à filets subulés et infléchis, déjetés au dehors après la fécondation ; un ovaire ovoïde, à une loge pluriovulée, surmonté d'un stigmate sessile, persistant, à quatre lobes obtus. Le fruit est une capsule tétragone, à une seule loge s'ouvrant en quatre valves, et renfermant de nombreuses graines entourées d'une membrane.

La Parnassie d'Égypte (*P. polynectaria* Poir.) présente des tiges filiformes, un peu couchées, longues de 0^m,35, rameuses, munies de feuilles opposées, linéaires, lancéolées, sessiles, glabres ; les fleurs ont cinq pétales blancs, veinés de violet, munis chacun à leur base de deux écailles nectarifères ciliées ; cinq étamines, à anthères violettes ; un ovaire cylindrique surmonté d'un stigmate sessile bilobé. Le fruit est une capsule contenant de petites graines globuleuses.

HABITAT. — La parnassie des marais est assez répandue en Europe ; elle croît dans les prés humides, sur les pelouses montagneuses. L'autre espèce est originaire d'Égypte. Les parnassies ne sont cultivées que dans les jardins botaniques.

PARTIES USITÉES. — La plante entière.

RÉCOLTE. — On récolte cette plante en août et septembre ; elle doit être séchée très-rapidement, et conservée dans un lieu sec, et à l'abri de la lumière ; elle noircit facilement lorsqu'elle est mal desséchée.

COMPOSITION CHIMIQUE. — La parnassie est plus amère lorsqu'elle est fraîche que lorsqu'elle est desséchée ; elle est alors plus astringente et assez riche en tannin ; sa décoction précipite en noir ou en rouge foncé les persels de fer. (*Encyclop. Méth., Médecine*, t. VII, p. 141.)

USAGES. — Quelques modernes ont cru reconnaître dans cette plante celle dont parle Dioscoride (liv. IV, chap. 32), et qu'il dit croître abondamment sur le Parnasse, d'où le nom de *Parnassia* qu'on lui a donné. Le célèbre médecin grec assure que sa décoction est bonne contre les maladies des yeux, et que sa semence est diurétique et astringente. On l'a longtemps regardée comme utile dans les maladies du foie, ce qui lui a fait donner par Valerius Cordus et d'autres auteurs le nom d'Hépatique blanche. Elle a passé pour vulnéraire. D'après Rehmann (*Nouv. Journ. de médecine*, t. V, p. 208), la parnassie est employée, en Russie, en décoction comme un remède populaire contre les rétentions d'urine. Gmelin rapporte qu'en Sibérie on l'emploie contre la strangurie et les calculs urinaires (*Flora sibirica*, t. IV, p. 91) ; son infusion est astringente, jaunâtre et un peu amère au goût.

Aujourd'hui la parnassie des marais et celle d'Égypte sont très-peu usitées, et il n'en est question dans aucun traité de matière médicale. Ces plantes ne sont cependant pas dépourvues d'action ; la première a été employée avec assez de succès par M. Cazin, de Boulogne, dans la diarrhée opiniâtre et dans deux cas de menstruation trop abondante. D'après ce médecin distingué, elle agit à peu près comme la Bourse-à-pasteur et la Renouée.

PASSERAGE

Lepidium latifolium L.
(Crucifères – Lépidinées.)

La Passerage à larges feuilles est une plante vivace, à racine fusiforme, rameuse, blanchâtre. La tige, haute de 0ᵐ,60 à 1ᵐ,20, cylindrique, glabre, glauque, rameuse, dressée, porte des feuilles alternes, assez épaisses, glabres, d'un vert glauque : les radicales et les inférieures assez grandes, longuement pétiolées, ovales-oblongues, dentées ; les supérieures plus petites, presque sessiles, ovales-lancéolées, entières ou à peine dentées. Les fleurs, blanches, très-petites, pédonculées, sont groupées en grappes denses, dont l'ensemble constitue une panicule terminale. Elles présentent un calice à quatre sépales obovales, arrondis, entiers, obtus, minces et blanchâtres aux bords, opposés sur deux rangs et étalés ; une corolle à quatre pétales arrondis, entiers, longuement onguiculés et comme spatulés, opposés en croix et étalés ; six étamines tétradynames, courtes ; quatre glandes petites, verdâtres ; un ovaire comprimé, ovoïde, pubescent, à deux loges uniovulées, surmonté d'un style simple, très-court, terminé par un stigmate en tête. Le fruit est une silicule ovoïde, comprimée, velue, pointue au sommet, à deux loges monospermes.

La petite Passerage (*L. Iberis* L.), appelée aussi Nasitor sauvage, est bisannuelle, et diffère de la précédente par sa taille moins élevée et ses feuilles supérieures linéaires.

A ce genre appartient aussi le Nasitor ou Cresson alénois (*L. sativum* L.), qui a été l'objet d'un article spécial.

Habitat. — La passerage est abondamment répandue dans presque toute l'Europe ; elle croît dans les lieux ombragés et herbeux au bord des rivières et des chemins, etc. Elle se propage très-facilement par graines, et se ressème ensuite d'elle-même.

PARTIES USITÉES. — Toute la plante.

RÉCOLTE. — La passerage, comme toutes les plantes de la même famille, perd ses propriétés par la dessiccation ; aussi l'emploie-t-on toujours fraîche. On peut la récolter au moment de la floraison ; les racines étant vivaces peuvent être cueillies en tout temps.

COMPOSITION CHIMIQUE. — La grande passerage possède une odeur forte et âcre, une saveur piquante très-prononcée surtout dans les feuilles ; elle est moins prononcée dans les fleurs ; elle est due très-probablement à une huile essentielle sulfurée, analogue à celle que l'on extrait du cresson. Il n'est pas démontré, comme on l'a prétendu, qu'elle contienne de l'ammoniaque.

USAGES. — Le nom que l'on a donné à cette plante indique suffisamment qu'on l'a employée contre la rage ; cependant aucune expérience, aucun fait probants n'ont confirmé les propriétés qu'on lui a attribuées. Les racines et les feuilles ont été préconisées comme anti-scorbutiques. D'après Antoine Ferrein (*Matière méd.*, t. III, p. 250), l'abbé Rousseau (médecin empirique, auteur d'un livre posthume intitulé : *Remèdes et Secrets éprouvés par défunt l'abbé Rousseau, ci-devant capucin et médecin du Roi*, Paris, 1697, in-12), faisait distiller de l'eau miellée fermentée sur cette plante pour obtenir un liquide alcoolique et aromatique qu'il administrait dans les névroses. Dans les campagnes, les feuilles ont souvent été employées comme condiment, et, dans leur très-grande jeunesse, on les mange en salade.

En résumé, la passerage possède les propriétés du cresson et des *Cochlearia*. Quoiqu'on l'ait préconisée contre le scorbut, les scrofules, l'hystérie, l'hypocondrie et les hydropisies, elle est aujourd'hui très-peu usitée. Les anciens l'employaient à l'extérieur comme détersive et résolutive ; on l'a prescrite contre la gale et les dartres, comme rubéfiante dans les névralgies et les rhumatismes, et les racines pilées fraîches étaient appliquées sur les points douloureux contre la sciatique ; on la mélangeait quelquefois alors avec du beurre.

Le *L. piscidium* Forst. est employé, d'après Gaudichaud, aux îles Sandwich, contre la syphilis.

La petite Passerage (*L. Iberis*) a été préconisée comme lithontriptique. On croit que c'est d'elle dont veut parler Pline, lorsqu'il dit (*lib.* XX, c. 17) qu'elle est propre à guérir les maladies squameuses de la peau. Galien et Dioscoride l'ont vantée contre la sciatique, et d'après Kurt Sprengel (*Essai d'une Histoire pratique de la médecine*, Halle, 1792-1803, t. II, p. 51), cette plante serait l'ἰσέρις, que le médecin grec du premier siècle de J.-C. Servilius Damocrate avait vantée contre la même maladie. Peyrilhe l'associait au quinquina contre la fièvre (*Mat. méd.*, p. 350). Enfin le docteur Williams, médecin de l'hôpital Saint-Thomas, a constaté les bons effets de la petite passerage contre l'asthme et l'hydropisie du cœur, etd'après le docteur Sylvestre elle jouissait de propriétés analogues à celles de la digitale et de la belladone, ce qui nous paraît très-douteux.

La *Passerage des décombres* ou *Cresson des ruines* (*Lepidium rudelare* L.) est employée par les Russes contre les fièvres intermittentes. Elle agit bien lorsque ces fièvres sont accompagnées de symptômes scorbutiques.

PASSERINE

Passerina Tarton-Raira et *Thymelæa* D.C.
(Thymélées.)

Les Passerines sont des arbustes ou des arbrisseaux à feuilles alternes, sessiles, entières. Les fleurs, petites et peu apparentes, sont axillaires. Elles présentent un calice pétaloïde, monosépale, en entonnoir, divisé au sommet en quatre lobes ovales ; huit étamines, à filets grêles, insérés sur le tube, près de la gorge ; un ovaire uniloculaire, uniovulé, surmonté d'un style filiforme, un peu latéral, terminé par un stigmate en tête et velu. Le fruit est une petite capsule uniloculaire et monosperme.

Ce genre renferme environ vingt-cinq espèces, parmi lesquelles nous devons signaler surtout les deux suivantes.

La Passerine Tarton-Raire (*P. Tarton-Raira* D. C.) est un petit arbrisseau dont les tiges, hautes d'un mètre au plus, droites, hérissées, pubescentes, rameuses, portent des feuilles alternes, ovales-lancéolées, d'un blanc argenté et comme soyeuses. Les fleurs sont d'un blanc jaunâtre, sessiles, latérales, solitaires, ou agrégées dans les aisselles des feuilles, ou même quelquefois sur les rameaux, et entourées d'écailles à leur base ; le calice est pubescent et à lobes ovales.

La Passerine thymélée (*P. thymelœa* D. C.) est un sous-arbrisseau

dont les tiges nombreuses, simples, hautes de 0^m,30 au plus, portent
des feuilles sessiles, ovales-lancéolées, aiguës, glabres ou à peine pubescentes, et un peu glauques. Les fleurs sont jaunâtres, sessiles,
axillaires, solitaires ou groupées par deux ou trois. Le calice est
longuement tubulé, velu et à lobes linéaires.

Habitat. — La première espèce habite les régions méridionales
de la France, l'Italie, la péninsule Ibérique, etc. Elle croît surtout
dans les endroits secs, pierreux et arides. La seconde se trouve également dans le midi de l'Europe. Ces deux plantes ne sont cultivées
que dans les jardins botaniques, où on les propage facilement de
graines semées en place ou sur couche.

Parties usitées. — Le bois, l'écorce.

Récolte. — C'est l'écorce que l'on emploie. On la récolte au printemps, à l'époque où elle se détache facilement du bois; on l'emploie
fraîche ou séché.

Composition chimique. — Aucune partie de cette plante n'a été
analysée; mais il est probable que l'écorce renferme, comme celles
du garou (*Daphne Gnidium*) et du *Daphne Mezereum* (voyez ces
mots), de la *daphnine*, à laquelle elle doit quelques-unes de ses propriétés, mais qui n'est nullement vésicante. La partie la plus active
est une résine coulante contenant une résine jaune qui détermine la
vésication.

Usages. — La passerine tarton-raire est un des meilleurs épi-
spastiques que l'on connaisse; elle était tout à fait inusitée lorsque
M. Hétet, pharmacien et professeur à l'Ecole de médecine de la marine à Toulon, fit voir, dans un travail publié dans le *Journal de
Pharmacie et de Chimie* (t. XXIX, p. 161, 1859), qu'on pouvait
substituer son écorce à celle du garou. Une pommade préparée avec
cette écorce a paru plus active que la pommade de garou du *Codex*,
et a fait suppurer des exutoires qui, pansés à la pommade de cantharide, étaient presque desséchés; de sorte que, dans les services mé-
dicaux de la marine, on demandait à employer cette pommade à
l'exclusion de toute autre.

On pourrait donner au tarton-raire toutes les formes pharmaceutiques que reçoit le garou, telles que l'huile, les pois suppuratifs, les
papiers et les taffetas vésicants qui ont une activité supérieure à
celle des *Daphne Gnidium* et *D. Mezereum*; les préparations destinées à l'usage interne pourraient recevoir les mêmes applications.

PATIENCE

Rumex Patientia L.
(Polygonées.)

La Patience officinale ou des jardins, est une plante vivace, à racine longue, épaisse, fibreuse, brunâtre, pivotante. La tige, haute de 1 mètre à 1^m,50, cylindrique, fortement cannelée, robuste, dressée, rameuse au sommet, d'un vert jaunâtre, porte des feuilles alternes, à pétioles canaliculés, membraneux sur les bords, à limbe très-ample, ovale-lancéolé, aigu, assez mince, entier ou à peine sinué, glabres, d'un beau vert clair ; les supérieures plus étroites. Les fleurs, verdâtres, sont groupées en faux verticilles, dont l'ensemble constitue un épi terminal. Elles présentent un calice à six divisions persistantes, alternant sur deux rangs ; les trois extérieures herbacées, cohérentes à la base ; les trois intérieures plus grandes, un peu colorées, conniventes ; six étamines opposées par paires aux sépales extérieurs ; un ovaire libre, uniovulé, surmonté de trois styles libres, terminés par des stigmates en pinceau. Le fruit est un akène trigone, brunâtre, entouré par le calice persistant.

La Patience aiguë ou sauvage (*R. acutus* L., *R. conglomeratus* Murr.) est aussi vivace, et diffère de la précédente par sa taille moins élevée ; sa tige anguleuse, très-rameuse, souvent rougeâtre ; ses feuilles brièvement pétiolées, arrondies ou cordées à la base, les supérieures sessiles ; ses faux verticilles floraux, tous ou presque tous munis de bractées, réunis en épis lâches effilés.

Nous citerons entre les Patiences crêpue ou frisée (*R. crispus* L.), à feuilles obtuses (*R. obtusifolius* L.), sanguine (*R. sanguineus* L.), aquatique (*R. aquaticus* Duby), des Alpes (*R. Alpinus* L.), etc.

Habitat. — Ces plantes sont répandues dans les diverses régions de l'Europe ; elles croissent dans les lieux humides, les prairies, les bois, etc.

Culture. — La patience vient à toute exposition et dans tous les sols, mais mieux en terre fraîche et substantielle. On sème ses graines à l'automne, de préférence en place, bien qu'on puisse aussi repiquer les jeunes plantes. La patience pousse très-vite et ne demande que les soins ordinaires.

Parties usitées. — Les racines, rarement les feuilles.

Récolte. — On peut récolter en toute saison la racine qui est vivace ; on préfère cependant la cueillir au printemps et mieux à l'automne. On la choisit de la grosseur du doigt. Après l'avoir bien lavée pour en détacher la terre, on la coupe en rouelles et quelquefois même on la fend après avoir séparé les radicelles ; elle doit être complétement desséchée et conservée à l'abri de l'humidité, car elle moisit facilement.

La racine de patience du commerce est sous la forme de fragments de $0^m,005$ à $0^m,01$ de long, fendue quelquefois verticalement ; elle est jaune rougeâtre à l'intérieur, et d'un brun rougeâtre à l'extérieur ; son odeur est faible ; sa saveur est amère, légèrement acerbe ; son goût rappelle un peu celui de la rhubarbe.

Composition chimique. — La racine de patience renferme une matière colorante jaune qui la fait employer en teinture ; les feuilles possèdent une saveur acide qu'elles doivent au sel d'oseille (*bioxalate de potasse*). D'après Déyeux, elle renfermerait de l'amidon et du soufre libre, ce qui ne nous paraît pas probable. M. Riégal, qui l'a analysée, y a trouvé de la résine, de la *ramicine*, du soufre, une matière extractive semblable au tannin, de l'amidon, de l'albumine, divers sels ; la *ramicine* peut être comparée à la matière amère de la rhubarbe ou *rhabarbarin*. Ces deux principes paraissent être identiques.

Usages. — Plusieurs autres racines de plantes du genre *Rumex* peuvent être substituées à celle de patience ; elles jouissent toutes des mêmes propriétés ; elles sont regardées comme toniques, amères et dépuratives ; aussi les a-t-on employées presque exclusivement sous forme de tisanes, que l'on prépare par décoction à la dose de 60 grammes pour un litre d'eau, dans toutes les maladies de la peau, et toutes les fois que l'on croyait qu'il existait une certaine âcreté du sang, un vice de composition de ce liquide, comme dans la syphilis, les scrofules, etc. ; elle jouit de propriétés légèrement laxatives, et son usage, longtemps prolongé, détermine en effet une diminution de l'âcreté du sang. Tissot l'employait pour faciliter les digestions et faire couler la bile. Coxe prescrivait les racines et les fruits des divers *Rumex* comme purgatifs dans la dysenterie. Bodart, au commencement de ce siècle, leur attribuait la propriété d'exciter la peau et les reins, et il regardait le suc des feuilles comme astringent.

Les propriétés vomitives de la racine de patience nous paraissent très-douteuses. Il n'en est pas de même de celle que M. Cazin et d'autres auteurs lui ont attribuée de guérir les fièvres intermittentes. C'est en effet un remède vulgaire de nos paysans contre les fièvres dites de saison ; et, depuis longtemps, dans nos hôpitaux, on regarde les racines de patience et de bardane comme aussi efficaces que la salsepareille, dans les maladies pour lesquelles cette dernière est préconisée.

La racine de patience fraîche, pulpée et mélangée avec du gros sel et du vinaigre, et quelquefois du soufre, est employée dans les campagnes contre la gale ; pulpée dans de l'eau, on l'a souvent appliquée sans grands avantages sur les engorgements et les tumeurs diverses.

Les autres espèces peuvent être substituées au *Rumex Patientia*. Le plus souvent, la racine du commerce est produite par le *Rumex acutus* L., qui jouit absolument des mêmes propriétés.

PAULLINIA

Paullinia sorbilis Mart.
(Sapindacées–Paulliniées.)

Le Paullinia ou Guarana est un arbrisseau sarmenteux, grimpant, à feuilles alternes, imparipennées, munies de vrilles. Les fleurs, verdâtres et peu apparentes, sont disposées en grappes à l'extrémité de pédoncules axillaires, solitaires, volubiles. Elles présentent un calice à quatre sépales imbriqués, persistants ; une corolle à quatre pétales claviformes, munis, en dedans et à leur base, d'un appendice glanduleux ; huit étamines, à filets inégaux, portant des anthères oblongues et biloculaires, et insérés sur un disque hypogyne formé de glandes distinctes, et occupant tout le fond de la fleur ; un ovaire à trois loges uniovulées, surmonté d'un style simple à la base, trifide au sommet, et terminé par trois stigmates. Le fruit est une capsule pyriforme, membraneuse, munie de trois ailes, à trois loges contenant chacune une graine ovoïde, à embryon volumineux.

Habitat. — Presque tous les paullinia croissent dans les forêts de l'Amérique tropicale. Ils ne sont cultivés, en Europe, que dans les jardins botaniques.

Parties usitées. — L'écorce, les feuilles, les fruits, l'extrait qu'on en retire sous le nom de *Guarana*, les graines.

Récolte. — L'écorce, les feuilles, les fruits et les graines des paul-

linia ne sont employés que sur les lieux de production. La seule
substance que nous connaissions en Europe est le *Guarana* que les
Indiens préparent avec les fruits, et mieux avec les graines. En septembre et en octobre, ils en relèvent les semences, et les font sécher
au soleil pour pouvoir briser entre les doigts la pellicule qui les recouvre ; on broie les amandes sur une pierre chauffée, comme on le
fait du cacao pour la fabrication du chocolat ; on y ajoute de l'eau,
du cacao et de la fécule de manioc ; on dispose ensuite la pâte en
cylindres qui ont la forme et la grosseur de saucissons ; on les enveloppe de feuilles de cocotier, et on les fait dessécher au soleil ou sous
un feu de cheminée.

Le guarana, tel qu'il est livré par les Indiens au commerce brésilien, présente intérieurement une couleur brun foncé ; à l'extérieur on voit une croûte épaisse non distincte du reste de la masse.
Celle-ci présente de petites cavités provenant du retrait de la matière,
ainsi que quelques graines disséminées, encore enveloppées de leur
tégument mince et brillant ; on les jette dans la pâte au moment de
les mettre en cylindres. Le guarana est dur, cassant, difficile à
pulvériser ; dans l'eau, il se ramollit et se gonfle considérablement.

Composition chimique. — Ce fut le botaniste brésilien Gomès qui,
en 1822, envoya le guarana en France ; il passa inaperçu ; en 1826,
M. de Martius fit la première analyse de cette substance, et en retira
une matière cristallisable à laquelle il rapporta les propriétés thérapeutiques de ce médicament, et qu'il désigna sous le nom de *Guaranine*. Cadet analysa le guarana, et sur 20 décigrammes il trouva
7 décigrammes de matière soluble dans l'alcool, 7 autres solubles dans
l'eau, et les 6 décigrammes restant étaient formés d'une substance
insoluble et insipide qui prend, en se desséchant, un aspect brillant (*Journal de pharmacie*, t. III, p. 259). On paraît avoir quelquefois confondu le guarana avec le suc astringent du *Rhizophora
Mangle* L.

En 1840, MM. Berthemot et Dechastellus reprirent l'étude de la
guaranine, et ils reconnurent que ce qu'on nommait sous ce nom
n'était que le *Tannate de caféine*. Les chimistes trouvèrent en outre,
dans le guarana, de la gomme, de l'amidon, une matière résineuse
d'un brun rougeâtre, une huile grasse colorée en vert par la chlorophylle, et du tannin qui précipite en vert les sels de fer.

Usages. — Le genre *Paullinia*, dédié au célèbre médecin et prélat danois Simon Paulli (auteur du *Quadripartitum botanicum viridaria et publica*, 1665, et de la *Flore danoise*, 1647), renferme une trentaine d'espèces d'arbustes et de plantes grimpantes qui jouissent de propriétés bien différentes, si l'on en juge du moins par les maladies dans lesquelles on les emploie. En effet, d'après Bodwich, le *P. Africana* R. Brown est employé en décoction dans la Sénégambie pour arrêter le flux du sang, et d'après Walckenaër, la poudre de son écorce, mêlée à la maniguette, s'applique sur les points de côté (Walckenaër, *Voyages*, t. XII, p. 470). A Bourbon, l'écorce du *P. Asiatica* L. (*Toddalia Ambata* Pers.) est employée comme fébrifuge ; elle est amère, âcre, poivrée et aromatique, roulée comme le quinquina, et brunâtre à l'intérieur (*Biblioth. médicale*, t. LXIII, p. 234). Dans l'Inde, on l'emploie, ainsi que les feuilles et les fruits, à la dose de 4 grammes contre les affections vénériennes, rhumatismales, la gale, etc. (*Transact. philos. abr.*, t. I, p. 276). Les Indiens de l'Orénoque font infuser dans l'eau les graines du *P. cupana* Kunth mêlées à la cassave ; ils laissent putréfier l'infusion, la passent et mêlent le liquide jaunâtre à l'eau ordinaire qu'ils boivent (Humboldt, Bonpland et Kunth, *Nova genera et species*). Le *P. Mexicana* est le *Querm-catl* des Mexicains. Hernandez, qui l'a figuré, assure qu'il possède les propriétés de la salsepareille. Au Brésil et aux Antilles, on se sert, pour enivrer les poissons, des semences stupéfiantes du *P. pinnata* L. ; ses feuilles sont vulnéraires, et, d'après Pison qui le nomme *Curura ape*, on cite encore comme enivrantes les semences de la Liane à Persil (*P. triternata* L. Enfin, d'après M. de Martius (*Éléments de pharmacognosie du règne végétal*, 1832, publiés en allemand), c'est avec le *P. sorbilis* que l'on prépare au Brésil le guarana.

Le guarana ne fut qu'entrevu par Cadet-Gassicourt, en 1817 ; il en reçut un petit échantillon d'un officier attaché à l'ambassade de Rio-Janeiro qui le lui indiqua comme étant utile dans la diarrhée, la dysenterie et les rétentions d'urine. Le fragment envoyé par Gomès, en 1822, ne put servir à aucune expérience. Ce ne fut qu'en 1840 que le docteur Gavrelle, ancien médecin de don Pedro, empereur du Brésil, publia une notice sur cette substance, et la vanta comme un des meilleurs astringents qu'il plaçait à côté du Ratanhia. A la même époque, M. Dechastelus décrivit plusieurs préparations pharmaceutiques de ce médicament, et ce n'est que dans ces derniers temps qu'on a voulu en faire un spécifique contre la migraine. Vanté par les uns, discrédité par les autres, c'est un moyen que l'on emploie faute de mieux. M. Trousseau, tout en reconnaissant l'activité momentanée de ce médicament, ne croit pas à son action continue ; son efficacité, d'abord évidente, diminue peu à peu ; les malades s'en dégoûtent ; les accès de migraine, moins douloureux, deviennent le plus souvent plus longs et plus incommodes. D'autres médecins, et, entre autres, le docteur Ritchie, chirurgien de la marine britannique, recommandent le guarana.

Nous ne terminerons pas cet article sans faire remarquer qu'à diverses époques, différents peuples ont eu des boissons favorites : l'Arabe et l'Européen, le café ; les Chinois, le thé ; les Brésiliens, le guarana ; le Péruvien, le coco ; les habitants du Paraguay, le maté. Toutes ces substances s'opposent à la désassimilation , c'est-à-dire, empêchent de se *dénourrir*, comme disait M. de Gasparin, et, chose singulière, toutes renferment de la caféine.

PAVETTE

Pavetta Indica L.
(Rubiacées-Cofféacées.)

La Pavette de l'Inde est un arbrisseau à racines ramifiées. La tige, haute de 2 à 3 mètres, se divise en rameaux glabres, portant des feuilles opposées, sessiles, oblongues, aiguës aux deux extrémités, vertes et luisantes en dessus, légèrement pubescentes en dessous, munies de stipules très-courtes. Les fleurs, petites, blanches, jaunâtres, odorantes, sont groupées en cymes dont l'ensemble forme une grande panicule terminale feuillée. Elles présentent un calice monopétale, très-petit, à quatre dents presque obtuses ; une corolle monopétale, en entonnoir, à tube grêle, beaucoup plus long que le calice, à gorge velue, à limbe profondément découpé en quatre divisions oblongues, aiguës, étalées ; quatre étamines, à filets très-courts, insérés près de l'ouverture du tube de la corolle, à anthères linéaires, noirâtres, presque sessiles ; un ovaire infère, surmonté d'un disque petit, tétragone, du milieu duquel s'élève un style filiforme, assez long, surmonté d'un stigmate allongé, verdâtre, pubescent, un peu renflé, légèrement échancré au sommet. Le fruit est une petite baie globuleuse, piriforme, uniloculaire et monosperme par avortement, à graine plane et striée sur une face et convexe sur l'autre.

On range encore parmi les pavettes plusieurs espèces mal déterminées ou qui doivent se rapporter à d'autres genres.

Habitat. — La pavette que nous avons décrite croît dans l'Inde et
les régions voisines. Les autres espèces habitent la Cochinchine, les
contrées occidentales et méridionales de l'Afrique, etc.

Culture. — Sous nos climats, les pavettes se cultivent en serre
chaude, bien qu'elles puissent, à la rigueur, se contenter de la serre
tempérée. Elles demandent une terre fraîche et légère. On les multiplie de graines semées sur couche et sous châssis, de rejetons, de
marcottes ou de boutures étouffées.

Parties usitées. — Le bois et les racines.

Composition chimique. — On ne sait rien sur la composition de cette
plante ; seulement ses propriétés astringentes font supposer qu'elle
renferme du tannin.

Usages. — Le bois et surtout la racine de pavette sont employés au
Malabar et dans les contrées occidentales et méridionales de l'Afrique
contre la dysenterie, les érysipèles, les obstructions ; on l'administre
aux enfants, à la dose de 2 à 4 grammes. D'après V. Acosta, on
emploie sa décoction à l'intérieur, et on en lotionne les érysipèles ;
ces décoctions sont préparées avec du riz aigre.

Nicolas Lemery dit qu'on boit la décoction du bois pour guérir les
fièvres ardentes, les diarrhées et les inflammations du foie (*Pharma-
copée universelle*, 1764).

PAVOT

Papaver somniferum L.
(Papavéracées.)

Le Pavot est une plante annuelle, à racine fusiforme, blanchâtre.
La tige, haute de $0^m,65$ à 1 mètre, cylindrique, glabre, glauque,
dressée, un peu rameuse au sommet, porte des feuilles alternes, sessiles, demi-embrassantes, un peu cordées à la base, allongées, aiguës,
découpées sur les bords, glabres et glauques. Les fleurs, grandes,
offrant toutes les nuances du blanc au rouge, sont solitaires à l'extrémité des rameaux. Elles présentent un calice à deux sépales ovales,
concaves, glabres et glauques, très-caducs ; une corolle à quatre pétales sessiles, opposés en croix, arrondis, entiers, chiffonnés avant
l'épanouissement ; des étamines en nombre indéfini, incluses, à filets

subulés, à anthères ovoïdes, comprimées ; un ovaire simple, ovoïde arrondi, glabre et glauque, à une seule loge multi-ovulée, surmonté d'un stigmate sessile, arrondi, étoilé et rayonnant. Le fruit est une capsule globuleuse, couronnée par le stigmate persistant, à une seule loge renfermant un grand nombre de graines blanches ou noires. (Pl. 2.)

Habitat. — Originaire de l'Orient, le pavot est aujourd'hui cultivé en grand, comme plante économique, dans presque toutes les régions de l'Europe.

Parties usitées. — Les feuilles, rarement les fleurs, les fruits, les graines, le suc concrété ou opium.

Récolte. — Plusieurs espèces ou variétés de pavots sont employées en médecine ou fournissent des produits intéressants ; nous devons donc les faire connaître en indiquant les produits qui y correspondent :

1° Le Pavot blanc (*Papaver somniferum album*, P. *album* Lob., P. *somniferum* L.) est le véritable pavot officinal ; c'est celui dont les feuilles fraîches entrent dans la composition de certains médicaments composés, entre autres dans le baume tranquille ; ses fleurs ne sont pas employées ; c'est de ses fruits qu'on extrait l'opium en Orient, et les capsules sont très-employées en médecine sous le nom de *têtes* ou *capsules de pavot*.

On doit cueillir les capsules de pavot, lorsque, étant encore vertes, elles commencent de jaunir ; il faut rejeter celles qui ont jauni ou séché sur la plante ; elles ont une activité variable selon l'époque à laquelle elles ont été récoltées. On distingue deux sous-variétés de ce pavot : l'une à tête longue, l'autre à tête comprimée (*Papaver album depressum*) ; c'est celui que l'on emploie à Paris, et que l'on cultive en abondance dans les plaines de Gonesse et d'Aubervilliers. Quant au pavot pourpre qu'on a voulu monopoliser pour l'extraction de l'opium, il ne constitue pas non plus une espèce distincte ; c'est une simple variété de pavot blanc à graines pourpres, et il ne mérite aucun des éloges pompeux qu'on lui a donnés.

2° Le Pavot noir (*Papaver nigrum* Lob.) est moins élevé que le précédent ; les pétales, d'un rouge violacé pâle, présentent une tache noirâtre à la base ; ses capsules sont plus nombreuses, plus petites, couronnées par un stigmate en forme de couronne qui se soulève à la maturité pour former une ouverture par où s'échappent les graines ; celles-ci sont petites, noires, réniformes, avec un lobe plus petit et plus aigu que l'autre. Ce pavot est cultivé dans les jardins comme plante d'ornement, et dans la grande culture, dans le Nord, pour l'extraction de l'huile des semences ; on en retire par expression *l'huile d'œillette*, traduction du mot italien *olietto* (petite huile), connue aussi sous le nom d'huile blanche.

3° Le Pavot rouge sauvage, dont il a été question ailleurs sous le nom de coquelicot, et dont on emploie les pétales seulement.

4° Le Pavot d'Orient (*Papaver orientale* L.), découvert en Asie mineure, par Tournefort, est une belle espèce cultivée dans les jardins. Ce n'est pas lui qui produit l'opium, comme on l'a supposé, quoiqu'il puisse en fournir, comme l'ont démontré les recherches de M. Petit (de Corbeil) et celles de M. Roux (de Toulon). Les Turcs et les Arméniens, d'après Tournefort, mangent ses capsules dans le but de produire un effet narcotique analogue à celui de l'opium.

L'opium est le produit le plus important du pavot ; c'est le suc épaissi fourni par des incisions pratiquées aux fruits après la chute des pétales, au moment où la capsule prend de l'accroissement. Tous les pavots peuvent en fournir. Il nous vient de la Natolie, de la Perse, de l'Égypte et de l'Inde. On en a obtenu en Algérie du *P. album*, en France du *P. album* et de la variété pourpre, ainsi que du pavot noir ou à œillette, *P. nigrum*.

Les anciens connaissaient deux sortes d'opium. L'un, l'opium proprement dit, était obtenu par des incisions faites aux capsules du pavot ; l'autre, beaucoup moins estimé, obtenu par la contusion et l'expression des capsules et des feuilles, était appelé *meconium*. (Dioscoride, lib. IV, cap. 60.) On a prétendu à tort que le méconium existait seul dans le commerce aujourd'hui. En effet, le suc épaissi, obtenu par contusion, est loin de posséder l'odeur céreuse et l'aspect que nous connaissons aux opiums du commerce. C'est donc ce véritable opium, obtenu par incision, comme l'indique Dioscoride, que nous possédons aujourd'hui.

D'après Dioscoride, le matin, quand la rosée est dissipée, on fait des incisions obliques et superficielles sur les capsules, on ramasse avec le doigt le suc qui en découle, et on le reçoit dans une coquille ; on recueille le suc quelque temps après une seconde fois, on mêle les divers sucs dans un mortier, et on en forme des trochisques.

Dioscoride et, depuis, Kæmpfer (*Amœnitates exoticæ*, 1712, p. 643) ont fait remarquer que les incisions devaient être superficielles, de

manière à ne pas percer le péricarpe, car, sans cela, les graines ne
mûriraient pas. Mais Kæmpfer dit qu'en Perse on se sert d'un couteau à cinq lames, et qu'on laisse sécher le suc sur la capsule elle-
même, et on enlève les larmes le lendemain en raclant le péricarpe.
Le suc ainsi obtenu est moins pur. Quelques jours plus tard, on incise la capsule sur une autre face. Le suc desséché obtenu est malaxé
et pétri avec un peu d'eau, et on en forme des pains. D'après Pierre
Belon (*Observations de plusieurs singularitez*, etc., liv. III, ch. 15,
1553, in-4°), l'opium se récolte principalement dans la Paphlagonie,
la Cappadoce, la Galatie et la Cilicie, provinces de l'Asie mineure, où
il s'en fait un commerce considérable. Olivier (*Voyage dans l'Empire ottoman, l'Égypte et la Perse*, 1802-1807) confirme ce que
dit Belon sur la récolte de l'opium, et M. Charles Texier ajoute
que, pour le malaxer, les paysans crachent dans le mortier, parce
que l'eau le fait gâter. (*Journal de pharm.*, t. XXI, p. 197.) En
France, où le climat est généralement pluvieux et où les nuits sont
brumeuses en été, on suit, pour récolter l'opium, la méthode indiquée par Dioscoride et M. Texier, c'est-à-dire qu'on recueille le suc
pour le faire dessécher ensuite. L'opium indigène a été l'objet d'é-
tudes intéressantes faites par MM. Loiseleur-Deslonchamps, Petit,
général Lamarque, Simon, Hardy, Morgan, Bénard, Descharmes,
Reveil, etc. Nous ne parlerons pas des faits relatifs à l'opium du
pavot pourpre, parce que, pour la plupart, ils nous paraissent avoir
été produits dans un but extra-scientifique.

Nous distinguerons les opiums du commerce en opiums de
Smyrne, de Constantinople, d'Égypte, de Perse, de l'Inde et indigène.

L'*opium de Smyrne* est le plus estimé; il est en masses déformées
et aplaties, irrégulières, granuleuses à l'intérieur, présentant des
fissures qui indiquent l'étendue de plusieurs masses entre elles; on
voit à leur surface des débris de feuilles de pavots, mais surtout des
fruits de *Rumex* que l'on trouve aussi à l'intérieur. Cet opium est
mou, d'un brun rougeâtre; il durcit et noircit à l'air; son odeur est
forte et vireuse, sa saveur nauséeuse, amère, claire.

L'*opium de Constantinople* est de deux sortes : l'une est en boules
ou en gros pains de forme et de grosseur variables, entourés de
feuilles de pavot, sans ou avec peu de fruits de *Rumex*; sa consistance est plus ferme, plus résineuse; sa couleur plus foncée; sa

saveur moins vireuse et moins amère; on trouve quelquefois à l'intérieur des raclures de têtes de pavot; la seconde sorte d'*opium de Constantinople* est en pains plus petits, plus réguliers, plus mucilagineux que l'opium de Smyrne; il est aussi moins estimé.

L'*opium d'Égypte* ou *opium thébaïque* est assez rare; il se ramollit à l'air au lieu de se dessécher; il conserve sa couleur fauve ou roussâtre; il est en petits pains orbiculaires aplatis; il paraît avoir été recouvert d'une petite feuille dont il ne reste que des vestiges; il est retiré du pavot blanc; il est très-probable que celui qui nous vient en France a été remanié; nous croyons qu'on y ajoute de la *pâte d'abricots*. Quoi qu'il en soit, il est riche en pectine, et surtout en glycose, qu'on ne trouve pas dans les opiums purs.

L'*opium de Perse* est aussi très-rare; il nous vient par la voie de Trébizonde; il est sous la forme de cylindres d'un brun rougeâtre, de la grosseur du petit doigt, longs de $0^m,15$ à $0^m,20$, lisses et entourés de papier lustré; il est quelquefois presque blanc; il se distingue par sa grande solubilité dans l'eau; il contient peu de morphine; c'est certainement un produit falsifié qui ne doit pas être accepté pour l'usage médical.

Les *opiums de l'Inde* n'existent pas dans le commerce européen. On distingue ceux de *Patna*, de *Malva* et de *Bénarès*. Ce sont des produits fraudés et arrangés par les négociants anglais pour la consommation des malheureux Chinois.

L'*opium indigène* n'a jamais été offert sérieusement au commerce. Nous confondons sous ce nom ceux qui ont été obtenus par MM. Simon et Hardy, en Algérie, et qu'on avait conseillé de couler dans des capsules de pavot pour lui donner une forme commerciale spéciale. L'opium de pavot à œillette, obtenu par MM. Bénard et Renard, et étudié d'une manière si complète par M. Descharmes. Quant au prétendu opium, titré à 10 pour 100 de morphine, nous sommes convaincu qu'on ne peut pas l'obtenir dans une exploitation régulière, et que ce n'est que par des mélanges ou par des additions de morphine que l'on peut arriver à une pareille précision de composition.

La consommation de l'opium est considérable. L'importation en Chine dépasse plusieurs millions de kilogrammes (Reveil : *De l'opium, des opiophages et des fumeurs d'opium*. Thèse inaugurale. Paris, 1855). Son prix varie de 40 à 80 fr. le kilogramme. On doit rejeter de l'usage médical tout opium qui ne renferme pas 10 pour 100 de morphine. Celui qui est extrait du pavot pourpre renferme jusqu'à 25 pour 100 de cet alcaloïde. (Acar Mealhe, Bénard, Descharmes, Reveil, Guibourt.) On le tire par le procédé indiqué par M. Guilliermont, modifié par M. Reveil, qui est décrit dans les ouvrages classiques.

Dioscoride et Pline disent que l'opium, en général, est extrait du pavot noir ; Avicenne, Abd-Allatif, Ebn-Beitar et Prosper Alpin le disent positivement pour l'opium d'Égypte. Belon assure qu'on l'extrait du pavot blanc, en Asie Mineure ; et les renseignements fournis à M. Guibourt, par un élève égyptien, qui a suivi les cours de l'école de Paris, M. Hassan-Hachim, démontrent que les capsules que l'on porte en grande quantité de la haute Égypte au Caire, à cause de l'usage que l'on en fait comme aliment, sont grosses, blanches non déhiscentes, et appartiennent au pavot blanc ; or, ces capsules portent l'empreinte des incisions qui ont été faites pour l'extraction de l'opium. Ajoutons enfin que l'opium du pavot noir, celui du moins qui a été recueilli en France, est beaucoup plus riche en morphine que celui du pavot blanc ; et cette richesse ne pourrait être attribuée aux soins apportés dans la récolte ; car l'opium du pavot blanc, recueilli en France de la même manière, ne produit que 8 à 12 pour 100 de morphine, au lieu de 25 que donne le premier.

La culture du pavot, au point de vue exclusif de l'extraction de l'opium, serait trop onéreuse dans tous les pays ; mais si on ajoute au revenu que donne le suc épaissi, celui que l'on retire des graines, on obtient de très-beaux bénéfices, et nous avons démontré (Reveil, *Culture des pavots en France*, 1856, et *Bulletin de la Société de botanique de France*), que, sans planter un pied de pavot de plus en France, on pourrait récolter suffisamment d'opium, non-seulement pour la consommation de l'Europe entière, mais encore pour faire une concurrence sérieuse aux opiums de l'Inde, que les Anglais fournissent aux Chinois par millions de kilogrammes.

COMPOSITION CHIMIQUE. — L'opium a été analysé par un grand nombre de chimistes, parmi lesquels nous citerons Derosne, Séguin, Sertuerner, Robiquet, Pelletier, Caventou, Couerbe, Dublanc, Thiboumery, Mohr, Merck, Mulder, Schulder, Bittz, Descharmes, etc. On en a isolé un nombre considérable de principes immédiats ; nous allons passer rapidement en revue les principaux : voici d'abord une analyse due à Mulder, que nous empruntons à l'*Histoire naturelle des droques simples*, de M. Guibourt (4° édition, t. III, p. 653). Il est probable qu'elle se rapporte à l'opium de Smyrne. Mülder y a trouvé : morphine, 10,842 ; narcotine, 6,808 ; codéine, 0,678 ; narcéine, 6,662 ; méconine, 0,804 ; acide méconique, 5,124 ; caoutchouc, 6,012 ; résine, 3,582 ; matière grasse, 2,166 ; matière extractive, 25,200 ; gomme, 1,042 ; mucilage, 19,086 ; eau, 9,846 ; perte, 2,148. Depuis cette analyse, M. Thiboumery a isolé de l'opium la *Thébaïne* = $C^{38} H^{21} Az O^6$; M. Merck, la *Porphyroxine*, qui n'a pas été analysée, et la *Papavérine* = $C^{40} H^{21} Az O^8$; M. Pelletier, la *Pseudo-Morphine*, et M. Blyth, la *Narcogénine* = $C^{36} H^{19} Az O^{10}$.

La *Morphine* = $C^{34} H^{19} Az O^6$, découverte par Derosne, étudiée par Sertuerner, est insoluble dans l'eau et dans l'éther ; elle se dissout dans l'alcool bouillant et les alcalis ; elle décompose l'acide iodique ; elle est colorée en rouge de sang par l'acide azotique, et en bleu par les persels de fer ; c'est à elle surtout que l'opium doit ses propriétés. On l'emploie plus spécialement à l'état de sel, et principalement d'acétate, de sulfate et de chlorhydrate.

La *Codéine* = $C^{35} H^{20} Az O^5$, 2 HO, découverte par Robiquet, se distingue par sa belle cristallisation en prismes volumineux réguliers, par sa solubilité dans l'eau, l'alcool et l'éther, et parce qu'elle n'est colorée ni par l'acide azotique, ni par les persels de fer ; enfin, elle ne se décompose que par l'acide iodique ; elle est beaucoup moins active que la morphine ; on l'emploie sous la forme de sirop et à l'état libre.

La *Narcotine* = $C^{46} H^{25} Az O^{14}$ est la première base organique qui ait été connue. Elle a été isolée en 1804 par Derosne ; elle est à peine soluble dans l'eau bouillante, assez soluble dans l'alcool et dans l'éther, surtout à chaud ; elle ne décompose pas l'acide iodique, n'est pas colorée par le perchlorure de fer pur, mais elle est colorée en rouge par l'acide azotique mêlé d'acide sulfurique ; elle est peu active et tout à fait inusitée en médecine.

La *Narcéine* = $C^{28} H^{20} Az O^{12}$, découverte par Pelletier, est peu soluble dans l'eau froide, plus soluble dans l'eau bouillante, très-soluble dans l'alcool, et insoluble dans l'éther ; elle fond à 92°, et l'iode forme avec elle un composé bleu, qui est détruit au contact de l'eau bouillante ; elle n'est pas employée.

Usages. — Les graines de pavot, que l'on avait cru posséder des propriétés narcotiques, n'exercent aucune action nuisible sur l'éco-

nomie animale. En Orient, en Turquie, en Perse et en Égypte, en
Italie, en Piémont, on les mange recouvertes de sucre, on les fait
entrer dans certaines pâtisseries et même dans le pain ; elles forment les noyaux des globules homœopathiques. Broyées et exprimées,
elles fournissent une huile douce que l'on emploie dans la peinture comme siccative, et que l'on mange sans aucun inconvénient. A l'époque où on croyait que cette huile était narcotique, des
peines sévères menaçaient, sans les atteindre, ceux qui la substi-
tuaient à celle d'olive. Aujourd'hui, cette substitution est parfaitement
acceptée, mais malheureusement on la vend à sa place, ou on la
mélange avec de l'huile d'olive. On reconnaît cette fraude au moyen
du nitrate acide de mercure, qui solidifie rapidement l'huile d'olive
pure ; tandis que cette solidification est d'autant plus retardée, qu'elle
renferme une plus forte proportion d'huile blanche ou d'œillette.
Dans aucun cas l'huile de pavot ne peut être substituée à celle
d'olive pour les préparations pharmaceutiques, lorsque surtout il s'agit
de faire des savons ou des emplâtres.

Nous serons très-bref sur les effets thérapeutiques de l'opium et
de ses alcaloïdes, par la raison fort simple que, pour écrire leur
histoire à ce point de vue, il faudrait des volumes entiers ; nous nous
contenterons d'indiquer leurs effets physiologiques, et nous ajouterons qu'il n'est pas de maladie dans laquelle ces préparations n'aient
été employées.

Les attributs que l'on donne à Morphée sont une preuve que les
propriétés hypnotiques du pavot étaient connues. Hippocrate con-
naissait l'opium ; mais rien ne prouve qu'il l'ait employé, et sous le
nom de μήκων, c'est certainement une euphorbe, et non le pavot, qu'il
a indiquée. Diagoras, contemporain du père de la médecine, connais-
sait l'influence de l'opium sur les fonctions cérébro-spinales, et c'est
pour cette raison qu'il l'avait proscrit. Serapion, Héraclite de Tarente,
en firent usage, mais il tomba dans l'oubli. Celse le conseille à peine.
Dioscoride et Galien en parlent très-peu. Aétius d'Amida, Alexandre
de Tralles et Paul d'Egine le mentionnent à peine ; cependant il
entrait déjà dans plusieurs compositions polypharmaques restées
célèbres, telles que : le *Mithridate* de Damocrate, si vanté par Pline ;
la *Thériaque* d'Andromachus, médecin de Néron, que Galien préparait lui-même ; la *masse de cynoglosse,* dont la formule appartient
à Alexandre de Tralles. Mais ce sont d'abord les Arabes, c'est-à-dire

Rhazès, Avicenne, Avenzoar, qui firent la réputation de l'opium ;
plus tard Théophraste, Paracelse, et surtout Sydenham, donnèrent à
ce médicament l'importance qu'il n'a plus perdue depuis eux. Aussi
ce dernier médecin disait-il qu'il renoncerait à pratiquer la médecine, si on lui enlevait l'opium.

Des expériences nombreuses, celles surtout de M. Trousseau, ont
démontré qu'il n'existait aucune différence sensible entre les effets
physiologiques et thérapeutiques de l'opium, et ceux de la morphine
ou de ses sels, lorsque, bien entendu, on tenait compte des doses
proportionnelles. On n'est pas aussi bien fixé, tant s'en faut, sur
les rapports d'action qui peuvent exister entre la morphine et la
codéine, d'un côté, et les autres alcaloïdes de l'opium de l'autre ;
quoique la narcotine n'ait jamais été étudiée d'une manière suivie. Il serait intéressant de l'expérimenter au point de vue thérapeutique.

Malgré les faits produits par Magendie, Chomel, M. Bally et d'autres
médecins célèbres, le rapport d'action entre la morphine et la codéine
n'est pas parfaitement établi ; on s'accorde seulement à reconnaître
que celle-ci produit le narcotisme sans exciter autant les fonctions
cérébro-spinales.

L'administration de petites doses d'opium ou de proportions correspondantes d'alcaloïdes, lorsque surtout ceux-ci sont déposés sur le
derme dénudé, est suivie d'une soif vive, d'une sécheresse de la
bouche ou de la gorge, avec ou sans difficulté de déglutition, sans
amertume de la bouche ; il survient souvent des nausées et des vomissements, un dégoût prononcé des aliments avec perte d'appétit, lenteur dans la digestion, la constipation ou la diarrhée ; la secrétion
urineuse est diminuée ou augmentée, mais il y a presque toujours
de grandes difficultés dans l'excrétion ; les sueurs sont augmentées et
la peau devient le siége de démangeaisons insupportables, et souvent
d'éruptions que l'on peut rapporter au prurigo, à l'urticaire, à l'eczema.
Mais cet exanthème est toujours suivi de démangeaisons ; tandis que
celles-ci peuvent exister sans éruptions. Malgré les sueurs abondantes, on constate le plus souvent un ralentissement du pouls
et de la respiration, ce qui paraît assez difficile à concilier ; les
pupilles sont contractées ; et le sentiment d'abattement et de pros-
tration qui survient, permet toujours de reconnaître l'influence de
l'opium.

L'opium et ses préparations, la morphine et la codéine, sont employés avec succès à l'intérieur, par la méthode endermique ; et à l'extérieur, dans tous les cas où il s'agit de combattre l'élément douleur, et de procurer aux malades le calme et le sommeil. Nous signalons la tendance fâcheuse qu'ont, en général, les médecins à prescrire ces préparations à doses trop élevées ; des doses faibles agissent tout aussi bien, sans fatiguer autant l'organisme.

Les médecins homœopathes font un fréquent usage de l'opium ; de même qu'en médecine allopathique, ils l'emploient comme hypnotique et calmant ; seulement ils en administrent des doses trop faibles ; ils le prescrivent sous le signe *moi* et l'abréviation *opi*. Le pavot n'est pas compris dans leur codex pharmaceutique, et nous ne pouvons qu'approuver cette exclusion.

La décoction de têtes de pavot est employée sous forme de lotions, de lavements et d'injections, comme calmant. On prépare un **extrait hydro-alcoolique**, qui lui-même est la base du *sirop diacode* ou de *pavots blancs*.

L'opium brut est rarement employé. Pour l'administrer on le réduit en poudre ; on en prépare un extrait aqueux, dit gommeux, un extrait sans narcotine ; on en fait un vin simple, un vin composé, ou *laudanum de Sydenham* ; un second vin composé, dit par fermentation, ou *laudanum de Rousseau,* une teinture simple , plusieurs teintures composées, entre autres, les célèbres gouttes noires ; enfin, il entre dans la *thériaque,* les pilules de *cynoglosse,* la *poudre de Dower,* et une infinité d'autres préparations.

L'infusion concentrée de café est regardée comme le meilleur moyen de combattre l'empoisonnement par l'opium.

Les alcalis organiques de l'opium ont été étudiés récemment par M. Claude Bernard, au point de vue physiologique, et par M. Ozanam, sous le rapport thérapeutique.

M. Claude Bernard a constaté que les alcaloïdes de l'opium possédaient trois propriétés principales et distinctes : 1° action soporifique ; 2° action excitante ou convulsivante ; 3° action tonique. Relativement à ces trois propriétés, les alcaloïdes de l'opium ont été rangés par le savant physiologiste dans l'ordre suivant :

1° *Action soporifique* : narcéine, morphine, codéine ;

2° *Action convulsivante* : thébaïne, papavérine, narcotine, codéine, morphine, narcéine.

3° *Action toxique* : thébaïne, codéine, papavérine, narcéine, morphine, narcotine.

Les faits admis avant ces dernières études étaient en opposition formelle avec ceux que M. Claude Bernard a constatés, et qui doivent jeter un grand jour sur les applications thérapeutiques de l'opium et de ses alcaloïdes.

PÊCHER

Amygdalus persica L. *Persica vulgaris* Mill.
(Rosacées-Amygdalées.)

Le Pêcher est un arbre de moyenne grandeur, dont la tige, couverte d'une écorce brune, lisse, se divise en rameaux allongés, dressés, d'un vert clair, portant des feuilles alternes, pétiolées, lancéolées, étroites, aiguës, dentées en scie, d'un vert glauque sur leurs deux faces. Les fleurs, d'un beau rose pâle, paraissant avant les feuilles, sont rapprochées et presque sessiles au sommet des rameaux. Elles présentent un calice tubuleux, rougeâtre en dehors, à tube turbiné, à limbe divisé en cinq lobes ovales-lancéolés, étalés ; une corolle à cinq pétales arrondis, entiers, courtement onguiculés ; des étamines incluses, au nombre de trente environ ; un ovaire simple, libre, ovoïde, uniovulé, surmonté d'un style et d'un stigmate simples. Le fruit est une drupe arrondie, velue-cotonneuse, à chair épaisse et succulente, à noyau arrondi, pointu, sillonné, renfermant une graine à cotylédons charnus et volumineux.

HABITAT. — Originaire de la Perse, le Pêcher est aujourd'hui cultivé, comme arbre fruitier, dans les vignes et les jardins de l'Europe. Mais ce sujet appartient au domaine de l'arboriculture.

PARTIES USITÉES. — Les bourgeons, les feuilles, les fleurs, les fruits, les graines.

RÉCOLTE. — Les feuilles doivent être récoltées avant la maturité complète des fruits. Les bourgeons avant leur développement, les fleurs au moment de leur épanouissement, c'est-à-dire au printemps, puisqu'elles poussent avant les feuilles.

Les différentes parties du pêcher perdent une grande partie de leur action par la dessiccation. Cependant, lorsqu'elle est opérée avec soin et que l'on conserve ces diverses parties dans des boîtes en fer-blanc bien fermées, les feuilles, d'après Coste et Wilmet gardent leur odeur et leurs propriétés purgatives et vermifuges ; les fleurs sèchent, perdent leur odeur et restent amères. Le réceptacle et le calice qui les accompagnent renferment les parties les plus actives. Le sirop de fleurs de pêcher doit être préparé avec le suc des fleurs fraîches. Toutefois, à défaut de celles-ci, on a indiqué un procédé par distillation des fleurs sèches, ou méthode mixte, qui donne d'assez bons résultats.

COMPOSITION CHIMIQUE. — Les bourgeons, les feuilles, les fleurs et les graines du pêcher doivent leurs propriétés à une essence analogue, sinon identique, à celle du laurier-cerise et des amandes amères, et à de l'acide cyanhydrique. Les principes ne préexistent pas dans ces organes : ils s'y forment au contact de l'eau par une réaction semblable à celle qui se produit dans les amandes amères.

Les graines ou amandes du pêcher renferment 40 p. 100 environ d'une huile douce, que l'on peut extraire par la pression ; on emploie très-peu ces semences en médecine ; on s'en sert en parfumerie. Il serait dangereux de manger plusieurs de ces graines, et l'on a constaté souvent, chez des enfants, des accidents graves produits par une seule de ces amandes.

Les fruits sont riches en sucre. Aussi en Amérique, et quelquefois en France, prépare-t-on, par fermentation du suc, un *vin de pêche* qui est assez bon, mais qui se conserve mal ; on peut, par distillation, en retirer un alcool analogue à celui de cerises ou kirsch ; on peut en fabriquer un vinaigre. Le fruit du pêcher est riche en pectine et en acide pectique ; de sorte qu'on en peut préparer des pâtes, des gelées, des marmelades, etc. Quelquefois on coupe le fruit par tranches, et on le fait sécher au soleil ou au four.

USAGES. — Les différentes parties du pêcher (la partie charnue, ou sarcocarpe du fruit exceptée) peuvent produire des empoisonnements mortels ; il faut donc en user avec précautions. Aujourd'hui on n'emploie plus que les fleurs de pêcher en infusion, à la dose de 4 à 8 grammes pour un litre d'eau ; ou sous forme de sirop, pour les enfants, à la dose de 20 à 30 grammes. C'est un léger laxatif assez agréable à prendre. Ce sirop agit quelquefois aussi comme anthelminthique ; ses propriétés, célébrées outre-mesure par Guy-Patin, Riolan, Simon Piètre, etc., sont aujourd'hui peu mises à profit. Coste et Wilmet préféraient employer les bourgeons et les feuilles. Burtin et Loiseleur-Deslonchamps en faisaient préparer un sirop.

Bodart les prescrivait dans leur fraîcheur comme un succédané du séné. Vogel les vantait contre la néphrite, l'albuminurie et les calculs urinaires. Ettmüller préférait qu'on se servît des graines. Burtin, MM. Crouseilhe, Cazin, etc., ont quelquefois employé avec succès l'infusion de feuilles contre les fièvres intermittentes ; elles avaient été anciennement préconisées en infusion par Amathus Lusitanus contre la fièvre quarte. Les feuilles fraîches contusées ont été conseillées en applications externes contre les inflammations, les dartres enflammées et douloureuses, toutes les fois qu'il s'agissait de calmer les douleurs locales.

Contrairement à l'opinion de Galien et de l'école de Salerne, la pêche est un fruit délicat des plus justement recherchés ; on lui reproche, lorsqu'on en fait abus, de produire un peu de diarrhée ; c'est un inconvénient qu'on évite en l'associant au sucre et à du vin généreux.

C'est avec les graines du pêcher et celles d'autres Amygdalées que l'on prépare la liqueur dite de *Noyau.*

Un usage plus important du noyau de pêche est celui qu'on en fait pour la préparation d'un beau noir très-usité dans la peinture à l'huile sous le nom de *noir de pêche,* et très-estimé surtout pour les beaux gris qu'on en obtient. Le bois du noyau produit un bain rosé à odeur de vanille qui teint la laine en nankin solide et fort riche. Des jeunes branches de pêcher, hachées et cuites, on tire une nuance de cannelle claire que la laine prend facilement et garde longtemps. Aux États-Unis, avec les pêches, on prépare un *vin de pêche,* duquel on extrait de l'alcool ; l'un et l'autre y sont l'objet d'un commerce local. Le bois du pêcher en plein vent est recherché pour le placage ; son grain est fin et uni ; sa couleur est d'un rouge brun, largement veinée d'une teinte avoisinant celle du tabac d'Espagne ; le contact de l'air, loin d'altérer cette couleur, ajoute au contraire à sa beauté ; on débite le bois en feuilles, pendant qu'il est vert, afin de l'empêcher de se gercer.

PÉDÉRIE

Pæderia fetida L.
(Rubiacées-Pédériées.)

La Pédérie fétide est un sous-arbrisseau, à tiges grêles, souples, rameuses, sarmenteuses, grimpantes, portant des feuilles opposées, pétiolées, oblongues-lancéolées, cordiformes à la base, aiguës au sommet, molles, glabres et vertes sur les deux faces, munies de stipules interpétiolaires très-petites, aiguës et dilatées à la base. Les fleurs, petites, blanches, sont groupées en panicules opposées, courtes, lâches, axillaires, rarement terminales, et munies de très-petites bractées. Elles présentent un calice monosépale, persistant, à tube ovoïde, velu intérieurement, à limbe court, étroit, divisé en cinq lobes à peine étalés ; une corolle en entonnoir, à tube velu à l'intérieur, à limbe divisé en cinq lobes ; cinq étamines incluses, insérées vers le milieu du tube de la corolle, à anthères presque sessiles ; un ovaire infère, à deux loges uniovulées, surmonté d'un style court, inclus, terminé par un stigmate bifide. Le fruit est une petite baie ovoïde, un peu comprimée, à péricarpe sec et fragile, à deux loges monospermes, couronnée par le limbe persistant du calice.

La Pédérie courbée (*P. recurva* Roxb.) est un arbrisseau sarmenteux, grimpant, à feuilles lancéolées, acuminées, glabres ; à baie arrondie, pisiforme, sèche, rouge et comme striée.

La Pédérie tomenteuse (*P. tomentosa* Blum.) est un arbrisseau grimpant, à feuilles ovales, cordiformes, aiguës, tomenteuses en dessous ; les fleurs sont disposées en panicules allongées, feuillées, axillaires et terminales.

La Pédérie verticillée (*P. verticillata* Blum.) est aussi un arbrisseau grimpant, à feuilles verticillées par trois, ovales-oblongues, acuminées, glabres ; à fleurs disposées en panicules allongées et feuillées.

HABITAT. — Les pédéries habitent généralement les Indes orientales et les régions voisines, les Moluques, l'île de Java, le Japon, etc. On ne les trouve, en Europe, que dans les jardins botaniques, où elles exigent la serre chaude.

PARTIES USITÉES. — Les feuilles.

COMPOSITION CHIMIQUE. — L'analyse chimique de la pédérie fétide n'a pas été faite. La plante exhale de toutes ses parties une odeur d'excréments, principalement quand on en froisse les feuilles entre les doigts.

USAGES. — Les feuilles sont employées dans l'Inde contre les rétentions d'urine, le vertige, les fièvres, les chutes, etc. ; on en prépare des bains (*Transactions philosophiques abrégées*, t. I, p. 109).

On dit aussi que l'écorce est usitée comme succédané du quinquina, et que la racine renferme un suc orangé employé dans la teinture par les indigènes des Indes orientales.

PÉDICULAIRE

Pedicularis palustris et sylvatica L.
(Personées – Rhinanthées.)

La Pédiculaire des marais (*P. palustris* L.), vulgairement appelée Herbe aux poux, est une plante bisannuelle ou vivace, à racine épaisse. La tige, haute de 0ᵐ,25 à 0ᵐ,50, dressée, rougeâtre, rameuse dès la base, porte des feuilles alternes ou opposées, pennatipartistes, à segments linéaires oblongs, plus ou moins profondément découpés, glabres ou pubescentes vers le sommet de la plante. Les fleurs, roses, assez grandes, sont disposées en longs épis feuillés. Elles présentent un calice oblong, vésiculeux, renflé, ventru, pubescent, à deux lobes inégaux, irrégulièrement incisés-dentés, crispés sur les bords ; une corolle à tube étroit, dépassant longuement le calice, à limbe divisé en deux lèvres, la supérieure en casque, recourbée en faux, présentant de chaque côté une dent dirigée en bas, l'inférieure plane et trilobée ; quatre étamines didynames, cachées sous la lèvre supérieure ; un ovaire à deux loges pluriovulées, surmonté d'un style simple terminé par un stigmate en tête. Le fruit est une capsule ovoïde, à deux loges renfermant chacune plusieurs graines ovoïdes, trigones et tuberculeuses.

La Pédiculaire des bois (*P. sylvatica* L.) diffère de la précédente par sa taille plus petite ; ses tiges nombreuses, simples, flexueuses, étalées, diffuses ; ses feuilles entièrement glabres ; ses fleurs à lèvre supérieure beaucoup plus longue et dépourvue de dents.

Nous citerons encore les Pédiculaires verticillée (*P. verticillata* L.), et à bec (*P. rostrata* L.)

Habitat. — Les pédiculaires des marais et des bois sont répandues dans les diverses régions de l'Europe. On les trouve dans les bois humides, les pelouses ombragées, les prairies marécageuses, les tourbières, etc. Elles ne sont cultivées que dans les jardins botaniques.

Parties usitées. — La plante entière.

Récolte. — On récolte les feuilles à l'époque de la floraison : elles noircissent en séchant.

Composition chimique. — Les pédiculaires ont une saveur âcre et brûlante. On ne connaît pas leur composition.

Usages. — Le nom d'*Herbe aux poux* avait été donné à cette plante, soit parce que, selon les uns, on lui attribuait la propriété de produire les poux chez les personnes qui en mangeaient, ce qui est complétement faux, soit parce que, selon les autres, au contraire, on lui donnait la propriété de tuer les poux lorsqu'on l'appliquait sur la tête. Gaspard Bauhin, cité par Jussieu, prétendait que le nom de pédiculaire avait été donné à des plantes qui, mêlées aux herbes des pâturages, développaient la vermine chez les animaux qui y paissaient. C'est une opinion abandonnée comme celle qui attribuait un semblable effet à l'humidité de certains pâturages.

On a regardé autrefois les *P. palustris* et *sylvatica* comme astringentes, propres à arrêter les hémorragies, les flux menstruel et hémorroïdal. D'après Gmelin (*Flora sibirica*, t. III, p. 212), on les emploie en Sibérie contre la syphilis ; on les appliquait comme vulnéraire, et on leur attribuait la propriété de guérir les fistules, d'où leur est venu le nom de *fistularia*. On les disait aussi excellentes pour déterger les plaies. Selon Ainslie, dans certains pays, on emploie le *P. lanata* Pal. en guise de thé.

PENSÉE

Viola tricolor L. *V. arvensis* D. C.
(Violariées.)

La Pensée sauvage, appelée aussi Violette ou Jacée tricolore, est une plante annuelle, à racine fusiforme, fibreuse, chevelue. La tige, haute de 0^m,15 à 0^m,30, anguleuse, glabre, verte, rameuse dès la base, diffuse, porte des feuilles alternes, pétiolées, ovales, obtuses, un peu cordiformes, fortement crénelées, accompagnées de deux stipules pennatifides. Les fleurs, assez petites, d'un jaune le plus souvent taché de violet, sont situées à l'extrémité de longs pédoncules solitaires à l'aisselle des feuilles. Elles présentent un calice à cinq sépales lancéolés, prolongés, au-dessous de leur insertion, en un petit appendice obtus et denticulé ; une corolle irrégulière, à cinq pétales inégaux, les deux supérieurs dressés, ainsi que les deux latéraux, qui sont barbus au-dessus de l'onglet ; l'inférieur seul dirigé en bas et prolongé à sa base en un éperon conique et redressé ; cinq

étamines à filets très-courts, à anthères conniventes, les deux inférieures à connectif prolongé à la base en un appendice charnu qui
s'enfonce dans la cavité de l'éperon ; un ovaire globuleux, sessile,
glabre, à trois carpelles, à une seule loge multiovulée, surmonté d'un
style coudé à la base, épaissi au sommet, et terminé par un stigmate
globuleux. Le fruit est une capsule globuleuse, glabre, recouverte
par le calice, polysperme, s'ouvrant en trois valves. (Pl. 3.)

La Pensée des jardins (*V. tricolor* Lam., *V. hortensis* D. C.) se
distingue surtout de la précédente par ses stipules plus amples, ses
pétales beaucoup plus longs que le calice, ses fleurs bien plus grandes
et offrant des couleurs plus brillantes et plus variées.

HABITAT. — La pensée sauvage est commune en Europe ; elle
habite les champs, les moissons, etc., et n'est cultivée que dans les
jardins botaniques. La pensée des jardins est essentiellement du
domaine de la floriculture.

PARTIES USITÉES. — Les racines, la plante entière en fleurs, et les
fleurs séparément.

RÉCOLTE. — La pensée sauvage est très-succulente ; elle doit être
desséchée rapidement et avec soin ; on la cueille à l'époque de la floraison ; on la dispose en petits paquets très-serrés et en guirlandes
que l'on fait sécher au soleil en ayant le soin d'entourer chaque pa-
quet de papier gris. Les fleurs doivent être cueillies le matin lorsque
la rosée est dissipée ; on les fait dessécher avec les mêmes précautions, et on les conserve dans un lieu très-sec, car elles sont très-
hygrométriques et moisissent facilement. Il arrive fréquemment que,
lorsque la dessiccation de la plante est lente, les fruits moisissent, et
alors il faut souvent les rejeter.

COMPOSITION CHIMIQUE. — La pensée sauvage est à peu près inodore ;
sa saveur est salée et amère ; elle est très-mucilagineuse. On y a
trouvé de la gomme, de l'albumine, un extrait amer, et, dit-on, de la
violine, matière découverte dans la violette par M. Boullay, et qui est
analogue, sinon identique, avec l'*émétine* de l'ipécacuanha.

USAGES. — La pensée sauvage est très-anciennement employée
comme dépurative, diurétique, diaphorétique et laxative. Berzélius
dit que la plante fraîche est purgative, et quelquefois vomitive. Cette
dernière propriété réside surtout dans les racines.

La pensée sauvage est surtout employée dans les maladies de la
peau et les scrofules. Matthiole, Léonard Fusch et Jean Bauhin la

vantent surtout dans les maladies cutanées chroniques. Un grand nombre de médecins l'ont prescrite dans les mêmes affections, mais on l'emploie beaucoup moins aujourd'hui, principalement à l'hôpital Saint-Louis où elle a été essayée sur une large échelle sans succès bien apparents. On l'administrait sous forme d'infusion ou de sirop.

M. Boullay, n'ayant pas trouvé l'*émétine* ou *violine* dans les différentes parties de la pensée sauvage, la regarde comme simplement émolliente. L'analyse chimique confirme ainsi les observations cliniques dont les résultats ont été indiqués par Mursinne, Ackermann, Henninger, et surtout Alibert.

La pensée tricolore ou herbe de la Trinité (*Viola tricolor* L.) jouit, dit-on, des mêmes propriétés. On la récolte pour falsifier la fleur de violette ; elle conserve mieux sa couleur que celle-ci ; mais elle est tout à fait inodore.

La pensée sauvage est employée en médecine homœopathique. Son signe est *Avo. t*, et son abréviation *Viol tr*.

PÉRIPLOQUE

Periploca Græca et *Secamone* L.
(Asclépiadées - Périplocées.)

La Périploque grecque (*P. Græca* L.), vulgairement nommée Apocin, Bourreau des arbres, Soie de Virginie, etc., est un arbrisseau à tiges grimpantes, torses, atteignant 10 mètres et plus, divisées en rameaux souples, minces, couverts d'une écorce brun cendré, et munis de feuilles opposées, pétiolées, ovales-lancéolées, entières, acuminées, arrondies à la base, glabres, un peu luisantes. Les fleurs, pourpres, sont disposées en petits corymbes terminaux. Elles présentent un calice petit, persistant, à cinq dents ovales aiguës, glabre s; une corolle rotacée, à cinq divisions allongées, linéaires, obtuses, un peu charnues, velues-ciliées, et munie d'un anneau urcéolé, velu, garni de cinq filaments étroits, recourbés en dedans; cinq étamines à filets courts, velus, connivents ; un ovaire très-petit, à deux loges multiovulées, surmonté de deux styles courts et terminés par des stigmates glanduleux. Le fruit se compose de deux follicules longs, cylindriques, courbés et rapprochés au sommet, renfermant des graines planes, imbriquées et surmontées d'une aigrette de poils blancs et mous.

La Périploque scammonée (*P. Secamone* L.) est un arbrisseau à tiges grimpantes, sarmenteuses, lisses, portant des feuilles opposées, étroites, lancéolées, aiguës, très-lisses. Les fleurs, très-petites, sont disposées en corymbes lâches, alternes, axillaires, à ramifications presque dichotomes. La corolle est blanche, à cinq divisions ovales, aiguës, velues à l'intérieur. Le fruit se compose de deux follicules pendants, renflés, ventrus, glabres, renfermant des graines munies d'une aigrette fine et soyeuse.

HABITAT. — La périploque grecque croît en Orient, particulièrement en Syrie et dans les îles de la Grèce. La périploque scammonée habite l'Egypte. Ces deux plantes ne sont guère cultivées que dans les jardins botaniques. Toutefois, la première se rencontre quelquefois dans les jardins d'agrément, où elle sert à recouvrir les murs, les berceaux, les tonnelles, etc.

PARTIES USITÉES. — Les racines, les feuilles, le suc épaissi.

RÉCOLTE. — Les racines des périploques, peu employées chez nous, sont récoltées à l'automne ; toutes donnent un suc blanc laiteux lorsqu'on incise les tiges à l'époque de la floraison. D'après Poiret, le *P. Mauritiana* Poiret, de l'île Bourbon (île de la Réunion), donne une sorte de scammonée, dite *Scammonée de Bourbon*, qui est le *Katapal-Valli* de Rheede ; d'après divers auteurs, la Scammonée de Smyrne serait produite par le *P. Secamone* L., que Robert Brown a placé dans son genre *Secamone*, dont MM. Rœmer et Schultz ont fait le *Secamone Alpini*, ainsi nommé parce que Prosper Alpini, savant médecin et botaniste de Venise, a, le premier, donné la représentation de cette plante grimpante d'Égypte (*De Plantes Égyptius*, 1735, in-4°), et a fait remarquer que le suc n'est d'aucun usage en médecine.

Il n'est donc pas extraordinaire que les sucs des diverses périploques étant évaporés, laissent pour résidu une matière analogue à la Scammonée, et jouissent de propriétés purgatives ; mais il faudrait bien se garder de confondre ce produit avec la Scammonée de Smyrne qui est produite par un *Convolvulus*.

COMPOSITION CHIMIQUE. — Toutes les périploques sont suspectes. Quelques-unes ont leurs jeunes pousses alimentaires ; telle est la Périploque succulente (*P. esculenta* L.) ; mais la plupart renferment un suc âcre, jouissant surtout de propriétés purgatives très-prononcées.

USAGES. — En Grèce et dans une partie de l'Orient, on regarde les feuilles du *P. Græca* comme résolutives à l'extérieur ; elles sont, dit-on, un poison pour les animaux. Dans l'Inde, d'après Ainslie, la racine amère de *P. sylvatica* Retz. est appliquée, réduite en poudre, sur les plaies causées par la morsure des serpents, en même temps qu'on l'administre à l'intérieur, sous forme de décoction, pour exciter une prompte évacuation de l'estomac et des intestins. (Ainslie, *Mat. Indi.*, t. II, p. 391.)

Le *faux ipécacuanha de Bourbon* est la racine de *P. Mauritiana* Poir., *Camptocarpus Mauritianus* Duc. Cette racine est blanche, de la grosseur du petit doigt, avec des radicules droites et cylindriques, insipide d'abord, mais irritant bientôt la langue et les glandes salivaires. Toute la plante répand une forte odeur d'arguel.

D'après M. Guibourt, la fausse salsepareille de l'Inde est produite par la périploque de l'Inde (*P. Indica* L.). Ainslie disait qu'on l'employait pour remplacer la vraie salsepareille (*Mat. ind.*, t. I, p. 391); elle porte le nom de *Nunnari-Vayr* ; elle est longue de $0^m,33$ à $0^m,50$, de la grosseur d'une plume ou au plus de celle du petit doigt, tortueuse, fléchie en divers endroits. Son écorce épaisse est souvent marquée de fissures transversales, se séparant, par places, de la partie ligneuse qui est formée de fibres rayonnées et contournées. Cette écorce se rompt facilement. Sa cassure offre des tubes poreux que l'on voit à la loupe : l'épiderme est rouge brun, l'intérieur est grisâtre, le bois est blanc ; la saveur est à peine sensible, mais elle dégage une odeur agréable de fève Tonka.

PERSICAIRE

Polygonum Persicaria et *Hydropiper* L.
(Polygonées.)

La Persicaire douce ou commune (*Polygonum Persicaria* L.), appelée aussi Pilingre, est une plante annuelle, à racines fibreuses, grêles, chevelues. La tige, haute de $0^m,40$ à $0^m,80$, droite, cylindrique, noueuse, rameuse, porte des feuilles alternes, atténuées à la base, engainantes, glabres ou à peine pubescentes, quelquefois blanches et tomenteuses en dessous, d'autres fois présentant en dessus une tache noirâtre. Les fleurs, assez grandes, rosées, quelquefois blanc verdâtre, sont groupées en épis terminaux, cylindriques, compactes, dressés. Elles sont dépourvues de corolle et présentent un calice pétaloïde à cinq pétales presque égaux, soudés à la base ; cinq étamines incluses, un ovaire simple, libre, uniovulé, surmonté de deux ou trois styles, dont chacun est terminé par un stigmate en tête. Les fruits sont des akènes trigones ou arrondis et comprimés, lisses et luisants.

La Persicaire âcre ou brûlante (*P. Hydropiper* L.), appelée encore Curage, Piment ou Poivre d'eau, etc., est aussi annuelle et se distingue de l'espèce précédente par ses fleurs disposées en épis grêles, presque filiformes, lâches, interrompus, arqués, pendants ou étalés, rarement dressés, ses calices chargés de points glanduleux, ses akènes ternes et rugueux, et surtout par sa saveur âcre poivrée.

Nous citerons encore la Persicaire du Levant (*P. orientale* L.), vulgairement renouée d'Orient, bâton de saint Jean, etc., caractérisée par sa tige haute de deux mètres ou plus, ses grandes feuilles pubescentes et ses fleurs purpurines, en longs épis penchés.

Habitat. — Les deux premières espèces sont communes en Europe ; on les trouve dans les endroits humides, au bord des eaux, etc. On ne les cultive que dans les jardins botaniques. La persicaire du Levant est assez fréquemment cultivée comme plante d'ornement.

Parties usitées. — La plante entière, la souche.

Récolte. — Les persicaires doivent être récoltées au moment de la floraison ; le *P. Hydropiper* est très-succulent et difficile à dessécher ; il faut donc opérer rapidement et à l'étuve, sans quoi la plante noircit. Le fruit est très-âcre et est plus actif. Cette plante perd une partie de son action par la dessiccation ; il vaut mieux l'employer fraîche. On emploie la souche de la persicaire amphibie ; on la récolte à l'automne ; on la fend comme la salsepareille pour la faire sécher.

Composition chimique. — Les persicaires ne présentent rien de bien particulier dans leur composition ; la persicaire âcre est inodore ; sa saveur est âcre, poivrée et même brûlante ; elle renferme un acide libre, probablement tonectique ; son expression précipite en noir les sels de fer. Peyrilhe dit qu'elle teint les laines en jaune.

Usages. — On a autrefois employé la persicaire douce comme astringente, détersive et antiseptique. Tournefort la prescrivait contre la gangrène, et le *Manuel des Dames de Charité* la recommande dans les mêmes cas. Le Dr Ravelet, dans une thèse, a cité huit cas de gangrène guéris par les applications de cette plante. On l'a quelquefois employée en infusion contre la diarrhée, la leucorrhée, la jaunisse, le scorbut, etc., etc. On peut substituer à la persicaire douce un grand nombre de plantes du même genre, mais elles sont toutes très-peu importantes. La persicaire acide (*P. amphibium*) donne une racine que l'on a substituée à la salsepareille, et qui a même servi, dit-on, à la falsifier, ce qui nous paraît très-douteux. Malgré l'opinion contraire émise par Burtin, Coste et Wilmet, on l'a employée contre les dartres, et elle a été l'objet d'une dissertation faite par Jean-Henry Schulze (*De Persicaria acida.* Hale, 1735).

Le Poivre d'eau, appelé aussi Renouée âcre (*P. Hydropiper*), a été conseillé dans les engorgements viscéraux. Cette plante, contusée et appliquée sur la peau, est stupéfiante et vésicante; elle a été employée comme détersive et stimulante; ses propriétés diurétiques sont très-douteuses. Lieutaud la préconise dans la jaunisse; Eberte la prescrit en teinture contre l'aménorrhée. A l'intérieur, on l'a employée pure ou associée à d'autres substances pour panser les ulcères sordides.

PERSIL

Petroselinum sativum Hoffm. *Apium Petroselinum* L.
(Ombellifères-Amminées.)

Le Persil est une plante annuelle ou bisannuelle, à racine conique, assez forte, un peu ramifiée, blanchâtre. La tige, haute de 0^m,40 à 0^m,60, cylindrique, striée, un peu fistuleuse, glabre, rameuse au sommet, porte des feuilles alternes, à pétioles canaliculés et élargis à la base, à limbe très-découpé, divisé en folioles, qui sont elles-mêmes profondément incisées en lobes aigus, glabres, d'un beau vert ; les supérieures de moins en moins découpées. Les fleurs, petites, jaunâtres, sont groupées en ombelles terminales, entourées d'un involucre de six à huit folioles linéaires, simples, et divisées en ombellules à involucelles formés de huit à dix folioles semblables. Elles présentent un calice à cinq dents; une corolle à cinq pétales terminés au sommet par une petite pointe recourbée en dedans; cinq étamines incluses ; un ovaire infère à deux loges uniovulées, surmonté de deux styles divergents. Le fruit est un diakène ovoïde, allongé, strié longitudinalement.

Habitat. — Originaire du midi de l'Europe, où il croît dans

les lieux ombragés, le persil est cultivé dans tous les jardins maraîchers; c'est de là surtout qu'on le tire pour l'usage médical.

PARTIES USITÉES. — Les racines, les feuilles, les fruits.

RÉCOLTE. — La racine de persil doit être récoltée à l'automne. Après l'avoir lavée pour enlever la terre, on coupe les radicelles, on la divise par fragments d'un centimètre de long environ; quelquefois on fend les morceaux trop gros; on fait sécher au soleil d'abord, à l'étuve ensuite. Cette racine est simple, de la grosseur du doigt, blanchâtre et aromatique. Sèche, elle est légère, ridée à l'extérieur, pourvue à l'intérieur d'un méditullium jaune, spongieux; elle est jaunâtre à l'extérieur; son odeur est faible, mais agréable; sa saveur est un peu âcre et aromatique; elle doit être choisie récente, car elle perd rapidement ses propriétés et devient la proie des larves; elle fait partie des *cinq racines apéritives*; fraîche, elle est employée dans l'art culinaire.

Dans l'art culinaire, comme en médecine, les feuilles ne sont employées que fraîches; quelquefois, cependant, on les fait dessécher pour la consommation de l'hiver; mais elles sont alors bien moins aromatiques. Avec la plante fraîche, par contusion, expression et filtration à froid, on prépare un suc qui est assez usité.

COMPOSITION CHIMIQUE. — Les fruits du persil, et probablement les autres parties de la plante, renferment une huile essentielle stimulante; mais les deux principes importants de cette plante sont l'*apiine* isolée par Braconnot, et l'*apiol*, découvert par MM. Homolle et Joret.

L'*apiine* $= C^{24} H^{14} O^{13}$ est une substance gélatineuse, qui, desséchée, est blanche, pulvérulente, inodore, insipide, peu soluble dans l'eau froide, très-soluble dans l'eau chaude, assez soluble dans l'alcool bouillant, et insoluble dans l'éther. Sa dissolution aqueuse, chaude, se prend en masse par le refroidissement, et colore en rouge de sang le protosulfate de fer. Cette substance est analogue à la pectine.

D'après MM. Joret et Homolle, les fruits du persil renferment : 1° une huile essentielle; 2° une matière grasse cristallisable, fusible à $+23°$, qu'ils ont nommée *beurre de persil*; 3° de la pectine; 4° de la chlorophylle; 5° du tannin; 6° une matière colorante jaune; 7° de l'extractif; 8° du ligneux; 9° des sels; 10° enfin un liquide jaunâtre, huileux, non volatil, plus dense que l'eau, d'une odeur forte, d'une saveur particulière, qu'ils nomment *apiol*. C'est un principe immédiat qui, par sa nature et ses propriétés, se rapproche des huiles fixes, mais qui aurait besoin d'être étudié chimiquement.

D'après MM. Blanchet et Sell, en distillant avec de l'eau des fruits de persil, on obtient une huile essentielle, légère, et une huile plus lourde, qui contient du camphre. Enfin M. Boll aurait trouvé des cristaux blancs dans cette essence (stéœroptène d'essence de persil), qu'il croit être le résultat de l'altération de l'huile volatile, sous l'influence des rayons solaires.

Usages. — La racine de persil a de tout temps été considérée comme apéritive, diurétique, stimulante et diaphorétique ; elle paraît exercer une action sur l'appareil urinaire, sur la peau et sur les engorgements ; on l'a employée avec succès contre l'anasarque. D'après J. F. Harenhwanel, elle peut être substituée à la racine de pareira-brava. On l'a employée contre la syphilis ; mais, malgré l'opinion favorable de Cullerier, elle est abandonnée dans cette maladie. Lallemand a employé avec succès l'huile essentielle de persil, à la dose d'une ou deux gouttes, contre la blennorrhagie. Dubois (de Tournai) administrait le suc dans du vin blanc, et ce moyen a réussi à M. Cazin (de Boulogne) dans la blennorrhée et la leucorrhée ; il s'est bien trouvé de ce suc, mêlé au vin blanc, contre les engorgements des viscères abdominaux, l'œdème, l'anasarque, qui suivent ou accompagnent les fièvres de saison. C'est surtout contre les pertes séminales que Lallemand a préconisé le suc de persil ; il l'employait à la dose de 50 à 100 grammes par jour.

Tournefort dit avoir vu administrer le suc de persil en Provence comme anti-périodique, à la dose de 100 à 180 grammes. Bouhour, en 1835, et Potot, en 1836, l'ont employé dans les mêmes circonstances. M. Poraire, en 1841 et 1842, employa le suc, la poudre des feuilles, une eau distillée, le vin, le sirop, la gelée et l'huile de persil, contre les fièvres d'accès. Mérat et Delens regardent l'huile qu'on extrait des fruits comme carminative et propre à tuer la vermine.

MM. Joret et Homolle ont proposé l'*apiol* comme anti-fébrifuge ; ils tirent de leurs expériences les conclusions suivantes : 1° l'apiol ne guérit les fièvres des pays chauds que dans la proportion de 55 pour 100 ; 2° il guérit les fièvres de nos climats dans la proportion de 85 pour 100 ; 3° les fièvres tierces résistent plus que les quotidiennes; 4° si l'on peut conclure d'un seul fait, les fièvres quartes résistent à son emploi.

On voit, d'après ces conclusions, que l'apiol est loin de mériter les éloges pompeux qu'on en a faits comme antifébrifuge. MM. Joret et Homolle, et plus récemment M. le Dr Marotte, ont préconisé l'apiol comme un des emménagogues les plus puissants. Nous serions assez disposé à croire à ses vertus merveilleuses, si on ne donnait à ce médicament la forme d'une spécialité pharmaceutique.

A l'extérieur, les feuilles de persil contusées sont regardées comme résolutives; on les applique contre les engorgements en général, et, en particulier, contre les engorgements laiteux des mamelles, les tumeurs scrofuleuses, les dartres, les contusions, les ecchymoses; on les associe quelquefois aux corps gras; les feuilles cuites ont été vantées topiquement contre les hémorrhoïdes. On a encore employé le persil accommodé de différentes manières pour tuer les poux et pour le pansement des plaies sanieuses et gangréneuses ; le suc a été prescrit contre les ophthalmies.

En médecine homœopathique, on fait assez souvent usage du persil. Ce sont le suc et les fruits que l'on emploie comme stimulants et fébrifuges. On le prescrit sous le signe *Mps* et l'abréviation *Petros*.

PERVENCHE

Vinca major et *minor* L.
(Apocynées – Plumériées.)

La grande Pervenche (*V. major* L.) est une plante vivace, à rhizome rampant, fibreux, blanchâtre. Les tiges sont de deux sortes : les unes stériles, sarmenteuses, longues de $0^m,40$ à $0^m,80$, étalées ou grimpantes ; les autres florifères, dressées, hautes de $0^m,30$ à $0^m,40$. Toutes sont glabres ou à peine pubescentes, vertes, portant des feuilles opposées, pétiolées, ovales ou ovales-lancéolées, un peu cordiformes, larges, glabres sur les faces, ciliées sur les bords, luisantes, d'un vert foncé, persistantes. Les fleurs, grandes, d'un bleu clair, sont portées sur des pédoncules courts et solitaires à l'aisselle des feuilles. Elles présentent un calice tubuleux, à cinq divisions linéaires, très-étroites, ciliées; une corolle en entonnoir, à tube élargi et pentagone au sommet, à gorge munie de poils étalés et couronnée par une membrane annulaire à cinq plis, à limbe divisé en cinq lobes cunéiformes, tronqués obliquement; cinq étamines incluses, à anthères conniventes, à connectif prolongé en appendice membraneux; deux glandes hypogynes; un ovaire à deux loges multiovulées, surmonté d'un style simple terminé par un faisceau de poils, qu'entoure un stigmate annulaire. Le fruit se compose de deux follicules cylindriques, renfermant un grand nombre de graines peltées.

La petite Pervenche (*V. minor* L.) est aussi vivace, et diffère de la précédente, en ce qu'elle est environ deux fois plus petite dans toutes ses parties; elle se distingue encore par ses tiges stériles radicantes à la base, ses feuilles un peu coriaces et non ciliées, ses pédoncules plus longs, son calice à divisions courtes et glabres, ses fleurs bleu foncé. (Pl. 4.)

HABITAT. — Ces deux plantes sont communes dans les régions chaudes et tempérées de l'Europe. On les trouve dans les haies et les fossés, dans les lieux humides des bois, au bord des ruisseaux ombragés, etc. Elles sont cultivées dans les jardins botaniques et d'agrément.

PARTIES USITÉES. — Les feuilles et les jeunes pousses.

RÉCOLTE. — On récolte les feuilles avant la floraison; elles sont faciles à dessécher et elles ne perdent rien par la dessiccation.

COMPOSITION CHIMIQUE. — Cette plante est inodore; sa saveur, d'abord amère, devient astringente par la dessiccation; son infusion précipite en noir les persels de fer; les feuilles renferment assez de tannin pour que, d'après De Candolle, on ait pu les employer au tannage des cuirs, et pour précipiter la matière albumineuse (glaïadine) des vins blancs qui tournent au gras.

USAGES. — Georges Agricola, médecin du seizième siècle, conseillait la pervenche comme un remède souverain contre les inflammations de la luette et des amygdales; elle a joui d'une certaine réputation contre les maladies de poitrine. Son amertume et le tannin qu'elle renferme lui ont fait attribuer des propriétés astringentes, et l'ont fait employer contre l'épistaxis; pour cela on conseillait de placer deux ou trois feuilles sous la langue. On recommandait son infusion contre la leucorrhée, les hémorrhagies, l'hématurie, la dysenterie chronique, etc. Mais c'est surtout pour arrêter la sécrétion lactée que les femmes du peuple l'emploient, soit seule, soit associée à la Canne-de-Provence; il est bien rare que celles qui veulent sevrer leurs enfants n'en fassent pas usage. On ajoute souvent aussi à l'infusion une petite quantité de sulfate de potasse.

La pervenche fait partie du Faltrank, espèce de thé suisse, qui est un mélange de plusieurs plantes. Le *V. pusilla* Murr. (*parviflora* Retz) est employé dans l'Inde, d'après Hamilton, contre le lumbago, en embrocations sur les reins, sous le nom tamoul de *Sangkhaphuli* (Ainslie, *Mat. ind.*, t. II, p. 358).

En médecine homœopathique on emploie rarement la pervenche; elle est cependant désignée sous le signe *Avi* et l'abréviation *Vinca*.

PÉTIVÈRE
Petiveria alliacea L.
(Phytolaccées.)

La Pétivère alliacée, vulgairement appelée *Herbe-aux-Poules*, de Guinée, est une plante vivace, sous-frutescente, à racines fortes, fibreuses, très-allongées, pivotantes. La tige, haute de 0ᵐ,65 à 1 mètre, noueuse et sous-frutescente à la base, porte des feuilles alternes, presque sessiles, ovales-oblongues, atténuées aux deux extrémités, entières, d'un vert foncé, persistantes. Les fleurs, blanchâtres, très-petites, sont groupées en épis grêles, lâches, axillaires et terminaux. Elles sont dépourvues de corolle, et présentent un calice à quatre divisions linéaires, courtes, obtuses, rudes; quatre étamines à anthères oblongues, bifides aux deux extrémités; un ovaire libre, à style latéral, partagé au sommet en plusieurs divisions terminées chacune par un stigmate en pinceau. Le fruit est un akène cunéiforme, échancré au sommet, entouré par le calice persistant.

HABITAT. — Cette plante se trouve à la Havane, à la Jamaïque et dans quelques régions voisines; elle croît surtout dans les prairies. On ne la cultive, en Europe, que dans les jardins botaniques.

PARTIES USITÉES. — La racine, les feuilles.

RÉCOLTE. — Cette plante n'existe pas dans le commerce de la droguerie; sa racine est connue dans le Brésil sous le nom de *Rais de Pipi* ou *Racine de Pipi*. Cette racine est ligneuse, fibreuse, jaunâtre, d'une odeur très-forte et d'une saveur âcre et alliacée.

COMPOSITION CHIMIQUE. — Toutes les parties de la plante possèdent une odeur nauséabonde, alliacée, très-persistante, due probablement à une huile essentielle; cette odeur est communiquée au lait et à la

chair des animaux qui la broutent ; elle est, dit-on, assez forte pour
écarter les insectes.

Usages. — Les nègres emploient la décoction des feuilles contre
les empoisonnements avec délire. D'après Gomez (*Observ. botan.*,
part. I, p. 13) on emploie, au Brésil, le *P. tetrandra* en infusion contre
la paralysie avec refroidissement ; on en fait des fumigations, qui
agissent comme sudorifiques et font, dit-on, disparaître les douleurs
(*Journ. de Chim. médicale*, t. V, p. 18).

PEUCÉDAN

Peucedanum officinale Thuil. P. *Parisiense* D.C.
(Ombellifères-Peucédanées.)

Le Peucédan officinal, vulgairement *Fenouil-de-porcs*, est une
plante vivace, à racines longues, épaisses, pivotantes. La tige, haute
de $0^m,80$ à $1^m,20$, cylindrique, striée, fistuleuse, rameuse, glaucescente, porte des feuilles alternes, pétiolées, embrassantes, trois fois
ailées, à segments entiers, linéaires, très-longs, aigus, roides, divariqués. Les fleurs, blanches ou rosées, sont groupées en ombelles
terminales de dix à vingt rayons inégaux, ordinairement dépourvues
d'involucre, munies d'involucelles à plusieurs folioles. Elles présentent un calice à cinq dents ; une corolle à cinq pétales ; cinq étamines saillantes ; un ovaire infère, à deux loges uniovulées, surmonté
de deux styles divergents. Le fruit est un diakène oblong, ailé sur les
bords.

Habitat. — Cette plante est commune dans les régions tempérées
de l'Europe ; elle croît sur la lisière des bois, dans les taillis, les
prés, etc. On ne la cultive que dans les jardins botaniques.

Parties usitées. — La racine, le suc.

Récolte. — La racine étant surtout employée fraîche, on l'arrache
au printemps ou à l'automne ; elle est longue, grosse, noirâtre en
dehors, blanche en dedans. Le *Peucedanum Ostruthium* de Koch
est l'Impératoire qui a été l'objet d'un article spécial.

Composition chimique. — Cette plante a porté encore le nom de
Queue-de-pourceau ; sa racine contient un suc jaunâtre gommo-résineux, d'une odeur forte et vireuse ; on le faisait épaissir sur le feu
ou au soleil, et on l'employait autrefois en médecine ; celui qui
vient de Sardaigne était surtout estimé.

Usages. — Dioscoride (lib. II, p. 76) et Pline (lib. XXV, p. 9) ont connu le suc de peucedanum ; il était employé, seul ou associé à du miel, dans les catarrhes, contre l'aménorrhée, l'hypocondrie, l'épilepsie, la coqueluche et les névroses en général. Loiseleur-Deslonchamps et Marquis croient qu'il a été repoussé de la matière médicale, à cause de sa mauvaise odeur.

Le peucédan des Allemands, saxifrage des Anglais (*Peucedanum Silaus* L., *Seseli pratense* des dispensaires), que l'on trouve dans les prairies, était regardé comme diurétique ; on l'employait contre les maladies de la vessie ; il est aujourd'hui inusité.

PEUPLIER

Populus nigra et *balsamifera* L..
(Salicinées.)

Le Peuplier noir (*P. nigra* L.), appelé aussi *Peuplier franc* ou *Bouillard*, est un grand arbre, à racines traçantes. La tige, haute de 20 à 25 mètres, droite, couverte d'une écorce grisâtre et fendillée, se divise en rameaux étalés, à écorce gris jaunâtre, portant des bourgeons ovoïdes, allongés, aigus, enduits d'une matière visqueuse, résineuse, odorante, et des feuilles alternes, longuement pétiolées, trapézoïdales, presque triangulaires, aiguës, crénelées, glabres, luisantes sur leurs deux faces, glutineuses dans leur jeune âge. Les fleurs, dioïques, paraissant avant les feuilles, sont réunies en chatons, et présentent un disque cupuliforme, protégé par des écailles glabres, découpées, rétrécies à la base. Les mâles ont douze à vingt étamines, à filets libres et insérés sur le disque, à anthères purpurines. Les femelles ont un ovaire multiovulé, surmonté d'un style très-court terminé par deux stigmates allongés, bifides. Le fruit est une petite capsule ovoïde-conique, bivalve, uniloculaire, renfermant de nombreuses graines très-petites et munies d'une aigrette.

Le Peuplier baumier (*P. balsamifera* L.), appelé aussi *Tacamahaca*, est un arbre de 10 à 15 mètres de hauteur, à feuilles ovales-oblongues, inégalement dentées, d'un vert mat et foncé en dessus, lisses et glauques en dessous. Son écorce est d'un brun clair, et ses bourgeons résineux exhalent, ainsi que son bois, une odeur balsamique.

Nous citerons encore les Peupliers d'Italie ou pyramidal (*P. fastigiata* Poir.); de la Caroline (*P. angulata* H. K.); du Canada (*P. Ca-*

nadensis Mich.); de Virginie (*P. Virginiana* Desf.), improprement appelé *Peuplier suisse*. Quelques autres espèces feront l'objet d'articles spéciaux.

HABITAT. — Le peuplier franc est abondamment répandu en Europe; il croit dans les terrains humides, au bord des eaux, etc. Le peuplier baumier habite l'Amérique du Nord.

PARTIES USITÉES. — Les bourgeons, le bois.

RÉCOLTE. — Les bourgeons de peuplier doivent être récoltés à la fin de l'hiver ou pendant l'hiver même; avant leur épanouissement on les fait dessécher à l'étuve; ils perdent par là une partie de leur odeur et une portion de l'enduit résineux qui recouvre leurs écailles. Celles-ci deviennent très-luisantes en séchant.

COMPOSITION CHIMIQUE. — M. Braconnot a constaté la présence de la salicine dans l'écorce des peupliers, mais il y a trouvé un autre principe immédiat mal défini, soluble dans l'eau, blanc, d'une saveur sucrée, brûlant avec flamme, aromatique, qu'il a appelé *Populine* (*Ann. de Chim. et de Physiq.*, t. XLIV, p. 311).

D'après M. Pèlerin (*Journ. de Pharm.*, t. VIII, p. 425), les bourgeons du peuplier noir contiennent une huile essentielle aromatique, une résine, un extrait gommeux, des acides gallique et malique, une matière grasse particulière, de l'albumine et des sels. La matière résineuse présente une odeur analogue à celle du styrax; cette résine est très-abondante sur les bourgeons du *P. balsamifera* L.

USAGES. — On emploie à peu près indistinctement les bourgeons des divers peupliers; ils sont la base de l'*Onguent Populeum*, graisse calmante, composée de plantes narcotiques, telles que le pavot, la stramoine, la jusquiame, la belladone, etc., que l'on prescrit souvent avec succès contre les douleurs et qui jouit d'une réputation méritée pour calmer les douleurs hémorrhoïdales.

Les bourgeons de peuplier n'ont guère d'autre usage que celui que nous venons d'indiquer; cependant on les a conseillés en boisson et fomentations contre les rhumatismes, les maladies de la peau, ou comme diurétiques dans les affections des reins ou de la vessie, comme balsamiques dans les catarrhes pulmonaires et autres; ou enfin à l'extérieur contre les névralgies, les gerçures du mamelon, les fissures et crevasses aux lèvres, aux mains, à l'anus, etc. On les fait alors digérer dans un corps gras; mais, en général, on préfère l'*Onguent Populeum*.

D'après Gilibert, la résine du peuplier-baumier possède des propriétés expectorantes et excitantes très-efficaces ; les bourgeons ont été conseillés comme sudorifiques ; les Russes, d'après Gmelin (*Flora sibirica*, t. I, p. 153), font infuser les bourgeons dans de l'alcool qu'ils distillent ; ils obtiennent ainsi une liqueur qui leur paraît agréable et qu'ils emploient contre le scorbut et la dysurie ; on lui attribue également des propriétés antigoutteuses et antirhumatismales.

Le peuplier-baumier est regardé comme vulnéraire et balsamique par nos paysans ; le nom de *Copalus*, qu'ils lui ont donné, indique les propriétés qu'on lui attribue.

L'écorce de peuplier blanc, qui est riche en salicine, a été conseillée comme fébrifuge ; les feuilles l'ont été aussi ; mais on sait aujourd'hui, à n'en pas douter, que les effets de la salicine elle-même sont nuls contre les fièvres ; les observations publiées par Cottereau et Verdet de Lisle sur les bons effets de l'écorce de saule n'ont pas été confirmées par les expériences ultérieures ; il est très-probable que les fièvres supposées guéries par MM. Gallot, Dubois de Tournai et Cazin, au moyen de l'écorce ou des feuilles de peuplier, auraient disparu sans ce secours, comme cela arrive si souvent pour les fièvres de saison.

Les bourgeons de certains peupliers, et plus spécialement ceux du peuplier du Canada, appelé vulgairement *Peuplier carré*, renferment une substance cotonneuse, que l'on pourrait utiliser dans l'industrie, et appliquer au traitement des brûlures pour remplacer le coton.

PÉZIZE

Peziza auricula L. *Tremella auricula* Bull.
(Champignons-Pézizées.)

Les Pézizes sont de petits champignons charnus, ou ayant la consistance de la cire, sessiles ou pédicellés, à réceptacle cupuliforme, bordé, presque fermé dans le jeune âge par la contiguïté de l'épiderme ; l'hymenium, lisse, distinct, persistant, contient des thèques amples et fixes, qui lancent leurs sporidies avec élasticité. Ce genre renferme un grand nombre d'espèces. La plus remarquable est la Pézize auricule, vulgairement Oreille-de-Judas. Cette espèce, qui atteint 0^m,10 de largeur, est ferme, élastique, mince, sessile, brun rougeâtre, fermée de deux lames appliquées. Sa face inférieure (ou extérieure) est pubescente et marquée de plusieurs nervures ; la supérieure (ou intérieure) est concave, creusée en godet, et plissée ; les bords sont sinués et quelquefois découpés.

HABITAT. — Ce cryptogame est commun en Europe ; il croît sur les vieux troncs d'arbres, et notamment sur ceux du sureau.

PARTIES USITÉES. — La plante entière.

RÉCOLTE. — Les diverses pézizes croissent en été et en automne dans les lieux humides. Leur consistance peu charnue rend leur dessiccation facile. On n'a employé en médecine que le *P. auricula*, sous le nom d'*Oreille-de-Judas*.

COMPOSITION CHIMIQUE. — Les pézizes sont peu charnues ; elles ont un peu l'aspect de la cire. Aucune espèce n'est vénéneuse ; on pourrait toutes les manger, mais elles sont si petites qu'elles n'offrent réellement pas une grande ressource à l'alimentation ; aussi sont-elles peu recherchées ; elles ont d'ailleurs peu d'arome, et quelques-unes sont sèches et coriaces.

USAGES. — Les pézizes étaient employées autrefois en infusion dans du vin contre l'hydropisie et les inflammations de la gorge.

PHELLANDRIE

Phellandrium aquaticum L. Œnanthe *Phellandrium* D. C.
(Ombellifères - Séselinées.)

La Phellandrie aquatique, appelée aussi Phellandre, Fenouil d'eau, Ciguë aquatique, Millefeuilles aquatique, etc., est une plante bisannuelle, à racine fusiforme, allongée, épaisse, blanchâtre, pivotante, à chevelu très-abondant. La tige, haute de 0^m,60 à 1^m,20, cylindrique, épaisse, fistuleuse, noueuse, striée, glabre, renflée et souvent couchée dans sa partie inférieure, dont chaque nœud est entouré de fibres radicales, rameuse et dressée au sommet, porte des feuilles alternes, à pétioles élargis et embrassants à la base, à limbe très-grand, trois fois ailé, à segments divariqués, ovales, profondément découpés en lobes très-petits, oblongs, glabres, lisses, d'un beau vert ; les feuilles inférieures sont quelquefois submergées et découpées alors en segments capillaires. Les fleurs, blanches, petites, sont groupées en ombelles terminales dépourvues d'involucre, et divisées en un grand nombre d'ombellules à involucelle formé de huit à dix folioles courtes, pointues et étalées. Chaque fleur est pédicellée, et présente un calice adhérent, à cinq dents, s'accroissant après la floraison ; une corolle à cinq pétales irréguliers, cordiformes, réfléchis en dedans ; cinq étamines saillantes, à anthères arrondies ; un ovaire infère, à deux loges uniovulées, surmonté de deux styles divergents. Le fruit est un diakène ovoïde, ailé, marqué sur chaque face de trois côtes obtuses, et couronné par le calice persistant.

La Phellandrie mutelline (*P. mutellina* L.) appartient aujourd'hui au genre *Meum* (Voyez ce mot).

HABITAT. — La Phellandrie aquatique est abondamment répandue en Europe ; elle croît dans les lieux humides, les mares, les étangs, les fossés, les prairies marécageuses, etc.

CULTURE. — Cette plante, étant assez abondante à l'état sauvage pour suffire aux besoins de la médecine, n'est cultivée que dans les jardins botaniques. Elle demande un sol constamment humide, et se multiplie très-facilement de graines ou d'éclats de pieds.

PARTIES USITÉES. — Les fruits ou diakènes, les racines, les feuilles.

RÉCOLTE. — Les racines et les feuilles sont très-peu employées. Les premières doivent être récoltées à l'automne, les secondes au moment de la floraison. On les fait sécher au soleil ou à l'étuve. Les fruits sont cueillis à la maturité, et même un peu avant, parce qu'elle s'achève pendant la dessiccation. On doit conserver la plante dans des vases bien fermés et à l'abri de l'humidité.

Dans le commerce, sous le nom de *Phellandrium*, on entend désigner les fruits de cette plante. Ils sont ovoïdes-allongés, régulièrement striés, glabres, bruns rougeâtres, luisants, formés de deux akènes rapprochés. Chaque carpelle isolé comprend un péricarpe solide, blanc à l'intérieur, et deux amandes d'un brun noirâtre. Ces fruits dégagent une odeur forte qui se développe surtout pendant la pulvérisation. Leur saveur est chaude et aromatique.

COMPOSITION CHIMIQUE. — D'après M. Butel, de Lyon, les propriétés du *Phellandrium* seraient dues à une matière grasse qu'il a désignée sous le nom de *Phellandrine* ; les fruits en contiendraient 2 à 3 pour 100. On l'obtient en épuisant les fruits de la phellandrie par de l'éther, en saturant la liqueur par de la potasse, et distillant pour chasser l'éther. Le résidu est acidulé par l'acide sulfurique et distillé à une température de 100°. On obtient une huile plus légère que l'eau, soluble dans l'alcool, d'une odeur nauséabonde. C'est la *Phellandria* ou *Phellandrine*.

USAGES. — Un pharmacien allemand, Steiner, dit que la couleur des fruits de phellandrie est due à ce que, aux environs de Francfort, on les recueille avant leur maturité et on les met en tas pour les faire fermenter (*Bull. des Sciences méd. de Ferussac*, t. IV, p. 292).

Les feuilles fraîches de phellandrie sont nuisibles aux bestiaux. Linné croyait que les accidents qu'elles déterminaient devaient être attribués à la larve du Charançon paraplectique (*Curculio paraplecticus* L.) qui se nourrit de ses tiges. Cette opinion est contredite par Gmelin et par Bulliard. Séchées, elles perdent leurs propriétés. Ernsting les regarde comme apéritives, diurétiques, antiscorbutiques. Néanmoins elles ne sont pas employées.

Les fruits de la phellandrie ont commencé à être d'usage en médecine vétérinaire avant de l'être en médecine humaine. On les a regardés comme narcotiques, excitants, diurétiques et diaphorétiques, et on les a conseillés dans un grand nombre de maladies parmi lesquelles nous citerons les catarrhes chroniques, l'asthme, la coqueluche, les fièvres intermittentes, mais surtout la phthisie.

Un médecin hollandais, Thuessing, a beaucoup vanté la phellandrie dans les maladies de poumons. Thomson, médecin danois, dit qu'elle agit comme calmante et expectorante. Franck, Schnurmann, Hanin, Hufeland, Lange, Bertini, Chioppa de Pavie en font les plus grands éloges; plus récemment, MM. Rothe, Michéa, et particulièrement Sandras ont regardé la phellandrie comme une sorte de spécifique de la phthisie, surtout de la phthisie purulente; mais ces propriétés sont bien contestables, de même que celle qu'on lui attribue de guérir les fièvres intermittentes, aussi bien au moins que le ferait le quinquina, s'il fallait en croire les médecins allemands. Quoi qu'il en soit, il résulte des recherches de Sandras que la phellandrie facilite l'expectoration, et qu'elle peut rendre quelques services dans certaines affections des poumons, particulièrement dans les tubercules pulmonaires et les catarrhes bronchiques chroniques; elle n'est au contraire d'aucune utilité dans l'emphysème pulmonaire et l'asthme, à moins que ces affections ne soient compliquées de catarrhe chronique.

C'est la poudre de fruits de phellandrie que l'on emploie; elle doit être récemment préparée; on l'administre à la dose de 10 à 30 et 50 centigrammes. Le sirop et la teinture de phellandrie sont rarement prescrits.

La phellandrie devait être, et a été en effet un des remèdes de prédilection des médecins homœopathes; ils en font un très-grand usage, et ils l'emploient dans un nombre considérable de maladies, mais plus spécialement dans les affections pulmonaires et nerveuses. On la désigne sous le signe *Mpn*, et son abréviation est *Phell.*

PHYLLANTHE

Phyllanthus Brasiliensis, Emblica et squamifolius L.
(Euphorbiacées – Phyllanthées.)

Le Phyllanthe du Brésil ou Conami (*P. Brasiliensis* Poir., *Conami Brasiliensis* Aubl.) est un arbrisseau, dont la tige, haute de 3 à 4 mètres, couverte, ainsi que les branches, d'une écorce rugueuse et verdâtre, se divise en rameaux grêles, effilés, portant des feuilles alternes, pétiolées, ovales, un peu cordiformes, entières, glabres, d'un vert pâle, accompagnées de très-petites stipules opposées. Les fleurs, monoïques, verdâtres, dépourvues de corolle, très-petites, terminent des pédoncules axillaires, accompagnés de bractées arrondies. Elles présentent un calice à six divisions pétaloïdes, aiguës, conniventes à la base. Les mâles ont trois étamines, à filets soudés en une colonne dont la base est entourée de six petites glandes. Les femelles portent, sur un disque membraneux entouré de six glandes courtes et obtuses, un ovaire à trois loges biovulées, surmonté de trois styles rapprochés, bifides et terminés chacun par deux stigmates. Le fruit est une capsule formée de trois coques bivalves, dont chacune renferme deux graines.

Le Phyllanthe emblic (*P. emblica* L., *Emblica officinalis* Gærtn.), appelé aussi Myrobalan emblic, est un arbrisseau dont la tige, haute de 4 à 5 mètres, se divise en rameaux portant des feuilles très-petites, ovales, glabres et dont l'ensemble simule des feuilles ailées. Les fleurs, petites, roussâtres, dépourvues de corolle, sont solitaires à l'aisselle des feuilles. Le fruit est une capsule arrondie, un peu charnue, de la grosseur d'une cerise, noirâtre, présentant six côtes très-obtuses, séparées par des sillons profonds, et composée de trois coques bivalves, dont chacune renferme deux graines.

Le Phyllanthe à feuilles imbriquées (*P. squamifolius* L., *Nymphanthus squamifolius* Lour.) est un grand arbre, dont la tige, couverte d'une écorce brune, épaisse et crevassée, se divise en rameaux ascendants, portant des feuilles très-petites, presque sessiles, arrondies, un peu imbriquées et qui simulent par leur rapprochement des feuilles ailées. Les fleurs sont très-petites, monoïques, éparses, solitaires à l'extrémité de pédoncules courts, recourbés et axillaires. Le fruit est une capsule formée de trois coques renfermant chacune deux graines.

On peut citer encore le Phyllanthe Niruri (*P. Niruri* L., *N. niruri* Auct.), plante vivace, à tige herbacée, dressée, divisée en rameaux aplatis, simulant des feuilles ailées et florifères. Les fleurs, pédonculées, présentent trois étamines à filets soudés en colonne et à anthères didymes et conniventes.

HABITAT. — La première espèce, comme son nom l'indique, est originaire du Brésil. Le phyllanthe à feuilles imbriquées croît dans les forêts montagneuses de la Cochinchine. Les deux autres espèces habitent les Indes. Les phyllanthes sont peu répandus en Europe, et ne s'y trouvent que dans les serres chaudes des jardins botaniques.

PARTIES USITÉES. — Les fruits, ou Myrobalans-Emblics.

RÉCOLTE. — Les fruits qui viennent du Malabar peuvent être considérés comme des drupes. Avant leur maturité, ils sont lisses et sphériques ; mais en mûrissant et se desséchant, ils deviennent anguleux, hexagones et rugueux ; ils se séparent en six demi-loges ; leur couleur à l'état sec est d'un gris noirâtre ; ils sont inodores, d'un goût astringent et aigrelet. Ils contiennent chacun deux graines rouges et luisantes.

Plusieurs fruits qui se rapprochent par leur forme des vrais Myrobalans ont reçu ce nom ; c'est ainsi que l'on a nommé *Myrobalan d'Amérique* ou *Prune d'Amérique* les fruits des *Chrysobalanus Icaco* L. de la famille des Rosacées. Les *Myrobalans Monbin* sont les fruits du *Spondias lutea* de la famille des Térébinthacées, tribu des Anacardiées. Les *Myrobalans d'Égypte* ou *Dattes du désert* (*Balanites Ægyptiaca* Del.), dont l'origine est inconnue, sont souvent mêlés à la gomme arabique et à celle du Sénégal. Leur chair est âcre, amère et purgative ; mais en mûrissant, le fruit, qui ressemble à une datte, devient mangeable, et l'embryon fournit par expression une huile qui est employée au Sénégal et en Nigritie.

COMPOSITION CHIMIQUE. — Les myrobalans-emblics, très-rares aujourd'hui dans la droguerie, n'ont pas été analysés ; mais l'usage que l'on en fait dans l'Inde, pour tanner les cuirs, doit faire admettre qu'ils renferment une grande quantité de tannin. Les fleurs du *Phyllanthus Emblica* L. ont l'odeur du citron.

USAGES. — Les myrobalans-emblics sont maintenant à peu près inusités en médecine. D'après Rheede (*Hort. malab.*, lib. 69, t. 38), les Indiens, qui les nomment *Nilicamarum*, les emploient comme astringents, mêlés au lait ou au petit-lait, contre les fièvres, la diarrhée, la dysenterie. Ils s'en servent pour fabriquer de l'encre et pour le tannage. D'après Fleming, ils en préparent, par décoction avec le sel marin, un mélange qu'ils nomment *Bit-laban*; ils l'administrent contre la goutte, la dyspepsie, et le considèrent comme fébrifuge (Ainslie, *Mat. ind.*, t. II, p. 41). Les fleurs du *Phyllanthus Emblica* L. servent à préparer des électuaires qui sont employés comme apéritifs et rafraîchissants.

A la Guyane, la racine du *Phyllanthus Brasiliensis* Lamk. (*Conami* Aubl.) servent à empoisonner les poissons. Les Witiens, ou médecins hindous, administrent les feuilles du *P. Maderaspatensis* L. en infusion, contre les maux de tête (Ainslie, *Mat. ind.*, t. II, p. 245). L'écorce du *P. multiflorus* W. est employée comme atténuante, mot bien vague, qui n'est plus usité dans notre thérapeutique. Le *Niruri* des auteurs (*P. Niruri, Nymphantus Niruri* Lour.) est considéré au Brésil comme un diurétique puissant, ainsi que le *P. microphyllus* Mart., qui est employé contre le diabète. Avec les feuilles du *P. rhamnoïdes* Retz, les jeunes pousses du *Strychnos Nux-vomica* L., et les feuilles de ricin, on prépare, dans l'Inde, des cataplasmes qui sont employés contre les anthrax. On fume les feuilles de cette plante en guise de tabac contre les engorgements des amygdales (Ainslie, *Mat. ind.*, t. II, p. 228 et 403). Enfin, d'après Loureiro, le *P. urinaria* L., qui est regardé dans l'Inde comme efficace dans les rétentions d'urine et les maladies vénériennes, est considéré, en Cochinchine, comme emménagogue (Loureiro, *Flor. cochinch.*, p. 677).

PHYSOSTIGMA

Physostigma venenosum Balf. *Mucuna venenosum* Murr.
(Légumineuses-Phaséolées.)

Le Physostigma vénéneux, appelé aussi Fève du Calabar, Fève d'épreuve, Éséré, Chop-nut, est une plante vivace, à racines ramifiées, fibreuses, souvent munies de petits tubercules blancs. La tige, qui atteint une longueur de 16 mètres et plus, est cylindrique, grimpante, volubile, rugueuse, grisâtre, divisée en rameaux d'un vert foncé, qui portent des feuilles alternes, pétiolées, stipulées, à trois folioles ovales, acuminées; les latérales obliques vers la base. Les fleurs, assez grandes, d'un rouge pourpre veiné de jaune, sont réunies en grappes axillaires pendantes, à pédoncule commun noueux et flexueux. Elles présentent un calice campanulé, un peu bilabié, à cinq divisions, les deux supérieures soudées presque jusqu'au sommet; une corolle papilionacée, à étendard très-large et bilobé au sommet, à ailes larges, ovales-oblongues et courbées, à carène appendiculée et aussi longue que l'étendard; dix étamines diadelphes, à filets longs et minces; un ovaire allongé, rugueux, à une seule loge bi-triovulée, inséré sur un disque épais, et surmonté d'un style courbé et velu que termine un stigmate obtus, renflé et recouvert d'un appendice en capuchon. Le fruit est une gousse ovale-oblongue, un peu falciforme, longue d'environ $0^m,20$, renfermant un tissu cellulaire d'apparence laineuse, dans lequel sont logées deux ou trois graines longues de $0^m,03$, à hile grisâtre.

Habitat. — Cette plante croît en Afrique, sur les bords de l'ancienne rivière du Calabar, près de la baie de Biafra, à l'ouest des sources du Niger, dans le territoire d'une tribu nommée *Eboe*. On la trouve surtout le long des cours d'eau et dans les endroits marécageux. Elle est depuis peu connue en Europe.

Parties usitées. — Les graines ou fèves.

Récolte. — La fève du Calabar ou *Eséré* est le poison d'épreuve des Calabarais. A la maturité des fruits, les graines sont récoltées, réservées pour le roi et destinées à préparer la boisson que l'on fait boire aux criminels. Ce qui reste de la provision est jeté à la rivière; et ce sont les graines qui surnagent, et que l'on recueille sur les bords de l'eau, qui nous sont apportées en Europe.

Les fèves du Calabar sont à peu près de la grosseur du pouce, réniformes, avec un épisperme dur, chagriné, d'un brun chocolat; le hile grisâtre et sillonné présente deux bourrelets brunâtres bordés de rouge; il se prolonge sur tout le bord convexe et placentaire de la graine. Les cotylédons sont durs, farineux et friables.

Composition chimique. — L'extrême rareté de la fève du Calabar a, pendant longtemps, empêché qu'on n'en entreprît une étude chimique régulière. Christison et Fraser s'étaient efforcés, mais sans succès, d'en extraire un alcaloïde. Après eux, on n'a guère fait, en Angleterre, que des observations de pharmacologie. M. Baher-Edwans, chargé de faire l'autopsie d'un enfant empoisonné par la fève du Calabar, étudia les colorations variées que prennent cette semence et ses extraits sous l'influence de divers réactifs. On était arrivé à supposer (E. Hart, *The Lancet*, déc. 1863) que le principe actif pouvait être un corps neutre de la nature, de la santonine ou de la pipérine, peut-être même une résine. En France, M. Reveil admit qu'il devait être un alcaloïde. Cette opinion a été corroborée par les recherches de MM. Jobst et Hesse ; ces chimistes ont obtenu, par un procédé compliqué, une matière amorphe, d'un jaune brunâtre, très-vénéneuse, se déposant de ses dissolvants sous forme de gouttes huileuses, solubles dans les acides, dans l'ammoniaque, le carbonate de soude, la soude, l'éther, la benzine et l'alcool ; moins solubles dans l'eau froide ; ces solutions, dans les acides, sont ordinairement d'un rouge foncé, quelquefois d'un bleu intense ; elles précipitent, par le tannin, le bichlorure de platine, le chlorure d'or, le bichlorure de mercure. MM. Jobst et Hesse ont considéré cette substance comme un alcaloïde nouveau, qu'ils ont nommé *Physostigmine* ; mais M. A. Vée a démoutré que cette substance était une matière très-complexe dans laquelle dominait un alcali organique cristallisable, qu'il a nommé *Ésérine*.

L'ésérine isolée par M. A. Vée s'obtient en épuisant la fève pulvérisée par l'alcool bouillant et en reprenant l'extrait alcoolique par l'eau acidulée d'acide tartrique. Cette solution est sursaturée par le bicarbonate de potasse et agitée avec de l'éther ; celui-ci étant décanté, on laisse déposer l'ésérine ; si elle ne cristallise pas du premier coup, on la redissout dans l'eau acidulée, et on l'isole de nouveau par le bicarbonate de soude et l'éther ; elle cristallise alors en lames rhomboédriques, fusibles à 62°, décomposables par la chaleur avec production de belles vapeurs blanches inflammables, et brûlant sans résidu ; leur saveur est peu amère ; elles se dissolvent dans l'éther, mieux dans l'alcool, peu dans l'eau à laquelle toutefois elles communiquent une franche réaction alcaline. L'ésérine sature les acides et forme des sels qui n'ont pas encore été obtenus cristallisés ; les solutions à 200ᵐᵉˢ ne sont troublées ni par les alcalis libres ou carbonates, ni par le chlorure de platine. Le tannin, l'iodure de potassium ioduré et l'iodure de mercure et de potassium les précipitent.

La saveur de ces sels est peu marquée; dissous dans l'eau, ils dévient franchement à gauche le plan de polarisation des rayons lumineux.

Les alcalis altèrent l'ésérine au contact de l'air; ils y déterminent une absorption d'oxygène et la formation d'une matière colorante rouge qui passe souvent au vert ou au rouge. D'après M. A. Vée, qui a isolé le premier l'ésérine et qui en a fait l'étude, cette réaction est jusqu'ici son meilleur caractère chimique.

USAGES. — Avant de faire connaître les applications nombreuses de la fève du Calabar à la thérapeutique, nous dirons quelques mots de ses effets physiologiques et toniques.

Toutes les préparations de la fève du Calabar, et l'ésérine elle-même en solution étendue, étant appliquées sur la conjonctive, déterminent constamment la contraction de la pupille; leur action sur l'économie animale est des plus énergiques. Introduites dans l'estomac ou dans le tissu cellulaire, elles produisent des vomissements, de la diarrhée, la paralysie des membres, une gêne extrême de la respiration qui devient saccadée et s'accompagne d'un flot d'écume bronchique; probablement aussi elles déterminent des troubles de la circulation et la mort. Tels sont les phénomènes produits par les préparations de fève du Calabar. Pour l'*ésérine*, d'après MM. A. Vée et Leven, la dilatation de la pupille serait aussi fréquente que la contraction; elle frappe la puissance musculaire, depuis les membres inférieurs jusqu'à la tête. Deux à cinq milligrammes d'ésérine suffisent pour déterminer la mort d'un lapin. Chez l'homme, on a vu survenir des vomissements à la suite de l'ingestion de deux milligrammes d'alcaloïde. Les animaux morts à la suite de cet empoisonnement présentent les centres nerveux à l'état normal, les poumons exsangues, le cœur flasque et presque vide.

Il résulte des expériences de MM. Fraser, Ogle, Harlez, Nunnelez, A. Vée et Leven, que les effets principaux des préparations de fèves du Calabar peuvent être résumés ainsi :

1° Dépression, paralysie des membres inférieurs, montant graduellement vers les membres supérieurs, et envahissant la poitrine et les muscles qui concourent au jeu de la respiration;

2° Ralentissement et irrégularité des mouvements cardiaques;

3° Contraction de l'appareil accommodateur de la vision;

4° Intégrité des fonctions intellectuelles.

C'est surtout dans les maladies des yeux que les préparations de fèves du Calabar ont été employées avec succès ; on se sert de la solution d'extrait alcoolique ou de papiers gradués avec l'extrait, par le procédé de M. Leperdriel, ou des petits disques en gélatine, semblables à des pains à cacheter, renfermant des quantités déterminées d'extrait alcoolique, qui ont été proposés par M. Hart.

Les maladies des yeux dans lesquelles la fève du Calabar a été employée sont : la mydriase artificielle, la mydriase pathologique, les plaies périphériques de la cornée avec prolapsus de l'iris, et quelques autres, telles que la myopie, la luxation du cristallin, l'hypermétropie, etc.

En dehors des maladies des yeux, la fève du Calabar a été employée, tantôt sous forme de poudre, tantôt sous celle d'extrait, dans l'érysipèle, la chorée, les névralgies, la bronchite aiguë, le delirium tremens, le tétanos. (Thèse de J.-C. Lopez. *Étude sur la fève du Calabar*. Paris, 1864, n° 197.)

Le Dr Daniell nous apprend qu'au Calabar, l'épreuve par la fève enlève chaque année plus de cent individus à une population de 100,000 habitants. Toutes les personnes soupçonnées d'un crime grave, si elles sont déclarées coupables, sont forcées de boire un breuvage préparé en pilant les amandes et en en faisant une émulsion. Le condamné, après avoir pris une certaine quantité de ce mélange, se promène jusqu'à ce que les effets se fassent sentir ; s'il rejette le poison, il est reconnu innocent et mis en liberté; dans ce cas, l'accusateur est obligé de se soumettre à la même épreuve.

C'est le missionnaire Waddell qui a le premier fait connaître le nom de la légumineuse dont avait parlé Daniell. Il ajoute que, selon qu'il plaît aux exécuteurs calabarais de faire vivre ou mourir les accusés, ils modifient l'action des fèves en les faisant bouillir ou rôtir, ou en administrant l'épisperme, qui est vomitif. La fève du Calabar a été étudiée, au point de vue physiologique et toxicologique, par le professeur Christison. C'est M. Giraldès qui, le premier, l'a essayée en France.

PHYTOLAQUE

Phytolacca decandra L.
(Phytolaccées.)

La Phytolaque à dix étamines, appelée aussi Laque, Raisin d'ours, Épinard d'Amérique, etc., est une plante vivace, à racine fusiforme, très-épaisse, pivotante, blanche, rameuse. La tige, haute de 2 à 3 mètres, cylindrique, très-épaisse, striée, rameuse, glabre, luisante, pourprée, porte des feuilles alternes, courtement pétiolées, très-grandes, ovales, lancéolées, entières, acuminées, molles, glabres, lisses, d'un beau vert, à nervures rougeâtres. Les fleurs, roses, sont disposées en longues grappes opposées aux feuilles. Elles sont dépourvues de corolle, et présentent un calice à cinq divisions pétaloïdes, ovales, concaves, infléchies au sommet, étalées ; dix étamines saillantes, insérées sur un disque charnu ; un pistil composé de dix carpelles uniovulés, verticillés, surmontés chacun d'un style très-court, subulé, recourbé au sommet, à face interne stigmatifère. Le fruit est une baie arrondie, déprimée, ombiliquée, pourpre noirâtre, marquée de dix côtes, contenant une dizaine de graines cunéiformes, verticillées, entourées d'une pulpe charnue, à suc pourpre très-foncé. (Pl. 5.)

La Phytolaque à huit étamines (*P. octandra* L.) diffère de la précédente par le nombre de ses étamines, comme son nom l'indique ; sa taille d'un mètre, et ses fleurs blanc jaunâtre groupées en épis dressés.

La Phytolaque dioïque (*P. dioica* L.), connue aussi sous le nom de Belombra, est un arbre de moyenne grandeur, à tige épaisse, molle, presque charnue, succulente ; ses feuilles sont très-larges et marquées d'une grosse nervure rouge ; ses fleurs sont blanches.

HABITAT. — Toutes ces espèces croissent dans l'Amérique du Nord. La première, originaire de la Virginie, est aujourd'hui naturalisée dans les régions occidentales et méridionales de l'Europe. C'est une plante très-rustique, qui vient partout et sans aucun soin, et se propage très-facilement par graines ou par la division des souches.

PARTIES USITÉES. — Les racines, les feuilles, les fruits.

RÉCOLTE. — La racine de phytolaque n'existe pas dans le commerce ; les feuilles ne sont employées que fraîches, et les fruits sont cueillis à leur maturité, c'est-à-dire lorsqu'ils ont acquis une belle couleur pourpre-noir.

COMPOSITION CHIMIQUE. — D'après M. Braconnot, la phytolaque est extrêmement riche en potasse qui existe combinée avec un acide organique ressemblant à l'acide malique, mais en différant néanmoins ; les baies renferment du sucre et peuvent fournir par fermentation et distillation une certaine quantité d'alcool de bon goût ; la matière colorante, quoique très-fugace, peut être employée comme réactif ; les feuilles sont alimentaires. (*Ann. de chim.*, t. X, p. 11-21.) M. Braconnot conclut de ses recherches que cette plante pourrait être avantageusement cultivée, et De Candolle avait émis l'opinion qu'elle était trop négligée en France. Aux États-Unis, on en tire un très-grand parti.

USAGES. — En Amérique, et souvent en France, on mange les pousses et les feuilles de phytolaque en guise d'asperges ou d'épinards. On assure que lorsque la plante est plus développée, elle est vomitive et purgative ; aussi lui a-t-on donné le nom de *Méchoacan du Canada*. Son suc, appliqué sur la peau, l'irrite vivement, et deux cuillerées purgent fortement. On l'a conseillée contre les rhumatismes et la syphilis, dans les éruptions cutanées, la gale, les dartres, etc. Malgré les assertions des docteurs Jones et Kallvek, nous doutons beaucoup que le phytolaque guérisse la syphilis sans l'aide du mercure. (Coxe, *Americ. dispens.*, p. 456.)

Les fruits de phytolaque donnent un suc rouge dont on se sert quelquefois pour colorer les vins, ce qui n'est pas sans danger et ce qu'on a dû prohiber en Portugal. Macérés dans l'eau-de-vie, on les emploie aux États-Unis contre le rhumatisme chronique. Ils sont purgatifs ; cependant on les donne à manger aux volailles. On les a utilisés en teinture, d'après M. Bonafous.

La racine de phytolaque a été employée autrefois et très-recherchée contre l'hydropisie ascite ; elle purge violemment, ainsi que celle du *P. drastica*, du Chili.

PIED-DE-CHAT

Gnaphalium dioicum et *Germanicum* L.
(Composées – Sénécionidées.)

La Gnaphale dioïque ou Pied-de-Chat (*G. dioicum* L., *Antennaria dioica* Gærtn.) est une plante vivace, dont la souche émet des rejets traçants terminés par des faisceaux de feuilles. Les tiges, hautes de $0^m,10$ à $0^m,30$, simples, laineuses, blanchâtres, dressées, portent des feuilles alternes, sessiles, tomenteuses et blanchâtres au moins en dessous ; les radicules obovales ou spatulées, étalées en rosette ; les caulinaires étroites, lancéolées ou linéaires, dressées. Les fleurs, dioïques, blanches ou roses, sont groupées en capitules peu nombreux, dont la réunion constitue un corymbe terminal compacte, ombelliforme. Elles ont toutes un calice en aigrette et une corolle tubuleuse, et sont insérées sur un réceptacle presque plan, entouré d'un involucre à folioles scarieuses, oblongues, colorées, tomenteuses à la base, imbriquées. Les fleurs mâles ont cinq étamines saillantes, à anthères soudées, et un pistil rudimentaire. Les femelles ont cinq étamines avortées et stériles ; un ovaire simple, infère, uniovulé, surmonté d'un style bifide, saillant. Le fruit est un akène presque cylindrique, surmonté d'une aigrette soyeuse.

La Gnaphale d'Allemagne (*G. Germanicum* Willd. ; *Filago Germanica* L.), est une plante annuelle, tomenteuse, blanchâtre, comme la précédente, quelquefois grisâtre ou jaunâtre. Ses tiges, hautes de $0^m,10$ à $0^m,30$, ordinairement simples à la base, rameuses au sommet, portent des feuilles alternes, lancéolées, ondulées, dressées et rapprochées. Les fleurs, monoïques, d'un blanc jaunâtre, sont groupées en capitules coniques, dont la réunion en grand nombre constitue des glomérules arrondis.

Ce genre renferme encore un grand nombre d'autres espèces, parmi lesquelles nous citerons les Gnaphales des bois (*G. sylvaticum* L.), des marais (*G. uliginosum* L.), de France (*G. Gallicum* Huds.), des champs (*G. arvense* Willd.), etc.

HABITAT. — Ces plantes sont communes en Europe. La première habite les lieux montueux, arides ; la seconde, au contraire, les lieux cultivés, le bord des chemins, etc. On ne les cultive que dans les jardins botaniques.

Parties usitées. — Les inflorescences, appelées à tort fleurs, les sommités.

Récolte. — On doit récolter les fleurs de pied-de-chat avant le parfait épanouissement des capitules; leur ouverture s'achève pendant la dessiccation; si on les récoltait plus tard, les fleurons et les aigrettes se sépareraient. On doit les faire parfaitement sécher, et les conserver dans un lieu à l'abri de l'humidité et de la lumière; car elles se décolorent et moisissent facilement.

Les fleurs de pied-de-chat nous viennent des Vosges, de la Suisse et du Midi de la France; le nom de *Pied-de-Chat* leur vient du duvet très-fin et soyeux qui occupe le centre des capitules; il est formé par les aigrettes plumeuses des akènes; il est arrondi et velouté, ce ce qui le fait ressembler à la *patte d'un chat*. La plante a aussi porté les noms de *hispidula* et *pilosella*, qui signifient velue.

Les fleurs sont roses ou blanches; cela dépend de la couleur des écailles pétaloïdes de l'involucre, qui varie avec les sexes. On préfère en général les fleurs roses, que M. Guibourt croit plus odorantes.

Composition chimique. — Les inflorescences du pied-de-chat sont à peu près inodores; cependant, lorsqu'on les presse, on sent une odeur assez forte; leur saveur est douce et très-légèrement amère.

Usages. — Les anciens formulaires désignent ces fleurs sous le nom de *Pescati* et de *Hispidula*. On les employait autrefois, de même qu'aujourd'hui, comme émollientes, adoucissantes et expectorantes, en infusion contre les rhumes, les catarrhes; elles font partie des *quatre fleurs pectorales* et des *espèces pectorales*. Il faut avoir le soin de bien filtrer les infusions pour en séparer les aigrettes.

D'après Gomès, le *G. arenarium* L. est employé en Portugal contre la goutte et la dyspnée; le *G. Stœchas*, commun en Provence, a des sommités d'un jaune d'or; on lui attribue les mêmes propriétés qu'à la première espèce; il est inusité. D'après Feuillée (*Mat. méd.*, t. III, p. 18) et Molina (*Chili*, p. 119), le *G. Vria-vria* est employé au Chili comme sudorifique et fébrifuge. Gmelin dit qu'en Sibérie plusieurs *Gnaphalium* sont usités contre les panaris.

Enfin, le *G. Germanicum* est regardé vulgairement comme astringent; Ray dit (*Catal. plant. cit.*, page 305) qu'on l'emploie contre les inflammations de la gorge, la diarrhée, la dysenterie, et il ajoute que son eau distillée en fomentation est employée contre les cancers non ulcérés des mamelles, afin de les empêcher de s'ouvrir. Écrasées avec de l'huile, les fleurs sont appliquées sur les contusions.

PIGAMON

Thalictrum flavum L. *T. nigricans* Jacq.
(Renonculacées - Anémonées.)

Le Pigamon des prés, appelé aussi Rue de Chèvre, Rhubarbe des Pauvres, Pied de Milan, etc., est une plante vivace, à rhizome horizontal, allongé, fibreux. Les tiges, hautes de $0^m,60$ à $1^m,20$, striées, dressées, rameuses, portent des feuilles alternes, munies de stipules, pétiolées, pennatiséquées, à segments obovales ou oblongs–cunéiformes, entiers ou lobés, d'un vert pâle en dessous ; les supérieures à segments linéaires étroits. Les fleurs, jaunâtres, dépourvues de corolle, sont groupées en bouquets compactes terminaux, dont l'ensemble forme une grande panicule rameuse, terminale. Elles présentent un calice pétaloïde, à quatre sépales courts, très-caducs ; des étamines en nombre indéfini, saillantes, dressées, à anthères jaunâtres, mutiques ; un ovaire composé de quatre à dix carpelles uniovulés, insérés sur un réceptacle étroit et terminés par un style court, persistant. Le fruit se compose d'un même nombre d'akènes. (Pl. 6.)

Nous citerons encore dans ce genre les Pigamons fétide (*T. fetidum* L.), à feuilles d'Ancolie (*T. aquilegifolium* L.), faux caille-lait (*T. galioides* Nestl.), des rochers (*T. saxatile* D. C.), à feuilles étroites (*T. angustifolium* D. C.), etc.

Parmi les espèces exotiques, on remarque les Pigamons de Chine (*T. Sinense* Lour.), du Canada (*T. Cornuti* L.), de la Caroline (*T. Carolinianum* D. C.), dioïque (*T. dioicum* L.), etc.

Habitat. — Les pigamons sont abondamment répandus dans les régions tempérées des deux continents. On les trouve surtout dans les fossés et les prés humides, au bord des ruisseaux et dans les clairières des bois. Les trois dernières espèces que nous avons nommées sont propres à l'Amérique du Nord. Ces plantes ne sont cultivées que dans les jardins botaniques et d'agrément.

Parties usitées. — La racine et les feuilles.

Récolte. — La racine doit être récoltée au printemps ou à l'automne ; on la fait sécher après l'avoir lavée, pour la débarrasser de la terre, et avoir coupé les radicelles. Les feuilles doivent être cueillies un peu avant la floraison ; elles sont peu usitées.

Composition chimique. — Lorsqu'on coupe la racine fraîche, il s'en écoule un suc jaunâtre, d'une saveur douce et amère. M. Lesson en a extrait une matière qu'il a nommée *thalictrine*. substance mal définie, analogue à la matière amère de l'aloès, qui cristallise, dit ce pharmacien, en groupes fasciculés.

Usages. — Dodoëns regardait les feuilles des *Thalictrum* comme laxatives et la décoction des racines comme purgative ; Boërhaave les préconisait comme telles et Murray disait qu'à dose triple de la rhubarbe, elles produisaient les mêmes effets. D'après Tournefort, on en a fait usage contre la diarrhée ; on les regarde comme diurétiques et apéritives, et on les a préconisées contre les fièvres intermittentes. M. Cazin a employé avec succès, comme purgatif doux, la décoction de 25 grammes de racines dans 500 grammes d'eau ; on l'a conseillée contre l'ictère. D'après M. de Martius, on l'emploie en Russie contre la rage. On croit que c'est cette racine que Pline a voulu désigner sous le nom de *Thalictron*.

D'après Loureiro, le *T. Sinense*, que l'on trouve dans les lieux agrestes de la Chine, possède des propriétés laxatives ; on l'emploie dans ce pays contre l'asthme, la pituite, les douleurs de gosier et la toux. (*Flor. cochinch.*, t. I, p. 423.) C'est à tort qu'on a prétendu que sa racine était jaune ; c'est néanmoins ce qui lui a fait donner les noms de *Racine d'or, Racine jaune* ; Loureiro affirme que cette racine est blanche, ce que ne croient pas MM. Mérat et Delens.

Au Canada, on emploie comme topique, sur les plaies, les contusions, pour favoriser la suppuration des abcès, les racines du *T. Cornuti* L., après les avoir pilées en décoction.

PIMENT

Capsicum annuum et *frutescens* L.
(Solanées.)

Le Piment annuel (*C. annuum* L.), vulgairement appelé Poivre long, Poivre d'Espagne ou de Guinée, Poivre du Brésil, Corail des jardins, etc., est une plante annuelle, dont la tige, haute de 0ᵐ,65 à 0ᵐ,80, ferme, rameuse, porte des feuilles alternes, souvent géminées, ovales, acuminées, entières, glabres, à bords un peu ondulés. Les fleurs, blanches, assez grandes, sont solitaires et pendantes à l'extrémité de pédoncules souvent extra-axillaires. Elles présentent un calice en godet, à cinq divisions; une corolle rotacée, à tube très-court, à limbe à cinq divisions; cinq étamines saillantes, à filets très-courts, à anthères conniventes; un ovaire à trois loges multiovulées, surmonté d'un style simple terminé par un stigmate en massue, obtus, à lobes peu marqués. Le fruit est une baie sèche, non pulpeuse à la maturité, longue de 0^m,10, conique, allongée, pyriforme, terminée en pointe obtuse un peu recourbée, d'un beau rouge vif, renflée et comme vésiculeuse, à trois loges renfermant de nombreuses graines aplaties, réniformes et jaunâtres.

Cette espèce présente une variété à fruits jaunes.

Le Piment-cerise (*C. cerasiforme* L.) est surtout caractérisé par le volume et la forme de ses fruits, que le nom spécifique indique suffisamment. Il présente aussi plusieurs variétés de couleur.

Le Piment frutescent (*C. frutescens* L.), vulgairement Piment enragé, est un sous-arbrisseau à tige frutescente, portant des feuilles longuement pétiolées, très-petites, étroites et allongées; des fleurs blanches, de moyenne grandeur; des fruits de la forme et du volume d'une datte, rouge corail ou rouge orangé, portés sur des pédoncules gén..i.lés.

Habitat. — Le piment annuel croît aux Indes et dans l'Amérique du Sud. Le piment frutescent se trouve aux Antilles. Ces diverses espèces sont cultivées dans les jardins maraîchers et d'agrément.

Parties usitées. — Les fruits et les graines.

Récolte. — On distingue deux variétés de piment à fruits rouges: l'un est nommé piment doux et l'autre piment fort; le premier se mange en salade; on le récolte lorsque les fruits sont encore verts; le second se confit dans du vinaigre. Lorsqu'on veut l'employer comme condiment, on le cueille à sa parfaite maturité, c'est-à-dire lorsque le péricarpe est devenu d'un beau rouge ou jaune. On attache ces fruits par leur pédoncule avec une ficelle, de manière à les disposer en chapelets, et on les fait dessécher à l'étuve, au soleil ou sur une cheminée.

Composition chimique. — Les fruits et les semences des piments se distinguent par leur âcreté excessive. D'après Braconnot, les fruits renferment une farine féculente, une huile âcre, de la cire unie à un principe colorant, une substance gommeuse, une matière animalisée, du citrate, du sulfate de potasse et du chlorure de potassium. M. Dulong d'Astafort y a trouvé une matière résineuse cristallisable, un peu d'huile essentielle, une matière extractive azotée, de l'amidon et de la bassorine. D'après M. Forch-Hammer, le piment contient un alcaloïde blanc, brillant, nacré, âcre, soluble dans l'eau, qu'il a nommé *capsicine*, mais dont l'existence a besoin d'être démontrée.

Usages. — D'après Pline, le piment était connu des Romains. Chez les Orientaux et chez tous les peuples des tropiques, on en fait un très-fréquent usage ; on le mange seul, ou il sert de condiment. Les Indiens en préparent avec de la farine une pâte qui leur sert d'assaisonnement, et qu'ils nomment *Beurre de Cayan* ou *Pots de poivre* ; confit avec d'autres fruits et principalement avec des nervures du chou-palmiste, il sert à préparer les *Achars* ou *Atchars*. Toutes ces substances agissent comme des excitants très-puissants de la digestion, qu'elles facilitent en déterminant une supersécrétion gastrique et intestinale. On les prescrit dans tous les cas d'atonie du canal digestif, dans les dyspepsies, l'hydropisie, la goutte atonique. Champruaux emploie le piment au début de l'angine tonsillaire et de l'angine maligne. Wright l'a donné associé au quinquina, dans les hydropisies passives. Monravel le regarde comme carminatif et comme propre à dissiper l'enrouement. On pourrait l'employer comme rubéfiant ; l'infusion et le suc étendu ont été employés en collyre contre certaines ophthalmies par relâchement des tissus de l'œil.

L'abus du piment peut déterminer des désordres intestinaux graves. Dombey a signalé une cruelle maladie qui sévit au Pérou et qui n'a pas d'autre origine. (*Annales du Muséum*, t. IV, p. 142.) D'après Poiret (*Encyclopéd. botaniq.*, t. V, p. 325) on mange les feuilles en guise d'épinards.

Le piment était peu employé en médecine, lorsque, en 1855, M. Allègre le proposa comme le traitement des hémorrhoïdes ; on l'administre sous la forme de pilules, ou en poudre à la dose de 50 centigrammes à 4 grammes par jour. M. Jobert de Lamballe, qui l'a expérimenté, a vu qu'il déterminait un soulagement considérable. On en fait un extrait que l'on prescrit à faibles doses ; ces préparations doivent être administrées avec les plus grandes précautions.

Le Piment enragé (*C. minimum*) jouit absolument des mêmes propriétés ; mais il est beaucoup plus actif.

En médecine homœopathique, on fait usage du piment dans un très-grand nombre de cas qu'il serait trop long d'énumérer. Son signe est *Mip* et son abréviation *Caps*.

PIMPRENELLE

Poterium Sanguisorba L.
(Rosacées-Dryadées.)

La Pimprenelle commune ou des jardins est une plante vivace, à souche presque ligneuse. Les tiges, hautes de $0^m,40$ à $0^m,80$, dressées, anguleuses, sillonnées, le plus souvent glabres, quelquefois pubescentes, rameuses au sommet, portent des feuilles alternes, imparipennées, à stipules foliacés, falciformes et dentées, à limbe composé de onze à dix-neuf folioles légèrement pétiolées, oblongues ou arrondies, un peu échancrées ou tronquées à la base, fortement dentées, d'un vert foncé en dessus, un peu glauques en dessous, ordinairement glabres, odorantes, aromatiques. Les fleurs, polygames, petites, verdâtres, teintées de pourpre, sessiles, munies de bractées écailleuses, sont groupées en épis terminaux très-compactes, oblongs ou arrondis. Elles sont dépourvues de corolle, et présentent un calice obconique, à gorge resserrée par un anneau glanduleux, à limbe partagé en quatre divisions; vingt à trente étamines saillantes, pendantes après la fécondation; un pistil composé de deux ou trois carpelles uniovulés, renfermés dans le tube du calice, et surmontés chacun d'un style simple terminé par un stigmate en pinceau. Les fruits sont des akènes renfermés dans le tube du calice.

On désigne sous le nom de Pimprenelle des prés une plante appartenant à un genre voisin du précédent, la Sanguisorbe officinale (*S. officinalis* L.). C'est une espèce vivace, à souche épaisse; ses tiges, hautes de $0^m,50$ à 1 mètre, portent des feuilles imparipennées, offrant neuf à quinze folioles coriaces, dentées, glabres, luisantes en dessus, glauques en dessous. Les fleurs, d'un pourpre foncé, sont hermaphrodites et ont quatre étamines.

Habitat. — La pimprenelle des jardins est abondamment répandue en Europe; on la trouve dans les prairies, les pâturages montueux, les bois, au bord des chemins, etc. Elle est cultivée dans les jardins potagers, comme fourniture, et quelquefois aussi dans les

champs, surtout dans les sols calcaires crayeux, comme plante four-
ragère.

PARTIES USITÉES. — La plante entière, les racines.

RÉCOLTE. — Lorsqu'on veut employer la pimprenelle, soit comme
condiment, soit comme fourrage ou médicament, il faut la récolter
avant la floraison. On l'emploie presque toujours fraîche; la dessiccation lui fait perdre la plus grande partie de ses propriétés.

COMPOSITION CHIMIQUE. — Les feuilles de pimprenelle présentent
une odeur aromatique et une saveur amère et astringente; les bestiaux et les lapins la recherchent beaucoup. Il ne faut pas la confondre avec une autre plante plus grande, nommée pimprenelle commune, d'Italie ou des montagnes (*Sanguisorba officinalis* L.). On a
souvent encore confondu avec elle les *boucages* ou *pimpinella*, de la
famille des Ombellifères, que l'on nomme aussi quelquefois *pim-
prenelles*, ce qui a donné lieu à de grandes erreurs.

USAGES. — La pimprenelle a joui d'une grande réputation contre
les hémorrhagies, d'où lui est venu le nom de *sanguisorba*; en Angleterre, on la nomme *burnet*, parce qu'on l'emploie contre les
brûlures; mais l'expérience a appris son inefficacité dans ces deux cas.
D'après Pallas (*Voyage*, t. IV, p. 224), les Toungouses, peuple de la
race mantchoue, qui habitent la Russie d'Asie, usent des feuilles en
guise de thé, et ils mangent les racines cuites. D'après M. Fraser, on
en fait les mêmes usages dans la terre de Van-Diemen; on l'a regardée comme galactophore; et Tabernæmontanus dit qu'appliquée en
cataplasmes sur le sein des nourrices, elle y fait monter le lait, ce
qui nécessite de l'enlever bientôt pour ne pas donner lieu à un engorgement. Elle entrait dans le sirop de Fernel, l'*onguent mordifi-
catif Dacher*, l'*emplâtre de Betorne*, etc. Autrefois vantée contre
les calculs urinaires et même contre la rage, elle est reléguée aujour-
d'hui parmi les condiments culinaires. D'après Pline (lib. XVII, c. 12),
le nom de *Patorium* a été donné à cette plante, parce que les Latins
en préparaient une boisson dont ils faisaient grand usage; de nos
jours encore, les Anglais la font entrer dans une espèce de bière
qu'ils nomment *coul tankard*.

PIN

Pinus sylvestris, maritima et *pinea* L.
(Conifères - Abiétinées.)

Le Pin sylvestre (*P. sylvestris* L.) est un grand arbre, à racines fortes et pivotantes. La tige, haute de 25 mètres et plus, cylindrique, régulière, droite, couverte d'une écorce rougeâtre, qui se détache par plaques, se divise en rameaux verticillés, étalés, portant des feuilles d'un vert glauque, longues d'environ 0^m,05, géminées, à gaine membraneuse courte, persistantes. Les fleurs sont monoïques et groupées en chatons. Les mâles se composent d'écailles imbriquées autour de l'axe et portant chacune en dessous deux lobes d'anthère. Les femelles se composent également d'écailles imbriquées, portant chacune à leur base deux ovules nus. Le fruit est un cône ou strobile ovoïde-conique, long d'environ 0^m,05, pédonculé, penché, à écailles imbriquées, ligneuses, plus épaisses au sommet, concaves, portant chacune à leur base deux graines à testa coriace, prolongé au sommet en une aile membraneuse caduque, et dont l'embryon présente plusieurs cotylédons linéaires verticillés.

Le Pin maritime (*P. maritima* Lam.) se distingue du précédent par ses feuilles d'un vert plus vif, longues de 0^m,10 à 0^m,20; par ses cônes oblongs-coniques, sessiles, dressés, longs de 0^m,10 à 0^m,15; enfin, par ses graines noirâtres trois fois plus grosses. On l'appelle aussi Pin des Landes ou Pin de Bordeaux.

Le Pin pignon (*P. pinea* L.) se reconnaît facilement à ses rameaux étalés, formant une cime arrondie ou en parasol; à ses cônes (vulgairement *pommes de pin*) ovoïdes-arrondis, aussi longs, mais plus gros que ceux du pin maritime, et à ses graines très-volumineuses, renfermées dans un testa épais, ligneux et très-dur.

Parmi les nombreuses espèces exotiques de ce genre, nous citerons le Pin à l'encens (*P. tœda* L.) et le Pin des marais (*P. palustris* H. Kew.).

Habitat. — Le pin sylvestre croît dans le nord de l'Europe. Le pin maritime et le pin pignon sont propres aux régions méridionales. Le pin à l'encens et le pin des marais habitent l'Amérique du Nord.

Parties usitées. — Les feuilles, les écorces, les fruits, les résines.

Récolte. — Les feuilles de pin peuvent être récoltées pendant toute l'année. Les fruits du *Pinus pinea*, les seuls employés, sont récoltés à leur maturité.

L'exploitation du pin maritime et celle du pin sylvestre, pour en tirer la *résine molle* ou *térébenthine brute*, commence à se faire vers l'âge de vingt-cinq à trente ans, et on la continue chaque année jusqu'à épuisement ; on recueille tous les produits dans des seaux en liége, puis dans des barriques ou dans des réservoirs. Pour purifier la résine, on la filtre au soleil sur des couches de paille ; on l'appelle alors *térébenthine au soleil*, c'est la plus estimée, parce qu'elle a perdu moins d'huile essentielle ; mais elle sert moins que celle de Strasbourg ; le plus souvent, on filtre la résine molle de la même manière, après l'avoir fait fondre au moyen d'une douce chaleur ou de la vapeur d'eau.

La térébenthine de Bordeaux a une consistance grenue ; elle laisse former un dépôt cristallin, surmonté d'un liquide consistant, peu coloré, transparent ; elle se dissout dans l'alcool rectifié. A l'air et en couches menues, elle s'oxyde et se résinifie ; une faible proportion de magnésie calcinée la solidifie. La térébenthine du Mélèze ou suisse jouit de propriétés toutes contraires. (*Voyez* Mélèze.)

Le *barras* ou *galipot*, autrefois *garipot*, est la résine qui se concrète à l'automne, en larmes blanches ou d'un blanc jaunâtre, sur les arbres, lorsque la température n'est plus assez élevée pour la fondre. Ce *galipot*, nommé aussi quelquefois *gomma*, est récolté pendant l'hiver ; il est sous forme de croûtes semi-opaques, solides, sèches ; on le distille comme la résine molle.

La *colophane, colophone, brin sec*, ou *arcanson*, est le résidu de la distillation de la térébenthine ; on en distingue généralement deux sortes : 1° la *colophane de galipot*, que l'on obtient en faisant cuire sur le feu, et dans une chaudière découverte, le galipot préalablement fondu ou purifié par filtration ; lorsqu'il est riche en huile volatile, on le fait cuire dans un alambic avec de l'eau, et on en retire ainsi une huile essentielle, connue sous le nom d'*huile de rose*, qui est moins estimée que l'essence de térébenthine ; la colophane de galipot est jaune doré, fragile, un peu odorante ; elle n'est pas complétement privée d'essence ; 2° la *colophane de térébenthine*, qui est le résidu de la distillation de la pâte de térébenthine, opérée à feu nu ; on la fait écouler, par une ouverture pratiquée à la cucurbite, dans des rigoles creusées dans le sable et dans des moules ; elle est solide, d'un brun plus ou moins foncé, fragile, transparente ; elle se dissout dans l'alcool, l'éther et les huiles grasses.

La *résine jaune* ou *poix résine* est la colophane fondue, brassée fortement avec de l'eau ; on obtient ainsi une matière jaune opaque, cassante, veineuse, légèrement odorante.

La *colophane d'Amérique* tient le milieu pour la couleur entre les deux précédentes ; elle est jaune verdâtre, et noirâtre lorsqu'on la voit par réflexion ; entre l'œil et la lumière, elle paraît jaune fauve, un peu verdâtre ; elle est friable, aromatique et assez molle pour qu'elle puisse se mouler dans les vases dans lesquels on la renferme.

La *poix noire* s'obtient dans les forêts de pins et de sapins, en brûlant en grands tas tous les produits résineux résultant des diverses fabrications, tels qu'écorces d'arbre imprégnées de résine, filtres de paille, copeaux résineux, etc. Cette combustion se fait dans un fourneau où l'on a accumulé tous ces produits ; on y met le feu par le haut ; les matières résineuses, en partie carbonisées, s'échappent par le bas ; on les fait couler au moyen de rigoles dans des moules en sable ou dans des cuves pleines d'eau ; dans ce dernier cas, elles se séparent en deux parties, l'une liquide ou huile de poix (*pisselæon*) ; l'autre solide, mais qui ne l'est certainement pas assez, puisqu'on est obligé de la faire bouillir dans une chaudière jusqu'à ce qu'elle devienne cassante par refroidissement : on la coule alors dans des moules de terre ; elle est noire, lisse, et se ramollit par la chaleur des mains, en y adhérant.

Le *goudron* est un produit empyreumatique analogue à la poix, mais beaucoup moins pur ; on l'obtient par une sorte de distillation *per descensum*, qui consiste à introduire dans un four conique creusé en terre des éclats secs de vieux troncs de pins ; au niveau du sol, on élève un cône en sens contraire au premier ; on recouvre ce dernier cône de gazon, et on y met le feu ; les produits résineux et empyreumatiques se réunissent vers le bas du fourneau et se rendent par un canal dans un réservoir extérieur. Ce goudron laisse surnager une huile noire qui est livrée à la place de l'*huile de cade*. Celle-ci, bien préparée, doit être obtenue par une distillation semblable des copeaux de l'oxycèdre (*Juniperus Oxycedrus*). Le goudron obtenu est brun, semi-liquide ; son odeur est forte et pyrogénée : le plus estimé vient de Norwége ; il est très-employé dans la marine et aussi en médecine. On doit distinguer avec soin ces produits d'avec la *poix* et le *goudron de houille* ou *coaltar*.

Le *noir de fumée*, consommé en grande quantité pour la peinture et pour la préparation des encres d'imprimerie et de lithographie, est obtenu par la combustion de divers produits résineux, tels que térébenthine, galipot, filtres, copeaux, etc. On les fait brûler dans un fourneau dont la cheminée aboutit à une chambre qui n'a qu'une seule ouverture fermée par un cône de toile; la fumée se condense dans cette chambre avec divers produits empyreumatiques; ceux-ci peuvent être enlevés par des lavages à l'alcool, et mieux par la calcination en vase clos; c'est alors du charbon très-pur. Le plus beau noir de fumée se prépare à Paris.

Composition chimique. — On donne aujourd'hui le nom générique de *térébenthines* à des produits naturels, obtenus le plus souvent par incision des plantes, et qui peuvent être considérés comme formés d'une substance résineuse plus ou moins complexe, tenue en dissolution dans une ou plusieurs huiles essentielles; il résulte de cette définition que la térébenthine de Bordeaux et celle des autres pins et sapins peuvent être regardées comme le type de ce groupe de corps. Toutes les térébenthines, distillées pures ou avec de l'eau, laissent un résidu résineux, et produisent à la distillation une huile essentielle simple ou complexe.

La *colophane* contient tantôt deux, tantôt trois acides isomériques, que M. Laurent a désignés sous le nom d'acides *pinique*, *pimarique* et *sylvique*; ils ont tous trois le même équivalent, qui est exprimé par $C^{40} H^{29} O^3 HO$, et leurs sels ont pour formule $MO\, C^{40} H^{29} O^3$ (Laurent). On sépare ces acides les uns des autres au moyen de l'alcool.

La térébenthine qui s'écoule du pin contient à la place de l'acide pinique un autre acide, décrit sous le nom d'*acide pimarique*, qui est soluble dans l'alcool bouillant, et surtout dans l'éther; il cristallise en prismes à base rectangulaire ou en prismes droits à six pans; il fond à 125°; à la longue, il se transforme en *acide pimarique amorphe*, ressemblant à l'acide pinique (Laurent).

La colophane soumise à la distillation sèche produit quatre carbures d'hydrogène qui ont été étudiés par MM. Pelletier et Walter : l'un, le *rétinaphte*, bout à 108° et a pour formule $C^{14} H^8$; le second, nommé *retiogle*, $= C^{10} H^{12}$, bout à 150°; le troisième, le *résinole*,

$= C^{22}H^{16}$, bout à 240°; enfin le quatrième est solide, blanc; il fond à 67° et bout à 325°; il a la même composition que la naphtaline; aussi l'a-t-on appelé *métanaphtaline*. Le mélange des produits liquides est connu dans le commerce sous le nom d'*huiles de résine*; on l'emploie à divers usages, et notamment pour remplacer l'essence de térébenthine dans quelques-unes de ses applications.

Si on distille la colophane avec de la chaux, on obtient deux substances liquides : l'une est nommée *rennone*, elle bout à 78°; l'autre a été appelée *résinéone*; son point d'ébullition est à 148°.

L'essence de térébenthine $= C^{20}H^{16}$ est un liquide d'une odeur forte, balsamique, d'une saveur âcre et brûlante; sa densité est de 0,860; elle bout à 156; elle est inflammable; sa formule représente quatre volumes de vapeur; elle est insoluble dans l'eau, très-soluble dans l'alcool et dans l'éther; son pouvoir rotatoire varie avec la nature de l'arbre dont elle provient; l'essence du *Pinus maritima* dévie à gauche la lumière polarisée, et l'essence américaine du *Pinus australis* la dévie à droite : voici d'ailleurs, d'après MM. Bouchardat et Guibourt, le tableau de déviation des diverses essences :

Baume du Canada (*Abies balsamea*), déviation à droite. . . . . + 12°.
M. Biot a trouvé pour l'essence distillée sans eau. . . . . — 19°.
et pour l'essence distillée avec de l'eau. . . . . — 7°.
Térébenthine du sapin (*Abies pectinata* D. C.), déviation à gauche. . . . . — 5°.
     Id.   *Id.*   *Id.*   . . . . — 7°.
Essence distillée avec de l'eau (densité 0,863) . . . . — 13°,5.
Térébenthine du Mélèze (*Larix Europea*) distillée avec de l'eau (densité 0,867). — 5°,8.
Térébenthine de Bordeaux, transparente. . . . . — 6°.
Essence du commerce, non rectifiée (densité 0,880) . . . . — 33°,1.
   —   —   rectifiée sans eau (densité 0,871). . . . . — 37°.7.
   —   —   rectifiée avec de l'eau, dernier produit (densité 0,889) — 26°.
Térébenthine de la Caroline (*Pinus palustris et Tæda*), filtrée. . . . . — 9°.
Essence du commerce anglais, distillée avec de l'eau (densité 0,863) . . . . + 22°,5.

Sous diverses influences, et par des distillations fractionnées et répétées, l'essence de térébenthine peut éprouver les modifications isomériques suivantes, qui toutes peuvent être représentées par a formule $= C^{20}H^{16}$:

1° L'*isotérébenthène* et le *métatérébenthène* (Berthelot);

2° Le *térébène*, le *colophène* et le *térébilène* (Deville);

3° Le *camphilène* (Soubeiran et Capitaine).

USAGES. — Les résines et leurs dérivés sont employés dans un

nombre considérable d'industries ; on s'en sert pour l'éclairage ; elles
entrent dans une infinité de préparations pharmaceutiques, notamment dans les onguents ; avec les résines on fabrique des *résinates*,
dits *savons de résine* ou *graisses végétales*, dont la découverte, due à
M. Dives, pharmacien à Mont-de-Marsan, a été si utile pour le grais-
sage des machines, des essieux de voitures, etc. Le goudron est utilisé tous les jours dans la marine, soit seul, soit mélangé à d'autres
substances pour former des enduits imperméables.

La térébenthine de Bordeaux, quoique moins estimée pour l'usage
médical que celle de Strasbourg, est cependant très-souvent employée.
A l'intérieur, solidifiée par de la magnésie ou bouillie dans l'eau, sous
le nom de *térébenthine cuite*, elle est formellement prescrite contre
les catarrhes pulmonaires et vésicaux. A l'extérieur, elle est utilisée
comme détersive, elle est la base des *digestifs*, mélanges de térébenthine et de jaune d'œufs avec d'autres substances, employés pour
hâter la cicatrisation des plaies.

La colophane est employée seulement à l'extérieur, sous forme de
poudre, pour arrêter les hémorrhagies ; elle entre dans la composition
de plusieurs onguents.

L'essence de térébenthine et la térébenthine elle-même répondent
à quelques indications thérapeutiques générales et à d'autres plus
spéciales : parmi les premières nous placerons leur application contre
les névralgies et surtout la sciatique ; cette méthode de traitement,
préconisée par M. Martinet, compte de nombreux succès. Les affections catarrhales de la vessie ou du poumon sont toujours avantageusement modifiées par l'usage des résineux et des essences. Enfin,
l'essence de térébenthine, à l'intérieur comme à l'extérieur, a été
préconisée comme parasiticide ; mais elle a l'inconvénient de rubéfier
fortement la peau, propriété dont on a souvent tiré parti dans les
douleurs ; à l'intérieur elle purge quelquefois violemment.

Dans les indications spéciales nous signalerons l'usage que l'on a
fait de l'essence de térébenthine associée à l'éther pour dissoudre les
calculs biliaires (remède de Durande). Dans ce cas on administre ce
mélange ou l'essence pure dans de petits globules, dits *capsules*, qui
rendent l'ingestion facile ; on a souvent employé ce même moyen
contre la blennorrhagie et surtout la blennorrhée. Cette médication
détruit d'ailleurs parfaitement les vers intestinaux.

Le goudron sert à préparer l'eau de goudron, qui est employée

avec succès dans les maladies du poumon et notamment dans les catarrhes chroniques et les bronchorrhées. On l'emploie aussi dans les
maladies de vessie. On fait avec le goudron une pommade qui est
utilisée tous les jours avec le plus grand succès, à l'hôpital Saint-Louis,
contre les maladies cutanées. On lui substitue souvent avec de grands
avantages l'*huile de Cade* sous la même forme ; cette huile pure est
très-usitée pour le traitement de la gale des moutons. Enfin, les fumigations de goudron ont été proposées contre les maladies de poitrine
et plus spécialement contre la phthisie pulmonaire. Se basant sur ce
que les vapeurs de goudron empêchaient le phosphore de luire à
l'obscurité, on a prétendu, sans le démontrer, que le goudron mettait
obstacle à l'action de l'oxygène de l'air sur les tubercules pulmonaires, et qu'on obtenait ainsi une sorte de diète respiratoire ; quoi
qu'il en soit, le goudron paraît bien agir dans un grand nombre
de cas.

N'oublions pas de mentionner un des effets physiologiques les plus
curieux et les plus inexpliqués de la térébenthine et de son essence :
sous leur influence les urines acquièrent très-rapidement une odeur
très-prononcée de violette ; l'exhalation de l'essence dans les appartements récemment peints suffit souvent pour produire ce phéno-
mène ; elle peut déterminer aussi dans ce cas des coliques qui, d'après
quelques médecins et particulièrement d'après M. Marchal de Calvi,
auraient été confondues à tort avec les coliques saturnines.

PISCIDIE

Piscidia Erythrina L.
(Légumineuses – Phaséolées.)

La Piscidie érythrine est un arbre dont la tige, haute de 8 à
10 mètres, assez droite, épaisse, se divise en rameaux épars, couverts
d'une écorce brunâtre, et portant des feuilles alternes, paripennées.
Les fleurs, d'un blanc jaunâtre, paraissant avant les feuilles, sont disposées en grappes rameuses. Elles présentent un calice campanulé, à
deux lèvres peu marquées, la supérieure échancrée, l'inférieure à
trois dents inégales ; une corolle papilionacée, à étendard arrondi,
échancré et réfléchi, à ailes dépassant un peu l'étendard, à carène
obtuse, relevée et recourbée en croissant ; dix étamines diadelphes,
les neuf inférieures soudées, la supérieure libre ; un ovaire pédicellé,

oblong, à une seule loge pluriovulée, surmontée d'un style tubulé, ascendant, terminé par un petit stigmate. Le fruit est une gousse allongée, linéaire, brune, moniliforme, pendante, munie de quatre ailes larges et membraneuses, et renfermant plusieurs graines ovoïdes, réniformes, comprimées, brunes et très-lisses.

La Piscidie de Carthagène (*P. Carthagenensis* L.) se distingue de l'espèce précédente par sa taille deux fois plus élevée ; ses feuilles à folioles plus larges, d'un vert clair ; ses fleurs blanc rosé ; ses gousses atteignant la longueur de 0ᵐ,15 à 0ᵐ,20.

La Piscidie ponceau (*P. punicea* Cav., *Daubentonia punicea* D. C.) est un arbrisseau rameux, à feuilles pennées, à fleurs rouge écarlate vif, disposées en longues grappes axillaires, et ayant l'étendard taché de jaune ; la gousse est longue, un peu arquée et munie de quatre ailes.

HABITAT. — La piscidie érythrine croît aux Antilles ; on la trouve plus particulièrement sur les collines. La piscidie de Carthagène habite la Nouvelle-Grenade, où elle croît dans les bois, sur les bords de la mer. La piscidie ponceau habite la Plata. Ces végétaux intéressants sont à peine connus dans les jardins de l'Europe.

PARTIES USITÉES. — L'écorce, les feuilles, le bois.

RÉCOLTE. — Le bois de *Piscidie érythrine* porte les noms de *Bois enivrant, Bois à enivrer* ; les Anglais le nomment *Dog-wood* (Bois de chien) ; mais ils donnent ce même nom à beaucoup d'autres, et particulièrement à celui du *Cornus florida*. L. Sloane a comparé les fruits aux ailes d'un moulin à eau. Le genre *Piscidia* a été aussi nommé quelquefois *Piscipula* et *Ichthiomethia*. Ces noms, comme celui de piscidie même, ont pour origine l'usage que l'on fait de la plante pour prendre des poissons. Le bois et les fruits n'existent pas dans le commerce de la droguerie.

COMPOSITION CHIMIQUE. — D'après le P. Labat (*Nouveau voyage*, t. I, p. 432), toutes les parties du végétal sont vénéneuses ou du moins enivrantes. L'analyse chimique n'en a pas été faite.

USAGES. — D'après le docteur William Hamilton, l'écorce de la racine du *Piscidia Erythrina* est un soporifique intense ; on l'administre sous forme de teinture. On s'en sert souvent en Angleterre et en Amérique contre les maux de dents. Mais le principal usage est celui que l'on fait du jus de la plante pour empoisonner les flèches, faire périr les oiseaux, et enivrer les poissons. On emploie quelquefois aussi l'écorce, le bois ou les feuilles. On assure que les animaux qui périssent empoisonnés par cette plante peuvent être mangés sans aucun inconvénient. Les poissons qui ont avalé de la piscidie sont tellement enivrés, qu'on peut les prendre à la main.

Le *P. Carthagenensis* Jacq. diffère de l'espèce précédente par la structure de sa fleur et de son fruit ; il jouit absolument des mêmes propriétés. L'une et l'autre sont inusitées en France.

PISSENLIT

Taraxacum Dens-leonis Desf. *Leontodon Taraxacum* L.
(Composées - Chicoracées.)

Le Pissenlit ou Dent-de-Lion est une plante vivace, acaule, à souche épaisse, à racine longue, fusiforme, de la grosseur du doigt, brun rougeâtre, pivotante, blanche et succulente à l'intérieur. Les feuilles, toutes radicales, disposées en rosette, sont oblongues, atténuées en pétiole à la base, roncinées, à lobes inégaux, triangulaires, aigus et diversement découpés, glabres ou à peine pubescents, d'un beau vert. Les fleurs, jaunes, sont groupées en larges capitules terminaux, solitaires à l'extrémité de pédoncules radicaux longs de $0^m,10$ à $0^m,40$, cylindriques, glabres, fistuleux, succulents. Le réceptacle, convexe, nu, alvéolé, est entouré d'un involucre à folioles nombreuses, inégales, imbriquées sur plusieurs rangs, toutes recourbées en dehors à la maturité. Chaque fleur présente un calice en aigrette ; une corolle ligulée, terminée par cinq dents ; cinq étamines, à anthères soudées en tube ; un ovaire simple, infère, uniovulé, surmonté d'un style simple, terminé par deux stigmates recourbés en dehors. Les fruits sont des akènes striés, tuberculeux au sommet, atténués brusquement en un bec filiforme, et surmontés d'une aigrette stipitée à longues soies disposées sur plusieurs rangs.

Cette plante présente un certain nombre de variétés, que plusieurs auteurs ont élevées au rang d'espèces.

HABITAT. — Le pissenlit est commun dans toute l'Europe. Il croît à peu près partout ; on le trouve surtout au bord des chemins et au voisinage des habitations. Il est cultivé dans les jardins potagers.

CULTURE. — Peu difficile sur le choix du sol, le pissenlit préfère néanmoins les terres sablonneuses, meubles et substantielles. Il suffit,

pour le propager abondamment, de semer les graines, en place ou
sur couche, au printemps et pendant tout l'été.

PARTIES USITÉES. — La racine, les feuilles.

RÉCOLTE. — Les feuilles et les racines de pissenlit, destinées à être
mangées en salade, sont récoltées vers la fin de l'hiver, c'est-à-dire
en janvier, février et mars ; plus tard, la plante devient rude, velue,
dure, coriace et même âcre et laiteuse. Pour les besoins de la médecine, on l'emploie toujours fraîche ; on peut cependant couper la
racine par tronçons après l'avoir lavée pour la faire dessécher.

COMPOSITION CHIMIQUE. — Cette plante est inodore, peu amère ;
d'après Ingenhold, la matière amère est plus abondante dans les racines que dans les feuilles, et elle existe dans une plus grande proportion en été, quoique au printemps et à l'automne la plante soit plus
riche en suc ; d'où il faut conclure que c'est pendant l'été qu'on doit
la récolter. Le suc laiteux que l'on trouve au moment de la floraison
contient de l'extractif, une résine verte, de la fécule, une matière
sucrée, du nitrate de potasse et de chaux et de l'acétate de chaux.

USAGES. — Le pissenlit est un des dépuratifs populaires les plus
estimés ; nos paysans l'emploient dans une infinité de maladies, si ce
n'est dans toutes. En France, la médecine rationnelle regarde cette
plante comme étant tout à fait inerte, et c'est tout au plus si on emploie quelquefois son extrait pour donner de la consistance aux
pilules ; autrefois on la regardait comme tonique, dépurative et antiscorbutique ; on l'employait contre les débilités des voies digestives,
l'ictère, les engorgements viscéraux, les maladies de la peau, le scorbut,
les cachexies, etc.

Les médecins anglais ont beaucoup préconisé le pissenlit contre les
maladies du foie. Pemperton l'administrait sous forme de tisane, ou
de suc dépuré dans l'hépatite chronique ; Van Swieten le vantait
dans les engorgements viscéraux, les fièvres intermittentes, l'hypocondrie, etc. ; il mêlait son suc avec celui de cerfeuil, de cresson,
de fumeterre, de saponaire ; c'est ce qu'on a désigné plus tard sous
le nom de *sucs d'herbes*, que l'on obtenait par contusion des plantes
fraîches, expression et filtration à froid. Bonafos a employé la même
médication contre l'hydropisie ; Zimmermann en fit usage sur le grand
Frédéric, atteint de cette maladie ; Hania et Rogues disent s'en
être bien trouvés, et ce dernier préconise le suc simple ou composé contre les maladies de la peau ; on l'a recommandé dans les

affections biliaires; malgré tout, on le regarde aujourd'hui comme un médicament peu sérieux.

Il n'en est pas de même dans la médecine homœopathique, où le *Taraxacum*, qu'on abrévie par *Tarax*, et dont le signe est *MTX*, est regardé comme un des agents les plus précieux de la matière médicale.

PISTACHIER

Pistacia vera L.
(Térébinthacées – Pistaciées.)

Le Pistachier franc est un arbrisseau ou un petit arbre dioïque; sa tige, haute de 4 à 5 mètres, se divise en rameaux qui portent des feuilles alternes, pétiolées, imparipennées, à cinq folioles ovales, obtuses, coriaces et glabres. Les fleurs sont petites, dioïques et dépourvues de corolle. Les mâles, disposées en grappes ou en panicules rameuses, ont un calice à trois divisions petites, linéaires; cinq étamines, à anthères presque sessiles, saillantes. Les femelles, formant de petits épis ordinairement simples et triflores, ont un calice de trois à cinq folioles étroites; un ovaire simple, ovoïde, légèrement pédicellé, à une seule loge uniovulée, surmonté d'un style très-court, terminé par trois stigmates épais, obtus et réfléchis. Le fruit est une drupe ovoïde, allongée, de la grosseur d'une olive, presque sèche, à chair très-mince, s'ouvrant en deux valves à la maturité, et renfermant une graine à cotylédons verts, charnus et volumineux.

Habitat. — Originaire de l'Orient, le pistachier est aujourd'hui naturalisé dans les pays qui bordent la Méditerranée, où on le cultive comme arbre fruitier.

Parties usitées. — Les semences, la térébenthine qui découle de la plante.

Récolte. — Les fruits du pistachier sont récoltés à leur maturité; on sert les semences fraîches sur les tables; on les emploie dans l'art culinaire, la confiserie, la pâtisserie; on en fait usage dans la médecine. L'embryon vert est renfermé dans une pellicule mince et rougeâtre.

Composition chimique. — Les pistaches ou semences du pistachier contiennent une huile grasse, de l'amidon, un peu de sucre, une matière colorante verte; elles sont très-agréables à manger. La téré-

benthine de Chio a une composition analogue à celle du pin et du
mélèze ; c'est-à-dire que c'est une dissolution de résine dans une
huile essentielle.

Usages. — Les pistaches entrent dans la composition du looch
vert, qui doit sa coloration plutôt à la teinture de safran et au sirop
de violettes qu'il contient qu'aux semences de pistaches elles-mêmes ;
on en a fait un sirop analogue à celui d'orgeat, que l'on a prescrit
comme adoucissant et expectorant dans les affections inflammatoires fébriles, les maladies des voies urinaires. On a regardé les
pistaches comme aphrodisiaques, et elles ont été employées comme
telles. Elles entraient autrefois dans une foule de préparations pharmaceutiques composées. L'huile qu'on en extrait par expression a
été employée pour la toilette, ainsi que le tourteau ou résidu, comme
on le fait des produits correspondants des amandes douces et
amères.

La térébenthine des pistachiers jouit des mêmes propriétés que
celle des pins. Le *Pistacia vera* donne très-peu de cette térébenthine.

D'après Loureiro (*Flora Cochinch.*, t. II, p. 755), le *P. oleosa*
Lour., qui croît en Cochinchine, fournit une amande qui, par
expression, donne une huile jaune, légère, odorante, amère, s'épais-
sissant sans roussir, qu'on emploie pour brûler et en médecine
vétérinaire. C'est le *Cussampi* des Moluques ; l'amande est mangée
crue.

PIVOINE

Pæonia officinalis L. *P. fœmina* Desf.
(Renonculacées - Pæoniées.)

La Pivoine officinale ou femelle est une plante vivace, à racines
tubéreuses, fusiformes, fasciculées, brun jaunâtre. La tige, haute de
0ᵐ,50 à 0ᵐ, 80, cylindrique, glabre, un peu glauque, dressée, rameuse, porte des feuilles alternes, pétiolées, très-grandes, deux fois
ailées, à segments inégaux, ovales-lancéolés, aigus, entiers, glauques
en dessous. Les fleurs, très-grandes, d'un rose vif, sont solitaires à
l'extrémité des rameaux. Elles présentent un calice à cinq sépales
arrondis, concaves, glabres en dessus, pubescents en dessous, souvent
inégaux ; une corolle rosacée, à cinq pétales ovales, obtus, découpés
sur les bords ; des étamines très-nombreuses, incluses, disposées sur
plusieurs rangs ; un pistil composé de deux ou trois carpelles libres,

coniques, velus, à une seule loge multiovulée, surmontés d'un stigmate sessile pourpre foncé. Le fruit se compose de deux ou trois
follicules renflés à la base, velus, s'ouvrant du côté interne, et renfermant de nombreuses graines, rouges d'abord, puis noires à la
maturité. (Pl. 7).

La Pivoine coralline (*P. corallina* D. C., *P. mascula* Desf.), plus
communément appelée Pivoine mâle, diffère de l'espèce précédente
par ses feuilles plus larges, plus épaisses, luisantes en dessus, quelquefois un peu pubescentes en dessous, et ses follicules un peu
recourbés au sommet.

Nous citerons, parmi les espèces exotiques, les pivoines anomale
(*P. anomala* L.), à fleurs blanches (*P. albiflora* Pall.), en arbre
(*P. Moutan* Sims.).

HABITAT. — Les pivoines officinale et coralline sont répandues dans
l'Europe centrale et méridionale de l'Europe et en Sibérie. Elles
croissent dans les localités pierreuses, montueuses, chaudes. On les
cultive dans les jardins botaniques et d'agrément.

PARTIES USITÉES. — Les souches, improprement appelées racines,
les feuilles, les fleurs, les fruits, les graines.

RÉCOLTE. — Les souches peuvent être récoltées en tout temps
lorsqu'on veut les employer fraîches. Pour les faire dessécher il vaut
mieux les cueillir à l'automne; la dessiccation leur enlève une partie
de leurs propriétés. Le plus souvent, avant de les faire sécher, on les
lave, on les prive de leur écorce, et on les fend longitudinalement;
elles sont napiformes, de la grosseur du pouce ou davantage, rougeâtres en dehors, blanches en dedans; récentes, elles possèdent
une odeur analogue à celle du Raifort, odeur qu'elles ne perdent
qu'en partie par la dessiccation, et qui disparaît tout à fait en
vieillissant.

Les pétales sont récoltés à l'époque de l'épanouissement complet
des fleurs, c'est-à-dire vers le mois de juin; on les sépare du réceptacle, et on les fait sécher séparément; ils ressemblent à ceux des
fleurs de coquelicot, mais ils sont plus charnus et plus épais. Les
fruits et les graines doivent être cueillis à leur maturité parfaite.
Les graines, d'abord rouges, deviennent bientôt noires; elles sont
oblongues, noires et luisantes.

COMPOSITION CHIMIQUE. — La racine fraîche répand une odeur forte
et pénétrante. M. Morin y a trouvé de l'amidon, de l'oxalate de

chaux, du ligneux, une matière grasse cristallisable, du sucre incristallisable, du malate et du phosphate de chaux, de la gomme, du
tannin, de l'acide malique libre. M. Bischoff a indiqué en plus
l'existence d'un principe volatil narcotique ; il a en outre signalé une
grande quantité de tannin dans les fleurs.

USAGES. — Les anciens distinguaient avec soin la pivoine-mâle
(*Pæonia corallina*) de la pivoine-femelle (*Pæonia officinalis*). Aujourd'hui, cette distinction n'est plus faite, et on peut même leur
substituer les différentes espèces cultivées, qui sont les *P. lobata, albiflora, peregrina, hybrida, lanceolata*, et même les diverses variétés
du *P. Moutan*.

La souche de pivoine faisait partie d'un grand nombre de préparations composées, comme les *poudres de Madame de Carignan, de
Guttète, contre l'épilepsie*, etc. Aujourd'hui elle est tout à fait abandonnée, et nous croyons que c'est avec raison.

Il est peu de plantes sur lesquelles on ait répandu autant d'erreurs.
Galien lui reconnaissait des propriétés astringentes. Dioscoride disait
avoir constaté ses propriétés emménagogues, et il la vantait comme anti-
épileptique. Porta recommandait d'employer la pivoine-femelle dans
les maladies des femmes. Chomel disait que cette distinction était
inutile. Paracelse partageait l'opinion des anciens sur ses merveilleuses propriétés. Friedrich, en 1670, et Hutznerwolff, en 1780, ont
écrit des traités spéciaux sur cette plante, sans arriver à rien de bien
concluant. Ludwig, Wedel, Sylvius et Boerhaave n'ont pu constater
aucune des propriétés qu'on lui avait attribuées. Aussi Haller dou-
tait-il que nous possédions la pivoine des anciens. Peyrilhe, Bodart,
Tissot, Roques, Pinel, Fodéré, Hufeland, Swediaur, etc., l'ont, au
contraire, préconisée contre les névroses, les maladies convulsives.
Aujourd'hui elle ne correspond à aucune médication précise, et elle
est généralement inusitée ; ce que justifie suffisamment son infidélité
d'action.

La médecine homœopathique admet que la pivoine agit sur le
système nerveux de la vie organique, et qu'elle est drastique et antispasmodique ; mais Hartlaub et Trinks, qui l'ont expérimentée, n'indiquent pas les doses auxquelles ils l'ont employée ; elle est désignée
sous le signe *Apo*, et l'abréviation *Pæon*.

PLANTAIN

Plantago major, media et lanceolata L.
(Plantaginées.)

Le Plantain à grandes feuilles ou grand Plantain (*P. major* L.) est une plante vivace, acaule, à racines fibreuses, fasciculées, blanchâtres. Les feuilles, toutes radicales et groupées en rosette, sont longuement pétiolées, ovales-oblongues, entières, à peine sinuées ou dentées, très-grandes, assez épaisses, glabres ou pubescentes en dessous, à nervures fortement saillantes. Les fleurs, blanchâtres, sont groupées en épis cylindriques très-longs, à l'extrémité de pédoncules radicaux, cylindriques, pubescents, dressés ou ascendants, dont la longueur varie de 0^m,10 à 0^m,60. Elles sont accompagnées de bractées ovales, concaves, carénées, à bords membraneux blanchâtres, et présentent un calice persistant, à quatre divisions ; une corolle tubuleuse, à limbe divisé en quatre lobes ovales ; quatre étamines saillantes, à anthères caduques ; un ovaire à deux loges pluriovulées, surmonté d'un style simple à stigmate filiforme. Le fruit est une capsule à deux loges polyspermes.

Le Plantain moyen (*P. media* L.) est vivace, et diffère du précédent par ses feuilles oblongues-aiguës ou ovales-lancéolées, étalées en rosette ; ses pédoncules radicaux étalés à la base, puis brusquement coudés et redressés, et portant des épis floraux oblongs, cylindriques, assez courts ; sa capsule à deux loges contenant chacune seulement une ou deux graines.

Le Plantain lancéolé (*P. lanceolata* L.) est aussi vivace, et caractérisé par des feuilles lancéolées ou presque linéaires, à trois ou cinq nervures ; des pédoncules radicaux un peu plus courts, très-anguleux, terminés par des épis floraux ovoïdes ou oblongs, courts et compactes, à bractées longuement acuminées ; une capsule à deux loges monospermes.

Nous citerons encore le Plantain psyllion ou Herbe aux puces (*P. Psyllium* L.) et le Plantain des sables (*P. arenaria* Waldst.), plantes annuelles, à tige feuillée et à graines mucilagineuses.

Habitat. — Ces plantes sont communes en Europe ; elles croissent dans les prairies, les lieux herbeux, les pelouses, au bord des chemins, etc.

Parties usitées. — Les racines, les feuilles, les graines.

Récolte. — Les racines qui sont vivaces peuvent être récoltées pendant toute l'année. Les feuilles doivent être cueillies avant la floraison ; plus tard, elles deviennent dures et coriaces ; les épis, que les petits oiseaux élevés en cages recherchent avec avidité, sont récoltés à leur maturité.

Les graines du *P. Psyllium* L., vendues sous le nom de *Graines aux puces*, sont petites, oblongues, creusées d'un sillon longitudinal ; leur épisperme est brun rougeâtre. Les graines du *P. arenaria* sont ovoïdes et noirâtres.

Composition chimique. — Les racines et les feuilles des différents plantains n'ont pas été analysées. Ces dernières ont une saveur herbacée et amère ; leur infusion précipite les sels de fer en noir. Les graines contiennent dans leur épisperme une matière mucilagineuse très-abondante qui se gonfle dans l'eau. On a mis cette propriété à profit pour le gommage des mousselines aux environs de Nimes et de Montpellier. On emploie à cet usage les graines du *P. arenaria*.

Usages. — Les *P. major*, *media* et *lanceolata* jouissent des mêmes propriétés, et peuvent être substitués les uns aux autres. Dioscoride, Galien, Borelli et d'autres auteurs recommandables ont vanté outre-mesure les propriétés des plantains ; c'est surtout dans les maladies des yeux, sous forme de décoction ou d'eau distillée, qu'elles ont été préconisées. Celse recommandait le plantain contre la phthisie ; le suc était regardé comme fébrifuge. On a attribué les mêmes propriétés antifébrifuges aux racines sous forme de décoction. Malgré les observations publiées par MM. Porret et Chevreuse, sur l'efficacité de ces produits contre les fièvres intermittentes, ils sont aujourd'hui justement abandonnés.

Il n'en est pas de même pour l'usage externe. Hufeland préconisait les cataplasmes de plantain contre les dartres ; et, dans beaucoup de contrées, les feuilles contusées et réduites en pulpe sont appliquées avec avantage sur les ulcères ; mais Borelli est allé trop loin lorsqu'il a dit qu'elles guérissaient le cancer. Schwenfield et Muller recommandaient de fomenter les contusions, les cuissons et les démangeaisons de l'anus avec la décoction des feuilles ou des racines de plantain.

Le mucilage fourni par les graines de plantain *psyllium* est employé, dissous dans l'eau, comme émollient dans les inflammations en général, et en particulier dans celles des yeux. On s'en sert pour préparer la *bandoline*, liquide visqueux que les coiffeurs emploient dans le but de fixer les cheveux. Les graines des *P. arenaria* et *cynops* jouissent des mêmes propriétés ; on les emploie quelquefois en décoction contre la gonorrhée, etc.

PLATANE

Platanus vulgaris Spach.
(Platanées.)

Le Platane est un grand arbre, à racines à la fois pivotantes et traçantes. La tige, droite et régulière, atteignant la hauteur de 30 à 40 mètres, couverte d'une écorce grisâtre et qui se détache par larges plaques, se divise en rameaux étalés formant une cime large, régulière et arrondie. Les bourgeons sont cachés entièrement ou mieux coiffés par la base du pétiole. Les feuilles, alternes, palmées, à trois, cinq ou sept lobes aigus, découpés, sont portées sur de longs pétioles munis, à la base, de stipules qui forment une sorte de collerette ordinairement dentée ou crénelée. Les fleurs sont monoïques, nues, en chatons, les mâles espacés, les femelles globuleux, serrés, pendants. Les fruits qui leur succèdent sont globuleux, formés de nucules ou d'akènes nombreux, coriaces, munis à la base de poils articulés. Les graines sont couvertes d'un test mince et membraneux.

On connaît deux principales variétés de Platanes, que l'on a longtemps regardées comme deux espèces distinctes, et qui présentent chacune plusieurs sous-variétés :

1° Le Platane d'Orient (*P. orientalis* L.) a l'écorce vert grisâtre ; les feuilles glabres, atténuées en coin à la base, à lobes profonds ; les fruits bruns, atteignant au plus $0^m,025$ de diamètre ;

2° Le Platane d'Occident (*P. occidentalis* L.) a l'écorce gris blanchâtre ; les feuilles un peu velues en dessous, cordées ou tronquées à la base, à lobes peu marqués ; les fruits jaunâtres ayant au moins $0^m,030$ de diamètre.

HABITAT. — Le platane paraît être originaire de l'Asie, d'où il a été introduit très-anciennement en Europe, et plus récemment en Amérique. Il est aujourd'hui répandu dans toutes les régions chaudes et tempérées des deux continents. Nous n'avons pas à parler ici de sa culture, qui concerne surtout l'art forestier.

PARTIES USITÉES. — Les bourgeons, les feuilles, l'écorce, les fruits.

RÉCOLTE. — La médecine ne fait, de nos jours, aucun usage des produits du platane. Le *P. Orientalis* du Levant, et le *P. Occidentalis* de l'Amérique septentrionale se dépouillent d'une partie de leur écorce tous les ans. C'est la nouvelle écorce que l'on employait.

COMPOSITION CHIMIQUE. — La partie de l'écorce du platane qui tombe tous les ans est le périderme; elle est très-astringente et riche en tannin, ainsi que les autres parties de la plante.

USAGES. — Dioscoride dit (*lib*. I, *c*. 107) que les fruits du platane, cuits dans du vin, guérissent la morsure des serpents, et qu'ils donnent un bon remède contre les brûlures lorsqu'on les pile avec de la graisse. Il ajoute que le duvet des fruits et des feuilles offense la vue et l'ouïe s'il tombe dans les oreilles ou les yeux. Pline rapporte que les bourgeons, les feuilles et l'écorce étaient employés contre les venins des serpents, pour guérir les abcès, les brûlures, les engelures, etc., et pour arrêter les hémorrhagies. Le baron de Poiderlé regarde l'écorce comme astringente, et la propose comme succédané du quinquina. Il rapporte que Nieuwinchel, médecin belge, en avait préparé, en 1790, un extrait qu'il employait avec succès comme stomachique et anti scorbutique. A Naples, en 1837, on employa la décoction vineuse du fruit contre le choléra, mais Dubois, de Tournay, qui rapporte le fait, ne dit pas quels en furent les effets. Enfin, d'après Villars, la racine de platane est utilement employée à la Nouvelle-Orléans, sous forme de décoction, pour fomenter les ulcères et guérir la dysenterie.

PODAGRAIRE

Ægopodium Podagraria L.
(Ombellifères – Amminées.)

La Podagraire, vulgairement appelée Herbe à Gérard ou aux goutteux, est une plante vivace, dont les tiges, hautes de 0ᵐ,60 à 0ᵐ,90, cylindriques, fistuleuses, cannelées, glabres, rameuses au sommet, portent des feuilles alternes, pétiolées, pennatifides, à segments ovales, lancéolés ou acuminés, dentés. Les fleurs, blanches, sont groupées en ombelles terminales à rayons nombreux, dépourvues d'involucre et d'involucelles. Elles présentent un calice à limbe

oblitéré ; une corolle à cinq pétales ovales, échancrés, à lanière infléchie ; cinq étamines saillantes ; un ovaire infère, à deux loges uniovulées, couronné par un disque conique surmonté de deux styles
longs, inclinés, divergents. Le fruit est un diakène, composé de deux
carpelles, marqués chacun de cinq côtes filiformes, et qui se séparent
au sommet lors de la maturité.

HABITAT. — Cette plante est assez répandue en Europe ; elle croit
dans les lieux frais et ombragés, au bord des eaux, dans les vergers, etc. On ne la cultive que dans les jardins botaniques.

PARTIES USITÉES. — Les feuilles.

RÉCOLTE. — Les feuilles étaient autrefois employées fraîches et se
cueillaient au moment de la floraison.

COMPOSITION CHIMIQUE. — La podagraire possède une odeur assez
forte, aromatique, légèrement vireuse, que l'on perçoit surtout lorsqu'on la froisse. Son analyse chimique n'a pas été faite, mais il est
très-probable que, comme les plantes des genres voisins, elle renferme une huile essentielle.

USAGES. — Le nom spécifique sous lequel les anciens désignaient
cette plante indique qu'on lui attribuait autrefois des propriétés
antigoutteuses. Cependant aucun auteur ne parle de cette propriété, et rien surtout n'en démontre la réalité. La podagraire n'est
mentionnée que pour l'usage qu'on en faisait jadis, car aujourd'hui
elle est inusitée.

Le genre *Ægopodium* se rapproche beaucoup des Boucages, et
s'en distingue à peine ; il a été transporté par les botanistes dans
divers autres genres, selon qu'ils lui trouvaient avec ceux-ci des
affinités plus ou moins prononcées. Ainsi Crantz le réunit aux
Ligusticum (Livèche) ; Scopoli en a fait une espèce de *Seseli*. Lamarck
(*Encyclopédie méthodique*) le joint aux *Pimpinella*, tandis que,
dans la première édition de sa *Flore française*, il avait appelé la
plante *Tragoselinum* ; enfin Mœnch, à l'imitation de Haller, lui a
donné le nom de *Podagraria*, que Linné n'avait admis que pour
désigner l'espèce.

PODOPHYLLE

Podophyllum peltatum L.
(Berbéridées.)

Le Podophylle pelté est une plante vivace, à souche horizontale, blanchâtre, donnant naissance à deux feuilles longuement pétiolées, peltées, à limbe réniforme, irrégulièrement découpé en cinq ou sept lobes. Les fleurs, blanches, sont solitaires, penchées et cachées par les feuilles. Elles présentent un calice à trois sépales; une corolle à six ou neuf pétales obovales, étalés, dont trois plus larges; des étamines à filets courts, dont le nombre varie de six à dix-huit; un ovaire libre, ovoïde, à une seule loge multiovulée, surmonté d'un style très-court, que termine un stigmate pelté, presque sessile. Le fruit est une baie ovoïde, du volume d'une prune, couronnée par le stigmate persistant, et renfermant de nombreuses graines (Pl. 8).

HABITAT. — Cette plante est originaire de l'Amérique du Nord, où elle croît dans les localités fraîches et ombragées. On ne la cultive guère que dans les jardins botaniques.

PARTIES USITÉES. — Les souches, dites improprement racines, les feuilles.

RÉCOLTE. — La souche du *Podophyllum peltatum* est assez commune dans la matière médicale anglaise, où elle a été introduite d'Amérique par M. Robert Bentley. Elle est beaucoup moins connue chez nous.

COMPOSITION CHIMIQUE. — L'analyse chimique de cette plante n'a pas été faite d'une manière satisfaisante. Cependant MM. Hogdon et Lewis en ont extrait une résine qu'ils nomment *podophyllin* ou *podophylline*, qui posséderait une action purgative très-prononcée, et qui aurait de plus la propriété de déterminer sur les ailes du nez et sur les paupières une éruption pustuleuse.

USAGES. — La souche et les feuilles du *Podophyllum peltatum* sont regardées, dans toute l'Amérique du Sud, comme un purgatif violent. Eberlé a comparé son action à celle du jalap; et le docteur Burgon la préfère dans les inflammations intestinales; il l'associe au jalap pulvérisé. La souche est amère, purgative et même vénéneuse. Les Indiens du sud des États-Unis l'emploient comme anthelmintique. D'après le docteur F. H. Gnow, administrée à forte dose à des chiens, elle peut déterminer leur mort. Chapmann et Barton la disent légèrement narcotique. Elle paraît exercer une action sédative sur la circulation. On assure que le fruit est mangeable. Depuis quelque temps, on emploie assez en France l'extrait de la souche comme purgatif, à la dose de quinze à vingt-cinq centigrammes.

Le *Podophyllum diphyllum* L., *Jeffersonia binata* Bart., également de l'Amérique septentrionale, jouit des mêmes propriétés purgatives.

Les *Podophyllum*, fort peu usités chez nous en médecine ordinaire, figurent dans le Codex homœopathique sous le signe *Mpy* et l'abréviation *Podoph*.

POINCILLADE

Poinciana pulcherrima L. *Cæsalpinia pulcherrima* Willd.
(Légumineuses-Césalpiniées.)

La Poincillade élégante, vulgairement appelée Fleur de paon ou de paradis, Haie fleurie, Œillet d'Espagne, etc., est un arbrisseau dont la tige, haute de 3 à 4 mètres, droite, assez forte, couverte d'une écorce lisse et grisâtre, se divise en rameaux épineux, portant des feuilles alternes, pétiolées, deux fois ailées sans impaire, à folioles opposées, ovales-oblongues, d'un vert clair. Les fleurs, jaunes, ordinairement panachées de rouge, portées sur des pédoncules grêles, sont disposées en panicules terminales. Elles présentent un calice à cinq sépales ovales, concaves, glabres, caducs; une corolle à cinq pétales onguiculés, à limbe arrondi et frangé, les quatre inférieurs égaux, le supérieur un peu plus petit; dix étamines longuement saillantes, à filets sétacés, libres, un peu inclinés, velus à leur base; un ovaire long, étroit, surmonté d'un style très-long terminé par un stigmate obtus. Le fruit est une gousse plane, comprimée, longue de 0ᵐ,10 environ, bivalve, à une seule loge, renfermant des graines aplaties.

La Poincillade des corroyeurs (*P. coriaria* L., *Cæsalpinia coriaria* Willd.), vulgairement appelée *Libidibi* ou *Dividibi*, se distingue de la précédente par sa taille un peu plus élevée, ses rameaux non épineux à écorce noirâtre, ses feuilles à folioles linéaires obtuses, ses fleurs petites, jaunâtres, disposées en épis denses, ses étamines moins saillantes, sa gousse spongieuse et un peu arquée.

HABITAT. — La poincillade magnifique se trouve dans les deux Indes. La seconde espèce habite l'Amérique centrale, et croît dans les marais et les lieux inondés sur les bords de la mer.

CULTURE. — Le premier de ces arbrisseaux est cultivé dans quelques jardins. On le multiplie de graines semées sur couche chaude. La Poincillade des corroyeurs n'est cultivée que dans les jardins botaniques, où elle exige la serre chaude.

PARTIES USITÉES. — Le bois, l'écorce, les feuilles, les fleurs, les ruits.

RÉCOLTE. — A la Jamaïque, les feuilles de cet arbre portent le nom de *séné*, parce qu'elles sont purgatives. On les récolte au moment de la floraison. Le bois peut être employé en teinture comme celui des *Cæsalpinia*, dont les *Poinciana* ne sont pas génériquement distincts. Les fruits du *P. coriaria* ou gousses de *Libidibi* ou de *Dividibi nacascol ouatta-pana* viennent de la Colombie, des Antilles, de la Martinique. Elles sont fortement comprimées, longues de $0^m,07$ à $0^m,08$, larges de $0^m,015$ à $0^m,020$, recourbées en C ou en S, indéhiscentes, renfermant, sous un péricarpe mince, lisse, rouge brun, une pulpe jaunâtre desséchée, d'une saveur astringente et amère. Au centre de la pulpe on trouve un endocarpe blanc, ligneux, qui divise le fruit d'une suture à l'autre ; il se dédouble sur sa ligne médiane, de manière à former une série de loges distinctes, contenant chacune une petite graine allongée dans le sens transversal, un peu aplatie, très-unie, lisse et d'un brun clair.

COMPOSITION CHIMIQUE. — Toutes les parties des poincillades sont riches en tannin ; les gousses de *dividibi* surtout en sont très-chargées ; aussi s'en sert-on pour tanner les cuirs à Carthagène et à Curaçao. D'après Houston, elles servent pour la teinture en noir. Le bois est très-riche en matière colorante rouge, analogue à celle du Bois-de-Brésil (*Cæsalpinia*).

USAGES. — Aux Antilles, ce végétal est très-renommé comme emménagogue. On assure que les négresses l'emploient pour se faire avorter (*Flore des Antilles*, t. I, p. 27). L'infusion des fleurs est jaune, amère ; on la conseille, dans l'Inde, contre les affections ulcéreuses du poumon, et surtout contre la fièvre quarte. Le *dividibi* seul est connu chez nous ; il est peu employé.

POIVRIER

Piper nigrum, peltatum, etc. L.
(Pipéracées.)

Le Poivrier noir ou aromatique (*P. nigrum* L., *P. aromaticum* Lam.) est un arbuste à racines fibreuses, noirâtres. La tige, sarmenteuse, se fixant par des griffes sur les corps voisins, porte des feuilles alternes, courtement pétiolées, longues de $0^m,10$ à $0^m,15$, ovales, entières, acuminées, glabres. Les fleurs, petites, verdâtres, nues, munies de bractées coriaces oblongues ou linéaires, sont groupées en épis grêles, extra-axillaires, longs de $0^m,10$ à $0^m,15$ et pendants. Elles présentent deux étamines latérales, à filets très–épais; un ovaire libre, uniovulé. Le fruit est une baie globuleuse, pisiforme, rouge à la maturité, noirâtre à l'état sec, un peu charnue à l'extérieur, renfermant une seule graine globuleuse, à testa épais, cartilagineux, à embryon très-petit, entouré d'un albumen farineux. C'est cette graine, à odeur forte, à saveur piquante, qui constitue le poivre du commerce.

Le genre Poivrier, très-nombreux en espèces, a été subdivisé en plusieurs sections, qui sont devenues autant de genres particuliers. Nous ne ferons que nommer les Poivriers élégant (*P. elegans* L., *Peperomia elegans* Ruiz), pelté (*P. peltatum* L., *Potomorphe peltata* Miq.) à ombelles (*P. umbellatum* L., *Potomorphe umbellata* Miq.), méthystique (*P. methysticum* Forst., *Macropiper methysticum* Miq.), etc.

Quelques espèces, telles que les Cubèbes, le Matico, les Chaviques, ont été, vu leur importance en matière médicale, le sujet d'articles spéciaux. (Voyez ces mots.)

HABITAT. — Les poivriers sont répandus dans les régions chaudes des deux continents. Le poivrier noir est originaire des Indes orientales, d'où il a été importé dans les contrées voisines, aux îles Maurice et de la Réunion, et jusqu'en Amérique. Il est l'objet de cultures assez étendues. On ne le trouve guère, en Europe, que dans les jardins botaniques, où il exige la serre chaude.

PARTIES USITÉES. — Les racines, les feuilles, les fruits.

CULTURE ET RÉCOLTE. — C'est au Malabar, à Java et à Sumatra que le poivrier est cultivé avec le plus de succès. On donne à cette plante grimpante une plante vivante pour tuteur : tantôt le *Diospyros decandra* Lour., tantôt l'*Erythrina Corallodendron* L., tantôt enfin le Calebassier ; on évite pour cet usage les plantes à suc caustique ; et l'on préfère celles qui ont des feuilles persistantes, afin de donner de l'ombrage aux fleurs et aux fruits. On plante deux pieds de poivrier auprès de chaque arbrisseau ; on les laisse pousser pendant trois ans ; puis on coupe les tiges à un mètre du sol et on les recouvre pour concentrer la séve ; la plante donne alors des fruits pendant plusieurs années. La récolte dure plusieurs mois ; on cueille les fruits au fur et à mesure de leur maturité ; on les fait sécher sur des toiles ou sur un sol bien sec.

Le poivre noir du commerce est sous forme de petits grains sphériques, recouverts d'un péricarpe brun ridé, que l'on peut séparer par ébullition dans l'eau ; on obtient ainsi des grains blanchâtres, durs, sphériques, unis, recouverts d'une pellicule mince qui y adhère fortement. La matière qui forme ces graines est cornée à la circonférence, farineuse au centre ; la graine et le péricarpe ont une saveur brûlante et aromatique. On en distingue plusieurs sortes commerciales, que l'on désigne sous les noms de poivre de Hollande, d'Angleterre, de Goa, des Indes, etc. On distingue encore le poivre lourd et le poivre léger.

Le poivre blanc est le même que le précédent, privé de son enveloppe extérieure. On laisse davantage mûrir le fruit ; on le soumet ensuite à une longue macération dans l'eau, de manière à séparer par frottement la partie charnue. Cette opération se pratique même en France, sur le poivre noir du commerce. D'après Thompson (*Botanique du droguiste*, p. 224), on enduit aussi le poivre noir, pour le transformer en poivre blanc, d'une préparation nommée *chùnam*, laquelle est faite avec de la chaux et de l'huile de moutarde.

Pour d'autres auteurs, et notamment pour Garcias dit du Jardin (*ab horto*), et pour Clusius, la plante qui produit le poivre blanc diffère de celle qui donne le poivre noir ; la première ne croît guère que dans certains lieux du Malabar et de Malacca. Quoi qu'il en soit, le poivre blanc est plus doux que le noir ; on le préfère pour les usages de la table, tandis qu'il faut employer exclusivement le noir en médecine.

Le poivre blanc est sphérique, blanchâtre et uni ; d'un côté il présente une petite pointe, et de l'autre une cicatrice ronde. La structure du grain est la même que celle du poivre noir.

Le poivre long est le fruit imparfaitement mûr et desséché du *Piper longum* L. ; ce sont plusieurs fruits rapprochés ensemble par l'intermédiaire de leurs enveloppes florales. Celui du commerce a la forme d'une inflorescence mâle de noisetier, ou du chaton mâle du bouleau. Il est sec, dur, pesant, tuberculeux, grisâtre ; sa saveur est plus âcre et plus brûlante que celle du poivre noir et possède les mêmes propriétés ; d'après M. Dulong, d'Astafort, il renferme les mêmes principes.

Sous le nom de *kava* ou *cava*, et d'*ava*, les insulaires de la mer du Sud emploient les racines du *Piper methysticum* Forster ; c'est le *schiaka* des Carolines. Il sert à préparer une boisson enivrante qui porte le même nom que la racine. Du temps du capitaine Cook, on préparait cette boisson en mâchant la racine fraîche, que l'on mettait ensuite dans des vases pour en obtenir le suc. Aujourd'hui on fait infuser ou macérer la racine sèche dans l'eau, puis on laisse fermenter.

Cette racine est assez grosse, légère, creuse de place en place, grise à l'extérieur, filandreuse et blanche à l'intérieur, inodore, d'une saveur médiocrement sucrée et poivrée ; les feuilles sont à la fois sucrées et légèrement amères. D'après Lenoir, l'infusion ou la macération de la racine présente une saveur douceâtre, sucrée, analogue à celle de la réglisse, mais qui devient bientôt âcre, chaude et stimulante. Aux Carolines, aux îles Marquises, aux Sandwich et aux îles de la Société, on prépare par fermentation une boisson enivrante avec les tiges de poivrier fraîches et broyées dans de l'eau.

Composition chimique. — M. Pelletier, qui a analysé le poivre noir, y a trouvé du piperin, une huile concrète âcre, une huile volatile balsamique, une matière gommeuse, une matière extractive, de l'acide malique, de l'acide tartrique, de l'amidon, de la bassorine, du ligneux et des sels (*Ann. de chim. et de phys.*, t. VII, p. 373). Le *Piperin*, découvert par OErsted, serait, d'après l'analyse de MM. Wertheim et Rochelaer, un alcali faible, dont la formule. est $C^{33} H^{19} Az O^{10} + 2$ Aq. Il cristallise en prismes à quatre pans, transparents ; il fond à 100° ; il est insipide. L'âcreté du poivre est due à une matière concrète qui se solidifie vers 0°. D'après M. Dumas, l'huile volatile y est peu abondante, et peut être représentée par $C^5 H^8$. Elle est, par conséquent, isomère de l'essence de térébenthine ;

MM. Soubeiran et Capitaine se sont assurés qu'elle se combinait avec l'acide chlorhydrique.

D'après M. Dulong, d'Astafort, le poivre long contient du piperin, une matière grasse concrète très-âcre, un peu d'huile volatile, une matière extractive, de l'amidon, de la bassorine.

La racine de *kava* a été analysée d'abord par M. Morson, qui en a extrait une matière cristallisable; plus tard, et presque simultanément, par MM. Cuzent et Gobley. On a nommé ce principe cristallisable *Kavaïne*; mais, comme c'est un corps neutre, le nom de *Methysticin*, proposé par M. Gobley, paraît mieux lui convenir. Cette substance a été étudiée au point de vue physiologique et thérapeutique par M. O'Rorke.

Usages. — Dioscoride et Celse ont préconisé l'emploi du poivre dans les fièvres intermittentes. Van Swieten et Murray, au contraire, ont cherché à détourner de son usage, à cause des accidents inflammatoires et cérébraux qu'il peut déterminer. Cependant on l'a souvent employé de nos jours.

D'après Louis Franck, les Orientaux font grand usage du poivre dans les fièvres intermittentes; il l'a lui-même employé avec succès; il l'administrait en poudre et à petite dose, sans considération de l'époque présumée de l'accès; cependant il le regardait comme contre-indiqué dans les fièvres intermittentes vernales. Quelques médecins, qui ont suivi cette médication et qui l'ont aussi employée contre la dyspepsie, assurent que, pris en grains, le poivre agit beaucoup mieux que lorsqu'on l'administre en poudre. On a quelquefois aussi fait usage d'une infusion vineuse de poivre.

Le professeur OErsted, de Copenhague, qui, le premier, a isolé le piperin, a proposé de l'employer contre les fièvres intermittentes. D'après le docteur Dominique Méli, de Ravenne, cette substance a produit d'assez bons effets; quelques médecins l'ont même placée au-dessus du quinquina. Elle a été peu employée en France.

Tout le monde connaît les usages culinaires du poivre. C'est surtout dans les régions équatoriales que la consommation en est considérable; non-seulement on en met en abondance dans les mets, mais encore on en boit des décoctions et on en compose des liqueurs fermentées. A petite dose, le poivre facilite la digestion en augmentant la sécrétion gastrique; mais à dose un peu élevée, il est très-irritant et échauffant, comme l'a démontré Gaubius. Contrairement aux préju-

gés répandus à cet égard, dès l'antiquité on a regardé le poivre comme
un tonique, un aphrodisiaque et un diurétique puissant. Hippocrate,
Galien, Hoffmann, Rosen l'ont préconisé contre l'anévrisme, les mi-
graines, les flatuosités, les vers intestinaux, la pituite ; on l'a même
vanté contre la syphilis et contre la rage ; mais Murray a fait voir les
inconvénients graves qu'il y avait à faire abus du poivre.

A l'extérieur, le poivre est quelquefois employé comme rubéfiant,
et en décoction comme résolutif. On s'en sert pour tuer les poux et
les larves et insectes qui rongent les vêtements, les pelleteries, etc.
C'est un violent sternutatoire et un sialagogue puissant. On l'emploie
souvent en gargarismes contre les fluxions catarrhales de la bouche.
Enfin, le poivre entre dans une foule de compositions pharmaceutiques, parmi lesquelles nous citerons la *thériaque*, le *diaphœnix*, les
pilules asiatiques, etc.

Le poivre long nommé *Cayascas*, *Buzo-Bazo*, au Pérou, et qui
est peut-être le *Nhandi* des Brésiliens et de Marignan, jouit à
peu près des mêmes propriétés que le poivre noir ; il est donné
aux mêmes doses et aux mêmes usages. D'après Ainslie (*Mat. ind.*,
t. I, p. 309), il est très-employé, sur la côte de Coromandel, en
infusion ou en poudre, mêlé à du miel, contre les affections catarrhales. Il est peu usité en France. D'après Batka, le poivre long du
commerce contiendrait plusieurs espèces, parmi lesquelles il cite
le *P. glabrum* Roxb. et le *P. Chatea* Hamil. Le poivre long entre
dans un grand nombre de préparations pharmaceutiques très-an-
ciennes.

La racine de *kava* est très-rare dans le commerce européen, et
tout à fait inusitée.

Le *Piper aduncum* L., qui est très-employé aux Antilles comme
sialagogue, est le *Nhandi* de Pison, le *P. album* Vatil (*Sirum album*,
Rumphius, *Amb.*, t. V, p. 46). Signalé par Garcias du Jardin, il ne
doit pas être confondu avec le poivre blanc, dont nous avons déjà
parlé, et qui n'est, avons-nous dit, que le poivre noir décortiqué, du
moins celui que l'on trouve dans le commerce.

Dans les différents pays où les poivriers croissent spontanément,
ou dans ceux où on les cultive, on fait usage des différentes parties
de la plante, et notamment des racines, des feuilles et des fruits,
contre un grand nombre de maladies, parmi lesquelles il faut citer
les fièvres intermittentes, la syphilis, les affections de l'estomac, etc.

Nous citerons parmi les espèces employées les *P. Amalago* L., *angustifolium* Ruiz et Pavon, *anisatum* Humb., *capense* L., *Carpunya* Ruiz et Pavon, *atrifolium* Lam., *caudatum* Vahl., *cordifolium* Valz., *dichotomum* Ruiz et Pavon, *guineense* Thönning, *heterophyllum* Ruiz et Pavon, *nodosum* Mart., *peltatum* L., *reticulatum* L., *rotundifolium* Sw., *Siriboa* L., *trifolium* L., *umbellatum* L.

Le poivre ne figure pas au codex homœopathique.

POLYGALA

Polygala vulgaris et *amara* L.
(Polygalées.)

Le Polygala commun (*P. vulgaris* L.), appelé aussi Laitier ou Herbe au lait, et improprement Polygala amer, est une plante vivace, à rhizome traçant, ligneux, grêle, jaunâtre, muni de fibres radicales. Les tiges, hautes de 0^m,10 à 0^m,30, glabres, simples, dressées ou ascendantes, portent, dans toute leur longueur, des feuilles alternes, presque sessiles, étroites, glabres, d'un vert foncé : les inférieures oblongues-obovales, plus courtes ; les supérieures lancéolées-linéaires, plus longues. Les fleurs, bleues ou roses, rarement blanches, sont disposées en grappes terminales. Elles présentent un calice à cinq sépales libres, persistants, très-inégaux, les trois extérieurs plus petits et herbacés, les deux intérieurs ou latéraux (*ailes*) très-amples et pétaloïdes; une corolle à trois pétales caducs, très-inégaux, soudés entre eux et avec les filets monadelphes des étamines, qui sont au nombre de huit; un ovaire libre, à deux loges uniovulées, surmonté d'un style pétaloïde, caduc. Le fruit est une petite capsule membraneuse, comprimée, à deux loges monospermes (Pl. 9).

Le Polygala amer (*P. amara* L., *P. Austriaca* Crantz) est une plante bisannuelle ou vivace, qui a les feuilles inférieures obovales, larges et rapprochées en rosette, les supérieures oblongues ou linéaires ; les fleurs très-petites, blanches ou bleuâtres ; la capsule aussi très-petite. Cette plante a une saveur plus ou moins amère, suivant les variétés.

A ce genre appartiennent aussi le Polygala rose (*P. rosea* Mich.) et le Sénéga ou Polygala de Virginie (*P. Senega* L.), qui sera l'objet d'un article spécial.

Habitat. — Les polygalas commun et amer sont répandus en Europe; ils habitent surtout les bois, les bruyères, les prairies, les pelouses, les terrains tourbeux, etc. On ne les cultive guère que dans les jardins botaniques.

PARTIES USITÉES. — La plante entière, les racines.

RÉCOLTE. — Le polygala vulgaire se récolte pendant la floraison. On le fait sécher en paquets et en guirlandes. Les racines doivent être arrachées à l'automne; on les fait sécher à l'étuve. On trouve dans le commerce la racine et la tige du *Polygala vulgaris* non séparées et séchées. La tige est menue, cylindrique, verte; la racine ressemble au polygala de Virginie, mais elle est plus petite, moins contournée et plus unie; sa couleur est foncée, sa saveur aromatique, âcre, peu ou point amère. La racine du *P. amara* est plus petite, extrêmement amère.

COMPOSITION CHIMIQUE. — La racine du polygala vulgaire a été analysée par Pfaff : elle contient une résine jaune, une matière douce, de la gomme, du tannin et du ligneux. D'après Robiquet et Dœbeireiner, elle renferme de la glycyrrhézine. Le principe amer du *P. amara* paraît résider dans l'écorce de la racine.

USAGES. — Le polygala vulgaire est très-peu usité. On l'a considéré comme sudorifique, expectorant et tonique. A dose un peu élevée, il est vomitif. C'est surtout dans les maladies de poitrine qu'il a été préconisé. Van Swieten l'employait contre les phlegmasies de la poitrine ; Coste et Vilmet en usaient contre la phthisie, et Gmelin assure qu'en Sibérie on s'en sert contre la syphilis. C'est à tort que l'on a substitué quelquefois le polygala amer au polygala vulgaire ; le premier est beaucoup plus actif. Stool et Colin assurent en avoir tiré de grands avantages dans les affections pulmonaires, surtout dans les catarrhes et les bronchites. On emploie la racine en décoction sous forme de tisane. On lui associe souvent le lichen, et on l'édulcore avec le sirop de baume de Tolu, de bourgeons de sapin, de goudron ou de térébenthine.

Certaines racines de polygala exotiques jouissent de propriétés vomitives assez prononcées pour qu'on puisse les employer en guise d'ipécacuanha. C'est ainsi qu'en Chine on fait usage de la racine de *P. glandulosa*, sous le nom de *yan-foo*, ou ipécacuanha noir. Au Brésil, on emploie celle du *P. Poaya* Martius, et, aux États-Unis, on fait un fréquent usage comme amer des racines des *P. rubella* et *sanguinea*.

POLYPODE

Polypodium vulgare L.
(Fougères - Polypodiées.)

Le Polypode commun ou Polypode de chêne est une plante vivace, à rhizome long, épais, un peu charnu, traçant, couvert d'écailles scarieuses brun noirâtre, donnant naissance, en dessous, à des fibres radicales grêles, et, en dessus, à des frondes (feuilles), toutes radicales, longues de $0^m,25$ à $0^m,50$, longuement pétiolées, pennatipartites, à limbe divisé en lobes alternes assez rapprochés, un peu soudés à la base, oblongs, lancéolés, généralement obtus, entiers ou à peine dentés, à nervures secondaires épaisses, ramifiées, transparentes aux extrémités. Les organes reproducteurs (spores) sont renfermés dans des sporanges, naissant à la face inférieure des frondes et à l'extrémité des nervures, entourés d'un anneau articulé élastique vertical, et formant des groupes nus, arrondis, brun fauve, disposés sur deux lignes parallèles de chaque côté à la nervure médiane de chaque lobe.

Cette plante présente plusieurs variétés, qu'on a quelquefois élevées au rang d'espèces, sous les noms de Polypode à feuilles dentelées (*P. serratum* Willd.) et de Polypode de Cambrie (*P. cambricum* L.).

Quelques auteurs ont rapporté à ce genre la Fougère femelle (*P. filix-fœmina* L., *Cystopteris filix-fœmina* Bernh., *Athyrium* Roth.), plante vivace à souche épaisse, cespiteuse, portant des frondes longues de $0^m,50$ à un mètre, deux fois pennées, à lobes oblongs, lancéolés-aigus, d'un vert gai. Les groupes de sporanges sont revêtus d'un *indusium* persistant.

Habitat. — Ces deux espèces sont communes dans les régions tempérées et septentrionales de l'Europe ; elles croissent dans les bois, au pied des arbres, des vieux murs humides, sur les rochers, etc.

Culture. — Le polypode de chêne, bien qu'il ne craigne pas la sécheresse, vient mieux à une exposition demi-ombragée. Il demande un sol léger et sablonneux, et se multiplie très-facilement par la séparation des rhizomes.

Parties usitées. — Les souches ou rhizomes, improprement appelées racines.

Récolte. — On peut récolter le polypode à toutes les époques de l'année. On le prive de ses véritables racines, qui sont adventives ; on le lave et on le fait sécher. Il perd de ses propriétés en vieillissant. Il faut le choisir récent, non vermoulu, se cassant bien. Les souches sont de la grosseur d'une plume à écrire et présentent deux surfaces bien distinctes : l'une, tuberculeuse, donne naissance aux frondes ; l'autre est garnie d'aspérités provenant des racines. Leur couleur externe est brun rougeâtre et verte à l'intérieur ; leur saveur, d'abord douceâtre et sucrée, devient bientôt âcre.

La racine de *Calaguala* des anciennes pharmacopées a été attribuée par Ruiz au *Polypodium Calaguala*, qui vient abondamment au Pérou ; on lui attribue à son tour le rhizome d'autres fougères, tels que les *P. crassifolium* L. et l'*Acrostichum Huacsaro* Ruiz. D'après Ruiz, le vrai *P. Calaguala* est une souche cylindrique, comprimée, mince, horizontale, couverte de fibres branchues, d'un gris foncé, et portant à la surface des frondes disposées par rangs alternatifs. Cette souche est cendrée, couverte de larges écailles ; l'intérieur est vert clair et présente beaucoup de petites fibres. Par dessiccation, l'extérieur devient gris foncé et l'intérieur gris jaunâtre ; sa saveur, d'abord douce, devient bientôt amère et désagréable ; son odeur rappelle celle de l'huile rance.

Les *Calaguala* du commerce présentent des formes et des aspects divers. Aucun de ceux qui sont décrits par M. Guibourt ne ressemble à celui de Ruiz ; le plus souvent, celui que l'on trouve est brun rougeâtre et ressemble tout à fait au polypode, si ce n'est qu'il est plus gros et plus long. On l'attribue à l'*Aspidium coriaceum* Swartz, avec lequel on confond, dit M. Guibourt, le *Polypodium Adianthum* de Forster, que l'on suppose venir des Antilles, de l'île Bourbon, de la Nouvelle-Hollande et de la Nouvelle-Zélande. M. Guibourt signale encore un faux *Calaguala*, produit par une plante désignée sous le nom de *Champignon-de-Malte*, et qui appartient aux Balanophorées.

COMPOSITION CHIMIQUE. — M. Desfosses a trouvé dans le polypode une sorte de glu, mélange d'un corps résineux et d'un corps huileux, du sucre fermentescible, un corps analogue à la sarcocolle, une matière astringente, de la gomme, de l'amidon, de l'albumine, des sels de chaux et de magnésie. On assure y avoir trouvé depuis de la saponine.

D'après Vauquelin, le *Calaguala* contient du ligneux, une matière gommeuse, une résine rouge, âcre et amère, une matière sucrée, de l'amidon, une matière colorante particulière, de l'acide malique et des sels (*Ann. de chim.*, t. LV, p. 22).

Les rhizomes de la Fougère-femelle sont peu employés. On leur attribue les mêmes propriétés qu'à ceux de la Fougère-mâle, dont il a été question ailleurs.

Usages. — Le polypode de chêne a été connu par les plus anciens médecins, qui l'employaient contre la toux et la pituite. Vodone le vantait contre la goutte ; Malloin et autres l'ont préconisé contre la toux. Il faisait partie d'un grand nombre de composés pharmaceutiques, parmi lesquels nous citerons les *électuaires lénitif et d'opium, la confection Hamec*, etc. Aujourd'hui il est tout à fait abandonné. C'est tout au plus si quelques médecins le prescrivent encore quelquefois contre les catarrhes et les vieux rhumes.

POLYPORE

Polyporus laricis et *igniarius* Fries.
(Champignons - Agaricinées.)

Le genre Polypore renferme des champignons charnus, coriaces ou subéreux, le plus souvent sessiles, à chapeau revêtu, en dessous, de tubes adhérents avec lui, enchâssés par leur extrémité inférieure dans une membrane homogène, ne laissant voir que leurs ouvertures ou pores, lesquels ne sont séparés que par une cloison très-mince ; c'est dans l'intérieur de ces tubes que se trouvent les organes reproducteurs.

Le Polypore du Mélèze (*P. laricis* D.C., *Boletus laricis* Bull., *B. purgans* Pers.), appelé aussi vulgairement Bolet du Mélèze et très-improprement Agaric du Mélèze ou Agaric blanc, est un champignon de consistance coriace, à chair épaisse, blanche à l'intérieur, blanc sale en dehors, à épiderme brunâtre et zoné, à tubes jaunâtres et très-serrés. Sa forme rappelle celle d'un sabot de cheval.

Le Polypore Amadouvier (*P. igniarius* Fries, *Boletus igniarius* Bull.), appelé aussi Amadouvier et improprement Agaric de chêne, a la même forme que le Polypore du Mélèze. Mais il s'en distingue par sa consistance d'abord subéreuse, puis ligneuse ; sa couleur tannée ; ses couches superposées, marquées d'un seul sillon ; ses tubes étroits et courts.

Le Polypore du chêne (*P. fomentarius* Fries, *Boletus ungulatus*

Bull.), souvent confondu avec le précédent, en diffère par son volume ordinairement plus grand ; sa consistance, d'abord mollasse, puis ligneuse, coriace et dure ; sa couleur, d'abord gris blanchâtre, puis brun ferrugineux.

On confond du reste, sous le nom d'Amadouvier, plusieurs autres espèces voisines, telles que les Polypores faux-amadouvier (*P. drya-deus* Fries, *Boletus pseudo-igniarius* Bull.), du groseiller (*P. ribis* Fries, *Boletus ribis* D. C.), etc.

HABITAT. — Ces champignons croissent en Europe, dans les bois. Le premier vit sur les mélèzes ; le deuxième, sur les saules et les sapins ; les autres sur les chênes, les pommiers, les groseillers, etc.

PARTIES USITÉES. — Les plantes entières préparées.

RÉCOLTE. — L'agaric blanc des pharmacies vient de l'Asie, de la Carinthie, des Alpes, du Dauphiné. L'agaric du commerce a été mondé au vif. Il est blanc, léger, sec, spongieux et pulvérulent ; sa saveur, d'abord douceâtre, devient bientôt amère, sucrée et extrê-mement âcre.

L'amadou est préparé plus spécialement avec deux polypores : l'un est le *Polyporus fomentarius* Fries et Pers. (*Boletus fomenta-rius* L., *Boletus ungulatus* Bull.), ou polypore ongulé ; l'autre est le polypore amadouvier (*Polyporus igniarius* Fries et Pers. *Boletus igniarius* L.-Bull.).

Pour préparer l'amadou, on prive le champignon de son écorce ; on le fait macérer dans l'eau et on le bat avec des maillets ; on le fait sécher et on le bat de nouveau, jusqu'à ce qu'il soit devenu sou-ple et moelleux. C'est sous cette forme qu'il constitue l'agaric des chirurgiens, dont on se sert pour arrêter les hémorrhagies. Quant à l'amadou proprement dit, on l'obtient en trempant le champignon, préparé comme nous venons de le dire, dans une solution de nitrate de potasse ou de poudre à canon.

COMPOSITION CHIMIQUE. — Sur cent parties d'agaric blanc, M. Bra-connot a trouvé 72 parties d'une matière résineuse particulière, 2 d'un extrait amer, et 26 d'une matière fongueuse insoluble. La ma-tière résineuse est blanche, opaque, granuleuse, peu sapide, fusible et inflammable. Elle est plus soluble à chaud qu'à froid dans l'al-cool. Elle est insoluble dans l'eau froide ; à chaud, elle forme, avec ce liquide, une liqueur épaisse, visqueuse, filant comme du blanc d'œuf, précipitable par le refroidissement, et moussant fortement à l'ébullition. Elle rougit le tournesol et se dissout dans les huiles fixes, volatiles, et dans les alcalis (*Bull. de pharm.*, 1812, p. 304).

Le polypore amadouvier n'a pas été analysé. Celui qui a été examiné par Braconnot paraît être le *Polyporus dryadus* de Fries et Persoon (*Boletus pseudo-igniarius* Bull.). Il y a trouvé de l'eau, de la fongine, du sucre incristallisable, une matière jaune, de l'albumine, de l'acide acétique, un autre acide particulier nommé *acide bolétique*, analogue à l'acide succinique, de l'acide phosphorique, de la potasse, de la chaux (*Ann. de chim.*, t. LXXX, p. 272). La fongine, que Braconnot avait indiquée comme étant une matière azotée, est reconnue aujourd'hui comme étant semblable à la cellulose. L'azote qu'on y avait trouvé avait pour origine l'albumine dont elle était imprégnée.

Usages. — L'amadou des chirurgiens est employé pour étancher le sang et arrêter les hémorrhagies. On préfère, dans ce cas, celui qui n'est pas nitré ; tandis que, pour l'application des moxas, on emploie l'amadou nitré. Les *Boletus fomentarius* et *igniarius* ont été employés dans la teinture en noir.

Le polypore du Mélèze est encore quelquefois employé en médecine sous le nom d'*agaric blanc*. On l'administre en poudre et on en prépare un extrait. On le place dans la classe des drastiques, quoique ses propriétés purgatives soient variables. Dehaen l'a préconisé comme un spécifique contre les sueurs nocturnes des phthisiques ; ce qui a été confirmé par Barbut, et plus récemment par M. Fouquier, qui l'associait, dans ce cas, à l'acétate de plomb cristallisé. Dioscoride le préconisait contre l'hémoptysie ; mais c'est l'amadou que l'on emploie le plus souvent comme hémostatique.

POLYTRIC

Polytrichum commune L.
(Mousses - Bryacées.)

Le Polytric commun, appelé aussi Polytric doré ou Perce-mousse, est une petite plante vivace, à racines grêles, fibreuses. La tige, haute de $0^m,05$ à $0^m,20$, droite, peu rameuse, porte des feuilles imbriquées, nombreuses, dentées, nervées, roulées, aiguës, d'un vert rougeâtre, les inférieures avortées, élargies, ayant l'apparence d'écailles ; les moyennes très-aiguës, linéaires-lancéolées, dentelées, presque épineuses, recourbées en dehors ; les supérieures élargies, apiculées, membraneuses au sommet. Le pédicule terminal, naissant du milieu de ces feuilles, qui l'enveloppent à la base, est long de 0^m,05 à 0^m,08 ; il porte à son sommet une urne tétragone, penchée à la maturité, portée sur une apophyse ronde, à péristome divisé en soixante-quatre dents, surmontée d'un opercule plat, à bec conique, et d'une coiffe petite, campanulée, oblique, recouverte par une autre grande, formée de poils ferrugineux, pendants, qui se déchire en plusieurs lanières.

HABITAT. — Cette mousse est répandue sur presque tout le globe ; on la trouve dans les bois, sur le tronc des vieux arbres, sur les murs humides, etc.

PARTIES USITÉES. — Toute la plante, les spores.

RÉCOLTE. — On peut récolter le polytric pendant toute l'année. On préférait autrefois, lorsqu'on en faisait usage, le moment de la fructification.

COMPOSITION CHIMIQUE. — C'est une plante inodore, un peu astringente. Son analyse n'a pas été faite.

USAGES. — Autrefois le polytric était consacré à la magie et aux philtres. Il sert, dans quelques pays, à certains usages domestiques. On en fait des coussins et des paillasses qui sont à l'abri des insectes, et qui ne prennent pas l'humidité. D'après Linné, en Laponie cette plante porte le nom de *Muscus ursinus*, parce que, dit-on, les ours en garnissent leur tanière, ce qui leur fait un lit for chaud. Autrefois, on a indiqué ses propriétés diurétiques, désobstruantes et lithotriptiques, emménagogues et sudorifiques. Malgré les faits favorables cités par M. Bonafous, le polytric est aujourd'hui complétement et très-justement abandonné. Toutes les propriétés plus ou moins merveilleuses qu'on lui avait attribuées, jusqu'à celle de faire pousser les cheveux, sont reconnues parfaitemen inexactes ; et on ne comprend pas comment Ferrein, d'après un médecin de l'Aigle, a pu croire qu'il guérissait la pleurésie (*Mat. méd.*, t. II, p. 67).

POMBALIE

Pombalia Ipecacuanha Vand. *Ionidium* Vent. *Viola Ipecacuanha* L.
(Violariées.)

La Pombalie ipécacuanha ou Itubu est une plante vivace, à racine cylindrique, rameuse, blanchâtre. Les tiges, cylindriques, couvertes

d'un long duvet jaunâtre, dressées ou étalées, rameuses, portent des
feuilles alternes, à stipules linéaires et velues, à pétiole très-court, à
limbe obovale, aigu, denté, pubescent. Les fleurs sont portées sur
des pédoncules solitaires à l'aisselle des feuilles. Elles présentent un
calice à cinq sépales lancéolés-aigus, velus en dehors ; une corolle
irrégulière, à cinq pétales, les deux supérieurs courts et étroits, les
deux latéraux plus larges et plus longs, l'inférieur plus grand que
tous les autres ; cinq étamines, à anthères terminées par un appendice membraneux. Le fruit est une capsule trigone, à une seule loge
polysperme, s'ouvrant en trois valves (Pl. 10).

Habitat. — Cette plante croît aux Antilles, à la Guyane et au
Brésil ; on la trouve surtout dans les terrains sablonneux, au bord
de la mer. Elle n'est cultivée que dans les jardins botaniques.

Parties usitées. — Les racines.

Récolte. — L'ipécacuanha blanc fourni par cette plante, est de
la grosseur d'une plume à écrire, tortueux, avec des fentes demi-
circulaires qui le font ressembler à l'ipécacuanha ondulé. L'écorce
de pombalie est d'un gris jaunâtre, mince, ridée longitudinalement.
Le bois est jaunâtre et formé de fibres ligneuses distinctes à la circonférence, et qui sont tordues comme les fils d'une corde. L'ipécacuanha blanc est insipide, inodore et peu actif.

Un autre faux ipécacuanha du Brésil est fourni par l'*Ionidium par-
viflorum* Vent. (*Viola parviflora* L.). Il ressemble beaucoup au précédent. La racine de l'*Ionidium brevicaule* Mart., qui constitue un
autre faux ipécacuanha du Brésil, paraît être identique avec le faux
ipécacuanha de Cayenne. Il est attribué à l'*Ionidium Itobu* Kunth.,
(*Viola calceolaria* L., *Viola Itouboua* d'Aublet). Sa racine est d'un
gris foncé à l'extérieur ; elle est plus tortueuse ; elle est mêlée de
feuilles velues, ce qui est un caractère distinctif de l'espèce. D'après
Aublet, on emploie, à Cayenne, sous le nom d'ipécacuanha, la racine
purgative et vomitive du *Boerhavia diandra* L.

Sous le nom de *Racine de cuichunchilli*, on trouve abondamment à
Guayaquil et dans l'Amérique du Sud une racine vantée contre la
lèpre par Marcutius. Aussi a-t-on appelé la plante qui la fournit
Ionidium Marcutii. Celle que M. Gaudichaud a rapportée de Guayaquil ne diffère pas, d'après M. Guibourt, de celle de l'*Ionidium Ipecacuanha*.

Parmi les faux ipécacuanhas, nous citerons encore les racines suivantes : 1° faux ipécacuanha de l'Amérique septentrionale, fourni par le *Gillenia trifoliata* Mœnch, *Spiræa trifoliata* L., de la famille des Rosacées. Cette racine est recouverte d'un épiderme gris rougeâtre, d'une écorce blanche spongieuse, amère, d'un méditullium blanc et ligneux. Elle présente une odeur particulière ; 2° un autre faux ipécacuanha de l'Amérique septentrionale est produit par l'*Euphorbia Ipecacuanha* Michx, de la famille des Euphorbiacées. Elle est fibreuse, cylindrique, blanchâtre et peu sapide ; elle est vomitive ; 3° le faux ipécacuanha des Antilles, qui est dû à l'*Asclepias curassavica* L. Il est fortement émétique et très-employé par les Nègres ; 4° le faux ipécacuanha de l'Ile de France, l'ipécacuanha blanc de Lémery, *Tylophora asthmatica* Wight et Arn., *Asclepias asthmatica* L., *Cynanchum vomitorium* Lam. Sa racine ressemble beaucoup à celle du *Vincetoxicum*. Il appartient, comme le précédent, à la famille des Asclépiadées ; 5° enfin, on a attribué le faux ipécacuanha de l'île Bourbon au *Periploca mauritiana* Poiret, *Camptocarpus mauritianus*, de la même famille des Asclépiadées.

Composition chimique. — Pelletier, qui a analysé le faux ipécacuanha blanc du Brésil, *Pombalia Ipecacuanha* Vandelli, en a retiré pour cent parties : matière vomitive, 5 ; gomme, 35 ; matière azotée, 1 ; ligneux, 57 (*Journal de pharm.*, t. III, p. 158).

Usages. — Les faux ipécacuanhas ne se trouvent pas en France dans le commerce de la droguerie ; tous plus ou moins vomitifs et purgatifs, ils ne sont pas employés. Sur les lieux de production, on les administre dans les mêmes cas que le vrai ipécacuanha (voyez ce mot) ; mais ils sont plus irritants, ceux surtout qui appartiennent aux Asclépiadées et aux Euphorbiacées.

POMME DE TERRE

Solanum tuberosum L.
(Solanées.)

La Pomme de terre, appelée aussi Patate ou Parmentière, est une plante vivace, à souche rameuse, donnant naissance à de gros tubercules. La tige, haute de $0^m,40$ à $0^m,60$, dressée, robuste, anguleuse, fistuleuse, pubescente-rude, très-rameuse, porte des feuilles alternes, pétiolées, pennatiséquées, à segments ovales acuminés alternant avec d'autres segments plus petits, pubescents, d'un vert foncé. Les fleurs, blanches ou violettes, assez grandes, sont groupées en corymbes rameux longuement pédonculés, latéraux ou terminaux. Elles présentent un calice à cinq divisions lancéolées-linéaires, velues ; une corolle à cinq angles, à cinq lobes courts triangulaires ; cinq étamines saillantes, à filets courts, à anthères conniventes ; un ovaire globuleux, à deux loges multiovulées, surmonté d'un style et d'un stigmate simples. Le fruit est une baie globuleuse, vert jaunâtre ou violacé, polysperme.

Habitat. — Originaire de l'Amérique du Nord, cette plante est aujourd'hui cultivée à peu près partout, dans les jardins et les champs.

Parties usitées. — Les feuilles ou fanes ; les rameaux souterrains gorgés de sucs, ou tubercules.

Récolte. — Les fanes de pommes de terre, soit qu'on les emploie comme fourrage, ce qui d'ailleurs est bien rare, puisqu'on leur a vu déterminer de véritables empoisonnements, soit qu'on les utilise en médecine, ne sont employées que fraîches. Les tubercules sont récoltés à l'automne, lorsque les feuilles sont flétries. Après les avoir arrachés et nettoyés de la terre, on les conserve en tas à l'obscurité ; car, sous l'influence de la lumière, il se développe à leur surface une enveloppe verte, herbacée, d'une très-grande âcreté.

Composition chimique. — La pomme de terre a été analysée par un très-grand nombre d'auteurs. Voici quelques-unes de ces analyses :

Pommes de terre.	rouges.	de Paris.	jaune pâle.	rouge.
Amidon...............	15.00	13.30	20.2	25.2
Albumine.............	1.40	0.92	2.5	3.0
Matière huileuse........	»	»	0.2	0.3
Gomme...............	4.10	3.30	»	»
Fibre végétale..........	7.00	6.80	0.4	0.6
Acides et sels..........	5.10	1.40	0.8	0.9
Eau.................	75.00	73.12	75.9	70.0
	(M. Einhoff).	(M. Henry).	(M. Boussingault).	(M. Boussingault).

Les analyses de M. Sacc s'éloignent très-peu des chiffres que nous venons de donner. D'après M. Payen, la pomme de terre *Patraque jaune* contient : amidon, 20,00 ; substance azotée, 1,60 ; matières grasses, huiles essentielles, 0,11 ; substance sucrée, 1,09 ; cellulose (épiderme et tissu), 1,64 ; pectates, citrates, phosphates, silicates de chaux, de magnésie, de potasse, de soude, 1,56 ; eau, 74,00.

L'amidon de la pomme de terre s'extrait par le rapage et les lavages. Au point de vue chimique, la fécule et l'amidon sont identiques; mais, sous le rapport des applications, on réserve le nom de *fécule* à l'amidon des pommes de terre, et celui d'*amidon* à celui qu'on extrait des céréales par fermentation.

Leeuwenhoeck a fait voir le premier que l'amidon était formé de globules isolés dont la partie interne diffère de la portion externe; des observations intéressantes furent plus tard publiées sur cette substance par MM. Gay-Lussac, Guérin-Vary, Raspail, Chevreul, Biot et Dumas. Depuis les belles recherches de M. Payen on sait que tous les grains d'amidon, quelle que soit leur origine, sont formés par des granules isolés, variant considérablement de diamètre, et constitués par des couches concentriques passant les unes dans les autres, diminuant d'épaisseur et de densité à mesure qu'on arrive vers le centre, et se réunissant sur un seul point qu'on appelle *hile, ostiole ou ombilic*. C'est par cette ouverture que le grain reçoit la nourriture qui augmente son volume; les couches sont de densité et de cohésion différentes. Les grains les plus gros sont ceux de la pomme de terre de Rohan, ils ont chacun 185 millièmes de millimètre de diamètre, tandis que dans les diverses autres variétés ils n'ont que 140 millièmes de millimètre.

L'amidon est insoluble dans l'eau; bouilli avec elle, il se gonfle et se prend en empois d'autant plus résistant que les granules sont plus gros. Au contact d'une grande quantité d'eau les granules se divisent assez pour filtrer à travers le papier; mais la solution n'est qu'apparente; car si l'on prend un filtre plus fin, tel qu'un bulbe de Jacinthe, par exemple, l'amidon n'est pas absorbé. Si d'ailleurs on fait congeler cette solution, l'amidon se dépose, et il ne se dissout ni ne se divise plus lorsqu'on ramène le mélange à sa température initiale; ces deux expériences démontrent l'insolubilité de l'amidon dans l'eau.

L'alcool ne dissout pas non plus l'amidon. L'iode le colore en bleu et forme avec lui diverses combinaisons dont on connaît trois principales : 1° l'iodure d'amidon incolore; 2° l'iodure bleu soluble; 3° l'iodure bleu insoluble; mais ces combinaisons sont mal définies. L'iodure bleu jouit de la singulière propriété de se décolorer lorsqu'on le chauffe vers 60° et de redevenir bleu par refroidissement. Enfin les alcalis gonflent l'amidon et le désagrégent; la chaleur modérée lui fait subir une transformation isomérique dans laquelle l'amidon devient soluble dans l'eau et se transforme en *dextrine*. Les acides minéraux étendus et la *diastase* opèrent la même transformation ; mais elle peut aller plus loin, et l'amidon ou la dextrine peuvent alors se transformer en sucre de fécule ou *glycose*.

L'acide azotique, selon qu'il est plus ou moins concentré, transforme l'amidon en *Xyloïdine* ou *Nitramidine*, en *acide oxalique*, ou en dextrine et en sucre.

La fécule égouttée contient 45 pour 100 de son poids d'eau ; la fécule séchée à l'air humide en contient 25 pour 100 ; celle qui est conservée dans des magasins secs en renferme 18 pour 100.

Voici quelle est d'ailleurs la composition des divers amidons :

$$
\begin{aligned}
&\text{Amidon anhydre (combiné avec l'oxyde de plomb)} &&= C^{12} H^9 O^9 \\
&\quad\text{—} \quad \text{séché de } 100^\circ \text{ à } 140 \text{ (vide sec)}\dots &&- \quad, \; HO. \\
&\quad\text{—} \quad \text{séché à } 20^\circ \text{ (vide sec)}\dots &&- \quad, \; 3\,HO. \\
&\quad\text{—} \quad \text{séché à l'air, (} 20^\circ \text{ Hyg. } 06)\dots &&- \quad, \; 5\,HO. \\
&\quad\text{—} \quad \text{séché à l'air saturé d'humidité}\dots &&- \quad, \; 11\,HO. \\
&\quad\text{—} \quad \text{égoutté le plus possible}\dots &&- \quad, \; 16\,HO. \\
&\text{Dextrine}\dots &&= C^{12} H^9 O^9.
\end{aligned}
$$

La qualité des pommes de terre varie non-seulement selon les espèces, mais encore selon les climats, les saisons, la nature du sol, l'époque de la récolte, etc. Une bonne pomme de terre, coupée par tranches minces, doit offrir une certaine transparence et cuire en une heure dans l'eau bouillante ; la partie la plus farineuse se trouve sous l'épiderme. Aussi faut-il avoir le soin, lorsqu'on pèle les tubercules, de n'enlever absolument que la couche épidermique. Sous l'influence de l'humidité des caves, l'amidon se transforme, par la germination et sous l'influence de la diastase, en dextrine, et en glycose qui donne aux tubercules un goût sucré, fade et désagréable ; à une température inférieure à 0°, les pommes de terre s'altèrent, deviennent amères et donnent peu de fécule au râpage.

USAGES. — Nous ne pouvons pas insister ici sur l'importance de la pomme de terre comme aliment ; il nous suffira de la signaler ; les Hindous consomment, sous le nom de *Chococa*, beaucoup de pommes de terre sèches, qu'ils préparent en exposant successivement à la gelée et au soleil les tubercules cuits et pilés.

Le *Chino blanco* ou *Moray* des Hindous s'obtient en soumettant successivement pendant quinze jours les pommes de terre à l'action de l'eau et à celle de la lumière ; les tubercules sont ensuite exprimés et exposés pendant quelque temps dans un endroit humide et sombre, et enfin soumis à l'action directe du soleil. Ces méthodes de conservation s'appliquent d'ailleurs à d'autres racines féculentes.

La fécule de pomme de terre est facilement transformée en glycose ; celui-ci sert à préparer de l'alcool semblable à celui du vin, mais qui est souillé par une huile essentielle qui, elle-même, doit être considérée comme un alcool, et qu'on a appelé *alcool amylique* ou *valérianique* $= C^{10} H^{12} O^2$.

Les fanes ont été proposées récemment contre la galactorrhée ; un médecin allemand les a vantées sous forme de cataplasmes, de fomentations et de lavements dans les cas de phlegmasies avec douleurs vives, d'hémorrhoïdes très-douloureuses, de spasmes de la vessie, etc. Ces cataplasmes agissent un peu à la manière de ceux que l'on fait avec la morelle.

D'après Roussel de Vauzème, chirurgien d'un navire baleinier (*Annales d'hygiène publique*, t. XI, p. 362, 1834), la pomme de terre préserve les équipages du scorbut ; mais on croit généralement que tout légume frais produirait le même effet. Il est vrai que certains auteurs, tels que Coché, Fontanelli, Boche, etc., ont employé ces tubercules contre le scorbut. On a regardé les feuilles, les fleurs et les fruits comme narcotiques ; on les a quelquefois prescrits dans la toux sèche et la coqueluche, les catarrhes pulmonaires chroniques, la diarrhée ; on les a associés dans tous ces cas à différentes substances calmantes. Enfin, l'infusion ou la décoction des feuilles ont été employées en injections vaginales contre la leucorrhée, et à l'intérieur, contre la gravelle. On en fait aujourd'hui rarement usage.

Il n'en est pas de même des tubercules et de la fécule ; les premiers réduits en pulpe et les sucs qu'on en extrait sont un remède populaire contre les brûlures ; la fécule délayée dans l'eau en bouillie est employée en injections intestinales contre les inflammations, la diarrhée, etc. C'est un des adoucissants les plus fréquemment employés ; à l'extérieur, on en saupoudre le corps dans un grand nombre de maladies de la peau, telles que l'érésipèle, l'intertrigo, les eczémas impétigineux, etc. Les bains d'amidon sont souvent employés dans les dermatoses comme adoucissants ;

la fécule de pomme de terre parfumée de diverses manières
constitue la poudre à poudrer.

POMMIER

Malus communis Lam. *Pyrus Malus* L.
(Rosacées - Pomacées.)

Le Pommier est un arbre de moyenne grandeur, à racines ram-
pantes ; la tige, haute de 7 à 8 mètres, couverte d'une écorce grisâtre,
se divise en branches étalées, rameuses, dont l'ensemble forme une
cime arrondie, assez régulière. Les rameaux, épineux à l'état sauvage, inermes dans les variétés cultivées, portent des bourgeons velus
ou cotonneux, et des feuilles alternes, à stipules caduques, à pétiole
court, à limbe ovale-oblong, acuminé, crénelé ou denté, ordinairement glabre et d'un vert foncé en dessus, blanchâtre et plus ou moins
velu en dessous. Les fleurs, assez grandes, blanches ou blanc rosé,
courtement pédicellées, sont disposées en fascicules ombelliformes
au centre des rosettes de feuilles qui terminent les rameaux. Elles
présentent un calice à cinq divisions ; une corolle à cinq pétales
arrondis ; des étamines nombreuses, libres, périgynes ; un ovaire
infère, à cinq loges biovulées, surmonté de cinq styles soudés à la
base. Le fruit (*pomme*) est généralement globuleux et très-gros,
charnu, aqueux, acidule, ombiliqué aux deux extrémités et couronné
par le limbe persistant du calice ; l'endocarpe forme cinq loges séparées par des cloisons cartilagineuses et renfermant chacune deux
graines.

Cette espèce présente d'innombrables variétés, qui se rangent sous
deux types principaux, élevés par plusieurs auteurs au rang d'espèces,
savoir : le Pommier *acerbe*, à feuilles presque entièrement glabres et
à pétales pourprés en dehors ; le Pommier *doux*, à feuilles cotonneuses en dessous et à pétales blanc rosé. Sans entrer ici dans de
plus amples détails, qui seraient essentiellement du domaine de l'arboriculture, nous ajouterons seulement que la pomme *Reinette* est à
peu près la seule variété employée en médecine.

Habitat. — Originaire des régions moyennes de l'Europe, où il
croît surtout dans les bois montueux, le pommier est, de temps immémorial, cultivé en grand dans les jardins, les champs et les
vergers.

Parties usitées. — L'écorce, le bois, les fruits, les semences.

Récolte. — L'écorce doit être récoltée au printemps ou à l'automne ; le bois doit être coupé à cette dernière époque ; il est blanc rosé, assez dur, à grain fin ; il est peu employé. Les fruits ou pommes sont recueillies un peu avant leur maturité lorsqu'on veut les conserver, ou en préparer des gelées, des marmelades ou un sirop ; leur maturation s'achève au fruitier. Pour la fabrication du cidre il faut prendre les fruits mûrs.

Sous le nom de *Pommes tapées* on vend des fruits qui ont été pelés, desséchés et comprimés ; elles se conservent très-longtemps, on les fait cuire l'hiver, on en prépare des compotes et on en fait avec de l'eau par fermentation une piquette assez estimée.

Le cidre que l'on fabrique en si grande quantité en Normandie, en Bretagne, en Picardie, etc. est du jus de pommes fermenté et clarifié ; on le prépare avec les fruits de différentes variétés, et nullement avec les pommes aigres (*M. acerba* Mérat, *Pyrus acerba* D. C.), comme on l'a prétendu ; on se sert surtout des pommes douces ou pommes à couteau, *Malus sativa* ; les pommes agrestes sont distinguées en *pommes acides, douces, amères, précoces, demi-tardives, tardives,* etc.; de sorte que le cidre est réellement préparé avec un mélange de pommes douces et de pommes acides ; avec les premières seulement on obtiendrait un cidre peu sapide, d'une conservation difficile ; le cidre peut servir à préparer un vinaigre et une eau-de-vie qui sont assez estimés.

Avec le jus de pommes pur on mêle du jus de raisin ; après saturation, filtration et évaporation, on obtient un sirop, dit de pommes, qui à une époque a remplacé le vin cuit et le sucre.

Pour obtenir le cidre on broie les pommes de manière à les réduire en pulpe, on exprime et on fait fermenter le jus, on clarifie par le repos et quelquefois par l'albumine ou la colle de poisson. Le cidre commun se conserve mal ; mais le bon cidre peut se conserver fort longtemps, surtout lorsqu'on le met en bouteilles. Le marc de l'opération précédente, appelé *Pomat*, étant broyé de nouveau et délayé dans l'eau, sert à préparer un *petit cidre ;* il résulte des recherches de M. Berjot, pharmacien à Caen, que ce petit cidre, quoique moins alcoolique, agit souvent d'une façon intense et assez fâcheuse sur le système nerveux ; ce qui devrait être attribué selon lui à la présence d'une petite proportion d'acide cyanhydrique, et d'essence de pommes qui se devraient former par suite de l'écrasement des pepins ; d'où il résulte qu'il faudrait autant que possible séparer les pépins ou ne pas les écraser.

Composition chimique. — La pomme varie dans sa composition selon les variétés ; elle renferme toujours, en assez grande abondance, du sucre, du tannin, de la pectine, de l'acide pectique, de l'acide malique, des sels. L'acide malique découvert par Schéele peut être représenté par $C^8, H^4, O^8, 2HO$; c'est un acide blanc, solide, cristallisable, soluble dans l'eau ; il est bibasique et peut subir par la chaleur plusieurs modifications, dont nous avons parlé dans la botanique générale.

MM. de Konink et Stas ont extrait de l'écorce fraiche de divers *Malus* et *Pyrus* un principe immédiat cristallisable, amer, analogue à la *Salicine*, qu'ils ont nommé *Phloridzine*, et que les acides dédoublent en *Phlorétine* et en *Glycose*. C'est par conséquent un *glycoside*.

$$C^{14} H^{16} O^{14} + 4 HO = C^{18} H^{14} O^{14} + C^{12} H^6 O^4.$$

Phloridzine.   Glycose.   Phlorétine.

Les semences ou pepins de pommes, broyés et exprimés, fournissent une huile fixe bonne à manger ; le tourteau délayé dans l'eau produit par macération et distillation de l'acide cyanhydrique et une essence tout à fait identique à celle d'amandes amères, puisque par oxydation elle produit de l'acide benzoïque (Berjot).

Usages. — La pomme est un des aliments des plus agréables et des plus rafraîchissants ; l'art culinaire lui donne mille formes variées ; on en fait un sirop simple et un sirop composé ; le premier est employé comme rafraîchissant et laxatif, le second est un bon purgatif ; les pommes font partie du *Sirop de Dessessart* et de la *Marmelade de Tronchin* ; on en prépare des limonades qui sont prescrites comme désaltérantes, calmantes et rafraîchissantes. Cuites, on en prépare des cataplasmes qui sont regardés comme résolutifs et maturatifs ; le sirop mêlé à du miel est un excellent laxatif.

Le cidre possède des propriétés diurétiques et quelquefois laxatives assez marquées, lorsque surtout on le fait prendre à des personnes qui n'en font pas un usage habituel. Quant aux propriétés lithontriptiques qu'on lui a attribuées, elles sont plus que douteuses.

L'écorce fraîche ou sèche de pommier a été autrefois prescrite comme astringente et fébrifuge ; il en est de même de la phloridzine, mais l'inefficacité absolue de ces substances est aujourd'hui parfaitement constatée.

POPULAGE

Caltha palustris L.
(Renonculacées - Helléborées.)

Le Populage, appelé aussi Souci d'eau, Souci des marais, Cocusseau, etc., est une plante vivace, à souche courte, verticale, munie de fibres radicales épaisses. La tige, haute de $0^m,20$ à $0^m,40$, cylindrique, épaisse, fistuleuse, succulente, rameuse au sommet, dressée ou ascendante, porte des feuilles alternes, arrondies-réniformes, irrégulièrement crénelées, dentées, épaisses, glabres, luisantes, d'un vert gai ; les radicales pétiolées et presque rondes, les caulinaires sessiles. Les fleurs, grandes, d'un beau jaune doré et brillant, sont solitaires à l'extrémité de pédoncules axillaires. Dépourvues d'involucre et de corolle, elles présentent un calice de cinq à sept sépales pétaloïdes, caducs ; des étamines hypogynes, libres, en nombre indéfini, à anthères bilobées et introrses ; un pistil composé de cinq à dix carpelles libres, divergents, pluriovulés, surmontés chacun d'un style très-court, persistant, terminé par un petit stigmate entier. Le fruit se compose de cinq à dix follicules libres, divergents, déhiscents par la suture interne, et renfermant plusieurs graines à albumen corné, épais (Pl. 11).

Cette plante, très-sujette à doubler, présente des variétés à fleurs plus ou moins pleines.

Habitat. — Le populage est assez commun dans les diverses régions de l'Europe ; on le trouve dans les lieux marécageux ou inondés, les prairies humides, le long des cours d'eau, etc.

Culture. — Le populage exige un terrain aquatique ou du moins très-humide ; il se propage très-facilement de graines, semées aussitôt après leur maturité, dans des pots dont la base est plongée dans l'eau, ou d'éclats de pieds, faits au printemps. Vu ses usages économiques, il pourrait servir à utiliser les pièces d'eau.

Parties usitées. — Les feuilles, les bourgeons floraux, les fleurs.

Récolte. — Les feuilles assez charnues ne sont employées que fraîches; les bourgeons floraux doivent être récoltés avant leur épanouissement, les fleurs à leur complet développement.

Composition chimique. — Toutes les parties de cette plante, comme d'ailleurs la plupart des Renonculacées, possèdent une âcreté très-remarquable qui disparaît à peu près par la dessiccation; on leur attribue des propriétés délétères.

Usages. — Le populage n'est pas employé en médecine; on dit que les feuilles sont vésicantes et fort amères; dans quelques contrées on confit les bourgeons floraux dans du vinaigre comme des câpres; on prétend que dans les campagnes on colore le beurre avec les pétales qui sont d'un beau jaune, mais on préfère employer à cet usage les fleurs de Carthame (*Carthamus tinctorius*) ou celles du souci des jardins (*Calendula officinalis*).

Dans les montagnes de l'Himalaya et dans le Népaul on trouve le *C. Bisma* Hamilt., dont la racine, très-amère, est employée dans ces contrées comme fébrifuge; on trouve dans les mêmes lieux le *C. Codua* Hamilt., dont la racine est, dit-on, si énergique, qu'elle sert à empoisonner les flèches. Aussi les Européens l'appellent-ils *Herba toxicaria*. Dans l'Hindoustan on emploie encore en médecine le *C. Norbisia* Hamilt. (*Bulletin des sciences natur.*, Férussac, t. IV, p. 221.)

PORTLANDIE

Portlandia grandiflora L.
(Rubiacées – Hédyotidées.)

La Portlandie à grandes fleurs, appelée aussi Quina nova et rangée aujourd'hui parmi les faux Quinquinas, est un arbre à feuilles opposées, courtement pétiolées, munies de stipules larges et triangulaires, à limbe ovale-lancéolé, glabre, luisant. Les fleurs, blanches, très-grandes, sont solitaires, géminées ou ternées à l'extrémité de courts pédoncules axillaires. Elles présentent un calice persistant, à tube ovoïde, adhérent, à limbe divisé en cinq lobes larges, oblongs; une corolle en entonnoir, à tube court, pentagonal, s'évasant vers la gorge, à limbe divisé en cinq lobes obtus; cinq étamines insérées sur le tube et à peine saillantes, à filets grêles, à anthères longues, linéaires; un ovaire infère, ovoïde, à deux loges multiovulées, surmonté d'un style filiforme, simple, un peu saillant, terminé par un stigmate en tête. Le fruit est une capsule ligneuse, ovoïde, pentagone, tronquée au sommet et couronnée par le calice persistant, à deux loges contenant de nombreuses graines ovales, comprimées, scabres, ponctuées, à ombilic charnu et un peu renflé.

On a rapporté au genre *Portlandia* quelques autres espèces, dont plusieurs appartiennent à des genres différents. Nous citerons notamment la Portlandie acuminée (*P. acuminata* Willd.), qui paraît être une simple variété de la précédente; les Portlandies écarlate (*P. coccinea* P. Br.), à six étamines (*P. hexandra* L., *Coutarea speciosa* Aubl.).

Habitat. — La portlandie à grandes fleurs croît dans diverses régions de l'Amérique du Sud; on la trouve aussi aux Antilles. Elle n'est cultivée, en Europe, que dans les jardins botaniques, où elle exige la serre chaude.

Parties usitées. — Les écorces.

Récolte. — Les portlandies donnent des écorces qui doivent être classées parmi les *faux quinquinas*. C'est à ce genre que l'on attribue les *quinas nova*. Le *Portlandia hexandra* Jacq. (*Buana hexandra* Pohl, *Coutarea spinosa* Aubl.) vient du Brésil; son écorce y est connue sous le nom de *quina de Rio de Janeiro*; on l'a confondue à tort avec l'écorce de l'*Exostema souzanum* Martius, appelée au Brésil *quina de Piauhy*; tandis que Velloso nomme *quina de Pernambuc* celle du *Portlandia hexandra*; selon le même auteur, le *quina de Piauhy* viendrait d'un strychnos voisin du *Strychnos pseudo-quina* St-Hil., qui produit le faux quinquina dit bicolore.

Mais tous les quinquinas nova ne doivent pas être attribués aux *Portlandia*; en effet, le quinquina nova ordinaire ou rouge de Mutis est produit par le *Cinchona oblongifolia* Mut., *Cinchona magnifolia* R. P., *Cascarilla magnifolia* Weddell; une de ses variétés porte le nom de *quinquina chandelle*. On ne sait à quelle plante il faut rapporter la variété désignée sous le nom de *quinquina nova fauve*, et M. Guibourt nomme *quinquina nova colorada* une écorce nommée encore *quina colorada*, qui est recouverte d'une croûte rugueuse, d'un rouge brun à l'intérieur, mais le plus souvent couverte d'un enduit blanc argenté, avec un liber lie de vin; c'est elle que l'on a attribuée au *Buana hexandra* Pohl, *Portlandia hexandra* Jacq.

Composition chimique. — Les faux quinquinas en général, et en

particulier ceux que l'on attribue aux portlandia, ne renferment ni
quinine, ni cinchonine : cependant le quinquina nova colorada, qui
possède l'odeur du quinquina gris, renferme, d'après M. Ossian Henry,
des traces du cinchonine.

D'après MM. Pelletier et Caventou, le quinquina nova du commerce ne renferme ni quinine ni cinchonine ; ces illustres chimistes
y ont trouvé : une matière grasse, un acide particulier, nommé *acide
kinovique*, une matière résinoïde rouge, une matière tannante, de la
gomme, de l'amidon, une matière jaune, une substance alcalescente
en petite quantité, du ligneux. (*Journal de pharmacie*, t. VII, p. 109.)
D'après M. Gruner, le quinquina nova contiendrait un alcaloïde particulier.

Usages. — Les écorces des portlandia jouissent de propriétés toniques et amères très-prononcées, mais elles sont loin de posséder
les vertus fébrifuges que Gomez leur a attribuées ; elles sont d'ailleurs très-rares et inusitées.

POTALIE

Potalia amara Aubl.
(Loganiacées.)

La Potalie amère est un petit arbuste, dont la tige, haute d'environ un mètre, noueuse, porte des feuilles opposées, longues de 0ᵐ,33,
étroites à la base, à nervure médiane très-forte, à pétiole un peu engaînant. Les fleurs sont groupées en corymbes trichotomes terminaux.
Elles présentent un calice pétaloïde, turbiné, à quatre divisions profondes ; une corolle tubulée, à limbe partagé en dix divisions obliques ;
dix étamines insérées sur le tube, à filets réunis par une membrane
disposée en une sorte d'anneau, à anthères linéaires ; un ovaire à
deux loges pluriovulées, surmonté d'un style simple terminé par un
stigmate pelté. Le fruit est une baie à deux loges polyspermes.

On cite encore la Potalie résineuse (*P. resinifera* Mart.).

Habitat. — La potalie amère habite les forêts de la Guyane. La
potalie résineuse croît au Brésil.

Parties usitées. — Les tiges, les feuilles.

Récolte. — Les tiges et les feuilles des potalies sont tout à fait
inconnues dans notre matière médicale. On ne les emploie que dans
la Guyane.

Composition chimique. — Toutes les parties de la plante sont extrêmement amères. Les jeunes tiges laissent écouler une résine jaune qui, lorsqu'elle est chauffée, répand une odeur suave qui rappelle celle du benjoin.

Usages. — A haute dose la décoction de cette plante est vomitive ; elle s'emploie contre les empoisonnements, et principalement contre celui qui est produit par le manioc non préparé. (Aublet, *Guyane*, t. I, p. 395.) Les tiges et les feuilles sont employées contre les maladies vénériennes. De Candolle fait remarquer qu'elles ont l'amertume des gentianées et les propriétés vomitives des apocynées ; en effet, la plante qui les fournit est, pour quelques auteurs, intermédiaire entre les deux familles. (*Essai*, etc., p. 217.) Au Brésil, les feuilles mucilagineuses et astringentes du *P. resinifera* sont employées, dans la province de *Rio Negro*, contre les ophthalmies. (*Nova gen. et spec. pl. bras.*, t. II, p. 90.)

POTENTILLE

Potentilla anserina L.
(Rosacées - Dryadées.)

La Potentille ansérine, vulgairement nommée Argentine, est une plante vivace, à souche épaisse, presque verticale, à racines grêles, chevelues, fasciculées, brunâtres. Les tiges, longues de $0^m,20$ à $0^m,40$, naissant au-dessous des rosettes de feuilles radicales, sont grêles, presque filiformes, rameuses, pubescentes, complétement étalées sur le sol, et présentent des nœuds très-espacés, dont chacun émet, en dessus, des rosettes de feuilles et, en dessous, des faisceaux de racines adventives. Les feuilles à pétiole long, muni de stipules engaînantes, multifides et entouré à sa base d'écailles roussâtres, sont pennatiséquées, et ont quinze à vingt-cinq folioles ovales-oblongues, dentées, vertes en dessus, soyeuses argentées en dessous, entremêlées de folioles très-petites entières ou découpées. Les fleurs, grandes, d'un beau jaune, sont solitaires à l'extrémité de pédoncules axillaires plus ou moins longs. Elles présentent un calycule à cinq folioles découpées ; un calice à cinq sépales ; une corolle à cinq pétales très-longs, arrondis, étalés ; des étamines nombreuses, incluses, insérées sur le calice ; un ovaire composé de nombreux carpelles uniovulés, insérés sur un réceptacle convexe, persistant, et surmontés chacun d'un style latéral, caduc, à stigmate obtus. Le fruit se compose d'akènes glabres, acuminés, insérés sur le réceptacle et entourés par le calice persistant.

Le nom vulgaire de cette espèce ne doit pas la faire confondre avec la Potentille argentée (*P. argentea* L.).

A ce genre appartiennent aussi la Quintefeuille (*P. reptans* L.) et la Tormentille (*P. Tormentilla* Sibth.), qui seront l'objet d'articles spéciaux.

Habitat. — La potentille ansérine est commune en Europe. Elle croît dans les lieux humides, au bord des chemins, le long des fossés, etc. On ne la cultive que dans les jardins botaniques.

Parties usitées. — Les feuilles, les racines.

Récolte. — Les feuilles de potentille ansérine, plus généralement connue dans le commerce sous le nom d'*argentine,* sont récoltées pendant les mois de juin et de juillet; on les fait sécher en les attachant en petits paquets et les disposant en guirlandes; les racines, peu employées d'ailleurs, doivent être arrachées à l'automne après la floraison; on les lave pour les débarrasser de leur terre; on les fait sécher à l'étuve.

Composition chimique. — L'argentine contient une quantité assez considérable d'un principe astringent qui doit être du tannin ou du quercitron. Son suc est acide, et il noircit la solution des persels de fer; aussi l'a-t-on employé, dit-on, pour le tannage et pour la fabrication de la bière, ce qui nous paraît très-douteux. La racine, très-féculente, a pu être utilisée comme aliment en Écosse, et, d'après Erhard, elle aurait servi à faire du pain dans les temps de grande disette.

Usages. — Matthiole, Dodoens, Tournefort, etc., ont beaucoup vanté l'argentine comme astringente. On l'a préconisée contre les flux en général, mais surtout contre la leucorrhée et les hémorrhagies. Degner (*Hist. méd. de la dysent.*, p. 146) l'employait en décoction dans du lait contre la diarrhée et la dysenterie. C'est un remède antidiarrhéique vulgaire dans nos campagnes, et Dubois de Tournai assure avoir constaté son efficacité. Quant aux propriétés antiphthisiques, diurétiques, lithontriptiques et fébrifuges, qui ont été attribuées à cette plante par Bergius, Rosen, Withering, elles sont tout à fait illusoires, et c'est bien à tort que Boerhaave l'a signalée comme l'égale du quinquina. Lieutaud est plus dans la vérité lorsqu'il dit

qu'elle agit à la manière des plantains, ce qui veut dire, ou à peu
près, qu'elle n'agit pas du tout.

L'argentine macérée dans l'alcool donne une teinture qui devient
lactescente lorsqu'on la mélange à l'eau. On tire parti de cette propriété en parfumerie, pour préparer des eaux de senteur, que l'on
regarde à tort comme adoucissantes.

POURPIER

Portulaca oleracea L.
(Portulacées.)

Le Pourpier est une plante annuelle, à racines fibreuses. La tige,
longue de $0^m,15$ à $0^m,30$, cylindrique, épaisse, charnue, glabre,
rougeâtre, rameuse, couchée, porte des feuilles opposées ou alternes,
sessiles, ovales-oblongues, entières, épaisses, charnues, glabres, d'un
vert glauque en dessous, souvent rougeâtres. Les fleurs, jaunes, sessiles, sont solitaires ou groupées au sommet des rameaux. Elles présentent un calice adhérent par sa base, comprimé, à deux divisions
inégales ; une corolle à cinq pétales obovales, soudés dans leur partie
inférieure ; une douzaine d'étamines soudées avec la base de la
corolle ; un ovaire semi-infère, uniloculaire, pluriovulé, surmonté
d'un style simple à la base, partagé au sommet en cinq divisions qui
portent chacune un stigmate à la face interne. Le fruit est une pyxide
globuleuse, polysperme.

Habitat. — Cette plante est abondamment répandue en Europe ;
on la trouve dans les lieux secs et sablonneux, les décombres, etc. Elle
est souvent cultivée dans les jardins maraîchers.

Parties usitées. — Les feuilles et les tiges.

Récolte. — Le pourpier est récolté pendant tout l'été et au moment du besoin. Il est toujours employé à l'état frais.

Composition chimique. — Le pourpier est inodore ; sa saveur est
légèrement acide, un peu âpre ; il contient beaucoup de mucilage.
Son acidité est due à du malate acide de chaux.

Usages. — Le pourpier est aujourd'hui plutôt employé comme
aliment que comme médicament. On le mange en salade, cuit ou
confit au vinaigre. Les anciens le regardaient comme rafraîchissant,
tempérant et antiscorbutique. On le prescrivait sous la forme d'eau
distillée, ou de suc de la plante dans les affections calculeuses, les

hémorrhagies, les fièvres ardentes, le scorbut, etc., etc. On dit que,
mangé en salade, il agit comme vermicide, mais cela nous paraît
bien douteux. Les semences ont joui de la même réputation, qui
ne nous paraît pas plus justifiée, quoiqu'elles fassent partie du remède de Renaud contre le tœnia ; et en Perse on en fait, dit-on,
des dragées qu'on regarde comme vermifuges. Elles font partie,
d'ailleurs, des quatre semences froides ; et elles entraient dans
une foule de compositions pharmaceutiques, autrefois très-employées, qui ne le sont plus aujourd'hui, mais parmi lesquelles nous
citerons cependant le *Diapium*, la *confection Hamech*, celle d'*Hya-
cinthe*, la Poudre contre les vers, etc.

D'après Aldrovandi (*De insect.*, lib. IV, c. IV, p. 485), un médecin
de Naples, nommé Lycus, vantait le pourpier comme un antidote de
l'empoisonnement par les cantharides. En Suède, on frotte les verrues avec les feuilles pour les faire tomber. L'eau distillée était encore
regardée naguère comme un remède souverain contre les ophthalmies.

Dans l'Inde, on nomme *Boin-Goli* le *P. Meridiana* L.f., et on
emploie sa décoction, à l'Ile-de-France, contre les tumeurs ou ulcères
malins des pieds, appelés *crabes* aux Antilles, et *todda vela* dans
l'Inde. D'après Forskal, en Égypte, on applique sur le front, contre
les céphalalgies, les feuilles pilées du *P. quadrifolia* L. Dans l'Inde, on
l'emploie contre les érésipèles, et on le fait prendre en tisane contre
la dysurie (Ainslie, *Mat. méd.*, t. II, p. 286). Plumier mentionne
un pourpier qui croît à Saint-Domingue, sur le bord de la mer, qui
est amer, âcre et employé comme vermifuge.

PRÊLE

Equisetum fluviatile Sm. *E. Telmateya* Ehrh. *E. eburneum* Roth.
(Équisétacées.)

La Prêle des fleuves, confondue avec la plupart de ses congénères,
sous les noms de Prêle, Queue de cheval, Queue de rat, Asprêle, etc.,
est une plante vivace, à rhizome traçant, émettant des fibres radicales. Les tiges, incrustées de silice ainsi que les rameaux, sont de
deux sortes. Les unes sont stériles, hautes de 0ᵐ,50 à un mètre, assez
robustes, striées, d'un beau blanc, articulées, dressées, fistuleuses,
portant à chaque nœud une gaine membraneuse, dentée, et, au-des-

sous, des rameaux verticillés, très-longs, grêles, rudes, à huit angles, articulés comme la tige, très-nombreux, simples, quelquefois rameux dans les verticilles inférieurs. Les autres sont fertiles, hautes de 0^m,20 à 0^m,30, blanches ou d'un blanc rougeâtre, simples, à gaînes plus amples, plus longues, à dents plus larges. Elles paraissent avant les tiges stériles, et se terminent par un épi oblong-cylindrique, composé d'écailles verticillées, pédicellées, peltées. Chaque écaille porte, à la face inférieure des sporanges membraneux, disposés en cercle, et renfermant des spores nombreuses, vertes, libres, munies de quatre appendices filiformes renflés au sommet (Pl. 12).

Nous citerons encore la Prêle des champs (*E. arvense* L.), à tiges plus courtes que dans l'espèce précédente, les stériles vertes, les fertiles d'un brun rougeâtre; la Prêle d'hiver ou des tourneurs (*E. hyemale* L.), à tiges toutes semblables et fertiles, d'un vert un peu glauque, la Prêle des marais (*E. palustre* L.), des limons (*E. limosum* L.), des bois (*E. sylvaticum* L.), rameuse (*E. ramosum* L.), etc.

HABITAT. — Les prêles sont communes dans toutes les contrées de l'Europe; elles croissent dans les lieux humides ou marécageux, au bord des eaux, dans les tourbières, les champs, les bois, etc. On ne les cultive que dans les jardins botaniques.

PARTIES USITÉES. — La tige, les feuilles.

RÉCOLTE. — Les prêles peuvent être substituées les unes aux autres. On peut les récolter pendant toute la belle saison; on les dessèche sans difficultés.

COMPOSITION CHIMIQUE. — La tige des prêles est extrêmement dure, ce qui permet de les employer lorsqu'elles sont sèches pour polir les ouvrages d'ébénisterie, de tabletterie et même les métaux; cette dureté est due à l'abondance de la silice, comme l'ont démontré les analyses de MM. Pectet et John (*Bulletin des sciences médic.*, de Férussac, t. XVI, p. 459), et Davy en poussant au chalumeau un fragment de prêle d'hiver a obtenu un globule de verre.

M. Diébold, qui a analysé l'*E. hyemale* L., y a trouvé de la chlorophylle, une matière extractive jaune, de la fécule, du gallate de chaux, du sucre, de l'acide malique, de l'oxyde de fer et des sels. M. Braconnot a extrait de la prêle fluviatile un acide particulier qu'il a nommé *équisétique*; mais M. V. Regnault a fait voir que cet acide était identique avec l'acide pyromatique de M. Braconnot (acide maléique de M. Pelouze) obtenu par la distillation de l'acide malique entre 180° et 200°. (*Ann. de chim. et de phys.*, 2e série, t. LXII, p. 208.)

Usages. — Les prêles ne sont presque plus employées en médecine, quoique le professeur Leuhowek, de Vienne, les ait vantées comme diurétiques, et qu'il les ait conseillées contre les infiltrations cellulaires et les maladies des voies urinaires ; il ne les conseille d'ailleurs que dans les hydropisies par atonie ; elles seraient, dit-il, trop actives quand ces maladies sont inflammatoires et elles peuvent causer l'hématurie. Cependant M. Cazin dit les avoir vu employer avec succès contre l'hématurie des bestiaux ; dans les campagnes, c'est un remède populaire. Schulze les accuse de causer l'avortement des vaches et des brebis lorsqu'elles sont mêlées en trop grande quantité avec les fourrages. Malgré cela, les Irlandais en font manger à leurs bestiaux sans aucun inconvénient.

Gattenhof a employé les prêles dans un cas d'hémoptysie rebelle, et Hoffmann en recommande la décoction dans de la bière, comme efficace dans la néphrite calculeuse. M. Cazin a confirmé cette opinion, et il les conseille pour combattre l'état cachectique et œdémateux qui suit les fièvres intermittentes. En Chine une espèce de prêle, nommée *Mouk-se*, est employée comme astringente. Aux Antilles, d'après Descourtils (*Flor. méd. des Antilles*, t. II, p. 171), on emploie l'*E. giganteum* contre la diarrhée et la dysenterie.

Dans beaucoup de localités, principalement en Toscane et aux environs de Rome, on mange les jeunes prêles.

PRIMEVÈRE

Primula officinalis Jacq. P. *veris* L.
(Primulacées – Primulées.)

La Primevère officinale ou commune, appelée aussi Primerolle, Brayette, Coucou, Herbe de la paralysie, Printanière, etc., est une plante vivace, à rhizome rameux, épais, rugueux, émettant des racines fibreuses. Les feuilles, toutes radicales, disposées en rosette, sont ovales ou oblongues, brusquement contractées en un pétiole ailé, ondulées, crénelées ou dentées, ridées, réticulées, d'un vert pâle, glabres en dessus, pubescentes en dessous. Les fleurs, jaunes, à pédicelles munis de bractées, ordinairement assez courts, sont groupées

en ombelles simples au sommet de pédoncules radicaux, longs de
$0^m,10$ à $0^m,30$. Elles présentent un calice campanulé, renflé, très-
ouvert, à limbe partagé en cinq divisions courtes, un peu obtuses,
pubescentes, presque tomenteuses et blanchâtres ; une corolle en
entonnoir, à tube assez long, dilaté au sommet, à gorge munie d'appendices, à limbe concave divisé en cinq lobes obtus, échancrés,
marqués à la base d'une tache jaune foncé ; cinq étamines incluses ;
un ovaire globuleux, à une seule loge multiovulée, surmonté d'un
style simple terminé par un stigmate en tête. Le fruit est une capsule
globuleuse, uniloculaire, s'ouvrant au sommet en cinq valves, et renfermant un grand nombre de petites graines anguleuses et chagrinées.

La Primevère auricule (*P. auricula* L.), vulgairement Oreille
d'ours, est aussi vivace, et se distingue de la précédente par sa taille
plus petite ; ses feuilles ovales, spatulées, épaisses, charnues, glabres,
un peu glauques et farineuses ; sa corolle à gorge nue.

Habitat. — La primevère officinale est commune en Europe ; elle
croît dans les lieux herbeux, les prairies, les pâturages. La primevère
auricule habite les régions montagneuses. Ces deux plantes sont cultivées dans les jardins d'agrément, où elles ont produit un grand
nombre de variétés.

Parties usitées. — La plante entière, les souches et les fleurs.

Récolte. — La primevère fleurit au printemps, on la cueille en
mai, et on fait sécher les feuilles avec les pédoncules et les fleurs ;
cependant on trouve souvent, dans le commerce de l'herboristerie, les
fleurs sèches isolées. La souche doit être cueillie après la floraison ;
on la fait sécher avec précaution pour ne pas lui enlever l'huile
essentielle qu'elle renferme.

Composition chimique. — La souche et souvent les feuilles et les
pédoncules des primevères possèdent une odeur anisée des plus prononcées, due à une essence que l'on peut séparer par distillation ;
elle renferme en outre une substance amère analogue au principe
amer des polygalas (sénégénine), et que l'on a nommée *arthanitine* ;
c'est à elle que l'on attribue les propriétés de la plante. Enfin, l'astringence est due au tannin. On y trouve aussi des sels. (*Journal de chim.
méd.*, t. VI, p. 422.)

Usages. — Les auteurs anciens, parmi lesquels nous citerons Ma-
thiole, Ray, Bartholin, Chomel, Lieutaud, etc., regardaient la primevère comme une plante précieuse contre les maladies du système

nerveux ; on l'a vantée contre la paralysie, l'apoplexie, l'hystérie, les vertiges, etc. Boerhaave et Linné la regardaient comme un sédatif de la circulation et comme capable de procurer le sommeil ; Bergius préconisait l'infusion de ses fleurs contre les affections rhumatismales ; Gessner l'appelait *arthritica* et la conseillait contre la goutte ; on l'a encore regardée comme béchique, anticatarrhale et vermifuge. Nous croyons, avec Cullen, Peyrilhe, M. Cazin et la plupart des médecins modernes, que c'est avec raison que cette plante n'est plus usitée en médecine.

Dans plusieurs contrées on mange les feuilles de primevère cuites ou crues en salade. En Suède on prépare avec ces feuilles mêlées au miel une boisson agréable. Le suc a été employé comme cosmétique. A Sumatra on mange les jeunes hampes comme un antiscorbutique.

L'*arthanitine* est un principe mal défini qui n'est pas employé.

PRUNELLIER

Prunus spinosa L.
(Rosacées - Amygdalées.)

Le Prunellier, appelé aussi Prunier sauvage, Prunier épineux, Épine noire, etc., est un arbrisseau épineux, buissonnant, épais, dont la tige, haute d'environ 2 mètres, se divise en rameaux divariqués, diffus, les jeunes pubescents, les adultes terminés en pointe acérée et couverts d'une écorce brun noirâtre. Les feuilles sont alternes, courtement pétiolées, à stipules caduques, à limbe oblong ou ovale, denté, d'abord pubescent, puis glabre et d'un vert foncé. Les fleurs, blanches, à pédoncules glabres, sont solitaires ou géminées, et paraissent avant les feuilles. Elles présentent un calice campanulé caduc, à cinq sépales; une corolle à cinq pétales; des étamines nombreuses, insérées au sommet du tube calicinal; un ovaire simple, libre, globuleux, uniovulé, surmonté d'un style subulé terminé par un stigmate simple. Le fruit est une drupe globuleuse, noir bleuâtre, glauque, longue d'environ 0^m,04, à chair verdâtre d'une saveur très-acerbe, renfermant un noyau rugueux.

Cette espèce présente une variété plus élevée, moins épineuse, à feuilles plus grandes et à fruits plus gros de moitié.

La Coccumiglia (*P. cocomilla* Ten.) ressemble beaucoup à l'espèce précédente. Elle a des feuilles ovales, atténuées en pointe à leurs deux extrémités, glabres, crénelées, glanduleuses ; des fleurs blanches, pédonculées, géminées ; des fruits ovoïdes, pointus, fauves, longs de $0^m,02$ à $0^m,03$.

HABITAT. — Le prunellier est commun dans toute l'Europe ; il croit dans les haies, les buissons, sur la lisière des bois. La coccumiglia est répandue dans les régions montagneuses de l'Italie méridionale.

CULTURE. — Le prunellier est fréquemment employé pour faire des haies vives, surtout dans les sols calcaires. Il se propage de graines semées en place ou en pépinière, ou bien de boutures. C'est un arbrisseau très-rustique et qui supporte bien la taille.

PARTIES USITÉES. — L'écorce, les feuilles, les fleurs, les fruits.

RÉCOLTE. — L'écorce doit être récoltée au printemps, les feuilles doivent l'être au moment de la floraison, les fleurs avant leur complet épanouissement ; ces diverses parties perdent presque toutes leurs propriétés par la dessiccation. Les fruits, cueillis avant leur maturité, servaient autrefois à préparer un suc concret que l'on nommait *acacia nostras* et *acacia germanica,* que l'on fabriquait principalement en Allemagne et qui était souvent substitué au suc d'acacia d'Égypte. On le préparait également avec le *Prunus insititia* L., dont les fruits sont plus gros.

COMPOSITION CHIMIQUE. — Les écorces, les feuilles et les fleurs des prunelliers, comme toutes les parties similaires des autres plantes de la tribu des amygdalées, donnent à la distillation une huile essentielle analogue à celle des amandes amères et de l'acide cyanhydrique en proportions variables, selon l'époque à laquelle on les récolte ; les fruits sont acerbes et astringents, ils renferment de l'acide malique, un peu d'acide pectique et beaucoup de tannin ; aussi les a-t-on employés pour la teinture en noir, et d'après Haller ils peuvent servir à préparer une encre excellente ; la matière colorante qui abonde dans l'épicarpe mûr a été utilisée en Dauphiné pour colorer les vins. Ces fruits mûrs renferment une notable proportion de sucre et l'on peut, par fermentation, en obtenir une *piquette* assez agréable, qui est une grande ressource pour les habitants des campagnes.

USAGES. — Zuch, de Munich, regarde l'écorce du prunellier comme un des meilleurs fébrifuges indigènes. Coste et Wilmet l'ont employée avec assez de succès contre les fièvres intermittentes ; mais cette application, déjà faite par Nebelius, n'a pas toujours réussi, et MM. Roques et Cazin n'ont pas eu à s'en louer.

Dans certaines contrées du Nord de l'Europe, les jeunes feuilles de prunellier sont encore employées desséchées en guise de thé; mais elles sont loin de posséder l'odeur et les propriétés du thé de Chine, comme le disent Mérat et Delens.

Suivant Murray, les fleurs du prunellier seraient un purgatif populaire, à forte dose; mais Bauhin (*Hist. plant.*, t. I, p. 196) dit qu'elles sont simplement laxatives; elles jouissent des mêmes propriétés que les fleurs de pêcher, et elles sont inusitées.

Le prunier de Virginie, *P. virginiana* L., *Padus oblonga* Mœnch, est abondant aux États-Unis; on le cultive dans les jardins; son écorce a été vantée contre la dysenterie et contre la phthisie : cette écorce est amère, styptique, chaude et aromatique; on l'a conseillée contre les fièvres intermittentes.

PRUNIER

Prunus domestica et insititia L.
(Rosacées–Amygdalées.)

Le Prunier domestique ou Prunier cultivé (*P. domestica* L.) est un petit arbre ou un grand arbrisseau, dont la tige, haute de 3 à 7 mètres, couverte d'une écorce brun cendré, se divise en rameaux nombreux, étalés, glabres, portant des feuilles alternes, pétiolées, ovales ou oblongues, aiguës, crénelées ou dentées, un peu rugueuses, légèrement pubescentes en dessous, accompagnées de stipules linéaires, pubescentes. Les fleurs, blanches, terminent des pédoncules assez courts, ordinairement pubescents et géminés. Elles présentent un calice à tube très-court et turbiné, à limbe partagé en cinq divisions obtuses, denticulées, velues, un peu glanduleuses, étalées; une corolle à cinq pétales arrondis, obtus, entiers, brusquement onguiculés, un peu concaves, étalés; vingt à trente étamines inégales, insérées circulairement au haut du tube calicinal; un ovaire simple, globuleux, uniovulé, surmonté d'un style simple terminé par un stigmate en tête. Le fruit est une drupe ovoïde, penchée, lisse, glabre, marquée d'un sillon longitudinal, recouverte d'une efflorescence glauque et fugace (*fleur*) et renfermant, sous un noyau oblong, ovale, comprimé, rugueux, une amande ovoïde, comprimée, pointue au sommet, à cotylédons charnus et assez volumineux.

Le Prunier enté ou Pruneautier (*P. insititia* L.) se distingue du précédent par sa taille moins élevée (2 à 3 mètres), ses jeunes rameaux pubescents veloutés, et ses fruits plus arrondis.

Ces deux espèces, si voisines que plusieurs botanistes les regardent comme constituant un même type spécifique, ont produit, par la culture, d'innombrables variétés dans la forme, la couleur, le volume, la saveur et l'époque de maturité du fruit. Plusieurs servent à préparer les pruneaux. La plus intéressante au point de vue médical est la prune de Damas.

Le Prunier de Briançon (*P. Brigantiaca* Vill.) est un petit arbre, dont la tige, haute de 2 à 5 mètres, se divise en rameaux étalés, glabres, portant des feuilles ovales, acuminées, dentées, glabres, luisantes, à nervure médiane ciliée. Les fleurs sont petites et portées sur des pédoncules glabres, assez longs, groupés au nombre de deux à cinq. Le fruit, du volume d'une petite noix, est globuleux, un peu aigu, jaunâtre, glabre, à pulpe verdâtre et acerbe, et renferme un noyau lisse.

A ce genre appartiennent encore le Prunellier ou Prunier épineux et la Cocumiglia (Voyez *Prunellier*).

Habitat. — Le prunier domestique et le pruneautier sont originaires de l'Orient; on les cultive, de temps immémorial, dans les jardins et les vergers de presque toute l'Europe. Le prunier de Briançon croît dans les Hautes-Alpes; il n'est cultivé que dans les jardins botaniques.

Parties usitées. — Les fruits, les noyaux.

Récolte. — Lorsqu'on veut manger les prunes immédiatement, on les cueille à leur maturité parfaite; si, au contraire, on veut les faire dessécher ou en préparer des confitures, des marmelades, des conserves au sucre ou à l'eau-de-vie, il vaut mieux les cueillir avant leur complète maturité.

Les prunes à l'eau-de-vie sont préparées avec les prunes de *Reine-Claude*; on les récolte encore vertes, on coupe la moitié du pédoncule à peu près, on les blanchit à l'eau chaude, on les plonge ensuite dans l'eau froide, puis on les fait confire au sucre ou à l'eau-de-vie; quelquefois, pour leur conserver une belle couleur verte, on y ajoute une petite quantité d'un sel de cuivre; ou reconnaît cette fraude en plongeant une aiguille à coudre dégraissée dans la prune suspecte; quelques instants après la petite lame de fer se trouve recouverte de cuivre.

Le procédé le plus suivi pour conserver les prunes consiste à les faire sécher alternativement au soleil et au four; on en fait un commerce considérable dans plusieurs parties de la France; les plus estimés viennent de Brignoles, de Tours et d'Agen; les pruneaux de Tours sont préparés avec les prunes de Sainte-Catherine; les petits pruneaux noirs, dits *Pruneaux à médecine*, sont préparés avec les variétés de Damas et de Saint-Julien.

COMPOSITION CHIMIQUE. — Les différentes variétés de prunes sont riches en sucre qui transsude et vient cristalliser à la surface de l'épicarpe, lorsqu'on les fait sécher, pour constituer les efflorescences blanches que l'on trouve sur les fruits secs ; ce sucre est analogue à celui de raisin ; la partie pulpeuse renferme en outre de la pectine, de l'acide pectique, et probablement de l'acide malique; l'amande donne par expression une huile douce blanche, qui jaunit avec le temps; celle qui est retirée du prunier des Alpes, *P. Brigantiaca*, porte le nom d'*huile de marmote*; le marc ou résidu renferme les éléments nécessaires à la formation, au contact de l'eau, d'une essence analogue et même identique à celle des amandes amères et de l'acide cyanhydrique ; le tourteau est employé pour engraisser les bestiaux, mais il faut leur en donner en petite quantité ; car, d'après M. Chanchel, ancien pharmacien à Besançon, il peut en résulter des empoisonnements suivis de mort.

USAGES. — Les fruits des pruniers ont été connus des anciens : Théophraste et Dioscoride en parlent. On les emploie cuits dans l'eau pure ou dans l'eau sucrée comme de légers laxatifs. On prépare avec ces fruits une pulpe qui entre dans l'*électuaire lénitif*, le *diaprun*, la confection *Hamech*, etc. On se sert des pruneaux cuits pour faire avaler aux malades des poudres ou des pilules; on les sert sur les tables crus ou cuits ou macérés dans du vin rouge sucré.

En Pologne, en Suisse, en Italie, en Hongrie et même en France, dans les Vosges, on fait fermenter les prunes écrasées; c'est principalement la variété appelée *couetche* que l'on emploie à cet usage; on en retire par distillation des alcools que les Allemands nomment *Raki* et *zwetschen-wasser*; les noyaux écrasés sont employés à faire un kirsch artificiel.

Nous avons parlé, à propos de la récolte, des préparations que l'on fait subir aux prunes, pour les exploiter à l'état de conserves.

Le bois de prunier est dur, d'un grain serré, bien veiné, susceptible de recevoir un beau poli. Sa couleur est avivée par une immersion à l'eau de chaux.

La gomme qu'exsude le prunier est employée, sous le nom de *Gomme du pays* (*Gummi nostras* des officines), à peu près aux mêmes usages que la gomme arabique ; elle est plus colorée que celle-ci.

PSYCHOTRIA

Psychotria emetica L. *Ronabea emetica* Rich.
(Rubiacées – Cofféacées.)

Le Psychotria émétique, appelé aussi Ipécacuanha noir ou strié, est un arbrisseau à racine cylindrique, de la grosseur du petit doigt, présentant des étranglements de distance en distance, presque horizontale, munie de radicelles grêles, fibreuses. La tige, haute de $0^m,35$ à $0^m,50$, cylindrique, finement pubescente, simple, dressée, porte des feuilles opposées, lancéolées, aiguës, entières, glabres en dessus, pubescentes en dessous, atténuées en pétiole à la base et munies de stipules interfoliaires, étroites, aiguës, assez fermes, pubescentes, dressées. Les fleurs, disposées en petites cymes dichotomes, axillaires, présentent un calice adhérent, à cinq divisions ovales-oblongues ; une corolle en entonnoir, à cinq divisions ; cinq étamines incluses, insérées sur le tube ; un ovaire infère, à deux loges uniovulées, surmonté d'un style simple terminé par un stigmate bifide. Le fruit est une drupe ovoïde, bleuâtre, couronnée par le calice persistant, et se séparant à la maturité en deux loges monospermes.

Nous citerons encore le Psychotria à tête blanche (*P. leucocephala* Ad. Br.), très-bel arbrisseau, dont la tige, haute de 3 à 4 mètres, porte de grandes feuilles à stipules profondément découpées, et des fleurs blanches en cymes terminales.

Habitat. — Le psychotria émétique se trouve au Pérou et à la Nouvelle-Grenade ; il habite surtout les forêts. Le psychotria à tête blanche croît au Brésil. Ces deux espèces, la première surtout, ne sont guère cultivées, en Europe, que dans les jardins botaniques ; elles exigent la serre chaude.

Parties usitées. — Les racines.

Récolte. — Les racines du *Psychotria emetica* constituent l'*ipécacuanha strié* de A. Richard et de Mérat, *ipécacuanha noir* de quelques auteurs, et *ipécacuanha gris cendré glycyorhizé* de Lémery ; il diffère des autres ipécacuanhas non-seulement parce qu'il est produit par une plante d'un genre particulier, mais encore parce qu'il présente un aspect spécial. Sur l'autorité de Mutis, cette racine a passé pendant longtemps pour être le véritable ipécacuanha.

L'ipécacuanha strié du commerce a une grosseur qui varie de 0ᵐ,002 à 0ᵐ,009, et pour sa longueur de 0ᵐ,03 à 0ᵐ,12, il présente un cœur ligneux dur, une écorce épaisse, sans étranglements circulaires, recouverte d'un épiderme grisâtre, strié longitudinalement ; l'intérieur est d'un gris rougeâtre, l'écorce adhère assez fortement au corps ligneux ; le *méditullium* est perforé de petits trous visibles à la loupe ; en vieillissant l'écorce devient molle et l'épiderme noircit, d'où lui est venu le nom d'ipécacuanha noir, et celui d'*ipecacuanha fusca*, qu'on lui donne dans quelques pharmacopées ; son odeur est peu marquée, elle rappelle un peu celle de la bardane ; sa saveur est peu prononcée.

C'est M. de Humboldt qui le premier a figuré le *Psychotria emetica* et qui a fait voir que la racine qu'il fournissait n'était pas l'ipécacuanha officinal, contrairement à ce qu'avaient dit avant lui Murray, Persoon et De Candolle, qui l'avaient confondu, comme l'avait fait Mutis, avec le vrai ipécacuanha décrit par Brotero.

Composition chimique. — M. Pelletier, qui a analysé l'ipécacuanha strié, y a trouvé : matière vomitive, 9 ; matière grasse, 12 ; ligneux, gomme et amidon, 79 ; ce qui démontre que cette racine possède à peu près la moitié de l'activité de l'ipécacuanha officinal.

Usages. — L'ipécacuanha strié n'est guère employé que dans les lieux qui le produisent. Quoiqu'on le trouve facilement dans le commerce de la droguerie, il est tout à fait inusité en France ; il jouit d'ailleurs des mêmes propriétés que l'ipécacuanha ordinaire et on l'administre dans les mêmes cas ; seulement il faut le donner à doses plus élevées. Au Pérou on l'emploie sous le nom de *Raicilla* (petite racine).

On suppose que les autres racines du genre *Psychotria* sont vomitives, mais on n'en a pas de preuves directes. Celles du *P. cordifolia* H. B. K. ont été préconisées comme vomitives sous le nom de *Dadap-Lonca*, d'après Dandrade. Au dire de De Candolle, on cite les racines *P. herbacea* L. comme vomitives. Celles des *Psychotria sulfurea* Ruiz et Pavon, *P. tinctoria* Ruiz et Pavon, servent en teinture.

PTÉLÉA

Ptelea trifoliata L.
(Xanthoxylées.)

Le Ptéléa trifolié, vulgairement appelé Orme à trois feuilles, ou Orme de Samarie, est un arbre de moyenne grandeur, dont la tige, haute de 4 à 5 mètres, droite, couverte d'une écorce lisse et grisâtre, se divise en rameaux nombreux, portant des feuilles alternes, longuement pétiolées, à trois folioles ovales aiguës, d'un vert clair en dessus, plus pâles en dessous, parsemées de points glanduleux transparents, la terminale longuement rétrécie à la base. Les fleurs, diclines, verdâtres, sont disposées en corymbes rameux, terminaux. Elles présentent un calice court, à quatre divisions petites, aiguës; une corolle à quatre pétales plus longs que le calice, ovales-lancéolés, étalés. Les fleurs mâles ont quatre étamines, insérées à la base d'un gynophore oblong, strié, à filets subulés, épaissis à la base et hispides, à anthères ovoïdes, cordiformes; un pistil rudimentaire. Les fleurs femelles ont quatre étamines très-courtes, à anthères stériles; un ovaire comprimé, à deux loges biovulées, inséré sur un gynophore convexe, et surmonté d'un style simple, court, terminé par un stigmate bilobé. Le fruit est une samare comprimée, membraneuse, renflée au centre, à deux loges ordinairement monospermes par avortement, entourée d'une aile large, arrondie, membraneuse et réticulée. Ces fruits, qui ressemblent à ceux de l'orme, répandent, quand on les froisse, une odeur agréable.

HABITAT. — Cet arbre croît aux États-Unis, particulièrement dans la Caroline; il est presque naturalisé en Europe.

CULTURE. — Le ptéléa demande une exposition demi-ombragée. Il croît à peu près dans tous les sols, mais mieux dans une terre légère et fraîche. On le multiplie, soit de graines semées en pépinière aussitôt après leur maturité, et arrosées dans les temps secs, soit de boutures et de marcottes.

PARTIES USITÉES. — Les feuilles, les fruits.

RÉCOLTE. — Le genre *Ptelea* se compose de six espèces. Les feuilles du *P. trifoliata* ont été employées autrefois; on les récoltait au moment de la floraison. Les fruits sont cueillis à leur maturité; on les fait sécher au soleil. Ils sont entourés d'une large membrane qui les fait ressembler à ceux de l'orme ; c'est de cette disposition que le genre tire son nom de *Ptelea*, qui était celui de l'orme chez les anciens.

Composition chimique. — Toutes les parties de la plante, et plus particulièrement les fruits, possèdent une odeur légèrement aromatique et une saveur très-amère. On n'a pas analysé cette plante.

Usages. — D'après Schoepf (*Mat. méd. amer.*), les Canadiens emploient les feuilles comme anthelmintiques et vulnéraires en infusion à l'intérieur et à l'extérieur (*Ancien Journal de médec.*, t. LXX, p. 530).

MM. Bauman et Bulviller ont proposé d'employer les fruits pour remplacer le houblon dans la fabrication de la bière.

PTÉRIS

Pteris aquilina et *crispa* L.
(Fougères-Polypodiées.)

Le Ptéris Aigle impérial (*P. aquilina* L.), vulgairement appelé Fougère commune ou grande Fougère, et quelquefois aussi Fougère femelle, ou simplement Fougère, est une plante vivace, à rhizome brun, noirâtre, traçant, presque horizontal, d'où naissent des frondes (feuilles) très-grandes, longues de $0^m,60$ à $1^m,50$, à pétiole très-long, robuste, brun, noirâtre à sa partie inférieure, qui est profondément enfoncée dans la terre, à limbe ovale triangulaire, plusieurs fois pennatiséqué, divisé en segments opposés, pétiolés, ovales ou triangulaires-lancéolés, coriaces, fermes à dernières divisions rapprochées, un peu réfléchies en dessous sur les bords, pubescents surtout en dessous, à nervures secondaires transparentes, prolongées jusqu'aux bords. Les spores, ou corps reproducteurs, sont renfermées dans des sporanges naissant vers le bord de la face inférieure des frondes, disposés en groupes linéaires continus, à indusium continu avec le bord de la feuille, libre en dedans et s'ouvrant de ce côté. L'épithète d'*Aquilina* lui vient, dit-on, de ce qu'en coupant le rhizome obliquement on y voit un amas de faisceaux fibreux figurant tant bien que mal l'aigle à deux têtes.

Le Ptéris crépu (*P. crispa* L.) est aussi vivace, et diffère du précédent par sa taille bien plus petite, ne dépassant guère $0^m,30$; ses frondes, portées sur des pétioles grêles et nus dans la plus grande partie de leur longueur, deux fois ailées, d'un beau vert, les unes stériles, à dernières divisions assez larges et dentées au sommet, les autres fertiles, ayant ces mêmes divisions plus étroites, presque linéaires et bordées par des sporanges en ligne non interrompue.

On peut citer encore les Ptéris de Crète (*P. Cretica* L.), sinuée (*P. sinuata* L.), comestible (*P. esculenta* Willd.), etc.

HABITAT. — La première espèce est très-répandue dans les diverses régions de l'Europe et sur les bords du bassin méditerranéen. Elle croît dans les terrains granitiques et sablonneux, dans les bois et les pâturages, les friches et les champs stériles, sur les coteaux incultes, etc. La seconde espèce est propre aux régions montagneuses de l'Europe.

PARTIES USITÉES. — Les souches ou rhizomes, improprement appelés racines, les expansions foliacées ou frondes, improprement nommées feuilles.

RÉCOLTE. — La fougère, pour être mangée, est récoltée lorsqu'elle est encore jeune et tendre. S'il s'agit d'en faire faire de la litière pour les jeunes enfants, on la coupe lorsqu'elle est bien développée. On arrache les rhizomes à l'automne.

COMPOSITION CHIMIQUE. — La fougère commune de nos bois, dans sa jeunesse, est tendre et mucilagineuse. Les souches sont riches en amidon ; aussi, dans les temps de disette, est-on allé le chercher jusque dans cette plante si commune. La fougère renferme aussi du tannin, et les cendres donnent par lixiviation une si grande quantité de potasse que, d'après Borie, on pourrait en extraire toute celle qui est nécessaire à la consommation de la France.

USAGES. — La médecine fait peu d'usage de la fougère ; on l'a cependant préconisée comme ténifuge ; mais c'est certainement à tort que Haller, Alston et d'Andry ont élevé ses vertus anthelmintiques au-dessus de celles de la fougère mâle ; de temps immémorial on lui a attribué des vertus abortives, qui sont tout aussi douteuses que celle dont nous parlions tout à l'heure.

La fougère commune fraîche que l'on vend au commencement de l'été dans les rues de Paris est destinée à faire des couches pour les enfants et, dit-on, aussi pour tuer les vers intestinaux qui les incommodent ; dans les campagnes, on s'en sert pour faire d'excellentes litières pour les bestiaux. On les brûle pour fertiliser certaines terres. D'après Forster, le *P. esculenta*, qui est, dit-on, identique au *P. caudata*, se mange à la Nouvelle-Hollande et à la Nouvelle-Zélande ; après avoir fait rôtir le rhizome, on en fabrique un pain noir très-grossier et très-peu nutritif. Aux Canaries on mange le *P. aquilina* (Ledru, *Voyage*, t. I, p. 45). La cendre de la fougère, très-riche en potasse, était employée autrefois à la fabrication du verre. Enfin on s'en est servi, dit-on, pour le tannage des cuirs.

PTÉROCARPE

Ptérocarpus Draco L. *P. officinalis* Jacq.
(Légumineuses - Dalbergiées.)

Le Ptérocarpe officinal, appelé aussi Sang-Dragon, est un grand arbre dont les feuilles, alternes, imparipennées, ont un pétiole long de 0^m,15 à 0^m,20, glabre, un peu canaliculé, muni, à sa base, de deux stipules très-petites et caduques, et portant huit à dix folioles alternes, ovales, aiguës, entières, glabres, d'un beau vert. Les fleurs, blanc jaunâtre, sont réunies en longues grappes rameuses à l'aisselle des feuilles supérieures. Elles présentent un calice tubuleux, turbiné, persistant, à tube court, à limbe divisé en cinq dents courtes et inégales ; une corolle papilionacée, à pétales onguiculés, à étendard dressé, dépassant les ailes et la carène ; dix étamines diadelphes, incluses ; un ovaire pédicellé, lancéolé, linéaire, surmonté d'un long style simple, terminé par un stigmate obtus. Le fruit est une gousse pédicellée, très-comprimée, plane, arrondie ou réniforme, ailée, variqueuse, couverte d'un duvet court et ferrugineux, indéhiscente, brusquement terminée par un bec recourbé, et renfermant ordinairement une seule graine ovoïde, oblongue, brunâtre.

Le Ptérocarpe Santal (*P. santalinus* L.), vulgairement Santal rouge, se distingue du précédent par ses feuilles ternées, à folioles arrondies, obtuses, glabres ; et ses fleurs jaunes, à pétales crénelés et ondulés.

Habitat. — Ces deux arbres croissent dans les Indes orientales ; le premier se trouve aussi dans quelques régions de l'Amérique du Sud. Ils sont peu connus en Europe, et c'est à peine si on les rencontre dans les serres chaudes des grands jardins botaniques.

Parties usitées. — La résine, connue sous le nom de sang-dragon, et le bois de santal rouge.

Récolte. — D'après Rumphius, qui nomme ces plantes *Lingoum*, du mot malais *Lingoo*, les bois des divers *Pterocarpus* sont si résineux, surtout vers la base, que lorsqu'on en expose le tronc à un feu médiocre, et même à l'ardeur du soleil, il suinte une matière résineuse rouge, qui constitue le sang-dragon des Antilles, attribué au *P. Draco* ou au *P. gummifer*. Clusius (Charles de l'Écluse) rapporte qu'on extrait en Amérique, par des incisions faites au tronc des ptérocarpes, un sang-dragon en larmes, différent de celui du commerce; et qui est sous forme de pains. Il vient des îles Moluques, et est produit par le *Calamus Draco*.

D'après Clusius, le sang-dragon produit par le *Pterocarpus Draco* L. vient de Carthagène, en Amérique; il est en petites masses irrégulières, couvertes d'une poussière rouge, à cassure vitreuse et opaque; il est insipide, inodore, insoluble dans l'eau, et soluble dans l'alcool; sa solution alcoolique n'est pas précipitée par l'ammoniaque, tandis que celle du sang-dragon des Moluques précipite abondamment dans les mêmes circonstances.

Les bois connus sous les noms de *Santal rouge*, de *Baar-Wood*, de *Caliatour*, de *Corail tendre*, usités dans la teinture, l'ébénisterie ou la tabletterie, sont produits par le *Pterocarpus santalinus* L. fil. : Herbert de Jager et Rumphius nomment ce bois indifféremment *caliatour* ou *santal rouge*, tandis que notre santal rouge, inconnu de Herbert de Jager, est le *Lingoum rubrum* de Rumphius. Le *santal rouge tendre* ou *bois de corail tendre*, moins riche que les précédents en matière colorante, est fourni par le *Pterocarpus Draco* L. ou par le *Pterocarpus gummifer* Bert. Le bois de *Rosaliba du Brésil*, mentionné par Margraff, sous le nom d'*Arariba* est attribué par Riedel à un *Pterocarpus;* le *santal rouge* d'Afrique ou *Baar-Wood* qui vient d'Angola et du Gabon est produit probablement par le *Pterocarpus angolensis* D.C. ou par le *Pterocarpus santalinoïdes* l'Hérit. ; enfin le *bois* de *Moutouchi* est attribué au *Pterocarpus suberosus* D.C. *Moutouchia suberosa* Aubl.

Rappelons aussi que les *Pterocarpus erinaceus* et *Marsupium* fournissent des sucs rouges astringents, placés parmi les othérocernes ou kinos.

COMPOSITION CHIMIQUE. — MM. Boudault et Glénard ont constaté, dans les produits de la distillation du sang-dragon, du benzoëne $= C^{14}H^8$, du cinnamène $C^{16}H^8$, de l'acide benzoïque, de l'acétone, une huile oxygénée qui donne de l'acide benzoïque sous l'influence de la potasse ; mais on ne sait pas sur quel sang-dragon ils ont opéré ; ce ne peut être sur le suc du *Dracæna Draco*, de la famille des Asparaginées, comme on l'a indiqué à tort, car ce suc ne fournit pas de sang-dragon au commerce.

Le bois de santal rouge, que l'on trouve dans le commerce sous la forme de bûches, de fragments ou en poudre, a été successivement étudié au point de vue chimique par MM. Vogler, Pelletier et Preiser ; d'après ce dernier chimiste, cent parties de santal cèdent à l'alcool dix-sept parties de santaline ; cette matière pure est incolore ; mais elle rougit au contact de l'air, sous l'influence des acides et au contact des alcalis ; elle se dissout dans l'eau, tandis que le principe colorant rouge extrait par Pelletier est insoluble dans ce liquide : cette dernière matière est résinoïde. Le santal rouge possède une odeur faible qui rappelle celle de l'iris ou du bois de campêche.

Usages. — Le sang-dragon produit par les *Pterocarpus* est un astringent puissant que l'on emploie dans les mêmes cas que les Kinos et les Cachous.

Le bois de santal n'est plus guère employé en médecine. On en fait au contraire une assez grande consommation en teinture et en tabletterie. On fait beaucoup usage, aux Indes orientales, du *P. Indicus* Willd., qui se distingue par une odeur très-suave.

PULMONAIRE

Pulmonaria vulgaris Mér. *P. officinalis* et *angustifolia* L.
(Borraginées – Borragées.)

La Pulmonaire commune ou officinale, appelée aussi Herbe aux poumons, Herbe au cœur, Herbe au lait de Notre-Dame, est une plante vivace, à souche épaisse, tronquée, émettant de nombreuses fibres radicales. Les tiges, hautes de $0^m,15$ à $0^m,30$, épaisses, succulentes, couvertes de poils rudes, dressées ou ascendantes, quelquefois flexueuses, simples, portent des feuilles alternes, mollement velues, souvent maculées de blanc à la face supérieure ; les radicales étalées en fascicules ou en rosette, pétiolées, variable en largeur, et offrant tous les intermédiaires entre les formes ovale et lancéolée ; les caulinaires sessiles, demi-embrassantes, ovales-oblongues ou lancéolées. Les fleurs, grandes, et présentant toutes les nuances du rouge au bleu, sont disposées en grappes courtes terminales. Elles présentent un calice tubuleux-campanulé, à cinq angles et à cinq dents; une corolle en entonnoir, à tube très-long, à gorge munie de cinq faisceaux de poils blancs, à limbe divisé en cinq lobes arrondis, obtus; cinq étamines incluses; un pistil composé de quatre carpelles uniovulés, lisses, distincts; à surface basilaire étroite entourée d'un rebord saillant, à style simple, terminé par un stigmate bifide. Le fruit se compose de quatre akènes noirs, lisses, luisants, entourés par le calice persistant. (Pl. 13.)

Cette plante présente d'assez nombreuses variétés, que la plupart des auteurs ont élevées au rang d'espèces; mais qu'il est difficile de distinguer nettement, car elles passent de l'une à l'autre par des transitions insensibles.

HABITAT. — La Pulmonaire est commune en Europe; on la trouve dans les buissons et les clairières des bois. Elle n'est cultivée que dans les jardins botaniques.

PARTIES USITÉES. — Les feuilles et les fleurs.

RÉCOLTE. — Les feuilles doivent être cueillies un peu avant la floraison; par la dessiccation, elles deviennent noires et fragiles; les fleurs, que l'on emploie rarement isolées, sont récoltées à leur parfait épanouissement; on doit les faire dessécher et les conserver à l'abri de la lumière, celle-ci ayant la propriété de les décolorer.

COMPOSITION CHIMIQUE. — Le nom de pulmonaire a été donné à cette plante à cause des taches blanches que l'on remarque sur les feuilles, et qui ont quelque ressemblance avec la surface du poumon. Ces feuilles sont inodores; elles renferment, lorsqu'elles sont jeunes, un principe mucilagineux abondant, et plus tard un principe extractif amer, du tannin et du nitrate de potasse; elles se rapprochent tout à fait par leurs propriétés et leur composition de la bourrache et de la buglosse.

USAGES. — Autrefois employée contre les maladies des poumons, la pulmonaire ne l'est plus aujourd'hui. Dans sa jeunesse elle est, d'après Ray, adoucissante et mucilagineuse; on l'a employée contre les catarrhes pulmonaires. C'est surtout dans les campagnes qu'on s'en sert; on l'associe au chou rouge, aux oignons blancs, au mou de veau, etc. Plus avancée en âge, elle est astringente, et on l'a vantée contre les hémoptysies. Malgré cela, et quoique Spielmann, Peyrilhe, Murray, Alibert, etc., disent en avoir obtenu de bons effets, elle est, nous le répétons, presque abandonnée maintenant.

Dans le nord de l'Europe, on mange les jeunes feuilles de pulmonaire. On emploie cette plante dans la teinture en noir. Les Irlandais mangent le *Pulmonaria maritima*; ils le font confire dans du vinaigre ou dans de la saumure.

Il ne faut pas confondre cette plante avec la pulmonaire de chêne, qui est un lichen, ni avec la pulmonaire des Français. Celle-ci est l'*Hieracium murorum* L., de la famille des Synanthérées.

PULSATILLE.

Anemone Pulsatilla L. *Pulsatilla vulgaris* Mill.
(Renonculacées – Anémonées.)

L'Anémone Pulsatille, appelée aussi Coquelourde, Fleur de Pâques, Herbe au vent, Teigne-œuf, etc., est une belle plante vivace, à racine fusiforme, longue, épaisse, ligneuse, noirâtre, plus ou moins rameuse, obliquement pivotante. La tige, haute de $10^m,0$ à $0^m,40$, est couverte de longs poils soyeux, ainsi que les feuilles, qui sont toutes radicales, longuement pétiolées, grandes, deux fois ailées, à segments divisés en lobes linéaires-aigus, d'abord blanchâtres, puis d'un vert plus ou moins intense. Elle porte, à peu de distance du sommet, un involucre composé de feuilles sessiles, ternées, divisées en segments linéaires, et se termine par une fleur solitaire, très-grande, dressée ou un peu penchée, campanulée, d'un violet bleuâtre, passant quelquefois au rose. Cette fleur, dépourvue de corolle, présente un calice de cinq à neuf sépales pétaloïdes, oblongs ou lancéolés, velus-soyeux en dehors, dressés à la base, étalés au sommet des étamines en nombre indéfini, hypogynes libres, à anthères bilobées, sauf les extérieures qui sont stériles; un pistil composé de carpelles nombreux uniovulés, groupés sur un réceptacle convexe, surmontés chacun d'un style simple, terminé par un stigmate entier. Le fruit se compose d'akènes nombreux, velus-soyeux, groupés sur le réceptacle, et surmontés des styles longuement accrus et plumeux (Pl. 14).

Habitat. — Cette plante est assez répandue dans les régions tempérées de l'Europe; elle habite surtout les lieux découverts, les bois sablonneux, les coteaux calcaires, etc.

Culture. — Peu cultivée pour l'usage médical, la pulsatille s'accommode de tous les terrains qui ne sont pas trop frais, et se propage facilement de graines ou d'éclats de souches.

Parties usitées. — Toute la plante, surtout la racine et les feuilles.

Récolte. — Tous les organes de la pulsatille sont plus ou moins âcres; ils perdent la plus grande partie de cette âcreté par la dessiccation; aussi préfère-t-on l'employer fraîche; on la récolte avant la floraison, époque à laquelle elle est plus active.

Composition chimique. — La pulsatille est presque inodore, mais son âcreté est considérable; elle est moins prononcée dans les racines que dans les feuilles; mais celles-ci sont moins amères. Heyer de Brunswick en a extrait un principe neutre qu'il a nommé *anémonine*, et auquel Lowez et Weidmann assignent la formule $C^7H^3O^4$; c'est une substance blanche, cristalline, qui se ramollit à 150°, et se décompose à une température plus élevée; elle est peu soluble dans l'eau, l'alcool et l'éther; les alcalis la transforment en *acide anémonique*; l'oxyde de plomb et le carbonate d'argent opèrent la même transformation; elle est très-vénéneuse.

Le principe cristallisable de la pulsatille avait été étudié par Storck (*de Usu Pulsatillæ*, 1777), qui le comparait au camphre; il fut examiné plus tard par Jacquin et Robert. Vauquelin pensait qu'il devait être placé à côté des huiles volatiles concrètes; et Gmelin, dans sa *Chimie organique*, le désigne sous le nom de *Camphre d'anémone*.

Usages. — La pulsatille est une plante active à laquelle on a attribué des propriétés apéritives et stimulantes; on l'a regardée comme désobstruante et antifébrile; à haute dose, elle enflamme les tissus et détermine des vomissements; topiquement, elle est rubéfiante et vésicante. Storck la préconise dans une foule de maladies, surtout dans le traitement des dartres; Richter, Bergius et Smucker ont contredit les résultats annoncés par Storck. Gautier employait la décoction à l'extérieur contre la gale et pour déterger les humeurs. Virey assure que sa racine a été employée avec succès comme sternutatoire et contre les paralysies. En Russie, on la préconise contre les maladies des yeux, la syphilis et la goutte. Hufeland dit s'être bien trouvé de son usage contre l'amaurose. Joachim Devamm et Ramon l'ont vantée contre la coqueluche. Jérôme Bock (dit Tragus), au seizième siècle, recommandait la semence de pulsatille cuite dans le vin contre les calculs. En Allemagne, les femmes l'emploient comme emménagogue. Les paysans entourent leurs poignets de feuilles de pulsatille pour se guérir des fièvres intermittentes; mais il y aurait un certain danger à prolonger ces applications, et Bulliard signale un cas de gangrène survenu dans de pareilles circonstances.

En médecine vétérinaire, les feuilles pilées de la pulsatille ont été appliquées sur les vieux ulcères, sur les blessures des chevaux, et prescrites en friction contre la gale des chiens.

L'eau distillée de pulsatille est employée comme cosmétique.

Les homéopathes, qui font un grand usage de la pulsatille, recommandent de ne la prescrire qu'aux personnes d'un caractère doux et timide; car, disent-ils, elle produirait un tout autre effet sur les personnes d'un caractère violent. C'est de la douzième et de la dix-huitième dilution dont ils font le plus fréquent usage; il n'y a pas, selon eux, d'antidote plus sûr du mercure. La pulsatille est encore employée homéopathiquement au quadrillionième et au septillionième, mais surtout sous la forme d'olfactions, contre la migraine, les céphalalgies, les névralgies de l'estomac, les maux de dents, les vomissements, la constipation, les coliques, la rougeole, l'urticaire, la diarrhée, la dysenterie, les convulsions, les rhumatismes, les hémorrhagies nasales et pulmonaires, etc. Son signe est *Aᵖᵘ* et son abréviation *Puls.*

PYRÈTHRE.

Anthemis Pyrethrum L. *Anacyclus Pyrethrum* D. C. *Pyretrum officinarum* Desf.
(Composées – Sénécionidées.)

Le Pyrèthre officinal est une plante vivace, à racine fusiforme, charnue, pivotante. Les tiges, hautes de 0ᵐ,20 à 0ᵐ,30, couchées ou ascendantes, pubescentes, portent des feuilles alternes, pennatifides, très-découpées, à segments linéaires subulés, un peu épais et charnus; les radicales pétiolées et étalées, les caulinaires sessiles. Les fleurs sont groupées en capitules ordinairement solitaires terminaux, à réceptacle convexe, muni de paillettes, entouré d'un involucre composé d'écailles lancéolées, aiguës, imbriquées, scarieuses sur les bords. Les fleurs du disque sont tubuleuses, hermaphrodites et jaunes; celles de la circonférence ligulées, femelles, blanches en dessus, rose pourpre sur les bords et en dessous. Elles présentent un calice membraneux, adhérant à l'ovaire, qui est uniovulé et surmonté d'un style simple terminé par un stigmate bifide; celles du disque ont de plus cinq étamines syngénèses. Le fruit est un akène plan comprimé, bordé de chaque côté d'une aile membraneuse entière, qui se continue, du côté interne, avec une couronne membraneuse, denticulée, irrégulière.

C'est cette plante qui, bien que n'appartenant pas au genre pyrèthre, porte ce nom dans les officines, tandis que celle dont nous allons parler dans l'article suivant, et qui est bien un vrai Pyrèthre, est communément appelée Matricaire.

Habitat. — Le pyrèthre habite les bords du bassin méditerranéen. Assez répandu en Syrie et dans le nord de l'Afrique, il est plus rare dans les régions méridionales de l'Europe.

Culture. — Le pyrèthre préfère une exposition chaude et un terrain un peu sec. On le multiplie facilement de graines ou d'éclats de pied. Mais, dans le nord de la France, on ne peut le cultiver qu'en pots, que l'on rentre en orangerie durant l'hiver.

Parties usitées. — Les racines.

Récolte. — Il faut arracher le pyrèthre à la fin de la première année. Celui que l'on trouve dans le commerce nous vient de Tunis; il est de la grosseur du doigt, de longueur variable, et présente quelquefois de petites radicelles; il est gris en dehors, d'un gris blanchâtre en dedans; son odeur est fort irritante et désagréable; sa saveur est vive, brûlante. Il excite fortement la salivation. On le trouve souvent piqué des vers; il faut alors le rejeter. On le repousse de même lorsqu'il est tout à fait inodore ou peu sapide.

Lémery distingue un autre pyrèthre qu'il attribue au *Pyrethrum umbelliferum* G. Bauh. Il est plus petit, plus long que le précédent, garni à son sommet de fibres en guise de pinceau. En Allemagne, on emploie sous le nom de *Pyrethrum germanicum*, pour le distinguer du pyrèthre du Midi, que l'on y nomme *Pyrethrum romanum*, une racine qui présente les caractères du pyrèthre de Lémery. D'après M. Guibourt, cette racine ne serait pas produite par une ombellifère, comme le croyait Lémery; mais plutôt par un *Anacyclus* plus petit que l'*Anacyclus Pyrethrum*, que M. Hayn a décrit sous le nom d'*Anacyclus officinarum*. Par conséquent, dit M. Guibourt, tout pyrèthre, soit *africain*, soit *romain*, soit *germanique*, est produit par un *Anacyclus*, tandis que le pyrèthre de Dioscoride était bien une ombellifère, que Matthiole a figurée, et que G. Bauhin a nommée *Pyrethrum umbelliferum*.

Il n'est pas prouvé que l'on mélange, comme on l'a dit, la racine de pyrèthre du commerce avec celle du *Buphtalmum creticum*, de l'*Achillea Ptarmica* et du *Chrysanthemum frutescens* L., qui est le *Leucanthemum cananense pyrethri sapore* T.; il est démontré, au contraire, que le pyrèthre du commerce est toujours exempt de fraude; seulement il est souvent trop vieux.

Composition chimique. — La racine de pyrèthre a été analysée par MM. Kœne et Parisel. Ce dernier y a trouvé, sur 100 parties : principe âcre, 3; aniline, 25; gomme, 11; tannin, 0,55; matière colorante, 12; ligneux, 45; chlorure de potassium, silice, oxyde de fer, 1,64; perte, 1,81. La matière résineuse âcre, que M. Parisel a nommée *Pyréthrine*, est formée, d'après M. Kœne, d'une résine brune, d'une huile jaune, et d'une huile brune.

Usages. — Mise dans la bouche, la racine de pyrèthre excite une vive salivation ; c'est le sialagogue indigène le plus employé; on la conseille contre les engorgements fluxionnaires indolents des amygdales, les fluxions du larynx, certaines douleurs dentaires, la paralysie de la langue, les engorgements des glandes salivaires, etc. Galien préconisait le pyrèthre sous la forme de teinture, et en friction contre la paralysie, en décoction aqueuse et en fomentations contre les fièvres intermittentes. M. Nacquart l'a employé contre les hémiplégies; aux Indes orientales, son infusion est employée comme cordial. Le pyrèthre entre dans un grand nombre d'élixirs et autres préparations odontalgiques; c'est même à peu près le seul usage qu'on en fasse aujourd'hui.

Les feuilles et les inflorescences des divers pyrèthres, réduites en poudre, sont des insecticides puissants; et l'expérience nous a appris que cette propriété n'appartient pas seulement au pyrèthre du Caucase, que l'on a tant vanté pour tuer les poux, les puces, les punaises, les fourmis, etc., etc.

PYRÈTHRE MATRICAIRE

Pyrethrum Parthenium Sm. *Chrysanthemum* Pers. *Matricaria* L.
(Composées – Sénécionidées.)

Le Pyrèthre matricaire, ou Matricaire officinale, est une plante vivace, à racine tortueuse, rameuse, brunâtre. Les tiges, plus ou moins nombreuses, rarement solitaires, hautes de 0ᵐ,40 à 0ᵐ,60, pubescentes, rameuses, dressées, portent des feuilles alternes, pétiolées, pennatiséquées, à segments oblongs, aigus, dentés, espacés à la base, confluents au sommet, pubescents ou presque glabres, minces, mous, d'un vert clair ou un peu jaunâtre. Les fleurs, très-odorantes, sont disposées en capitules, à disque jaune et à couronne blanche, ordinairement nombreux, groupés en corymbe terminal. Le pédoncule est creux, renflé près du réceptacle, qui est convexe et entouré d'un involucre à folioles étroites, imbriquées, scarieuses-blanchâtres sur les bords. Chaque fleur présente un calice membraneux ; une corolle tubuleuse sur le disque, ligulée dans la circonférence du capitule ; cinq étamines à anthères soudées ; un ovaire infère, surmonté d'un style simple terminé par un stigmate bifide. Le fruit est un akène blanchâtre ou brunâtre, terminé par un rebord membraneux, court et denté.

C'est cette plante que l'on désigne dans les officines sous le nom de Matricaire. Elle présente une variété à fleurs doubles, que les jardiniers appellent aussi Matricaire ou Camomille.

Habitat. — Cette plante est commune en Europe ; elle croît dans les décombres, au voisinage des habitations, etc.

Culture. — Le pyrèthre matricaire est très-rustique ; il croît dans tous les sols, pourvu qu'ils soient exposés au soleil et pas trop humides. On le propage de graines, semées au printemps ou à l'automne, et d'éclats de pieds ou de rejetons, plantés dans cette dernière saison. La plante ne demande plus aucun soin et se ressème souvent d'elle-même.

Parties usitées. — La plante entière, les sommités fleuries, les fleurs.

Récolte. — MM. Mérat et Delens préfèrent la matricaire double à la simple, parce que ses capitules ont plus d'arome, et par conséquent plus de vertus ; nous sommes tout à fait de cet avis ; Bodart pensait tout le contraire. La plante est quelquefois employée fraîche ; on cueille souvent les inflorescences isolées ; d'autres fois on cueille les inflorescences avec les tiges qui les portent et les feuilles qui les accompagnent ; on les récolte par un temps très-sec ; sans cela elles noircissent en séchant ; on les fait sécher rapidement.

Composition chimique. — Toute la plante possède une odeur fort désagréable ; sa saveur est chaude, âcre et amère ; elle contient une résine unie à un mucilage amer et une huile volatile bleue analogue à celle de la camomille.

Usages. — La matricaire a été regardée comme tonique, stimulante, emménagogue, antispasmodique et antihystérique. On l'emploie dans les mêmes cas, aux mêmes doses et de la même manière que la camomille ; on l'a cependant administrée le plus souvent dans l'aménorrhée, la leucorrhée, l'hystérie, les coliques nerveuses, le météorisme, la dysménorrhée, etc., etc.

Les propriétés anthelminthiques de la matricaire nous paraissent très-douteuses ; elles ne doivent pas certainement être plus prononcées que celles de la camomille et des autres *Anthemis*. Nous n'admettons donc pas, avec Lange et Ray, qu'elle tue le tœnia. Nous en dirons autant de ses propriétés antifébrifuges, quoique Prosper Alpin assure que les Égyptiens en faisaient usage, sous ce rapport, dès la plus haute antiquité ; et quoique que Miller, Fr. Hoffmann, Morton, Schulsius et Pringle l'aient vantée contre les fièvres intermittentes. Pour nous, la matricaire est simplement un tonique amer et stimulant, qui rendra des services dans certaines maladies nerveuses mal définies, et toutes les fois qu'il s'agira de tonifier le canal digestif et de dissiper des gaz accumulés dans l'intestin ; mais nous lui préférerons toujours la camomille romaine, qui est plus aromatique et plus agréable à prendre.

. Les cataplasmes de matricaire ont, d'après Pierre-J.-B. Chomel, rendu des services dans des cas de céphalalgie et de migraine. D'après Simon Pauli, l'odeur de cette plante fait fuir les abeilles, et il suffit d'en tenir un bouquet à la main pour se préserver de leur piqûre.

Nous avons parlé ailleurs de la matricaire camomille ou vraie camomille (*Matricaria Chamomilla* L., *Anthemis vulgaris* Lob), dont les propriétés sont analogues à celles du pyrèthre matricaire. Nous en dirons de même du *Matricaria suaveolens* ou matricaire odorante.

PIROLE

Pirola rotundifolia et *umbellata* L.
(Pirolacées.)

La Pirole à feuilles rondes (*P. rotundifolia* L.), appelée aussi Grande Pirole, Verdure d'hiver, etc., est une plante vivace, à rhizome presque ligneux, horizontal, allongé, rameux, donnant naissance, en dessous, à des racines fibreuses, et en dessus, à des rosettes de feuilles radicales, longuement pétiolées, arrondies, entières,

coriaces, glabres et luisantes sur leurs deux faces. La tige, haute de
0^m,20 à 0^m,40, est droite, simple, presque nue, garnie seulement de
quelques écailles alternes et distantes. Les fleurs, blanches, portées
sur des pédoncules recourbés, sont réunies en grappe terminale
dressée. Elles présentent un calice à cinq divisions étroites, lancéolées, aiguës, étalées, largement soudées à la base ; une corolle à cinq
pétales obtus, obovales, un peu inégaux, connivents ; dix étamines
incluses, penchées, à filets arqués ; un ovaire à cinq loges multiovulées, surmonté d'un style simple, long, grêle, fistuleux, arqué, terminé par un épaississement annulaire qui déborde les stigmates dressés
et soudés en couronne. Le fruit est une capsule pentagonale, à cinq
loges polyspermes.

La pirole à ombelles (*P. umbellata* L., *Chimaphila umbellata*
Nutt.) est aussi vivace ; sa tige sous-ligneuse porte des feuilles verticillées, oblongues ou lancéolées, fortement dentées, coriaces, d'un
vert foncé en dessus, blanchâtres en dessous. Ses fleurs roses, groupées en ombelles terminales, ont les filets des étamines dilatés et les
stigmates soudés en tête et presque sessiles.

Habitat. — Ces plantes croissent dans les régions tempérées et
septentrionales de l'Europe ; elles habitent surtout les montagnes,
les lieux couverts, les forêts, etc. La dernière se trouve aussi en
Asie. Les piroles ne sont cultivées que dans les jardins botaniques.

Parties usitées. — Les feuilles.

Récolte. — Les feuilles doivent être récoltées à l'époque de la
floraison ; on les fait sécher à l'étuve ; celles du *P. umbellata* L.,
Chimaphila umbellata Nutt., nous viennent sèches de l'Amérique septentrionale où on leur donne le nom de *Winter-green*, ce qui signifie
verdure d'hiver. Ces feuilles bien desséchées sont d'un vert foncé.

Composition chimique. — La pirole commune n'a jamais été analysée ; on sait seulement qu'elle est assez riche en tannin. Sa saveur
est amère et astringente. Elle est inodore.

Usages. — Regardée comme astringente et vulnéraire, la pirole a
été rarement employée à l'extérieur ; on administre quelquefois
sa décoction sous forme de tisane ou de lavements dans la leucorrhée, les hémorrhagies, la diarrhée, la dysenterie, etc., mais ce sont
surtout les feuilles de *Chimaphila* ou de *Winter-Green* qui jouissent
d'une grande réputation comme diurétiques. On en fait un très-grand
usage dans toute l'Amérique contre les maladies des voies urinaires.

Les Canadiens l'emploient en infusion contre l'hydropisie ; le docteur Somerville assure en avoir usé contre l'ascite avec succès ; il employait la tisane obtenue par infusion et concentration à moitié. Quant à son emploi contre les fièvres intermittentes et le cancer, son inefficacité est parfaitement reconnue.

D'après Pallas (*Voyage*, t. IV, p. 409), la pirole commune ou à feuilles rondes est employée en Sibérie en guise de thé.

Dans le *Flora danica* on cite une pirole groënlandaise (*P. Groen-landica*), qui est indiquée comme un puissant antiscorbutique.

QUASSIE

Quassia amara L. *Simaruba excelsa* Aublet.
(Simaroubées.)

La Quassie amère, appelée aussi Bois de Surinam, est un arbrisseau dont la tige, haute de 2 à 4 mètres, droite, irrégulièrement
rameuse, couverte d'une écorce cendrée, porte des feuilles alternes,
ordinairement rapprochées au sommet des rameaux, imparipennées,
à pétiole vert ou rougeâtre, ailé et membraneux, à limbe composé de
cinq folioles sessiles, ovales, oblongues, presque entières, atténuées aux
deux extrémités, à nervures saillantes et rougeâtres, à bords légèrement enroulés. Les fleurs, rouges ainsi que les pédoncules, accompagnées de petites bractées spatulées, sont groupées en un long épi
terminal. Elles présentent un calice très-petit, à tube court et turbiné, à limbe divisé en cinq lobes ovales, ciliés, plans, pétaloïdes ;
une corolle à cinq pétales très-longs, linéaires, dressés ; dix étamines,
à peine saillantes, alternativement plus longues et plus courtes, à
filets grêles, munis à leur base d'une écaille velue, et insérés sur
un disque hypogyne, à anthères ovoïdes et bifides à la base ; un
ovaire globuleux, composé de cinq carpelles uniovulés, d'où naît
un style filiforme, marqué de cinq sillons longitudinaux et terminé par un stigmate globuleux à cinq lobes. Le fruit, inséré sur le
disque devenu un réceptacle charnu et rougeâtre, se compose de cinq
carpelles drupacés, distincts, irrégulièrement ovoïdes, noirâtres et
monospermes (Pl. 15).

Habitat. — Cet arbrisseau est originaire de la Guyane, où il croît
surtout dans les endroits frais et humides des bois.

Culture. — La quassie, qui, d'après Linné, tire son nom d'un
nègre appelé *Quassi*, auquel on aurait dû la découverte de ses propriétés médicales, est cultivée en grand à la Guyane, dans les
lieux frais et humides, sur le bord des rivières. On la propage de
graines semées en place, et les jeunes plants ont une croissance rapide. En Europe, on ne peut le cultiver que dans les serres chaudes,
où on le multiplie de boutures étouffées.

Parties usitées. — La racine, le bois, l'écorce de la tige, des
branches et de la racine.

Récolte. — Le *bois de Surinam* ou *bois de Quassi* du commerce provient de la racine de cette plante ; il est sous forme de bâtons cylindriques de grosseur très-variable, couverts d'une écorce unie, mince, légère, amère, d'un blanc jaunâtre taché de gris ; le bois est léger, fin, susceptible d'un assez beau poli ; il est inodore et d'une saveur franchement amère.

La quassie de la Jamaïque est produite par le *Picræna excelsa* Lindley (*Simaruba excelsa* D. C., *Quassia excelsa* Sw.) ; son bois a été substitué à celui de Surinam ; son écorce est amère et très-épaisse, blanche, fibreuse à l'intérieur, très-compacte ; l'épiderme est mince et noirâtre ; le bois est plus jaune que le précédent ; sa texture est plus grossière et il se polit moins bien ; mais en raison de ce qu'il est satiné, de ce qu'il prend de grandes dimensions, et que son amertume le rend inattaquable par les insectes, il pourrait être utilisé pour la menuiserie. Quoique moins amer que le bois de Surinam, il peut être substitué à celui-ci pour l'usage médical.

M. Guibourt décrit, sous le nom de *Quassia de Tupeirupe* ou *Quassia paraensis*, une racine qui lui a été envoyée par M. T. de Martius, laquelle ressemble beaucoup à la Quassie amère, mais que l'on croit produite par un arbrisseau grimpant, de la famille des gentianées, nommé *Tachi* (*Tachia guianensis* Aubl.) ; son écorce est très-épaisse et adhérente au bois ; celui-ci est plus gris à l'intérieur et sa coupe présente des taches bleuâtres ; enfin il se distingue encore par sa structure rayonnée ; ce bois est encore nommé *Quassia de Para*, *Raiz de Jaçariaru* et *Caferana*.

On substitue depuis quelque temps à la quassie amère le bois de *Bittera*, *Bittera febrifuga*, *Bitter-Ash* ou Frêne amer ; c'est un arbre qui croit abondamment à l'île Saint-Martin ; il appartient à la famille des simaroubées ; il jouit des mêmes propriétés que le bois de Surinam ; de sorte que cette substitution est sans aucune importance.

COMPOSITION CHIMIQUE. — Thompson a extrait du *Quassia amara* un principe amer cristallisable, qu'il a appelé *Quassine*. Wiggers l'a obtenu pur sous la forme de prismes blancs ; il l'a nommé *Quassit*. M. Girardin a extrait du *Bitter-Ash* un principe cristallisé qu'il a nommé *Bitterine*, et un principe amer résinoïde auquel il attribue les propriétés du bois lui-même.

USAGES. — La quassie amère et le *Bitter-Ash* sont des toniques amers les plus précieux que possède la matière médicale ; on les emploie en poudre, en tisane qui se fait par macération à la dose de huit grammes pour un litre d'eau, et on continue d'ajouter de l'eau jusqu'à cessation de l'amertume; on en prépare un extrait, un vin; on en fait des gobelets dans lesquels on met macérer de l'eau ou du vin blanc quelques heures avant l'administration de ces liquides. A hautes doses, d'après Bachner, la quassie peut déterminer des vertiges et des vomissements. Elle est employée avec succès contre la dyspepsie qui suit les convalescences pénibles; elle convient dans les diarrhées chroniques apyrétiques, qui ne sont pas entretenues par la présence d'ulcérations intestinales.

Schultz, de Spandau, a vanté la quassie amère dans le traitement des scrofules; M. Bretonneau l'a conseillée pour combattre les vertiges qui suivent les grandes maladies.

L'écorce de Simarouba (*Quassia Simaruba*), qui jouit des mêmes propriétés, est l'objet d'un article spécial.

QUILLAJA

Quillaja Saponaria Poir. *Q. Smegmadermos* D. C. *Smegmadermos emarginatus* Fl. peruv.
(Rosacées – Quillajées.)

Le *Quillaja* est un arbre à tige ramifiée et à branches chargées de feuilles alternes, ovales-obtuses ou émarginées au sommet, entières ou presque entières, penninerves, plus pâles à la face inférieure qu'à la supérieure, et dont le pétiole court est accompagné de deux stipules latérales, pétiolaires, de petite taille, et très-caduques. Les fleurs sont polygames et groupées en petites cymes pédonculées et sortant des bractées, à l'aisselle des feuilles ou au sommet des rameaux. Dans les fleurs hermaphrodites, le réceptacle est côncave et porte sur ses bords cinq sépales épais, coriaces et disposés dans le bouton en préfloraison valvaire. Leur face extérieure est ordinairement chargée de poils. La corolle est formée de cinq pétales spatulés, charnus, souvent échancrés au sommet, et insérés dans les sinus qui séparent les uns des autres les cinq lobes d'un disque épais, dont la concavité du réceptacle est tapissée. Les étamines sont périgynes et au nombre de dix, superposées, cinq aux sépales et cinq aux pétales. Leurs filets sont libres, repliés en dedans dans le bouton; et leurs anthères biloculaires et introrses s'ouvrent par deux fentes longitudinales. Le gynécée se compose de cinq carpelles insérés au fond du réceptacle, libres, et dont l'ovaire est surmonté d'un style dilaté et stigmatique au sommet. Dans l'angle interne de chaque ovaire est un placenta qui supporte de nombreux ovules anatropes, insérés sur deux séries verticales. Le fruit est constitué par cinq capsules allongées, bivalves et polyspermes. Les graines renferment un embryon charnu et dépourvu d'albumen. Les fleurs centrales sont ordinairement hermaphrodites ou femelles ; les fleurs périphériques deviennent souvent mâles par avortement plus ou moins complet du gynécée.

HABITAT. — Cet arbre croît au Chili, dans les régions tempérées, au pied des Andes. Il n'est cultivé dans aucun autre pays. La plante, très-analogue, qui croît spontanément au Brésil est, suivant M. de Martius, spécifiquement différente, quoiqu'elle possède la plupart des mêmes caractères, et surtout des propriétés identiques.

PARTIES USITÉES. — L'écorce, dite *Écorce de Quillai* ou de *Quillaja.*

COMPOSITION CHIMIQUE. — Quoique l'écorce de *Quillaja* ait été peu étudiée au point de vue chimique, on sait par l'analyse qui en a été publiée en 1844 en Angleterre (*Chemic. Gazet*, p. 216) qu'elle renferme un principe particulier, très-analogue à la saponine, et qui a la propriété singulière de produire de violents éternuments. En même temps cette substance, mêlée à l'eau, la rend savonneuse, et lui donne toutes les vertus qu'on a reconnues depuis longtemps dans l'infusion de la saponaire et des savonniers. C'est même pour cette raison que certaines espèces de ce dernier genre portent en Amérique le même nom, ou à peu près, que le *Quillaja* du Chili. (Voy. *Savonniers*.)

USAGES. — L'écorce de *Quillaja* agit topiquement en infusion comme la saponaire. Elle est mucilagineuse, adoucissante, émolliente. Dans l'économie domestique, elle est employée par les habitants du Chili à dégraisser les laines et les soies ; et l'on dit qu'il s'en fait pour cet usage un commerce assez considérable. Deux onces d'écorce, infusées dans une quantité convenable d'eau pure, suffisent pour laver une robe entière. Les taches disparaissent rapidement, et la laine en reçoit un lustre remarquable. Cette substance est fort rare en Europe.

QUINQUINA BLANC

Cinchona ovalifolia Mutis. *C. macrocarpa* Vahl. *C. magniflora* Pavon.
(Rubiacées – Cinchonées.)

Le Quinquina blanc, appelé aussi Quinquina de Santa-Fé, est un arbre de moyenne grandeur, dont la tige, haute de 4 à 5 mètres, couverte d'une écorce lisse et grisâtre, crevassée longitudinalement, laissant écouler par incision un suc jaunâtre, se divise en rameaux opposés, tétragones, soyeux, portant des feuilles opposées, à stipules ovales et longues de $0^m,03$ environ, à pétiole de même longueur et un peu canaliculé, à limbe long de $0^m,10$ à $0^m,15$, ovale–obtus, luisant en dessus, soyeux-pubescent en dessous. Les fleurs, blanches, petites, portées sur des pédoncules soyeux et accompagnées de petites bractées linéaires et caduques, sont groupées en panicules qui occupent l'extrémité des jeunes rameaux. Elles présentent un calice à tube adhérent, renflé, s'évasant au sommet et terminé par cinq dents: une corolle en coupe, à tube allongé, cylindrique, soyeux à l'extérieur, à limbe partagé en cinq divisions linéaires, égales, pubescentes au sommet à la face interne; cinq étamines, à peine saillantes, à filets grêles, blanchâtres, dressés, insérés vers la base du tube de la corolle, à anthères linéaires oblongues; un ovaire infère, que recouvre un disque vert à cinq lobes tuberculeux, surmonté d'un style saillant, dressé, terminé par un stigmate bifide. Le fruit est une capsule longue d'environ $0^m,03$, ovoïde, fusiforme et striée longitudinalement.

Cette espèce est souvent confondue, sous le nom de *faux quinquina*, avec plusieurs autres appartenant soit au genre *Cinchona*, soit à d'autres genres plus ou moins éloignés.

Habitat. — Le quinquina blanc est originaire du Pérou, où il croît dans les Andes. On le trouve à Cuença, à la Nouvelle-Grenade, à Santa–Fé de Bogota, etc.

Parties usitées. — Les écorces.

Récolte. — Nous avons dit ailleurs que les quinquinas blancs se distinguaient par une écorce recouverte d'un épiderme naturellement blanchâtre, uni, non fendillé, et qui contient, soit un peu de cinchonine, soit un peu d'un autre alcaloïde. Ils sont peu fébrifuges, de même que les *faux quinquinas* qui sont produits par des arbres appar-

tenant à d'autres genres que les *Cinchona*. Ils ne renferment ni quinine, ni cinchonine, et ils diffèrent, sous tous les rapports, des vrais
quinquinas.

Voici quelles sont les principales sortes de quinquinas blancs :

Quinquinas blancs de Loxa, de Jaen et *de Cusco*. Tous ces quinquinas ne paraissent être que des variétés de la même espèce, produites
par le *C. ovata* R. et P., *Cascarillo pallido* Ruiz :

1° *Quinquina de Loxa cendré*, *Ash-Bark des Anglais*, *Blasseten
China* de Bergen, *China amarilla* Guibourt. Écorce de la grosseur du
petit doigt, contournée, recouverte de lichens (*Parmelia alba* et *co-
ronata* Fée, et *Usnea barbata* Ach.;

2° *Quinquina gris pâle ancien*. Variant en grosseur depuis celle du
petit doigt jusqu'à celle du pouce ; surface unie, d'un gris blanchâtre ;

3° *Quinquina blanc de Loxa*. M. Guibourt donne ce nom à une
écorce qu'il a trouvée mêlée au quinquina gris fibreux de Loxa ;

4° *Quinquina blanc fibreux de Jaen*. C'est le vrai quinquina de
Jaen, duquel M. Manzini a extrait la *cinchonatine*. On le trouve mêlé
au Lima gris ;

5° Autre *Quinquina blanc de Loxa*. M. Guibourt pense que c'est une
variété du précédent ;

6° *Quinquina de Cusco, China rubiginosa* de Bergen. Écorce de grosseur variable, gris jaunâtre à l'extérieur, jaune et fibreux à l'intérieur ;

7° *Quinquina d'Arica*. Cette écorce paraît être une variété du quinquina de Cusco ordinaire. C'est d'elle que MM. Corriol et Pelletier ont
extrait, en 1829, un alcaloïde particulier qu'ils ont nommé *aricine*.

A propos des quinquinas blancs, dont l'importance thérapeutique
est à peu près nulle, nous énumérons également les différentes
écorces peu usitées ou connues dans le commerce sous le nom de
Faux Quinquinas :

1° *Quinquina Carthagène jaune pâle, Quina amarilla* de Mutis,
China flava dura Bergen. Est attribué au *C. cordifolia* de Mutis, ou
C. pubescens Vahl. Cette écorce est le plus souvent roulée, cylindri-
que, d'un jaune pâle ou terne ;

2° *Quinquina Carthagène jaune orangé* ; quinquina jaune fibreux
de Bergen. Cette écorce ressemble à la cannelle de Chine, d'où lui
est venu le nom de *Quinquina cannelle*. Une de ses variétés est connue
sous le nom de *Quinquina de Maracaïbo*. M. Guibourt pense qu'ils
sont produits par le *C. cordifolia* ;

3° *Quinquina Pitayon* ou *faux Pitaya des pharmacies de Santa-Fé*. On ne connaît pas son origine ; on le confond avec les quinquinas Carthagène et d'Arica ;

4° *Quinquina Poyama de Loxa*. Écorce filandreuse, rougeâtre, recouverte d'un épiderme chagriné ou lisse, portant des lichens blancs foliacés, et l'*Hypocnus rubro-cinctus*, que l'on retrouve sur le quinquina gris de Lima et sur le quinquina rouge.

5° *Quinquina rouge* de Mutis, produit par le *C. oblongifolia* Mut., *C. magnifolia* R. et P., *Cascarilla magnifolia* Wedd. On en connaît plusieurs variétés. Pelletier et Caventou n'y ont trouvé ni quinine ni cinchonine, mais ils en ont extrait un acide de nature grasse qu'ils ont appelé *acide quinovinique* ou *kinovique ;*

6° *Quinquina Nova fauve ;*

7° *Quinquina Nova colorada* Guib. Attribué successivement au *Buena hexandra* et au *C. cordifolia*. On ne connaît pas son origine ;

8° *Quinquina à feuilles aiguës* de Ruiz. Attribué au *C. acutifolia* R. et P., *Cascarilla acutifolia* Wedd.;

9° *Quinquina de Californie*. Origine inconnue ;

10° *Quinquina de l'île Bourbon*. M. Guibourt croit qu'il faut l'attribuer au *Mussœnda Landia* des îles Maurice et Bourbon, dont l'écorce porte en ces pays le nom de quinquina indigène ;

11° *Quinquina de Muzon*, de Goudot, *C. Muzonensis* Goudot, *Cascarilla Muzonensis* Wedd. Origine inconnue ;

12° *Écorce de Paraguatan*, nommée *Socchi* au Pérou (*C. laccifera* Tafalla, *Macrocnemum tinctorium* H. B., *Condaminea tinctoria* D.C.) (Voy. *Macrocnemum.*)

13° *Quinquina blanc de Mutis* (*C. ovalifolia* Mut., *C. macrocarpa* Vahl, *Cascarilla macrocarpa* Wedd.). Il se présente sous plusieurs formes ;

14° *Quinquina blanc de Valmont de Bomare*. M. Guibourt le regarde comme une variété du quinquina blanc de Mutis ;

15° *Quinquina blanc compacte et jaunâtre*. Origine inconnue ;

16° *Quinquina Azaharito*. Écorce mince, peu compacte, à liber blanchâtre et grenu. M. Guibourt dit qu'il pourrait être une variété du suivant ; cependant il les distingue l'un de l'autre ;

17° *Costus amer ;*

18° *Écorce amère de Madagascar*. Ressemble aux deux précédents ;

19° *Écorce d'Asmanich* (*C. rosea* R. et P., *Lasionema rosea* Don.);

20° *Quinquina Piton* ou *de Sainte-Lucie;*

21° *Quinquina Caraïbe, Exostema Cari-*
      bœum.;   (*Voyez* EXOSTEMA.)

22° *Écorce d'exostema du Pérou;*

23° *Écorce d'exostema du Brésil;*

24° *Quinquina bicolor, quina bicolorata;* attribué d'abord à un *Galipea* et à un *exostema*, et, par Lherminier, au *Malanea racemosa.*

Outre ces diverses espèces ou sortes de faux quinquinas, nous signalerons encore comme ayant porté les noms de quinquina diverses écorces des genres *Portlandia, Coutarea, Remijia.* Le *Quina de Saint-Paul* est fourni par le *Solanum pseudo-China;* le *Quina do Campo* appartient au *Strychnos pseudo-China;* l'écorce de *Colpachi* est attribuée au *Coutarea latifolia.*

COMPOSITION CHIMIQUE. — La composition chimique des faux quinquinas et des quinquinas blancs est bien loin d'être parfaitement connue. Nous dirons quelques mots seulement de l'*aricine* et de la *cinchovatine.*

L'aricine a été isolée du quinquina d'Arica par MM. Pelletier et Corriol. C'est une substance blanche, cristallisée en aiguilles rigides, comme la cinchonine, fusible, mais non volatile, insoluble dans l'eau, insipide d'abord, puis chaude et acerbe; elle forme, avec l'acide sulfurique, un sel neutre, soluble dans l'eau bouillante, qui, par refroidissement, se prend en masse gélatiniforme. Dans l'alcool, au contraire, ce sel cristallise en aiguilles soyeuses, semblables à celles du sulfate de quinine. Il est insoluble dans l'éther, qui dissout l'aricine. Celle-ci est colorée en vert par l'acide azotique.

D'après Pelletier, l'aricine devrait être regardée comme dérivant de la cinchonine et de la quinine; en effet :

$$\text{La cinchonine} = C^{20} H^{12} Az + O,$$
$$\text{La quinine} = C^{20} H^{12} Az + O^{2},$$
$$\text{L'aricine} = C^{20} H^{12} Az + O^{3}.$$

Quant à la *cinchonatine*, signalée par M. Mangin dans le quinquina de Jaen, il est démontré que ce n'est que de l'aricine.

Ajoutons encore que M. Perotti a isolé la *pitoxine* du *C. Pitoxa* Mill.; la *blanquinine* du *C. ovalifolia;* et M. Winckler la *paracine* du quinquina de Para. Mais l'existence de ces principes a besoin d'être confirmée.

MM. Bouchardat et Delondre, dans leur *Quinologie*, font connaître la composition des faux quinquinas suivants :

		Sulfate de quinine.	Sulfate de cinchonine.
1,000 grammes de faux quinquina rouge-brun de la Nouvelle-Grenade ont donné		0.0	0.0
—	quina inférieur rouge pâle (Nouvelle-Grenade)	0.18	0.02
—	quinquina blanc (Nouvelle-Grenade)	0.06	0.12
—	faux quinquina du Brésil	0.0	0.0
—	— de la Nouvelle-Grenade	0.0	0.0

Usages. — Les faux quinquinas et les quinquinas blancs sont tout à fait inusités; ils n'ont absolument aucune valeur commerciale. On pourrait cependant les utiliser pour l'usage médical, à titre de toniques amers, comme on le fait des centaurées, de la gentiane, du colombo, etc.

QUINQUINA GRIS

Cinchona Condaminea Humb. *C. officinalis* L.
(Rubiacées - Cinchonées.)

Le Quinquina gris ou officinal est un arbre dont la tige, hauté de 6 à 8 mètres, droite, couverte d'une écorce crevassée, gris cendré, laissant écouler par incision un suc jaunâtre, amer et astringent, se divise en rameaux opposés, droits, étalés, à quatre angles arrondis, portant des feuilles opposées, pétiolées, stipulées, ovales-lancéolées, fermes et presque coriaces, persistantes, glabres et luisantes, d'un beau vert, à pétiole coloré en rose, ainsi que la nervure principale; offrant à la face inférieure, à chaque angle des nervures secondaires, une petite fossette à bords ciliés. Les fleurs, blanches ou rosées, odorantes, sont groupées en panicule terminale thyrsiforme, et portées sur des pédoncules cylindriques, soyeux, trichotomes, munis de petites bractées. Elles présentent un calice campanulé, persistant, comme pulvérulent en dehors, à cinq dents étroites, aiguës, dressées; une corolle en entonnoir, velue et blanchâtre en dehors, à tube cylindrique, allongé, marqué de cinq angles obtus et peu saillants; à limbe divisé en cinq lobes ovales-aigus, étalés; cinq étamines incluses, insérées sur le tube de la corolle, à filets courts, à anthères linéaires, allongées, d'un beau jaune; un ovaire infère, ovoïde, glabre, à deux loges pluriovulées, surmonté d'un disque tuberculeux, et d'un style droit, saillant, terminé par un stigmate bifide. Le fruit est une capsule ovoïde, biloculaire, couronnée par les dents du calice, et se séparant à la maturité en deux coques, dont chacune renferme un grand nombre de graines imbriquées, lenticulaires, à bords membraneux, dentés supérieurement (Pl. 16). ·

HABITAT. — Cette espèce croit dans les Andes du Pérou; on la trouve surtout auprès de Loxa, ville qui fait aujourd'hui partie de la république de l'Équateur. On a tenté de l'introduire à Java, aux Canaries, en Algérie, etc. Elle n'est cultivée, en Europe, que dans les jardins botaniques.

PARTIES USITÉES. — Les écorces.

RÉCOLTE. — Nous renvoyons à l'article Quinquina rouge pour l'historique, la géographie botanique et la récolte des diverses espèces de quinquinas. Le quinquina gris a été très-probablement le premier connu; c'est celui qui est le plus répandu dans le commerce; il est adopté par le Codex français pour la préparation des médicaments officinaux. Les quinquinas gris, choisis, bien à tort, comme l'espèce officinale, et les plus communs dans le commerce, sont pourtant les moins précieux pour la médecine. C'est dans ce groupe que l'on trouve le plus grand nombre de variétés, et aussi la plus grande variation dans la composition chimique. Avant d'énumérer les sortes commerciales les plus répandues, faisons connaître les caractères généraux sur lesquels on peut se baser pour établir la distinction entre les cinq groupes de quinquinas.

1° *Quinquinas gris*. Écorces roulées, peu fibreuses, plus astringentes qu'amères, donnant une poudre d'un gris fauve. Ils contiennent peu ou pas de quinine et beaucoup de cinchonine.

2° *Quinquinas jaunes*. D'un volume variable, mais généralement plus considérable, d'une texture fibreuse, plus amers qu'astringents, donnant une poudre plus orangée, renfermant beaucoup de chaux et de quinine et peu de cinchonine.

3° *Quinquinas rouges*. Amers et astringents, médiocrement fibreux; poudre d'un rouge plus ou moins vif; ils renferment beaucoup de quinine et de cinchonine.

4° *Quinquinas blancs*. Épiderme blanc uni, non fendillé, très-adhérent; peu de cinchonine ou d'autres alcaloïdes; peu fébrifuges; doivent être rejetés de l'usage médical.

5° *Faux quinquinas*. Écorces produites par d'autres arbres (*Ladenbergia* (*Cascarilla*). *Exostema*, *Portlandia*, *Condaminea*, etc.), diffèrent complétement des vrais quinquinas par leurs caractères physiques, botaniques, thérapeutiques et chimiques ; quoique amers, ils ne renferment pas d'alcaloïdes et ne jouissent pas de propriétés fébrifuges. (Guibourt, *Drog. simpl.*, t. III, p. 100, 4° édit.)

Voici quelles sont les principales espèces de quinquinas gris (Guibourt, *loc. cit.*)

Les quinquinas gris sont divisés en quinquinas gris de Loxa et gris de Lima :

1° *Quinquina gris de Loxa compacte*. On en distingue plusieurs variétés, parmi lesquelles celle qui est produite par le *C. Condaminea* Humb.;

2° Le *Quinquina de Loxa brun compacte*, *Cascarilla Peruviana* (Laubert, *Journ. de pharm.*, t. II, p. 295). L'époque à laquelle on le récolte apporte de très-grandes variations dans son aspect ; sur les écorces moyennes on trouve des taches blanches ou noires, dues à divers lichens, et quelquefois des filets blancs ramifiés appartenant à l'*Usnea barbata* (Fée, *Essai sur les cryptogames des écorces exotiques officinales*, Paris, 1824, in-4°, Pl. 32, fig. 4.) Ce quinquina a été attribué aux *C. nitida* et *scrobiculata* ; il produit une variété que l'on désigne sous le nom de *Calisaya léger* ;

3° *Quinquina de Loxa rouge fibreux du roi d'Espagne*. M. Guibourt qui décrit tous ces quinquinas, dit que celui-ci est très-léger, très-fibreux, d'une couleur de rouille vive et foncée, ou presque rouge. On ne sait rien de son origine ;

4° *Quinquina de Loxa jaune fibreux*. C'est le seul quinquina de Loxa que l'on trouve aujourd'hui dans le commerce ; c'est le *Quinquina jaune de La Condomine*. Il est attribué au *C. hirsuta* et mélangé au *Quinquina blanc de Jaen*.

Sous le nom de *Quinquinas de Lima* on désigne des écorces récoltées dans la province de *Huanuco* ou de *Guanuco*. Aussi les Allemands les appellent-ils *China huanuco*. M. Guibourt décrit les sortes suivantes :

5° *Quinquina de Lima gris brun*, *Cascarilla provinciana* ou *Fina provinciana*. Il est attribué au *C. micrantha* ;

6° *Quinquina de Lima gris ordinaire*. C'est le vrai *huanuco* des Allemands. M. Guibourt croit qu'il est produit par le *C. lanceolata*.

Il en décrit une variété ligneuse et il y rattache le *quinquina de Guayaquil* ;

7° *Quinquina de Lima blanc*. Il arrive mélangé aux autres sortes de Lima ; il présente des écorces de grosseurs très-différentes ;

8° *Quinquina de Lima très-rugueux, imitant le Calisaya*. Il est probablement produit par le *C. Lagartigada, Cascarilla Lagartigada* de Laubert (*Bull. de pharm.*, t. II, p. 298.) ;

9° *Quinquina de Juen* et *de Loxa ligneux rougeâtre* ; *Quinquina rouge de Jaen* et *de Loxa*. M. Guibourt pense qu'il pourrait être rangé parmi les quinquinas rouges.

Composition chimique. — D'après Séguin, Vauquelin et Guibourt, les divers quinquinas gris se comportent d'une manière particulière au contact des divers réactifs, et plus spécialement du tannin, de la gélatine et de l'émétique. D'après Pelletier et Caventou, ils renferment les principes suivants : de la cinchonine combinée à l'acide quinique et au rouge cinchonique, une matière grasse verte, une matière colorante rouge peu soluble (rouge cinchonique), une matière rouge soluble tannante, une matière jaune, du kinate de chaux, de la gomme, de l'amidon, du ligneux, peu ou point de quinine.

La cinchonine est peu soluble dans l'éther et soluble dans l'alcool. Elle est cependant cristallisable.

Voici, d'après MM. Bouchardat et Delondre, la teneur en alcaloïdes de quelques quinquinas gris :

	Sulfate de quinine.	Sulfate de cinchonine.
1,000 grammes de quinquina Huanuco du Pérou, plat, sans épiderme, donnent	6 gr.	12
— quinquina du Pérou jaune pâle	6	10
— — Huanuco, avec épiderme	2	8 à 10
— — de Jaen	10	4
— — gris fin *Condamiuca* (Équateur)	8	6
— — — Negrilla	2	10
— — gris roulé (de l'Équat., de Quito).	0.60	

Usages. — Les quinquinas gris jouissent des mêmes propriétés thérapeutiques que les rouges et les jaunes, mais ils sont surtout employés comme toniques névrosthéniques. On peut aussi s'en servir comme fébrifuges, mais il faut alors les administrer à doses très-élevées. Comme ce sont eux qui font partie des préparations pharmaceutiques, nous allons énumérer celles-ci, quoique nous ayons lieu de penser que la commission du nouveau Codex adopte le quinquina jaune comme l'officinal.

Les quinquinas sont administrés en poudre, en macération, infusion et décoction. On en prépare un sirop aqueux par décoction, et un sirop vineux. Avec l'extrait sec, on fait un vin au Bordeaux ou tout autre vin rouge de bonne qualité; on en fait aussi des vins au Madère et au Malaga; on en prépare encore une teinture, un extrait mou par décoction, un extrait sec ou *sel essentiel de Lagaraye*; par lixiviation, un extrait alcoolique. On l'emploie en tablettes, en poudre. Mélangée au charbon, au camphre et à d'autres substances, la poudre est employée comme dentifrice, dessiccative et désinfectante. La quinine brute est employée comme tonique et fébrifuge. Le *quinium*, ou extrait alcoolique de quinquina à la chaux, n'est autre chose que la quinine brute, titrée de manière à ce que, sur quatre grammes, il y ait un gramme de quinine, cinquante centigrammes de cinchonine, et un gramme cinquante centigrammes de matières résineuses grasses, colorantes, etc.

D'après M. Desvouves, le quinquina et ses alcaloïdes, administrés dans du café, perdent leur saveur désagréable. C'est un moyen commode pour faire prendre ces médicaments aux enfants. M. Briquet a proposé d'associer au sulfate de quinine un sirop de sel acide quelconque, le sirop tartrique, par exemple, mais ce moyen ne réussit pas aussi bien.

On a vanté dans ces derniers temps, contre les fièvres intermittentes, et surtout contre les névralgies, l'*éther quinique*, le *citrate*, le *valérianate de quinine*. Rien ne réussit aussi bien que le sulfate.

QUINQUINA JAUNE.

Cinchona Calisaya Wedd.
(Rubiacées-Cinchonées.)

La plante qui fournit le Quinquina jaune type, celui que l'on appelle dans les officines *Quinquina jaune royal, Q. Calisaya*, après avoir été longtemps indéterminée et rapportée à tort aux *Cinchona cordifolia, lancifolia*, etc., est connue, depuis les beaux travaux de M. H.-A. Weddell, comme étant son *C. Calisaya*. C'est, dans les forêts de son pays natal, un arbre élevé, dont le tronc est, ou rectiligne, ou plus ou moins courbé, et de la grosseur environ du corps humain. Ses branches forment une large tête au-dessus de la plupart des autres arbres des forêts. Ses rameaux opposés sont chargés de feuilles opposées, pétiolées, accompagnées de stipules, comme celles de toutes les Rubiacées. Leur limbe est oblong, ou obovale-lancéolé, obtus au sommet, atténué vers sa base, glabre, lisse, brillant à sa face supérieure, souvent couvert inférieurement d'une légère pubescence. Les nervures sont pennées et la feuille est scrobiculée à l'aisselle des nervures secondaires. Les fleurs sont groupées en riches panicules de cymes, et, sur les bords de leur réceptacle concave, en forme de sac, présentent : un calice campanulé, gamosépale, à cinq dents bien marquées; une corolle en entonnoir, à limbe dilaté et partagé en cinq lobes valvaires dans le bouton, et chargés intérieurement de poils blanchâtres. Les étamines, au nombre de cinq, et alternes avec les divisions de la corolle, sont incluses dans celle-ci et se composent d'une anthère biloculaire, introrse, et d'un filet ordinairement plus court que la moitié de l'anthère. L'ovaire infère, logé dans la concavité du réceptacle, est surmonté d'un style unique d'abord, entouré à sa base d'un disque épigyne à cinq angles peu prononcés ; partagé dans sa partie supérieure en deux lobes allongés, arrondis au sommet, chargés intérieurement et sur les bords de papilles stigmatiques. Le fruit est une capsule ovale, ayant à peine la longueur de la fleur, surmontée du calice qui persiste, et contenant, comme on peut s'y attendre, puisqu'elle succède à un ovaire biloculaire et multiovulé, deux loges polyspermes à placentation axile. Les graines nombreuses, aplaties, membraneuses et comme ailées sur les bords, sont découpées en franges dentelées très-fines sur tout leur pourtour (Pl. 17).

Tels sont les caractères du *Q. Calisaya* que l'on observe dans les bois, et que M. Weddell a appelé *vera*. Mais il présente, dans les plaines, une variété aussi importante que curieuse, qu'on aurait peine à rapporter à la même espèce si l'on n'avait suivi toutes les gradations entre cet arbuste souvent très-petit, n'ayant que la hauteur d'un homme et un tronc gros comme deux ou trois fois le pouce, et le grand arbre qui représente l'espèce dans les grandes forêts. M. Weddell a nommé cette variété des plaines *Josephiana*, en l'honneur de Joseph de Jussieu, qui l'avait observée dans son voyage au Pérou.

Les indigènes appellent cette variété *Cascarilla des Pajonal*, réservant ordinairement pour l'arbre des forêts les noms de *Cascarilla Colisaya*, *Calisaya* ou *Culisaya*, ce qui signifie probablement : écorce de couleur rouge (*Coli*, rouge ; *Saya*, aspect, figure).

HABITAT. — Le *Q. Calisaya* croît sur les pentes des montagnes et dans les prairies qui descendent vers les vallées chaudes de la Bolivie et du Pérou, depuis 1,500 jusqu'à 1,800 mètres environ d'altitude au-dessus du niveau de la mer. Son aire de végétation s'étend du 13ᵉ au 30ᵉ degré de latitude sud, et du 68ᵉ au 70ᵉ degré de longitude occidentale. Il se rencontre principalement dans les provinces boliviennes de Yungas, d'Inquisivi, de Larecaja et de Caupolican, et dans le district péruvien de Carabaya. Il y fleurit aux mois d'avril et de mai.

AUTRES ESPÈCES. — Au *C. Calisaya* se rapportent les écorces dites *Calisaya* du commerce, et probablement le *Q. jaune du roi d'Espagne*, sorte autrefois uniquement réservée à la famille royale. Les autres quinquinas jaunes sont actuellement attribués aux espèces botaniques suivantes :

Le *Q. jaune Pitaya*, au *C. Condaminea* Humb. et Bonpl. ;

Le *Q. jaune de Cuença* (*Huamalies*), au *C. ovalifolia* Humb. et Bonpl. ;

Le *Q. jaune-orangé-cannelle*, au *C. micrantha* R. et Pav. ;

Le *Q. jaune-orangé de Mutis*, au *C. lancifolia* Mut. ;

PARTIES USITÉES. — Les écorces.

RÉCOLTE. — Nous avons déjà dit que nous renvoyions à l'article Quinquina rouge pour la récolte, la géographie botanique et l'historique des divers quinquinas usités dans la médecine, et qui constituent, sans contredit, le médicament le plus important de la thérapeutique. L'opium, l'ipécacuanha, le musc, et d'autres substances exotiques trouvent des succédanés dans la matière médicale indigène ; il n'en est pas de même des quinquinas, qui seuls sont capables de guérir d'une manière sûre une fièvre intermittente, simple ou pernicieuse. Le quinquina jaune a droit d'être placé au premier rang pour ses effets thérapeutiques.

Rien de plus embrouillé que la distinction des sortes commerciales de quinquinas, non-seulement lorsqu'il s'agit de différencier des écorces du même groupe, c'est-à-dire de dénommer les sortes commerciales et les espèces botaniques de quinquinas gris, jaunes ou rouges; mais encore lorsqu'il faut établir auquel de ces trois groupes appartient telle ou telle écorce donnée.

Linné avait donné le nom d'*officinalis* au quinquina décrit par La Condamine; plus tard, il appliqua le même nom à une autre espèce qui avait été employée par Mutis, et que Vahl désigna ensuite sous le nom de *macrocarpa*; mais bientôt il reconnut que c'était le *C. ovalifolia* de Mutis, ou le *C. pubescens*; d'où il résulte que depuis 1767 on a donné le nom d'*officinalis* ou *C. condaminea*, au *C. macrocarpa*, au *C. pubescens*; et Ruiz, dans sa *Quinologie*, a donné le même nom au *C. nitida* de la Flore du Pérou.

On ne sera donc pas surpris que nous hésitions quelquefois à nous prononcer sur l'origine de certaines sortes commerciales; nous nous appuierons, le plus souvent, sur l'autorité de M. Guibourt, le savant qui, de nos jours, a le mieux étudié les quinquinas du commerce.

Pour donner un aperçu du nombre considérable des sortes commerciales des quinquinas, nous énumérerons seulement celles qui sont décrites dans la *Quinologie* de MM. Bouchardat et Delondre, en indiquant leur origine; ce sont :

1° *Quinquinas de la Bolivie*. Quinquina calisaya plat sans épiderme, et roulé avec épiderme;

2° *Quinquinas du Pérou*. Quinquinas carabayas, avec et sans épiderme; rouge de Cuzco, avec et sans épiderme; Huanuco plat sans épiderme; jaune pâle, roulé avec épiderme, de Jaen;

3° *Quinquina de l'Équateur*. Rouge pâle, rouge vif, gris fin de Loxa, gris fin de *La Condamine*, et jaune Guayaquil;

4° *Quinquinas de la Nouvelle-Grenade*. Calisaya de Santa-Fè de Bogota, jaune-orange roulé, Pitayo, Carthagène ligneux, jaune-orange de Mutis, rouge de Mutis, jaune de Mutis, Carthagène, Rori, Maracaïbo.

Pour les quinquinas de qualité inférieure on y trouve :

1° *Quinquinas du Pérou*. Jaune de Cuzco, brun de Cuzco;

2° *Quinquinas de l'Équateur*. Quinquina gris de Quito;

3° *Quinquinas de la Côte d'Afrique*. Quinquina des Iles de Lagos;

4° *Quinquinas de la Nouvelle-Grenade*. Quinquina rouge pâle et blanc.

Il nous est impossible de décrire ici les différentes sortes de quinquinas; nous nous contenterons de faire connaître les principales et d'indiquer autant que nous le pourrons leur teneur en alcaloïdes ; nous n'énumérerons ici que les quinquinas jaunes :

1° *Quinquina jaune du roi d'Espagne*. Très-rare, très-estimé, cultivé, dit-on, au Pérou dans des parcs entourés de murs, et récolté avec une sorte d'appareil, séché avec le plus grand soin, expédié dans des caisses doublées d'étain et réservé aux usages de la cour d'Espagne. D'après M. Guibourt, cette espèce, qui se distingue du Calisaya, a été décrite par Laubert sous le nom de *Cascarilla amarilla del Rey*.

2° *Quinquina Calisaya* ou *jaune royal*. D'après de Humboldt, il doit son nom à un pays du haut Pérou (aujourd'hui république de Bolivie) dans le département bolivien de la Paz. D'après Laubert, les habitants de ce pays le nomment *Collivalla* et non *Calisaya*; il vient de diverses provinces de la Bolivie; il est pourvu ou dépourvu d'écorce. Celui qui est *en écorces* se distingue en *petites écorces* et *grosses écorces*; celles qui en sont privées sont dites mondées; on en distingue plusieurs sous-sortes, selon que les écorces sont plus ou moins grandes, roulées ou plates. On attribue généralement aujourd'hui cette espèce au *C. Calisaya*, mais on y mélange souvent les écorces des *C. micrantha*, *Boliviana* Wedd., *scrobiculata*, *rufinervis* Wedd., *pubescens* Wedd., *cordifolia* Wedd., *Pelletierana* Wedd., qui presque toutes sont connues encore sous d'autres noms dans le commerce.

3° *Quinquina jaune orangé*. Il présente plusieurs sortes : les petites écorces ont été souvent désignées sous le nom de *quinquina cannelle*; d'autres écorces sont tout à fait plates. M. Weddell les attribue au *C. micrantha*. Les écorces des troncs ont été nommées *Calisaya léger*.

4° *Quinquina Pitaya* ou quinquina de la Colombie ou d'Antioquia. On ne sait rien encore sur son origine.

5° *Quinquina de Colombie ligneux*. M. Guibourt pense qu'il ne forme pas une espèce différente, et qu'il serait produit par le tronc et les principales branches de l'arbre qui fournit le pitaya.

6° *Quinquina orangé de Mutis*, *C. lancifolia* Mut., *C. angustifolia* Ruiz et Pavon, *C. tunita* Lop. Décrit autrefois par M. Guibourt sous le nom de *Quinquina de Carthagène spongieux*, et qui serait un mauvais quinquina. Plusieurs auteurs ont accusé Mutis d'avoir donné à des quinquinas de la Nouvelle-Grenade les noms des écorces du

Pérou et de la Bolivie pour faire croire à leur identité ; mais il est bien certain qu'il nous vient depuis quelques années de la Nouvelle-Grenade des bons quinquinas jaunes qui fournissent jusqu'à 30 et 40 grammes de sulfate de quinine par kilogramme ; ce qui est énorme.

7° *Quinquinas Huamalies*. Sous le nom de *Quinquinas Havane*, on connaît dans le commerce français des quinquinas que les Allemands, et Bergen en particulier, nomment *Huamalies* ou *Guamalies* ; ils sont peu estimés et souvent mélangés avec du gris de Lima et du blanc de Jaen ; on distingue les variétés suivantes : A. *Huamalies* gris terne ; B. *Huamalies* mince et rougeâtre ; C. *Huamalies blanc* ; D. *Huamalies farineux* ; E. *Huamalies dur et compacte* ou *jaune de Cuença*.

Enfin, il nous vient de plusieurs localités depuis quelques années, et plus spécialement de la Nouvelle-Grenade, des écorces de racines et de souches, très-riches en quinine, et qui sont très-recherchées pour la préparation du sulfate.

Les quinquinas doivent être conservés autant que possible à l'obscurité ; car, d'après M. Pasteur, sous l'influence de la lumière, les alcaloïdes qu'ils contiennent éprouvent des transformations isomériques dont nous parlerons bientôt.

COMPOSITION CHIMIQUE. — Seguin, le premier, analysa plus de 600 écorces de quinquina ; il crut y reconnaître de la gélatine végétale et du tannin. Deschamps, de Lyon, en préparant en grande quantité le sel essentiel de Lagaraye (extrait sec de quinquina), obtint un produit cristallisé et dont l'emploi guérit quelques fièvres ; on crut alors avoir découvert le principe actif du quinquina ; mais Vauquelin constata que c'était une combinaison avec la chaux d'un acide qu'il appela *quinique* ; cet acide n'est pas fébrifuge. Vers la même époque, Vauquelin examina dix-sept échantillons de quinquina et démontra que les meilleures espèces étaient celles qui précipitaient à la fois et le plus abondamment par le tannin, la gélatine et l'émétique. Duncan, d'Édimbourg, ayant lu le travail de Vauquelin, soupçonna que ces précipités renfermaient le principe actif des quinquinas, auquel il donna le nom de *cinchonine*. Quelque temps après, Gomez, de Lisbonne, obtint ce corps parfaitement cristallisé ; il lui conserva le nom donné par Duncan. Enfin, ce n'est qu'en 1818 que Pelletier et Caventou, après avoir extrait la strychnine et la brucine de la noix vomique, la vératrine des colchiques et de l'ellébore, isolèrent la *quinine* du quinquina, et la distinguèrent du principe trouvé par Gomez, qu'ils nommèrent *cinchonine*. Cette découverte sera l'éternelle gloire de ces illustres chimistes, non pas seulement parce qu'ils ont rendu au monde le plus grand service que des hommes puissent lui rendre, en dotant leurs semblables d'un remède qui n'a pas son égal et qui sauve, chaque année, la vie à des milliers d'individus; mais encore parce qu'ils ont ouvert par leurs travaux une voie nouvelle aux recherches organiques, et qu'ils ont parfaitement établi le rang que doivent tenir les alcaloïdes dans la série chimique. Ils ont su réunir dans un même groupe la quinine, la cinchonine, la strychnine et la brucine, la morphine déjà connue; on leur doit la création d'une classe chimique composée d'abord de cinq ou six corps et qui, aujourd'hui, en comprend plus de mille parfaitement connus et caractérisés; c'est ainsi, dit Parisot à propos de la découverte de la quinine, qu'une découverte préparée à Paris, mûrie à Édimbourg, presque réalisée à Lisbonne, revient se confirmer à Paris entre les mains de deux élèves de Vauquelin. Elle fait le tour de l'Europe pour retourner à sa source.

Les quinquinas jaunes se distinguent par leur très-grande amertume et leur peu d'astringence; ils renferment du quinate de quinine et de cinchonine, du quinate de chaux, du rouge cinchonique, des matières colorantes rouges et jaunes, une matière grasse, de l'amidon, du ligneux; plus récemment on y a trouvé un nouvel alcaloïde, la *quinidine*.

La *quinine* et la *cinchonine*, principes essentiellement actifs des quinquinas, ne sont pas également réparties dans les écorces; on admet en général que leur composition est la suivante :

Les quinquinas jaunes contiennent beaucoup de quinine et peu de cinchonine; les quinquinas rouges contiennent beaucoup de quinine et beaucoup de cinchonine; les quinquinas gris renferment peu de quinine et beaucoup de cinchonine; les quinquinas blancs, des traces seulement de quinine ou de cinchonine; les faux quinquinas ne renferment ni quinine ni cinchonine.

Aujourd'hui il faut distinguer encore les quinquinas à *quinidine*, et d'autres dans lesquels on a trouvé des alcaloïdes particuliers. C'est à tort que l'on a dit que les quinquinas du Pérou étaient à base de quinine et ceux de la Nouvelle-Grenade à base de cinchonine; l'inverse est souvent aussi vrai.

La *quinine* $= C^{10}H^{12}AzO^2$, est inodore, amère, peu soluble dans l'eau froide ou bouillante, plus soluble dans l'alcool et l'éther. La solution alcoolique à 22° dévie à gauche le plan de polarisation des rayons lumineux; le pouvoir rotatoire décroît à mesure que la température s'élève; on n'emploie cette base qu'à l'état de sulfate bibasique $= 2(C^{20}H^{12}AzO^2)$, $SO^3 8HO$, que l'on pourrait encore formuler ainsi : $C^{40}H^{24}Az^2O^4$, $SO^3 8HO$, et considérer comme un sulfate neutre.

La *quinoïdine* ou *quinidine* $= C^{20}H^{12}AzO^2$, $2HO$, est un isomère de la quinine, que l'on trouve dans les eaux mères de la préparation du sulfate. Elle est, d'après M. Pasteur, le produit de l'altération des alcaloïdes du quinquina sous l'influence de la lumière; on ne sait rien sur ses propriétés thérapeutiques.

La *quinicine* $= C^{20}H^{12}AzO^2$, est encore un second isomère de la quinine, qui jouit de propriétés fébrifuges, et que l'on obtient en chauffant un mélange d'acide sulfurique et de sulfate de quinine ordinaire.

La *cinchonine* $= C^{20}H^{12}AzO$, cristallise en gros prismes quadrilatères; elle est peu sapide et peu soluble dans l'eau bouillante; chauffée, elle fond et se volatilise sans se décomposer; elle cristallise dans l'alcool; la solution dévie à droite le plan de polarisation des rayons lumineux; ces deux caractères la distinguent de la quinine.

La *cinchoniline* $= C^{20}H^{12}AzO$, est insoluble dans l'eau; la solution alcaloïque dévie à gauche la lumière polarisée, ce qui la distingue de la cinchonine; elle se produit lorsqu'on chauffe celle-ci avec l'acide sulfurique.

La *cinchonidine* $= C^{20}H^{12}AzO$, a été découverte par Winckler dans le quinquina de Maracaïbo; elle est isomère avec la cinchonine, peu soluble dans l'eau et dans l'éther.

L'*aricine* ou *cichonatine*, découverte par Corriol et Pelletier dans les quinquinas d'Arica, et dans le *C. ovata* ou *China de Jaen*, par M. Manzini; elle a pour formule $= C^{20}H^{12}AzO^3$. M. Perotti a encore signalé la *pitoxine* dans le *C. Pitoxa*; M. Mill, la *blanquinine* dans le *C. ovalifolia*; M. Winckler, la *paricine* dans un quina de Para; et M. Mengarduque, la *pseudoquinine* dans un quinquina.

Voici quelles sont les quantités de sulfate de quinine et de cinchonine fournies par les principaux quinquinas jaunes :

	Sulfate de quinine.	Sulfate de cinchonine.
1,000 grammes de quinquina Calisaya jaune..........	30 à 40 gr.	6 à 10 gr.
— Calisaya jaune plat, sans épiderme.....	30 à 32	6 à 8
— — roulé, avec épiderme........	15 à 20	8 à 10
— Carabaga plat, sans épiderme........	15 à 18	4 à 5
— — roulé, avec épiderme........	8 à 10	5 à 6
— Calisaya de Santa-fé de Bogota........	30 à 32	3 à 4
— jaune-orangé roulé (Nouvelle-Grenade)...	18	4 à 5
— Pitayo (Nouvelle-Grenade)	20 à 25	10 à 12
— Carthagène ligneux (Nouvelle-Grenade).	20	8
— jaune-orangé de Mutis *Id.*	15 à 16	8 à 10
— jaune de Mutis *Id.*	12 à 14	6 à 7

Les quinquinas jaunes *Pitayo* sont généralement exploités aujourd'hui pour la préparation du sulfate de quinine, ils viennent de la Nouvelle-Grenade ; il ne faut pas les confondre avec les *Pitaya*, qui arrivent de la Colombie.

Usages. — Ce n'est pas sans quelques difficultés que le quinquina a pris dans la thérapeutique le rang qu'il occupe ; il eut ses détracteurs ; il fut proscrit des facultés, et les médecins qui osèrent l'expérimenter furent l'objet de persécutions. Suivant le témoignage de Sydenham, il était déjà en honneur en Angleterre dès 1660 ; mais un alderman de Londres et un capitaine étant morts dans un accès de fièvre, au début duquel ils avaient pris du quinquina, et la mauvaise administration du remède chez quelques malades n'ayant pu empêcher les récidives, le quinquina tomba dans un grand discrédit dont il ne se releva que vers 1670, époque à laquelle Sydenham fit connaître ses propriétés. Mais ce ne fut véritablement que depuis la découverte de la quinine par Pelletier et Caventou que, l'administration du remède contre les fièvres étant devenue plus facile, le quinquina acquit la réputation qu'il n'a cessé de mériter.

L'action du quinquina sur l'homme sain n'est pas aussi innocente qu'on a bien voulu le dire ; outre son amertume extrême, il détermine dans l'estomac un sentiment de chaleur et de pesanteur très-pénible ; il peut provoquer des vomissements, de la diarrhée, des bourdonnements d'oreilles, des éblouissements et une véritable surdité, des douleurs de tête avec sentiment de resserrement des tempes, qui persistent quelquefois plusieurs jours ; mais surtout les désordres gastriques graves qui ont été si bien décrits par Bretonneau.

L'action du quinquina, et surtout celle du sulfate de quinine, sur le système nerveux est indépendante de celle qu'ils exercent sur le canal digestif, qu'ils irritent ; leur action sur le système circulatoire, signalée par Giacomini, Baudelocque, Guersent, Pereira, Rilliet et Barthez, Legroux, Dupré, etc., a été surtout étudiée par M. Briquet, qui a mis en complète évidence leurs propriétés hyposthénisantes, et qui en a fait la plus heureuse application au traitement du rhumatisme articulaire aigu.

Nous renverrons aux traités spéciaux pour l'étude des doses, des modes d'administration, et l'époque à laquelle doivent être données les préparations de quinquina. La *méthode romaine*, qui était celle de Torti, voulait que l'on fit prendre le quinquina immédiatement avant l'accès, et, dans les fièvres doubles-tierces, au commencement de l'accès même. La *méthode anglaise*, qui était celle de Sydenham, prescrivait de donner le quinquina à la fin du paroxysme, et jamais au début ; Morton suivait cette méthode ; Cullen revint à l'opinion de Torti, et la soutint opiniâtrément. La *méthode* que l'on pourrait appeler française, puisqu'elle a été inaugurée et suivie par Bretonneau, voulait que le quinquina fût administré le plus loin possible de l'accès à venir : c'est elle qui est aujourd'hui généralement adoptée par les praticiens français, et M. Trousseau ajoute qu'une fois l'accès coupé, il faut continuer le remède chaque jour à dose décroissante pendant dix jours, afin de s'opposer aux récidives.

Quant aux doses, à la forme à donner au médicament et aux voies d'introduction, elles varient beaucoup selon les cas. En traitant du quinquina gris, nous parlerons des préparations pharmaceutiques. A part quelques circonstances particulières, dans les fièvres intermittentes, le rhumatisme articulaire aigu et les affections diverses à type intermittent, c'est le sulfate de quinine que l'on emploie, sous forme de pilules, à la dose de 0ᵍ,40 à 2 grammes. On fait prendre le même sel dans des potions, on le rend soluble par un peu d'acide sulfurique ; il est alors regardé comme plus actif.

Dans les névroses, les diverses phlegmasies, le quinquina a rendu quelques services ; il en est de même dans les fièvres puerpérales ; son utilité est très-contestée dans les péritonites puerpérales, et les observations de MM. Danyau et Delpech ont démontré son inutilité comme prophylactique dans ces affections.

Le sulfate de cinchonine ne mérite certainement pas la réprobation dont il est l'objet; les observations très-importantes de M. Moutard-Martin ont démontré qu'il pouvait, dans le plus grand nombre des cas, remplacer le sulfate de quinine; quoique plus vénéneux, il n'a pas comme lui l'inconvénient de produire des bourdonnements d'oreilles, de la surdité, etc., et surtout des désordres gastriques.

Les médecins homœopathes emploient à peu près exclusivement le quinquina jaune royal; ils en préparent une teinture mère et des atténuations; ils le désignent sous le signe *Ach*, et l'abréviation *China*.

La quinine, qu'ils nomment *Chinium*, est employée en atténuation; son signe est *Mci.*, et son abréviation *Chin.*; enfin, le sulfate de quinine est ordonné sous le signe *Mci. S.*, et l'abréviation *Chin. sulf.*

QUINQUINA ROUGE

Cinchona succirubra Pav.
(Rubiacées-Cinchonées.)

Le Quinquina rouge de la meilleure qualité, après avoir été regardé comme le produit d'un certain nombre d'espèces botaniques très-diverses, telles que les *Cinchona ovata*, *oblongifolia*, *magnifolia*, *lutescens*, etc., est actuellement considéré avec raison comme fourni par d'autres types spécifiques, et notamment par le *C. succirubra* de Pavon, qui, suivant MM. Klotzsch et Howard, constitue une espèce bien distincte. C'est un grand arbre à rameaux et à feuilles opposées, accompagnées de stipules ovales. Leur limbe est supporté par un pétiole court et aplati à sa face supérieure. La forme de ce limbe est elliptique ou obovale, souvent brièvement acuminé au sommet. Il est entier, membraneux, vert à sa face supérieure et d'un rouge brunâtre à sa face inférieure. Ses nervures, pennées et saillantes sur les deux faces, sont chargées d'un duvet court, velouté. Les dimensions du limbe peuvent atteindre, dans nos cultures, jusqu'à trente ou quarante centimètres de longueur, sur quinze à vingt de largeur. Les caractères de l'inflorescence et des fleurs elles-mêmes sont ceux des *Cinchona* en général. Le fruit ou capsule, surmonté du calice persistant et durci, est déhiscent de bas en haut, comme celui des véritables *Cinchona*; mais il est plus allongé et plus atténué à son sommet que celui du *C. Calisaya* (Pl. 18).

HABITAT. — C'est au Pérou, sur les pentes des Andes et à la même altitude que les espèces précédemment étudiées, que Pavon a récolté pour la première fois son *C. succirubra*.

CULTURE. — Depuis quelque temps, le *C. succirubra* est cultivé en Europe, dans les serres, non comme plante susceptible de fournir des produits utiles, mais comme végétal d'ornement, à cause de la beauté de ses larges feuilles.

AUTRES ESPÈCES. Les autres espèces botaniques auxquelles M. Weddell a attribué la production des quinquinas rouges sont :

1° Le *C. nitida* R. et Pav., qui fournirait le *Q. rouge de Lima*, ou *rouge officinal* ;

2° Le *C. scrobiculata* H. B., qui donnerait le *Q. rouge marron de Loxa*.

HABITAT. — Cette espèce croit abondamment au Pérou, à la Nouvelle-Grenade, dans les forêts de Santa-Fé de Bogota, etc.

PARTIES USITÉES. — Les écorces.

RÉCOLTE. — Les quinquinas rouges ont de tout temps été les plus estimés pour le traitement des fièvres intermittentes ; malheureusement ils sont rares. On a décrit les espèces suivantes :

1ª *Quinquina rouge royal*, *Q. fibreux royal*, *Quina colorada del rey*. Attribué successivement aux *C. macrocalyx* Pav., au *C. ovata* var. *erythroderma* Wedd., cette excellente écorce appartient à l'espèce décrite au commencement de cet article.

2° *Quinquina rouge, blanchissant à l'air*, indiqué d'abord sous le nom de quinquina rouge de Santa-Fé ; son nom a été changé depuis qu'il a été prouvé que le quinquina rouge de Santa-Fé ou de Mutis est décrit sous le nom de *quinquina nova*. M. Guibourt le nomma, en 1836, *quinquina rouge de Lima*, l'assimilant à tort, dit-il, au vrai quinquina rouge. C'est une espèce distincte peu active.

3° *Quinquina rouge de Lima*, dont il y a deux variétés au moins et que l'on attribue au *C. nitida*.

4° *Quinquina rouge vrai, non verruqueux*, *Cascarilla roxa verdadora* Laubert (*Bull. pharm.*, t. II, p. 304), qui se présente sous forme d'écorces petites, moyennes et grosses ; il est très-amer et fibreux comme le calisaya. On le croit produit par le *C. nitida*. C'est à tort qu'on l'a attribué au *C. oblongifolia* ou *magnifolia*, qui produit, pensait-on, les *quinquina nova*.

5° *Quinquina rouge vrai, verruqueux*. Ce quinquina est très-recherché à cause de sa couleur rouge; son prix est très-élevé. On pense qu'il est produit également par le *C. succirubra*.

6° *Quinquina rouge orangé, verruqueux.* Il paraît se confondre souvent avec le précédent; il est astringent et amer.

7° *Quinquina rouge pâle, à surface blanche.* Il offre de grands rapports avec les précédents; seulement il est en écorces plus plates.

8° *Quinquina brun de Carthagène*, avec épiderme blanc, sans fissures, appliqué sur un liber raboteux, inégal, dur, compacte, pesant, très-amer et astringent. C'est celui qui a été analysé par Pelletier et Caventou.

9° *Quinquina rouge de Carthagène.* Il ressemble beaucoup, dit M. Guibourt, au quinquina de Colombie ligneux. C'est un bon quinquina.

COMPOSITION CHIMIQUE. — Vauquelin et M. Guibourt ont soumis les quinquinas rouges, comme les autres espèces, à l'action de la gélatine, du tannin, de l'émétique, des sulfates de fer, de cuivre, de soude et d'ammoniaque.

Pelletier et Caventou, qui ont analysé les quinquinas rouges, ont trouvé qu'ils renfermaient une grande quantité de quinate acide de quinine et de cinchonine, du quinate de chaux, du rouge cinchonique, de la matière colorante rouge soluble, de la matière grasse, de la matière colorante jaune, du ligneux et de l'amidon.

Tous les quinquinas, et plus particulièrement les rouges, renferment une matière résineuse balsamique très-colorante, rappelant le parfum agréable de la vanille. Cette odeur est assez caractéristique pour qu'on puisse reconnaître un bon quinquina en le faisant brûler lentement.

Voici, d'après MM. Bouchardat et Delondre, la teneur en alcaloïdes de quelques quinquinas rouges :

		Sulfate de quinine.	sulfate de cinchonine.
1,000 grammes de quinquina rouge de Cuzco (Pérou), plat, sans épiderme, donnent		4 gram.	12 gr.
—	le même, roulé, avec épiderme	»	6 à 8
—	rouge vif (Équateur)	20 à 25	10 à 12
—	rouge pâle (Équateur)	15 à 18	5 à 6
—	Carthagène (Nouvelle-Grenade)	20	» »
—	rouge de Mutis	12 à 14	6 à 7
—	rouge brun (Nouvelle-Grenade)	0 à 00	0 à 00
—	rouge pâle, qualité inférieure (Nouv-Gren.)	0 à 18	0 à 02

Le quinquina rouge étant autrefois très-rare et très-cher, on lui donnait quelquefois une coloration artificielle, en exposant les écorces à l'action du gaz ammoniac. On s'aperçoit de cette fraude en ce que les écorces, rouges à la superficie, sont pâles à l'intérieur.

Usages. — Les quinquinas rouges sont souvent préférés pour le traitement des fièvres intermittentes ; malheureusement leur grande rareté a obligé les médecins à leur substituer les quinquinas jaunes. Cependant beaucoup de praticiens préfèrent encore les premiers dans les fièvres putrides et adynamiques ; mais c'est surtout comme antiseptiques que l'on recherche les quinquinas rouges, indiqués par Sloane en 1709. Leurs propriétés antiputrides ont été proclamées par Rushworth en 1731 ; elles ont été depuis constatées chaque jour par les chirurgiens, soit que la gangrène procédât de cause interne, comme cela a souvent lieu dans les fièvres typhoïdes ; soit qu'elle procédât de cause externe, comme cela est si commun en chirurgie, dans les brûlures, et dans tous les cas d'ulcères fétides et indolents. Tantôt on emploie la poudre de quinquina seule ; tantôt on la mélange au camphre ou au charbon et à d'autres substances antiseptiques ; d'autres fois enfin on emploie les lotions vineuses ou aqueuses pures, ou mélangées à l'alcool camphré, aux hypochlorites, etc.

A l'intérieur, comme fébrifuge, on emploie le quinquina rouge aux mêmes doses à peu près que le jaune.

Historique, Géographie botanique, Aperçu général sur la récolte des Quinquinas. Nous avons annoncé précédemment (pages 163 et 168) que nous nous réservions de donner ces détails à la fin de l'article Quinquina rouge, parce qu'en effet ils concernent les trois espèces principales que nous avons décrites. Le moment est donc venu de remplir cet engagement. Ce ne sera d'ailleurs qu'un résumé, bien moins scientifique que bibliographique.

Le Quinquina n'est connu des Européens que depuis l'année 1640. Voici par suite de quelles circonstances. La comtesse de Chinchon (femme du vice-roi don Geronimo Fernandez de Cabrera, Bobadilla y Mandosa, comte de Chinchon, qui administra le Pérou de 1629 à 1639) fut attaquée, en 1638, d'une fièvre opiniâtre. Des personnes (les jésuites selon toute probabilité) qui avaient eu l'occasion d'observer les effets de l'écorce de quinquina dans ce genre d'affections, en conseillèrent l'usage à la vice-reine, qui fut guérie. De retour en Europe, en 1640, la comtesse de Chinchon, qui voyageait en compagnie de son médecin Juan del Vego, fit connaître les propriétés de cette

écorce, dont elle avait apporté une grande provision, au cardinal de
Lugo, procurateur général de l'ordre des Jésuites. Le cardinal en
porta, en 1649, à Rome, d'où il vint en France l'année 1650. L'émi-
nence avait pour médecin un Génois, Sébastien Baldi ou Badi, plus
connu sous le nom latin de Badus (qu'il faut distinguer de Joseph
Baldi ou Baldus, médecin de Florence) ; Sébastien Baldi fut le premier qui préconisa les heureux effets de l'usage du quinquina. Selon
certains renseignements, ce serait un corrégidor du Cabildo de Loxa,
don Juan Lopez de Cañizarez, qui aurait apporté le premier l'écorce
de quinquina à Lima, et l'aurait recommandée en termes généraux.
Mais cela ne changerait rien à l'authenticité de ce qui précède ; ce
serait seulement par ce personnage que la connaissance des bien-
faits de l'emploi du quinquina serait arrivée aux oreilles de la comtesse de Chinchon. Il est bien vrai qu'on a prétendu que les vertus
salutaires du quinquina étaient connues fort avant ce temps dans la
montagne, mais seulement d'un petit nombre d'individus. « Aussitôt après mon retour en Europe, dit Alexandre de Humboldt, j'élevai
des doutes contre l'opinion qui attribue la découverte du quinquina
aux indigènes des environs de Loxa ; car encore aujourd'hui les Indiens des vallées voisines, où règnent des fièvres intermittentes,
ne peuvent pas souffrir l'écorce de cet arbre (*Ueber die Chinawalder*,
dans le *Magazin der Gesellschaft Naturforschender Freunde*. Ber-
lin, 1807, p. 59). La fable d'après laquelle les naturels du pays devraient la connaissance des vertus médicinales du quinquina à des
lions, qui se guérissent, dit-on, de la fièvre intermittente en rongeant
l'écorce de ces arbres, a tout l'air d'une invention européenne ; c'est
probablement un conte comme en ont imaginé les moines (*Histoire
de l'Académie des sciences*, année 1738, p. 233). On n'a jamais entendu parler, dans le nouveau continent, de lions qui eussent la
fièvre, car le *Felis concolor*, connu sous le nom de lion d'Amérique,
et le petit lion des montagnes, ou *Puma...*, ainsi que les différentes
espèces du genre chat, n'ont, dans aucun continent, l'habitude d'enlever l'écorce des arbres (Humboldt, *Tableaux de la nature*, nouvelle
édit. in-8°, 1864, p. 660). » Quoi qu'il en soit, la poudre de quinquina, qui avait d'abord reçu le nom de *Poudre de la Comtesse*
(*Pulvis comitissæ*), parce que la comtesse de Chinchon avait été la
première à en répandre l'usage, reçut ensuite celui de *Poudre du
Cardinal*, à cause du cardinal del Lugo, qui, voyageant en France,

en 1650, l'avait fort recommandée au cardinal Mazarin ; puis celui de *Poudre des Jésuites*, parce que les membres de la compagnie de Jésus en firent tout d'abord l'objet d'un commerce très-lucratif. Bien des gens, en raison même de l'immixtion des jésuites dans sa propagation médicinale, ne voulurent point se servir du quinquina ; quelques auteurs l'attaquèrent avec plus de violence que d'examen ; car il n'est pas une découverte, une nouveauté, en médecine comme en autre chose, qui n'ait eu des antagonistes, même parmi les hommes de science les moins contestables ; il faut à chaque progrès une épreuve ; c'est le creuset duquel il sort enfin puissant et immortel. Et puis, en général, les vieillards qui ont pratiqué d'une certaine manière ne veulent pas admettre qu'on puisse faire autrement qu'eux, et que l'on ait à apprendre des choses nouvelles qu'il ne leur a pas été donné de connaître dans le temps qu'ils étudiaient encore. Jean-Jacques Chifflet, né à Besançon en 1588, médecin de l'archiduchesse Élisabeth-Claire-Eugénie, souveraine des Pays-Bas, puis du roi d'Espagne Philippe IV, vit avec dépit un nouveau genre de médicamentation apparaître à la fin de sa carrière. Sous le titre de *Pulvis febrifugus Orbis Americani ventilatus*, Anvers, 1653, il écrivit le premier contre le quinquina. Deux ans après (Rome, 1655), le Père jésuite Honoré Fabri, sous le nom d'Antimo Coningio, donna un opuscule en faveur du quinquina, auquel répondit, la même année, sous le pseudonyme de Protymus, Vospiesque-Fortuné Plemp, dit Plempius, célèbre médecin, né à Amsterdam en 1601, par un écrit intitulé : *Antimus Coningius Peruviani pulveris defensor repulsus a Melippo Protypno*. Sébastien Badus s'inscrivit contre Chifflet et Plemp dans deux opuscules : *Cortex Peruviæ redivivus*, Gênes, 1656, in-12 ; et *Anartasis corticis Peruviani seu Chinæ defensio*, Gênes, 1661, in-4°. Haller fait remarquer que Badus conseilla le premier l'emploi du quinquina, non-seulement contre les fièvres quartes, comme on le faisait déjà, mais encore contre les fièvres tierces. D'autre part, Tiraboschi fait observer que le Père Fabri et Badus furent les premiers à écrire en faveur de cette substance, que l'on vit plus tard attaquée par l'illustre Baglivi, mort si prématurément, en 1707, à l'âge de trente-huit ans, à Rome, où il professait l'anatomie avec tant d'éclat, ainsi que par Ramazzini qui, vers le même temps, enseignait avec autorité la médecine à Padoue. Mais la précieuse écorce comptait dès lors de nombreux et non moins autorisés défenseurs :

entre autres Thomas Willis, né en 1622, mort en 1675, l'un des
premiers membres de la Société royale de Londres, et médecin d'une
vaste et méritée réputation ; Thomas Sydenham, autre médecin des
plus justement célèbres de l'Angleterre, né en 1624, mort en 1689,
qui fut l'un des plus zélés et heureux défenseurs du quinquina ;
Richard Morton, médecin de la même époque ; Jean Dolœus, célèbre
médecin allemand du dix-septième siècle ; François Monginot, successivement médecin du prince de Condé et médecin du roi ; Werl-
hoff, l'un des plus grands médecins de la première moitié du dix-
huitième siècle ; François Torti, surnommé l'Hippocrate de Modène,
né en 1658, mort en 1741, qui défendit le quinquina dans son ouvrage célèbre et souvent réimprimé sur les fièvres pernicieuses (*Thé-
rapeutice specialis ad febres quasdam perniciosas*, etc.; Modène, 1709 ;
id., 1712 ; *id.*, 1730 ; Venise, 1732 ; Leipzig, 1756 ; Louvain, 1821),
et qui adressa une réponse directe à Ramazzini après que celui-ci
eut attaqué ses opinions sur le quinquina, réponse que l'on trouve
jointe à la *Thérapeutique des fièvres pernicieuses* dans l'édition de
Louvain, 1821 ; enfin William Cullen, aussi éminent chimiste que
médecin écossais, né en 1712, mort en 1790, qui soutint les doctrines
de Torti sur l'emploi du quinquina.

On a vu que ce fut dans un voyage fait en France en 1650 que
le cardinal del Lugo donna connaissance à la cour de France, par le
cardinal Mazarin, des qualités du quinquina. Mais à côté de cette
probabilité, il y a l'anecdote que presque tous les auteurs ont paru
accepter comme de l'histoire. Nous la reproduisons sous toutes ré-
serves. Louis XIV lui-même, ou, selon d'autres, le dauphin, son fils,
aurait été guéri d'une fièvre intermittente très-rebelle, à l'aide du
quinquina (que l'on appelait aussi, dit-on, alors, on ne sait pourquoi,
le *remède anglais*) par un empirique de la Grande-Bretagne, nommé
Talbot, ou autrement, car on n'est pas d'accord même sur son nom ;
et, en 1679 (date bien tardive depuis la visite du cardinal del Lugo à
la cour de France) le roi, enchanté d'un si grand succès, aurait
acheté le secret (qui depuis longtemps n'en était plus un en Espagne,
en Italie, en Allemagne, et très-probablement même en France). Il est
vrai que quelques anecdotiers disent que le secret que Louis XIV acheta
quarante-huit mille livres comptant, deux mille francs de rente (car
on précise les chiffres en anecdote plus qu'en histoire), plus un titre
de chevalier, n'était que la manière de préparer et d'administrer le

remède. C'était, dit-on, une teinture vineuse de quinquina très-concentrée. Par l'ordre du roi, ajoute-t-on, un sieur de Blegny publia, en 1682, un opuscule intitulé : *le Remède anglais pour la guérison des fièvres*. Nous nous en référons aux dates des autres opuscules authentiques, que nous avons précédemment données, pour démontrer combien celui du sieur de Blegny aurait été en retard pour donner de la publicité aux vertus du quinquina qui eut, dès avant la fin du dix-septième siècle, une vogue assez grande en France pour que madame de Sévigné en ait parlé dans ses lettres. Les gens qui ne pouvaient s'en procurer, car il se vendait au poids de l'or, baptisèrent du nom de *Quinquina d'Europe* la racine de Gentiane, à laquelle on attribuait aussi le mérite de guérir la fièvre intermittente. Une ode fut adressée à Fagon, premier médecin de Louis XIV, en l'honneur du quinquina ; elle débutait ainsi :

O merveille inconnue ! ô précieuse écorce !

Ajoutons, comme dernier trait d'invraisemblance de l'anecdote précitée, qu'il serait bien étrange que les jésuites, qui faisaient le commerce du quinquina, tout au moins depuis l'année 1650, et qui, par le Père la Chaise, l'un des leurs, avaient l'oreille du roi, eussent attendu jusqu'à l'année 1679, qu'un Anglais, étranger à leur ordre, vint à la cour de France faire connaître les propriétés fébrifuges de cette plante.

Parmi les auteurs qui, depuis ceux que nous avons cités, ont écrit sur le quinquina, il ne s'est plus guère trouvé d'adversaires des mérites désormais incontestés de cette plante. Dans le voyage scientifique que l'hydrographe Pierre Bouguer, l'astronome Louis Godin, le célèbre de La Condamine, et le médecin naturaliste et ingénieur Joseph de Jussieu, furent chargés de faire, en 1635, par le gouvernement français, pour aller, au Pérou, déterminer la figure et la mesure de la terre, les deux derniers de ces savants examinèrent, en 1738, les quinquinas des environs de Loxa. La Condamine publia, le premier, la description et le dessin d'un de ces arbres dans les *Mémoires de l'Académie des sciences*. On croit généralement que c'est l'espèce qu'Alexandre de Humboldt et Amédée Bonpland ont désignée depuis sous le nom de *Cinchona Condaminea*, et que les botanistes ont longtemps confondue avec plusieurs autres sous le nom vague de *Cinchona officinalis*. Linné forma, en 1742, son genre *Cinchona*, sur la description imparfaite de La Condamine, et de là viennent ses erreurs. Joseph de Jussieu écrivit aussi, en 1739, sur l'arbre précieux qu'il avait observé. En 1753, un intendant de la monnaie de Santa-Fé de Bogota, don Miguel de Santestevan, visita à son tour les forêts de Loxa où poussent les quinquinas, et découvrit des arbres du même genre sur plusieurs points, entre Quito et Popayan (villes de la république de l'Équateur et de la Nouvelle-Grenade) surtout près de Puebla-de-Guanacos et du Sitio de los Corales. Il y avait alors à Santa-Fé de Bogota un médecin naturaliste espagnol très-distingué, don Josef-Celestino Mutis, né à Cadix en 1732, qui était arrivé en Amérique en 1760. Don Miguel de Santestevan lui communiqua des échantillons des bois de quinquinas qu'il avait vus, et ce fut d'après eux que ce savant donna la première description exacte du genre. Mutis se hâta d'envoyer à Linné la fleur et le fruit du quinquina jaune ; mais le grand naturaliste suédois le confondit avec celui qu'avait décrit La Condamine. En 1772, Mutis reconnut des arbres de quinquina, à six lieues de Santa-Fé de Bogota, capitale de la Nouvelle-Grenade, dans le Monte-de-Terra ; l'année suivante il en découvrit d'autres dans le chemin de Honda à Villeta et à la Mesa de Chingo. Le quinquina de la Nouvelle-Grenade, exporté par Carthagène des Indes, amena une diminution sensible dans le prix des écorces fébrifuges. Ce ne fut qu'en 1774 que Ruiz, qui habitait Panama, connut le quinquina de Honda ; il le reconnaît lui-même dans ses *Informations au roi* (*Informes al Rey*) ; il ne saurait donc en être réputé le découvreur, quoiqu'il ait joui, à ce titre, d'une pension de dix mille francs, jusqu'en 1775, époque où le vice-roi, dont Mutis était devenu le médecin, démontra à la cour d'Espagne la priorité des droits de celui-ci. En 1776, don Francisco Renjifo trouva le quinquina dans l'hémisphère austral sur le dos des Andes péruviennes de Huanuco (Guanuco ou Ayacucho) ville du Pérou, située dans une vallée de cette chaine de montagnes, à 230 kilomètres sud-est de Lima. Aujourd'hui, le quinquina est connu le long des Cordillères des Andes, entre 1,364 et 1,925 mètres de hauteur, sur une étendue de plus de 600 lieues, depuis le Poz et Chuquisaca jusqu'aux montagnes de Santa-Martha (Nouvelle-Grenade) et de Merida (Venezuela). Mutis a le mérite d'avoir, le premier, distingué les différentes espèces de *Cinchona*, dont les unes, à corolles velues, sont beaucoup plus actives que les autres, qui sont à corolles glabres. Il a en

outre démontré qu'on ne doit pas employer indistinctement toutes les
espèces actives, dont les propriétés médicinales varient avec la forme et
la structure organique. Cet auteur commença, en 1794, à publier sa
Quinologia dans la *Gazette de Santa-Fé de Bogota*, et il y fit connaître
une préparation du quinquina fermenté, qui a joui d'une grande
réputation à Santa-Fé, Quito et Lima, sous le nom de *bière (cerveza)
de Quina*. Mutis mourut à Santa-Fé en 1808. C'est incontestablement
à lui, et non à Ruiz et Pavon, que l'on doit l'importante découverte
du quinquina de la Nouvelle-Grenade. Sans prétendre rien diminuer
du mérite des travaux de Ruiz et Pavon, à qui l'on doit la belle *Flore
du Pérou et du Chili*, ainsi qu'une *Quinologie* très-intéressante, et
qui furent d'ailleurs activement secondés par le naturaliste français
Dombey, on ne saurait mettre en doute la priorité de Mutis comme
découvreur, quoique le travail de Ruiz personnellement ait paru en
1790. Pavon ne donna le sien sur le quinquina qu'en 1801. Martin
Vahl, botaniste norvégien, élève de Linné, mort en 1804, traita, en
1790, des vertus du quinquina. Le médecin et botaniste anglais
Aylmer-Bourke Lambert, publia, en 1795, à Londres, la *Description
du genre* Cinchona (*A Description of the genus* Cinchona), et traduisit
en langue anglaise le travail de Vahl. Francisco-Antonio Zea, né
dans la Nouvelle-Grenade en 1770, mort en 1822, d'abord professeur
d'histoire naturelle à Santa-Fé de Bogota, depuis homme politique
considérable, rendit compte, en 1800, des travaux de son maître
Mutis dans les *Annales d'histoire naturelle de Madrid*. Tafalla, de 1802
à 1808, s'en occupa à son tour. Puis vinrent l'immortel Alexandre
de Humboldt et son laborieux et intéressant compagnon de voyages
Amédée Bonpland, tous deux secondés par la collaboration de Kunth,
et dont il n'est permis à aucun naturaliste d'ignorer les travaux immenses, considérés encore comme les assises de la botanique des régions équinoxiales. Bergen, Mérat et Delens; Bouchardat et Delondre,
ces deux derniers auteurs d'une *Quinologie*, Weddel qui écrivit,
en 1847, sur le même sujet ; M. Guibourt, et plus récemment encore,
M. Elliot Howard, ont consacré de précieuses études aux diverses espèces de quinquinas. Plusieurs de ces auteurs, parmi lesquels nous citerons Bergen, Mérat et Delens, ainsi que M. Guibourt, n'ont fait leurs
études que sur des échantillons secs, mais ils n'en ont pas moins
concouru puissamment à la connaissance précise des espèces.

Parmi les auteurs qui se sont occupés de l'analyse chimique des quinquinas, nous avons déjà eu l'occasion de citer Seguin, Deschamps de Lyon, Vauquelin, Duncan d'Edimbourg, Gomez de Lisbonne, Pelletier, Caventou et Corriol, Winckler, Perotti, Manzini, Pasteur, Mill, Mengarduque, Parisot, etc. A la liste incomplète de ces savants analystes, il conviendrait d'ajouter celle des médecins éminents qui se sont, de nos jours, le plus particulièrement occupés des effets de l'emploi du quinquina dans les maladies de l'homme, tels que MM. Baudelocque, Bretonneau, Guersent, Pereira, Rilliet et Barthez, Danyau, Delpech, Giacomini, Legroux, Dupré, Trousseau, Briquet, Moutard-Martin, etc. ; mais il a été déjà parlé de chacun d'eux en son lieu.

Les arbres appelés quinquinas sont d'une magnifique venue dans les forêts qu'ils habitent ; ils s'élancent souvent fort au-dessus des autres végétaux les plus hauts. On ne les trouve guère au-dessous de 1,500 mètres ni au-dessus de 2,000 mètres d'altitude. Telle est, dit Humboldt, la vigueur de leur végétation que les plus jeunes, dont le diamètre n'a pas plus de 16 centimètres, et que l'on est réduit à couper en cet état, atteignent souvent une hauteur de 16 à 20 mètres. Lorsque ces beaux arbres, ornés de feuilles qui n'ont pas moins de 14 centimètres de long sur 5 centimètres de large, sont perdus dans les fourrés épais, ils aspirent sans cesse à s'élever au-dessus des tiges qui les environnent. Leur feuillage, agité par le souffle du vent, répand un reflet rougeâtre d'un aspect singulier que l'on reconnaît à distance (Humboldt, *Tableaux de la Nature*, nouv. édit. in-8°, p. 661). Les quinquinas de Loxa, dit le même auteur, croissent sur des couches de schiste micacé et de gneiss, situées entre 1754 et 2339 mètres, à la même auteur environ que l'hôpital de Grimsel et le grand Saint-Bernard. La température moyenne dans les bois de quinquinas oscille entre 12 et 15 degrés Réaumur. On coupe ces arbres à l'époque de la première floraison, c'est-à-dire dans la quatrième et dans la septième année, selon qu'ils sont nés d'un rejeton vigoureux ou qu'ils sont le produit de semences. Les collecteurs ou chasseurs de quinquina (en espagnol *cascarilleros* ou *cazadores* de *Quina*) sont généralement des Indiens qui font leur travail avec assez peu d'intelligence ; de sorte que, d'après M. Delondre, ils perdent au moins la moitié des écorces. C'est à la Nouvelle-Grenade que les pertes sont le moins considérables. D'après les renseignements que nous avons reçus de M. le docteur Rampon, un arbre peut fournir plus de deux sortes commerciales de quinquina, qui différeront entre elles non-seulement par leur aspect et leurs autres propriétés physiques, mais encore par leur composition chimique, de manière à ce que le chiffre des alcaloïdes varie comme 1 et 3, et par conséquent aussi par leurs propriétés thérapeutiques.

QUINTEFEUILLE

Potentilla reptans L.
(Rosacées - Dryadées.)

La Quintefeuille ou Potentille rampante est une plante vivace, à racine épaisse, brunâtre, donnant naissance à une rosette de feuilles. Les tiges, longues, grêles, filiformes, couchées, présentent des nœuds très-espacés, dont chacun émet des fibres radicales et porte une rosette de feuilles pétiolées, munies de stipules, à limbe composé ordinairement de cinq folioles oblongues ou obovales, atténuées à la base, dentées, vertes sur les deux faces, glabres ou pubescents en dessous. Les fleurs, jaunes, solitaires à l'extrémité de longs pédoncules latéraux ou opposés aux feuilles, présentent la même structure que celles de la Potentille (Voyez ce mot). Le fruit se compose de cinq akènes glabres, un peu rugueux, disposés sur un réceptacle convexe, sec, velu, persistant.

Habitat. — Cette plante est commune en Europe; elle croit dans les lieux humides, les pâturages, au bord des chemins, dans les fossés, etc.

Parties usitées. — Les souches, les feuilles.

Récolte. — Les feuilles de quintefeuille sont désignées dans les anciens formulaires sous le nom de *Pentaphyllon*. Lorsqu'on veut employer la souche fraîche, ce qui arrive rarement, on peut la récolter en tout temps; pour la faire dessécher, au contraire, on la cueille à l'automne; on en détache les radicelles, on la lave pour séparer la terre, et quelquefois on la fend longitudinalement; elle est longue, cylindrique, pivotante, brun rougeâtre en dehors, blanchâtre à l'intérieur; sa saveur est astringente; lorsqu'on l'incise, on rejette le cœur ligneux. Les feuilles peuvent être récoltées pendant tout l'été, qu'on veuille les employer fraîches ou sèches.

Composition chimique. — La saveur acerbe et styptique de la souche et des feuilles indique suffisamment qu'elles renferment beaucoup de tannin ; aussi s'en est-on servi pour le tannage des cuirs. Pallas dit que la quintefeuille nourrit une espèce de cochenille.

Usages. — Par ses propriétés thérapeutiques et ses effets physiologiques, la quintefeuille doit être placée à côté de quelques plantes de la même famille, telles que le fraisier, la tomentille, la filipendule, etc. Sénac lui attribuait la propriété de guérir les fièvres intermittentes. C'est un remède traditionnel des campagnards.

La décoction des souches a été administrée avec succès par Chomel contre la diarrhée, la dysenterie. Lorsqu'il n'existe ni irritation ni inflammation, elle a réussi, dit Chomel l'ancien, là où l'ipécacuanha avait échoué. On l'a employée encore contre la leucorrhée par atonie, les hémorragies passives ; quant aux pertes séminales que l'on dit avoir été guéries par la décoction de quintefeuille, nous conservons quelques doutes à cet égard. Enfin, sous forme de gargarisme, la décoction aqueuse ou vineuse a été souvent administrée avec succès contre les maux de gorge, la stomatite diphtéritique, l'engorgement des gencives, les ulcères de la bouche ; mais elle n'agit certainement pas mieux dans ces cas que ne le ferait tout autre astringent puissant.

RADIS

Raphanus sativus et *Raphanistrum* L.
(Crucifères – Raphanées.)

Le Radis cultivé (*R. sativus* L.) est une plante annuelle ou bisannuelle, à racine renflée, charnue, du reste assez variable de volume, de forme et de couleur. La tige, haute de $0^m,40$ à $0^m,80$, cylindrique, glauque, hérissée, dressée, rameuse, porte des feuilles alternes, pétiolées, pennatifides, lyrées, très-rudes au toucher, les supérieures moins profondément découpées. Les fleurs, blanches ou rose violacé, veiné de violet foncé, sont groupées en corymbe terminal qui devient une grappe par l'allongement de l'axe primaire. Elles présentent un calice à quatre sépales alternant sur deux rangs, dressés, les deux extérieurs gibbeux à la base ; une corolle à quatre pétales obovales, obtus, entiers, longuement onguiculés et opposés en croix ; six étamines tétradynames, à la base desquelles sont placées quatre glandes vertes nectarifères ; un ovaire libre, grêle, pluriovulé, se terminant insensiblement en un style assez long terminé par un stigmate en tête et glanduleux. Le fruit est une silique oblongue, lancéolée, épaisse, renflée, spongieuse indéhiscente, polysperme, insensiblement atténuée en un long bec conique.

Cette plante présente deux variétés principales, que plusieurs auteurs ont élevées au rang d'espèces, et qui ont elles-mêmes produit par la culture un certain nombre de sous-variétés. Ce sont :

1° Le radis commun ou petite rave, à racine assez petite, arrondie, déprimée, ou oblongue, fusiforme, pointue à l'extrémité, blanche, rose ou rouge et d'une saveur piquante.

2° Le radis noir (*R. niger* Mér.), appelé aussi gros radis ou raifort des Parisiens, à racine volumineuse, arrondie ou oblongue, noire et rugueuse, à chair très-ferme et presque dure, et à saveur fortement piquante.

Quelques botanistes rapportent aussi à ce type le radis de Madras, que d'autres regardent comme étant le *R. caudatus* L. F.

Le radis sauvage ou ravenelle (*R. Raphanistrum* L., *Raphanistrum arvense* Valbr.) est une plante annuelle, à racine fusiforme, grêle, pivotante. Sa tige, haute de $0^m,30$ à $0^m,60$, hérissée, dressée, rameuse, se termine par une grappe de fleurs blanches ou jaunes, veinées de violet, à chacune desquelles succède une silique linéaire, oblongue, moniliforme, partagée à la maturité en articles monospermes, et brusquement contractée en un bec linéaire-subulé.

HABITAT. — Le radis cultivé, originaire, suivant les uns, de la Chine et de l'Asie méridionales, d'après les autres, du midi de l'Europe, est aujourd'hui abondamment répandu dans tous les jardins maraîchers. Le radis sauvage est indigène; il croît dans les moissons, les décombres, les terrains cultivés, etc.

PARTIES USITÉES. — Les racines fraîches.

RÉCOLTE. — On peut les récolter pendant tout l'été, surtout lorsqu'on fait des semis successifs.

COMPOSITION CHIMIQUE. — Les racines de tous les *Raphanus* renferment une huile essentielle, probablement sulfurée, qui est extrêmement piquante et âcre. M. Planche a extrait du radis noir une fécule qu'il a comparée à la *cassave* du *Jatropha Manihot*.

USAGES. — Les *Raphanus* sont des plantes alimentaires dont on mange les racines comme stimulantes et antiscorbutiques; elles sont difficiles à digérer et produisent souvent des renvois fréquents, infects et fatigants. Tissot vante la décoction de rave contre les engelures, et il conseille, pour en augmenter l'efficacité, d'y ajouter un seizième de vinaigre. Celse recommande le même moyen.

La racine de radis noir râpée a été employée seule, ou additionnée de sel marin ou de vinaigre, comme un rubéfiant actif dont on peut tirer un grand parti dans certaines circonstances. En l'appliquant sur la peau, cette pulpe agit comme le ferait un sinapisme de moutarde.

Le *R. Raphanistrum* n'est pas employé en médecine. D'après Linné, ses graines mélangées au blé donnent un pain qui a causé en Suède des épidémies cruelles connues sous le nom de *raphania* ou *raphanie*. L'illustre naturaliste a pu produire la même maladie sur des poules nourries de graines de ravanelle. Cette maladie consiste en contractions des articulations, convulsions, douleurs violentes périodiques. Il y a là quelque chose, quant aux symptômes et à l'étiologie, d'analogue à l'ergotisme, à la pellagre, au *mal de la rose* ou *des Asturies*, etc. Le traitement consiste dans la cessation de l'usage du pain contenant de la farine de ravanelle, et dans l'usage des antispasmodiques.

Quant au petit radis rose, il est tout à fait inusité en médecine.
On extrait des graines par expression une huile grasse qui était autrefois employée sous le nom de *raphaneleon*.

Par contre, la racine du *R. sativus* est quelquefois employée en
médecine homœopathique, et la plante est inscrite dans le Codex
sous le signe *Sra* et l'abréviation *Raph*.

RATANHIA

Krameria triandra R. et P.
(Polygalées.)

Le Ratanhia est un arbuste à racine cylindrique, brun rougeâtre,
rameuse, rampante. La tige, dressée, se divise en rameaux nombreux, diffus, velus, blanchâtres, portant des feuilles alternes, ra-
massées au sommet des jeunes rameaux, assez petits, ovales, oblongues, aiguës, dures, fermes et coriaces. Les fleurs sont portées sur
de courts pédoncules solitaires à l'aisselle des feuilles supérieures,
et accompagnés de deux bractées. Elles présentent un calice à quatre
divisions profondes, presque égales, ovales, allongées, aiguës, velues
en dehors, glabres et colorées en dedans, et marquées de veines
anastomosées; une corolle irrégulière, à quatre pétales inégaux,
les deux supérieurs redressés, étroits, onguiculés à la base et presque
lancéolés au sommet; les deux inférieurs sessiles, arrondis, très-
obtus, appliqués contre l'ovaire; trois étamines libres, à filets cylindriques, épais, ascendants, articulés au-dessous de l'anthère, qui
est terminale, conique, uniloculaire, bilobée à la base, appendiculée au sommet; un ovaire libre, ovoïde, comprimé, très-velu, à
une seule loge biovulée, surmonté d'un style long, recourbé, terminé par un stigmate très-petit, arrondi et un peu bilobé. Le fruit
est une petite capsule globuleuse, pisiforme, hispide, indéhiscente,
renfermant deux graines, dont une avorte souvent.

Nous citerons encore le ratanhia faux-ixia (*K. Ixina* L., *K.
ixioïdes* Auct.).

HABITAT. — Ces végétaux habitent diverses régions de l'Amérique centrale et méridionale; le premier croît au Pérou, le second
aux Antilles. Ils sont peu connus en Europe, et c'est à peine si on
les trouve dans les serres de quelques grands jardins botaniques.

PARTIES USITÉES. — Les racines.

Récolte. — La racine de ratanhia qui nous vient du Pérou est ligneuse, cylindrique, de grosseur et de longueur variables, recouverte d'une écorce brune, fibreuse, d'une saveur astringente et amère ; son méditullium est ligneux, dur, rouge, pâle ou jaunâtre ; on doit préférer les petites racines, parce qu'elles contiennent proportionnellement plus d'écorce que les grandes. M. Schuchardt désigne cette racine sous le nom de *ratanhia de Payta*. Une seconde espèce de ratanhia rouge est le *ratanhia des Antilles*, produit par le *Krameria Ixina*. Enfin, sous le nom de *ratanhia gris* ou de *savanilla*, on trouve depuis quelque temps dans le commerce des racines d'un rouge grisâtre, moins astringentes que le véritable ratanhia, mais qui fournissent plus d'extrait ; ces racines sont plus grêles, plus unies, plus courtes et plus cylindriques que le ratanhia rouge ; elle sont sillonnées à leur surface de crevasses transversales qui souvent mettent le bois à nu. L'écorce adhère fortement au bois ; elle présente trois zones, et la moyenne est presque aussi épaisse que les deux autres réunies ; elle est formée par un tissu à cellules courtes, hexagonales, jaune d'or, renfermant dans leur intérieur des grains de fécule arrondis, tandis que, dans le ratanhia gris, la couche corticale interne est la plus développée ; enfin celui-ci donne une poudre rouge, tandis que celle produite par le ratanhia gris est violacée. C'est d'ailleurs un bon médicament.

Composition chimique. — La racine de ratanhia renferme du tannin, de l'extractif, de l'apothème insoluble, de la gomme, de la fécule, une matière muqueuse, quelques sels, un acide mal déterminé ; c'est ce qui résulte des analyses de MM. Vogel, Gmelin, Peschier et Trommsdorf. Gmelin n'y a pas trouvé de fécule, et M. Peschier en a isolé un acide qu'il appelle *kramérique*, qui est en masses cristallines, inaltérables à l'air, d'une saveur acide, styptique, très-soluble dans l'eau.

Usages. — Le ratanhia est extrêmement employé en médecine sous forme de poudre, d'extrait, de teinture, de sirop, etc. Ce fut en 1784 que Ruiz fit connaître ses propriétés ; son Mémoire, publié en 1796, ne fut traduit en français qu'en 1808 par Bourdon de La Motte ; plus tard, le médicament fut employé par MM. Pagès, Hurtado, Sinesta, Bonafos, Chabert ; et chez nous par tous les médecins, mais surtout par MM. Bretonneau et Trousseau.

Le ratanhia, même à petite dose, détermine sur l'estomac un sentiment de pesanteur pénible ; il rend les digestions difficiles, et détermine la constipation. Il convient dans tous les cas où les astringents sont indiqués, et il doit être placé par ses propriétés bien au-dessus des autres astringents végétaux connus. L'extrait, délayé dans l'eau ou dans la teinture, a surtout été employé avec le plus grand succès dans le traitement de la fissure à l'anus, avec ou sans dilatation ; on fait entrer cet extrait dans la composition des suppositoires ; on l'emploie contre les fissures du mamelon, les ulcères, les engelures, la stomatite mercurielle, dans certaines formes ulcéreuses des inflammations des gencives, dans toutes les circonstances, en un mot, où il s'agira de modérer ou d'éteindre les douleurs des maladies ulcéreuses des membranes muqueuses ; dans les brûlures, pour hâter la cicatrisation des plaies ; enfin à l'intérieur contre les hémoptysies, les hémorrhagies passives, la dysenterie, la diarrhée, et, en injections, contre la leucorrhée.

En médecine homéopathique, on a souvent recours au ratanhia ; son signe est *Ara* et son abréviation *Ratanh ;* mais comme les propriétés qu'on lui reconnait ne se manifestent qu'à des doses appréciables, ce sont celles-ci que l'on prescrit le plus souvent.

RAVENTSARA

Agathophyllam aromaticum Sonn. *Evodia Raventsara* Gærtn.
(Laurinées.)

Le Raventsara, appelé aussi Cannelle Giroflée, est un grand arbre, dont la tige, couverte d'une écorce grisâtre, se divise en rameaux portant des feuilles alternes, lancéolées, semblables à celles du laurier. Les fleurs sont groupées en panicules terminales. Elles présentent un calice en entonnoir, à limbe divisé en six parties égales ; douze étamines, dont neuf fertiles, à filets courts, à anthères globuleuses ; un ovaire libre, globuleux, uniovulé, surmonté d'un style simple, court, un peu épais, terminé par un stigmate en tête. Le fruit est un drupe arrondi, inclus dans le tube réceptaculaire devenu coriace, à péricarpe mince, renfermant un noyau anguleux, déprimé et lobé à la base, aigu au sommet, contenant une amande volumineuse.

Habitat. — Cet arbre croît à Madagascar. On dit aussi l'avoir trouvé dans d'autres localités ; mais on a probablement confondu sous le même nom des espèces très-différentes. Il est rare dans les jardins botaniques.

Parties usitées. — Les feuilles, l'écorce et les fruits.

Récolte. — Le raventsara est un arbre à épicerie de Madagascar, dont les feuilles et les fruits sont rangés parmi les quatre épices fines. Il rapporte à l'âge de cinq à six ans, et fleurit au commencement de janvier et de février. Le fruit, appelé *noix* ou *amande* de *raventsara*, est dix mois à se former et à mûrir. Les Madégasses le cueillent à six ou sept mois, parce qu'ils le trouvent alors plus propre à l'assaisonnement. L'amande, très-huileuse, du raventsara, fraîchement cueillie, a une excellente et fine odeur aromatique ; mais elle a une saveur amère, très-âcre, très-piquante, très-désagréable, brûlant la gorge. Le moyen que les Madégasses emploient pour conserver les feuilles avec leur aromate est très-simple : ils en font des chapelets et les laissent à l'air pendant un mois pour leur faire perdre leur suc aqueux ; au bout de ce temps ils les jettent dans l'eau bouillante, et les font ensuite sécher au soleil ou à la cheminée ; ces feuilles peuvent alors se conserver pendant plusieurs années. Les procédés sont les mêmes pour la conservation des fruits. Le tronc de cet arbre gros et touffu, et à cime pyramidale, comme celle du giroflier, est revêtu d'une écorce roussâtre et odorante, qui paraît être aussi employée par les indigènes de Madagascar.

Composition chimique. — Les feuilles de l'*Agatophyllum aromaticum*, ou *Raventsara*, ont été analysées par Vauquelin, qui en a extrait une huile essentielle analogue à celle du girofle, mais plus consistante, ce qui paraît tenir à son ancienneté, parce qu'elle se résinifie au contact de l'air.

Usages. — Nous avons déjà dit au paragraphe *Récolte* que le raventsara, dont on trouve le nom écrit de diverses manières (*Ravensara, Ravendara, Ravendsera*), fournissait une des quatre épices fines. Les fruits, râpés, sont usités à la place du girofle. L'essence sert à fabriquer des chapelets aromatiques. Les Madégasses font une grande consommation des feuilles et des fruits pour assaisonner leurs aliments. On croit qu'en employant d'autres moyens qu'eux, et par des préparations semblables à celles que l'on fait subir à quelques autres épices de l'Inde, il serait facile de faire perdre aux feuilles et aux fruits du raventsara une partie de leur saveur âcre et amère, et qu'alors ils seraient, à quelques égards, supérieurs à toutes les autres épices. Toutes les parties de l'arbre sont aromatiques, sauf le bois, qui est dur, pesant, sans odeur, blanc et traversé par quelques fibres roussâtres.

REDOUL

Coriaria myrtifolia L.
(Coriariées.)

Le Redoul, appelé aussi Redon, Roudou, Corroyère à feuilles de myrte, herbe aux tanneurs, etc., est un arbrisseau à tige rameuse dès la base, haute d'un à deux mètres, tétragone, ainsi que les rameaux, qui sont opposés et dressés, portant des feuilles opposées, presque sessiles, ovales-lancéolées, aiguës, entières, glabres et lisses, d'un beau vert, marquées de trois nervures principales. Les fleurs, polygames, petites, verdâtres, sont disposées en grappes dressées, simples, terminales, munies de bractées. Elles présentent un calice à cinq divisions égales, persistantes; une corolle à cinq pétales plus courts que le calice, sessiles, épais, connivents, persistants, s'accroissant avec le fruit, et devenant pulpeux; dix étamines insérées sur deux rangs, les intérieures opposées aux pétales, les extérieures alternant avec eux; un ovaire libre, sessile, à cinq lobes, à cinq loges uniovulées, surmonté de cinq styles libres, terminés chacun par un stigmate filiforme, velu, papilleux. Le fruit est formé de cinq coques crustacées, monospermes, indéhiscentes, recouvertes par la corolle charnue et le calice membraneux; le tout simulant une sorte de baie noire. Les graines ont le testa membraneux.

On donne aussi quelquefois improprement le nom de Redoul au sumac des corroyeurs (*Rhus coriaria* L.), dont il sera question à l'article *Sumac*.

Habitat. — Le redoul est abondamment répandu dans les régions méridionales de la France et de l'Europe; il croît surtout dans les endroits frais, au bord des ruisseaux, etc.

Culture. — Cet arbrisseau est quelquefois cultivé pour la tannerie, et on l'introduit aussi dans les parcs d'agrément. Il préfère une terre fraîche ou même humide, est très-rustique, et se propage avec la plus grande facilité par rejetons et éclats de pied.

Parties usitées. — Les feuilles, les fruits.

Récolte. —Dans le commerce, on trouve les feuilles du redoul préparées à la manière du sumac pour la teinture et le tannage des cuirs ; mais nous avons dit ailleurs que, par une coupable cupidité, on s'en était servi pour falsifier le séné. Comme elles possèdent des propriétés toxiques très-prononcées, il importe de savoir parfaitement les en distinguer ; on peut y arriver par l'examen des propriétés physiques et par celui des réactions chimiques dont nous parlerons à l'article *Séné*.

Composition chimique. — Infusé dans l'eau, le redoul prend une teinte vert-pomme ; l'infusion peu colorée est astringente ; elle précipite en blanc très-abondant par la gélatine, en bleu par le sulfate de fer, en blanc abondant par l'émétique et l'oxalate d'ammoniaque ; elle est troublée par le chlorure de baryum ; elle réduit le chlorure d'or, et précipite en jaune, passant au noir par le nitrate d'argent ; en blanc, par le sublimé corrosif ; la potasse y forme un précipité gélatineux très-abondant, rougissant à l'air, et présentant l'odeur de petite centaurée ; elle ne précipite pas par l'infusion de noix de galle.

Les intéressantes recherches de M. Riban (*Thèses de Montpellier*, 1864) ont démontré que toutes les parties du redoul étaient toxiques. Toutefois les fruits paraissent plus actifs que les feuilles ; le principe vénéneux isolé par ce chimiste a été nommé par lui *Coriamyrtine* ; c'est un corps neutre, non azoté, ne présentant aucun des caractères des alcaloïdes ; les acides le dédoublent en glycose et en une substance analogue à la *Saligénine* ; c'est par conséquent un glycoside ; sa composition peut être représentée par $C^{46}H^{28}O^{16}$.

La coriamyrtine est très-vénéneuse ; 20 centigrammes suffisent pour tuer un gros chien ; 2 centigrammes placés sous la peau d'un lapin le tuent en vingt-cinq minutes ; elle produit des secousses et des convulsions cloniques et tétaniques, et du trismus. Elle contracte la pupille ; elle n'exerce aucune irritation locale sur les muqueuses. A l'autopsie, les vaisseaux du cœur et des méninges sont engorgés.

Les moyens chimiques employés pour reconnaître le redoul ont été indiqués par M. Guibourt : ils montrent que les feuilles renferment une proportion notable de tannin.

Usages. — Les feuilles de redoul sont employées pour la teinture en noir et pour le tannage des cuirs. D'après Gouan, les fruits sont très-vénéneux. Sauvages les a vus produire la mort sur deux sujets au milieu de convulsions horribles, une demi-heure après leur ingestion (*Hist. de l'Acad. des scienc.*, 1739, p. 473); quinze soldats furent empoisonnés en Espagne par ces fruits, et trois moururent (Pujades, *Annal. de méd. de Montpellier*, 1811); d'autres cas ont été encore signalés.

D'après Ferrein, lorsque les feuilles de redoul sont jeunes, elles produisent très-peu d'effet; mais, en se développant, elles acquièrent des propriétés toxiques très-prononcées (Ferrein, *Mat. méd.*, t. III, 358). Les bestiaux qui les mangent éprouvent des vertiges, une ivresse passagère, et s'ils en prennent une assez grande quantité, ils peuvent périr.

La falsification du séné par le redoul a été signalée pour la première fois par M. Dublanc; M. Guibourt l'indiqua d'une manière plus précise en 1826 (*Journal de pharmacie*, t. XII, p. 392), et, en 1828, M. Fée (*Journal de chimie médicale*, t. IV, 528), constata que cette fraude était très-fréquente; elle l'est encore aujourd'hui.

RÉGLISSE

Glycyrrhiza glabra et echinata L.
(Légumineuses – Lotées.)

La Réglisse glabre (*G. glabra* L.) est une plante vivace, à rhizome très-long, rameux, cylindrique, brunâtre, rampant. La tige, haute d'un mètre et plus, cylindrique, glabre, presque simple, dressée, porte des feuilles alternes, imparipennées, à pétiole renflé à la base et muni de deux stipules très-petites, à limbe composé en général de treize folioles ovales, entières, obtuses, un peu échancrées au sommet, visqueuses. Les fleurs, violettes, sont disposées en grappes axillaires. Elles présentent un calice tubuleux, scabre, à deux lèvres; une corolle papilionacée, à carène formée de deux pétales distincts; dix étamines diadelphes; un ovaire simple, linéaire, oblong, à une seule loge pluriovulée, surmonté d'un style simple, terminé par un stigmate obtus. Le fruit est une gousse ovale, comprimée, glabre, renfermant de trois à six graines réniformes.

La Réglisse hispide ou hérissée (*G. echinata* L.) diffère de la précédente par ses feuilles à stipules oblongues–lancéolées, à folioles ovales-lancéolées, mucronées, glabres, l'impaire sessile; ses fleurs en capitules denses, globuleux; ses gousses hérissées, contenant deux graines.

On peut citer encore la Réglisse velue (*G. hirsuta* L.), à foliole impaire pétiolée et à gousses velues ; et la Réglisse rude (*G. asperrima* L.), à tige rude, hérissée, à folioles ovales, cuspidées, et à gousses glabres.

HABITAT. — La réglisse glabre est originaire du midi de l'Europe ; les trois autres habitent les régions occidentales de l'Asie.

CULTURE. — La réglisse glabre, la seule cultivée en grand, demande une exposition chaude, un sol meuble, substantiel et profond. On la propage de graines semées en pots sur couche au printemps, et repiquées en motte, et de drageons ou d'éclats plantés au printemps ou à l'automne.

PARTIES USITÉES. — Les racines, le bois.

RÉCOLTE. — Ce que l'on nomme improprement dans le commerce racine de réglisse et bois de réglisse est la tige souterraine de la plante, pourvue d'un canal médullaire, et longue de un à deux mètres, cylindrique, un peu ridée, de la grosseur du doigt, brun-grisâtre en dehors, jaunâtre en dedans, d'une saveur un peu âcre et sucrée. Celle qui nous vient de la Sicile, de la Calabre et d'Espagne, est plus sucrée que celle des environs de Paris ; lorsqu'elle s'altère, elle devient rousse à l'extérieur.

La *réglisse de Russie*, assez commune, est de forme pivotante, moins grosse que le bras ; privée de son épiderme ; elle est jaunâtre et moins sucrée que la précédente. La plante qui la produit a été décrite par Dioscoride (c'est le *Glycyrrhiza echinata* L.) ; on la cultive en Sicile, mais ce n'est pas avec elle que l'on prépare le suc de réglisse, quoiqu'on ait dit le contraire.

La racine de l'*Abrus precatorius* est employée aux Antilles et dans l'Hindoustan comme succédanée de la réglisse ; les graines de cet arbuste sont lisses, dures, rouges, avec une tache noire ; on s'en sert pour faire des chapelets. La fausse réglisse de France est l'*Astragalus Glycyphyllos*.

Le *suc de réglisse* ou *jus de réglisse* est préparé en Italie, en Calabre et en Espagne, par des décoctions répétées de la racine du *Glycyrrhiza glabra* ; on fait évaporer la décoction dans des chaudières de cuivre jusqu'à consistance d'extrait, que l'on roule en bâtons cylindriques, aplatis d'un côté, portant l'empreinte d'un cachet sur l'autre face, et contenant toutes les parties solubles de la racine, même l'amidon ; mais souvent on y en ajoute de plus grandes quantités, et on en a trouvé qui en renfermaient jusqu'à 50 et 80 pour 100. Par solution dans l'eau, on reconnaît cette fraude ; enfin, le suc de réglisse renferme souvent du cuivre provenant des chaudières dans lesquelles on le prépare.

COMPOSITION CHIMIQUE. — La racine de réglisse a été analysée par Robiquet ; il y a trouvé de l'amidon, une matière azotée coagulable par la chaleur (albumine?), du ligneux, des phosphates et des malates de chaux et de magnésie, une huile résineuse, épaisse, brune, à laquelle la réglisse doit son âcreté, un principe particulier nommé *Glycyrrhizine*, un principe cristallisable azoté, que Robiquet avait nommé *Ayédoïte*, et que Plisson a reconnu être de l'asparagine.

La glycyrrhizine ou principe sucré de la réglisse peut être représentée par $C^{26}H^{22}O^{12}$, 12 HO ; l'acide azotique la convertit en un corps jaune qui a pour formule $C^{36}H^{23}O^{12}$. La glycyrrhizine jouit de la singulière propriété de former des composés insolubles avec les acides ; elle est d'un brun jaunâtre, brillante et amorphe ; sa saveur est douce et sucrée ; elle est peu soluble dans l'eau, insoluble dans l'eau acidulée, très-soluble dans l'alcool.

USAGES. — La réglisse râclée et coupée menu, mise dans de l'eau froide, constitue une boisson très-agréable, qui forme la tisane commune des hôpitaux de Paris et le *coco* des Parisiens ; on y ajoute quelquefois du citron ou de l'anis, préparés par décoction. Cette tisane finit par devenir âcre et désagréable. C'est à peu près le seul usage médical que l'on fasse de la réglisse dans les pharmacies. On se sert de la poudre comme excipient pour donner de la consistance aux masses pilulaires, et pour rouler les pilules. Le *maceratum* entre dans la composition de la pâte de réglisse blanche, qui est un bon pectoral. Les pâtes de réglisse brune et noire, employées contre la toux, renferment du suc de réglisse. Nous devons ajouter que, d'après le Codex, cette dernière pâte renferme un peu d'extrait gommeux d'opium. Enfin, avec le suc de réglisse, la gomme, un peu de sucre, et quelques gouttes d'essence d'anis, on prépare le réglisse anisé, qui est bon à manger, et qui aromatise la bouche.

RENONCULE

Ranunculus bulbosus, acris, sceleratus et Flammula L.
(Renonculacées - Renonculées.)

La Renoncule bulbeuse (*R. bulbosus* L.), appelée vulgairement Bassinet, Pied de coq ou de corbin, Rave de Saint-Antoine, etc., est une plante vivace, à souche tronquée, verticale, émettant des racines allongées, rameuses, et surmontée d'un renflement bulbiforme, arrondi, charnu, résultant de l'épaississement des bases de la tige et des feuilles. La tige, haute de 0ᵐ,30 à 0ᵐ,50, cylindrique, un peu striée, velue, dressée, rameuse, porte des feuilles alternes, velues ou pubescentes; les radicales longuement pétiolées, à limbe pennatiséqué, divisé en trois segments subdivisés en trois lobes incisés-dentés; les caulinaires à pétiole moins long et à segments plus étroits; les supérieures presque sessiles, à segments ou lobes linéaires. Les fleurs, assez grandes, d'un beau jaune d'or, sont solitaires à l'extrémité de pédoncules striés, terminaux. Elles présentent un calice à cinq sépales lancéolés, aigus, pubescents, brusquement réfléchis sur le pédoncule; une corolle à cinq pétales ovales, arrondis, très-obtus, brièvement onguiculés, luisants et comme vernissés à la face interne; des étamines nombreuses, à anthères jaune doré; un pistil composé de carpelles nombreux, uniovulés, réunis en capitule globuleux, surmontés chacun d'un style court terminé par un petit stigmate simple. Le fruit se compose de nombreux akènes, glabres, presque lisses, comprimés, terminés en bec recourbé (Pl. 19).

La Renoncule âcre (*R. acris* L.), vulgairement Bouton d'or, Clair-Bassin, Grenouillette, etc., est aussi vivace, et se distingue de la précédente par sa souche oblique, non bulbifère; sa tige un peu plus élevée; ses feuilles palmatiséquées; ses pédoncules non striés; son calice à sépales dressés ou un peu étalés, et son réceptacle glabre.

La Renoncule scélérate (*R. sceleratus* L.) est annuelle; sa tige, fistuleuse, dressée, très-rameuse, glabre ou à peine pubescente, ainsi que les feuilles, porte de nombreuses fleurs, petites, à calice réfléchi, à carpelles disposés en capitule oblong, en forme d'épi, à réceptacle oblong.

La Renoncule Petite–Douve (*R. flammula* L.) est vivace; elle se distingue des autres par sa tige ascendante, radicante à la base, fistuleuse; ses feuilles glabres, entières ou à peine dentées, les radicales et les inférieures ovales-oblongues et longuement pétiolées, les supérieures lancéolées ou linéaires et presque sessiles.

Ce genre renferme encore un grand nombre d'autres espèces, parmi lesquelles nous citerons les Renoncules Grande-Douve (*R. Lingua* L.), rampante (*R. repens* L.), tête d'or (*R. auricomus* L.), Thora (*R. Thora* L.), des champs (*R. arvensis* L.), aquatique (*R. aquatilis* L.), etc.

HABITAT. — Toutes ces plantes sont communes en Europe. Elles croissent dans les lieux humides ou inondés, les prairies, les pâturages, les champs, les bois, au bord des eaux, etc. Quelques-unes sont cultivées dans les jardins comme végétaux d'ornement.

PARTIES USITÉES. — Toute la plante.

RÉCOLTE. — On doit récolter les renoncules au moment de la floraison, surtout lorsqu'on veut utiliser leurs propriétés rubéfiantes. La dessiccation leur enlève la plus grande partie du principe âcre, irritant, actif.

COMPOSITION CHIMIQUE. — L'âcreté de ces plantes est très-remarquable; elle est due à un principe volatil qui se dissipe par la dessiccation et par la coction dans l'eau, de manière à ce que plusieurs espèces ainsi préparées peuvent être mangées en guise d'épinards; mais le decoctum est âcre et vomitif. D'après Krapf, le principe âcre n'est ni acide ni alcalin; il abonde dans les *R. acris* L., *Lingua* L., *Illiricus*, *alpestris* L., *auricomus* L., etc.

USAGES. — Les usages des renoncules sont à peu près nuls aujourd'hui. Les anciens en faisaient grand emploi; Hippocrate indique sous le nom de βάτραχιον une plante que Sprengel dit être les *R. grandiflorus* L. et *R. Creticus* L. On s'en servait dans les maladies cutanées, les scrofules, pour ronger les excroissances charnues, etc. On les a employées à l'extérieur contre la teigne, les ulcères atoniques; mais c'était le plus souvent comme rubéfiant et vésicant qu'on en usait. D'après Linné et Hoffmann, on a vu les mendiants s'en servir pour déterminer sur eux, par l'application de la pulpe, des ulcères superficiels dans le but d'exciter la commisération. Quoique Chesneau ait vanté ces cataplasmes dans la goutte et les maux de tête, Bagliyi contre les douleurs, Stork contre les rhumatismes articulaires, et Sennert contre les fièvres quartes, ils ne sont plus en usage de nos jours.

Les cataplasmes de pulpe de renoncule acre sont souvent employés par nos paysans, en applications sur le poignet, contre les taies de la cornée, d'où est venu le nom d'*herbe à la tache* donné à la renoncule àcre ; cette pulpe doit, dit-on, être placée sur le poignet, du côté opposé à l'œil malade. Nous n'avons pas besoin d'insister sur l'inefficacité de cette méthode, qui détermine rapidement une vésication. Le docteur Palli cherche à produire une vésication analogue au talon pour combattre la sciatique ; et MM. Nardo et Freschi, de Crémone, assurent que le moyen réussit souvent. C'est surtout en Irlande que la renoncule àcre est employée pour appliquer des vésicatoires ; d'après Barton, l'excitation qu'elle produit est moins vive, mais moins durable que celle de la cantharide. En Norvége, d'après Fabricius, on emploie les feuilles écrasées contre la gale et les maladies de la peau en général ; ces applications ne sont pas toujours sans danger. Les habitants des îles d'Œsel emploient le *R. aconitifolius* L., dans de la bière, contre la goutte. Les bulbes ou griffes des *R. arvensis, Asiaticus* L., *bulbosus* L , etc., sont très-âcres, et servent, dit-on, à empoisonner les rats. D'après Lœsel, les paysans prussiens emploient le suc du *R. Flammula* mêlé au vin, contre le scorbut ; Withering dit que son eau distillée est vomitive. Villars rapporte (*Flore du Dauphiné*, t. III, p. 739) que, dans les Alpes, les paysans emploient, sous le nom de *Carline* ou *Caralline*, le *R. glacialis* L. dans la pleurésie et le rhumatisme.

L'*herba sardoa* des anciens, dont parle Dioscoride (lib. V, ch. xiv), ou herbe *sardonique*, ainsi nommée à cause du rire particulier qu'elle déterminait, disait-on, est le *R. sceleratus* L. ; elle est très-active ; mais, d'après Bichat, elle ne possède pas les effets particuliers que lui attribuaient les anciens ; elle est très-vénéneuse ; on combat l'empoisonnement qu'elle provoque par le lait et les autres émollients ; Kempf rapporte qu'une seule fleur qu'il avala provoqua chez lui des douleurs vives et des convulsions violentes.

La *R. Thora* tire son nom du grec θορα, qui signifie corruption, parce que les anciens Gaulois, qui s'en servaient pour empoisonner leurs flèches, assuraient que les plaies en résultant se gangrenaient promptement ; Haller révoque en doute cette grande vénénosité. Quoi qu'il en soit, Gesner et Lobel disent que de leur temps on conservait le suc de cette plante dans des vessies pour l'usage des chasseurs.

Les cas dans lesquels les médecins homéopathes font usage des renoncules sont vagues, et, quant à présent, mal spécifiés ; toutefois, ils en emploient quatre espèces distinctes. Nous indiquerons seulement leurs signes et leurs abréviations.

Ranunculus acris,   signe *Srn. a ;* abréviation *Ran acr.*
—   *bulbosus*   —   *Srn. b ;*   —   *Ran bulb.*
—   *Flammula* —   *Srn. f ;*   —   *Ran flam.*
—   *sceleratus* —   *Srn. s ;*   —   *Ran sceler.*

RÉSÉDA

Reseda odorata et *luteola* L.
(Résédacées.)

Le Réséda odorant (*R. odorata* L.), appelé aussi Herbe d'amour ou Mignonnette, est une plante vivace (annuelle dans nos cultures), dont les tiges, hautes de 0ᵐ,20 à 0ᵐ,30, glabres, rameuses, ascendantes, portent des feuilles alternes, presque sessiles, oblongues, entières ou trilobées, souvent ondulées. Les fleurs, vert blanchâtre, très-odorantes, sont disposées en grappes terminales. Elles présentent un calice à six sépales inégaux, courts, persistantes, soudés à la base; une corolle à six pétales très-inégaux, les supérieurs et les latéraux à limbe palmé et diversement découpé, les inférieurs très-petits, entiers, libres, caducs, étalés, munis à leur face interne d'une écaille glanduleuse; une vingtaine d'étamines insérées sur un disque hypogyne, charnu, oblique, presque unilatéral, à filets arqués, à anthères rougeâtres; un ovaire uniloculaire, pluriovulé, surmonté de trois ou quatre stigmates courts et presque sessiles. Le fruit est une capsule polysperme, courte, renflée, vésiculeuse, anguleuse, et s'ouvrant au sommet.

Le Réséda Gaude (*R. luteola* L.), vulgairement appelé Gaude ou Herbe à jaunir, est une plante bisannuelle, dont les tiges, hautes de 0ᵐ,60 à un mètre, très-anguleuses, roides, dressées, rameuses, portent des feuilles alternes, atténuées à la base; oblongues-lancéolées, entières, glabres, quelquefois ondulées. Les fleurs, jaune verdâtre, sont disposées en grappes terminales, effilées, dressées. Elles ont un calice à quatre divisions très-courtes. Le fruit est une capsule arrondie, bosselée, lobée au sommet.

Nous citerons encore les Résédas jaune (*R. lutea* L.), blanc (*R. alba* L.), fausse raiponce (*R. Phyteuma* L.), etc.

Habitat. — Le réséda odorant est originaire de l'Afrique septen-

trionale; il est cultivé partout comme plante d'agrément. La gaude,
répandue dans les diverses régions de l'Europe, est cultivée en grand
dans quelques localités, comme plante tinctoriale et oléagineuse. Les
autres espèces, qui habitent aussi l'Europe, ne sont guère cultivées
que dans les jardins botaniques, où on les propage de graines semées
en place.

Parties usitées. — Les inflorescences.

Récolte. — Les différentes espèces de réséda doivent être récoltées lorsqu'elles sont en pleine floraison; c'est à ce moment que les
principes colorant et odorant qu'on y recherche y sont le plus développés.

Composition chimique. — Le réséda odorant est très-recherché à
cause de l'odeur douce et suave qu'il dégage; ce parfum est très-
difficile à isoler par distillation; la chaleur l'altère et le détruit; ce
n'est que par des moyens détournés qu'on parvient à s'en emparer.
Voici ceux qu'emploient les parfumeries, qui en font un très-grand
usage. On se sert de la macération ou de l'enfleurage, qui consistent:
la première, à faire macérer les fleurs de réséda dans un corps gras
et à exprimer fortement, en renouvelant l'opération plusieurs fois,
successivement, avec de nouvelles fleurs; le second, à interposer les
couches de fleurs avec des flanelles imprégnées d'huile d'olive ou de
Noix de ben, et à exprimer fortement. En saturant ainsi successivement les graisses ou les huiles par le principe odorant du réséda, on
finit par isoler tout le parfum. Si plus tard on agite les graisses ou les
huiles ainsi parfumées avec de l'alcool très-concentré, on obtient
des esprits au réséda qui sont très-estimés.

On peut encore isoler le parfum du réséda par le procédé de M. Mi-
lon, qui consiste à traiter les fleurs par le sulfure de carbone, et à
faire évaporer ensuite à une très-douce température; le parfum reste
pour résidu.

Le *R. luteola*, ou *Gaude*, renferme une matière colorante jaune,
très-employée, parce qu'elle supporte l'action des alcalis, sans passer au rouge terne et altéré; la couleur qu'elle donne supporte
plus longtemps l'action de l'air que les autres jaunes; on la fixe sur
le coton, la laine, la soie; pour le coton, on mordance à l'alumine;
pour les autres tissus, on emploie l'alun et le tartre rouge. Cette substance forme des cristaux aciculaires, peu solubles dans l'eau, beaucoup plus solubles dans l'alcool et l'éther, et que la chaleur sublime

sans les décomposer ; elle a reçu le nom de *Lutéoline* de M. Chevreul, qui l'a isolée le premier.

Usages. — C'est surtout en parfumerie et en teinture que les résédas sont employés. Les *R. lutea* L. et *sesamoïdes* L. étaient regardés par Lémery comme vulnéraires et détersifs. Le *R. odorata* est une plante d'ornement peu usitée en médecine.

On a cru reconnaître une des espèces du réséda dans une plante dont parle Pline qui croissait aux environs d'*Ariminium*, aujourd'hui Rimini, et qu'on employait en topique contre les abcès. Virgile, dans sa quatrième églogue, signale le *R. luteola* L. sous le nom de *Croceum Lutum*; il indique le commerce considérable qu'on en faisait. On le considère comme diaphorétique. On l'a employé contre la morsure des animaux venimeux, ce qui l'a fait appeler *Theriaca* par quelques vieux auteurs. On le croit vermifuge, et on pense qu'il fait la base du remède de Darbon contre le ténia. Il est peu usité.

RHAPONTIC
Rheum Rhaponticum L.
(Polygonées.)

Le Rhapontic ou la Rhubarbe pontique (du Pont-Euxin), appelé aussi Rhubarbe anglaise ou des moines, est une plante vivace, à racine épaisse, charnue, spongieuse, rameuse, brun rougeâtre en dehors, jaune, marbrée à l'intérieur. La tige, haute d'un à deux mètres, fistuleuse, épaisse, charnue, un peu rameuse, velue au sommet, d'un vert tirant sur le jaune ou sur le rouge, porte des feuilles alternes, ovales, cordiformes, obtuses, légèrement sinuées, pubescentes en dessous le long des nervures, d'un vert foncé; les radicales à pétiole très-long et légèrement canaliculé en dessus, à limbe long de 0^m,50 à 0^m,60; les caulinaires moins grandes, à pétiole moins long; les supérieures petites, presque sessiles ou un peu embrassantes. Les fleurs petites, blanc verdâtre, dépourvues de corolle, sont disposées en grappes nombreuses, dont l'ensemble forme une grande panicule terminale. Elles présentent un calice à six divisions pétaloïdes, dont trois plus courtes; neuf étamines, à filets grêles, à anthères oblongues; un ovaire simple, trigone, uniovulé, surmonté de trois styles très-courts terminés chacun par un stygmate plumeux. Le fruit est un akène brunâtre, à trois angles membraneux, entouré par le calice persistan

On donne aussi improprement le nom de Rhapontic ou Rhubarbe des montagnes à la Patience des Alpes (*Rumex Alpinus* L.), dont il a été question à l'article *Patience*. (*Voyez ce mot.*)

HABITAT. — Le rhapontic est originaire de la Turquie d'Europe; il croît aussi en Hongrie, et s'est presque naturalisé dans quelques parties de l'Europe centrale, notamment de l'Allemagne.

CULTURE. — Cette plante préfère un sol profond, frais et substantiel On sème les graines aussitôt après leur maturité, ou au printemps; au bout d'un an, on repique les jeunes plants. On peut aussi multiplier le rhapontic par la séparation des touffes.

PARTIES USITÉES. — Les racines.

RÉCOLTE. — On trouve dans le commerce deux sortes de racines de rhapontic.

La première est en fragments, de la grosseur du poing, ligneuse, d'un gris rougeâtre à l'intérieur, à cassure transversale, marbrée de rouge et de blanc, formant des séries rayonnantes; sa saveur est astringente et mucilagineuse; cette sorte ne craque pas sous la dent, ce qui la distingue de la rhubarbe; elle colore la salive en jaune rougeâtre; elle donne une poudre rouge brunâtre; son odeur, quoique ressemblant à celle de la rhubarbe, s'en distingue facilement; c'est cette sorte qui a été analysée par M. O. Henry, sous le nom de Rhubarbe de France.

La seconde est moins ligneuse, plus pâle, moins rougeâtre, ressemblant beaucoup plus à la rhubarbe avec laquelle on la mêle quelquefois; elle se distingue par sa cassure rayonnante, sa saveur astringente et mucilagineuse; elle provient des cultures faites aux environs de Paris.

Dans le temps où le rhapontic venait de l'étranger, on chercha à lui substituer la rhubarbe des moines ou rhapontic des montagnes; c'était le *Rumex Alpinus* L., assez semblable au rhapontic. Le rhapontic *Nostras* était la racine de la grande Centaurée (*Centaurea Centaurium* L.), qui se distingue par sa saveur douce, son odeur vireuse de bardane et par son écorce noirâtre.

COMPOSITION CHIMIQUE. — La racine de rhapontic contient les mêmes principes que la rhubarbe, mais en moindre quantité; la *rhaponticine* signalée par Hornemann est probablement analogue ou semblable au principe amer de la rhubarbe, nommé, par divers auteurs, *rhabarbarin* ou *caphopicrite*. D'après M. Guibourt, le rhapontic contient moins d'oxalate de chaux et plus d'amidon que la rhubarbe; il est plus riche en matière colorante, et celle-ci, au lieu d'être jaune, est rougeâtre. Gmelin dit qu'on pourrait s'en servir pour remplacer le curcuma (*Découvertes des Russes*, t. III, p. 373). En Russie, on l'emploie pour teindre les cuirs en jaune.

Usages. — La racine de rhapontic jouit des mêmes propriétés que les rhubarbes, quoiqu'elles soient moins prononcées; à haute dose, elle est purgative; torréfiée, elle reste tonique et astringente; mâchée, elle constitue un excellent stomachique; les tiges et les pétioles bouillis dans l'eau peuvent être employés en cataplasme comme maturatifs, pour hâter la résolution des engorgements lymphatiques; les Cosaques mangent les jeunes pousses et les feuilles; ils les emploient contre le scorbut. On croit que le *Rhacoma*, dont parle Dioscoride, et qui est cité par Pline (lib. XXVII, t. II), mais avec quelques doutes, était le rhapontic. Nous avons dit plus haut quel usage on fait en industrie des principes colorants de cette plante.

RHINANTHE

Rhinanthus hirsuta et *glabra* Lam. R. *Crista galli* L.
(Personées - Rhinanthées.)

Le Rhinanthe velu (*R. hirsuta* Lam.), appelé vulgairement Cocrète ou Crète de coq, est une plante annuelle qui passe pour parasite. La tige, haute de 0m,40 à 0m,60, roide, dressée, pubescente, simple ou rameuse au sommet, porte des feuilles opposées, sessiles, oblongues ou lancéolées, fortement dentées, pubescentes, scabres, rugueuses, à bords un peu roulés en dessous; les supérieures acuminées, velues, à peine scabres, ordinairement colorées. Les fleurs, jaunes, assez grandes, courtement pédonculées, sont disposées en grappes terminales feuillées. Elles présentent un calice renflé, ventru, un peu comprimé, velu, à quatre dents; une corolle à tube assez long, à limbe divisé en deux lèvres, la supérieure en casque, comprimée latéralement, obtuse et échancrée, l'inférieure plane et trilobée; quatre étamines incluses, à anthères velues; un ovaire à deux loges pluriovulées, surmonté d'un style simple, filiforme, violet, infléchi vers le sommet, surmonté d'un stigmate à peine lobé. Le fruit est une capsule arrondie, comprimée, presque plane, bivalve, à deux loges renfermant chacune plusieurs graines aplaties entourées d'un rebord ailé.

Le Rhinanthe glabre (*R. glabra* Lamk., *R. minor*, Ehrh.) diffère du précédent par sa taille un peu plus petite ; sa tige glabre ; ses feuilles très-scabres ; son calice glabre ; sa corolle à tube court.

Ce genre renferme encore un assez grand nombre d'autres espèces, parmi lesquelles on remarque les Rhinanthes à feuilles étroites (*R. angustifolia* Gmel.), des Alpes (*R. Alpinus* Lamk.), trixago (*R. trixago* L.), etc.

HABITAT. — Les rhinanthes sont abondamment répandus dans les diverses régions de l'Europe ; ils croissent en général dans les prés et les champs humides. Souvent ils s'y multiplient au point de devenir un fléau pour l'agriculture. Aussi ne les cultive-t-on que dans les jardins botaniques, ce qui ne laisse pas que de présenter quelque difficulté. On les propage par graines semées en place au printemps, ou par la transplantation des jeunes pieds sauvages.

PARTIES USITÉES. — La plante entière.

RÉCOLTE. — Les rhinanthes sont communs dans les prés ; on les récolte à l'époque de la floraison ; on les fait dessécher à l'ombre ; les plantes noircissent par la dessiccation, et elles perdent la plus grande partie de leurs propriétés.

COMPOSITION CHIMIQUE. — On ne sait rien sur la composition de ces plantes ; elles sont inodores ; leur saveur est herbacée, un peu âcre.

USAGES. — Les arts, l'industrie et la médecine ne font presque aucun usage des rhinanthes. Nous devons dire néamoins qu'ils ont été recommandés comme toniques et antiscrofuleux.

RHUBARBE

Rheum palmatum, compactum et *undulatum* L.
(Polygonées.)

La Rhubarbe palmée (*R. palmatum*), appelée aussi Rhubarbe de Chine ou de Moscovie, est une plante vivace, à racine fusiforme, de la grosseur du bras, jaune brunâtre, rameuse, pivotante. La tige, haute de 2 à 3 mètres, cylindrique, fistuleuse, dressée, rameuse au sommet, porte des feuilles alternes, très-grandes, à pétiole cylindrique, très-long, lisse et rougeâtre, à limbe ample, palmé, divisé en sept lobes, larges, aigus, dentés, un peu onduleux, d'un vert sombre en dessus, vert grisâtre et à nervures fortement saillantes en dessous, rude au toucher, parsemé de poils roides. Les fleurs, petites, très-nombreuses, jaunâtres, pédicellées, forment une grande panicule al-

longée, terminale. Elles sont dépourvues de corolle, et présentent un
calice à six divisions ovales, allongées, obtuses ; neuf étamines saillantes, à filets grêles, à anthères ovoïdes-obtuses ; un ovaire libre,
trigone, uniovulé, surmonté de trois styles très-courts, terminés
chacun par un petit stigmate arrondi, glanduleux. Le fruit est un
petit akène à trois angles ailés et membraneux, entouré par le calice
marcescent (Pl. 20).

La Rhubarbe australe (*R. australe* Don) se distingue de la précédente par sa racine jaune, marbrée et veinée de rouge et de blanc,
sa tige cannelée, pleine, plus rameuse au sommet ; ses feuilles radicales à pétiole épais, aplani en dessus, présentant des côtes saillantes,
à limbe arrondi ou ovale-oblong, entier, à peine ondulé, couvert de
poils courts ; ses fleurs très-petites, rougeâtres.

La Rhubarbe compacte (*R. compactum* L.) a la racine rougeâtre ou
rosée, marbrée ; la tige haute d'un mètre, striée, glabre ; les feuilles
radicales à pétiole strié, à limbe arrondi, obtus, un peu sinué et
denté ; ferme, épais, glabre, d'un vert clair et lustré ; les fleurs d'un
blanc jaunâtre.

La Rhubarbe ondulée (*R. undulatum* L.) a la racine arrondie,
épaisse, brunâtre ; la tige haute de deux mètres, forte, striée, anguleuse, brun jaunâtre ; les feuilles radicales à pétiole semi-cylindrique,
canaliculé en dessus, à limbe ovale, cordiforme, acuminé, ondulé,
glabre en dessus, pubescent en dessous ; les fleurs d'un blanc jaunâtre.

A ce genre appartiennent encore le Ricbas (*R. Ribes* L.) et le Rhapontic (*Rhaponticum* L.) (Voir au mot *Rhapontic*).

Habitat. — Ces plantes habitent la Tartarie, la Chine, le Népaul.
Les essais de culture entrepris en Europe n'ont pas donné de bons
résultats. Aussi ne trouve-t-on guère aujourd'hui les rhubarbes que
dans les jardins botaniques ou d'agrément.

Parties usitées. — Les racines, les feuilles.

Récolte. — Les rhubarbes du commerce sont produites par les
Rheum undulatum L., *compactum*, *Tataricum*, *Ribes*, *palmatum*.
Quant au *R. Emodi* décrit par Wallich, directeur du jardin de botanique de Calcutta, c'est le *R. australe* de Colebrooke ; on en mange
les pétioles de même que ceux du *R. Ribes*. Les sortes commerciales
sont désignées sous les noms de rhubarbes de *Chine*, de *Moscovie*,
de *Perse*, de *l'Himalaya* et de *France*. Nous allons les décrire
brièvement.

La *rhubarbe de Chine* nous vient du Thibet, par Canton ; elle est en fragments arrondis ou cylindriques, d'une couleur jaune sale, compacte, à grains et à marbrure serrée ; elle est pesante, souvent percée d'un trou oblitéré, présentant presque toujours les débris de la corde qui a servi à la suspendre pendant sa dessiccation ; elle est plus brune que la suivante ; elle est souvent moisie ou piquée de vers ; on doit la choisir bien saine.

La *rhubarbe de Moscovie* est transportée par les marchands Boukhares, de la Tartarie chinoise à Kiakhta, en Sibérie ; là, des commissaires russes n'achètent que les beaux fragments, coupés sur les bords ; ils sont expédiés à Saint-Pétersbourg, visités de nouveau, et livrés ensuite au commerce. Murray désigne cette sorte sous le nom de *rhubarbe de Boukharie* ; les fragments en sont assez gros, anguleux ; le trou est agrandi, dans le but d'enlever les parties environnantes, toujours plus ou moins altérées ; sa couleur est plus jaune ; elle est plus légère, à cassure moins compacte ; on y remarque des veines rouges et blanches très-apparentes et irrégulières ; elle craque sous la dent, et teint la salive en jaune ; sa saveur est amère et astringente ; son odeur est assez prononcée ; elle donne une poudre plus jaune ; c'est en général la plus estimée de toutes.

La *rhubarbe de Perse* venait autrefois du Thibet par la Perse et la Syrie ; de là les noms de rhubarbe de *Perse*, de *Turquie*, d'*Alexandrie*, qu'on lui a donnés ; il en venait aussi par la Russie ; aujourd'hui les Anglais la tirent de Canton, et lui donnent le nom de *Dutch-trimmed rhubarbe* (rhubarbe hollandaise mondée) et de *Batavian rhubarbe*, parce que autrefois les Hollandais la transportaient par Batavia ; elle appartient à la même espèce que celle de Chine ; elle est dense, serrée, mondée au couteau, percée de petits trous ; tantôt cylindrique, tantôt en fragments allongés et plats d'un côté, convexes de l'autre. Elle a été désignée sous le nom de *rhubarbe plate*. M. Guibourt la préfère à celle de Moscovie.

Rhubarbes de l'Himalaya. D'après le docteur Royle, quatre espèces de *rheum* sont propres à ces régions : ce sont les *R. Emodi* ou *australe*, *Webbianum*, et *Moorcroftianum*. La première espèce donne une rhubarbe de qualité inférieure, qui arrive de l'Inde en Angleterre, et rarement ailleurs ; la seconde espèce ne forme pas une sorte officinale. M. Royle en a rapporté de l'Himalaya qui était recouverte de son épiderme, et percée d'un trou dans le sens de l'axe; les autres *rheum* ne produisent pas de sortes commerciales.

Les *rhubarbes de France* étaient récoltées dans un établissement situé près de Lorient, dans le Morbihan, que l'on appelait *Rhéopole*, où l'on cultivait les *R. undulatum, compactum* et *palmatum*, et qui n'existe plus aujourd'hui; on y récoltait des rhubarbes de qualité inférieure.

Les racines de rhubarbe sont récoltées à l'âge de quatre ou cinq ans; elles pèsent quelquefois jusqu'à quinze et vingt livres, et plus. Pour les faire sécher, on les prive de leur écorce, on les coupe par fragments, que l'on perce d'un trou, et on les enfile en chapelets avec des cordes, que l'on suspend aux branches d'arbres et aux cornes des animaux; lorsqu'elles sont sèches, on les nettoie et on les trie.

La rhubarbe est sujette à être piquée des vers; les négociants dissimulent quelquefois cette altération, en fermant les petits trous avec une pâte composée d'un mucilage et de poudre de rhubarbe, et en roulant ensuite les racines dans cette même poudre. Il faut donc, lorsqu'on veut apprécier une rhubarbe, en casser quelques fragments par moitié.

COMPOSITION CHIMIQUE. — La rhubarbe possède une saveur amère, une odeur désagréable, elle colore la salive en jaune; elle renferme les substances suivantes : pectine et amidon, 10,55; sels et fibres végétaux (oxalate de chaux), 56,00; acide chrysophanique (*Rhumicine, jaune de rhubarbe*), 7,50; *Phaïoretine, Aporétine, Erythrorétine*, 15,94; acides gallique et tannique, 6,50; sucre et eau, 3,51; total 100.

L'acide chrysophanique $= C^{20}H^6O^6$, connu également sous les noms de *rhéine*, d'*acide rhéique*, de *rhubarbarine*, de *jaune de rhubarbe*, de *rumicine*, de *rhabarbarine*, de *caphopicrite*, etc., a été extrait de la rhubarbe et des lichens des murailles (*Parmelia parietina*); il cristallise en aiguilles jaunes d'un éclat métallique, peu solubles dans l'eau, l'alcool et l'éther; très-solubles dans l'acide sulfurique concentré; les alcalis le dissolvent avec une coloration rouge foncé (MM. Dœpping et Schlossberger).

L'*aporétine* est une racine brune peu soluble dans l'eau, l'alcool et l'éther, très-soluble dans la potasse.

La *phaïorétine* est d'un jaune brun, soluble dans l'eau et l'éther, très-soluble dans l'alcool.

L'*érythrorétine* est jaune foncé, d'une saveur faible; elle fond au-dessous de 100°, se dissout dans l'alcool; peu soluble dans l'eau et dans l'éther, elle est soluble dans les alcalis, et donne une belle coloration rouge pourpre.

Les rhubarbes sont surtout très-remarquables par la grande quantité d'oxalate de chaux qu'elles renferment; elles contiennent en outre un sel à base de potasse, du sulfate de chaux et de l'oxyde de fer.

Usages. — La rhubarbe est un médicament précieux. Il est démontré qu'elle purge d'abord, pour resserrer ensuite; ses propriétés toniques la faisaient placer par les anciens parmi les purgatifs chauds, qu'il était dangereux d'administrer pendant le cours des maladies inflammatoires; aujourd'hui elle est plus rarement employée, elle convient surtout dans les maladies adynamiques, dans celles de l'appareil digestif, dans les dyspepsies, les diarrhées bilieuses, l'hypocondrie, etc. Degner, Tralles, Zimmermann, l'ont administrée contre la dysenterie épidémique; Forestus, Pringle et Rivière l'employaient comme vermifuge, tantôt seule, tantôt associée au calomel.

On administre la rhubarbe entière, on la fait mâcher par les dyspepsiques, on la fait prendre en poudre, on en prépare des tisanes par macération, on en fait un extrait, un sirop, une teinture, un vin; elle entre dans la composition de l'élixir de longue vie et du sirop de chicorée ou de rhubarbe composé, et d'un grand nombre d'électuaires.

La matière colorante de la rhubarbe n'est pas décomposée dans l'économie animale: elle passe dans le sang et donne une belle coloration jaune aux urines, ainsi qu'au lait des nourrices, qui acquiert en même temps des propriétés purgatives. Corvisart (*Journ. de méd.*, t. XXVI, p. 316 et 325), fait remarquer qu'un bain de rhubarbe ne détermine pas d'effets purgatifs, ce qui tient très-certainement à ce que l'absorption est nulle ou peu considérable.

On employait autrefois la rhubarbe torréfiée, qui perdait ainsi ses propriétés purgatives, pour rester simplement tonique.

Les feuilles des divers *rheum* se mangent. On en fait surtout en Angleterre des confitures et des tartes; sur les marchés de Londres on vend les feuilles des *Rheum Emodi* et *ribes*, pour être servies en guise d'asperges.

Les Chinois colorent les eaux-de-vie avec la rhubarbe, et leur donnent ainsi une belle coloration jaune d'or.

La rhubarbe est fréquemment employée en médecine homéopathique, non pas comme purgative, car les doses prescrites seraient certainement insuffisantes pour produire cet effet, mais comme tonique. On la préconise surtout dans les maladies des voies digestives ; son signe est *Mre* et son abréviation *Rheum*.

RICHARDSONIE

Richardsonia scabra Kunth. *Richardia scabra* L.
(Rubiacées-Spermacocées.)

La Richardsonie scabre est une plante vivace, à racine grêle, presque cylindrique, sinueuse, annelée, grisâtre, à axe ligneux. La tige, peu élevée, herbacée, rameuse, porte des feuilles opposées, d'un vert pâle, munies de stipules découpées. Les fleurs, blanches, très-petites, sont groupées en capitules sessiles au sommet des rameaux. Elles présentent un calice à tube adhérent, à limbe divisé en six lobes hispides ; une corolle turbinée ; six ou huit étamines ; un ovaire infère, à trois loges uniovulées, surmonté d'un style trifide. Le fruit est une capsule, à trois loges monospermes.

Nous citerons encore la Richardsonie rose (*R. rosea* A. St-Hil., *Richardia emetica* Mart.).

Habitat. — Ces deux plantes croissent au Brésil et au Pérou ; elles habitent surtout les moissons et les lieux incultes.

Parties usitées. — Les rhizomes ou racines, vulgairement connues sous le nom d'ipécacuanha ondulé.

Récolte. — L'ipécacuanha ondulé est l'ipécacuanha blanc de Bergius, tandis que l'ipécacuanha blanc de Lemery était une apocynée ; Mérat l'appelait ipécacuanha blanc amylacé, attribué autrefois au *Viola Ipecacuanha* L. C'est en 1801, que Gomez, à son retour du Brésil, fit voir que l'ipécacuanha ondulé était produit par une plante du genre *Richardsonia* (*Richardia* L.), et il la nomma *Richardsonia Brasiliensis*; elle croît aux environs de Rio-Janeiro. Auguste de Saint-Hilaire figura plus tard le *R. rosea*, dont les racines sont noirâtres, dit-il, et employées comme vomitives par les Brésiliens, sous le nom de *Poaya do campo*; il y rapporta aussi le *R. scabra* (*Plantes usuelles des Brésiliens*, 11* livraison), et il est probable

qu'il faut rapporter à ces deux espèces le *R. emetica* de M. de
Martius.

L'ipécacuanha ondulé est de grosseur très-variable, généralement
plus petit et plus brisé que l'officinal (annelé), gris blanchâtre à
l'extérieur, blanc et farineux à l'intérieur ; sa surface est *ondulée*,
c'est-à-dire qu'une concavité sur une face correspond à une convexité
de la face opposée ; de sorte que les anneaux ne sont que demi-cir-
culaires, tandis qu'ils sont complets dans l'ipécacuanha officinal ; la
cassure est nette, le *meditullium* est petit et ligneux ; l'écorce, vue à
la loupe, présente des points brillants formés par de l'amidon. Cette
espèce d'ipécacuanha est assez rare dans le commerce ; elle donne une
poudre beaucoup plus blanche que celle de l'ipécacuanha officinal.

COMPOSITION CHIMIQUE. — Pelletier, qui a analysé l'ipécacuanha
ondulé, y a trouvé, sur 100 parties, 6 de matières vomitives (émétine), 2 de matière grasse, peu de ligneux et peu d'amidon. Cette
racine exhale une odeur de moisi qui lui est particulière, d'après
M. Guibourt.

USAGES. — Les propriétés vomitives de l'ipécacuanha ondulé sont
peu marquées ; sa poudre appliquée sur les muqueuses n'y détermine que très-peu d'irritation (Bretonneau). On peut néanmoins,
faute de mieux, l'employer pour remplacer l'ipécacuanha ordinaire, et
le prescrire dans le même cas ; mais son action est beaucoup moins
prononcée. Les pharmaciens ne doivent le délivrer que sur les indications formelles des médecins ; et, dans aucun cas, il n'est permis
de le substituer à l'ipécacuanha annelé pour les préparations pharmaceutiques dont celui-ci est la base.

RICIN

Ricinus communis L.
(Euphorbiacées - Crotonées.)

Le Ricin ou Palma-Christi est un arbre dont la tige atteint la hauteur de 12 à 15 mètres. Il n'est guère connu et cultivé en Europe
que comme plante herbacée annuelle, à racine fusiforme, peu
rameuse, fibreuse, pivotante. La tige, haute de 1^m,50 à 2^m,50, cylindrique, fistuleuse, glabre, glauque ou rougeâtre, rameuse, dressée,
porte des feuilles alternes, à pétioles longs, cylindriques et striés,
accompagnés d'une double stipule caduque, à limbe pelté, divisé en

sept ou neuf lobes ovales, lancéolés, aigus, dentés, glabres et lisses. Les fleurs, monoïques, portées sur des pédoncules articulés, sont groupées en grappes de cymes, dont les mâles occupent la base et les femelles le sommet. Elles présentent un calice à trois ou cinq divisions, et sont dépourvues de corolle. Les mâles ont des étamines nombreuses, polyadelphes, à anthères très-petites. Les femelles ont un ovaire libre, globuleux, à trois coques hispides, à trois loges uniovulées, surmonté d'un style court, terminé par trois stigmates profondément bifides, allongés, filiformes, glanduleux, colorés. Le fruit est une capsule globuleuse, à trois côtes saillantes, arrondies, glauques, hérissées, à trois loges dont chacune renferme une graine dure, ovale, comprimée, grisâtre, tachetée, luisante, et munie, à son extrémité, d'une caroncule charnue. Le test, crustacé et coriace, renferme un albumen et un embryon à cotylédons volumineux, charnus et huileux (Pl. 21).

HABITAT. — Le ricin est originaire des Indes orientales et de l'Afrique occidentale. Il est depuis longtemps naturalisé dans plusieurs parties du bassin méditerranéen et sur les côtes de tous les pays chauds et tempérés du globe. Il a produit par la culture plusieurs variétés, parmi lesquelles les *R. viridis* Desf., *lividus* Jacq., *inermis* Jacq., *speciosus* Burm., *integrifolius* Willd, *glaber* Moris, *armatus* Andr.

CULTURE. — Elle est assez étendue dans quelques localités, où elle a pour objet l'extraction de l'huile. Mais c'est seulement dans les régions chaudes que l'on trouve des ricins en arbre. Dans le Nord, le ricin n'est cultivé que dans les jardins d'agrément et comme plante annuelle.

PARTIES USITÉES. — Les feuilles, les graines.

RÉCOLTE. — Les feuilles, rarement employées, n'ont jamais été usitées qu'à l'état frais. On les récolte à l'époque de la floraison.

On trouve dans le commerce deux sortes de ricins, celui d'Amérique et celui de France, rarement celui d'Algérie ou du Sénégal, qui ressemble à ce dernier.

Les *ricins d'Amérique* sont plus gros, d'une couleur plus foncée, d'une marbrure plus prononcée ; ils sont plus âcres ; la pellicule qui enveloppe l'amande est argentée ; elle laisse souvent exsuder une matière brillante spongieuse qui remplit toute la partie comprise entre l'amande et les enveloppes.

Les *ricins de France* sont moitié plus petits environ ; ils ne sont pas âcres ; la couleur de leur épisperme est moins foncée et leur marbrure moins prononcée.

Les *ricins du Sénégal* sont de la même grosseur que ceux de France, mais ils présentent la même marbrure que ceux d'Amérique.

On a dit que le ricin, qui est herbacé et annuel dans notre pays, pouvait devenir arborescent et vivace dans les pays chauds, et notamment en Afrique. Ce n'est pas l'opinion de Willdenow, qui dit que jamais le ricin herbacé ne peut devenir vivace et réciproquement. Cependant la variété vivace qu'il nomme *R. Africanus* n'est pas regardée comme une espèce distincte, et M. Poiret, qui a semé les graines rapportées d'Afrique, a obtenu le ricin herbacé (*R. communis*) ; nous savons en outre que les graines d'Amérique produisent toujours chez nous le ricin herbacé.

Composition chimique. — Les graines ou semences de ricin n'ont pas d'odeur ; leur saveur est oléagineuse, plus ou moins âcre. L'âcreté disparaît, dit-on, par la vétusté, mais les amandes rancissent. Geiger, qui les a analysées, leur a trouvé la composition suivante : huile, 46,19 ; amidon, 20 ; albumine, 0,50 ; gomme, 4,31 ; résine brune et principe amer, 1,91 ; fibres ligneuses, 20,00 ; eau, 7,09 ; total, 100.

Aux Indes orientales et en Amérique, d'où venait autrefois toute l'huile du commerce, on extrayait cette huile à chaud. Après avoir torréfié les graines dans une chaudière, on les pilait, et on faisait bouillir dans l'eau la pâte qui en résultait ; on séparait l'huile du décoctum aqueux par décantation et on filtrait. Ce procédé donnait un mauvais produit. Plus tard, aux Antilles, d'après le Père Labat, on supprima la torréfaction et on obtint ainsi une huile moins colorée, désignée sous le nom d'*huile de Carapat* (*Nouveau Voyage*, t. III, p. 280). Mais aujourd'hui ces deux modes d'extraction sont abandonnés. Voici comment on opère : on prive les graines de leur épisperme ; on réduit l'amande en pulpe homogène et on extrait l'huile par expression entre des plaques chaudes, et mieux à froid. L'huile obtenue sans l'intervention de la chaleur est moins âcre et plus active. Enfin le procédé proposé par M. Faguer, qui est basé sur la solubilité de l'huile de ricin dans l'alcool concentré, et qui consiste à traiter la pulpe par ce véhicule, et à séparer l'huile par distillation, est tout à fait inusité.

L'huile de ricin est renfermée surtout dans l'albumen. On avait attribué à l'embryon les propriétés purgatives et l'âcreté de l'huile. C'était l'opinion de Simon Pauli, de J.-B. Autrin, du médecin arabe Sérapion, de Paul Hermann, de Bogla, d'Étienne-François Geoffroy, et cette erreur s'est propagée jusqu'à Jussieu (*Gener. plant.*, p. 392). Cette propriété exclusive de l'embryon, mise en doute par Mérat et Delens, fut démontrée erronée par M. Guibourt, ainsi que par MM. Boutron-Charlard et O. Henry.

L'huile de ricin bien préparée est incolore ou légèrement ambrée. Sa consistance est épaisse ; sa saveur, d'abord fade, devient bientôt âcre ; elle rancit assez facilement ; elle se congèle à — 18° ; sa densité à 12° est 0,969 ; elle est très-soluble dans l'alcool et dans l'éther ; les alcalis caustiques la dédoublent en acides *margaritique, ricinique, oléoricinique* ou *élaïodique*, et en *glycérine* (Bussy et Lecanu). L'ammoniaque la transforme en *ricinolamide* $= C^{38}H^{33}AzO^4$. En distillant avec de la potasse, il passe à la distillation de l'*alcool caprylique*, et il reste pour résidu du *sébacate de potasse*. Chauffée, elle se décompose vers 270° ; elle donne divers produits volatils, parmi lesquels on trouve les acides ricinique, élaïodique, œnanthylique, un peu d'*acroléine* et une grande quantité d'une substance particulière nommée *œnanthol* (Bussy), dont la formule $= C^{14}H^{14}O^2$, qui est l'*aldéhyde œnanthylique* ; en effet, les agents oxydants le transforment en *acide œnanthylique*

$$C^{14}H^{14}O^2 + O^2 = C^{14}H^{14}O^4.$$
Œnanthol.   Acide
                     œnanthylique.

L'huile de ricin oxydée par un mélange d'acide sulfurique et de bichromate de potasse produit du *valérol* et de l'*acide œnanthylique* (Arzbaecher).

D'après M. Saalmuller, l'huile de ricin contient un acide solide, l'*acide ricinoléïque* $= C^{38}H^{35}O^5, HO$, qui fond à 74°, et qui, par sa composition, se rapproche de l'*acide palmitique*. La partie liquide contient un acide d'une densité égale à 0,94, solide à — 10°, huileux et jaunâtre à la température ordinaire, d'une saveur âcre et persistante.

Usages. — Le ricin était connu dès la plus grande antiquité ; il est mentionné dans la Bible. M. Caillaud a trouvé de ses graines dans les sarcophages égyptiens ; il est mentionné dans les ouvrages d'Hérodote, d'Hippocrate, de Galien, de Dioscoride, de l'Arabe Jean Mesué (Jahia, fils de Masouiah). L'huile extraite de ses graines, nommées autrefois dans les officines *Catapucia major*, a de tout temps été employée comme purgative.

L'huile de ricin, mise en contact avec la peau saine ou dénudée ne détermine pas d'irritation, mais c'est surtout comme léger irritant de la membrane digestive qu'elle est utilisée. Elle laisse dans la bouche et dans l'œsophage un sentiment d'âcreté qui disparaît bientôt.

C'est dans les purgatifs doux, laxatifs ou minoratifs que l'huile de ricin doit être classée. On l'administre le plus souvent pure, dans du bouillon aux herbes ou du bouillon gras ; sa dose varie de 4 à 100 grammes et au-dessus ; en général, 10 à 15 grammes suffisent grandement, et on a, selon nous, une trop grande tendance à l'employer à doses exagérées. M. Chomel, notre contemporain, dont nous citons si souvent les deux célèbres aïeux, Pierre-Jean-Baptiste et Jean-Baptiste-Louis Chomel, a démontré que, pour produire deux évacuations, 8 à 10 grammes d'huile de ricin suffisaient le plus fréquemment ; si on veut obtenir une purgation plus prononcée, on lui associe l'huile de croton, à la dose de une à quatre gouttes, ou on fait prendre celle-ci pure, ou enfin on a recours aux purgatifs salins et aux drastiques, selon les indications.

Il ne faut pas oublier que l'huile de ricin est un purgatif doux, qui convient parfaitement dans les affections vermineuses, et lorsqu'on craint d'irriter le canal digestif. Disons toutefois que son action purgative est assez infidèle.

M. Soubeiran a vu que l'huile de ricin était moins purgative que les semences qui la fournissaient, ce qui est dû à une matière résineuse âcre qui reste dans le marc ; aussi a-t-on proposé d'émulsionner quelques grammes de ces semences pour obtenir des effets purgatifs. Ajoutons qu'ils sont au moins aussi inconstants que ceux de l'huile elle-même.

En lavements, l'huile de ricin s'administre à dose élevée ; on l'émulsionne le plus souvent avec un jaune d'œuf ; c'est ce que l'on fait quelquefois aussi quand on l'administre par l'estomac, et l'on cherche à masquer sa saveur fade en l'associant avec les eaux distillées aromatiques, telles que celles de menthe ou de cannelle, ou avec des sirops acides comme le citrique ou le tartrique.

L'huile de ricin n'est pas employée à l'extérieur ; on s'en est néanmoins servi pour préparer le *Collodion élastique* ; elle est siccative. Dans l'industrie, on la fait entrer dans la composition de quelques vernis fins. Rumphius dit qu'à Java et à Malacca on mêle l'huile de ricin avec de la chaux éteinte, et qu'on en forme un ciment qui sert à enduire les maisons, les navires et les bois exposés habituellement à l'air. Cette huile peut aussi servir à l'éclairage.

Les feuilles de ricin fraîches possèdent des propriétés purgatives douteuses ; on les a préconisées, bouillies dans l'eau et en cata-plasmes, contre la galactorrhée.

RIZ

Oryza sativa L.
(Graminées - Oryzées.)

Le Riz est une plante annuelle, à racines grêles, fibreuses, blanchâtres, fasciculées. La tige (chaume), haute d'un mètre à 1^m,50, cylindrique, fistuleuse, noueuse, glabre, dressée, porte des feuilles alternes, engaînantes, à gaîne profondément fendue, à limbe lancéolé-linéaire, aigu, long de 0^m,25 à 0^m,40, plane, glabre, denticulé, à bords scabres ; au point de réunion de la gaîne et du limbe se trouve une ligule membraneuse, mince, glabre, bifide, dressée, accompagnée de deux petits appendices falciformes, offrant au bord inférieur une rangée de cils longs et soyeux. Les fleurs, vert blanchâtre, dépourvues de périanthe, sont disposées en épillets dont l'ensemble constitue une grande panicule terminale, à rameaux roides, scabres, dressés. Chaque épillet, uniflore, présente une glume à deux valves petites, un peu concaves, carénées et lisses ; la glumelle a également deux valves carénées, linéaires-lancéolées, ponctuées, hérissées, l'inférieure portant ordinairement au sommet une arète droite ; les deux glumellules sont glabres. La fleur présente six étamines, à filets grêles ; un ovaire simple, ovoïde, uniovulé, surmonté de deux styles courts, dont chacun est terminé par un stigmate plumeux. Le fruit est un caryopse comprimé, jaunâtre, renfermé dans les glumelles.

HABITAT. — Le riz est généralement regardé comme originaire des Indes orientales ; mais on le trouve aujourd'hui cultivé dans les régions très-diverses du globe, en Chine, en Égypte, dans le midi de la France, en Espagne, en Italie, dans l'Amérique du Nord où cette culture a pris une extension considérable, surtout dans la Caroline. Il se trouve particulièrement dans les lieux humides et marécageux.

CULTURE. — Le riz est cultivé en grand, pour l'usage alimentaire, dans des champs inondés ou *rizières*. C'est de là qu'on le tire pour les besoins de l'alimentation et de la médicamentation.

Cette culture n'est pas sans inconvénients : comme elle ne peut se faire que dans des terrains marécageux et inondés, elle est souvent une cause d'insalubrité par suite des miasmes qui s'en dégagent et qui deviennent la cause de fièvres intermittentes pernicieuses ; mais il ne nous paraît pas démontré que l'on puisse attribuer aux rizières la pellagre, maladie endémique, que l'on observe dans le nord de l'Italie. Le *bruzone* est une maladie observée sur le riz, et qui en détruit rapidement des champs entiers.

PARTIES USITÉES. — Les fruits privés de leur enveloppe : les glumes ou *balles de riz*.

RÉCOLTE. — La récolte du riz se fait à la faucille ; on le met en gerbes, qu'on transporte sous des hangars où on le bat, soit au fléau, soit par poignées avec la main sur la terre. Une opération assez longue est celle qui consiste à débarrasser le grain des glumelles ou *balles*, dans lesquelles il est étroitement enveloppé. Elle a lieu dans des moulins où un axe horizontal de bois, mis en mouvement rotatoire par une roue hydraulique et pourvu d'un certain nombre de rangées circulaires de cannes, soulève, au moyen d'un levier fixé en fléau, un pilon creux qui retombe ensuite dans une auge de pierre ou de fer ; chaque arbre horizontal met ordinairement en jeu de quinze à vingt pilons. Il paraît qu'au Japon l'on arrive au même résultat en trépignant sur les gerbes ; on obtient ainsi un grain blanc oblong, demi-transparent, dur, et devenant friable lorsqu'on le fait gonfler dans l'eau. Le riz du commerce est réduit à l'amande, c'est-à-dire que non-seulement le péricarpe, mais encore l'épisperme, sont enlevés, de sorte que la partie employée est l'endosperme ou albumen, car l'embryon lui-même a été détaché par les opérations mécaniques que l'on a fait subir au grain ; et comme c'est dans l'embryon seulement qu'existe la partie azotée ou gluten, il en résulte que le riz est un aliment très-féculent, peu nourrissant ; il faut en conséquence l'associer aux matières grasses et azotées pour en faire un aliment complet. Si on l'emploie pur, il est nécessaire d'en manger de grandes quantités pour avoir des équivalents alimentaires.

Avant les essais faits, non sans succès, depuis quelques années, dans quelques-uns de nos départements, le riz consommé en France venait principalement de la Caroline et d'Italie. Le premier, qui est le plus estimé, est blanc, transparent, anguleux, allongé, inodore, d'une saveur très-farineuse. Celui d'Italie, au contraire, est plus jaune, moins long, arrondi, opaque; il a une légère odeur et une saveur un peu âcre.

Composition chimique. — D'après M. Boussingault, le riz du Piémont contient : gluten et albumen, 7,5 ; amidon et dextrine, 76,0 ; huile grasse, 0,5 ; ligneux et cellulose, 0,9 ; substances minérales, 0,5 ; eau, 14,6. M. Braconnot, qui a analysé divers riz, y a dosé les sels, le sucre, et il y a trouvé moins de matière azotée (3,60) que M. Boussingault.

Usages. — Le riz est sans contredit une des plantes les plus importantes pour l'homme : sa consommation est beaucoup plus considérable que celle du froment; les trois quarts des peuples environ s'en nourrissent. Il est très-répandu dans les régions intertropicales des deux mondes. On le cultive dans différentes localités d'Europe. Son grain, quoique susceptible d'être dévoré quelquefois par un coléoptère du genre *bruche*, se conserve cependant mieux que les autres céréales. Sous ce rapport il est très-précieux pour les longs voyages, parce qu'il n'a pas besoin d'être réduit en farine, qu'il ne fournit pas de son, et qu'une simple coction à l'eau salée suffit pour en faire un bon aliment. Les Orientaux y ajoutent souvent divers aromates pour en déguiser la fadeur.

Le riz, en France, doit être considéré comme un aliment accessoire, et presque de luxe. Sa consommation est assez restreinte.

En médecine, on emploie seulement sa décoction contre les diarrhées, la dysenterie, et dans tous les cas d'inflammations du canal digestif; c'est un bon émollient. Sa farine est employée pour préparer des cataplasmes émollients, pour saupoudrer des plaies. Aromatisée de diverses manières, elle sert comme poudre de toilette pour adoucir et blanchir la peau. Le riz est un excellent aliment pour les convalescents; on l'accommode de diverses manières avec du laitage. Tidyman le recommandait aux phthisiques, Bisset aux scorbutiques.

Les usages économiques du riz sont extrêmement nombreux : On prépare avec le grain une bière ou vin de riz appelé *sacki* ou *sakki* au Japon, et *samsee* en Chine. Par fermentation et distillation, on en obtient un alcool incolore agréable, désigné sous le nom d'*arrack* ou *rack*, *kneip* au Japon. Il est souvent coloré par des matières qu'il a empruntées aux tonneaux dans lesquels on l'a conservé. La décoction sert à préparer des colles, des pâtes utilisées pour l'encollage. On peut l'employer à faire du *vermicelle* et du *macaroni*. On a proposé d'en faire du pain, en l'unissant pour un septième à la farine de froment; le mélange n'altère nullement les qualités de celui-ci; il les augmente au contraire, dit M. le docteur Arnal, sous le triple rapport du poids et du volume, des propriétés nutritives, de la blancheur et de l'économie dans la consommation. On donne les *balles* de riz aux chevaux, et le grain de déchet à la volaille, qui s'en trouve fort bien.

Les glumes ou *balles de riz* ont été utilisées pour préparer des coussins et des couches pour les enfants. La paille de cette graminée sert à faire une grande quantité de ces tissus recherchés sous les noms de pailles de riz avec lesquels on obtient des chapeaux d'une légèreté et d'un éclat remarquables. On en fait aussi du papier, et l'on sait que les Chinois exécutent dessus de fines peintures. Avec la fécule de riz, on obtient un très-bon parement pour les tisserands.

ROBINIER

Robinia pseudo-acacia L.
(Légumineuses - Lotées.)

Le Robinier faux Acacia, vulgairement appelé Acacia, tire son nom scientifique de Vespasien Robin, médecin et botaniste de Paris, qui, au rapport de Guy de la Brosse et de Cornut, l'introduisit en Europe. C'est un grand arbre, à racines traçantes. La tige, haute de 20 à 25 mètres, droite, couverte d'une écorce gris fauve et ridée, se divise en rameaux nombreux, portant des feuilles alternes, imparipennées, à stipules ligneuses et épineuses, à limbe composé de nombreuses folioles oblongues, entières, échancrées, terminées par une petite pointe, glabres et d'un vert gai. Les fleurs, blanches, odorantes, sont disposées en longues grappes axillaires pendantes. Elles présentent un calice campanulé, à cinq dents, presque bilabié; une corolle papilionacée; dix étamines diadelphes; un ovaire simple, à une seule loge pluriovulée, surmonté d'un style et d'un stigmate simples. Le fruit est une gousse comprimée, glabre, brune, renfermant plusieurs graines brunes et arrondies.

Cette espèce présente d'assez nombreuses variétés.

HABITAT. — Originaire de la Virginie, le robinier faux acacia est aujourd'hui naturalisé en Europe. Il est fréquemment cultivé dans les bois, les haies, les parcs et les jardins d'agrément.

PARTIES USITÉES. — L'écorce, les racines, les fleurs.

RÉCOLTE. — L'écorce et la racine doivent être récoltées au printemps ou à l'automne; les fleurs, lorsque l'arbre est en pleine floraison.

COMPOSITION CHIMIQUE. — Toutes les parties du robinier ou faux acacia renferment un principe âcre, irritant, extrêmement toxique, dont la nature est inconnue. La racine, que les enfants ont souvent confondue avec celle de la réglisse, a été la cause d'empoisonnements mortels.

Les fleurs du robinier sont très-odorantes, mais leur odeur est extrêmement fugace. On peut cependant parvenir à l'isoler en employant le procédé d'enfleurage ou celui des dissolvants, dont nous avons parlé ailleurs. (Voyez *Réséda*.)

USAGES. — L'odeur agréable et comparable à celle des fleurs d'oranger que dégagent les fleurs du robinier, les ont fait regarder comme antispasmodiques; on en préparait autrefois un sirop agréable. Frites, ces fleurs sont bonnes à manger.

C'est à tort que Gilibert a dit que la racine du robinier était douce et sucrée, et qu'elle pouvait remplacer la réglisse; il est vrai qu'elle est sucrée au goût, mais elle détermine des vomissements abondants et de légers mouvements convulsifs; M. Gendron, médecin de Vendôme, a même proposé d'utiliser en thérapeutique ses propriétés vomitives. L'écorce, riche en fibres, peut être rouie, filée, et être employée à faire des cordages et des tissus. Le bois est dur, compacte, résistant, jaune, veiné au centre, et sert à faire divers ouvrages de tour et de menuiserie. Dans l'Amérique septentrionale on s'en sert pour les constructions civiles et navales. Les branches se prêtent sans difficulté à la torsion en tous sens; aussi fournissent-elles d'excellents cercles de futailles qui durent longtemps. Le bois de robinier est encore très-recommandable pour la facilité avec laquelle il résiste à l'épreuve d'une immersion alternative dans l'eau et dans l'air, ainsi qu'à celle d'une opposition constante à l'action des agents atmosphériques. Sous ces rapports, le baron d'Haussez, qui a écrit une notice sur l'espèce, le dit préférable au chêne lui-même. En charronage, il a l'avantage sur tous les bois de nos contrées pour la construction des pièces qui doivent offrir une grande résistance, particulièrement pour celle des essieux. Dans les arsenaux de la marine française, il est préféré à tout autre pour la construction des grosses et longues chevilles appelées *gournables*. Enfin, il constitue un bois de chauffage de bonne qualité.

Le *R. viscosa* Vent. est remarquable à cause de la matière visqueuse qu'il laisse suinter au mois de juillet. On peut en préparer une espèce de glu.

Eu Chine, on emploie comme fébrifuge la décoction de la racine du *R. flava* Lour. (*Flora Cochinch.*, t. II). D'après Humboldt et Bonpland (*Nova gen. et spec.*, t. VI), ou se sert, à Campèche, de l'écorce du *R. maculata* Kunth, pulvérisée, pour détruire les rats et les souris. Le *R. Nicou* Aubl. est employé à la Guyane pour enivrer les poissons : il suffit pour cela de battre l'eau avec ses rameaux. Le *R. Panacoco* Aubl. (*R. tomentosa* W. *R. Swartzia* Poiret), fournit le bois de fer ; son écorce est employée comme sudorifique. D'après Aublet (*Guyane*, t. II), il fournit par incision une résine rougeâtre balsamique, qui devient noire en vieillissant. Enfin, le *R. amara* Lour., qui est très-amer, comme son nom l'indique, est fort usité en Chine et en Cochinchine pour relever les forces épuisées. On lui enlève son odeur nauséabonde par une légère torréfaction.

ROCOU

Bixa orellana L.

(Bixacées.)

Le Rocou ou Roucou est un arbrisseau, dont la tige, haute de 5 à 6 mètres, droite, très-rameuse, couverte d'une écorce mince, lisse, brunâtre, se divise en rameaux nombreux, diffus, portant des feuilles alternes, munies de stipules, longuement pétiolées, cordiformes, aiguës, entières, longues de $0^m,12$ à $0^m,15$, larges de $0^m,10$, lisses, luisantes, d'un beau vert, avec des nervures roussâtres en dessous. Les fleurs, grandes, rouge incarnat, sont groupées en panicules terminales. Elles présentent un calice à cinq sépales grands, arrondis, colorés, caducs, offrant à l'extérieur cinq glandes tuberculeuses ; une corolle à cinq pétales étalés en roue, égaux aux sépales, et alternant avec eux ; des étamines nombreuses, à filets longs, jaune pourpré, à anthères oblongues, striées, blanchâtres ; un ovaire simple, velu, jaunâtre, surmonté d'un style simple terminé par un stigmate bifide. Le fruit est une capsule conique, acuminée, hispide, rougeâtre, à deux loges renfermant une pulpe visqueuse, odorante, d'un rouge vif, dans laquelle sont disséminées de nombreuses graines. (Pl. 22.)

HABITAT. — Le rocou est répandu dans les régions chaudes de l'Amérique du Sud, particulièrement dans la Guyane et aux Antilles. Il paraît croître de préférence sur le bord des eaux.

CULTURE. — A la Guyane, où le rocou est cultivé en grand, on sème ses graines, depuis janvier jusqu'en mai, dans de petits trous ou *poquets*, espacés d'environ 1^m,30 ; il n'y a plus ensuite qu'à donner au semis les soins ordinaires, entre autres les sarclages. On a l'habitude de *rabattre* les arbres pour leur donner une cime touffue et arrondie, et pour les empêcher de s'élever trop haut. En Europe, on ne trouve le rocou que dans les jardins botaniques, où il exige la serre chaude.

PARTIES USITÉES. — Les fruits, les graines.

RÉCOLTE. — Le rocou s'obtient en rejetant la première enveloppe du fruit, en écrasant les graines dans des auges en bois et en les délayant dans de l'eau chaude ; on passe à travers un tamis ; l'eau s'écoule en entraînant la matière colorante et des débris ; on laisse fermenter, et au bout de quelque temps on décante ; on fait sécher à l'ombre, puis on divise en pains, du poids de un à deux kilogrammes, que l'on enveloppe dans des feuilles de balisier ; plus tard, pour la consommation, on met le rocou dans des pots, et on le conserve mou en l'arrosant avec de l'urine ; il doit être d'un beau rouge colcothar, avec des points blancs et brillants qui sont dus à l'efflorescence de sels ammoniacaux.

Les semences, desséchées à l'air, donnent une matière colorante beaucoup plus belle, mais elles ont l'inconvénient de se décolorer à la lumière et de noircir à l'humidité, tandis que la pâte de rocou desséchée se conserve parfaitement.

COMPOSITION CHIMIQUE. — Le rocou se comporte comme une matière résineuse : il se ramollit par la chaleur, il est inflammable, peu soluble dans l'eau, soluble dans l'éther et l'alcool, et forme avec les alcalis caustiques ou carbonatés de belles solutions d'un rouge foncé, d'où les acides le précipitent ; on peut aussi précipiter sur la soie cette matière colorante au moyen de l'acide acétique, et obtenir une couleur d'un jaune doré magnifique, très-éclatant, couleur qui ne peut être remplacée par aucune autre, mais qui a l'inconvénient d'être très-fugace.

D'après M. Chevreul, le rocou contient de la *bixine*, une matière colorante jaune, l'*orelline* qui est soluble dans l'eau, dans l'alcool et dans l'éther. La bixine, au contraire, est peu soluble dans l'eau, très-soluble dans l'alcool et l'éther ; elle s'altère au contact de l'air humide et se transforme en orelline (Kerndt). Pour obtenir la bixine on traite le rocou par une dissolution étendue de carbonate de soude ; en concentrant et neutralisant par l'acide acétique, la bixine est séparée sous la forme de flocons d'un rouge grenat.

Usages. — Le rocou et la bixine sont employés pour teindre les bois, les vernis, le beurre, le fromage, la cire, les cuirs, les étoffes, etc. Les Caraïbes s'en servaient pour tatouer leurs figures et les autres parties du corps lorsqu'ils allaient à la guerre ; les Indiens du continent américain, leurs femmes surtout, s'en teignent le corps soir et matin ; on mélange le rocou avec les huiles de ricin ou de coco ; ces onctions n'ont pas seulement pour objet d'orner le corps, mais encore d'empêcher les piqûres des moustiques. Avec les fibres corticales du rocou, on prépare des toiles et des cordages. A Java et autres îles de la Sonde, ainsi qu'aux îles Moluques, on emploie les fruits de cet arbre à faire une sorte de boisson.

En médecine, le rocou était employé autrefois comme purgatif doux et comme stomachique. En Amérique on l'administre comme cordial contre la dysenterie. Valmont de Bomare le signale à tort comme un contre-poison du manioc.

ROMARIN

Rosmarinus officinalis L.
(Labiées - Monardées.)

Le Romarin est un arbrisseau dont la tige, haute d'environ 2 mètres, couverte d'une écorce grisâtre, se divise en rameaux nombreux, opposés, anguleux, gris cendré, tomenteux dans leur jeune âge, portant des feuilles opposées, sessiles, étroites, lancéolées-linéaires, obtuses, à bords roulés en dessous, glabres et d'un vert foncé et luisant à la face supérieure, cotonneuses et gris blanchâtre à l'inférieure. Les fleurs, d'un bleu violacé pâle, quelquefois blanchâtres, sont groupées en faux verticilles, dont l'ensemble forme des épis courts à l'extrémité des jeunes rameaux. Elles présentent un calice à deux lèvres, la supérieure striée et en forme de voûte, l'inférieure bifide ; une corolle à tube long, renflé au sommet, à limbe divisé en deux lèvres, la supérieure subdivisée en deux lobes obtus, l'inférieure en trois lobes très-profonds ; les deux latéraux ovales-obtus et roulés en dehors, le médian plus grand, arrondi, très-obtus, concave, un peu cordiforme ; deux étamines saillantes, à filets grêles, à anthères comprimées et conniventes ; un ovaire composé de quatre demi-carpelles uniovulés, surmonté d'un style simple, saillant, subulé et terminé par un stigmate simple. Le fruit se compose de quatre akènes ovoïdes, entourés par le calice persistant.

HABITAT. — Cet arbrisseau habite les contrées méridionales de l'Europe. Il croît de préférence dans les lieux secs et arides, sur les coteaux pierreux exposés au soleil.

CULTURE. — Le romarin préfère une exposition chaude, une terre légère et sèche. On le propage de graines, semées sur couche au commencement du printemps ; on repique les jeunes plants en juin. On peut aussi le multiplier de boutures ou d'éclats de pieds, faits au printemps, et plantés à une exposition chaude, mais ombragée. Le romarin est beaucoup moins odorant sur une terre humide, mais il y développe une végétation plus vigoureuse.

PARTIES USITÉES. — Les feuilles, les fleurs, les sommités fleuries.

RÉCOLTE. — Le romarin étant un arbrisseau toujours vert, les feuilles peuvent être récoltées en tout temps ; les fleurs et les sommités sont cueillies au moment de la floraison ; on les fait sécher à l'ombre et à une température peu élevée. On croit que la plante sauvage est plus active que celle qui est cultivée.

COMPOSITION CHIMIQUE. — Le romarin doit son odeur agréable à une huile essentielle qu'il renferme en abondance. C'est de cette plante que le miel de Narbonne tire son odeur et sa saveur si agréables, les abeilles y étant attirées plus ou moins par le parfum qu'elle développe, suivant le climat. L'essence de romarin, que l'on obtient par distillation au contact de l'eau, est formée, d'après M. Kane, par un mélange d'essence hydrocarbonée et d'essence oxygénée. L'acide sulfurique la noircit, en formant un acide particulier. Si l'on distille le mélange, on obtient un liquide oléagineux d'une odeur alliacée, qui présente la même composition que l'essence de térébenthine. Proust a retiré de l'essence de romarin brute un camphre semblable à celui des Laurinées, un principe résineux et un peu de tannin : le principe résineux est assez abondant.

Usages. — Le romarin et son essence constituent un des stimulants les plus énergiques que l'on connaisse; il a été employé dans les névroses, les engorgements scrofuleux, les maladies de poitrine, les catarrhes en général, la dyspepsie, l'aménorrhée, etc. Campegius disait qu'il pouvait remplacer la cannelle; on en fait un vin (œnolé de romarin), un alcoolat, une eau distillée; il entre dans la composition de l'alcoolat vulnéraire et d'un grand nombre d'autres alcoolats composés, du vin aromatique, du baume tranquille, etc., etc.

Les feuilles sèches de romarin, employées seules ou mélangées avec d'autres substances aromatiques ou balsamiques, servent à préparer des fumigations désinfectantes, que l'on fait aussi respirer aux malades dans les cas d'aphonie, de catarrhe pulmonaire, et que l'on dirige sur les parties douloureuses dans les rhumatismes chroniques.

Dans les fièvres typhoïdes, sans distinction, c'est-à-dire dans les fièvres adynamiques, ataxiques, muqueuses, bilieuses, etc., le romarin est souvent employé avec avantage par les médecins des campagnes. M. Cazin le regarde avec raison comme un des meilleurs stimulants antispasmodiques que l'on puisse employer dans ces affections; d'après Ray (*Cat. plant. angl.*), Hulse employait le romarin contre la scrofule. Van-der-Monde (auteur de la *Manière de perfectionner l'espèce humaine* et du *Dictionnaire de santé*, fondateur du premier *Journal de médecine*), qui mourut à Paris, en 1762, d'une superpurgation, regardait son extrait comme un tœniacide certain, ce que nous ne pouvons admettre. Enfin les sachets de romarin ont été employés contre l'œdème; l'infusion a été administrée souvent en gargarisme ou en bains contre l'angine chronique, les scrofules, la chlorose, le rhumatisme chronique, et dans tous les cas de débilité générale.

L'huile volatile que renferme le romarin formait autrefois la base d'une eau de toilette, alors fort recherchée sous le nom d'*Eau de la reine de Hongrie*, et à laquelle on attribuait des propriétés précieuses, entre autres celle de conserver la fraîcheur du teint, la douceur de la peau. Aujourd'hui on fait entrer cette même substance dans la préparation de l'*Eau de Cologne*.

RONCE

Rubus fruticosus et cœsius L.
(Rosacées - Dryadées.)

La Ronce commune ou des haies (*R. fruticosus* L.) est un sous-arbrisseau, dont les tiges, longues de 2 à 4 mètres, ordinairement couchées, anguleuses, rougeâtres, munies de nombreux aiguillons, portent des feuilles alternes, imparipennées, pétiolées, composées de trois à sept folioles, grandes, ovales, aiguës, dentées, d'un beau vert foncé en dessus, cotonneuses-blanchâtres en dessous. Les fleurs, assez grandes, blanches ou rosées, sont disposées en panicules lâches à l'extrémité des rameaux. Elles présentent un calice à cinq divisions ovales, aiguës, tomenteuses, blanchâtres, étalées ou réfléchies après la floraison ; une corolle à cinq pétales arrondis, étalés ; des étamines nombreuses, plus courtes que la corolle, à anthères blanchâtres ; un pistil composé de nombreux carpelles uniovulés, insérés sur un réceptacle ovoïde et terminés chacun par un style et un stigmate simples. Le fruit est ovoïde-arrondi, et se compose de nombreuses petites drupes arrondies, noires, glabres, luisantes, insérées sur un réceptacle conique charnu, et entouré par le calice persistant.

Cette plante présente de nombreuses variétés, que plusieurs auteurs considèrent comme des espèces distinctes.

La Ronce bleue (*R. cæsius* L.) diffère de la précédente par ses dimensions moitié moins grandes ; son calice à sépales dressés et connivents après la floraison ; son fruit, composé de petites drupes peu nombreuses, très-inégales, noir bleuâtre, couvertes d'une efflorescence glauque.

A ce genre appartient aussi le Framboisier. (Voy. ce mot.)

Habitat. — Ces deux plantes sont très-communes dans toutes les régions de l'Europe. On les trouve dans les bois, les haies, les buissons, les lieux incultes, frais et ombragés, au bord des chemins et des fossés, etc.

Parties usitées. — Les jeunes pousses, les feuilles, les fruits.

Récolte. — Les jeunes pousses et les feuilles doivent être récoltées très-jeunes ; on les fait sécher en paquets ; par la dessiccation, elles acquièrent une odeur de framboise assez agréable. Les fruits sont cueillis à leur maturité ; on peut les manger ; ils portent le nom de *Mûres des haies*, et on les substitue frauduleusement aux véritables mûres pour la préparation du sirop de mûre.

Composition chimique. — Toutes les parties de la ronce possèdent une saveur astringente assez prononcée, due au tannin. Leur infusion précipite en noir les solutions de persels de fer. Elles sont de plus très-riches en albumine. Les fruits renferment du sucre, de la pectine, de l'acide pectique, de l'acide malique. Dans les pays où ils sont abondants, on peut, en les écrasant et les laissant fermenter, obtenir une boisson assez agréable, qui, par distillation, donne de l'eau-de-vie, et est susceptible de servir à préparer des vinaigres.

Usages. — L'infusion de feuilles de ronce miellée est un remède populaire, souvent prescrit par les médecins comme gargarisme astringent dans les inflammations de la bouche et de la gorge, contre le gonflement des gencives et des amygdales, les aphtes ; elle est plus rarement employée sous forme de tisane dans les diarrhées, la dysenterie, la leucorrhée. Les fruits, rarement employés, sont rafraîchissants.

La ronce bleue (*Rubius cæsius* L.), dont le fruit noir est couvert d'une poussière bleuâtre, jouit de propriétés semblables, ainsi que le *R. odoratus* L., originaire du Canada, souvent cultivé dans nos jardins d'agrément, pour ses fleurs, sous le nom de *Framboisier du Canada*. Il en est de même du *R. arcticus* L., et du *R. Chamæmorus* L., dont les fruits sont employés en Suède, en Laponie, en Finlande, et dans tous les pays où le framboisier manque, à la place de framboises. Les habitants de ces contrées en préparent une sorte de liqueur alcoolique qu'ils estiment beaucoup ; et ils se servent des feuilles de ces plantes en guise de thé.

RONDIER

Borassus flabelliformis L. *Lontarus domestica* Rumph.
(Palmiers-Borassinées.)

Le Rondier est un grand et bel arbre, dont le port rappelle celui du cocotier. Sa tige, plus grosse, cylindrique, renflée à la base et au sommet, se termine par un bouquet de grandes feuilles flabelliformes, à pétiole long, épais, canaliculé, garni de chaque côté de dents épineuses, à limbe plissé au centre, étalé en éventail, découpé en lanières allongées, étroites, aiguës. Les fleurs, dioïques, sont groupées en spadices simples, longs, cylindriques, garnis d'écailles uniflores, et renfermés dans une spathe à plusieurs folioles. Elles sont dépourvues de corolle, et présentent un périanthe à six ou neuf divisions alternant et imbriquées sur deux ou trois rangs. Les mâles ont six étamines à filets épais terminés par des anthères grosses et striées. Les femelles ont un ovaire arrondi, surmonté de trois styles terminés chacun par un stigmate simple. Le fruit est une drupe ovoïde, trilobée, presque aussi grosse que celle du cocotier, lisse, brun jaunâtre, à péricarpe charnu, fibreux, succulent, renfermant trois noyaux ligneux, de la forme et du volume d'un œuf de poule, et dont chacun contient une amande blanche et savoureuse.

Le Rondier gomute (*B. gomutus* Lour.) est un arbre de moyenne grandeur, dont la tige droite, épaisse, égale dans toute sa longueur, scabre et hérissée, se termine par une touffe de feuilles, à pétioles à peine épineux, à folioles linéaires, lancéolées et d'un vert foncé. Les fruits sont semblables à ceux de l'espèce précédente, mais beaucoup plus petits.

Habitat. — La première espèce croît dans les Indes orientales et sur les côtes orientales de l'Afrique. La seconde se trouve dans les forêts de la Cochinchine, aux îles Moluques. Ces arbres ne sont guère cultivés en Europe que dans les jardins botaniques.

Parties usitées. — Le suc, le sucre qu'on en extrait.

Récolte. — Le suc des rondiers n'est employé que dans les lieux de production.

Composition chimique. — Le suc de ces plantes renferme du sucre (le *Borassus gomutus* de Rumphius, est l'*Arenga saccharifera* Labill.);

il produit une séve sucrée abondante. L'écorce du fruit renferme un suc àcre, corrosif, qui cause de vives douleurs lorsqu'on l'applique sur la peau, et une excessive irritation si on le porte à la bouche.

USAGES. — Les indigènes de l'île Ceylan, de la côte de Coromandel, de l'île Java retirent du rondier une liqueur fermentescible d'un goût agréable, qu'ils boivent avec délices, et que les médecins du pays recommandent comme apéritive; ils en font aussi un sucre de couleur chocolat, de beaucoup inférieur à celui que l'on tire de la canne et de la betterave, mais qui est très-employé parce que son prix est fort peu élevé. La tige de ce palmier fournit une sorte de sagou. Le stipe acquiert une telle dureté, qu'il donne d'excellents outils et des planches, pour ainsi dire incorruptibles, très-bonnes pour faire des meubles que leur couleur noire, veinée de jaune, rend très-jolis. Les feuilles du rondier sont employées à couvrir les habitations des indigènes.

ROQUETTE

Eruca sativa Lam. *Brassica Eruca* L.
(Crucifères-Brassicées.)

La Roquette est une plante annuelle ou bisannuelle, dont la tige, haute de 0^m,40 à 0^m,80, cylindrique, velue, rameuse, dressée ou ascendante, porte des feuilles alternes, pétiolées, pennatifides, lyrées, un peu charnues, presque glabres, à odeur forte. Les fleurs, blanchâtres, veinées de violet, odorantes, courtement pédonculées, sont réunies en grappes lâches, terminales. Elles présentent un calice à quatre sépales dressés et connivents; une corolle à quatre pétales longuement onguiculés et disposés en croix; six étamines tétradynames; quatre glandes nectarifères, vertes; un ovaire allongé, linéaire, à deux loges pluriovulées, surmonté d'un style très-court, terminé par un stigmate bilobé. Le fruit est une silique dressée, oblongue, presque cylindrique, un peu comprimée, terminée en bec, à deux loges renfermant chacune plusieurs graines arrondies. (Pl. 23.)

On donne le nom de Roquette sauvage ou fausse roquette au *Diplotaxis tenuifolia* D. C.

HABITAT. — La roquette est assez répandue dans les régions centrales et méridionales de l'Europe. On la trouve dans les champs, les décombres, au pied des vieux murs, etc.

CULTURE. — Cette plante demande une exposition chaude; elle végète bien dans tous les sols, pourvu qu'ils soient suffisamment meubles. On la propage facilement de graines, qu'on sème très-clair au commencement du printemps. On peut du reste continuer ces semis durant tout l'été, afin d'avoir toujours à volonté des feuilles fraîches; mais, dans ce cas, il est bon d'arroser le semis. La plante ne demande plus ensuite d'autres soins que les binages et les éclaircissages ordinaires. Cette culture se fait habituellement dans les jardins maraîchers.

PARTIES USITÉES. — La plante entière, les semences.

RÉCOLTE. — Cette plante perd toutes ses propriétés par la dessication; pour la manger, on la récolte avant la floraison; pour les usages médicinaux, lorsqu'elle est en fleurs; les fruits doivent être cueillis avant leur déhiscence; la maturité des graines s'achève par la dessiccation.

COMPOSITION CHIMIQUE. — La roquette cultivée se rapproche par ses propriétés de celles du cresson de fontaine et du cochlearia, mais elle est moins âcre, moins piquante et plus amère; ses graines ressemblent à celle de la moutarde, mais elles sont plus grosses; leur épisperme est plus rougeâtre, plus lisse et ne présente pas des rugosités grisâtres.

USAGES. — Cette plante était célébrée autrefois par les poëtes et par les médecins, qui lui attribuaient des vertus merveilleuses. Elle est regardée comme antiscorbutique. Dans diverses contrées, et notamment en Allemagne, on l'emploie comme le cresson et on la mange en salade. D'après Wauters, la semence, à dose élevée, est vomitive (*Repert. remed.*, etc., p. 65), et elle peut servir pour remplacer l'ipécacuanha; pulvérisée, elle peut être employée pour préparer des sinapismes, mais elle est bien moins rubéfiante que la moutarde.

La roquette maritime, la roquette de mer caquillier (*Eruca marina* Ger., *Cakile maritima* Scop., *Bunias Cakile* L.), très-commune sur les dunes, est très-âcre, et peut être employée comme antiscorbutique; M. Cazin la prescrivait dans le scorbut, les affections scrofuleuses, la cachésie paludéenne, le lymphatisme, etc. Elle est néanmoins à peu près inusitée aujourd'hui. Il est très-important de ne pas confondre cette plante avec la roquette vraie.

ROSAGE

Rhododendron ferrugineum L.
(Éricinées-Rhodorées.)

Le Rosage ferrugineux, vulgairement appelé Rose des Alpes, est un arbrisseau buissonnant, dont la tige, haute de $0^m,35$ à $0^m,65$, se divise en rameaux tortueux et diffus, portant, rapprochées vers leur extrémité, des feuilles alternes, courtement pétiolées, ovales-lancéolées, entières, glabres et d'un vert foncé en dessus, velues et de couleur rouille en dessous, persistantes. Les fleurs, d'un beau rouge, d'une odeur forte, assez grandes, sont disposées en corymbes terminaux. Elles présentent un calice à cinq divisions courtes, obtuses; une corolle campanulée, presque régulière, à cinq lobes un peu inégaux, marquée de petits points glanduleux dans sa partie inférieure; dix étamines saillantes et déclinées; un ovaire à cinq loges pluriovulées, surmonté d'un style filiforme terminé par un stigmate en tête. Le fruit est une capsule à cinq loges, s'ouvrant en cinq valves, dont les bords rentrants forment les cloisons, et contenant de nombreuses graines.

Nous citerons encore le Rosage doré (*R. chrysanthum* L.), caractérisé par ses feuilles oblongues, rudes en dessus, très-veinées et non ponctuées; ses fleurs jaunes, irrégulières, réunies en corymbes accompagnés d'un duvet roussâtre; le Rosage à grandes fleurs (*R. maximum* L.), petit arbre de 4 à 5 mètres, à feuilles ovales-oblongues, à fleurs roses ou blanches, souvent ponctuées de rouge ou de vert; le Rosage Pontique (*R. Ponticum* L.), dont la tige, haute de 2 à 3 mètres, porte des feuilles oblongues-lancéolées, plus pâles en dessous, et des grandes, campanulées, d'un beau pourpre violacé.

HABITAT. — On trouve le rosage ferrugineux sur les Alpes; le rosage doré en Sibérie; le rosage à grandes fleurs dans l'Amérique du Nord; le rosage pontique dans l'Asie Mineure.

PARTIES USITÉES. — Les bourgeons, les feuilles.

RÉCOLTE. — On récolte les bourgeons dans leur jeunesse, et les feuilles lorsqu'elles sont encore très-tendres. On les fait dessécher.

COMPOSITION CHIMIQUE. — La saveur des feuilles est âcre, amère, astringente; leur odeur rappelle celle de la rhubarbe; elles paraissent renfermer un principe narcotique âcre qui n'a pas été isolé.

Usages. — L'infusion aqueuse du *Rhododendron chrysanthum* détermine chez l'homme une chaleur vive, une légère ivresse, des symptômes nerveux intenses, tels que la suspension des facultés de l'entendement, la dysphagie, l'obscurcissement de la vue, la torpeur et même des convulsions. Murray (*Appar. med.*, t. VI) cite le cas d'empoisonnement d'un chevreau qui avait mangé ces feuilles ; mais il faut bien que leurs propriétés varient avec l'âge, le climat ou d'autres circonstances, car nous savons que les Russes emploient leur infusion théiforme contre les douleurs rhumatismales et goutteuses, ainsi que pour réparer leurs forces. Mais, malgré les faits favorables cités par Kœlpin, Pallas et Charpentier, ce médicament est inusité en France.

Les bourgeons du *Rhododendron ferrugineum* servent à préparer, par digestion, une huile employée contre les douleurs articulaires, et que l'on nomme dans les Alpes *huile de marmotte*. Les feuilles de cette plante sont vénéneuses ; Orfila cite l'exemple d'un repas funeste aux convives, qui avaient mangé un lièvre nourri de ces feuilles (Orfila, *Toxicol. générale*, t. II.). Villars dit qu'elles font périr les chèvres. On les a employées contre les dartres, ainsi que celles du *Rhododendron hirsutum*.

Aux États-Unis, on emploie contre le rhumatisme chronique et la goutte les feuilles du *Rhododendron maximum*, et d'après Coxe (*Americ. dispens.*, p. 526), on utilise, comme sternutatoire, la poussière qui enveloppe les pétioles et les graines ; Michaux ajoute que les abeilles qui ont butiné sur les fleurs de cette plante produisent un miel vénéneux.

Le *Rhododendros* de Pline est le *Rosage pontique* ou de *Pont*, *R. Ponticum* L.), introduit par Tournefort, et placé aujourd'hui dans le genre *Azalea* ; les abeilles qui butinent sur ses fleurs produisent un miel nommé *mœnomenea*, qui, a-t-on dit, rend insensé. D'après Fourcroy et Vauquelin, les fleurs des jeunes pieds donnent un sucre analogue par son aspect au sucre candi, mais qui est très-amer.

Les médecins homéopathes font usage du *Rhododendron chrysanthum*, sous le signe *Nro* et l'abréviation *Rhod* ; ils recommandent de ne pas le confondre avec le *Rhododendron ferrugineum* ; les atténuations se préparent par trituration ; la teinture mère a un goût astringent ; on l'emploie dans un grand nombre de maladies.

ROSEAU

Arundo donax et *Phragmites* L.
(Graminées - Arundinées.)

Le Roseau à quenouilles (*A. donax* L., *Donax arundinaceus* Palis.), vulgairement Canne de Provence, est une plante vivace, à rhizome traçant, charnu, allongé, rameux, blanc jaunâtre, muni de fibres radicales blanchâtres. La tige (chaume), haute de 3 à 5 mètres, très-épaisse, ligneuse, cylindrique, noueuse, largement fistuleuse, porte des feuilles alternes, engaînantes, à limbe lancéolé, long de $0^m,60$, large de $0^m,05$, un peu rude au toucher. Les fleurs, vert jaunâtre, sont groupées en épis, dont l'ensemble forme une grande panicule terminale. La glume et la glumelle sont à deux valves carénées-aiguës. Chaque fleur présente trois étamines et un ovaire simple, surmonté de deux styles terminés par des stigmates plumeux. Le fruit est un caryopse.

Le roseau à balais (*A. phragmites* L., *Phragmites communis* Trin.) est aussi vivace et se distingue du précédent par sa tige un peu moins élevée ; ses feuilles lancéolées-linéaires un peu glauques ; ses fleurs formant une grande panicule violacée et soyeuse. Il présente une variété (*A. nigricans* Mér.), caractérisée par des épillets à une ou deux fleurs souvent stériles.

HABITAT. — Le roseau à quenouille croît dans le midi de l'Europe et sur les bords du bassin Méditerranéen ; le roseau à balais s'avance beaucoup plus loin vers le Nord. Ces deux plantes habitent surtout les marais et le bord des eaux.

CULTURE. — Les roseaux sont cultivés en grand, dans quelques localités, pour les usages économiques. Ils demandent un sol humide, se propagent très-facilement par éclats de pied, et ne réclament plus ensuite que les soins ordinaires.

PARTIES USITÉES. — Les rhizomes improprement nommés racines.

RÉCOLTE. — La *Canne de Provence*, nom sous lequel on connaît en matière médicale le rhizome du *roseau à quenouille*, nous arrive coupée par tranches, ou en tronçons plus ou moins longs, tortueux, de grosseur variable, inodores, spongieux et poreux à l'intérieur, jaunes, durs et luisants à l'extérieur ; l'enveloppe est coriace, ridée longitudinalement et marquée d'un grand nombre d'anneaux ; elle est peu sapide. On récolte le rhizome en septembre, on le coupe par tranches pour faciliter sa dessiccation. Les rhizomes du roseau à balais ne sont pas employés, quoiqu'on leur attribue les mêmes propriétés.

Composition chimique. — Lorsqu'elle est jeune, la racine de canne de Provence a une saveur sucrée ; plus tard elle devient à peu près insipide. M. Chevallier, qui l'a analysée, y a trouvé un extrait muqueux, amer, une résine amère, aromatique, dont l'odeur rappelle celle de la vanille, de l'acide malique, une huile volatile, une matière azotée, du sucre. Elle ne contient pas d'amidon, ses cendres sont riches en silice. Provenzale a trouvé cette substance en abondance dans l'*Arundo phragmites*.

Usages. — La racine de canne de Provence jouit de propriétés diurétiques et diaphorétiques très-douteuses ; dans le peuple elle est très-réputée comme antilaiteuse ; il est vrai qu'on l'associe le plus souvent à un régime convenable et à un purgatif salin, tel que le sulfate de potasse ; elle n'agit pas autrement que ne ferait la décoction de chiendent. Oribase rapporte (*de Morbis cur.*, t. III, p. 32) que les anciens employaient la décoction de cette racine en fomentation sur les plaies.

La racine du roseau à balais jouit des mêmes propriétés ; elle a été vantée contre les affections rhumatismales, la goutte et la syphilis ; mais le défaut absolu d'observations bien faites ne permet pas de se prononcer sur la valeur de ce médicament, et nous ne pouvons partager l'opinion du docteur Laborie, qui dit que son suc à la dose de quinze grammes a guéri une paralysie du membre supérieur (*des Maladies nerveuses*, Paris, 1830).

Le roseau à quenouille et le roseau à balais sont employés dans l'industrie. Les chaumes, entiers ou divisés en lanières, furent employés dans la construction de l'antique Babylone, à raison d'une couche par chaque trente assises de briques, afin de les rendre plus solides. Aujourd'hui on en fait des haies mortes et des haies vives productives ; sur les bords de la Loire-Inférieure, on en fait des paillassons pour couvrir et préserver de la pluie les marchandises que les bateaux remontent de la mer dans les départements de l'intérieur ; les horticulteurs les recherchent pour fermer l'enceinte de leurs melonnières, comme échalas et comme bris-vents, pour abriter les semis et les plantes délicates contre les ardeurs du soleil et les intempéries

des saisons. La panicule du roseau à balais, coupée avant sa floraison, sert de petits balais dans les appartements, d'où est venu le surnom de cette espèce.

ROSIER

Rosa Gallica et centifolia L.
(Rosacées - Rosées.)

Le Rosier de France ou de Provins (*R. Gallica* L., *R. pumila*
Jacq.) est un arbrisseau à souche longuement traçante. Les tiges,
longues de 1 à 2 mètres, dressées ou étalées, cylindriques, rameuses,
chargées de nombreux aiguillons rougeâtres, inégaux, arqués, caducs, portent des feuilles alternes, imparipennées, munies de stipules, pétiolées, ordinairement à cinq folioles sessiles, ovales, aiguës,
dentées, glanduleuses, glabres et d'un vert foncé en dessus, un peu
pubescentes en dessous. Les fleurs, très-grandes, d'un beau rouge
pourpre, portées sur des pédoncules grêles, cylindriques, assez longs,
glanduleux, sont solitaires ou groupées par deux ou trois à l'extrémité des rameaux. Elles présentent un calice à tube ovoïde-arrondi,
pubescent et glanduleux, à limbe partagé en cinq divisions pennatifides, réfléchies, caduques; une corolle à cinq pétales arrondis, cor-
dés (beaucoup plus nombreux sur les individus cultivés); des étamines en nombre indéfini, insérées au sommet du tube calicinal;
un pistil composé de carpelles nombreux, uniovulés, hispides, insérés sur les parois de ce même tube, et surmontés chacun d'un style
simple terminé par un petit stigmate glanduleux. Le fruit se compose de ces mêmes carpelles, devenus osseux, et renfermés dans le
tube calicinal accru, arrondi, charnu et d'un rouge vif.

C'est cette espèce dont les fleurs sont désignées, en pharmacie,
sous le nom de *roses rouges*.

Le Rosier à cent feuilles (*R. centifolia* L.) se distingue du précédent par ses aiguillons presque droits; ses feuilles à folioles molles,
velues en dessous; ses boutons ovoïdes, courts; ses pédoncules visqueux, glanduleux, odorants, ainsi que le calice dont les divisions
sont étalées et non réfléchies; ses fruits ovoïdes, visqueux, glanduleux, hérissés de poils.

Les Rosiers appelés *mousseux* et *pompon* ne sont que des variétés
de cette espèce.

Nous citerons encore les Rosiers des quatre saisons ou de tous les mois (*R. Damascena* Mill., *R. kalendarum* Borkh.); blanc (*R. alba* L.); musqué ou muscat (*R. moschata* Ait.); du Bengale (*R. Indica* L.); et le Rosier sauvage ou Églantier (*R. canina* L.), qui a été l'objet d'un article spécial.

Habitat. — Le rosier de France, originaire des régions méridionales, est naturalisé dans le Nord. La patrie du rosier à cent feuilles est inconnue. Le rosier des quatre saisons nous vient de l'Orient ; le rosier musqué, de l'Afrique ; et le rosier du Bengale, de l'Asie orientale.

Culture. — Les rosiers de Provins et à cent feuilles sont les seuls cultivés en grand pour l'usage médical ou économique. Ils demandent une exposition chaude, mais un peu ombragée ; une terre légère, un peu fraîche et amendée avec du terreau bien consommé. On les propage très-facilement par boutures, marcottes, ou éclats enracinés. Ils n'exigent plus ensuite que la taille annuelle du jeune bois et les soins ordinaires.

Parties usitées. — Les pétales, les fruits, les galles ou bédéguars.

Récolte. — La rose de Provins se récolte lorsqu'elle est encore en boutons ; on sépare les calices et on coupe les onglets, et on les fait sécher à l'obscurité, à l'étuve ; par la dessiccation il se développe un principe volatil ; lorsqu'elles sont sèches on les passe au crible pour séparer les œufs d'insectes, les débris d'étamines et autres impuretés. On les conserve dans un lieu sec et à l'abri de la lumière ; on les crible de temps en temps. Elles doivent être d'un rouge pourpre velouté ; leur odeur doit être agréable, leur saveur astringente ; leur infusion rougit le tournesol, et précipite abondamment par le sulfate de fer, la gélatine, l'alcool, le nitrate de mercure, l'eau de chaux et l'oxalate d'ammoniaque.

La seconde variété de roses employées en médecine, et surtout en parfumerie, comprend les *roses pâles* ou roses à cent feuilles, parmi lesquelles on distingue la *rose de Hollande* ou *grosse cent feuilles*, la *rose des peintres*, la *rose mousseuse* ; mais, pour les usages de la parfumerie, on y mélange les fleurs des rosiers suivants : rosier blanc (*rosa alba* L.); rosier jaune (*R. sulfurea* Aït.); rosier multiflore (*R. multiflora* Thunb.); rosier musqué (*R. moschata* Aït.); rosier toujours fleuri ou rosier du Bengale (*R. semperflorens* Curt.). La rose que l'on préfère en parfumerie et en pharmacie est celle de

Damas, ou *des Quatre saisons*. On n'emploie les fleurs que fraîches, pour la préparation de l'eau distillée et de l'essence. Toutefois on fait aussi un sirop avec les pétales secs des roses pâles. On doit récolter ces fleurs le matin et les distiller immédiatement ou très-peu de temps après la récolte ; le procédé qui consiste à les piler avec du sel marin pour les conserver est mauvais : il donne des produits inférieurs.

COMPOSITION CHIMIQUE. — Les roses rouges ou de Provins renferment, d'après M. Cartier, un peu d'huile essentielle, du tannin, de l'acide gallique, une matière colorante, de la matière grasse, de l'albumine, des sels. D'après des recherches plus récentes de M. Filhol, de Toulouse, les roses rouges ne contiendraient pas du tannin proprement dit, mais seulement du *quercitrin* ; ce chimiste y a trouvé en outre du sucre interverti, de la *cyanine* ou matière colorante bleue, une matière grasse soluble dans l'alcool à 85° bouillant, et une autre qui ne se dissout pas dans ce liquide.

Les roses pâles renferment d'après M. Biltz : essence de roses, quantité variable ; huile grasse, 0,065 ; cire, 0,050 ; résine, 1,880 ; tannin, 0,260 ; gomme, 25,000 ; sucre incristallisable, 30,000 ; acide citrique, 2,950 ; acide malique impur, 7,760 ; fibre végétale, 14,000 ; épiderme, 4,552 ; eau, divers sels minéraux et organiques et perte, 13,463 ; total : 99,980.

L'essence de roses est un mélange de deux huiles essentielles ; l'une solide jusqu'à 95°, bout à 300°, et est un hydrogène carboné ; l'autre liquide, qui répand l'odeur de rose, paraît oxygéné ; il n'a pas été analysé.

L'essence de roses du commerce est jaune, épaisse, butyreuse à une température très-basse ; respirée en masse, son odeur est désagréable ; très-diluée, au contraire, elle est des plus suaves.

L'essence de géranium (*Geranium roseum*), se distingue de l'essence de roses au moyen des vapeurs nitreuses qui verdissent la première et jaunissent la seconde ; l'essence de roses pure n'est pas altérée dans son odeur par l'acide sulfurique, et n'est pas colorée par les vapeurs de l'iode ; tandis que, si elle est fraudée par l'essence de géranium, l'acide sulfurique lui donne une odeur désagréable et les vapeurs d'iode la brunissent.

USAGES. — Nous n'invoquerons pas les témoignages d'Avicenne, de Forestier, de Rivière, de Murray, etc., pour venir dire après eux que les roses rouges et la conserve de roses guérissent la phthisie pulmonaire; nous connaissons trop bien l'impuissance d'une telle médication contre cette implacable maladie; mais nous reconnaissons volontiers qu'elle peut souvent modérer la diarrhée et diminuer les sueurs nocturnes; de même que l'infusion de roses rouges, acidulée par l'acide citrique, le suc de citron et même l'acide sulfurique, peuvent modérer les métrorrhagies qui ne tiennent pas à une lésion organique. Les roses constituent un tonique astringent puissant, que l'on emploiera toutes les fois qu'il s'agira de modifier les flux muqueux ou sanguins trop abondants; les infusions aqueuses ou vineuses ont été employées pour modifier les surfaces sécrétantes après l'opération de l'hydrocèle; mais comme elles déterminent de vives douleurs, on leur substitue aujourd'hui les injections iodées.

Voltelen a préconisé l'infusion de roses avec le sucre de lait, contre le catarrhe pulmonaire, contre les fièvres putrides et malignes, mais elle est rarement employée dans ces cas.

Les roses rouges sont la base de la conserve de roses et du miel rosat. Celui-ci sert le plus souvent à préparer des gargarismes astringents et résolutifs; on emploie aussi le vinaigre rosat sous la même forme et comme eau de toilette; les lotions et injections astringentes sont souvent faites avec l'infusion de roses rouges, que l'on emploie aussi quelquefois pour lotionner les plaies sanieuses.

Le suc des roses pâles est regardé comme laxatif; on en fait un sirop que Guy-Patin a beaucoup trop vanté. Les Allemands emploient, dit-on, beaucoup les roses pour se purger. Lémery, et, après lui le célèbre professeur de médecine Venel les avaient indiquées, en France, comme purgatif, ce qui tendait à confirmer l'opinion du médecin portugais du seizième siècle, Amato, plus connu sous le nom d'Amatus Lusitanus. Loiseleur-Deslongchamps regrettait, dans la première partie de notre siècle, que les médecins français y eussent renoncé. Il doit y avoir à cela quelques raisons, et la principale, croyons-nous, c'est que les roses pâles ne purgent pas ou tout au moins qu'elles purgent mal; nous en trouvons une preuve dans l'habitude qu'ont les Turcs de manger des confitures de roses pâles.

L'eau distillée de roses se prépare avec les roses pâles; elle sert à parfumer le cérat de Galien et le *cold-cream*. Pure ou associée à d'autres substances, elle entre dans la composition de collyres.

L'essence de roses sert à donner l'odeur de roses à la *pommade rosat*
et à la *pommade pour les lèvres*. Elle est très-employée en parfumerie.

ROTANG

Calamus Draco Auct. *C. rotang* L.
(Palmiers - Calamées.)

Le Rotang sang–dragon est un arbre à tige droite, noueuse, couverte d'une écorce brun-jaunâtre, hérissée d'épines longues, grêles
et d'un brun foncé ; elle porte des feuilles pennées à rachis épineux.
Les fleurs sont disposées en spadices axillaires, grêles, rameux, à
écailles imbriquées, alternes, distiques, renfermés, avant l'épanouissement, dans une spathe coriace, bivalve. Elles présentent un périanthe à six divisions alternant sur deux rangs, les extérieures
courtes et écailleuses, les intérieures plus grandes ; six étamines ; un
ovaire à trois loges uniovulées, surmonté d'un style trifide terminé
par trois stigmates. Le fruit est une sorte de drupe globuleuse,
d'abord charnue, plus tard sèche, couverte d'écailles brillantes imbriquées, et renfermant trois graines à albumen corné, le plus souvent
réduites à une seule par avortement.

Habitat. — Ce palmier habite les Indes orientales ; on le trouve
sur la côte de Coromandel, à Malacca, à Java, etc.

Parties usitées. — La résine nommée sang–dragon.

Récolte. — On connaît plusieurs espèces de sang–dragon fournies
par des arbres très-différents ; le plus commun est une résine rouge,
insoluble dans l'eau, soluble dans l'alcool, fournie par un rotang (le
Calamus Draco) et par divers autres *calamus* dont les tiges sont très-
estimées sous le nom de *Jonco* et servent à faire des cannes.

Les fruits des rotangs possèdent un péricarpe écailleux. Celui du
C. Rotang est recouvert d'une résine rouge que l'on extrait, d'après
Rumphius, en secouant ces fruits dans des sacs de toile rude ; la
résine passe à travers ; on la fait fondre à l'aide d'une douce chaleur,
et on lui donne diverses formes, le plus souvent celle de petites
boules que l'on enveloppe dans les feuilles sèches du *Licuala spinosa*. C'est la première sorte de sang-dragon.

Plus tard, on concasse les fruits et on les fait bouillir avec de l'eau,
jusqu'à ce qu'il surnage une matière résineuse que l'on sépare et
que l'on dispose en tablettes larges de trois à quatre doigts. Le marc

est lui-même disposé en masses rondes ou aplaties, de $0^m,25$ à $0^m,35$ de diamètre; il constitue le sang-dragon commun. Ces opérations se font sur la côte orientale de Surinam (Guyane hollandaise), à Jambi, capitale du royaume du même nom dans l'île de Sumatra, à Palimbang dans cette même île, et à Bandjer-Massing, île de Bornéo.

Dans le commerce, on distingue les sortes de sang-dragon suivantes :

1° *Sang-dragon en baguettes.* Bâtons de la grosseur du doigt, longs de $0^m,30$ à $0^m,50$, entourés de feuilles de *licuala*, fixées au moyen d'une mince lanière de rotang. La résine est d'un rouge brun, fragile, friable, insipide, inodore; sa poudre est d'un beau rouge vermillon. Il venait autrefois en Europe, d'après M. Guibourt, en masses cylindriques, un peu aplaties, longues de $0^m,20$ à $0^m,30$. Lorsqu'on chauffe le sang-dragon, il répand une odeur aromatique de styrax.

2° *Sang-dragon en olives* ou *en globules.* Enveloppé d'une feuille de palmier, disposé en chapelet; il est rouge-brun foncé, donnant une poudre vermillon. C'est probablement le même que le précédent.

3° *Sang-dragon en masse.* Pains d'un rouge vif, contenant des débris des fruits; il répond à la dernière sorte de Rumphius; il doit être rejeté de l'usage médical, et réservé pour la fabrication des vernis, ou comme matière colorante.

4° *Sang-dragon en galettes.* Pains de diamètre variable, orbiculaires et plats, rouge vif ou pâle; il provient de l'ébullition des fruits dans l'eau; il est demi-transparent, ce que l'on attribue à la matière grasse des amandes qu'il contient; il est inférieur en qualité au précédent, malgré l'absence des débris de fruits.

5° *Sang-dragon faux.* Mélange frauduleux de diverses résines, de briques pilées, d'ocre rouge et d'un peu de sang-dragon; on lui donne des formes diverses, on l'entoure le plus souvent d'une feuille de roseau que l'on maintient avec une ficelle de chanvre; on le reconnaît toujours en ce qu'étant chauffé il répand une odeur de poix-résine.

Nous avons parlé ailleurs du sang-dragon Dragonnier (*Dracæna Draco*, t. I, p. 476) et des sang-dragon Ptérocarpe (*Pterocarpus Draco* et *Indicus*, t. III, p. 141 à 143). Nous signalerons encore comme fournissant du sang-dragon ou des matières analogues, le *Yucca*

Draconis L., de la famille des Liliacées; le *Dalbergia moneta-ria* L., de la famille des Légumineuses; le *Pergularia sanguino-lenta* Lindley, de la famille des Apocynées; les *Croton sanguifluum* et *hibiscifolium* Kunth, de la famille des Euphorbiacées; et l'*Humiria balsamifera* Aubl., arbre de la Guyane, type d'une famille distincte, et qui produit un suc résineux rouge sentant le baume de Tolu.

Composition chimique. Le sang-dragon est insoluble dans l'eau, soluble dans les huiles et dans l'alcool; traité par l'acide azotique, il donne de l'acide benzoïque; la présence de cet acide l'a fait ranger par Thompson parmi les baumes. Herberger l'a trouvé composé sur cent parties : de matière grasse, 2,00; oxalate de chaux, 1,60; phosphate de chaux, 3,70; acide benzoïque, 3,00; *draconine*, 70,70. Ce dernier principe est la résine pure de sang-dragon. Quant à la *draconine*, alcaloïde signalée par Mélandry dans cette substance, elle n'existe pas. MM. Glénard et Boudault ont constaté dans les produits de la distillation du sang-dragon, du benzoène, $= C^{18}H^8$, du cinnamène, $= C^{18}H^8$, de l'acide benzoïque, de l'acétine et une huile oxygénée qui donne de l'acide benzoïque sous l'influence de la potasse.

Usages. — Le sang-dragon est peu employé en médecine. Il entre dans la composition de la *poudre arsenicale* de Rousselot et du frère Côme; des pilules d'alun d'Helvétius. Il est regardé comme astringent, styptique, siccatif, mais moins estimé que le kino et le ratanhia. On l'emploie toutes les fois que l'on veut donner de la force et de la tonicité aux tissus, raffermir les chairs molles, arrêter les écoulements muqueux, purulents ou sanguins, panser les ulcères sanieux et hâter la cicatrisation des plaies.

Le *Calamus Draco* fournit, d'après Roxburgh, les cannes connues sous la dénomination vulgaire de *Joncs d'Inde* ou *Rotins*. Avec ses tiges, comme avec celles du rotang à cordes (*C. rudentum* Lour.) qui croît aussi aux îles de la Sonde et aux Moluques, on fait des cordes et des câbles. Divisées en lanières minces, elles servent à faire des garnitures de chaises et de fauteuils qu'on appelle siéges *cannés*. On emploie aussi sur place les rotangs à la confection d'une foule d'ouvrages de vannerie; mais, dans ces cas, c'est le rotang flexible (*C. viminalis* Willd.) que l'on préfère. Dans les pays où ils croissent spontanément, les rotangs rendent quelquefois les forêts presque impénétrables, à cause de leurs longues tiges semblables à des cordes extrêmement résistantes, étendues d'un arbre à l'autre, serpentant sur le sol, sur les buissons, et surtout à cause des fortes épines dont ils sont hérissés.

RUBANIER

Sparganium ramosum et simplex Huds.
(Typhacées.)

Le Rubanier rameux (*S. ramosum* Huds.) est une plante vivace, à souche cespiteuse. La tige, haute de $0^m,60$ à $0^m,80$, robuste, dressée, rameuse au sommet, porte des feuilles alternes, très-longues, linéaires, coriaces, un peu engaînantes à la base. Les fleurs, petites, monoïques, blanc-verdâtre, sont disposées en têtes globuleuses groupées elles-mêmes en épis lâches, dont l'ensemble constitue une panicule terminale. Les mâles, situées à la partie moyenne et supérieure de l'épi, sont dépourvues d'enveloppes florales, et renferment un grand nombre d'étamines libres, à filets très-courts, entremêlées d'autres étamines avortées et réduites à des écailles. Les fleurs femelles, situées à la base de l'épi, sont munies de bractées persistantes, et présentent un ovaire libre, à une seule loge uniovulée, surmonté d'un style court terminé par un stigmate allongé, linéaire, unilatéral. Les fruits consistent en akènes anguleux, assez gros, à péricarpe presque charnu, sessiles, munis de trois écailles à leur base, et constituant par leur réunion des têtes globuleuses.

Le Rubanier simple (*S. simplex* Huds.), un peu plus petit que le précédent, a la tige dressée, simple, portant des feuilles linéaires, allongées, coriaces. Les têtes de fleurs sont disposées en un épi simple, terminal, les mâles sessiles à la partie supérieure de l'épi, les femelles sessiles ou pédonculées à sa partie inférieure. Le fruit se compose d'akènes fusiformes, oblongs.

Habitat. — Ces deux espèces, et d'autres moins communes, sont très-répandues en Europe. Elles habitent surtout les eaux stagnantes, mais pures, et les ruisseaux et rivières dont le cours est peu rapide. On les trouve aussi dans les tourbières; elles ne croissent en général que dans les eaux peu profondes. Elles se propagent facilement d'éclats de pieds; mais on ne les cultive que dans les jardins botaniques.

PARTIES USITÉES. — Les feuilles, les souches.

RÉCOLTE. — Les feuilles et les souches sont récoltées à l'automne, lorsque la plante a acquis son parfait développement; elles sont les unes et les autres très-peu employées.

COMPOSITION CHIMIQUE. — Les racines sont extrêmement aqueuses; leur saveur est légèrement astringente.

USAGES. — Les feuilles de rubanier ou Sparganier, appelé aussi Ruban d'eau, ont passé pour être astringentes et ses racines pour sudorifiques (*Encyclop. bot.*, t. VI, p. 304). C'est sans doute à cause de cette propriété que Dioscoride les dit *anguicides* (Merat et Delens, *Dict. univ. de mat. méd.* et *de ther. gén.*, t. VI, p. 492).

RUE

Ruta graveolens L.
(Rutacées.)

La Rue officinale ou fétide est une plante vivace, à souche ligneuse, épaisse, fibreuse, blanchâtre, munie de nombreuses radicelles. La tige, haute de $0^m,65$ à 1 mètre, sous-ligneuse à la base, cylindrique, ferme, glauque, dressée, rameuse, porte des feuilles alternes, pétiolées, pennées, très-découpées en segments ovales-oblongs, d'une odeur forte et nauséeuse, parsemées de points glanduleux transparents, un peu épaisses et charnues. Les fleurs, assez grandes, d'un jaune verdâtre, courtement pédonculées et munies de petites bractées, sont terminées en corymbes terminaux. Elles présentent un calice à quatre ou cinq divisions aiguës, vert-jaunâtre, étalées, persistantes; une corolle à quatre ou cinq pétales onguiculés, ovales, très-longs, concaves, un peu sinueux sur les bords; huit à dix étamines saillantes, dressées, à filets subulés, alternativement plus longs et plus courts, insérés sur un disque glanduleux hypogyne; un ovaire à quatre ou cinq lobes, rugueux, glanduleux, et à autant de loges pluriovulées, surmonté d'un style central, court, terminé par un stigmate simple, très-petit, à quatre ou cinq lobes. Le fruit est une capsule, à quatre ou cinq lobes arrondis, à autant de loges qui renferment chacune plusieurs graines réniformes. (Pl. 24.)

La Rue de montagne (*R. montana* Willd., *R. angustifolia* Desf.), regardée par Linné comme une simple variété de la précédente, s'en distingue par ses feuilles à segments étroits, linéaires, très-aiguës, et ses fleurs plus petites.

HABITAT. — La rue est très-abondante dans les régions méridionales de la France et de l'Europe. Elle croit dans les lieux secs et pierreux, sur les coteaux exposés au soleil. Les anciens la cultivaient dans les jardins; mais cette culture est aujourd'hui abandonnée presque partout; elle ne s'est conservée qu'à Naples et dans un petit nombre d'autres localités.

PARTIES USITÉES. — Les feuilles, les semences.

RÉCOLTE. — On récolte les tiges garnies de feuilles avant la floraison; on les fait sécher à l'ombre, disposées en paquets entourés de papier; elles perdent très-peu de leurs propriétés par la dessiccation. Les fruits sont récoltés à leur parfaite maturité. La rue sauvage est regardée comme beaucoup plus active que la rue cultivée.

COMPOSITION CHIMIQUE. — L'odeur vive, forte et pénétrante qui dégage la rue est due à une huile essentielle; sa saveur est amère, âcre et piquante. L'analyse chimique y a constaté la présence de cette huile volatile, de la chlorophylle, de l'albumine végétale, de l'extractif, de la gomme, une matière azotée, de l'amidon, et de l'inuline.

L'essence de rue $= C^{20}H^{20}O^2$, bout à 228°; sa densité est 0,958; distillée avec du chlorure de zinc fondu, elle donne un hydrogène carboné, dont la composition n'est pas connue. L'acide chlorhydrique lui fait subir une transformation isomérique; l'acide azotique la transforme en acide cuprique $= C^{20}H^{20}O^4$, et en acide pélargonique $= C^{18}H^{18}O^4$ (Cahours et Gerhardt.)

USAGES. — La rue pilée et appliquée sur la peau détermine une vive rubéfaction; ingérée, elle produit une très-grande inflammation gastro-intestinale, accélère la circulation, augmente la chaleur animale. C'est en résumé un des stimulants généraux les plus énergiques, qui agit secondairement sur le système nerveux, et en particulier sur l'utérus; aussi l'a-t-on employée dans l'hystérie, la chorée, l'épilepsie, mais surtout comme emménagogue; elle jouit même dans le vulgaire de la réputation d'être abortive; et comme elle est très-irritante, il en est résulté souvent des accidents très-graves, lorsqu'elle était administrée sans discernement. Si, par exemple, l'aménorrhée avait pour cause un excès de sensibilité, une pléthore de l'utérus, il pourrait en résulter des métrorrhagies violentes, qui exigeraient un prompt traitement antiphlogistique.

Les anciens connaissaient les propriétés que possède la rue de congestionner l'utérus ; aussi Pline en interdisait-il l'usage aux femmes enceintes ; le docteur Élie et Desbois de Rochefort l'ont prescrite de nos jours comme emménagogue. C'est l'essence que l'on a employée de préférence, à la dose de dix à vingt gouttes, mais son action est assez inconstante.

Valleriola, célèbre médecin du seizième siècle, Boërhaave, Cullen, ont prescrit la rue comme anti-spasmodique ; Haller comparait son action à celle de l'Assa-fœtida, et Bodart la prescrivait comme son succédané.

Cartheuser, et après lui Wauters, ont substitué la semence de la rue au *Semen-contra* comme vermifuge. On employait l'onguent de rue composé en frictions. On prescrivait encore des embrocations avec l'huile de rue.

Les propriétés antisyphilitiques et antivénéneuses de la rue sont plus que douteuses ; elle entre dans presque tous les remèdes vantés par les empiriques contre la rage. M. de Martius rapporte qu'en Russie on la regarde comme un excellent remède contre cette horrible maladie ; on l'emploie également en Autriche, en Westphalie et en Angleterre ; on sait malheureusement que l'expérience a, dans ce cas, constaté la nullité de ses effets.

A l'extérieur, les cataplasmes de rue, autrefois employés, sont aujourd'hui à peu près inusités ; on les appliquait dans les coliques venteuses et vermineuses, contre les flatulences, l'aménorrhée, l'inertie intestinale, sur les ulcères sanieux, etc. Celse recommandait les cataplasmes de rue préparés avec du vinaigre dans les pertes séminales. Vitet, de Lyon, faisait prendre des bains de rue dans la scrofule. On l'employait contre la gale. Enfin la poudre de rue a été employée pour tuer les vers.

En médecine homéopathique, on fait usage de la teinture mère de rue, que l'on prépare avec les feuilles et les fleurs ; le signe de la plante est *Aru*, et son abréviation *Ruta*. Elle est préconisée surtout dans les affections du système nerveux.

SABINE

Juniperus Sabina L., *J. tamariscifolia* Ait.
(Conifères – Cupressinées.)

La Sabine à feuilles de tamarix, vulgairement appelée Sabine femelle, est un arbrisseau, dont la tige, haute de 2 à 3 mètres, dressée, couverte d'une écorce rugueuse et rougeâtre, se divise en rameaux nombreux, étalés, portant des feuilles opposées, rapprochées, imbriquées, sessiles, lancéolées, aiguës, dressées, glabres, luisantes, d'un vert foncé en dessus, glauques ou blanchâtres en dessous. Les fleurs, dioïques, petites, verdâtres, sont groupées en chatons, portés sur de petits pédoncules recourbés. Les chatons mâles sont petits, ovoïdes, solitaires, axillaires ou terminaux, composés d'écailles peltées, qui sont imbriquées autour de l'axe et portent chacune en dedans, au bord inférieur, trois à six lobes d'anthère. Les chatons femelles, ovoïdes, axillaires, solitaires, à pédoncules munis d'écailles imbriquées, sont composés de trois écailles concaves, accrescentes, soudées dans leur partie inférieure, et portant ordinairement chacune à leur base un ovule nu, dressé, atténué en un col ouvert au sommet. Le fruit est un très-petit cône ovoïde, pisiforme, charnu, bleu-noirâtre, renfermant deux ou trois graines, petites et anguleuses.

On donne le nom de Sabine mâle ou Grande Sabine au genévrier à feuilles de cyprès (*J. cuprossifolia* Ait.). Cette espèce, très-voisine de la précédente, s'en distingue par sa taille plus grande, ses rameaux moins étalés, ses feuilles plus grandes et ses fruits plus gros.

Habitat. — La première espèce croît dans les régions méridionales de la France et de l'Europe ; on la trouve surtout dans les lieux montueux. La seconde espèce habite l'Italie.

Culture. — La sabine est rustique, et se cultive en plein air dans le nord de la France. Elle préfère l'exposition du levant et une terre légère On la multiplie de graines semées en place aussitôt après leur maturité, ou de boutures faites à l'ombre en automne. La sabine mâle est un peu plus délicate, et moins fréquemment cultivée.

Parties usitées. — Les rameaux avec leurs feuilles.

Récolte. — On peut récolter la sabine dans toutes les saisons, puisqu'elle est toujours verte. On la fait dessécher facilement ; elle perd très-peu de ses propriétés par la dessiccation.

Composition chimique. — La saveur de la sabine est âcre, résineuse et amère. Son odeur est forte, aromatique, désagréable, et même fétide ; elle contient une résine, de l'acide gallique, de l'extractif, de la chlorophylle, une huile essentielle hydro-carbonée, qui a pour formule $C^{20}H^{16}$, dont la densité est moins grande que celle de l'eau (0.915), soluble dans l'alcool. Dissoute dans l'acide sulfurique, et distillée ensuite avec un lait de chaux, elle donne une huile volatile qui ressemble par son odeur et ses propriétés à l'essence de thym (Winckler).

Usages. — Les propriétés emménagogues de la sabine et de son huile essentielle sont parfaitement constatées ; mais elles doivent être administrées avec la plus grande circonspection, car elles peuvent agir comme abortives et déterminer des congestions de l'utérus et de violentes métrorrhagies.

Au contact de la peau, la poudre de sabine détermine l'irritation, l'inflammation suivie d'une vive rubéfaction ; appliquée sur la peau dénudée, elle cause une impression irritante et presque caustique ; aussi l'emploie-t-on, soit seule, soit associée au calomel par parties égales, pour détruire les bourgeons charnus et les chancres indurés.

A l'intérieur et à haute dose, les feuilles causent un sentiment de chaleur à l'épigastre, des vomissements, des coliques, des déjections sanguinolentes, le hoquet et une vive inflammation des voies gastriques ; à dose modérée, son action se porte surtout sur l'utérus, et M. Beau recommande dans les métrorrhagies un mélange de rue et de sabine ; il considère ce mélange comme jouissant d'une efficacité supérieure à celle de l'ergot de seigle ; en l'associant au fer, le même auteur dit en avoir retiré de bons effets dans les anémies consécutives aux métrorrhagies passives ; il en continuait l'emploi pendant un certain temps, pour prévenir les récidives.

Contrairement à l'opinion de M. Dieu (*Mat. médic.*, t. III, p. 258), qui n'attribue à la sabine, dans l'avortement qu'elle provoque, d'autre action que celle de toute autre matière toxique, l'action élective de la sabine sur l'utérus est incontestable, et on a souvent eu à déplorer des empoisonnements très-graves chez les personnes qui ont employé cette plante comme abortive.

Bulliard, Desbois de Rochefort, Widekind, Günter, Sauter, Metsch, Aran, ont préconisé la sabine contre la suppression des règles et la métrorrhagie; Radius la prescrivait contre le prolapsus utérin; Hufeland, contre la leucorrhée; Bulliard la faisait prendre à l'intérieur et l'appliquait en cataplasmes contre les affections vermineuses; Brera la conseillait contre le rhumatisme; Hufeland, contre la goutte chronique; Sauvan, dans les affections syphilitiques secondaires; Dupuis la dit efficace contre la blennorrhagie; et Gilibert assure avoir guéri avec elle des fièvres intermittentes. Malgré toutes ces applications, nous devons reconnaître que c'est avec raison que cette plante a été exclue de la pratique ordinaire, peut-être à cause des dangers réels que présente son emploi.

La poudre de sabine fait partie du caustique de Plenck; mélangée au sulfate de cuivre et à d'autres substances, on l'a employée contre les végétations syphilitiques; Boërhaave conseillait les cataplasmes de feuilles pilées contre la gale et l'ankylose; on l'associait le plus souvent alors à l'huile et au sel marin; Hufeland assure que la décoction de sabine en bains ou en fomentations est très-efficace pour le traitement des ulcères scorbutiques; on a rarement recours à ce moyen.

En médecine homéopathique, on prépare avec la sabine une teinture mère, qui est très-employée en dilution; on la considère comme très-énergique, et on la conseille dans un très-grand nombre de cas. Son signe est *Asb*, et son abréviation *Sabina*.

SAFRAN

Crocus sativus L.
(Iridées.)

Le Safran cultivé ou officinal est une plante vivace, à bulbe arrondi, déprimé, charnu, blanc à l'intérieur, recouvert de débris de tuniques sèches et brunes, et émettant en dessous un faisceau de racines fibreuses et chevelues. Les feuilles, toutes radicales, sont linéaires, étroites, aiguës, creusées en gouttière, dressées, à bords réfléchis, vert foncé et lisses en dessus, vert blanchâtre en dessous, marquées d'une nervure médiane blanche dans toute leur longueur, entourées toutes ensemble d'une gaîne membraneuse blanchâtre. Les fleurs, grandes, radicales, violettes, veinées de rouge et de pourpre, naissent, au nombre d'une à trois, du milieu de ces feuilles. Elles présentent un périanthe longuement tubuleux, à tube grêle, à limbe partagé en six divisions presques égales, dressées, oblongues, alternant sur deux rangs ; trois étamines incluses, insérées à la gorge du périanthe et opposées aux divisions extérieures, à anthères sagittées ; un ovaire infère, à trois angles arrondis, à trois loges pluriovulées, surmonté d'un style simple, filiforme, allongé, terminé par trois stigmates très-longs, saillants, cunéiformes, linéaires, pendants, jaune-orangé, très-odorants, denticulés, crénelés et crépus au sommet. Le fruit est une capsule, petite, globuleuse, à trois loges renfermant chacune trois graines arrondies. (Pl. 25.)

Habitat. — Cette plante passe pour être originaire de l'Orient, quoique Sibthorp, au rapport de Smith, l'ait recueillie à l'état spontané dans les basses montagnes de l'Attique, et quoique plus récemment Bertoloni l'ait indiquée comme croissant naturellement dans la marche d'Ancône, en Italie. Elle est cultivée en grand dans diverses provinces de France.

Culture. — Le safran demande une terre sablonneuse, légère, bien ameublie et nettoyée. On le propage par bulbes, que l'on plante durant l'été. Dans le courant de l'année suivante, on donne trois binages ou ràtissages légers. A la quatrième année, on relève les bulbes pour les planter dans une autre place. La culture du safran a fort à redouter deux fléaux : l'un consiste dans la carie des bulbes et reçoit des cultivateurs du Gatinais le nom de *Tacon* ; l'autre, nommé par eux *Mort du safran*, est dù à la rapide propagation d'un champignon parasite, le *Rhizoctonia Crocorum* D.C., *Sclerotium Crocorum* Pers. Le safran ne résiste pas à un froid de 15 degrés.

Parties usitées. — Les stigmates.

Récolte. — On récolte les stigmates de safran en septembre et en octobre, au fur et à mesure de l'épanouissement des fleurs, et on les fait sécher sur des tamis de crin chauffés par de la braise ; ils perdent ainsi les quatre cinquièmes de leur poids ; d'après M. Pereira, 55 milligrammes de safran contiennent les styles et les stigmates de neuf fleurs ; il faudrait par conséquent 4,320 fleurs pour faire 31 grammes de safran, et 69,120 fleurs pour faire 496 grammes ; aussi est-ce une drogue qui se vend très-cher.

Le meilleur safran vient de l'ancien Gatinais et de l'ancien Orléanais, provinces qui sont comprises aujourd'hui dans les départements du Loiret, de Seine-et-Marne, de l'Yonne et même de la Nièvre; viennent ensuite le safran d'Espagne, et celui de l'Angoumois qui se distingue en ce que le style est privé de matière colorante, ainsi qu'une partie du stigmate, de sorte qu'il présente un mélange de filaments blancs et rouges.

Le bon safran doit être rouge-orangé foncé; les filaments qui le forment doivent être allongés, souples et élastiques, exempts de filaments blancs ou jaunes et d'étamines que l'on reconnaît à leurs anthères, et en ce que le safran falsifié avec les étamines colorées étant mis dans l'eau, les étamines se décolorent et plongent dans le liquide, tandis que les stigmates surnagent sans se décolorer ; son odeur doit être fort pénétrante, il doit colorer la salive en jaune, il doit céder à l'eau et à l'alcool les trois quarts de sa matière ; quelquefois on cherche à augmenter son poids en le conservant dans un lieu humide, mais alors il présente une odeur prononcée de fermenté ; il faut au contraire le maintenir dans des vases parfaitement clos et dans des lieux secs.

On trouve souvent dans le commerce du safran falsifié avec de l'eau, du sable, des grains de plomb, dont il est bien facile de constater la présence; on y mélange aussi les fleurs du carthame (*Carthamus tinctorius*), de la famille des Synanthérées, que l'on a nommé *Safranum* et *Safran bâtard*. On reconnaît cette fraude à la forme des corolles du carthame, à leur couleur, à la présence des étamines; elles colorent très-peu la salive, et elles s'attachent aux mains lorsqu'on les plonge dans la masse.

On a encore falsifié le safran avec des pétales de diverses fleurs, coupés en lanières, teints en rouge-orangé et frottés d'huile; les corolles de souci, d'arnica et de saponaire, ont surtout ainsi été préparées pour cet usage depuis quelques années. On y a souvent trouvé des corolles de fleurs synanthérées de la tribu des sénécioïdées, que l'on désigne sous le nom de *fuminella*, et dont on ne connaît pas l'origine. Le *faux safran du Brésil* ou *Açafrão*, offre quelques rapports d'odeur et de saveur avec le safran, mais il s'en distingue par sa forme, qui est celle d'une corolle monopétale, tubuleuse, un peu courbe et renflée près du limbe. Cette plante appartient probablement à la famille des Labiées ; elle présente une odeur qui se rapproche de celle du safran, colore la salive en jaune et est très-amère.

Le bon safran, légèrement pressé entre deux feuilles de papier, ne doit laisser de traces ni d'eau, ni d'huile ; examiné à la loupe, on ne doit y rencontrer, à part quelques étamines de *crocus*, qui s'y trouvent accidentellement, que des styles filiformes, partagés en trois stigmates aplatis, creux, vides à l'intérieur, élargis au sommet en forme de cornet, à extrémité bilabiée et frangée.

Composition chimique. — Le safran cède à l'eau et à l'alcool les trois quarts de son poids de principes solubles. Bouillon-Lagrange et Vogel y ont signalé l'existence d'un principe auquel ils ont donné les nom de *Polychroïte*, parce que l'acide sulfurique le colore en bleu, l'acide nitrique en vert, tandis qu'avec l'acide de baryte il donne un précipité rouge ; ils y ont trouvé sur 100 parties : eau, 10 ; gomme, 6,50 ; albumine, 0,50 ; polychroïte, 65 ; cire, 0,50 ; débris organiques, 10 ; un peu d'huile volatile. M. Henry a isolé du polychroïte un cinquième d'huile volatile, qui paraît être le principe actif. Ce principe colorant, que l'on peut fixer sur les étoffes, mais qui est peu solide, est tout à fait inerte.

Usages. — Le safran est très-anciennement connu et employé en médecine. Hippocrate le prescrivait, et de son temps le Tmolus, montagne de Lydie, était célèbre par le safran qu'on y récoltait autant que par ses vins ; Sibthorp l'a trouvé en Grèce ; Allioni, Tenore, Bertoloni l'ont signalé comme spontané en Italie. Dans l'antiquité, le safran était employé pour la teinture, pour la fabrication des parfums, pour l'art culinaire et l'art pharmaceutique, pour la coloration des aliments, l'aspersion des temples, des théâtres, des salles de festins. Les Sibarites en buvaient une infusion comme préparation à leurs plaisirs. Il est encore employé comme assaisonnement par plusieurs peuples de l'Asie ; on s'en sert surtout pour préparer le riz en Turquie, en Pologne, en Italie et en Espagne ; on ne l'utilise plus guère en teinture ; les confiseurs et les liquoristes s'en servent souvent ; il entre dans la composition d'un sirop préparé au vin, de l'élixir de Garus, du laudanum de Sydenham, de la thériaque, etc.

Borelli, Lacoste, Kœnig, Lantanus, ont cité des exemples d'accidents déterminés par les émanations du safran pendant sa récolte ; les femmes qui la pratiquent sont sujettes à des céphalalgies intenses, à des vertiges, des tremblements et à une sorte d'ivresse ; il peut causer des métrorrhagies et même l'avortement ; aussi l'a-t-on placé parmi les poisons narcotico-âcres. Les thérapeutistes, au contraire, le classent tantôt dans les emménagogues, tantôt dans les excitants généraux.

A petite dose, le safran augmente l'appétit et favorise la digestion; à dose plus élevée, il rend le pouls plus fréquent, il augmente la chaleur animale et les sécrétions en général, et agit ensuite sur le système nerveux qu'il excite; il peut produire des vertiges, de la pesanteur de tête, de la somnolence, etc. On a même dit qu'il pouvait occasionner la mort; ce qui est en opposition avec les faits avancés par Cullen et Alexander.

Les propriétés emménagogues du safran, indiquées par Dioscoride, ont été constatées par un grand nombre d'auteurs, et cette substance a été souvent prescrite pour provoquer l'écoulement des règles; c'est même à peu près le seul cas où on l'emploie en médecine, quoique ses effets soient très-douteux à cet égard.

A l'extérieur, le safran a été souvent prescrit pour le pansement des plaies, des brûlures; mélangé au cérat, on s'en est servi contre les excoriations, l'intertrigo, les gerçures du sein. La poudre de safran, mêlée à l'acide sulfurique concentré, constitue le *caustique sulfo-safranique* de M. Velpeau, qui est si souvent employé contre les affections cancroïdes ou cancéreuses de la peau, et que M. Ricord désigne, par euphémisme sans doute, ou mieux par antiphrase, sous le nom de *pâte d'amandes douces.*

En médecine homéopathique le safran est souvent employé; il est considéré comme un modificateur puissant du système nerveux. Son signe est *Scs*, et son abréviation *Croc-sativ.*

SALICAIRE

Lythrum Salicaria et hyssopifolia L.
(Salicariées.)

La Salicaire commune (*L. Salicaria* L.), vulgairement appelée Lysimaque rouge, est une plante vivace, à racine très-grosse, sous-ligneuse, brunâtre, munie de fibres radicales. La tige, haute de 0^m,50 à 1 mètre, ordinairement sous-ligneuse à la base, tétragone, rougeâtre, pubescente, dressée, rameuse au sommet, porte des feuilles opposées, rarement verticillées ou alternes, sessiles, lancéolées, cordées à la base, pubescentes, vert foncé en dessus, plus pâles en dessous. Les fleurs, d'un beau rouge pourpre, sont groupées en petits glomérules axillaires, dont l'ensemble forme une grande panicule terminale. Elles présentent un calice tubuleux, cylindrique, strié, pubescent, à douze dents alternant sur deux rangs, les extérieures plus longues ; une corolle à six pétales oblongs, obtus, étalés ; douze étamines, à filets rougeâtres, alternant sur deux rangs ; un ovaire libre, à deux loges pluriovulées, surmonté d'un style filiforme, terminé par un stigmate en tête. Le fruit est une capsule membraneuse, ovoïde, oblongue, à deux loges polyspermes, renfermée dans le tube du calice persistant.

La Salicaire à feuilles d'Hyssope (*L. hyssopifolia* L.), est une plante annuelle, dont la tige, haute de 0^m,15 à 0^m,30, florifère dès la base, porte des feuilles alternes, sessiles, oblongues-linéaires, glabres. Les fleurs, rose pourpre, portées sur de courts pédoncules solitaires à l'aisselle des feuilles, ont un calice glabre, muni à la base de deux petites bractées subulées, scarieuses.

HABITAT. — Ces deux plantes sont communes en Europe. Elles croissent dans les lieux humides, les marais, les fossés, au bord des eaux. On ne les cultive que dans les jardins botaniques. La première se trouve aussi quelquefois dans les jardins d'agrément, où elle contribue à orner les bords des pièces d'eau.

PARTIES USITÉES. — Les racines, les feuilles, les sommités fleuries.

RÉCOLTE. — La Salicaire officinale ou à épis doit être récoltée au moment de la floraison qui a lieu en juin et juillet ; on coupe les sommités par un temps sec, on les fait sécher au soleil ou à l'étuve.

COMPOSITION CHIMIQUE. — Cette plante, dont la saveur est herbacée, mucilagineuse et un peu astringente, est tout à fait inodore ; elle n'a pas été analysée.

USAGES. — La légère astringence de la salicaire la fait employer contre la diarrhée, la dysenterie chronique, la leucorrhée. Dehaen l'administrait en poudre ; d'après Murray, Blom l'employa avec succès en Suisse contre une épidémie de dysenterie ; il l'administrait en décoction ; Vicat la prescrivait avec succès dans des cas analogues, et cette application a été recommandée par Gardanne, Hast, Stork, Murray, etc. Sagar dit l'avoir employée avec succès contre les crachements de sang ; Quarin l'associait au coquelicot et à la guimauve contre la lienterie, et Hufeland place cette plante au nombre de celles dont l'action est la mieux établie contre la diarrhée chronique. Malgré l'autorité des auteurs que nous venons de citer, et quoique MM. Fouquet et Cazin, plus récemment, aient dit avoir obtenu de bons effets de la salicaire, elle est aujourd'hui très-peu usitée.

D'après De Candolle, on emploie au Mexique une autre espèce de salicaire sous le nom d'*Apanxaloa*; elle est considérée comme astringente et vulnéraire.

Le *L. hyssopifolia*, qui est beaucoup plus rare que la salicaire, jouit des mêmes propriétés; il est d'ailleurs aussi peu usité chez nous.

SALSEPAREILLE

Smilax Sarsaparilla L.
(Liliacées - Asparagées.)

La Salsepareille est un arbuste, à rhizome tubéreux, fauve, muni de fibres radicales très-longues, cylindriques, épaisses, gris cendré. La tige, sarmenteuse, grimpante, articulée, rameuse, garnie d'aiguillons recourbés, porte des feuilles alternes, pétiolées, coriaces, cordiformes, aiguës, entières, glabres, marquées de trois ou cinq nervures saillantes, et munies à leur base de deux vrilles roulées en spirale. Les fleurs, dioïques, jaune verdâtre, sont groupées en petites ombelles simples, longuement pédonculées. Le calice est à six divisions. Les mâles ont six étamines. Les femelles renferment un ovaire, à trois loges uniovulées, surmonté d'un style simple terminé par trois stigmates. Le fruit est une baie globuleuse, rougeâtre, entourée par le calice, et renfermant une à trois graines (Pl. 26).

HABITAT. — Originaire des contrées chaudes de l'Amérique, cette espèce a été naturalisée à l'île Maurice et dans quelques autres lieux. On la cultive en serre chaude dans les jardins botaniques.

PARTIES USITÉES. — Les rhizomes, les racines.

RÉCOLTE. — Outre le *Smilax Sarsaparilla* L. qui habite le Mexique et différentes parties de l'Amérique septentrionale, nous devons signaler encore le *S. medica* Schelchtendahl, qui croît sur les pentes orientales des Andes du Mexique, dans divers villages d'où on la transporte à la Vera-Cruz; le *S. officinalis* Kunth, que l'on trouve sur les bords du rio Grande de la Magdalena, dans la Nouvelle-Grenade, et qui est transporté à Carthagène et à Mompox; le *S. syphilitica* Kunth, trouvé par MM. de Humboldt et Bonpland à la Nouvelle-

Grenade, et par M. de Martius au Brésil; le *S. laurifolia* Willd., des Antilles et de la Caroline; le *S. macrophylla*, des Antilles; le *S. obliquata* Poiret, qui croît au Pérou, et le *S. papyracea* Poiret, du Brésil.

La plus commune de ces plantes, dans le commerce, est la *Salsepareille de la Vera-Cruz*, plus connue sous le nom de *Salsepareille de Honduras*. Elle nous arrive de la Vera-Cruz et de Tampico, en balles de 60 à 100 kilogrammes; elle porte encore les souches, et les racines sont longues de 1 mètre à 1^m,60 : les souches sont grises à l'extérieur, souvent couvertes de terre, blanchâtres à l'intérieur; les tiges souterraines sont cylindriques ou tétragones; elles portent des épines fibreuses; les racines, noirâtres ou grisâtres, portent des cannelures profondes et longitudinales ; l'écorce est rose à l'intérieur; la partie ligneuse est blanche, d'une saveur fade et amylacée, tandis que la partie corticale est tout à la fois mucilagineuse, amère et âcre ; toute la racine possède une odeur qui devient surtout très-sensible lorsqu'on la fait bouillir dans l'eau. La salsepareille de la Vera-Cruz est celle qui avait été décrite par M. Guibourt sous le nom de *Sarzaparilla prima* ou *Mecapatlé* de Hernandez. Elle est attribuée au *S. medica*, et celle de Honduras l'est au *S. Sarsaparilla*.

On estime beaucoup plus dans le commerce la salsepareille rouge, dite de la Jamaïque, qui vient de Honduras et qui nous arrive de la Jamaïque par voie de transit ; elle a été décrite par Nicolas Monardès, sous le nom de salsepareille de Honduras, et sous celui de salsepareille supérieure par Hernandez. Elle nous arrive en boîtes plus petites que la précédente, avec laquelle elle est souvent mélangée; les souches portent des épines éparses plus nombreuses, plus fortes et plus piquantes; on en remarque une rangée circulaire à la base de la gaîne foliacée ; ce sont des racines avortées, car lorsque ces souches sont recouvertes de terre, ces épines se développent en racines; les racines, plus longues que les précédentes, sont plus grêles, elles sont plus souples et se fendent plus facilement; elles contiennent beaucoup de sel marin; l'épiderme est rouge orange ou gris rougeâtre; l'écorce est humide, très-sapide et moins amylacée.

Sous le nom de *Salsepareille des côtes*, on désigne une sorte que M. Guibourt croit être la précédente, et qui est de qualité inférieure. On les attribue l'une et l'autre au *S. Sarsaparilla*.

On distingue encore la *Salsepareille caraque*, une sorte qui est très-longue et plus propre que celle du Mexique ; elle est aussi plus lisse, moins déformée et peu striée ; sa couleur varie du blanc grisâtre au rouge ; elle est droite, se fend facilement, présente un cœur ligneux blanc et une écorce rose ; elle est peu sapide et très-amylacée, elle renferme peu de principe actif. On l'a attribuée au *S. syphilitica* et au *S. officinalis;* elle a été décrite par M. de Humboldt.

Les racines de la salsepareille de Maracaïbo sont très-rares ; elles sont courtes, flexueuses, difficiles à fendre; elles portent beaucoup de chevelu et sont cylindriques et striées ; les tiges quadrangulaires ne portent pas d'épines. On nomme aussi cette salsepareille *Squine de Maracaïbo.*

Il nous vient des provinces de Para et de Maraham une sorte de salsepareille privée de souche, que l'on désigne sous le nom de *Salsepareille du Brésil* ou du *Portugal;* elle arrive en petites bottes fortement serrées et entourées des branches d'une plante monocotylédone nommée *Timbotilica;* elle présente peu de radicules; elle est amère et amylacée. On croit qu'elle est produite par le *S. papyracea* de Poiret.

La *Salsepareille du Pérou* tient le milieu par sa forme entre la salsepareille de la Vera-Cruz et celle de la Jamaïque; elle est plus droite ; ses sillons sont moins profonds que dans la première ; le méditullium ligneux est souvent coloré d'un rouge vif ; les écailles sont orangées. Cette salsepareille est attribuée au *S. obliquata* du Pérou.

On a désigné sous la dénomination de *Salsepareille noirâtre à grosses tiges aiguillonnées,* une sorte commerciale qui a des rapports avec celle du Pérou, et qui vient en grosses bottes, avec les souches munies de racines très-longues, peu cannelées, peu amylacées et noirâtres. Les tiges sont grosses, peu consistantes; elles portent des angles marqués par des côtes membraneuses qui se terminent par des aiguillons papyracés; bouillie dans l'eau, elle fournit une décoction rouge de sang ; son extrait possède une odeur prononcée de valériane.

Enfin, la *Salsepareille ligneuse* est remarquable par la grandeur et l'aspect ligneux de toutes ses parties; l'épiderme est rouge brun ; l'écorce est peu épaisse et très-profondément sillonnée; les tiges sont épaisses et hérissées d'aiguillons ; sa saveur est mucilagineuse, amère et âcre. Elle est rare, peu estimée à Paris, néanmoins, dit-on, recherchée à Bordeaux; on la donne comme venant de Mexico.

Plusieurs racines sont employées comme succédanées de la salsepareille ou vendues par fraude à sa place. Les unes sont produites par des plantes du genre *Smilax*, d'autres par celles du genre *Herreria*, qui croissent au Chili, au Pérou et au Brésil. On leur donne, ainsi qu'à la salsepareille, le nom générique de *Japicanga*, nom qui, d'après M. Guibourt, devrait appartenir plus spécialement aux *S. Japicanga* et *springoïdes* de Grisebach. M. Guibourt décrit deux de ces *Japicanga* qui lui ont été donnés, l'un par M. Stanislas Martin, l'autre par M. Dubail.

C'est surtout la laiche des sables (*Carex arenaria*) qui est vendue sous le nom de *salsepareille d'Allemagne*; elle est très-employée dans ce pays; elle ne l'est pas chez nous; on la distingue en ce qu'elle n'est pas flexible, qu'elle se casse net, et qu'elle n'a pas d'écorce amylacée.

La *racine d'Agave de Cuba* ou *Maguey du Mexique* (*Agave Cubensis* Jacq.), qui appartient à la famille des Broméliacées, a été quelquefois donnée pour la salsepareille de Honduras.

L'*Aralia nudicaulis*, de la famille des Araliacées, produit la *fausse salsepareille grise de la Virginie*. C'est une tige rampante et non une racine; elle possède une odeur fade, une saveur un peu sucrée et aromatique.

Sous le nom de *Smilax aspera*, on vend trois produits différents : d'abord, la salsepareille d'Amérique, nommée par Bauhin *S. aspera Peruviana*; deuxièmement, le *S. aspera* L., plante sarmenteuse aiguillonnée, de l'Europe méridionale, portant des radicules blanches, menues, à odeur aromatique; troisièmement, le *Cari-Villandi* de Rheede (*S. Zeylandica* L.), dont la souche ressemble à la squine des pharmacies. Ces diverses fausses salsepareilles ont été souvent confondues avec la fausse salsepareille de l'Inde, qui est bien différente et produite par le *Periploca Indica* L. (*Hemidesmus Indicus*), de la famille des Asclépiadées. On a nommé aussi cette racine *Nunnary-Vayr*.

COMPOSITION CHIMIQUE. — La salsepareille a été successivement étudiée par MM. Canobio, Pallota, et Folchi en Italie, et par MM. Thubœuf et Poggiale en France. Elle contient : huile volatile, salseparine, résine âcre amère, matière huileuse, matière extractive, amidon, albumine.

L'huile volatile n'existe qu'en très-petite quantité; la salseparine a été découverte par Pallota, qui lui donne le nom de *parigline*;

c'est la *smilacine* de Folchi, et l'*acide parillinique* de Batka.
MM. Thubœuf et Poggiale démontrèrent l'identité de toutes ces substances et nommèrent ce principe *salseparine*; elle est inodore, incolore, solide, cristallisable en groupes rayonnés; elle est neutre,
ressemble beaucoup à la *saponine*, et s'en distingue en ce qu'elle
n'est pas acide, en ce qu'elle cristallise; sa saveur, d'abord nulle, ne
se fait sentir que lorsqu'elle est en solution; elle est à peine soluble
dans l'eau, elle ne donne ni résine, ni acide mucique par l'acide
azotique, et l'acide hydrochlorique ne la change pas en acide *escu-
lique*. L'une et l'autre, en solution dans l'eau, jouissent de la propriété de produire de la mousse lorsqu'on agite le liquide.

Usages. — La salsepareille est regardée comme un dépuratif et
un des antisyphilitiques des plus énergiques; on l'emploie sous
forme de tisane, de sirop simple ou composé, d'extraits, de teintures,
de vins; elle a beaucoup perdu de son ancienne réputation, et un
grand nombre d'auteurs, parmi lesquels nous citerons M. Ricord,
la regardent comme tout à fait inefficace. Ses propriétés sudorifiques sont très-douteuses, et la réputation dont elle jouit encore
dans le traitement des maladies vénériennes est très-contestée. On
prétend cependant que, dans le pays où elle croît, elle est plus énergique; le docteur Hancocq, qui l'a employée, lui attribue la propriété spéciale de restaurer les malades, de refaire leur constitution;
il ajoute qu'à haute dose elle détermine des nausées, qu'elle ra-
lentit le pouls et qu'elle met le malade dans un état de faiblesse
passagère. Les mêmes effets ont été attribués par Pallota à la salseparine.

La salsepareille fait partie, avec le sassafras, le gayac et la squine,
des *quatre bois sudorifiques*.

La forme de tisane est la plus fréquemment employée pour la salsepareille; la dose est de 60 grammes pour un litre d'eau. On recommande de la préparer par infusion et non par décoction. Avant de
traiter cette racine par les divers véhicules, on la fend longitudinalement et on la coupe par tronçons de 1 à 2 centimètres de longueur.
Pour que l'opération se fasse avec plus de facilité, on la met à la
cave, et on l'arrose, dit-on, de sel marin; aussi ce sel s'y trouve-t-il
quelquefois en assez grande proportion; on a proposé de substituer
la salsepareille d'Europe (*S. aspera*) à la salsepareille exotique, mais
cette substitution est peu pratiquée.

Quoique les médecins homéopathes fassent peu d'usage de la salsepareille, elle est cependant inscrite à leur codex sous le signe *Asp* et l'abréviation *Salsap ;* ils l'emploient comme diurétique, sudorifique et dépurative ; on en prépare une teinture mère.

SALSIFIS

Tragopogon pratense, majus et porrifolium L.
(Composées – Chicoracées.)

Le Salsifis des prés (*T. pratense* L.), vulgairement appelé Cercifis, Sersifis, Barbe de bouc, etc., est une plante bisannuelle, à racine fusiforme, allongée, charnue, simple, brunâtre au dehors, blanchâtre en dedans, pivotante. La tige, haute de 0^m,50 à 1 mètre, un peu noueuse, dressée, simple, rameuse, porte des feuilles alternes, sessiles, canaliculées, embrassantes à la base, lancéolées-linéaires, très-allongées, aiguës, entières. Les fleurs, jaunes, ligulées, sont groupées en capitules larges, solitaires, terminaux, à réceptacle nu, plane, entouré d'un involucre composé de six à huit folioles égales, lancéolées, aiguës, étroites, glabres, disposées sur un seul rang et plus ou moins soudées à la base. Les fruits sont des akènes très-allongés, striés, tuberculeux, brunâtres, surmontés d'une aigrette longuement stipitée, à soies plumeuses, à barbes entre-croisées.

Le grand Salsifis (*T. majus* L.), est aussi bisannuel. La tige, haute de 0^m,30 à 0^m,60, dressée, simple ou rameuse, porte des feuilles presque planes, élargies et embrassantes à la base, lancéolées, acuminées. Les fleurs, semblables à celles de l'espèce précédente, forment un capitule entouré d'un involucre de huit à douze folioles lancéolées et porté sur un pédoncule fortement renflé en massue au sommet.

Le Salsifis des jardins ou Salsifis blanc (*T. porrifolium* L.) est caractérisé par sa racine fusiforme, blanc jaunâtre. Sa tige, haute d'un mètre, portant des feuilles lancéolées, linéaires, aiguës, d'un vert glauque ; ses pédoncules renflés en massue ; son involucre à folioles très-longues et ses capitules de fleurs violettes.

Habitat. — Ces plantes sont répandues dans les diverses régions de l'Europe ; elles croissent dans les prés, les bois, au bord des chemins. Les deux premières ne sont cultivées que dans les jardins botaniques. La troisième se trouve dans tous les jardins maraîchers.

PARTIES USITÉES. — Les racines, les jeunes pousses.

RÉCOLTE. — Les racines du salsifis blanc ne sont employées que fraiches; on les arrache au moment du besoin.

COMPOSITION CHIMIQUE. — Ces racines se distinguent par une consistance charnue, une saveur sucrée et mucilagineuse; elles sont très-riches en inuline, matière que l'on trouve dans un grand nombre de racines de la même famille, et qui, par sa composition et ses propriétés, se rapproche beaucoup de l'amidon; elle s'en distingue pourtant en ce qu'elle n'est pas bleuie par l'iode.

USAGES. — Les racines de salsifis fournissent un aliment sain et agréable. Celles du salsifis blanc ont passé pour diurétiques, apéritives et pectorales, quoiqu'à un moindre degré que celles de la scorsonère d'Espagne ou salsifis noir; on attribue aussi au salsifis des qualités analogues à celle de la chicorée. Mais en réalité cette plante n'est plus recommandée en médecine.

SANGUINAIRE

Sanguinaria Canadensis L.

(Papavéracées.)

La Sanguinaire du Canada est une plante vivace, à rhizome rampant, noueux, cylindrique, brunâtre, muni de fibres radicales, grêles et rousses, sécrétant, comme toutes les parties de la plante, un suc âcre et rougeâtre. Elle porte une seule feuille, à long pétiole brunâtre, à limbe large, arrondi, réniforme, palmilobé, vert noirâtre en dessus, pâle et glauque en dessous, marqué de nervures rouges très-ramifiées. La fleur, grande, blanche, solitaire à l'extrémité d'une hampe radicale, présente un calice à deux sépales ovales; une corolle de huit à douze pétales ovales, étalés, disposés sur deux ou trois rangs; vingt-quatre étamines, à anthères linéaires; un ovaire pluriovulé, surmonté d'un stigmate sessile, épais. Le fruit est une capsule bivalve, oblongue, ventrue, polysperme. (Pl. 27).

HABITAT. — Cette plante croit dans les régions boréales de l'Amérique. Elle est cultivée dans les jardins d'ornement.

PARTIES USITÉES. — La racine.

RÉCOLTE. — La racine de sanguinaire nous vient du Canada et de la Floride; elle est de la grosseur du doigt, presque horizontale, et d'un rouge sanguin. Les Indiens la nomment *Puccoon* et les Anglo-

Américains *Turmeric*, ce qui revient à *Curcuma*. Elle renferme un suc rouge sanguin qui teint la salive de la même couleur, sa saveur est âcre et brûlante.

Composition chimique. — La racine de sanguinaire a été analysée par M. Vaua, qui en a extrait une base organique qu'il a nommée *sanguinarine*, et qui, d'après M. Scheil, serait identique avec la *chélérythrine*, trouvée par MM. Probst et Polex dans la chélidoine ; quoi qu'il en soit, la sanguinarine a pour formule $C^{36} H^{17} Az O^8$. Elle est pulvérulente, jaune, insipide, fusible, soluble dans l'alcool, insoluble dans l'eau ; elle jouit de propriétés sternutatoires très-prononcées, elle est colorée en rouge au contact des acides, et en se combinant avec eux, elle forme des sels rouges, amers et très-solubles dans l'eau.

Usages. — La sanguinaire est âcre, caustique et vomitive ; elle jouit de propriétés drastiques très-prononcées. Les sauvages emploient son suc pour se teindre le corps en rouge. D'après Barton et Bigelow, la racine jouit des propriétés du *Datura stramonium;* on l'a employée contre la gonorrhée, la morsure des serpents, les fièvres bilieuses. D'après le docteur Aaron Dexter, administrée à petite dose, elle est stimulante et diaphorétique ; dans quelques parties de la Nouvelle-Angleterre, on en fait une teinture qui est regardée comme un bon tonique ; on reconnaît toutefois qu'à dose un peu élevée elle peut produire les vomissements. A dose modérée, elle jouit de propriétés narcotiques; aussi le docteur Israël Allen l'a-t-il employée pour modérer les mouvements du cœur et comme succédanée de la digitale. Sa poudre est fortement sternutatoire, et le docteur Smith d'Hanovre dit l'avoir employée comme escharotique pour détruire les polypes muqueux du nez.

La sanguinaire, employée seule ou associée à l'opium, a été préconisée pour combattre la tuberculisation pulmonaire ; malgré les effets merveilleux annoncés par les médecins américains, les résultats obtenus ont été nuls.

A peu près inusitée, de nos jours, en médecine ordinaire, la racine de sanguinaire est indiquée dans le codex homéopathique sous l'abréviation *Sanguin* et le signe *Asg*. On lui attribue des propriétés nombreuses et efficaces; cette racine est rare dans le commerce.

SANICLE

Sanicula Europæa L.
(Ombellifères - Saniculées.)

La Sanicle officinale est une plante vivace, à racine assez grosse, noueuse, brune, munie de nombreuses radicelles. Les tiges, hautes de $0^m,40$ à $0^m,60$, cylindriques, grêles, striées, glabres, simples et dressées, sont nues ou portent à peine une ou deux feuilles. Celles ci, toutes radicales et disposées en rosette, sont longuement pétiolées, palmées, profondément divisées en trois ou cinq lobes très-amples incisés-dentés, glabres, lisses et luisantes en dessus, plus pâles en dessous. Les fleurs, petites, blanches, sessiles, mâles pour la plupart, sont groupées en capitules sur un réceptacle chargé de paillettes et entouré d'un involucre à plusieurs folioles ; ces capitules sont eux-mêmes réunis en ombelles munies d'un involucelle à plusieurs folioles, et dont l'ensemble constitue une ombelle terminale entourée d'un involucre à deux ou trois folioles entières ou incisées. Chaque fleur présente un calice à cinq lobes foliacés ; une corolle à cinq pétales réfléchis ; cinq étamines saillantes. Les fleurs hermaphrodites ont en outre un ovaire infère, à deux loges uniovulées, couronné par un disque bilobé, surmonté de deux styles divergents. Le fruit est un diakène globuleux, couvert de longues épines subulées crochues, surmonté par les lobes persistants du calice et porté sur un pédoncule fructifère longuement accru.

On a donné le nom de Sanicle de montagne à une espèce de saxifrage. (V. ce mot.)

HABITAT. — La sanicle est commune dans les régions centrales de l'Europe. Elle croit dans les lieux montueux et ombragés, les bois humides, etc. On ne la cultive que dans les jardins botaniques, où on la propage très-facilement par éclats de pieds faits à l'automne ou au printemps.

PARTIES USITÉES. — Les feuilles.

RÉCOLTE. — On peut récolter la sanicle pendant une grande partie de l'été ; elle est plus active au moment de la floraison. Par la dessiccation elle perd un peu de son odeur, mais sa saveur amère et styptique prend plus de développement.

COMPOSITION CHIMIQUE. — La sanicle a une saveur légèrement amère et peu acerbe. Son analyse n'a pas été faite; on sait seulement que son infusion précipite en noir les persels de fer, ce qui indiquerait la présence du tannin et ce qui justifierait, jusqu'à un certain point, la réputation dont elle a joui autrefois.

Usages. — La sanicle vient de *sanare*, guérir : elle était jadis employée comme une panacée universelle, de même que la bugle, et considérée comme détersive et tonique; aussi l'école de Salerne disait-elle :

> Qui a la bugle et la sanicle
> Fait aux chirurgiens la nique.

Aujourd'hui elle est à peu près inusitée. Elle entre dans la composition du *faltrank* ou *vulnéraire suisse*, mélange informe de plusieurs plantes sèches, dont l'infusion est vantée contre les coups, les ecchymoses, les contusions, etc., mais qui, en réalité, ne mérite aucune confiance. La sanicle a été encore, autrefois, vantée contre la diarrhée, la dysenterie chronique, les hémoptysies, etc.

Les Indiens emploient le *S. Marylandica* L. contre la syphilis et les maladies du poumon. Cette plante est inconnue en France.

SANTOLINE

Santolina Chamæcyparissus L.
(Composées-Sénécionidées.)

La Santoline petit-cyprès, appelée aussi vulgairement Aurone femelle, Garderobe, Citronnelle, etc., est un sous-arbrisseau à racines ligneuses, épaisses. Les tiges, hautes de $0^m,25$ à $0^m,50$, épaisses et ligneuses à la base, très-rameuses, diffuses, buissonnantes, droites, tomenteuses, blanchâtres, portent des feuilles alternes, pétiolées, linéaires, très-étroites et comme cylindriques, dentées, un peu épaisses et charnues, devenant plus tard planes et comme pennatifides, cotonneuses et blanchâtres. Les fleurs sont groupées en capitules jaunes, globuleux, à réceptacle muni d'écailles glabres, porté sur un pédoncule anguleux et épaissi au sommet, et entouré d'un involucre à folioles extérieures lancéolées, acuminées, munies d'une côte dorsale qui se prolonge sur le pédoncule. Chaque fleur présente un calice à cinq dents. Les fleurs du centre sont hermaphrodites, et ont une corolle tubuleuse, prolongée à sa base et enveloppant le sommet de l'ovaire; cinq étamines, à anthères soudées; un ovaire infère, uniovulé, surmonté d'un style simple terminé par un stigmate bifide. Les fleurs de la circonférence sont femelles, et leur corolle est à peine ligulée. Les fruits sont des akènes oblongs, tétragones, glabres, obtus au sommet et dépourvus d'aigrette.

HABITAT. — Cette plante habite les régions méridionales de l'Europe, où elle croit surtout dans les sols pierreux, sur les coteaux calcaires, dans les lieux exposés au soleil.

CULTURE. — La santoline est surtout cultivée en bordures dans les jardins maraîchers. Elle demande une terre légère, une exposition chaude et abritée. On la propage de graines ou de marcottes, mais mieux de boutures, faites à l'automne ou au printemps.

PARTIES USITÉES. — Les feuilles, les fleurs, les semences.

RÉCOLTE. — Les sommités de la santoline sont récoltées avant la floraison. On emploie rarement les fleurs isolées; il en est de même des graines, que l'on cueille à leur maturité. Ce sont les fruits proprement dits que l'on emploie, et que l'on désigne sous le nom impropre de semences. Toutes les parties de la plante perdent par la dessiccation une partie de leurs propriétés.

COMPOSITION CHIMIQUE. — Quoique la santoline n'ait pas été analysée, on peut affirmer que, comme beaucoup d'autres plantes de la même famille, elle doit ses propriétés à un principe volatil de la nature des huiles essentielles; mais elle renferme aussi un principe amer fixe, qui abonde surtout dans les feuilles.

USAGES. — La santoline a été regardée comme vermifuge, antispasmodique et emménagogue. D'après Coste et Wilmet, Badary préférait sa semence à celle du *Semen contra*; Wauters la regardait comme tout aussi active et la substituait à ce dernier; Loiseleur-Deslonchamps dit qu'elle agit bien contre les vers, et comme antihystérique; d'après Mérat et Delens, l'huile essentielle aurait été employée avec succès contre le ténia; plusieurs médecins l'ont en effet souvent préconisée comme vermifuge, mais ses propriétés téniacides sont loin d'être démontrées; M. Cazin l'a souvent employée pour combattre les ascarides vermiculaires et les lombrics. Enfin, la poudre des feuilles a été autrefois prescrite dans les affections hystériques et les engorgements du foie.

D'après Pallas, on emploie en Sibérie le *S. anthemoïdes* L. comme succédané de la camomille (*Voyages*, t. I, p. 686, t. V, p. 100 et 242). Selon Feuillée (*Plantes méd.*, t. III, p. 45), on retire au Chili une belle couleur jaune des fleurs du *S. tinctoria* Molina. Les naturels la désignent sous le nom de Poquel. Le *S. fragrantissima* Forsk. est le *Sahamia* des Arabes; en Égypte il est très-employé dans les maladies des yeux (Forskal, *Flora Egyp.*, p. 147); il est aussi employé comme résolutif et anthelminthique. Quant au *S. maritima* Smith, c'est un synonyme du *Diotis candidissima* Desf., *Athanasia maritima* L., si commun sur toutes les plages de l'Océan.

SAPIN

Abies pectinata, balsamea et excelsa D. C.
(Conifères - Abiétinées.)

Le Sapin pectiné (*A. pectinata* D. C., *Picea vulgaris*, Coss.-Germ., *Pinus picea* L.), appelé aussi sapin blanc ou argenté, sapin de Normandie, Avet, etc., est un grand arbre, à racines pivotantes. La tige, haute de 30 à 40 mètres, droite, cylindrique, régulière, se divise en branches verticillées, étalées, subdivisées en rameaux qui portent des feuilles alternes, distiques, linéaires, étroites, échancrées au sommet, d'un vert foncé en dessus, marquées en dessous de deux lignes blanches longitudinales. Les fleurs sont monoïques et groupées en chatons solitaires terminaux ou axillaires. Les mâles consistent en écailles imbriquées autour de l'axe et portant en dessous deux lobes d'anthère. Les femelles consistent aussi en écailles imbriquées, obtuses, dont chacune, munie en dehors d'une bractée membraneuse apiculée, porte à sa base deux ovules nus, suspendus, à col oblique ouvert et denté au sommet. Le fruit est un cône dressé, oblong, cylindrique, à écailles ligneuses, minces, larges, obtuses, presque planes, étroitement imbriquées, caduques (l'axe seul persistant), portant chacune à leur base deux graines brun noirâtre, à testa coriace ligneux, prolongé en aile membraneuse, et dont l'amande renferme plusieurs cotylédons verticillés.

Le Sapin baumier (*A. balsamea* Mill., *Pinus balsamea* L.), vulgairement Baumier de Giléad, ressemble beaucoup au précédent, mais il est bien plus petit. Sa tige, haute de 10 à 15 mètres, porte des feuilles plus nombreuses, plus petites, distiques, ascendantes, exhalant par le frottement une odeur balsamique. Les cônes sont assez courts, ovoïdes-cylindriques et d'une couleur violacée.

Le Sapin commun ou épicéa (*A. excelsa* D.-C., *A. vulgaris* Coss.-Germ., *Picea excelsa* Linck, *Pinus Abies* L.), vulgairement sapin de Norvége, Pesse, Faux sapin, etc., est un grand arbre à racines traçantes. Il se distingue du sapin pectiné par ses feuilles rapprochées, linéaires-aciculées, aiguës, anguleuses, comprimées, assez courtes, d'un vert gai ; ses chatons ordinairement solitaires et terminaux ; ses cônes très-longs, oblongs-cylindriques, souvent arqués, pendants, à écailles persistantes découpées au sommet ; ses graines brunes et plus petites.

Le Sapin du Canada (*A. Canadensis* Mich., *Picea Canadensis* Link), appelé par les Américains *Hemlock-Spruce*, ressemble à l'épicéa, dont il se distingue par sa taille plus petite ; ses rameaux inclinés et pendants, portant des feuilles linéaires, planes, irrégulièrement distiques ; ses cônes beaucoup plus petits.

Habitat. — Le sapin pectiné et l'épicéa forment de vastes forêts dans les régions montagneuses et septentrionales de l'Europe. Les sapins baumier et du Canada croissent dans les régions boréales de l'Amérique, et sont presque naturalisés dans nos contrées. Tous ces arbres sont souvent cultivés dans les parcs et les plantations d'agrément.

Parties usitées. — Les bourgeons, les feuilles, les écorces, le bois, les sucs résineux.

Récolte. — Les bourgeons de sapin sont composés de quatre ou cinq bourgeons coniques, arrondis, verticillés autour d'un bourgeon terminal plus gros, et dont la longueur varie de $0^m,014$ à $0^m,027$. On les reconnaît aux écailles rougeâtres imbriquées qui les recouvrent, à la résine dont ils sont gorgés et qui quelquefois s'en échappe, à leur odeur aromatique. Les plus estimés viennent de la Russie, ils sont plus aromatiques et plus résineux que ceux des Vosges, qui ont de plus l'inconvénient d'être attaqués par des *vrillettes* qui les réduisent en poussière.

Au Canada et aux États-Unis, on emploie pour les constructions le bois, et pour le tannage des cuirs, l'écorce du sapin du Canada (*Abies Canadensis* Mill., *Pinus balsamea* L., *Hemlock-Spruce* ou *Perusse*).

L'*Abies alba* Michx, sapin blanc, *sapinette blanche* ou *épinette blanche*, ne donne aucun produit à la médecine, tandis qu'avec les jeunes rameaux du sapin noir (*épinette noire*) on prépare, par décoction, en Amérique, une sorte de bière, dite *bière de spruce*.

La *térébenthine du sapin*, dite aussi *térébenthine au citron a'Alsace, de Strasbourg, de Venise, Bigeon*, est produite par le vrai sapin; deux fois l'an il se forme sous l'écorce, par l'accumulation des sucs, des utricules que l'on crève, en râclant l'écorce avec un cornet de fer-blanc et en recevant dans son intérieur le suc résineux ; les bergers, qui sont le plus souvent employés au printemps et à l'automne à faire cette récolte, vident le cornet dans une bouteille suspendue à leur ceinture, et filtrent la térébenthine dans des entonnoirs faits d'écorce. Les arbres n'en fournissent guère que depuis douze jusqu'à trente ou trente-cinq ans.

Cette térébenthine se distingue de celle du pin maritime ou de Bordeaux par sa couleur plus pâle et sa plus grande fluidité. Les Italiens la nomment *olio d'aveto* (huile de sapin). Elle est trouble, blanchâtre lorsqu'elle vient d'être préparée ; mais plus tard elle devient transparente. Son odeur aromatique a été comparée à celle du citron. Sa saveur est un peu âcre et amère. Elle se solidifie par oxydation à l'air, mais moins que celle de Bordeaux. Elle est solidifiable par un seizième de magnésie, et se dissout incomplétement dans l'alcool, caractère qui la distingue de celle du mélèze, qui se dissout en entier dans ce liquide.

Le *baume du Canada* est produit par l'*Abies balsamea*. On le récolte de la même manière que la térébenthine de Strasbourg. Il est liquide, opalescent lorsqu'il est récent, mais il devient transparent par le repos. Son odeur est suave, sa saveur est âcre et un peu amère. Il se dessèche très-rapidement en jaunissant. Il est solidifiable par la magnésie et imparfaitement soluble dans l'alcool. Il est souvent vendu, dans le commerce, sous le nom de *Baume de Giléad*, dont il porte le nom; mais le vrai baume de Giléad, appelé aussi *Baume de Judée*, et *Baume de la Mecque*, est un produit plus agréable, fourni par le *Balsamodendron Opobalsamum*, de la famille des Burséracées.

La *poix des Vosges*, *poix de Bourgogne*, *poix jaune*, *poix blanche*, est une térébenthine demi-solide, obtenue par des incisions faites au tronc de la *Pesse* ou *faux Sapin*, ou *Epicea* (*A. Excelsa* Lamk). Elle est incolore, demi-fluide, trouble. Elle ressemble beaucoup à la térébenthine du sapin : elle coule le long des arbres, se dessèche à l'air et prend une odeur qui présente quelquefois de l'analogie avec celle du du *Castoreum* Canada. Elle est quelquefois aussi colorée en rose ou en violet. Pour la purifier, on fond les fragments détachés des arbres dans une chaudière, et on obtient ainsi une poix cassante, d'un jaune fauve, très-tenace, d'une odeur un peu balsamique, d'une saveur douce, parfumée, non amère. On lui substitue quelquefois une poix factice obtenue en brassant avec de l'eau la colophane, résidu de la distillation de la térébenthine de Bordeaux, et malaxant fortement le mélange, ou bien en fondant et mélangeant à l'eau le galipot du pin maritime. Cette poix est plus blanche, et d'autant plus blanche qu'elle contient plus d'eau ; elle coule facilement, mais elle devient sèche, cassante et même friable ; sa saveur est très-amère ; elle possède une odeur de térébenthine de Bordeaux ; enfin elle ne se dissout pas dans l'alcool.

Composition chimique. — La térébenthine de Strasbourg, distillée avec ou sans eau, donne une essence très-fluide, incolore, d'une saveur agréable, un peu citronnée. La résine jaune qui reste pour résidu est transparente et présente une odeur suave. MM. A. Caillot, Sangiorgiot, Lecanu et Sorbat y ont constaté la présence de l'acide succinique. Cuite dans l'eau, la térébenthine du sapin laisse un résidu qui porte le nom de *térébenthine cuite des pharmacies*. Celle-ci, traitée par l'alcool, laisse un résidu, et il se dissout deux autres substances qui peuvent être séparées par la potasse. En effet, le soluté alcoolique étant évaporé à siccité, et le résidu étant épaissi par le carbonate de potasse, on obtient une matière insoluble, non saponifiable, neutre, fusible, très-soluble dans l'alcool, facilement cristallisable, que l'auteur a nommé *abiétine*. La partie saturée par la potasse a formé un savon qui, décomposé par un acide, laisse déposer une résine électro-négative que M. Caillot a nommée *acide abiétique*. Elle rougit le tournesol, neutralise les alcalis, se dissout dans l'alcool, l'éther et les hydrogènes carbonés liquides.

Il résulte de cette analyse de la térébenthine de Strasbourg, d'après M. Caillot, que cette substance renferme : huile volatile, 33,50; résine insoluble, sous-résine, 6,20; abiétine, 10,85; acide abiétique, 46,39; extrait aqueux contenant l'acide succinique, 0,85; perte, 2,21. Total, 100.

La poix de Bourgogne, ou poix blanche, est un mélange de résine insoluble, d'abiétine, d'acide abiétique et d'acide succinique.

Les bourgeons de sapin renferment du tannin et une proportion variable de résine.

Usages. — Toutes les térébenthines, quels que soient leurs caractères et leur origine, jouissent des mêmes propriétés et sont employées aux mêmes doses, de la même manière et dans les mêmes maladies. Nous ne pourrions donc que répéter ici ce que nous avons dit ailleurs en parlant de la térébenthine de Mélèze et de celle de Bordeaux (Voyez *Mélèze* et *Pin*). Toutefois, nous devons dire que la térébenthine du sapin est celle qui est presque généralement préférée pour l'usage interne ; c'est celle qui mérite le nom d'officinale.

Nous rappellerons seulement ici l'origine des diverses térébenthines :

La térébenthine de Bordeaux est produite par le *Pinus maritima ;*

La térébenthine de Venise ou d'Alsace est due à l'*Abies pectinata*, ou *Pinus picea* de Linné ;

La térébenthine ordinaire ou des Vosges descend du Mélèze (*Pinus Larix, Larix Europæa*);

La térébenthine de Boston, du *Pinus australis*, du *Pinus palustris* et du *Pinus Tæda ;*

La térébenthine d'Amérique provient du *Pinus Strobus ;*

La térébenthine de Hongrie, du *Pinus Mughus ;*

La térébenthine des monts Karpathes, du *Pinus Cembra ;*

Le baume du Canada, de l'*Abies balsamea ;*

Le baume de la Mecque, des *Amyris Gileadensis* et *Opobalsamum ;*

La térébenthine de Chio est produite par le *Pistacia Terebinthus.*

La térébenthine du sapin dévie à gauche de — 5 à — 7 le plan de polarisation de la lumière polarisée. L'essence qu'elle fournit, distillée avec de l'eau et d'une densité de 0,863, dévie à gauche de — 13,2.

L'infusion de bourgeons de sapin et le sirop qu'on en prépare sont réputés comme antiscorbutiques, diurétiques ; ils entrent dans la composition de la *sapinette* ou *bière antiscorbutique*, autrefois très-employée, et qui l'est peu aujourd'hui. Mais c'est surtout dans les affections du poumon et de la vessie que les bourgeeons de sapin jouissent d'une grande réputation. On les emploie journellement, et souvent avec succès, contre les catarrhes de ces organes. Sous l'influence de ce médicament, les urines prennent l'odeur

de violette caractéristique, qui suit l'absorption de la térébenthine.

La poix de Bourgogne entre dans la composition de plusieurs emplâtres et onguents. On l'applique à l'extérieur sous forme d'écussons
ou de sparadrap, comme rubéfiant permanent; elle agit avec lenteur, et, après avoir déterminé de vives démangeaisons, de la chaleur
et de la rougeur pendant quelques jours, elle finit par produire chez
les individus à peau délicate une éruption vésiculaire et plus rarement de véritables phlyctènes. C'est cette lenteur d'action qui fait
son utilité. On l'emploie contre la pleurésie, le lumbago, les catarrhes pulmonaires. La *calotte du bourreau de Lyon*, contre la sciatique, n'est autre chose qu'un immense emplâtre de poix de Bourgogne dont on enveloppe la cuisse et qu'on laisse appliqué jusqu'à
disparition des douleurs. Ce moyen réussit surtout chez les vieillards,
même là où les vésicatoires morphinés ont échoué. Enfin, on rend
l'emplâtre de poix de Bourgogne plus actif en le saupoudrant et en
y incorporant de l'émétique; il produit alors de véritables pustules.
C'est dans ces cas un dérivatif et un révulsif très-puissant, dont on
fait un fréquent usage contre les maladies de poitrine.

SAPONAIRE

Saponaria officinalis L.
(Caryophyllées-Dianthées.)

La Saponaire officinale, appelée aussi Savonnière ou Herbe à fou-
lon, est une plante vivace, à rhizome long, noueux, rougeâtre, traçant, rameux. Les tiges, hautes de $0^m,30$ à $0^m,60$, cylindriques, articulées, noueuses, fermes, dressées, rameuses, portent des feuilles
opposées, presque sessiles, ovales ou oblongues-lancéolées, entières,
glabres, marquées de trois nervures longitudinales très-apparentes.
Les fleurs, grandes, roses ou lilas pâle, sont groupées en cymes axillaires et opposées dont l'ensemble constitue une panicule terminale
compacte. Elles présentent un calice tubuleux, cylindrique, pubescent, presque bilabié, à quatre ou cinq dents aiguës; une corolle à
cinq pétales longuement onguiculés, cunéiformes, un peu échancrés, étalés, munis d'une écaille au-dessus de l'onglet; dix étamines
saillantes, à filets longs, subulés, glabres, alternativement grêles et
renflés, soudés à la base, à anthères jaune rougeâtre; un ovaire

ovoïde, allongé, glabre et lisse, à une seule loge multiovulée, surmonté de deux styles filiformes, portant un stigmate à leur face interne. Le fruit est une capsule cylindrique, allongée, uniloculaire, s'ouvrant au sommet en quatre ou cinq dents courtes et réfléchies en dehors, et renfermant un grand nombre de petites graines arrondies et rougeâtres (Pl. 28).

Nous citerons encore la Saponaire faux-basilic (*S. ocimoïdes* L.) et la Saponaire des vaches (*S. vaccaria* L.).

HABITAT. — Cette plante est commune en Europe ; elle croît dans les champs, au bord des chemins, le long des cours d'eau, etc.

CULTURE. — La saponaire vient dans tous les sols et à toute exposition. On la multiplie très-facilement de graines, semées en place, et mieux encore de drageons, séparés et replantés à l'automne. Elle ne demande aucun soin particulier et se propage ensuite d'elle-même, souvent d'une manière incommode.

PARTIES USITÉES. — Les racines et les feuilles, les sommités fleuries.

RÉCOLTE. — Les feuilles de saponaire doivent être cueillies avant la floraison. Il est fort difficile de les faire dessécher avec leur couleur verte. Les racines sont arrachées à l'automne, et, après les avoir lavées, on les fait sécher sur des claies ; elles sont longues, d'un brun rougeâtre en dehors, blanchâtres en dedans ; l'épiderme est ridé longitudinalement ; l'écorce est mince, grise, transparente, facile à séparer du bois ; leur saveur, d'abord mucilagineuse, devient ensuite nauséabonde, puis âcre. Le bois est poreux, spongieux et d'une saveur douceâtre.

Sous le nom de *Saponaire d'Orient*, du *Levant*, d'*Illyrie*, ou de *Kalvagi* des Arabes, on vend depuis quelques années, pour nettoyer les gants et les soieries, une racine tantôt entière, tantôt pulvérisée, qui paraît être le *Struthion* de Dioscoride, et qui déjà, de son temps, était employée au dégraissage des laines. D'abord prise pour la racine du *Bryonia Abyssinica* Lamk, elle fut reconnue par Théodore Martius pour une plante très-voisine des saponaires, soit le *Gypsophila Struthium* L., connu sous le nom de saponaire d'Espagne, soit toute autre espèce orientale (*G. paniculata, altissima,* etc.), et c'est à tort qu'on a prétendu que la saponaire d'Orient était produite par le *Leontice Leontopetalum* L., de la famille des Berbéridées.

COMPOSITION CHIMIQUE. — Toutes les parties de la saponaire, mais surtout les racines, renferment un principe immédiat neutre qui jouit de la propriété de faire mousser l'eau et d'enlever les taches, d'où est venu le nom vulgaire de *Savonnière* donné à cette plante et le nom latin *Saponaria*, de *sapo*, savon.

Bucholz a trouvé que la racine de saponaire renfermait : résine brune et molle, 0,25 ; matière mousseuse soluble dans l'eau et dans l'alcool (saponine impure), 34,00 ; gomme soluble dans l'eau, 33,00 ; fibres ligneuses, 24,25 ; apothème, 0,25 ; eau, 13,00.

La saponine extraite, par MM. Bussy et Wahlenberg, de la saponaire d'Égypte ou d'Orient, par MM. Boutron et Henry, de l'écorce de *Sapindus Saponaria*, et par M. Frémy, du marron d'Inde, a pour formule $C^{26}H^{23}O^{16}$; elle est blanche, incristallisable, d'une saveur d'abord douce, puis âcre et astringente ; elle est soluble en toute proportion dans l'eau ; sa solution mousse comme l'eau de savon ; elle se dissout dans l'alcool étendu ; et cette teinture, mélangée au goudron de houille (coaltar), constitue le coaltar saponiné (Lebeuf) ; elle émulsionne les résines, le camphre, les huiles ; l'acide azotique transforme la saponine en une matière jaune résineuse, en acide mucique et en acide oxalique : les acides faibles et les alcalis la transforment en acide œsculique (Frémy).

Usages. — Le principal usage des saponaires et de la saponine consiste à les employer pour savonner le linge. En médecine, on emploie les teintures saponinées et coaltarées comme désinfectantes.

La saponaire est regardée comme tonique, dépurative, diaphorétique, fondante. On l'emploie sous forme de tisane, d'extrait ou de sirop, dans les affections de la peau, les maladies syphilitiques, l'ictère, les engorgements abdominaux. Pierre-Jonas Bergius (1750 à 1790) et Bernard Peyrilhe (1735 à 1804) l'ont vantée dans le traitement de la goutte et du rhumatisme. Stahl (qui florissait à la fin du dix-septième siècle et au commencement du dix-huitième) et Cartheuser (1704 à 1777), la préfèrent à la salsepareille. Rudius (1590 à 1611), Claudini (médecin de Bologne, mort en 1618), Settala (médecin de Milan, né en 1552, mort 1633), Sennert (médecin allemand, né en 1572, mort en 1637), Bartholin (médecin danois, né en 1616, mort en 1680), Jean-François Coste (1741 à 1819), etc., l'ont vantée comme antisyphilitique. Callisen assure avoir guéri avec cette plante des affections vénériennes qui avaient résisté à l'action du mercure ; mais

Alibert, tout en reconnaissant son utilité dans un grand nombre de cas, et principalement contre les dartres furfuracées et squammeuses, ne lui attribue pas cependant de propriétés antisyphilitiques. Barthez place la saponaire au premier rang des remèdes employés contre les affections goutteuses. Biet la regardait comme tonique et fondante, et M. Blache a prescrit souvent comme dépuratif le sirop de saponaire associé au bicarbonate de soude.

Malgré l'autorité des grands noms que nous venons de citer, la saponaire est peu employée, et nous croyons que ce n'est pas sans raison. Si, d'après M. Cazin, elle a été utile pour combattre les engorgements lymphatiques, les cachexies qui suivent les fièvres intermittentes rebelles, les maladies cutanées anciennes, nous croyons qu'elle n'agit pas autrement que ne le ferait la chicorée ou toute autre substance peu active.

Les cataplasmes de feuilles de saponaire ont été souvent employés pour combattre les engorgements lymphatiques et œdémateux. Les feuilles ont été quelquefois appliquées sur les cautères, à la place de celles du lierre.

La saponaire des vaches (*Saponaria vaccaria* L.) jouit des mêmes propriétés que la saponaire officinale. Gesner a vanté les propriétés anticalculeuses de ses graines.

SARCOCOLLIER

Penœa Sarcocolla L.
(Pénéacées.)

Le Sarcocollier est un arbrisseau dont les tiges droites, hautes de 1 mètre au plus, se divisent en rameaux alternes, les supérieurs presque dichotomes, portant des feuilles nombreuses, opposées, sessiles, petites, ovales ou un peu arrondies, planes, entières, glabres, imbriquées sur quatre rangs. Les fleurs sont sessiles et réunies en petits fascicules terminaux. Elles présentent un calice à deux sépales grands, ciliés, ovales, glutineux ; une corolle campanulée, à quatre divisions linéaires, obtuses, réfléchies ; quatre étamines à filets subulés très-courts ; un ovaire tétragone, surmonté d'un style filiforme terminé par un stigmate en croix. Le fruit est une capsule tétragone, quadrivalve, à quatre loges dont chacune renferme deux graines oblongues-obtuses.

Habitat. — Cet arbrisseau croît au cap de Bonne-Espérance, en Perse, en Arabie, etc.

Parties usitées. — La résine qu'on en extrait ou sarcocolle, qui est sécrétée par le calice.

Récolte. — La *Sarcocolle* ou *colle chair*, de σαρξ, *chair*, et κόλλα, *colle* (Pline, lib. III, c. n) est une matière jaune rougeâtre, grumeleuse comme du sable, fragile, irrégulière, demi-transparente ou opaque; elle est inodore; sa saveur est âcre et chaude; elle provoque une abondante salivation. Suivant les anciens auteurs grecs et arabes, elle vient de Perse; de sorte, dit M. Guibourt, qu'elle ne peut être produite par le *Penœa Sarcocolla* de l'Afrique méridionale; mais elle pourrait provenir du *P. mucronata* L.; d'où il résulte que l'on manque de renseignements précis tout à la fois sur l'origine de la sarcocolle et sur la plante qui la produit. D'après M. Ricord-Madiana, on trouverait de la sarcocolle dans les gousses de l'*Acacia Farnesiana* W., mais cette opinion est erronée.

Composition chimique. — Pelletier a extrait de la sarcocolle une matière abondante et active qu'il a nommée *sarcocolline*, déjà découverte par Thompson, et dont la quantité s'élève jusqu'à 65,30 pour 100. On y trouve encore : gomme, 4,60; matière gélatineuse, 3,50; matières ligneuses, 26,80. Pendant longtemps la sarcocolle a été placée parmi les gommes-résines. Thompson, dans son *Système de chimie*, la place entre le sucre et la gomme.

La sarcocolline est un principe particulier, peu odorant, amer et sucré, soluble dans 40 parties d'eau froide et 25 d'eau bouillante. La solution bouillante laisse déposer par refroidissement un liquide épais, insoluble dans l'eau. L'alcool dissout la sarcocolle presque en toutes proportions; l'eau trouble la dissolution, mais ne la précipite pas.

Usages. — Les Arabes, Mesué et autres, assuraient que la sarcocolle est purgative; Sérapion la disait caustique et susceptible d'ulcérer les intestins; Hoffmann ne veut pas qu'on l'emploie à l'intérieur. On l'a prescrite comme astringente, détersive, et surtout comme propre à hâter la cicatrisation en consolidant les chairs : d'où lui est venu son nom. Elle entrait autrefois dans l'*emplâtre Opodeldoch* et dans les *trochisques* de *blanc de Rhazès*. Aujourd'hui on ne s'en sert en médecine ni à l'intérieur ni à l'extérieur. Elle entre dans la composition de quelques vernis fins.

SARRACÉNIE

Sarracenia purpurea L.
(Sarracéniées.)

La Sarracénie pourpre est une plante vivace, à racine épaisse et charnue, à tige très-courte et presque nulle. Les phyllodes (feuilles), tous radicaux, longs d'environ 0^m,15, sont coriaces, creusés en un cornet sinueux et ventru, muni d'une aile longitudinale prolongée depuis la base jusqu'à l'ouverture, qui est accompagnée d'un opercule sessile, en forme de cœur renversé et marqué d'un réseau pourpre; l'aile et l'ouverture sont également bordées d'une ligne de même couleur. Ces feuilles sont obliques, ascendantes et souvent pleines d'eau. Les fleurs, grandes, rouge pourpre en dehors, vertes en dedans, sont solitaires et penchées à l'extrémité de hampes radicales, longues de 0^m,25 à 0^m,30, rougeâtres et arquées au sommet. Elles présentent un calicule à trois folioles vertes, petites, persistantes ; un calice de trois à cinq sépales assez grands, violacés en dehors, jaune verdâtre en dedans ; une corolle à cinq pétales grands, pourpres; des étamines en nombre indéfini, à filets verts et à anthères jaunes ; un ovaire globuleux, à cinq côtes arrondies, à cinq loges multiovulées, surmonté d'un style court, terminé par un stigmate très-large, persistant, d'un vert clair, à cinq lobes profondément échancrés, recouvrant les organes sexuels. Le fruit est une capsule pentagonale, à cinq loges renfermant de nombreuses graines petites, comprimées, ailées, à testa ferme, grenu et d'un jaune d'ocre (Pl. 29).

Nous citerons encore les Sarracénies à fleurs jaunes (*S. flava* L.), variolée (*S. variolaris* Michx., *S. adunca* Smith), rouge (*S. rubra* L.), etc.

Habitat. — Ces plantes croissent dans l'Amérique du Nord, depuis la baie d'Hudson jusqu'à la Caroline. Elles habitent les marais tourbeux, les terrains très-humides ou aquatiques et couverts de mousses. En Europe, on ne peut les cultiver qu'en serre tempérée et humide, où on les propage de graines semées dans la terre tourbeuse ou dans la mousse pourrie.

Parties usitées. — Les racines, les feuilles.

Récolte. — Les racines de sarracénie sont très-rares dans le commerce, où elles ne se trouvent d'ailleurs que depuis un petit nombre d'années. Elles sont à peu près de la grosseur d'une plume, longues, tortueuses, flexibles, rougeâtres; elles ressemblent un peu d'aspect à celles du fraisier, et sont recouvertes de rugosités.

La cavité de la feuille contient un liquide aqueux, auquel les naturels de l'Amérique attribuent des propriétés merveilleuses, mais dont on ne fait aucun usage en médecine. Les sarracénies sont, d'après M. James Macbride, cité par Smith, dans son *Introduction to Botany*, de véritables piéges à insectes. Si, dans les mois de mai, juin et juillet, on détache quelques-unes de leurs feuilles, si on les place dans une habitation, et si on les fixe dans une direction verticale, on voit bientôt les mouches, attirées par elles, s'approcher de leur orifice, se poser sur ses bords, rester quelque temps dans cette situation, puis, alléchées sans doute de plus en plus par la substance douce et visqueuse qu'elles semblent sucer, entrer dans le tube, glisser, tomber au fond et s'y noyer.

COMPOSITION CHIMIQUE. — On ne connaît pas bien encore la composition des différentes parties des sarracénies. On sait seulement que la substance contenue dans la feuille est sucrée et visqueuse, qu'elle ressemble à du miel, et qu'elle est excrétée et exsudée par la surface interne du tube. Pendant le printemps et l'été, elle existe en quantité appréciable à l'œil et au toucher. Par un temps chaud et sec, elle s'épaissit de manière à ressembler à une membrane blanchâtre.

USAGES. — Les racines et les feuilles de sarracénie étaient tout à fait inconnues en Europe, lorsque, il y a peu d'années, le docteur Williams présenta à la Société épidémolique de Londres, au nom de M. Herbert Miles, chirurgien militaire à Halifax (Nouvelle-Écosse), ces produits comme un prophylactique et comme un curatif de la variole. On administrait les feuilles ou les racines en infusion, à la dose de douze à quinze grammes pour un litre d'eau, à prendre par tasses toutes les heures. On en fait en Amérique une teinture au cinquième que l'on fait prendre dans des potions, à la dose de quatre à six grammes.

Les divers essais qui ont été faits en France, entre autres ceux qui ont été rappelés par M. Debout, n'ont pas, malheureusement, confirmé les résultats indiqués par le médecin américain. Il en sera probablement de ce remède comme de tant d'autres, qui nous sont venus, dans ces derniers temps, du même pays.

SARRIETTE

Satureia hortensis L.
(Labiées - Saturéiées.)

La Sarriette des jardins est une plante annuelle, à racine ligneuse, grêle, un peu chevelue. Les tiges, hautes de 0^m,20 à 0^m,35, roides, vert rougeâtre, pubescentes, rameuses, diffuses, portent des feuilles opposées, courtement pétiolées, lancéolées-étroites ou linéaires, pubescentes, d'un vert terne, ponctuées, glanduleuses, très-aromatiques. Les fleurs, lilacées, ponctuées de rouge, quelquefois blanchâtres, assez petites, sont groupées par deux ou trois à l'extrémité de pédoncules axillaires. Elles présentent un calice tubuleux, campanulé, strié, à cinq dents presque égales ; une corolle tubuleuse, à limbe divisé en deux lèvres, la supérieure droite et échancrée, l'inférieure étalée et trilobée ; quatre étamines didynames, à anthères violacées, conniventes ; un pistil composé de quatre demi-carpelles uniovulés, à style bifide au sommet et terminé par deux stigmates recourbés. Le fruit se compose de quatre akènes arrondis, entourés par le calice.

La Sarriette de montagne (*S. montana* L.) est un sous-arbrisseau, dont les tiges, hautes de 0^m,15 à 0^m,30, rapprochées en touffe, se divisent en rameaux nombreux, portant des feuilles opposées, lancéolées-linéaires, aiguës, roides, ponctuées, glabres, ciliées. Les fleurs, blanches ou rosées, souvent ponctuées de rouge, sont disposées en grappes terminales feuillées. Elles ont un calice à dents lancéolées, subulées, très-roides, ciliées, et une corolle à lèvre supérieure courte.

Nous citerons encore les Sarriettes d'Espagne (*S. capitata* L.) et de Crète (*S. Thymbra* L.).

Habitat. — Ces plantes croissent dans les régions méridionales de l'Europe ; elles habitent surtout les lieux arides, pierreux et découverts. Les deux premières se trouvent dans le midi de la France. La sarriette des jardins est fréquemment cultivée ; elle se propage très-facilement par graines semées en place au printemps, et se resème ensuite d'elle-même.

Parties usitées. — Les feuilles et les sommités.

Récolte. — La sarriette doit être récoltée au moment de la floraison ; c'est l'époque à laquelle elle acquiert le plus d'odeur. On la fait sécher à une douce température, au grenier et à l'ombre. Elle perd la plus grande partie de ses propriétés par la dessiccation.

Composition chimique. — Comme la plupart des Labiées, la sarriette possède une saveur aromatique, chaude, âcre, une odeur agréable, se rapprochant beaucoup de celle du thym, mais moins forte. On en extrait par distillation une huile essentielle, âcre, chaude, très-odorante, peu soluble dans l'eau, très-soluble dans l'alcool, à laquelle il faut attribuer ses propriétés excitantes.

Usages. — Une espèce de ce genre porte le nom de *S. Thymbra* L., parce qu'elle croissait autour de Thymbrée, ville de la Troade où Apollon avait un temple célèbre, d'où lui venait le surnom de *Thymbrœus*. Le *Thymbra* de l'antiquité est le *S. capitata* L. (Dioscoride, lib. III, c. 45). Il était employé chez les anciens, qui le disaient cher aux abeilles. En Espagne, on emploie le *S. obovata*. En Amérique, on fait usage des *S. Americana* et *viminea* L. (*Flore méd. des Antilles*, t. III, p. 308).

La sarriette des jardins et toutes les plantes du même genre possèdent des propriétés analogues à celles du thym, du serpolet, du romarin, du pouliot, etc.; c'est-à-dire que c'est un excitant aromatique, plus employé comme condiment que comme médicament. Autrefois regardée comme stomachique, expectorante, carminative, antispasmodique, aphrodisiaque, vermifuge, elle est aujourd'hui à peu près abandonnée. D'après quelques auteurs, elle contient un camphre identique à celui des Laurinées. Ferrein dit qu'on le trouve en corpuscules dans les feuilles. Il est certain que Proust a extrait ce stéaroptème de plusieurs Labiées des pays chauds. Dans les campagnes, on fait souvent usage de l'infusion des feuilles contre les vers, et de la décoction aqueuse ou vineuse contre la gale.

SASSAFRAS

Sassafras officinale Nees. *Laurus Sassafras* L.
(Laurinées.)

Le Sassafras est un arbre dont la tige, haute de 10 à 15 mètres, droite, couverte d'une écorce épaisse, fongueuse, gris cendré, se divise en branches étalées, très-rameuses, dont l'ensemble forme une large cime. Les rameaux, pubescents, portent des feuilles alternes, pétiolées, grandes, de forme variable, tantôt ovales-obtuses, tantôt bilobées ou trilobées, pubescentes, vert foncé en dessus, blanchâtres en dessous. Les fleurs, dioïques, jaunâtres, sont groupées en panicules terminales. Elles présentent un calice à six divisions profondes, oblongues-obtuses, rétrécies à la base, pubescentes en dehors, étalées, et sont dépourvues de corolle. Les mâles ont neuf étamines dressées et disposées sur deux rangs ; six extérieures, opposées aux divisions du calice, à filets grêles, un peu canaliculés, velus à la base ; trois intérieures un peu plus grandes, offrant à leur base deux appendices globuleux stipités ; un pistil imparfait, à ovaire allongé, mais stérile, à style égalant les étamines. Les fleurs femelles ont neuf étamines courtes et stériles ; un ovaire ovoïde-oblong, uniovulé, surmonté d'un style simple terminé par un stigmate concave et glanduleux. Le fruit est une baie violacée, monosperme, entourée par le calice persistant.

Habitat. — Cet arbre croit dans l'Amérique du Nord, depuis le Canada jusqu'à la Floride ; on le trouve surtout dans les forêts et au bord des rivières.

Culture. — Le sassafras peut croître en plein air dans le midi de la France, et même, avec quelques soins, jusque sous le climat de Paris. On le multiplie de graines semées à l'automne ; mais, comme celles-ci ne mûrissent pas toujours bien en Europe, on a recours aux boutures de racines, faites au printemps, en terre de bruyère mélangée de terreau ; on les met sous châssis et on les arrose modérément.

Parties usitées. — Les racines, le tronc, l'écorce, les feuilles.

Récolte. — Le sassafras officinal vient de la Virginie, de la Caroline, de la Floride ; on en trouve au Brésil et à l'île Sainte-Catherine. Celui d'Europe, et plus particulièrement celui de France, sont à peine odorants ; ils doivent être rejetés de l'emploi médical.

Les racines de sassafras du commerce sont sous la forme de souches ramifiées de la grosseur de la cuisse ou du bras, recouvertes d'une écorce grise à l'intérieur, couleur de rouille à l'extérieur, très-aromatique. Ce bois est d'un jaune fauve, léger, poreux, luisant, d'une odeur forte, due à une huile essentielle qu'on en extrait, ainsi que de l'écorce, à l'aide de la distillation.

On trouve souvent dans le commerce l'écorce de sassafras isolée ; elle est spongieuse, d'une odeur forte, d'une saveur piquante et aromatique ; à sa surface intérieure, qui est rouge et unie, on trouve quelquefois de petits cristaux blancs, semblables à ceux que l'on voit sur la vanille et sur la fève pichurim.

Sous le nom de *Sassafras inodore*, on désigne un bois provenant d'un tronc et non d'une souche, qui est souvent mêlé au sassafras odorant, auquel il ressemble d'ailleurs par sa couleur et sa structure ; mais il est complétement inodore.

Pomet, Geoffroy et J. Bauhin ont décrit sous le nom de *Bois d'anis* ou *Sassafras de l'Orénoque*, un bois que quelques auteurs ont cru être produit par le bois d'anis étoilé de Chine (*Illicium anisatum*). D'autres pensent qu'il est produit par le tronc du sassafras, mais le plus simple examen suffit pour faire repousser cette opinion. M. Lemaire-Lizancourt pense que ce bois d'anis est fourni par l'*Ocotea cymbarum* H.B. ; M. Guibourt paraît disposé à croire qu'il provient plutôt de l'*Ocotea Pichurim*, de la famille des Laurinées, lequel produirait également un autre bois à odeur de sassafras, que M. Boutron-Charlard avait donné à M. Guibourt sous le nom de *Bois de Naghas sentant l'anis*. Les Portugais l'appellent *Bois de fer*, à cause de sa dureté. M. Virey l'attribue au *Mesua ferrea* L. (*Nagassarium Rumphius*, de la famille des Guttifères).

M. Guibourt ajoute qu'il croit que l'écorce de sassafras du commerce est quelquefois mélangée avec celle de l'*Ocatea Pichurim*.

Enfin M. Bazire a fait connaître une écorce particulière de sassafras, qui a été désignée sous le nom d'*Écorce de sassafras de Guatimala*.

Composition chimique. — Le bois et l'écorce de sassafras doivent leurs propriétés à une huile essentielle que l'on extrait par distillation au contact de l'eau. Elle est plus lourde que ce liquide, jaune, d'une saveur âcre ; d'une odeur qui se rapproche de celle du girofle et du fenouil ; exposée au froid, elle laisse déposer des cristaux volumineux de *sassafrol* $= C^{10}H^5O^2$. La densité de sa vapeur est égale à 5,856. D'après Loureiro, deux kilogrammes de sassafras, avec l'écorce, donnent 150 grammes d'essence.

Usages. — Le sassafras fait partie, avec la squine, la salsepareille et le gayac, des quatre bois sudorifiques ; il est employé sous forme de tisane qui se fait par infusion, ou sous celle de sirop, qu'on emploie contre la syphilis. Au Mexique, on le nomme *Anhuiba Miri*. Il y est préconisé comme sudorifique contre les maladies de la peau,

comme tonique, stomachique et carminatif; on en fait prendre
comme diurétique aux hydropiques. Il a été employé contre l'hypocondrie, le catarrhe pulmonaire chronique. Murray a observé qu'il ne
convient pas aux constitutions sèches et bilieuses. Les feuilles, séchées et pulvérisées, sont employées à la Louisiane comme condiment. Les fruits sont utilisés en parfumerie et en épicerie; le bois
sert à faire des lits, qui éloignent, dit-on, les punaises.

Le sassafras est peu employé aujourd'hui en médecine allopathique. Il est inscrit au codex homéopathique sous le signe *Ssa* et
l'abréviation *Sassa*. Il est considéré comme sudorifique et dépuratif.

SAUGE

Salvia officinalis, Sclarea et pratensis L.
(Labiées – Salviées.)

La Sauge officinale (*S. officinalis* L.), appelée aussi Sauge franche
ou cultivée, Petite sauge, est un sous-arbrisseau, à racine ligneuse,
brunâtre, fibreuse. La tige, haute de $0^m,20$ à $0^m,30$, tétragone, sous-
ligneuse à la base, pubescente, très-rameuse, porte des feuilles opposées, pétiolées, ovales ou lancéolées, obtuses, rugueuses, crénelées,
pubescentes, blanchâtres, très-aromatiques. Les fleurs bleues, rose lilacé, quelquefois blanches, presque sessiles, accompagnées de bractées
ovales-lancéolées, sont groupées par petites cymes axillaires dont la
réunion constitue une sorte d'épi terminal. Elles présentent un calice
tubuleux, strié, pubescent, coloré, divisé en deux lèvres, la supérieure subdivisée en trois, l'inférieure en deux dents égales, très-
aiguës; une corolle à tube muni d'un anneau de poils, à limbe divisé
en deux lèvres, la supérieure en casque et échancrée, l'inférieure à
trois lobes, les deux latéraux courts et réfléchis, le médian très-large
et un peu échancré; deux étamines incluses, à filets courts, à anthères divisées en deux loges qui sont séparées par un connectif filiforme; un pistil composé de quatre carpelles uniovulés, surmonté
d'un style longuement saillant terminé par un stigmate bifide. Le
fruit se compose de quatre akènes ovoïdes–trigones, situés au fond
du calice persistant.

La Sauge Sclarée (*S. Sclarea* L.), vulgairement nommée Orvale ou
Toute-bonne, est une plante vivace, à racine ligneuse, chevelue,
noirâtre. La tige, haute de $0^m,40$ à $0^m,80$, dressée, robuste, ra-

meuse, velue-laineuse, porte des feuilles opposées, grandes, ovales
ou oblongues, cordées à la base, crénelées ou dentées, épaisses, rugueuses, ridées en réseau, très-aromatiques. Les fleurs, assez grandes, bleu lilacé, accompagnées de grandes bractées ciliées, ovales-
arrondies, acuminées, concaves, membraneuses, blanchâtres à la
base, bleuâtres ou rosées au sommet, sont groupées en petites cymes,
dont la réunion constitue un épi tétragone terminal (Pl. 30).

La Sauge des prés (*S. pratensis* L.) se distingue des précédentes
par ses feuilles doublement crénelées, les radicales très-amples et
longuement pétiolées, les caulinaires beaucoup plus petites et presque
sessiles; ses fleurs bleues, rarement rosées ou blanches, groupées en
épis interrompus; son calice visqueux, pubescent, à lèvre supérieure
presque entière ou à peine tridentée.

A ce genre appartient encore l'Hormin (Voyez ce mot).

Habitat. — Toutes ces plantes, sauf la première qui est propre
aux régions méridionales, sont abondamment répandues en Europe.
Elles croissent généralement dans les lieux incultes, sur les coteaux
secs, quelques-unes dans les prés.

Culture. — La sauge officinale est la seule qui soit cultivée pour
l'usage médical. Elle préfère une exposition chaude, un terrain léger
et sec. On la cultive surtout en bordures dans les jardins potagers.
Elle se multiplie facilement de graines semées en planche, et mieux
encore de boutures ou d'éclats de pied, faits de préférence au printemps. Il faut tailler les bordures, et les renouveler entièrement tous
les trois ou quatre ans.

Parties usitées. — Les feuilles, les fleurs, les sommités fleuries.

Récolte. — Les feuilles des diverses sauges doivent être récoltées
avant la floraison. L'officinale est toujours verte et pourrait être
cueillie en toute saison. Toutes ces plantes perdent très-peu par la
dessiccation, lorsqu'elles ont été desséchées avec soin à l'ombre, au
grenier ou à l'étuve. On estime davantage la sauge des pays méridionaux, et plus particulièrement celle du Languedoc ou de la Provence; on la regarde comme plus énergique. La surface chagrinée
des feuilles retient facilement la poussière; aussi conseille-t-on de
les laver avant d'en faire usage. Les fleurs, rarement employées,
ainsi que les sommités fleuries, sont récoltées à leur parfait épanouissement.

La sauge sclarée, ou orvale, et la sauge des prés sont récoltées à la même époque que les précédentes ; seulement, comme leurs fleurs ont des couleurs plus vives, on les entoure de papier gris.

On connaît trois variétés de sauge officinale : l'une, la *Grande sauge*, est celle que nous avons décrite ; la seconde, nommée *Petite sauge* ou *Sauge de Provence*, a des feuilles plus petites, moins larges, plus blanches et d'une odeur plus aromatique ; la troisième, dite *Sauge de Catalogne*, a les feuilles blanches des deux côtés, plus étroites que les précédentes, et les fleurs sont blanches.

Sous le nom de *Semences de Chio*, les médecins homéopathes ont souvent employé des graines qui viennent du Mexique, et qui sont produites par le *S. Hispanica ;* elles sont de la grosseur des graines de *psyllium*, présentant la forme de très-petites graines de ricin ; l'épisperme est dur, luisant, gris, taché de brun. Elles sont riches en matière mucilagineuse, qui se développe lorsqu'on les met à tremper dans l'eau. On pourrait s'en servir comme on le fait du *psyllium*.

Composition chimique. — La sauge renferme deux principes bien distincts : l'un, l'huile essentielle, que l'on peut séparer par distillation, est soluble dans l'alcool ; sa densité est de 0,864 ; elle est formée d'un mélange de deux essences : l'une qui est un hydrogène carboné ; l'autre qui est probablement oxygénée. Traitée par l'acide azotique bouillant, elle est transformée en un composé analogue au camphre des Laurinées, et qui a pour formule $= C^{20} H^{16} O^{2}$ (Rochelder). D'après Proust, la sauge des pays chauds contient du camphre. Le second principe de la sauge est la matière extractive amère et l'acide gallique.

Usages. — La sauge a joui autrefois d'une grande réputation. Les anciens la regardaient comme une plante miraculeuse. Qui ne connaît ce vers de l'école de Salerne :

> Cur moriatur homo, cui salvia crescit in horto ?

auquel on a répondu :

> Contra vim mortis non est medicamen in hortis.

Prise à l'intérieur, la sauge est éminemment tonique et stomachique. Elle entre dans un grand nombre d'alcoolats aromatiques et autres médicaments composés. On l'a employée contre la dyspepsie et autres affections des voies digestives, contre les catarrhes chroniques, les affections nerveuses, l'atonie des voies digestives. Van Swieten la prescrivait pour arrêter la sécrétion du lait chez les nourrices. Hufeland l'administrait en infusion vineuse ou aqueuse, contre les sueurs excessives. M. Cazin assure que l'infusion froide lui a réussi pour diminuer les sueurs des phthisiques.

Dubois de Tournay a cité deux cas de guérison d'hémoptysie obtenus à l'aide de la sauge ; ce fait avait déjà été annoncé par le médecin grec Aétius, d'Amida, vers la fin du cinquième siècle. Mais c'est surtout contre la diarrhée que la sauge a été employée. Hippocrate disait : *Salvia sicca est, alvum sistit*. En infusion ou en injections, on l'a employée contre tous les flux muqueux, et principalement contre la leucorrhée.

MM. Trousseau et Pidoux regardent la sauge comme très-utile dans la forme muqueuse et adynamique des fièvres typhoïdes. Alibert administrait le vin de sauge contre le scorbut et les hydropisies. Roques et d'autres médecins l'ont préconisée contre les fièvres intermittentes. C'est un remède employé chez nos paysans.

Les infusions aqueuses ou vineuses de sauge ont été employées à l'extérieur contre les coups, les contusions, les ecchymoses, l'œdème, les engorgements articulaires, ulcéreux et scorbutiques des gencives, les aphtes ; on la donne en bains contre la gale et les maladies de la peau ; en fumigations contre le rhumatisme et les douleurs articulaires.

La sauge sclarée et la sauge des prés jouissent des mêmes propriétés que la sauge officinale ; seulement elles sont moins actives.

A une certaine époque, on a beaucoup estimé en Orient les feuilles de sauge ; on les employait en infusion théiforme ; aussi la plante a-t-elle porté pendant quelque temps les noms de *thé de France* et de *thé de Grèce*. Valmont de Bomare dit que, de son temps, les Hollandais en portaient en Chine, et que les habitants de ce dernier pays donnaient deux caisses de véritable thé pour une de *thé de France* ou sauge. Mais, depuis Valmont de Bomare, les choses ont dû bien changer.

SAULE

Salix alba L.
(Salicinées.)

Le Saule blanc ou Saule commun est un arbre, dont la tige, haute de 10 à 12 mètres, droite, couverte d'une écorce ridée, gris cendré, se divise en rameaux alternes, dressés, lisses, brun rougeâtre, portant des feuilles alternes, pétiolées, lancéolées, aiguës, finement dentées, pubescentes soyeuses, surtout à la face inférieure qui est blanchâtre. Les fleurs dioïques, jaune verdâtre, sont groupées en chatons cylindriques, pédonculés. Situées à l'aisselle de bractées écailleuses imbriquées, elles sont dépourvues d'enveloppes florales. Les mâles ont deux étamines saillantes, à filets grêles et à anthères jaunes. Les femelles ont un ovaire oblong, courtement stipité, à une seule loge, multiovulé, surmonté d'un style court terminé par deux stigmates bilobés. Le fruit est une petite capsule ovoïde, glabre, courtement pédicellée, bivalve, renfermant de nombreuses graines munies d'une aigrette soyeuse.

Ce genre renferme encore un grand nombre d'autres espèces, parmi lesquelles on doit remarquer les saules fragile (*S. fragilis* L.), à trois étamines ou osier brun (*S. triandra* L.), à feuilles d'amandier (*S. amygdalina* L.), à cinq étamines ou Saule-Laurier (*S. pentandra* L.), amarinier ou osier jaune (*S. vitellina* L.), des vanniers ou osier blanc (*S. viminalis* L.), pourpre, osier rouge ou verdiau (*S. purpurea* et *helix* L., *S. monandra* Hoffm.), marceau (*S. Capræa* L.) et pleureur (*S. Babylonica* L.).

HABITAT. — Sauf la dernière espèce qui est originaire d'Orient et naturalisée sous nos climats, tous ces saules sont indigènes aux diverses régions de l'Europe. On les trouve dans les lieux humides, les bois, les prairies, au bord des rivières et des ruisseaux, dans les haies, les bruyères, les tourbières, les marais, etc. On ne les cultive pas pour l'usage médical; mais plusieurs sont abondamment répandus dans les bois, exploités en têtards le long des cours d'eau, en petits taillis dans les oseraies, etc. On les plante aussi quelquefois dans les parcs d'agrément.

PARTIES USITÉES. — L'écorce.

RÉCOLTE. — Les écorces doivent être récoltées sur les branches de trois ou quatre ans, et avant la floraison; on les conserve en longues lanières larges d'un centimètre environ, et roulées en paquets; elles sont recouvertes de leur épiderme; on les fait sécher à l'étuve, et on les garde dans un lieu sec; elles sont minces, d'un brun fauve à l'intérieur, d'un vert jaunâtre à l'extérieur.

COMPOSITION CHIMIQUE. — L'écorce de saule doit ses propriétés amères à divers principes, et plus particulièrement à la *salicine*; elle a été analysée par MM. Braconnot et Leroux, qui y ont trouvé, outre la salicine, de la corticine, du tannin, de l'acide pectique, de la gomme, une matière grasse et des matières colorantes et extractives.

La salicine se présente sous la forme de petites lames rectangulaires dont les bords paraissent taillés en biseau; si les cristaux se sont formés vite, ils sont petits, et leur aspect est nacré; sa formule est $C^{26}H^{18}O^{14}$. Elle contient en outre six proportions d'eau qui peuvent être séparées de la salicine lorsqu'on la combine à l'oxyde de plomb.

La salicine pure est inodore, très-amère; elle fond au-dessous de $100°$, sans perdre d'eau. A $+ 17°$, l'eau en dissout 6 p. 100, elle est soluble en toutes proportions dans l'eau bouillante et dans l'alcool; l'éther et les essences ne la dissolvent pas; à froid, les acides chlorhydrique et nitrique la dissolvent sans altération; à chaud ce dernier acide la transforme en acide benzoïque et en acide carbozotique (*picrique*); la sinapstre la dédouble en glycose et en *saligénine* $= C^{14}H^8O^4$; elle doit par conséquent être placée dans le groupe des *Glycosides*, en effet,

$$C^{26}H^{18}O^{14} + 4\,HO = C^{14}H^8O^4 + H^{12}H^{14}O^{14}$$
Salicine,   saligénine,   glycose.   (M. Piria.)

La salicine, traitée par l'acide sulfurique étendu, y cristallise en gros prismes tétraèdres; tous les acides étendus la changent en une poudre résineuse nommée salcrétine $= C^{14}H^6O^2$ et en eau; l'acide sulfurique concentré froid donne avec la salicine une liqueur rouge qui laisse déposer, lorsqu'on l'étend d'eau, un sédiment rougeâtre que M. Braconnot a nommé *rutiline*, et qui devient rouge vif par les acides, et violet foncé par les alcalis.

L'acide acétique dissout la salicine; l'eau rend le mélange laiteux; elle n'est précipitée de ses dissolutions ni par l'acétate de plomb, ni la noix de galle; les sels d'or, de platine et d'argent n'ont aucune action sur elle; distillée avec le bichromate de potasse et l'acide sulfurique, elle produit de l'acide prussique, de l'acide carbonique et de l'huile *essentielle de Reine-des-Prés* ou *hydrure de salicyle*, nommé aussi *acide spiroïleux* et *acide salicyleux*, dont la formule $= C^{14}H^6O^4$.

USAGES. — Les propriétés fébrifuges de l'écorce de saule étaient connues de nos devanciers. Murray les signale. On lui attribuait des propriétés antiputrides, analogues à celles du quinquina. Stone a cité l'exemple d'un grand nombre de fièvres intermittentes qui auraient été guéries par l'écorce de saule. Clossius (*Nov. variol. med. Meth.*, p. 128) l'a vantée contre la fièvre quotidienne et la fièvre tierce. Pierre Koning, dans son ouvrage intitulé *de Cortice salicis albæ ejusque in medicina usu*, 1778, rapporte des témoignages nombreux de l'efficacité de ce remède contre les fièvres intermittentes récentes et chroniques. On les retrouve dans Coste et Willemet (*Essai sur quelques plantes indigènes*, p. 57). Ces bons effets sont encore signalés par Gilibert (1797), Monnier d'Apt (1805), Bertrand (1808), Vauters (1810), Dureau de la Malle (1818), Mérat et Delens (*Dict. de Mat. méd.*, t. VI, p. 180), et par M. Cazin (*Traité des plantes indigènes*, p. 863). Nous pourrions encore joindre à ces témoignages ceux d'Emer, de Gunzius, de Gerhard, de Mayer, de Harthmann, de Burtin, de Barbier d'Amiens, etc. Malgré tant d'attestations, l'efficacité de l'écorce du saule dans le traitement des fièvres intermittentes légitimes est aujourd'hui fort contestée; il est maintenant généralement admis que cette écorce agit à peu près comme le ferait toute autre substance amère, la gentiane ou la petite centaurée, par exemple; et que les fièvres qu'elle guérit le seraient tout aussi bien par l'expectation.

Quant aux propriétés toniques de l'écorce du saule, elles sont à peu près les mêmes que celles du quinquina. Elle peut convenir dans le traitement de certaines diarrhées, des débilités de l'estomac, etc., et, à l'extérieur, sous forme de poudre ou de lotions, dans le traitement des ulcères et des gangrènes de mauvaise nature. Quant aux propriétés anthelmintiques de l'écorce de saule, indiquées par Harthmann et Luders (*Dessertatio de virtute salicis anthelmintica. Traject ad viader*, 1781), elles doivent être attribuées plus spécialement aux *S. pentandra* et *Babylonica*.

L'inefficacité de l'écorce de saule a surtout été incontestable depuis le moment où Fontane, pharmacien à Larita, signala, en 1825, la présence du principe immédiat qu'elle contenait, et que la salicine fut isolée à l'état de pureté par M. Leroux, pharmacien à Vitry-le-Français. Il n'y eut plus dès lors aucun doute, et nous devons ajouter que le *ferrocyanure de sodium et de salicine*, tant vanté dans ces derniers temps contre les fièvres intermittentes, n'est autre chose qu'un mélange que le charlatanisme, à l'aide d'observations mal faites, a cherché à introduire dans la thérapeutique.

SAVONNIER

Sapindus Saponaria L.
(Sapindacées.)

Le Savonnier, appelé aussi Bois de Panama, Arbre au savon, est un arbre de moyenne grandeur, dont la tige, rameuse presque dès la base, couverte d'une écorce rugueuse et grisâtre, porte des feuilles alternes, imparipennées, à folioles inéquilatérales, d'un vert gai, luisantes en dessus, plus pâles et pubescentes en dessous. Les fleurs sont disposées en panicule terminale. Elles présentent un calice à quatre sépales colorés, muni de deux folioles à l'extérieur; une corolle à quatre pétales glanduleux à la base; huit étamines libres, insérées sur un disque hypogyne annulaire; un ovaire à trois loges uniovulées, surmonté d'un style simple à la base, trifide au sommet, et terminé par trois stigmates. Le fruit est une drupe, composée de trois carpelles, charnus, globuleux, soudés, dont un ou deux restent souvent à l'état rudimentaire.

HABITAT. — Cet arbre est répandu dans les régions centrales de l'Amérique; il est surtout abondant aux Antilles.

PARTIES USITÉES. — Les écorces, les fruits.

RÉCOLTE. — Depuis quelques années, l'écorce de savonnier est très-abondante dans le commerce; elle vient des Antilles et du continent américain, sous le nom de Bois de Panama, en morceaux plats d'un mètre environ de longueur, fibreux, larges, pesants, blancs à l'intérieur, d'un noir jaunâtre à l'extérieur. Cette écorce est inodore, mais sa poudre est extrêmement âcre et détermine de violents éternuments; d'abord insipide, elle devient bientôt âcre. Elle fait mousser l'eau.

Les fruits du savonnier sont globuleux, à peu près du volume d'une grosse cerise; à leur maturité parfaite ils sont rouges et demi-transparents, amers; on les nomme *cerises gommeuses, pommes de savon;*

leur pulpe visqueuse, amère, forme un savon naturel; elle mousse dans l'eau comme le savon ordinaire et lui donne la faculté de dégraisser le linge. Même à l'état sec, ces fruits conservent, quoiqu'à un moindre degré, cette propriété qu'ils doivent à une assez forte proportion de saponine. La racine et l'écorce possèdent la même propriété, mais moins marquée que dans le fruit. Des propriétés analogues distinguent d'autres savonniers, tels que le *Sapindus laurifolius* Vahl, le *S. aromaticus* Vahl, et quelques autres qui sont indigènes de l'Asie tropicale.

Composition chimique. — MM. Boutron et O. Henry, qui ont analysé l'écorce de savonnier, y ont trouvé une matière grasse, unie à de la chlorophylle, du sucre et de la *saponine*.

La saponine $= C^{26}H^{23}O^{16}$ a été découverte par M. Bussy, dans le Kalvagi ou Saponaire d'Égypte; elle est blanche, incristallisable, d'une saveur douce d'abord, qui devient ensuite âcre et astringente; c'est un sternutatoire puissant; elle est soluble dans l'eau, et elle mousse quand on l'y agite; sous l'influence des acides affaiblis et des dissolutions alcalines étendues, elle est transformée en *acide œsculique* (Frémy).

Usages. — Il se fait, en Amérique, un commerce considérable d'écorce de savonnier. Elle nous arrive, en Europe, depuis quelques années, en grandes quantités; elle est employée pour nettoyer les étoffes, surtout celles de soie, qui seraient facilement altérées par le savon ordinaire; unie à l'alcool elle donne une teinture qui peut servir à former des émulsions laiteuses avec les résines, le camphre, les huiles, etc. M. Lebeuf, de Bayonne, s'en est servi pour émulsionner le goudron de houille, et préparer ce qu'il désigne sous le nom de *Coaltar saponiné*, préparation que l'on emploie avec avantage comme désinfectant; le même chimiste obtient encore avec cette écorce un vinaigre hygiénique.

D'après De Candolle, l'écorce du fruit a été employée contre la chlorose.

L'amande a un goût de noisettes, et l'on en extrait une huile bonne à brûler et même à manger lorsqu'elle est fraîche (Labat, *Nouveau voyage*, t. VII, p. 381). On prétend que le fruit brûle le linge, bien qu'on s'en serve pour le blanchir; la racine est moins active.

M. Cambessèdes a fait connaître (*Flor. Bras. mérid.*, t. I, p. 391) une espèce de savonnier à laquelle il a donné le nom de Savonnier comestible (*Sapindus esculentus* Camb.), dont les fruits sont bons à manger et sont même très-estimés des Brésiliens. Le Savonnier du Sénégal (*Sapindus Senegalensis* Poir.) est une autre espèce qui donne un fruit d'une saveur douce et vineuse.

SAXIFRAGE

Saxifraga granulata et *tridactylites* L.
(Saxifragées.)

La Saxifrage granulée (*S. granulata* L.), appelée aussi Sanicle de montagne, Perce-pierre, etc., est une plante vivace, à racine formée de nombreuses fibres radicales, entremêlées de bulbilles. La tige, haute de 0^m,20 à 0^m,40, dressée, simple, pubescente, visqueuse, porte des feuilles alternes ; les radicales groupées en rosette, longuement pétiolées, réniformes, crénelées ; les caulinaires presque sessiles, cunéiformes, palmées, lobées ; les florales trilobées ou linéaires. Les fleurs, assez grandes, blanches, courtement pédonculées, sont disposées en corymbe terminal. Elles présentent un calice à cinq sépales soudés à la base ; une corolle à cinq pétales libres ; dix étamines ; un ovaire semi-infère, à deux loges incomplètes multiovulées, surmonté de deux styles. Le fruit est une capsule à deux loges incomplètes, terminé par deux becs, et renfermant un grand nombre de graines très-petites, insérées des deux côtés de la cloison.

La Saxifrage tridactyle (*S. tridactylites* L.) est une plante annuelle, dont la tige, haute de 0^m,10 à 0^m,15, grêle, pubescente, visqueuse, porte des feuilles alternes, un peu charnues, cunéiformes, trilobées ; des fleurs blanches, assez petites, longuement pédonculées, disposées en cyme dichotome. L'ovaire est infère et surmonté de deux styles divariqués.

La Saxifrage à feuilles épaisses (*S. crassifolia* L., *Bergenia crassifolia* Mœnch) est une plante vivace, à feuilles obovales, épaisses, grandes, dentelées, glabres.. Les fleurs sont penchées, à longs pétales d'un beau rose, et ont un calice presque entièrement libre, surmonté de deux styles fistuleux, presque parallèles, terminés par des stigmates arrondis.

On a donné le nom de saxifrages dorées aux Dorines (*Chrysosplenium* T.), genre voisin des saxifrages.

HABITAT. — Les deux premières espèces sont abondamment répandues en Europe. La troisième est originaire de la Sibérie. Ces plantes ne sont cultivées que dans les jardins botaniques ou d'agrément.

Parties usitées. — Toute la plante, et plus particulièrement les racines.

Récolte. — La saxifrage s'emploie souvent fraiche. Les racines sont usitées sèches. On les arrache à l'automne.

Composition chimique. — Les granulations des racines ont une saveur fade et herbacée, un peu amère. On retrouve cette même saveur dans les fleurs; mais le reste de la plante est tout à fait insipide, ou tout au plus un peu acerbe. Bergius avait remarqué que sa solution aqueuse précipitait en noir les sels de fer. D'après M. Chevalier (*Dictionnaire des drog.*, t. III, p. 14), le *S. tridactylites* L. peut servir à faire de la glu.

Usages. — Les saxifrages sont aujourd'hui peu usitées. D'après Pline, elles tirent leur nom des propriétés lithontriptiques qu'on leur a attribuées. Quelques auteurs croient que la saxifrage des anciens était le *S. cotyledon* L., et non le *S. granulata*. On prétendait que ses racines, en se renflant, divisaient les rochers, d'où l'on concluait qu'elle devait également briser les pierres dans la vessie. Murray dit avec raison qu'elle ne produit aucun effet.

La saxifrage de Sibérie (*S. crassifolia* Willd.) donne des feuilles que M. Rousseau a proposé d'employer pour le pansement des vésicatoires et pour remplacer celles du lierre, qui répandent, dit-il, une odeur désagréable.

D'après Gmelin (*Florâ Sibirica*, t. IV, p. 65), on emploie en Sibérie, contre l'angine et la pleurésie, les feuilles du *S. bronchialis* L. Hippocrate mentionne le *S. cotyledon* sous le nom d'*Obleton*. Il était employé en Grèce de son temps. Le *S. crassifolia* L., du nord de l'Asie, y était administré en infusion contre les flux de ventre; aussi l'a-t-on appelé *Thé des Mongols* (Pallas, *Voyage*, t. III, p. 274).

SCABIEUSE

Scabiosa arvensis et succisa L.
(Dipsacées.)

La Scabieuse des champs (*S. arvensis* L., *Knautia arvensis* Coult.) est une plante vivace, à rhizome oblique, court, un peu épais, simple, fibreux, blanchâtre. Les tiges, hautes de 0^m,35 à 0^m,65, cylindriques, dressées, rameuses, hérissées de poils roides, portent des feuilles opposées, connées, à pétiole ailé, à limbe pubescent ; les inférieures oblongues-lancéolées, entières, dentées ou incisées ; les supérieures pennatifides, à lobes lancéolés ou linéaires, ordinairement entiers. Les fleurs, rose lilacé, sont groupées en capitules terminaux, longuement pédonculés, à réceptacle hérissé de soies, entouré d'un involucre à folioles herbacées et lancéolées ; celles de la circonférence sont plus grandes, rayonnantes et irrégulières. Chaque fleur a un calice à limbe terminé par six ou huit arêtes très-fines ; une corolle tubuleuse, à cinq divisions un peu inégales ; quatre étamines libres ; un ovaire infère, uniovulé, surmonté d'un style filiforme, saillant, terminé par un stigmate simple. Le fruit est un akène ovoïde, entouré par le calice persistant et surmonté d'une aigrette.

La Scabieuse succise (*S. succisa* L.), vulgairement Mors-du-diable, est aussi vivace, et se distingue de la précédente par sa souche tronquée, très-courte, noirâtre, à fibres radicales épaisses ; ses feuilles entières ou à peine dentées, presque luisantes en dessus ; ses fleurs bleues, plus rarement blanches, toutes égales, portées sur un réceptacle garni de paillettes ; ses corolles à quatre divisions.

Habitat. — Ces deux plantes sont abondamment répandues en Europe ; elles croissent dans les prairies, les pâturages, les champs herbeux, sur la lisière et dans les clairières des bois, etc. Elles ne sont cultivées que dans les jardins botaniques ; elles viennent dans tous les sols, et se propagent, avec la plus grande facilité, de graines semées en place au printemps.

Parties usitées. — Les racines, les feuilles, les capitules.

Récolte. — Les racines sont récoltées à l'automne ; elles sont blanches, courtes, comme tronquées, munies de radicules descendantes ; elles ont un peu l'aspect de la racine de valériane avec laquelle on les mélange dans un but frauduleux ; on les reconnaît à leurs radicelles plus blanches, plus grosses et plus charnues. Les feuilles sont cueillies avant la floraison. Les capitules ou inflorescences, rarement employés, sont récoltés avant leur parfait épanouissement.

Composition chimique. — La scabieuse ne présente rien de remarquable au point de vue de ses propriétés chimiques. La saveur des feuilles et celle des racines est un peu amère et astringente. D'après

M. Rhumb, les racines contiennent, avant leur maturité, un acide combiné avec l'ammoniaque qui les colore en bleu, et on retrouve ce sel dans les autres Dipsacées. Tout cela nous paraît bien vague et mérite, selon nous, peu de confiance.

Usages. — Le nom de *Scabiosa* vient, dit-on, de *scabies*, gale, parce que les feuilles ont été employées autrefois contre les maladies de la peau, et plus particulièrement contre les dartres, la teigne, la lèpre, la gale. Geoffroy vantait leurs vertus antidartreuses, et Biett les prescrivait quelquefois. Boërhaave attribuait de grandes propriétés à la décoction des feuilles miellées, administrée dans la pleurésie et les pneumonies. Cette décoction est aujourd'hui tout à fait inusitée.

On croit généralement que le *S. succisa* est plus actif que le *S. arvensis*. On peut les remplacer sans inconvénient l'un et l'autre par le *S. sylvatica*.

SCAMMONÉE

Convolvulus Scammonia L.
(Convolvulacées – Convolvulées.)

La Scammonée d'Alep est une plante vivace, à racine épaisse, allongée, charnue, lactescente. Les tiges, hautes de $1^m,50$ à 2 mètres, grêles, volubiles, pubescentes, portent des feuilles alternes, pétiolées, hastées, aiguës, entières, glabres et lisses. Les fleurs, rougeâtres, sont groupées, au nombre de trois à six, à l'extrémité de pédoncules axillaires plus longs que les feuilles. Elles présentent un calice à cinq divisions profondes, obtuses, souvent échancrées, glabres, persistantes; une corolle en entonnoir, à limbe plissé; cinq étamines; un ovaire à deux loges biovulées, surmonté d'un style filiforme terminé par deux stigmates. Le fruit est une capsule globuleuse, à deux loges, renfermant chacune deux graines noirâtres (Pl. 34).

Habitat. — Cette plante est originaire de l'Orient. Elle est surtout abondante en Syrie, aux environs d'Alep, etc. Elle ne se trouve cultivée, en Europe, que dans les jardins botaniques.

Parties usitées. — Le suc gommo-résineux desséché, désigné sous le nom de scammonée.

Récolte. — La plante qui produit la scammonée et les opérations que l'on fait pour en extraire le jus ont été décrites par

Dioscoride. On la récolte dans presque toute l'Asie Mineure. On coupe la tige un peu au-dessus du collet de la racine et on la jette; on creuse la souche en forme de coupe; le suc s'y accumule; on l'en extrait avec des coquilles, et on le fait durcir au soleil. On nomme alors ce produit *scammonée* de *première goutte* ou *en coquille*; il vient peu dans le commerce d'Europe. On prétend qu'on en obtient *en larmes*, qui est très-rare et très-estimée. Plusieurs auteurs assurent qu'on extrait des racines ainsi traitées une scammonée dite de *seconde goutte*; pour obtenir ce produit, on écrase la racine, qui est grosse, longue, charnue; on l'exprime à la presse, et on fait évaporer ce suc à une douce chaleur; ainsi obtenue, la scammonée est compacte, à cassure vitreuse, exempte de corps étrangers, et elle doit blanchir lorsqu'on la mouille avec de la salive; les fragments sont gris, plus ou moins volumineux, poreux, d'une odeur particulière de brioche ou de beurre cuit, que l'on perçoit surtout lorsqu'on frotte les fragments.

Depuis quelques années, on trouve dans le commerce de la résine de scammonée pure que l'on extrait de la racine sèche, et qu'on pulvérise au moyen de l'alcool; elle est dure, friable, vitreuse, présente l'aspect de la colophane; elle est fusible, inflammable, elle brûle avec une flamme fuligineuse; elle est insoluble dans l'eau et soluble dans l'alcool. Déjà, à l'époque de Dioscoride, la scammonée que l'on apportait de Mysie était la plus estimée; elle avait, disait cet auteur, *la couleur de la colle de taureau*, elle ne devait pas être âcre, ce qui aurait indiqué une falsification par le suc de tithymale. Les scammonées de Syrie sont mauvaises et pesantes; elles sont falsifiées avec le tithymale et la farine d'orobe. Cette scammonée de Dioscoride paraît correspondre à celle de Samos, décrite par Tournefort; on peut être surpris qu'au temps de Dioscoride, on la préférât à celle de Syrie; aujourd'hui la scammonée de l'île Samos et celle de Scala-Nova, ville de l'Anatolie, se consomment dans la Turquie d'Asie; il n'en vient pas en Occident.

Geoffroy distinguait deux sortes de scammonées, celle d'Alep et celle de Smyrne: la première doit être blanche, légère, friable, poreuse, à cassure noirâtre, recouverte d'une poudre grise; elle a une odeur très-prononcée de beurre cuit; la seconde est plus noire, plus compacte, plus pesante, et vient à Smyrne par les contrées voisines de la chaîne du Taurus; elle est moins estimée.

Pour M. Guibourt, il y a deux espèces de scammonées : l'une blonde ou jaunâtre, translucide, produite par le liseron décrit par Dioscoride et par Tournefort, dont les feuilles sont velues (*C. hirsutus* Stev., *C. sagittifolius* Sibth., *C. Sibthorpii* Rœmer et Schultes) ; l'autre noirâtre, opaque, pesante, plus massive, et produite par le *C. Scammonia*. Ces deux sortes sont plus ou moins pures, selon qu'elles proviennent de l'incision des racines, qu'elles ont été faites par contusion des racines, des feuilles, ou additionnées de sable, de farine, de sulfate ou de carbonate de chaux, fraudes pratiquées, soit en Orient, soit ailleurs. Il est certain que depuis plusieurs années les scammonées du commerce sont très-impures.

Les principales sortes commerciales de scammonées sont les suivantes :

1° *Scammonée blonde de Smyrne, Scammonée de Mysie* de Dioscoride ; en masses poreuses, gris rougeâtre ou blanchâtre, fragile ; à cassure brillante, inégale, transparente, et jaunâtre dans les lames minces, formant avec la salive une émulsion poisseuse, fusible à la flamme d'une bougie et continuant à brûler seule, son odeur est fort désagréable, distincte de celle de la scammonée d'Alep.

2° *Scammonée de Trébizonde, scammonée de Samos* de Tournefort ; en masses considérables d'un gris rougeâtre ; apparence cireuse, odeur de brioche ; elle forme avec la salive une émulsion sale, poisseuse, elle est inflammable et continue à brûler seule ; les lames minces sont transparentes.

3° *Scammonée noirâtre d'Alep, supérieure* ; en fragments petits, recouverts d'une poussière blanche ; facile à briser, à cassure brillante, avec des cavités et des éclats demi-transparents ; saveur et odeur de brioche ; forme avec l'eau et la salive une émulsion blanche ; sa poudre est grisâtre ; elle s'enflamme au contact d'une bougie, mais elle ne continue pas à brûler lorsqu'on l'éloigne.

4° *Scammonée noire et compacte d'Alep* ; en pains orbiculaires, aplatis pendant leur refroidissement ; compacte, pesante, sans cavités ; cassure noire vitreuse, transparente dans les lames minces, friable, odeur faible ; elle s'enflamme au contact d'une bougie et continue à brûler seule.

5° *Scammonée plate*, dite *d'Antioche* ; c'est probablement un produit falsifié ; elle se présente sous la forme de gâteaux aplatis ; larges de $0^m,10$ à $0^m,11$, épais de $0^m,02$ environ ; sa couleur est d'un gris cendré ; sa cassure est terne, avec des cavités et des points blanchâtres qui font effervescence avec l'acide chlorhydrique, ce qui indique qu'elle renferme des fragments de pierres calcaires ; son odeur, semblable à celle de la scammonée d'Alep, est plus faible et plus désagréable ; elle ne fond pas au contact d'une bougie, elle se boursoufle, et, si elle prend feu, c'est pour s'éteindre aussitôt.

6° *Scammonées inférieures*, dites *de Smyrne*. Sous ce nom on trouve dans le commerce diverses scammonées falsifiées, offrant des caractères et des aspects différents ; les scammonées, dont le prix s'est élevé de 80 à 100 francs le kilogramme, ont été l'objet de nombreuses fraudes.

La scammonée de Montpellier est produite par le *Cynanchum Monspeliacum*, de la famille des Asclépiadées, dont nous avons parlé ailleurs.

Composition chimique. — Les scammonées ont été analysées par Bouillon-Lagrange, Vogel, Clamor, Marquart, Dublanc, Signoret, Reveil, etc. Leur principe actif est dù à une résine dont la proportion ne doit pas être inférieure à 70 pour 100, et qui s'élève quelquefois à 80 ; mais on trouve souvent dans le commerce des scammonées qui ne donnent que 50, 30, 20 et même 10 pour 100 de résine ; ce sont là évidemment des produits falsifiés, ou résultant de l'expression de racines épuisées par incisions ; mais qui, dans tous les cas, doivent être repoussés de l'usage médical. Outre la résine, on trouve dans les scammonées une matière poreuse, de la gomme, de l'amidon, une matière extractive, de l'albumine, de la fibrine, de la glutine et des sels parmi lesquels nous citerons les carbonates de chaux et de magnésie, le sulfate de chaux ; du sable, et des oxydes de fer et d'alumine.

La scammonée pulvérisée et épurée par l'alcool à 90° fournit une résine qui n'a pas l'àcreté de celle du Jalap ; elle est inodore, insipide, elle se dissout dans l'alcool, elle est décolorée par le charbon, elle est soluble dans l'éther, elle se dissout dans quatre parties d'ammoniaque ; la dissolution est d'un beau vert.

Usages. — La scammonée est un des purgatifs drastiques des plus énergiques ; elle était autrefois employée sous le nom de *Diagrède* ; on la faisait cuire dans une pomme ou un coing avec du soufre ou du suc de réglisse ; de là le nom de *diagrède pommé, cydonié, sulfuré, glycyrrhizé* que l'on trouve encore dans les vieilles pharmacopées ;

elle entrait dans la *poudre cathartique*, la *poudre de cornachine* ou *de Tribus*, les *pilules mercurielles de Belloste*, etc.

On emploie, le plus souvent, la poudre de scammonée. Planche a constaté qu'elle se dissolvait dans le lait chaud et dans l'émulsion d'amandes; aussi l'administre-t-on souvent sous cette forme, à la dose de 60 centigrammes à un gramme ; on l'associe souvent au calomel ; elle fait partie de *l'eau-de-vie allemande* ou *teinture* de *jalap composée*, qui est un excellent purgatif, employé surtout toutes les fois que l'on veut réagir vigoureusement sur le gros intestin, dans les hémorrhoïdes, par exemple.

On reproche à la scammonée de provoquer souvent des vomissements ; sa composition variant beaucoup, on comprend que son action doit être infidèle ; aussi lui substitue-t-on aujourd'hui assez fréquemment la *résine de scammonée*. De nombreuses expériences nous ont appris qu'associée à la magnésie, elle purgeait parfaitement à la dose de 25 à 40 centigrammes, et qu'elle ne produisait jamais de vomissements.

Les écrits d'Hippocrate et de Galien démontrent que la scammonée était employée dès la plus haute antiquité. Les Arabes la prescrivaient beaucoup ; d'après Geoffroy, les médecins grecs employaient la racine en décoction et en poudre ; Mesué la regardait comme un purgatif tellement parfait, qu'il la désignait sous le nom de *Purgatif* tout court ; Oribaze en faisait un fréquent usage. Fernel rapporte (*de Method. curandi*) qu'on la regardait comme très-propre à évacuer les biles et les liquides pituiteux. Aujourd'hui on l'emploie seule le plus souvent ; et comme elle est assez irritante, on s'en abstient dans les phlegmasies, les fièvres, les maladies éruptives ; on la fait prendre, au contraire, toutes les fois que l'on veut déterminer une vive révulsion sur le canal digestif, et surtout sur le gros intestin ; on l'administre aux mêmes doses et de la même manière que le jalap ; elle est moins irritante que ce dernier ; elle n'agit que lorsqu'elle est parvenue dans l'intestin ; aussi conseille-t-on de la faire prendre délayée dans un verre d'eau, afin qu'elle franchisse rapidement le pylore ; mais son action irritante empêche de la prescrire toutes les fois qu'il y a inflammation intestinale ; c'est pourquoi Hoffmann la nommait le *poison des coliques*.

SCILLE

Scilla maritima L.
(Liliacées – Hyacinthées.)

La Scille officinale ou maritime, appelée aussi Squille, Ognon marin, Scipoule, Charpentaire, etc., est une plante vivace, à bulbe ovoïde, arrondi, très-volumineux, composé de tuniques emboîtées, épaisses, charnues, blanches, gorgées d'un suc visqueux, les extérieures minces, sèches, membraneuses, brun foncé, toutes insérées sur un plateau qui émet en dessous un gros faisceau de racines adventives longues et charnues. Les feuilles, toutes radicales, sont longues de 0^m,25 à 0^m,35, ovales, lancéolées, aiguës, entières, un peu ondulées, épaisses, glabres, lisses et d'un vert foncé ; elles paraissent très-tard. Du centre de ces feuilles s'élève une hampe, haute de 0^m,65 à 1^m,35, épaisse, cylindrique, nue, simple, dressée, couverte, dans sa moitié supérieure, de fleurs blanches, pédonculées, munies de petites bractées, et formant une longue grappe terminale. Chaque fleur présente un périanthe pétaloïde, profondément partagé en six divisions presque étalées ; six étamines saillantes, à filets subulés ; un ovaire à trois loge pluriovulées, surmonté d'un style simple, terminé par un stigmate trilobé. Le fruit est une capsule trigone, à trois loges polyspermes, s'ouvrant en trois valves.

HABITAT. — La scille officinale croît dans les régions méridionales de l'Europe, où elle habite les plages maritimes sablonneuses. La scille penchée se trouve dans les contrées plus septentrionales ; elle croît surtout dans les bois et les pâturages ombragés. Ces deux plantes ne sont cultivées que dans les jardins botaniques ou d'agrément.

PARTIES USITÉES. — L'oignon ou bulbe.

RÉCOLTE. — Il existe deux variétés des bulbes de scille, l'une blanche (*Scille femelle*) et l'autre rouge (*Scille mâle*) ; la scille rouge est la seule employée en France ; c'est aussi celle que l'on trouve dans les pharmacies anglaises. Ces plantes croissent sur les côtes sablonneuses de la Méditerranée et de l'Océan. Les bulbes rouges nous sont apportés frais d'Espagne et des diverses îles de la Méditerranée. On rejette les premières tuniques qui sont rouges, sèches, coriaces, minces, transparentes ; on repousse également les tuniques centrales qui sont blanches, visqueuses, très-charnues, et l'on n'emploie que les tuniques intermédiaires qui sont épaisses, d'un blanc rosé ; elles rougissent en vieillissant ; on les fait sécher après les avoir coupées en lanières que l'on enfile avec une ficelle, ou que l'on coupe préalablement en petits fragments étroits ; fraîches, elles sont recouvertes d'un épiderme blanc-rosé, et pleines d'un suc visqueux, inodore, amer et âcre ; par la dessiccation, elles perdent une partie de leurs propriétés, et alors l'amertume domine. Il faut conserver la scille sèche dans un endroit très-sec. Lorsqu'elle est réduite en poudre, elle est très-hygrométrique, et elle perd rapidement ses vertus.

COMPOSITION CHIMIQUE. — D'après M. Vogel, la scille contient les principes suivants : matière âcre et volatile, quantité indéterminée ; gomme, 6 ; scillitine, 35 ; tannin, 24 ; citrate de chaux, sucre, 5 ; ligneux, 30. La scillitine, étudiée par MM. Tilloy et Marius, est cristallisable, amère, douceâtre, assez soluble dans l'eau et dans l'alcool, insoluble dans l'éther ; c'est un purgatif et un vomitif violent ; elle peut occasionner la mort à petites doses.

USAGES. — La scille est placée parmi les poisons narcotico-âcres ; son action physiologique se rapproche de celle du tabac ; elle agit sur le système nerveux et produit des accidents ataxiques violents qui se manifestent par des symptômes résultant d'une confusion et d'une alternative de phénomènes de surexcitation et de sédation dans les fonctions de la vie animale et de la vie organique ; elle irrite et phlogose le tube digestif, et détermine le plus souvent des superpurgations et des vomissements. Son emploi thérapeutique a surtout pour but de provoquer la sécrétion urinaire ; c'est un des meilleurs diurétiques que l'on possède. Elle exerce en outre deux autres actions incontestables, l'une expectorante, lorsqu'elle est administrée à faibles doses, et l'autre vomitive, à doses un peu plus élevées. Ce sont la *teinture*, le *vin scillitique*, le *vin diurétique amer de la Charité*, et l'*extrait* que l'on emploie comme diurétiques. La poudre, l'extrait, et surtout l'onguent scillitique sont employés comme expectorants. On associe quelquefois la scille à d'autres médicaments qui en activent les propriétés, en atténuent les inconvénients ou la rendent propre à remplir des indications spéciales ou composées ; tels sont le camphre, la gomme ammoniaque, le calomel, l'opium, la belladone, le quinquina, etc.

A l'extérieur, la teinture de scille est employée, soit seule, soit associée à celle de digitale, en frictions, comme un diurétique puissant; les squammes fraîches ou sèches bouillies dans de l'eau, ont servi à préparer des cataplasmes que l'on appliquait sur l'abdomen comme diurétiques, et surtout sur les tumeurs et les bubons pour en hâter la maturation; ce moyen est peu employé aujourd'hui.

Les anciens connaissaient l'activité de la scille appliquée fraîche sur la peau; ils savaient qu'elle déterminait une rubéfaction susceptible d'aller jusqu'à la vésication, tandis qu'elle perdait ses propriétés lorsqu'on la faisait cuire dans un four après l'avoir entourée de pâte à pain; on la faisait cuire aussi sous la cendre ou dans l'eau (Dioscoride, lib. II, c. CLXVII). D'après Théophraste, elle servait de moyen de purification chez les Grecs. Plenck, Dioscoride et Matthiole disent qu'on lui a vu produire de la cardialgie, des superpurgations, des excoriations, la gangrène intestinale et la mort. Orfila a confirmé tous les faits relatifs à son action toxique.

Épiménide est, dit-on, le premier qui ait introduit la scille dans la thérapeutique (*Hist. méd.*, 171). D'après Pline (lib. XXIII, c. II), Pythagore aurait écrit sur cette plante un traité qui ne nous est pas parvenu. Hippocrate et Galien en recommandaient l'usage. Elle a été surtout préconisée par Stoll et Tissot. Storck et Caspari en ont certainement exagéré les vertus, en lui attribuant des propriétés emménagogues, vermifuges et antiscorbutiques.

De nos jours, la scille est un des diurétiques les plus souvent employés; on en fait un fréquent usage dans toutes les maladies dans lesquelles on veut déterminer une supersécrétion urinaire, telles que les hydropisies, les infiltrations séreuses et les épanchements en général; c'est un modificateur puissant des muqueuses et surtout de la muqueuse pulmonaire; aussi l'emploie-t-on fréquemment dans les affections de poitrine, l'asthme humide, les catarrhes chroniques des poumons et de la vessie; l'albuminurie, etc.

La *scillitine* est difficile à préparer; elle est très-active. Quoiqu'une préparation portant le nom de *sirop de scillitine* soit très-vantée, nous doutons qu'elle renferme ce principe immédiat pur.

SCOLOPENDRE

Scolopendrium officinale Sm. *Asplenium Scolopendrium* L.
(Fougères – Polypodiées.)

La Scolopendre officinale, vulgairement appelée aussi Langue de cerf ou Herbe à la rate, est une plante vivace, à rhizome grêle, irrégulier, rameux, cespiteux, rougeâtre, muni de fibres radicales, souvent surmonté des débris des frondes détruites. Les frondes (vulgairement *feuilles*), toutes radicales, disposées en touffes, ont le pétiole assez long, noirâtre, chargé de poils écailleux, le limbe long de $0^m,20$ à $0^m,40$, oblong, lancéolé, aigu, un peu rétréci et cordé à la base, ferme, glabre, d'un vert foncé et luisant en dessus, plus pâle en dessous, à nervure médiane fortement saillante, à nervures secondaires divisées en ramifications renflées au sommet et qui n'atteignent pas les bords de la fronde. Les spores ou corps reproducteurs sont contenus dans des sporanges qui naissent à la face inférieure des frondes, où ils sont réunis en groupes linéaires, longs de $0^m,02$ à $0^m,03$, parallèles entre eux et obliques par rapport à la nervure médiane, revêtus de deux indusies membraneuses, qui naissent latéralement de la nervure secondaire, et sont connivents au-dessus des groupes, de manière à simuler une indusie bivalve.

Cette plante présente plusieurs variétés, à frondes ondulées, crispées, dentées, larges ou étroites, quelquefois un peu charnues; la grosseur des groupes de sporanges est aussi variable.

Habitat. — La scolopendre est commune dans les diverses régions de l'Europe. Elle croît sur les rochers humides et ombragés, les vieilles murailles, dans les grottes, les fissures des puits, etc. On ne la cultive guère que dans les jardins botaniques, où on la propage facilement d'éclats de pied, faits au printemps, en terre de bruyère.

Parties usitées. — Les frondes.

Récolte. — Lorsqu'on veut employer la plante fraîche, on peut la récolter pendant toute l'année. Pour la faire sécher, il vaut mieux la couper à l'automne; la dessiccation s'opère facilement; la plante prend, il est vrai, une couleur jaune, mais elle ne perd pas ses propriétés.

Composition chimique. — La scolopendre est très-mucilagineuse, elle renferme du tannin, ou du moins son jus et son infusion noircissent les sels de fer ; l'odeur herbacée que répand la plante fraîche devient légèrement aromatique par la dessiccation.

Usages. — La scolopendre, autrefois très-vantée comme astringente, vulnéraire et diurétique, est aujourd'hui fort peu employée. Dioscoride disait qu'elle détruisait les obstructions du foie, de la rate, et qu'elle dissipait la jaunisse ; ensuite Galien la vanta contre la diarrhée et la dysenterie ; longtemps après Chomel l'ancien, Joseph Lieutaud et d'autres auteurs la placèrent parmi les plantes spléniques, hépatiques, apéritives et fondantes. Cette plante entre, par habitude plus que pour son efficacité, dans la composition de quelques médicaments très-anciens, tels que les *Électuaires lénitif* et *catholicum*, le *Sirop de rhubarbe* ou *de Chicorée composé*.

SCORZONÈRE

Scorzonera hispanica L.
(Composées – Chicoracées.)

La Scorzonère d'Espagne, vulgairement appelée salsifis noir, est une plante vivace, à racine fusiforme, allongée, simple, charnue, noire au dehors, blanche en dedans, pivotante. La tige, haute d'un mètre et plus, cylindrique, striée, glabre ou à peine pubescente, rameuse au sommet, porte des feuilles alternes, sessiles, ovales-lancéolées, aiguës, entières, rétrécies à la base, glabres et d'un vert foncé. Les fleurs, jaunes, ligulées, sont groupées en capitules terminaux, à réceptacle nu, entouré d'un involucre à folioles nombreuses, inégales, presque aiguës, imbriquées sur plusieurs rangs. Les fruits sont des akènes allongés, striés, blanchâtres, surmontés d'une aigrette sessile, blanche, à rayons plumeux, à barbes entrecroisées.

Habitat. — La scorzonère est originaire du midi de l'Europe, où elle croît surtout dans les prés. Elle n'est pas cultivée pour l'usage médical ; mais on la trouve abondamment répandue dans les jardins maraîchers, où elle est cultivée comme bisannuelle.

Parties usitées. — Les racines, les jeunes pousses.

Récolte. — Les racines de scorzonère peuvent être récoltées depuis l'automne jusqu'au printemps. On les conserve durant l'hiver, dans une serre à légumes, déposées lit par lit sur du sable. La graine, recueillie avec soin, chaque jour, le matin, au moment où elle se montre hors du calice, et tenue enfermée dans des sacs et en lieu sec, conserve pendant trois ou quatre ans sa faculté germinative.

COMPOSITION CHIMIQUE.—La scorzonère a une saveur mucilagineuse, légèrement sucrée; elle est très-riche en inuline.

USAGES. — On a fait et l'on fait encore en médecine très-peu d'usage de la racine de scorzonère; elle a cependant été conseillée pour faciliter l'éruption des pustules varioliques; on l'a considérée, certainement à tort, comme diurétique, sudorifique et pectorale; quelquefois on l'administre dans la rougeole et contre le rhume, les catarrhes en général et les ardeurs d'urine. Les vieux Catalans croyaient que cette racine guérissait les morsures de la vipère. On s'en sert pour la teinture; sa décoction colore en brun la laine traitée par les sels de bismuth. Les bestiaux mangent volontiers les feuilles de la plante. En Allemagne, on a fait usage, comme sudorifique, des racines du *S. humilis* L. D'après Pallas, les Kalmoucks mangent les racines du *S. pusilla* Pallas, ainsi que celles du *S. tuberosa* Pallas. D'après M. Durand, de Dijon, c'est au *S. nervosa* Lamk qu'il faut rapporter les propriétés sudorifiques que l'on a attribuées à la scorzonère d'Espagne. Les jeunes pousses des diverses scorzonères se mangent crues ou cuites, en salade. Les jeunes feuilles peuvent servir à nourrir les vers à soie, et surtout ceux du *Bombyx cynthia* Fabr., de la Chine, qui s'en accommodent assez bien, faute de feuilles de mûrier.

SCROFULAIRE

Scrofularia nodosa et *aquatica* L.
(Personées - Scrofulariées.)

La Scrofulaire noueuse (*S. nodosa* L.) est une plante vivace, à racine renflée, noueuse, brunâtre. La tige, haute de 0^m,50 à 0^m,80, tétragone, raide, robuste, glabre, lisse, dressée, rameuse, porte des feuilles opposées, pétiolées, ovales-lancéolées, aiguës, un peu cordées à la base, dentées, glabres, d'un vert foncé. Les fleurs, petites, brun rougeâtre en dehors, olivâtres en dedans, sont groupées en panicule terminale. Elles présentent un calice court, à cinq lobes ovales-arrondis, presque égaux; une corolle à tube renflé, arrondi, à limbe divisé en deux lèvres, la supérieure plus longue et bilobée, l'inférieure à trois lobes courts, obtus, plans, les latéraux dressés, le médian plus grand, étalé ou réfléchi; quatre étamines didynames, incluses, à anthères réniformes; un ovaire ovoïde-arrondi, à deux loges pluriovulées, inséré sur un disque annulaire, et surmonté d'un style court, recourbé, terminé par un très-petit stigmate. Le fruit est une capsule ovoïde-arrondie, bivalve, à deux loges polyspermes, acuminée, entourée par le calice persistant (Pl. 32).

La Scrofulaire aquatique (*S. aquatica* L.) est aussi vivace, et se distingue de la précédente par sa taille un peu plus élevée ; ses tiges à quatre angles tranchants ou ailés ; ses feuilles obtuses, à pétioles ordinairement ailés ; son calice, à lobes arrondis, membraneux et blanchâtres sur les bords.

HABITAT. — Ces deux plantes sont communes dans les diverses régions de l'Europe ; elles croissent de préférence, la dernière surtout, dans les lieux humides et marécageux, les bois, au bord des fossés, des rivières et des ruisseaux. On ne les cultive que dans les jardins botaniques, où on les propage facilement par éclats de pieds.

PARTIES USITÉES. — Les racines, les feuilles.

RÉCOLTE. — La racine de scrofulaire doit être récoltée à l'automne ou au printemps ; elle est fibreuse, d'un gris noirâtre ; elle se reconnaît aux nodosités qu'elle présente de distance en distance ; les feuilles, qui sont peu employées, doivent être récoltées avant la floraison.

COMPOSITION CHIMIQUE. — La scrofulaire aquatique répand, lorsqu'on la frotte, une odeur désagréable et fétide ; sa saveur assez nauséeuse est âcre et amère.

USAGES. — Les noms de scrofulaire et d'*Herbe aux hémorrhoïdes* qu'on donne à cette plante indiquent suffisamment qu'elle fut longtemps préconisée contre les scrofules et les affections hémorrhoïdales ; on employait indistinctement la scrofulaire aquatique, nommée encore *Bétoine d'eau, Grande Morelle*, et la scrofulaire noueuse, qui portait aussi les noms de *Grande Scrofulaire, Scrofulaire des bois* et d'*Herbe aux hémorrhoïdes* ; cependant la première était regardée comme plus active ; elle était vantée surtout contre les hémorrhoïdes, sans doute à cause des bourrelets que l'on trouve sur les racines, espèces de signatures auxquelles les anciens et même beaucoup de modernes attachaient une très-grande importance. Jérôme Bock dit Tragus faisait entrer son suc dans la composition d'un onguent très-employé contre la gale, et il vantait son eau distillée contre les rousseurs du visage.

Aujourd'hui les propriétés antiscrofuleuses des scrofulaires sont complétement niées. D'après De Candolle, ces plantes sont purgatives à petites doses, et vomitives à doses plus élevées. On employa, dit-on, les feuilles de scrofulaires au siége de la Rochelle pour la guérison des plaies. Les propriétés vulnéraires de la scrofulaire aquatique ne sont plus admises. La décoction des feuilles, en frictions, a été préconisée contre la gale.

Marchand conseillait d'associer la scrofulaire au séné pour enlever à celui-ci sa saveur désagréable; malgré l'opinion favorable de M. Cazin, le conseil est peu suivi. Ces plantes sont aujourd'hui peu usitées, même dans les affections vermineuses, contre lesquelles on les a trop vantées.

En Italie, on prétend guérir la gale des chiens et des cochons en frottant ces animaux avec les décoctions des feuilles et de la racine vivace de la scrofulaire des chiens (*S. canina* L.). Au Brésil, on nomme *Caa-Cua* et *Yquelaia* une plante qui paraît être notre scrofulaire aquatique, et qui, d'après Marchand, guérirait les apoplexies, les pleurésies et les fièvres intermittentes.

SCUTELLAIRE

Scutellaria galericulata, minor, et *Alpina* L.
(Labiées - Scutellariées.)

La Scutellaire commune ou à fleurs en casque (*S. galericulata* L.), vulgairement appelée Toque ou Tertianaire, est une plante vivace, à rhizome traçant. La tige, haute de $0^m,25$ à $0^m,50$, pubescente, dressée ou ascendante, rameuse, porte des feuilles opposées, brièvement pétiolées, oblongues–lancéolées, cordées à la base, un peu obtuses, dentées, d'un beau vert. Les fleurs, bleu violacé, sont axillaires, opposées et rejetées d'un même côté. Elles présentent un calice campanulé, à deux lèvres entières presque égales, la supérieure caduque, offrant une bosse saillante, l'inférieure persistante ; une corolle à tube très–long, courbé, ascendant à la base, à limbe divisé en deux lèvres, la supérieure presque droite, en casque, l'inférieure étalée, convexe, à trois lobes, dont le médian est échancré ; quatre étamines incluses, didynames ; un pistil composé de quatre carpelles uniovulés, libres, inséré sur un disque épais et charnu, surmonté d'un style basilaire simple, terminé par un stigmate bifide. Le fruit se compose de quatre akènes ovoïdes.

La Scutellaire naine (*S. minor* L.) est aussi vivace. La tige, haute de 0ᵐ,10 à 0ᵐ,20, grêle, pubescente, dressée, rameuse, porte des feuilles opposées, presque sessiles, oblongues-lancéolées, cordées à la base, un peu obtuses, entières. Les fleurs sont petites, roses ou un peu violacées, sous-axillaires, et ont le calice hispide et la corolle à tube un peu ventru à la base.

La Scutellaire des Alpes (*S. Alpina* L.) se reconnaît à ses tiges ascendantes, pubescentes; à ses feuilles ovales, un peu cordiformes, crénelées; à ses fleurs grandes, disposées en épis touffus, munies de bractées ovales imbriquées et colorées au sommet, et dont la corolle a la lèvre supérieure violacée et pubescente, et l'inférieure blanche.

Habitat. — Ces plantes sont assez abondamment répandues dans l'Europe centrale. Les deux premières croissent dans les lieux humides ou marécageux, au bord des eaux, etc. La troisième habite les montagnes. Les scutellaires ne sont cultivées que dans les jardins botaniques ou d'agrément.

Parties usitées. — Les feuilles.

Récolte. — On cueille les feuilles au moment de la floraison; elles perdent une partie de leurs propriétés par la dessiccation.

Composition chimique. — La scutellaire commune possède une odeur alliacée assez prononcée; sa saveur est amère; son suc rougit le tournesol.

Usages. — Autrefois très-vantée comme fébrifuge, anthelmintique et sudorifique, la scutellaire commune est aujourd'hui fort peu usitée. On l'a appelée *Tertianaria* parce qu'on lui attribuait la propriété de guérir les fièvres intermittentes tierces. En Alsace on l'emploie quelquefois pour combattre les fièvres. Camérarius l'a préconisée dans l'angine. A Ternate, l'une des îles Moluques, elle a été prescrite contre la gonorrhée et la dysurie. A Amboine, îles Moluques, et en Chine, on emploie la scutellaire indienne (*S. indica* L., *Curanga amara* Vahl) contre la fièvre tierce.

Le docteur Lyman-Spalding a beaucoup vanté contre la rage le *S. lateriflora* L. (*Sckullcap* des États-Unis); il l'employait en infusion, et a cité des centaines de malades guéris et des milliers d'animaux sauvés, tandis que ceux qui n'avaient pas fait usage de cette plante avaient successivement succombé. Cette découverte, attribuée au docteur Laurence Vander-Ven, remonterait à 1773. On avait donc cru un instant avoir trouvé le spécifique de la rage, mais on n'a malheureusement pas tardé à être complétement désabusé, et les faits cités par Hutchinson et Feske (*Med. and Journ.* 1820) se rapportent à des cas où l'hydrophobie n'existait pas. Malgré les nombreuses réclames faites à une certaine époque sur l'emploi du *Skullcap* (ce qui signifie coiffe ou casque) contre la rage, on n'a plus, même aux États-Unis, aucune confiance dans cette médication. En effet, les propriétés chimiques de deux des espéces de scutellaires précitées (*S. galericulata*, qui aurait aussi produit des résultats anti-hydrophobiques dans l'Ukraine et la Crimée, et *S. lateriflora*) n'offrent absolument rien qui puisse justifier une telle opinion; si le seul principe astringent qu'elles présentent peut exercer une action tonique et antispasmodique sur l'économie animale, jamais il n'aura une puissance assez grande pour arrêter les funestes effets de la morsure d'un chien enragé.

SÉBESTIER

Cordia Myxa et Sebestena L.
(Cordiacées.)

Le Sébestier domestique (*C. Myxa* L.), appelé aussi dans quelques localités Bois rose, est un arbre de moyenne grandeur, dont la tige épaisse, couverte d'une écorce gris cendré, se divise en rameaux lisses, portant des feuilles alternes, grandes ovales, fermes, velues, scabres, d'un vert foncé. Les fleurs, blanches, odorantes, sont groupées en panicules terminales, rameuses, assez amples et compactes. Elles présentent un calice tubuleux, denté au sommet; une corolle en entonnoir, à limbe divisé en six à huit lobes; six à huit étamines, à anthères oblongues; un ovaire à quatre loges uniovulées, inséré sur un disque hypogyne et cupuliforme, et surmonté d'un style simple terminé par un stigmate bifide. Le fruit est un drupe, à pulpe visqueuse, renfermant une ou deux graines; il est entouré par le calice persistant.

Le Sébestier à feuilles rudes (*C. Sebestena* L., *C. speciosa* Willd.) est un petit arbre, dont la tige, haute de 4 à 5 mètres, droite, cylindrique, velue et scabre dans sa jeunesse, rameuse au sommet, porte des feuilles alternes, ovales-oblongues, festonnées, rudes au toucher, d'un vert sombre. Les fleurs, jaune orangé, grandes, inodores, sont groupées en corymbes terminaux. Elles présentent un calice tubuleux, denté au sommet; une corolle à cinq divisions; cinq étamines. Le fruit est une drupe.

Ce genre renferme encore un grand nombre d'autres espèces, parmi lesquelles on remarque les Sébestiers épineux (*C. spinescens* L.), à grandes feuilles (*C. macrophylla* L.), de Rumphius (*C. Rumphii* Blum.), etc.

Habitat. — Le sébestier domestique croît dans l'Hindoustan, en Arabie, en Égypte. Le sébestier à feuilles rudes croît aux Antilles. Ces arbres ne sont cultivés, en Europe, qu'en serre chaude, dans les jardins botaniques.

Parties usitées. — Les fruits desséchés.

Récolte. — Sous le nom de Sébestes, on a beaucoup employé autrefois les fruits des *Cordia Myxa* et *Sebestena*, qui nous venaient de l'Hindoustan ou de l'Égypte. On en trouve deux sortes dans le commerce : les uns, grisâtres, d'une forme ovale, pointus aux deux extrémités, sont formés d'un brou sec, mince, appliqué contre le noyau; la seconde variété est noirâtre, arrondie, avec un brou épais, succulent, et déformé par la dessiccation. Avec les uns et les autres, on trouve souvent des calices persistants, striés et évasés. Le noyau est volumineux, de consistance ligneuse, ovoïde, un peu aplati, et un peu élargi dans le sens du plus grand diamètre par un angle proéminent. Les sébestes des pharmacies ressemblent à de petits pruneaux desséchés.

Il existe une variété du sébestier domestique (*C. Myxa*), nommée par Lamarck *C. officinalis*. Mérat et Delens font observer que, sous le nom de *C. Sebestena*, on avait confondu deux plantes : l'une, le vrai *Sebestena*; l'autre appelée par Desfontaines *Cordia scabra*, qui est le Bois de rape des Antilles.

Composition chimique. — La chair des sébestes est comestible. Elle est visqueuse, douceâtre, inodore. L'analyse des sébestes n'a pas été faite. Par la macération dans l'eau, on en obtient une glu blanche fréquemment employée sur place pour les usages médicinaux et autres, et qui entrait autrefois, comme celle que l'on tire de l'écorce, dans le commerce d'exportation, sous le nom de glu d'Alexandrie.

Usages. — Les sébestes, jadis employés comme pectoraux, adoucissants, légèrement laxatifs, dans les affections bronchiques et pulmonaires, sont aujourd'hui inusités chez nous. Dans l'Hindoustan, on les a employés, macérés dans du vinaigre, contre la diarrhée; à

Java, on les administre encore comme fébrifuges, et d'après Horsfield, la décoction des feuilles de sébestier est usitée aux Antilles pour effacer les taches de rousseur. Le *C. rotundifolia* Ruiz et Pavon a été employé en décoction au Pérou dans les inflammations des yeux. Les sébestes entrent dans *l'Électuaire lénitif.* On retire de l'écorce du sébestier domestique, ainsi que du fruit, une sorte de glu que les marchands de Venise appelaient glu de Damas ou glu d'Alexandrie. Dans l'Hindoustan les fruits de cet arbresont alimentaires. Le fruit pulpeux et sucré du sébestier à feuilles rudes se mange et on le confit en achars. On lui attribue les mêmes propriétés qu'à la Casse et il peut, dit-on, être employé dans les mêmes circonstances. Le bois du sébestier à feuilles rudes parfume les lieux où on le brûle; on a voulu contester ce fait rapporté par Miller, mais il est constant dans les pays où la plante croit spontanément.

SÉNÉ

Cassia acutifolia et *Senna* Delil.
(Légumineuses-Césalpiniées.)

Le Séné à feuilles aiguës (*C. acutifolia* Del., *C. lanceolata* Nect. non Forsk., *Senna Alexandrina* Bauh.) est un arbrisseau dont la tige, haute d'un mètre environ, cylindrique, dressée, rameuse, pubescente, blanchâtre, porte des feuilles alternes, stipulées, ailées, composées de quatre à huit paires de folioles opposées, presque sessiles, ovales, lancéolées, aiguës, entières, d'un vert jaunâtre, pubescentes, surtout en dessous. Les fleurs, jaunes, courtement pédonculées, sont groupées en épis axillaires. Elles présentent un calice à cinq divisions profondes et inégales; une corolle à cinq pétales presque égaux; dix étamines libres, inégales; un ovaire à plusieurs loges uniovulées, surmonté d'un style grêle et recourbé. Le fruit est une gousse plane, elliptique, obtuse, glabre, bivalve, à plusieurs loges monospermes (Pl. 33).

Le Séné à feuilles obtuses (*C. Senna* Del., *C. obovata* Collad.) se distingue du précédent par sa taille deux fois plus petite; sa tige pulvérulente; ses feuilles à folioles obovales, très-obtuses, presque cunéiformes; ses fleurs, jaune pâle, formant des épis plus longs; ses gousses très-comprimées, recourbées en arc, presque réniformes, plus étroites, brun verdâtre, pubescentes, offrant de petites crêtes transversales.

Nous devons citer encore les Sénés à feuilles lancéolées (*C. lanceolata* Forsk. non Nect., *C. ovata* Mér., *Cassia Æthiopica* Guib.).

Habitat. — Ces diverses espèces sont abondamment répandues en Égypte et en Éthiopie. La seconde se trouve aussi en Syrie et au Sénégal; elle est cultivée en Italie et en Espagne, et aussi dans quelques jardins de France, mais seulement comme plante annuelle; on la propage de graines semées sur couche. La première n'est cultivée que dans les serres des jardins botaniques.

Parties usitées. — Les folioles ou séné, les fruits (gousses, improprement follicules).

Récolte. — Les sénés sont les folioles de plusieurs plantes du genre *Cassia*. Voici quelles sont les principales espèces qui en fournissent : 1° le *Cassia obovata* Collad.; 2° le *C. acutifolia*. Delil.; 3° le *C. Æthiopica* Guib. (*C. lanceolata* Collad., d'après Mérat); 4° le *C. lanceolata* Forsk., décrit par M. Fée, sous le nom de *C. elongata*; 5° enfin, on trouve souvent mêlées aux sénés des feuilles de *Redoul* et d'*Arghel* dont nous avons parlé ailleurs. (*Voyez ces mots.*)

Les principales sortes commerciales de séné sont les suivantes, d'après M. Guibourt :

1° *Séné de la Palthe* ou *de la Ferme*. Ce nom lui vient de l'impôt ou *Palthe*, auquel il était soumis; on le nomme aussi séné d'Alexandrie, d'Égypte, de Nubie, etc. Voir p. 103 du t. 1er de la *Flore médicale*; il est formé en grande partie des folioles de la casse à feuilles aiguës (*C. acutifolia*), mêlées d'autres espèces, des bûchettes de l'arghel, qu'il faut séparer avec soin; les Arabes Ababdéhs, tribu qui habite les confins de l'Égypte supérieure, vont chercher ce séné au delà de Souâkin ou Suakem dans le pays habité par la tribu des Bicharyehs; ils l'apportent dans le port de Souâkin, qui est le plus fréquenté de la côte d'Habesch, en même temps que l'arghel et le séné à feuilles rondes. Un second entrepôt existe à Esneh (autrefois *Latopolis*), dans la Haute Égypte; on y trouve des sénés qui viennent de l'Abyssinie, de la Nubie et de Sennaar; c'est toujours le *C. acutifolia* du pays des Bicharyehs; mais les feuilles sont plus petites, plus vertes, et les fruits plus courts et plus étroits; ce séné est très-estimé, parce qu'il ne contient ni arghel, ni séné à feuilles obtuses; celui-ci est aussi entreposé séparément à Esneh.

On récolte le séné à la maturité des fruits, c'est-à-dire en septembre. Quand la cueillette est terminée, on embarque les provisions sur le Nil pour les transporter à Boulak (ou Boulacq), ville de la Basse Égypte, sur la rive droite du Nil, considérée comme le faubourg et le port du Caire. Il en vient aussi par Suez et par les caravanes de Djebel-Tor (l'ancien Sinaï). A Boulak, on sépare les follicules et les branches, on concasse légèrement les folioles des trois espèces, et surtout celles du séné obtus et de l'arghel ; c'est ce mélange qui porte le nom de *Séné Palthe*. Autrefois on exportait annuellement de Boulak pour deux millions de ce séné, dont un sixième arrivait à Marseille ; aujourd'hui cette exportation a bien diminué.

2° *Séné de Syrie* ou *d'Alep*. Il vient directement de Syrie et offre tous les caractères du *C. obovata*.

3° *Séné du Sénégal*. Ce séné appartient au *C. obovata* ; mais les folioles et les fruits sont plus petits et d'une couleur plus glauque ; les feuilles sont peu actives et les follicules inertes.

4° *Séné de Tripoli* ou *d'Afrique*. Feuilles plus petites, moins aiguës et moins épaisses, plus vertes, d'une odeur herbacée ; plus brisé que le séné palthe ; il ne contient ni arghel ni séné à larges feuilles, mais on y trouve des débris de ses propres fruits, que l'on reconnaît à leur couleur brune et à leur petite taille ; il appartient, d'après Guibourt, au *C. Æthiopica*.

5° *Séné Moka* ou *de la Pique*. Feuilles longues et étroites, jaunes, mêlées de follicules longs de $0^m,035$ à $0^m,080$, larges de $0^m,016$ à $0^m,018$, peu courbés, noirâtres au centre, verts à la circonférence ; leur surface est unie. Ce séné qui provient de l'Arabie et, d'après Guillemin, se compose des folioles très-étroites et allongées du *C. lanceolata*, est très-rare dans le commerce.

6° *Séné de l'Inde*. D'après Ainslie, le seul séné de l'Inde est celui à feuilles obtuses (*Mat. Indica*, 1, p. 389) ; d'après Péreira, ce séné de l'Inde est produit par le *C. lanceolata* d'Arabie, que l'on transporte à Tinnevelly, dans les Indes Orientales, présidence de Madras, où il est cultivé en grand pour les besoins du commerce ; ses feuilles, minces, vertes, sont aussi longues, mais moins étroites que celles du séné moka ; il n'est pas mêlé de fruits, et il jaunit à l'air humide.

7° *Séné d'Amérique*. Au Brésil, on emploie comme purgatives, sous le nom de *Sena do Campo*, les feuilles du *C. cathartica* ; à Cayenne et à la Virginie, on emploie le *C. ligustrina* ; à la Jamaïque, on fait usage des *Cassia occidentalis*, *obtusifolia*, *emarginata*, et surtout

Marylandica des États-Unis; les folioles de celui-ci ressemblent à celles du *C. obovata*.

Les follicules du séné sont les gousses de divers *Cassia*; on distingue les sortes commerciales suivantes (Guibourt) :

1° *Les follicules de la Palthe,* qui sont grands, larges, peu recourbés, lisses, aplatis, d'un vert sombre et noirâtre, à l'endroit des semences.

2° *Les follicules de Tripoli* ou de *Sennaar,* plus petits, d'un vert fauve; ils sont moins estimés.

3° *Les follicules d'Alep* ou de *Syrie,* produits par le séné à larges feuilles; ils sont noirâtres, contournés, demi–circulaires, étroits, les semences font saillie; on leur donne à tort le nom de *follicules Moka;* mais ceux-ci sont bien différents.

Au total, il reste encore bien des doutes à lever sur l'origine des divers sénés du commerce.

Composition chimique. — Quoique le séné ait été analysé par Bouillon-Lagrange, et plus récemment par MM. Lassaigne et Feneuille, son histoire chimique laisse encore beaucoup à désirer; ces derniers chimistes y ont trouvé de la chlorophylle, une huile grasse, une essence, de l'albumine, une matière particulière (*Cathartine*), une matière colorante jaune, de l'acide malique, du malate et du tartrate de chaux, de l'acécate de potasse, et des sels inorganiques.

La *cathartine* est incristallisable, transparente, amère, d'un brun jaunâtre, soluble dans l'eau et dans l'alcool, insoluble dans l'éther; elle est précipitée par le tannin et le sous-acétate de plomb; les alcalis la jaunissent; elle est purgative.

Le séné est souvent falsifié avec des feuilles d'arghel (*Cynanchum Arguel*) de la famille des Apocynées; on les reconnaît à leur couleur grisâtre et à leur surface chagrinée; et avec le redoul (*Coriaria myrtifolia*), que l'on distingue par les deux grandes nervures latérales à direction oblique et parallèle à la médiane. M. Guibourt a donné, dans un tableau intéressant, les caractères chimiques qui permettent de reconnaître la présence de ces feuilles dans le séné. Enfin, on prétend que l'on a quelquefois mêlé au séné les folioles du baguenaudier (*Colutea arborescens*), de la famille des Légumineuses.

Le séné et les follicules perdent tout ou partie de leurs propriétés purgatives par l'ébullition dans l'eau, de sorte que leur extrait est à peu près inerte; il faut donc les traiter par infusion.

Usages. — Le séné est un purgatif d'un effet sûr, dont l'usage a été presque exclusif jusqu'à la fin du dix-huitième siècle. Son action se manifeste ordinairement deux ou trois heures après qu'il a été pris, et sans douleurs intestinales. Mais il a l'inconvénient d'être désagréable à prendre, à cause de sa saveur et surtout de son odeur nauséeuse et repoussante. On l'administre soit en poudre, soit en infusion faite principalement à froid, soit en décoction. Il est utile de savoir qu'une ébullition tant soit peu prolongée affaiblit beaucoup son action. Le séné et ses follicules jouissent de propriétés identiques; mais ceux-ci sont moins actifs. On les place dans les purgatifs cathartiques, contrairement à l'opinion émise par plusieurs auteurs et notamment par MM. Mérat et Delens. Le séné provoque des coliques violentes, et plus particulièrement des coliques utérines; aussi le donne-t-on toutes les fois que l'on veut à la fois purger et congestionner la matrice; il en résulte souvent un effet emménagogue marqué. Ce médicament ne donne pas lieu à des évacuations séreuses comme les purgatifs qui exercent une action irritante directe sur la muqueuse digestive; les selles sont féculentes; il imprime une certaine contractilité à l'intestin, à la vessie et à l'utérus; aussi les accoucheurs en font-ils un fréquent usage pour réveiller les contractions utérines.

Le séné entre dans la composition d'une foule de préparations purgatives; on l'emploie surtout en lavements; il est la base de la fameuse médecine noire, et du lavement des peintres.

Les pharmaciens homœopathes préparent avec le séné une teinture mère, et des atténuations par trituration; ils l'administrent dans une foule de maladies; son signe est A*se* et son abréviation *Senna*.

SÉNEBIÈRE

Senebiera Coronopus Poir. *Cochlearia* L. *Coronopus vulgaris* Desf.
(Crucifères-Sénebiérées.)

La Sénebière commune, vulgairement nommée Corne de Cerf, est une plante annuelle, dont les tiges nombreuses, hautes de 0^m,20 à 0^m,40, glabres, très-rameuses, couchées, portent des feuilles alternes, pétiolées, pennatiséquées, à lobes oblongs ou linéaires, assez épaisses et un peu glauques. Les fleurs, blanches, très-petites, brièvement pédonculées, sont disposées en grappes courtes, opposées aux feuilles. Elles présentent un calice à quatre sépales égaux, arrondis, étalés, à bords membraneux ; une corolle à quatre pétales oblongs, obtus ; six étamines tétradynames ; un ovaire libre, à deux loges uniovulées, surmonté d'un style court terminé par un petit stigmate. Le fruit est une silicule comprimée, réniforme à la base, à cloison étroite, linéaire, qui la divise en deux loges, renfermant chacune une graine oblongue, à trois angles arrondis.

La Sénebière didyme ou pennatifide (*S. pinnatifida* D. C., *Lepidium didymum* Sm., *Cochlearia didyma* L.) est aussi annuelle ; ses tiges, hautes de 0^m,20 à 0^m,40, couchées, très-rameuses, velues, hérissées, portent des feuilles pennatiséquées, à lobes oblongs. Les fleurs, blanches, longuement pédonculées, sont quelquefois dépourvues de corolle, et leurs étamines souvent réduites à quatre ou même à deux, par avortement. Le fruit est une silicule didyme, échancrée à la base et au sommet, ridée et légèrement rugueuse.

Habitat. — La sénebière corne-de-cerf croît dans l'Europe centrale ; on la trouve dans les lieux incultes, les décombres, au bord des chemins et des fossés. La sénebière didyme, originaire de l'Amérique du Nord, est naturalisée dans l'ouest de la France, et jusqu'aux environs de Paris. Ces deux plantes ne sont cultivées que dans les jardins botaniques, où on les propage facilement de graines semées en place au printemps.

Parties usitées. — Les feuilles, les rameaux jeunes.

Récolte. — Les sénebières, cultivées dans les jardins comme condiments, se récoltent et s'emploient fraîches.

Composition chimique. — Ces plantes n'ont pas été analysées, mais leur saveur fait supposer qu'elles ont une composition très-analogue à celle de leur congénère, le *Cochlearia* ; on les cultive dans les jardins, sur les vieilles couches, où elles s'étalent beaucoup ; leur saveur, chaude et poivrée, se rapproche de celle du cresson alénois.

Usages. — La sénebière commune faisait partie du remède, autrefois très-célèbre, de mademoiselle Stephens, contre les calculs vésicaux et dans lequel entraient surtout du savon et des coquilles d'œufs. Aujourd'hui les plantes de ce genre ont peu d'applications en médecine.

SENEÇON

Senecio vulgaris, viscosus et *Jacobœa* L.
(Composées-Sénécionidées.)

Le Seneçon commun (*S. vulgaris* L.) est une plante annuelle, à racine pivotante, courte, émettant de nombreuses radicelles blanchâtres. La tige, haute de 0^m,20 à 0^m,40, un peu fistuleuse, arrondie, striée, glabre ou à peine pubescente, tendre, dressée ou ascendante, très-rameuse, porte des feuilles alternes, les radicales atténuées en pétiole, les caulinaires sessiles et embrassantes, pennatifides, à lobes espacés, étalés, oblongs, sinués-dentés, molles, épaisses, glabres ou légèrement pubescentes en dessous. Les fleurs, jaunes, toutes tubuleuses et hermaphrodites, sont groupées en petits capitules très-nombreux, rapprochés en corymbe compacte au sommet des rameaux, et entourés chacun d'un involucre cylindrique, glabre ou presque glabre, composé de folioles disposées sur un seul rang et accompagnées d'écailles accessoires extérieures, courtes, à pointe aiguë, noirâtre. Les fruits sont des akènes pubescents, surmontés d'une aigrette soyeuse.

Le Seneçon visqueux (*S. viscosus* L.) est aussi annuel, et se distingue du précédent par sa taille plus élevée ; sa tige et ses feuilles pubescentes, glanduleuses, visqueuses, odorantes ; ses fleurs, tubuleuses au centre du capitule, ligulées à la circonférence, et enroulées en dehors ; enfin, par ses akènes glabres.

Le Seneçon jacobée ou Herbe de Saint-Jacques (*S. Jacobœa* L.) est une plante vivace, à rhizome court, tronqué, à tige haute de 0^m,50 à 1^m, portant des feuilles pennatifides, quelquefois rougeâtres en dessous. Ses capitules assez gros se composent de fleurs tubuleuses au centre, ligulées à la circonférence. Les akènes du centre sont scabres et pubescents ; ceux de la circonférence glabres ou presque glabres.

Habitat. — Ces plantes sont communes dans les diverses régions de l'Europe. On les trouve dans les lieux cultivés, les champs en friche, les décombres, les jardins, les prairies, au bord des chemins et des fossés, sur la lisière des bois, au voisinage des habitations, etc. Elles ne sont cultivées que dans les jardins botaniques.

Parties usitées. — La plante entière.

RÉCOLTE. — Les seneçons se récoltent à la floraison.

COMPOSITION CHIMIQUE. — Les seneçons ont une saveur fade et herbacée ; cependant, si on les mâche longtemps, on perçoit une saveur âcre et acide ; leur analyse n'a pas été faite. D'après Gilet Laumont, le *S. doria* ou Herbe dorée donne des fibres supérieures à celles du chanvre (*Ann. de la Société Linn. de Paris*, janvier 1825).

USAGES. — On n'a pas d'idées précises sur les propriétés thérapeutiques des seneçons ; il est probable qu'elles sont assez faibles. Cependant le seneçon vulgaire ou *Érigeron* des anciens est regardé comme émollient et résolutif ; on l'employait autrefois en décoction dans la jaunisse et les maladies du foie. D'après Ray, on le donnait, de son temps, en Angleterre, aux chevaux tourmentés par les vers, et Loiseleur-Deslongchamps croit que c'est de cet usage que vient l'application que l'on en a faite comme anthelmintique. Le suc, d'après Fenazzi, guérit les convulsions les plus violentes. L'eau distillée a joui de la réputation de guérir la leucorrhée.

Les feuilles de seneçon jacobée ont une légère odeur aromatique et une saveur amère qui les ont fait rechercher comme émollientes, résolutives, expectorantes et vulnéraires. Après avoir été employées, surtout en cataplasmes, contre les contusions, les ulcères sordides, etc., et dans l'inflammation des amygdales, la dysenterie, etc., elles sont tombées en désuétude dans la médecine. Dans l'industrie, on emploie les feuilles et les fleurs pour la teinture.

SÉNÉGA

Polygala Senega L.
(Polygalées.)

Le Sénéga ou Polygala de Virginie est une plante vivace, à racine rameuse, irrégulière, grisâtre, marquée d'une côte saillante longitudinale. Les tiges, hautes de 0^m,25 à 0^m,30, annuelles, très-simples, portent des feuilles alternes, sessiles, assez grandes, ovales, lancéolées, aiguës, entières, glabres, d'un vert clair. Les fleurs, petites, sont groupées en épi terminal. Elles présentent un calice à cinq sépales, dont deux latéraux (*ailes*) plus grands, colorés, obtus, veinés ; une corolle à cinq pétales très-courts ; huit étamines diadelphes ; un ovaire allongé, comprimé, à deux loges uniovulées, surmonté d'un style dilaté, terminé par un stigmate concave. Le fruit est une capsule comprimée, à deux loges renfermant chacune une graine ovoïde et noirâtre (Pl. 34).

HABITAT. — Cette plante croît dans l'Amérique du Nord; on ne la cultive, en Europe, que dans les jardins botaniques.

PARTIES USITÉES. — La racine.

RÉCOLTE. — La racine de sénéga nous vient de l'Amérique septentrionale, et plus particulièrement de la Virginie, sous la forme de petites touffes ou de morceaux simples; elle varie de grosseur, depuis celle d'une plume jusqu'à celle du petit doigt; on la reconnaît à sa couleur d'un gris jaunâtre, à sa forme contournée, à sa surface rugueuse et surmontée d'éminences calleuses; elle est terminée supérieurement par une tubérosité difforme; sur une de ses faces on trouve une côte saillante qui va d'une extrémité de la racine à l'autre. Son écorce est grise et épaisse; le bois est ligneux et blanc. On trouve souvent, dans les balles dans lesquelles elle nous arrive, de la racine de ginseng (*Panax quinquefolium*), de la famille des Araliacées.

COMPOSITION CHIMIQUE. — La racine de sénéga a été successivement analysée par MM. Gehlen, Feneuille, Dulong d'Astafort, Folchi et Quévenne. Ce dernier chimiste y a trouvé : acide polygalique, acide virginéique, acide pectique, acide tannique, matière colorante jaune, amère, gomme, albumine, cérine, huile fixe, des sels.

L'acide polygalique (sénégine de Gehlen) est la partie active; il est blanc, pulvérulent, inodore, peu sapide d'abord, puis âcre; il ne contient pas d'azote; il est peu soluble dans l'eau froide, plus soluble dans l'eau bouillante; sa dissolution, qui rougit le tournesol, est âcre, et elle mousse par l'agitation; il est soluble dans l'alcool, et insoluble dans les éthers, les huiles grasses et volatiles; c'est un acide faible, qui diffère très-peu de la saponine, mais il est moins soluble dans l'eau; il donne, avec l'acide chlorhydrique, un acide gélatineux amer, qui forme des sels amers, tandis que la saponine, dans les mêmes circonstances, donne un acide cristallin non amer qui forme avec la potasse et la soude des sels insipides.

L'acide polygalique est un sternutatoire puissant qui, à dose faible, détermine la mort des animaux de petite taille.

USAGES. — William Cullen (*Traité de matière médicale*, traduction de Bosquillon, 1772), dit que la racine de sénéga est purgative. M. Bretonneau reconnut, par des expériences nombreuses et précises,

que la poudre de cette racine agissait comme celle de l'ipécacuanha,
ce qui détermina, avec raison, MM. Trousseau et Pidoux à la placer
parmi les vomitifs ; en effet, quoique moins active que la poudre d'ipécacuanha, celle de sénéga détermine chez l'homme des vomissements ; elle produit aussi des phlegmasies intenses lorsqu'on l'applique
sur les muqueuses et plus particulièrement sur celles de l'œil, du
rectum ou du vagin.

Les anciens avaient constaté l'identité d'action de l'ipécacuanha et
du sénéga ; ils avaient même vu que celui-ci devait être administré
à doses trois fois plus fortes pour produire les mêmes effets ; toutefois
on ne l'a pas employé pour combattre les accidents de l'état puerpéral,
et on n'a pas expérimenté ses effets antidysentériques ; mais les propriétés pectorale, purgative, diurétique du sénéga sont aujourd'hui
admises par un grand nombre de praticiens, quoique d'autres disent
n'avoir eu que des mécomptes à observer dans son emploi.

En Amérique, et surtout à la Virginie, on emploie la racine de
sénéga pour combattre la morsure des serpents, et plus spécialement
celle du crotale ou serpent à sonnette, qui cause des désordres graves
inflammatoires du côté des organes de la respiration. Tennent,
qui avait été témoin de ces faits, imagina que dans les inflammations aiguës de la poitrine, le même moyen réussirait ; il l'employa
dans les pleuro-pneumonies aiguës, en faisant précéder son administration d'une saignée ; il avait remarqué que cette racine faisait
vomir et purgeait ; plus tard, Lémery, Duhamel, Jussieu, sanction-
nèrent les idées de Tennent, et Perceval, Linné, Bouvard, Dethar-
ting, prouvèrent, sinon que le sénéga était utile dans les pleuro-
pneumonies aiguës, du moins qu'il agissait bien dans les catarrhes
chroniques.

M. Bretonneau, de Tours, apprit, par ses expériences, que la poudre de sénéga et la tisane obtenue par infusion facilitaient l'expectoration. Les crachats mucoso-puriformes, propres au catarrhe
chronique, sont fluidifiés et augmentent en quantité, tandis que la
suspension de la médication est suivie d'une modification en sens
inverse ; aussi, depuis les observations de Bretonneau, les praticiens
font-ils un fréquent usage du sénéga. Cet illustre praticien employait
souvent le sénéga contre le croup, et l'associait le plus souvent au
calomel ; avant lui, Archer, Hardford, Valentin et d'autres l'avaient
employé dans les mêmes cas.

Le sénéga est usité en médecine homœopathique ; on en fait une teinture mère et des dilutions obtenues après trois triturations ; on le classe dans les expectorants ; son signe est *Asn*, et son abréviation *Senega*. (*Voyez* dans ce volume, p. 103, l'article POLYGALA.)

SILÈNE

Silène inflata Smith. *Cucubalus Behen* L.
(Caryophyllées – Dianthées.)

Le Silène renflé, vulgairement Carnillet ou Behen blanc, est une plante vivace, à racine pivotante. Les tiges, hautes de $0^m,30$ à $0^m,50$, nombreuses, articulées, noueuses, glabres, glauques, ascendantes, rameuses, portent des feuilles opposées, ovales, oblongues, lancéolées, aiguës, glabres, glauques ; les inférieures atténuées en pétiole. Les fleurs, blanches, hermaphrodites, polygames ou dioïques, penchées, sont groupées en cyme dichotomique lâche terminale. Elles présentent un calice ovoïde, renflé, vésiculeux, glabre, veiné, à cinq dents triangulaires larges ; une corolle à cinq pétales longuement onguiculés, bipartits, présentant deux petites bosses au-dessus de l'onglet ; dix étamines ; un ovaire ovoïde, stipité, multiovulé, surmonté de trois styles. Le fruit est une capsule ovoïde-arrondie, polysperme, portée sur un pédicule épais, et entourée par le calice persistant (Pl. 35).

Le Silène des prés (*S. pratensis* Gren.-Godr., *Lychnis dioïca* L., *Melandrium pratense* Rœhl.), vulgairement Jacée, Robinet, Compagnon blanc, est aussi vivace. Ses tiges, hautes de $0^m,40$ à $0^m,80$, velues, un peu glanduleuses au sommet, portent des feuilles opposées, lancéolées, pubescentes ; les inférieures atténuées en pétiole. Les fleurs, blanches, dioïques, un peu penchées, sont groupées en cyme lâche terminale. Elles présentent un calice tubuleux, plus ou moins renflé, à cinq dents ; une corolle à cinq pétales bifides. Les fleurs mâles ont dix étamines ; les femelles, un ovaire uniloculaire, multiovulé, surmonté de cinq styles. Le fruit est une capsule ovoïde, arrondie, sessile, renfermant de nombreuses graines tuberculeuses.

HABITAT. — Ces deux plantes sont abondamment répandues en Europe ; elles croissent dans les lieux incultes, les champs cultivés ou en friche, les pâturages secs, au bord des chemins, etc. Elles ne sont cultivées que dans les jardins botaniques, où on les propage très-facilement de graines semées en place, ou d'éclats de pieds.

PARTIES USITÉES. — Les racines, les feuilles.

RÉCOLTE. — La racine du silène renflé, que l'on doit arracher pendant que la plante est en fleurs, a été souvent mélangée et confondue, ainsi que celles du *S. Armeria* L. et du *S. Behen* L., avec la racine du *Centaurea Behen* L. (*Behmen abiad* des Arabes), de la famille des Composées ou Synanthérées, qui nous venait autrefois de la Perse, des contrées qui formaient jadis la Cappadoce, du mont Liban en Syrie, et que les Arabes emploient beaucoup comme tonique pour réparer les forces viriles.

COMPOSITION CHIMIQUE. — On ne sait à peu près rien sur la composition chimique des plantes de ce genre, si ce n'est que la racine contient de la saponine.

USAGES. — D'après Lémery, le Cucubale baccifère (*Cucubalus bacciferus* L.), qui compose à lui seul aujourd'hui le genre *Cucubalus*, et que l'on réunit même souvent comme toutes les autres espèces de cet ancien genre à celui des Silènes, était autrefois très-estimé contre les pertes de sang. Cette plante vivace, remarquable par son fruit bactiforme, croît spontanément dans les bois et les haies de l'Europe médiane. Miller en dit les baies vénéneuses. On prétend que dans les montagnes d'Auvergne on mange le silène renflé. Quelques auteurs ont dit que l'on pouvait substituer les fleurs de cette dernière espèce à celles du sureau, dans les fomentations sur les parties attaquées d'érysipèle. Le *C. otites* L. (*Silene otites* Smith) était préconisé contre la rage ; on le faisait prendre en infusion dans du vin, avec addition de thériaque. Selon Vendt, médecin danois, le *C. viscosus* L. est vomitif. Il est vrai que l'on a signalé cette propriété dans la saponine, et que la présence de cette substance a été constatée par M. Malapert, de Poitiers, dans quelques plantes des genres *Silene* et *Lychnis*, et principalement dans le *Lychnis dioïca* L. (*S. pratensis* Gren. et Godr.), si commun au milieu de nos moissons, dans lesquelles, d'après cet auteur, il ne serait pas toujours sans dangers.

On a vanté jadis les propriétés cordiales des racines annuelles des silènes à bouquets (*S. Armeria* L.), Attrape-mouches (*S. muscipala* L.) et renflés ; mais leur réputation s'est à peu près évanouie, et il n'est plus guère qu'aux États-Unis où l'on fasse usage de la décoction de la racine vivace du silène de Virginie (*S. Virginica* L.).

SIMAROUBA

Simaruba Guyanensis Rich. *S. officinalis* D.C. *Quassia Simaruba* L.
(Simaroubées.)

Le Simarouba de la Guyane, Simarouba officinal, Quassier Simarouba, est un grand arbre, dont le port rappelle celui du frêne. La
tige, haute de 20 à 25 mètres, droite, couverte d'une écorce grisâtre, fibreuse, se divise en rameaux portant, surtout vers leur extrémité, des feuilles alternes, imparipennées, à pétiole commun, long
de $0^m,35$ à $0^m,50$, canaliculé, à limbe divisé en folioles alternes, au
nombre de dix à seize, presque sessiles, oblongues, arrondies, très-
obtuses, entières, glabres, épaisses et coriaces, à nervure médiane
seule apparente. Les fleurs, petites, dioïques, blanchâtres, courtement
pédonculées, sont groupées en une très-grande panicule rameuse,
munie de bractées spatulées, longuement pétiolées. Elles présentent
un calice court, campanulé, pubescent, à cinq dents inégales, dressées; une corolle à cinq pétales très-longs, ovales, aigus, dressés et
incombants.

Les fleurs mâles ont dix étamines, un peu moins longues que les pétales, à filets dressés, grêles, glabres, munis en dedans et à la base d'un
appendice velu, insérés sur un disque charnu qui occupe le fond de
la fleur. Les femelles ont dix étamines rudimentaires et stériles, à
filets très-courts et velus à la base; un pistil arrondi, formé de cinq
carpelles ovoïdes, connivents au sommet, uniovulés, surmonté d'un
style épais, court, marqué de cinq sillons et terminé par un stigmate
épais, en tête, ombiliqué, à cinq divisions ligulées, oblongues-obtuses,
réfléchies. Le fruit se compose de cinq coques drupacées, noirâtres,
ovoïdes et monospermes, insérées sur un réceptacle charnu et rougeâtre.

Citons aussi le Simarouba changeant (*S. versicolor* Saint-Hil.) et
le Simarouba élevé (*S. excelsa* D.C.). Ce dernier est devenu, pour
M. Lindley, sous le nom de *Picræna excelsa*, le type d'un genre distinct dont les fleurs sont polygames et titra ou pentamères. Les étamines y sont en même nombre que les pétales, insérées à la base
d'un disque, hypogynes, et dépourvues des appendices qu'on remarque à la base des filets de celles des vrais *Simaruba*. Le fruit
est constitué par une, deux ou trois drupes monospermes. Les feuilles

alternes sont aussi imparipennées ; mais leurs folioles sont opposées et non alternes.

HABITAT. — Le simarouba officinal croît à la Guyane, aux Antilles et en général dans toute l'Amérique tropicale ; on le trouve surtout dans les lieux sablonneux. Le simarouba changeant habite le Brésil. Le *Picræna excelsa* croît dans les parties montagneuses des Antilles. Ces arbres ne sont cultivés, en Europe, que dans les serres chaudes des jardins botaniques.

PARTIES USITÉES. — L'écorce de la racine, la racine elle-même.

RÉCOLTE. —Les racines du simarouba officinal sont grosses, s'étendent au loin, et viennent souvent hors de terre. Aublet est le premier qui ait fait connaître, avec les détails convenables, l'écorce du simarouba (Aubl., *Guyane*, t. II, p. 856, pl. 331, 332), dont les naturels de la Guyane faisaient usage, depuis longtemps, dans plusieurs genres de maladies. L'écorce, analogue d'ailleurs par ses propriétés à celle des autres espèces du même genre et désignée dans les pharmacies sous le nom général d'*écorce de simarouba*, nous vient en fragments, longs d'un mètre environ ; ces fragments, repliés sur eux-mêmes, sont d'un gris blanchâtre, très-fibreux, légers, faciles à diviser longitudinalement, très-difficiles à rompre transversalement ; ils ne se pulvérisent pas facilement.

COMPOSITION CHIMIQUE. — M. Morin a trouvé dans l'écorce de simarouba officinal une matière résineuse, un peu d'huile volatile, de la *quassine*, de l'ulmine, et des sels à base de potasse, de soude et de chaux, à acides minéraux et organiques.

La *quassine*, que Thompson et Winckler avaient découverte auparavant dans le Bois de Surinam, Bois de Quassia (*Quassia amara*), se présente sous la forme de petits cristaux blancs, inaltérables à l'air, amers, inodores, fusibles et décomposables par la chaleur ; peu solubles dans l'eau pure, plus solubles dans l'eau chargée de sels ou d'acides organiques, très-solubles dans l'alcool et dans l'éther ; leur solution est précipitée en blanc par le tannin ; l'acide azotique les transforme en acide oxalique (Winckler) ; ils ne renferment pas d'azote.

USAGES. — L'écorce de simarouba jouit de toutes les propriétés du bois de Surinam ; on l'emploie à peu près exclusivement sous forme de tisane que l'on prépare par infusion, car la décoction donne un liquide moins amer.

Quelques auteurs ont voulu voir le simarouba dans le *Macer* de Dioscoride ; mais cette conjecture est loin d'être justifiée.

Depuis fort longtemps, les Galibis, tribu indienne de la Guyane française, employaient l'écorce de simarouba contre la dysenterie ; en 1713, on commença à en parler en Europe, et Pierre Barrère, dans son *Essai sur l'histoire naturelle de la France équinoxiale*, publié en 1748, la fit mieux connaître ; mais, en 1718 et 1723, Antoine de Jussieu lui donna de la réputation en s'en servant pour combattre une épidémie dysentérique dont la France était affligée. William Cullen apporta, vers le même temps, une opinion contraire, et déclara que, dans la dysenterie, il préférait l'emploi de la camomille. Pringle, Tissot, Zimmermann administrèrent l'écorce de simarouba non-seulement contre le flux de sang, mais encore contre les fièvres, les scrofules, l'hydropisie, la chlorose. A l'époque où son efficacité était moins connue, elle a rendu quelques services dans les fièvres intermittentes ; aujourd'hui elle n'est guère employée que comme tonique amer et bon stomachique. Quoique Dubois de Rochefort l'ait placée parmi les vomitifs, elle n'est jamais administrée comme telle.

A la Louisiane, à la Caroline, le bois de simarouba est employé à divers ouvrages de menuiserie, et pour couvrir les maisons. D'après le père Labat (*Nouveau voyage aux îles de l'Amérique*, 1772), les viandes cuites avec ce bois sont très-amères.

Le bois de simarouba changeant (*S. versicolor* Saint-Hil.) est nommé au Brésil *Paraïba* (*Para* bigarré, *Iba* arbre) ; il est employé comme anthelmintique et à divers usages médicinaux. D'après M. Ribeiro, il est tonique, amer, vermifuge, et propre à guérir la morsure des serpents. Les fruits du simarouba changeant, d'après M. de Martius, sont âcres ; leur décoction cause des vertiges ; elle est employée contre la syphilis. La poudre du bois tue les poux. Selon Nees d'Esenbeck, c'est du simarouba élevé (*Picræna excelsa* Lindl.), espèce qui croît, comme on l'a dit, dans les bois montagneux des Antilles, et qui forme un grand arbre de 30 à 35 mètres de hauteur, à bois blanchâtre, à écorce grise et crevassée, que provient la majeure partie du bois qui porte, dans le commerce et dans les pharmacies, le nom de *Lignum quassiæ*. Le bois et l'écorce de cette espèce ont une amertume franche et très-forte. (*Voyez* dans ce volume, p. 154, l'article QUASSIE.)

SISON

Sison Amomum L.
(Ombellifères - Amminées.)

Le Sison amome est une plante bisannuelle, dont la tige, haute de
0^m,60 à 1^m, finement striée, glabre, très-rameuse, porte des feuilles
alternes, pétiolées, pennatiséquées, à segments ovales-oblongs, divisés en lobes dentés ou linéaires, d'un vert foncé. Les fleurs, blanches, sont groupées en ombelles terminales, à rayons inégaux, munies
d'un involucre et d'involucelles à folioles peu nombreuses, courtes,
linéaires, ordinairement entières. Elles présentent un calice adhérent, à limbe presque nul ; une corolle à cinq pétales bifides ; cinq
étamines saillantes ; un ovaire infère, à deux loges uniovulées, couronné par un disque bilobé surmonté de deux styles divergents. Le
fruit est un diakène composé de deux carpelles ovoïdes, oblongs, à
cinq côtes filiformes.

HABITAT. — Cette plante croit dans les régions centrales et méridionales de l'Europe. On la trouve dans les buissons épais, les haies
humides, au bord des champs, etc. Elle n'est cultivée que dans les
jardins botaniques, où on la propage facilement de graines semées en
place.

PARTIES USITÉES. — Les fruits, improprement appelés semences.

RÉCOLTE. — Les fruits du sison amome doivent être récoltés un peu
avant leur maturité, lorsqu'ils sont encore verts et que les deux mé-
ricarpes sont encore réunis.

COMPOSITION CHIMIQUE. — Lorsqu'on écrase les fruits du sison amome,
on perçoit une odeur fortement aromatique ; la saveur est chaude,
également aromatique, sans âcreté ni amertume. A la distillation,
ils fournissent une huile essentielle assez abondante.

USAGES. — Les fruits du sison amome ont été employés autrefois
comme carminatifs, diurétiques et stomachiques ; ils faisaient partie
des *quatre semences carminatives* ; on en préparait une eau distillée
que l'on faisait entrer dans des potions ; aujourd'hui ils sont peu
usités.

SISYMBRE

Sisymbrium Sophia L.
(Crucifères- Sisymbriées.)

Le Sisymbre Sagesse, vulgairement Sagesse des chirurgiens, Thalitron, etc., est une plante annuelle, dont la tige, haute de $0^m,40$ à $0^m,80$, dressée, plus ou moins rameuse, vert blanchâtre, mollement pubescente, porte des feuilles alternes, pennatiséquées, à segments linéaires, étroits, entiers ou un peu découpés. Les fleurs, petites, jaune pâle, sont disposées en grappe terminale très-allongée. Elles présentent un calice à quatre sépales; une corolle à quatre pétales plus courts que le calice, quelquefois nuls par avortement; six étamines tétradynames; un ovaire à deux loges pluriovulées, surmonté d'un style simple. Les fruits sont des siliques linéaires, grêles, glabres, un peu bosselées, ascendantes, surmontées d'une pointe très-courte (Pl. 36).

HABITAT. — Cette plante est commune en Europe; elle croît dans les lieux incultes, les décombres, sur les vieux murs, au bord des chemins, etc. On ne la cultive que dans les jardins botaniques.

PARTIES USITÉES. — La plante entière, les graines.

RÉCOLTE. — On emploie souvent les feuilles fraîches; par la dessiccation, elles perdent la plus grande partie de leurs propriétés, comme cela arrive avec toutes les crucifères; la décoction produit le même effet; les graines doivent être cueillies à leur maturité, un peu avant la déhiscence des siliques; on les fait sécher, et on les conserve dans un lieu sec.

COMPOSITION CHIMIQUE. — L'analyse de cette plante n'a pas été faite; mais la saveur particulière des feuilles et celle des graines font supposer qu'elle renferme les mêmes principes que les autres plantes de sa famille.

USAGES. — La réputation de cette plante comme vulnéraire l'a fait appeler Sagesse des chirurgiens (*Sophia chirurgorum*); les feuilles contusées étaient appliquées sur les plaies; on employait leur décoction contre la diarrhée, la leucorrhée, les hémoptysies; les graines ont joui pendant longtemps de quelque réputation comme vermifuges, fébrifuges et antinéphrétiques; la pulpe des feuilles appliquée sur la peau détermine une vive rubéfaction; mais tant de mérites longtemps préconisés n'ont pas tenu devant une appréciation plus sévère et des observations moins contestables; c'est tout au plus si on l'emploie quelquefois encore dans nos campagnes.

Dans le midi de la France, on a autrefois employé comme diurétiques le sisymbre à siliques nombreuses (*S. polyceratium* L.), qui croît au bord des chemins, et le sisymbre sauvage, vulgairement Cresson de rivière (*S. sylvestre* L.), qui croît sur le bord des rivières; ils sont peu usités aujourd'hui, quoique le dernier se rapproche par ses propriétés du cresson ordinaire. En Égypte, les femmes enceintes emploient, pour favoriser la marche de leur grossesse, les feuilles du *S. hispidum* Vahl. Le *S. Irio* L., assez commun dans les lieux incultes, jouit dans certaines contrées, comme le sisymbre officinal, de la réputation d'être incisif, pectoral, et antiscorbutique. Les feuilles du *S. pinnatifidum* ont aussi été données comme antiscorbutiques.

SORBIER

Sorbus aucuparia et domestica L.
(Rosacées-Pomacées.)

Le Sorbier des oiseleurs ou Sorbier sauvage (*S. aucuparia* L., *Pyrus aucuparia* Gærtn.), vulgairement appelé Cochêne, Timier, Gillarne, Arbre aux grives, est un arbre à racines pivotantes, munies de nombreuses ramifications latérales, traçantes. La tige, haute de 10 à 12 mètres, droite, couverte d'une écorce brunâtre, se divise en rameaux longs et peu nombreux, portant des feuilles alternes, pennatiséquées, à segments opposés, oblongs, dens, d'un beau vert, velus en dessous dans leur jeunesse, glabres à l'état adulte. Les fleurs, blanches, assez petites, sont groupées en corymbes rameux. Elles présentent un calice persistant, à cinq divisions; une corolle à cinq pétales arrondis; des étamines nombreuses, insérées à la gorge du calice; un ovaire infère, à cinq loges biovulées, surmonté de deux à cinq styles. Le fruit est une petite pomme ou baie sèche, globuleuse, d'un beau rouge.

Le Sorbier de Laponie (*S. hybrida* L.) est regardé comme un hybride du précédent et de l'allouchier (*Cratœgus Aria* L.). Sa tige, haute de 12 à 15 mètres, à écorce brun cendré, se divise en rameaux plus nombreux, plus ramassés, portant des feuilles cotonneuses, profondément découpées à la base seulement. Ses fleurs forment des corymbes moins fournis.

Le Sorbier cultivé ou Cormier (S. *domestica* L., *Pyrus sorbus* Gærtn.) a une tige droite, haute de 15 à 20 mètres, et couverte d'une écorce grise. Il se reconnaît encore à ses bourgeons glabres et glutineux, et surtout à son fruit beaucoup plus gros, tantôt rougeâtre et arrondi, tantôt grisâtre, turbiné et pyriforme.

HABITAT. — Le sorbier des oiseleurs est répandu dans les diverses régions de l'Europe. Le sorbier hybride se trouve plus particulièrement dans le nord, en Écosse et en Scandinavie. Ces deux espèces habitent les bois montueux. Le sorbier cultivé appartient surtout aux régions tempérées et méridionales, et paraît préférer les plaines et les vallées abritées.

PARTIES USITÉES. — L'écorce, le bois, les fruits.

RÉCOLTE. — L'écorce et le bois se récoltent à l'automne, les fruits à leur maturité; cependant ceux du *S. domestica,* que l'on nomme *Cormes,* et qu'il ne faut pas confondre avec les *Cornes* ou *Cornouilles* qui sont les fruits du *Cornus Mas* L., sont récoltés à l'automne, et on les laisse sur de la paille au fruitier où ils deviennent blets comme des nèfles dont ils se rapprochent d'ailleurs par le goût.

COMPOSITION CHIMIQUE. — M. Lassaigne a trouvé dans le sorbier des oiseleurs, de l'acide malique (improprement appelé d'abord *sorbique*), du bi-malate de chaux et de la glycose; le jus exprimé peut servir à en préparer une sorte de cidre, et à fabriquer une eau-de-vie.

M. Pelouze a isolé des fruits du sorbier des oiseleurs une substance neutre qu'il a nommée sorbine $= C^{12}H^{12}O^{12}$, qui se rapproche beaucoup de la mannite par sa saveur et ses propriétés; elle cristallise en octaèdre, à base rectangulaire; elle est soluble dans l'eau et à peu près insoluble dans l'alcool; elle réduit le tartrate de potasse et de cuivre (réactif de Frommherz); sa solution jaunit par la potasse; elle dévie à gauche le plan de polarisation de la lumière; elle ne fermente pas au contact de la levure de bière.

USAGES. — C'est certainement à tort que Ray a dit que les fruits du sorbier des oiseleurs purgeaient et faisaient vomir. Bergius était plus exact en disant qu'ils possédaient des propriétés astringentes. Les graines contiennent une huile fine; elles sont émulsionnées par l'eau. Le suc cuit, en consistance d'extrait, a été employé contre les hémorroïdes et la strangurie. Dans certains pays on mange les fruits lorsqu'ils sont mûrs. On s'en sert, comme il a été dit, pour préparer une espèce de cidre et une eau-de-vie. Les grives, les merles, les oiseaux de basse-cour sont très-friands de ces fruits. On dit même que l'on en nourrit dans certains cantons les vaches, les moutons et surtout les porcs. Les oiseleurs s'en servent comme d'un appât, d'où est venu à l'arbre même le nom de sorbier des oiseleurs. L'écorce a été employée au tannage des cuirs et à la teinture en noir. Le bois, quoique inférieur en qualité à celui du sorbier domestique, est cependant employé aux mêmes usages que celui-ci ; il sert aux ébénistes, aux graveurs et aux tourneurs. Sa racine est particulièrement estimée pour la confection des cuillers et dès manches de couteau.

Les fruits du sorbier domestique, vulgairement appelés *cormes*, sont extrêmement astringents avant leur maturité complète ; on les a employés quelquefois contre la diarrhée chronique, la dysenterie ; ils agissent comme le feraient les coings. Très-àpres d'abord, ils s'adoucissent beaucoup en devenant blets, et sont alors agréables à manger, quoique susceptibles de donner des coliques. Ces fruits, écrasés dans de l'eau, procurent une boisson économique, nommée *cormé*, peu différente du poiré pour le goût et la couleur, mais plus enivrante. On en fait aussi de l'eau-de-vie. Le bois du sorbier domestique est rougeâtre, d'un grain fin, compacte, et d'une dureté qui le rend précieux pour la confection des vis de pressoir, des rabots, des poulies, pour les moyeux, les jantes de roue, pour la gravure sur bois, pour tous les objets qui doivent résister à de nombreux frottements. Parmi nos bois indigènes, celui du buis l'égale seul en dureté et en densité.

SOUCHET

Cyperus esculentus et longus L.

(Cypéracées-Cypérées.)

Le Souchet comestible (*C. esculentus* L.), appelé aussi Souchet-Sultan, Souchet tubéreux, Amande de terre, etc., est une plante vivace, à rhizome fibreux, grêle, rameux, produisant des tubercules arrondis ou oblongs, marqués de plis transversaux qui simulent des articulations, brun pâle, à chair jaunâtre. Les tiges, hautes de 0^m,20 à

$0^m,30$, nues, trigones, fermes, sont accompagnées de feuilles radicales à peu près de même longueur, étroites, aiguës, carénées, rudes sur les bords, d'un vert glauque. Les fleurs, brun roussâtre, sont groupées en longs épillets, dont l'ensemble constitue une ombelle terminale feuillue. Elles sont accompagnées d'une bractée scarieuse et dépourvue de périanthe. Elles ont trois étamines; un ovaire uniovulé, surmonté d'un style simple terminé par deux stigmates. Le fruit est un akène brunâtre.

Le Souchet long ou odorant (*C. longus* L.) est une plante vivace, à rhizome traçant, brunâtre, aromatique. Les tiges, hautes de $0^m,50$ à 1^m, trigones, dressées, sont accompagnées de feuilles radicales longues, lancéolées, planes-carénées, assez larges, scabres. Les fleurs, brun rougeâtre, sont groupées en épillets dont l'ensemble constitue une ombelle terminale; elles sont situées à l'aisselle d'écailles ovales-oblongues, imbriquées. Le fruit est un akène trigone.

Le Souchet rond ou officinal (*C. officinalis* Nees, *C. rotundus* D.C.) est une plante vivace, à rhizome rampant, muni de tubercules ovoïdes, odorants. La tige, haute de $0^m,20$ à $0^m,30$, porte à sa base des feuilles linéaires. Les fleurs sont d'un brun ferrugineux.

Habitat. — Le souchet comestible et le souchet officinal sont originaires des bords du bassin méditerranéen. Le souchet long se trouve dans la plus grande partie de l'Europe. La première de ces espèces est seule cultivée dans les jardins potagers.

Parties usitées. — Les rhizomes, les tiges.

Récolte. — Les rhizomes des divers souchets sont récoltés à l'automne. On en connaît trois sortes dans le commerce : 1° le *souchet long*, dont la racine est composée de jets traçants de la grosseur d'une plume de cygne, marquée d'anneaux circulaires, et pourvus de distance en distance de renflements oblongs; ces renflements sont noirs au dehors, rougeâtres à l'intérieur, ils possèdent une saveur amère, astringente, un peu aromatique; la racine respirée en masse présente une légère odeur de violette; 2° le *souchet rond*, dont la racine est formée de petits tubercules de la grosseur d'une noix, réunis ou séparés, portant des lignes circulaires parallèles, avec une écorce noire fibreuse, foliacée, blancs à l'intérieur; leur odeur est faible et peu aromatique; 3° le *souchet comestible*, portant de petits tubercules olivaires à l'extrémité des racines, avec des anneaux circulaires, et à la partie inférieure un plateau avec des radicelles; ils sont jaunes en dehors, blancs en dedans; leur saveur est douce, sucrée et huileuse. M. Boisseul a rapporté de la côte de Guinée un souchet comestible en tubercules plus gros que les précédents.

Composition chimique. — Le souchet long est assez odorant pour qu'on l'ait employé en parfumerie; il contient un principe gomme-résineux, de la fécule, et un peu d'huile volatile; d'après Cartheuser, l'extrait aqueux est inodore et un peu âcre, l'extrait alcoolique est odorant et amer.

Le souchet rond ressemble au précédent par sa composition, il renferme les mêmes principes; cependant il est moins odorant.

Le souchet comestible renferme une huile fine, bonne à manger; d'après M. Lesaut, pharmacien, de Nantes, le souchet comestible de Guinée renferme un sixième d'huile fixe, de la fécule, de la gomme, du sucre, de l'albumine; d'après M. Ramon de Luna, le tubercule du souchet comestible contient : huile grasse, 28,06; fécule, 29,00; sucre cristallisable, 14,07; eau, 2,10; albumine, 0,87; cellulose, 1,401; gomme, sels, perte, 6,89. M. Semmola y a trouvé les mêmes principes; plus, de l'inuline.

Usages. — Le souchet long, autrefois réputé comme stomachique, sudorifique et emménagogue, et auquel Roques attribue une action stimulante très-marquée, est à présent inusité dans la médecine française; Fallope disait que les fruits possédaient une action eni-vrante, ce qui est bien loin d'être démontré; pour l'usage médical, on préférait le souchet rond, et il entrait dans une foule de prépa-rations pharmaceutiques, qui ne sont plus employées, parmi les-quelles nous citerons les *Eaux thériacale*, *générale*, *prophylactique*, l'*huile de scorpion*, etc. D'après le major Harwing, ces tubercules sont employés aux Indes Orientales comme stomachiques; on les fait prendre dans le choléra; les Grecs et les Égyptiens en faisaient un grand usage.

Les tubercules du souchet comestible sont doux, agréables, et se mangent, comme la châtaigne, rôtis ou cuits à l'eau; d'après Le-mère, ils sont nourrissants et aphrodisiaques; la fécule et l'huile qu'on peut en isoler sont alimentaires; on en fait des bouillies, des crèmes. Dans quelques pays on les torréfie, puis on les pulvérise et on emploie la graine en guise de café, mais c'est un détestable succédané de ce dernier. A Madrid et dans différentes contrées de l'Espagne, on vend dans les rues une espèce de sirop d'orgeat fait avec les tubercules du souchet comestible.

SOUCI

Calendula officinalis et *arvensis* L.
(Composées - Calendulées.)

Le Souci officinal ou des jardins (*C. officinalis* L.) est une plante annuelle, à racine fusiforme, blanchâtre, chevelue. La tige, haute de $0^m,30$ à $0^m,50$, forte, cylindrique, un peu anguleuse, striée, velue, dressée, rameuse, porte des feuilles alternes, les inférieures pétiolées, les supérieures sessiles, obovales, obtuses, entières, épaisses, molles et un peu charnues, vert jaunâtre, légèrement pubescentes. Les fleurs, jaune orangé, sont groupées en larges capitules solitaires terminaux, à réceptacle convexe, entouré d'un involucre à folioles égales, lancéolées, linéaires, aiguës, disposées sur deux rangs. Les fleurs du centre sont tubuleuses, hermaphrodites et presque toutes stériles; celles de la circonférence sont ligulées, femelles et fertiles. Les fruits, placés à la circonférence, sont des akènes très-irréguliers, courbés en anneaux, concaves en dedans, brièvement apiculés, à dos chargé de pointes épineuses.

Le Souci sauvage (*C. arvensis* L.), appelé encore Souci des champs ou des vignes, est aussi annuel. Sa tige, haute de $0^m,10$ à $0^m,40$, pubescente, dressée, rameuse, diffuse, porte des feuilles alternes, sessiles, oblongues, entières ou à peine dentées; les inférieures, spatulées, les supérieures lancéolées et un peu embrassantes. Les capitules, plus petits que dans l'espèce précédente, ont des fleurs tubuleuses au centre, ligulées et barbues à la base vers la circonférence. Les fruits sont des akènes courbés en faucille ou en anneau, à dos chargé de pointes épineuses ou tuberculeuses, terminés par un appendice droit plus ou moins long.

HABITAT. — Le souci officinal est originaire du midi de l'Europe; cultivé depuis longtemps dans les jardins d'agrément, il s'est naturalisé dans un grand nombre de localités. Le souci des vignes est commun dans l'Europe centrale et méridionale; on le trouve dans les vignes, les terrains en culture, etc.; il n'est cultivé que dans les jardins botaniques.

PARTIES USITÉES. — La plante entière, les capitules.

RÉCOLTE. — On récolte les capitules à leur parfait épanouissement, et la plante pendant toute la belle saison. Par la dessiccation, le souci devient léger et friable; il n'est guère employé qu'à
l'état frais; il perd en se desséchant une partie de ses propriétés; on
trouve cependant quelquefois, dans l'herboristerie, le souci des vignes
ou des champs à l'état sec. Les fleurs de souci ont servi quelquefois à
falsifier le safran; on les reconnaît aux divisions qu'elles portent au
sommet, à leur forme élargie, et à la présence des ovaires et d'un
petit calus à leur base, car ce sont les fleurs de la circonférence
du capitule que l'on emploie à cet usage, et elles sont femelles et
fertiles.

COMPOSITION CHIMIQUE. —On remarque dans les fleurs du souci une
odeur vireuse particulière; leur saveur est légèrement acerbe; la
racine possède une saveur aromatique âcre; les feuilles sèches jetées
sur les charbons ardents pétillent, ce qui est dû, dit-on, à un principe éthéré, subtil, et à une substance gommo-résineuse. Geiger
(*Dissert. de Calendula officinali*, Heidelberg, 1818) a retiré du souci
un principe jaune, transparent, friable, soluble dans l'alcool et dans
les alcalis, dont les acides le précipitent, et auquel il a donné le nom
de *Calenduline*.

USAGES. — A part quelques traditions populaires encore conservées
dans nos campagnes relativement à l'action thérapeutique que l'on
attribue au souci officinal, il n'est plus guère usité dans la médecine
française; on lui a autrefois attribué un nombre considérable de propriétés merveilleuses qu'il ne possède certainement pas; on l'a tour
à tour considéré comme stimulant, sudorifique, emménagogue, fébrifuge, etc. Peyrilhe le regardait comme narcotique. On l'a employé, avec
plus ou moins de succès, contre les scrofules, les engorgements lymphatiques, la chlorose, l'ictère, l'hysterie, les vomissements chroniques,
le pyrosis, l'anasarque, et même contre les fièvres intermittentes.
Aujourd'hui il est, sous ces rapports, très-justement abandonné.

Chrestien, de Montpellier, et d'autres auteurs ont préconisé les
cataplasmes de souci dans les engorgements de l'utérus. M. Cazin dit
s'en être bien trouvé dans les pansements des tumeurs scrofuleuses
ulcérées des ulcères de mauvaise nature; il le vante surtout dans
les ophthalmies chroniques, et les ulcérations scrofuleuses des paupières. Enfin, Hecquet et Dubois de Tournai assurent que le suc de
la plante détruit les verrues.

Les fleurs du souci officinal sont quelquefois employées pour colorer le beurre, et pour faire perdre au lait la teinte bleuâtre qu'il prend lorsqu'on l'additionne d'eau; le souci lui rend sa couleur jaunâtre primitive.

Le souci sauvage jouit des mêmes propriétés que celui des jardins. Hévin a prétendu qu'il facilitait la suppuration scrofuleuse; mais il faut ajouter qu'il l'associait à la ciguë.

SPIGÉLIE

Spigelia Marylandica et anthelmia L.
(Loganiacées-Spigéliées.)

La Spigélie du Maryland, appelée aussi OEillet de la Caroline, est une plante vivace, dont la tige, haute de $0^m,20$ à $0^m,35$, tétragone, porte des feuilles opposées, sessiles, ovales-lancéolées, aiguës, ciliées vers les bords et sur les nervures, dilatées et réunies à la base. Les fleurs, dressées, odorantes, assez grandes, sont groupées en longs épis unilatéraux. Elles présentent un calice court, campanulé, à cinq divisions étroites, linéaires; une corolle tubuleuse, longue de $0^m,04$ à $0^m,05$, rouge en dehors, jaune en dedans, à limbe divisé en cinq lobes lancéolés; cinq étamines saillantes, à anthères sagittées; un ovaire épaissi à sa base, à deux loges pluriovulées, surmonté d'un style simple terminé par un stigmate en tête. Le fruit est une capsule glabre, lisse, didyme, à deux loges renfermant chacune plusieurs graines anguleuses (Pl. 37).

La Spigélie anthelminthique (*S. anthelmia* L.), appelée vulgairement Brinvilliers, est une plante annuelle, à racines grêles, fibreuses, traçantes. Sa tige droite, cylindrique, glabre, rameuse, porte des feuilles ovales-oblongues, acuminées, les inférieures opposées, les supérieures verticillées par quatre. Les fleurs, beaucoup plus petites que dans l'espèce précédente, sont disposées en grappes spiciformes à l'aisselle des feuilles supérieures; la corolle, longue de $0^m,01$, est purpurine en dehors, blanchâtre en dedans. Le fruit est une capsule scabre, à graines arrondies.

HABITAT. — La spigélie du Maryland est originaire de l'Amérique du nord. La seconde espèce croît au Brésil.

CULTURE. — La spigélie du Maryland est assez souvent cultivée dans les jardins. Elle demande une exposition demi-ombragée, une terre

légère et fraîche, ou mieux la terre de bruyère un peu humide.
On la propage, soit par graines, semées sur couche au printemps
ou en pépinière à l'automne, soit par boutures ou par éclats de
pied.

Parties usitées. — La plante entière, les feuilles, les racines.

Récolte. — La racine de la spigélie du Maryland est menue, longue
et fibreuse; elle ressemble un peu à la serpentaire de Virginie; mais
elle n'est pas aromatique; sa saveur est amère et nauséeuse. Les
feuilles que l'on trouve dans le commerce sont d'un vert pâle, longues de 0^m,55 à 0^m,80; elles présentent une odeur caractéristique;
elles sont presque insipides. Les tiges sont droites, fermes, tétragones
à leur partie supérieure; elles sont plus rares que les feuilles.

La spigélie anthelminthique présente des feuilles d'un vert foncé;
son odeur se rapproche de celle des racines d'arnica ou de pyrèthre;
elle est forte, sans être aromatique; sa saveur est un peu âcre et
amère; elle est assez rare dans le commerce. Elle perd ses propriétés toxiques par la dessiccation.

Composition chimique. — M. Feneulle, qui a analysé les racines de
la spigélie du Maryland, croyant opérer sur l'anthelminthique, a
trouvé que les racines renfermaient une huile grasse, une huile volatile, de la résine en petite quantité, une substance amère particulière
(*spigéline*), du mucoso-sucre, de l'albumine, de l'acide gallique, des
sels; les feuilles ont donné de plus de la chlorophylle. La spigéline
est, d'après M. Feneulle, une substance brune, non azotée, amère,
nauséeuse, purgative; elle cause une sorte d'ivresse; elle est très-
soluble dans l'alcool et dans l'eau. Elle se dissout dans l'acide azotique;
elle est précipitée par l'acétate de plomb. D'après M. Ricord-Madiana
(*Recherches sur le Brinvilliers*, p. 56), c'est un poison actif, surtout
lorsqu'elle est extraite par l'éther; c'est un corps mal défini chimiquement.

La spigélie anthelminthique, ou Brinvilliers, n'a pas été analysée;
on sait cependant qu'elle renferme de la *spigéline*.

Usages. — Les Indiens Cherokées nomment la spigélie du Maryland
unsteella, et les médecins américains qui l'ont employée comme
anthelminthique, tels que Garden, Linning, Chalmers, Home, lui
donnent le nom de *Pink-Root*; on l'a souvent confondue avec la
spigélie anthelminthique; elle paraît posséder les mêmes propriétés,
quoiqu'elle soit moins active; on la préconise contre les affections

nerveuses, les fièvres intermittentes ; on l'administrait dans du vin. Le docteur Barton la trouve trop active dans les maladies non vermineuses des enfants ; c'est surtout contre les vers qu'elle a été employée. Chapmann dit que son action ressemble à celle des narcotiques ; c'est la racine qui est le plus employée. Les Osages s'en servent comme sudorifique et sédative (*Journ. de pharm.*, t. XVIII, p. 763).

Dans la province de Bahia, au Brésil, on nomme *Espigelia* la racine du *S. glabrata;* on l'emploie comme sudorifique, excitante et fébrifuge (*Journ. de chim. méd.*, t. VII, p. 210). Elle ressemble à la racine de valériane.

La spigélie anthelminthique (*S. anthelmia* L.) que l'on trouve à Cayenne, au Brésil, aux Antilles, est, dans sa fraîcheur, un poison violent qui répand une odeur vireuse, fétide, susceptible de causer le narcotisme ; elle fait périr les animaux qui la mangent ; elle détermine des vomissements, de la stupeur, des éblouissements, de la dilatation des pupilles, etc. (Coxe, *Americ. disp.*, p. 128). D'après Ricord-Madiana, deux cuillerées de son suc font périr rapidement un chien. Son nom de Brinvilliers ou Brinvillière lui vient de celui de la célèbre empoisonneuse, la marquise de Brinvilliers. Aux Antilles, on croyait que le suc de citron était le contre-poison de cette plante ; mais, d'après l'auteur que nous venons de citer, la mort est plus prompte si l'on en donne ; l'eau de chaux ne produit pas de meilleurs effets ; le sucre pur paraît mieux agir ; le suc du Nhandiroba (*Feuillea scandens* L.) est regardé comme le meilleur antidote.

C'est en 1739 que Patrice Browne fit connaître les propriétés de la spigélie anthelminthique (Sprengel, *Histoire de la méd.*, t. IV, p. 731).

D'après une dissertation que l'on trouve dans les *Aménités académiques* pour 1758, les nègres de la Jamaïque et ceux du Brésil employaient cette plante sous le nom d'*arapabaca*; et, d'après de Humboldt, les naturels de Cumana, dans la Nouvelle-Grenade, l'appellent *Yerba de Lombrices* ou Herbe aux vers (*Nova Genera* et *Spec.*, t. III, p. 185). Elle est en effet employée contre les vers, non-seulement au Brésil, mais encore aux Antilles et au Portugal ; elle est peu connue en France. On l'administre, pour cet usage, soit en poudre, soit sous forme de sirop.

Le Codex pharmaceutique homœopathique comprend la spigélie,

sans indication de l'espèce employée; son signe est *Ast*, et son abréviation *Spig*: mais elle doit être, malgré cela, très-peu usitée, parce
qu'il est assez difficile de se la procurer dans le commerce.

SPILANTHE

Spilanthus oleracea Jacq.
(Composées-Sénécionidées.)

Le Spilanthe potager, appelé aussi Cresson de Para, est une plante
annuelle, à racines fibreuses, blanchâtres. La tige, haute de $0^m,20$
à $0^m,30$, arrondie, presque glabre, d'un vert foncé, un peu violacée, dressée, rameuse, diffuse, porte des feuilles opposées, pétiolées, ovales, cordiformes à la base, sinuées, dentées, glabres, d'un
vert clair. Les fleurs sont groupées en capitules coniques, d'un jaune
pâle, longuement pédonculés, solitaires, à réceptacle convexe ou
conique, muni de paillettes et entouré d'un involucre formé de
folioles alternant sur deux rangs. Elles présentent un calice adhérent, à cinq dents; une corolle tubuleuse; cinq étamines à anthères
noirâtres, soudées; un ovaire infère, uniovulé, surmonté d'un style
simple terminé par un stigmate en pinceau. Les fruits sont des akènes
comprimés, ciliés, noirâtres, dépourvus d'aigrette.

Le Spilanthe brun (*S. fusca* H. P.), appelé aussi Cresson du
Brésil, n'est très-probablement qu'une simple variété du précédent,
dont il diffère par ses feuilles d'un vert sombre et un peu roussâtre, et par ses capitules jaune verdâtre à la base et bruns au
sommet.

Habitat. — Le spilanthe est indigène du Pérou; il se trouve aussi
au Brésil et dans quelques régions voisines. Il est cultivé, en Europe,
dans quelques jardins maraîchers.

Culture. — Cette plante demande une exposition chaude; elle vient
dans tous les sols, mais mieux dans une terre sablonneuse et légère.
On la propage de graines semées sur couche au printemps. On peut
aussi, pour avoir une récolte plus hâtive, semer en pots et sous cloche
ou sous châssis. On repique les jeunes plants quand ils sont assez
forts, et on favorise leur reprise par des arrosements réitérés. Le
spilanthe ne demande ensuite aucun soin particulier, et se ressème
souvent de lui-même, quand il trouve un sol et une exposition convenables.

Parties usitées. — Les feuilles, les capitules ou sommités fleuries.

Récolte. — On récolte les feuilles un peu avant la floraison, et les capitules lorsqu'ils sont bien développés, mais non encore ouverts; ceux-ci sont remarquables par la couleur jaune et pourpre qu'ils présentent; la dessiccation leur enlève la plus grande partie de leurs propriétés.

Composition chimique. — Le spilanthe potager a été analysé par M. Lassaigne, qui y a trouvé une huile volatile, odorante, âcre, une matière gommeuse, de l'extractif, de la cire, un principe colorant jaune, du malate, du sulfate de potasse, et du chlorure de potassium.

Usages. — D'après le docteur Rousseau, le spilanthe est un excellent antiscorbutique; il emploie surtout l'alcoolat contre le scorbut de la bouche. Batri, qui était médecin de la cour d'Espagne, l'avait proposé pour remplacer le cochléaria. Descourtils (*Flore méd. des Antilles*, t. I, p. 231) le dit vermifuge. Poupée-Desportes et Chevalier lui attribuent des propriétés hydragogues. Les feuilles de spilanthe des potagers sont un sialagogue puissant. On l'emploie souvent comme masticatoire. Quelques gouttes d'alcoolat, versées dans la bouche, suffisent pour déterminer un ptyalisme très-abondant. Les capitules sont la base d'un médicament qui a été exploité par le charlatanisme, sous le nom de *Paraguay Roux*, auquel on attribuait des propriétés odontalgiques, et qui n'a d'autre mérite que de déterminer une salivation abondante.

En Chine et en Cochinchine, on cultive le *S. tinctoria* Loureiro (*Adenostemma tinctoria* Cassini) pour en retirer une fécule bleue qui se rapproche de l'indigo (*Flor. de Cochinch.*, t. II, p. 590). La racine du *S. urens* Jacq. est âcre et chaude comme le pyrèthre. On l'emploie, dans certains pays, contre les maux de dents. On lui attribue aussi des propriétés lithontriptiques.

SQUINE

Smilax China et *pseudochina* L.
(Liliacées - Asparagées.)

La Squine d'Orient (*S. China* L.) est un sous-arbrisseau à rhizome épais, tubéreux, noueux, brun rougeâtre. Les tiges ou sarments, hauts de plusieurs mètres, ligneux, articulés, noueux, géniculés, presque cy-

lindriques, grimpants, munis d'épines crochues, portent des feuilles
alternes, pétiolées, cordiformes, ovales, minces, inermes, d'un vert
sombre, à cinq nervures principales subdivisées en nervures secondaires ramifiées et réticulées. Les fleurs, dioïques, petites, jaune
verdâtre, sont groupées en corymbes axillaires. Elles présentent
un périanthe à six divisions oblongues, un peu soudées à la base,
réfléchies au sommet, étalées et alternant sur deux rangs, les extérieures plus larges. Les fleurs mâles ont six étamines, insérées à
la base du calice, à filets grêles et à anthères linéaires. Les fleurs
femelles ont un ovaire à trois loges uniovulées, surmonté de trois
stigmates presque sessiles, épais, étalés. Le fruit est une baie globuleuse, rouge, renfermant des graines lenticulaires.

La Squine d'Occident ou fausse Squine (*S. pseudochina* L.) se distingue de la précédente par son rhizome oblong, tubéreux, noueux,
brun noirâtre ; ses tiges cylindriques, inermes ; ses feuilles cordiformes sur la tige et lancéolées sur les rameaux ; enfin, par ses baies
noires portées sur d'assez longs pédoncules.

Habitat. — La première espèce croît en Chine et aux Indes Orientales. La seconde habite l'Amérique du Nord.

Culture. — Les squines se propagent de graines, semées au printemps, en pots ou en terrine, et sur couche ; le semis doit être ombré
et arrosé fréquemment. Les jeunes plants sont repiqués au printemps
suivant, en pots et sur couche. On multiplie encore ces plantes par
drageons enracinés, qu'on sépare à l'automne.

Parties usitées. — Les souches, improprement appelées racines.

Récolte. — La squine nous vient de la Chine ou du Japon ; elle
est longue de 0ᵐ,15 à 0ᵐ,20, épaisse de 0ᵐ,04 à 0ᵐ05, aplatie, recouverte de nodosités et de tubercules, revêtue d'un épiderme rougeâtre,
dépourvue de tout vestige d'écailles ou anneaux ; sa cassure est nette,
non fibreuse ; sa consistance et sa couleur varient ; on trouve quelquefois à son intérieur un suc gommo-résineux desséché ; sa saveur
est farineuse, très-légèrement astringente.

Plusieurs autres *Smilax* ont été supposés fournir la squine. Tel est
le *S. Zeylanica* de Rumphius, qui donne la fausse squine d'Amboine. Sous le nom de *S. pseudochina*, M. Guibourt décrit les
quatre racines suivantes : 1° la *squine de Maracaïbo* que l'on trouve
mélangée avec la salsepareille de Maracaïbo ; elle est peu volumineuse, rougeâtre, recouverte de mamelons arrondis, de chacun des-

quels il sort une radicelle privée de son épiderme et réduite à son méditullium ligneux, et formant quelquefois des pointes piquantes ; elle se distingue de la salsepareille de Maracaïbo par son astringence et son principe colorant rouge ; 2° la fausse *squine* de Clusius (*Poccayo* de Recchius) souche cylindrique de 0^m,25 de long, portant des tubercules arrondis, ayant porté des radicelles, mais sur lesquels celles-ci manquent ; dans l'intérieur des mamelons, on trouve des fragments circulaires qui sont des vestiges d'insertion d'écailles foliacées ; 3° la *squine de Tèques* ; elle porte, en Colombie, le nom de *Raiz de China* (racine de squine) ; les racines sont longues de 0^m,50, épaisses de 0^m,05 à 0^m,07 ; elles pèsent jusqu'à 500 grammes chacune ; elles sont un peu aplaties et portent, comme la précédente, des écailles foliacées ; 4° la *squine monstrueuse du Mexique* ; on la trouve quelquefois au milieu des balles de salsepareille de la Véra-Cruz ; elle est longue de 0^m,50, épaisse de 0^m,10, noueuse, articulée, et elle peut peser deux et trois kilogrammes ; les mamelons sont peu apparents, et l'on n'y voit pas de vestiges d'écailles foliacées ; les radicelles des mamelons sont réduites à la partie ligneuse. M. Guibourt croit qu'elle est fournie par le *China michuanensis* de Plumier, et le *China michuanensis* ou *Placo* de Hernandez (Recchius, p. 213).

Composition chimique. — La squine présente une saveur très-légèrement astringente ; elle contient beaucoup d'amidon, de la gomme, et un principe rouge astringent, soluble dans l'eau.

Usages. — La squine fait partie, avec la salsepareille, le gayac et le sassafras, des *quatre bois sudorifiques* autrefois employés comme dépuratifs dans les maladies vénériennes et de la peau, et qui sont moins usités aujourd'hui.

La squine, que l'on nomme *fouling* en chinois, et *sakina* en japonais, a été introduite dans la matière médicale française en 1535. On assure que Charles-Quint s'en servit contre la goutte, à l'insu de ses médecins. Les Persans l'appellent *wolasbur*, et les Turcs *schabeschi*. On mange les pousses de l'année (*Découvertes des Russes*, etc., t. II, p. 362), et, en Chine, d'après Dujardin, les racines fraîches et bouillies sont considérées comme alimentaires. Prosper Alpin dit que l'usage habituel de cette plante donne de l'embonpoint ; c'est pour cela, ajoute-t-il, que, de son temps, les Turcs en faisaient prendre des bains à leurs femmes.

D'ailleurs la squine jouit de toutes les propriétés thérapeutiques

de la salsepareille, propriétés regardées aujourd'hui comme fort douteuses; on l'emploie dans les mêmes cas et aux mêmes doses; on en
fait beaucoup moins usage qu'autrefois.

STAPHISAIGRE

Delphinium Staphisagria L.
(Renonculacées - Helléborées.)

La Staphisaigre, appelée vulgairement Herbe à la pituite, Herbe aux
poux, etc., est une plante vivace, à racine fusiforme et pivotante. La
tige, haute d'un mètre et plus, cylindrique, velue, d'un vert mêlé de
pourpre, rameuse, dressée, porte des feuilles alternes, grandes, pétiolées, arrondies, échancrées en cœur à la base, palmées, divisées en
cinq ou sept lobes profonds, ovales, lancéolés, aigus, entiers ou un
peu découpés; elles sont glabres et d'un vert foncé en dessus, velues
et d'un vert pâle en dessous. Les fleurs, assez grandes, bleues ou gris
de lin, sont portées sur des pédoncules courts, velus, accompagnés
chacun de trois bractées linéaires, courtes, pubescentes; leur ensemble
constitue une longue grappe lâche terminale. Chaque fleur présente
un calice à cinq sépales pétaloïdes, obovales, inégaux, verdâtres,
pubescents en dehors, le supérieur court, redressé et prolongé en
éperon; une corolle à quatre pétales inégaux, les deux supérieurs prolongés en un éperon renfermé dans celui du calice, les deux inférieurs onguiculés, obovales, lancéolés, glabres; des étamines nombreuses, libres, à anthères bilobées; un pistil composé de trois carpelles libres, uniloculaires, pluriovulés, surmontés chacun d'un style
court et d'un stigmate simple. Le fruit se compose de trois follicules
ovoïdes, allongés, pubescents, terminés en pointe au sommet, s'ouvrant par la suture ventrale, et renfermant plusieurs graines lenticulaires, trigones, irrégulières, rugueuses, chagrinées, et d'un brun
grisâtre (Pl. 38).

Habitat. — Cette plante est originaire des régions méridionales de
l'Europe.

Culture. — La staphisaigre n'est guère cultivée que dans les jardins botaniques. Elle demande une terre légère. On sème les graines,
en pots ou en terrines, aussitôt après leur maturité, et au printemps
on repique les jeunes plants.

Parties usitées. — Les graines.

RÉCOLTE. — On récolte les graines à leur maturité. Elles sont volumineuses, au nombre de cinq environ dans chaque follicule, mais tellement comprimées qu'elles ne forment qu'une seule masse, et simulent une graine unique; dans le commerce, elles sont le plus souvent isolées, brunes ou noires, anguleuses, rudes; leur épisperme est chagriné; elles ressemblent à celles de la nigelle (*Nigella damascena*); mais celles-ci sont moitié plus petites.

COMPOSITION CHIMIQUE. — La semence de staphisaigre, surtout lorsqu'on la pulvérise, possède une odeur des plus désagréables. MM. Lassaigne et Feneulle, qui l'ont analysée, y ont trouvé un principe amer, brun, une huile volatile, une huile grasse, de l'albumine, une matière animalisée, du mucoso-sucre, un principe amer, des sels minéraux, et une matière organique nouvelle, qu'ils ont nommée *delphine*. D'après Hofschaiger, cette semence contient encore un acide volatil blanc, cristallisé, irritant, analogue à la matière âcre commune aux Renonculacées; il est probable que cette substance est analogue à un principe neutre que M. Couerbe a séparé des staphisaigres, et qu'il a désigné sous le nom de *staphisain*.

La *delphine* est pulvérulente, jaunâtre, sa saveur est âcre, amère et insupportable; elle fond à 120 degrés.

USAGES. — On a donné le nom de *Pedicularia* à la staphisaigre en raison de l'usage que l'on fait de sa poudre pour tuer les poux.

La staphisaigre est un poison âcre et violent; elle détermine une action locale très-vive, et elle agit secondairement sur le système nerveux; on l'a autrefois employée à l'intérieur, à faible dose, comme éméto-cathartique et anthelminthique; on met sa poudre sur la tête des enfants qui ont des poux; elle est préférable dans ce cas à la cévadille, qui peut déterminer des accidents très-graves. En décoction, le docteur Ranque l'a employée avec succès contre la gale. M. Bazin recommande l'emploi de la teinture alcoolique staphisaigre à l'intérieur contre l'eczéma. Swediaur l'employait en pommade pour faire périr les poux, et M. Bourguignon en faisait usage sous cette forme contre la gale.

La *delphine* est loin d'être parfaitement définie; elle a été très-peu employée en médecine allopathique; on l'a cependant préconisée contre le rhumatisme, la goutte, l'anasarque, l'amaurose récente, l'iritis, l'opacité de la cornée, l'otite, l'otorrhée, etc.

La staphisaigre est employée en médecine homœopathique dans

plusieurs circonstances qui paraissent peu précisées ; son signe est *Asy*, et son abréviation *Staphis*.

STATICÉ

Statice monopetala et *limonium* L.
(Plombaginées.)

Le Staticé monopétale (*S. monopetala* L.) est une plante vivace, dont la tige, haute de 0^m,50 à un mètre, sous-frutescente, glabre, rameuse, porte des feuilles alternes, presque sessiles, oblongues ou lancéolées, linéaires, un peu obtuses, planes, charnues. Les fleurs, roses, sont groupées en épillets munis de bractées étroites, et dont l'ensemble constitue un épi dressé, terminal. Elles présentent un calice tubuleux, à cinq divisions, une corolle en coupe, à tube long, muni à sa base d'un anneau glanduleux, à limbe divisé en cinq lobes ; cinq étamines ; un ovaire uniovulé, surmonté de cinq styles soudés dans leur partie inférieure, et terminés par des stigmates filiformes. Le fruit est un utricule membraneux, monosperme, entouré par le calice persistant.

Le Staticé limonium (*S. limonium* L.) se distingue du précédent par ses feuilles toutes radicales, ovales-oblongues, très-grandes, pétiolées, aiguës, subulées ; ses tiges florales ou hampes herbacées, cylindriques, rameuses au sommet, et terminées par des fleurs lilas bleuâtre, disposées en épis dont l'ensemble forme un large corymbe terminal.

Le Staticé à larges feuilles (*S. latifolia* Smith), appelé encore quelquefois Behen rouge, est une plante vivace, à feuilles grandes, ovales oblongues, obtuses, atténuées en pétiole, veloutées, couvertes de poils étoilés. La hampe se termine par une grande panicule étalée de fleurs à calice blanc et à corolle rose ou pourprée.

Nous citerons encore les Staticés de Tartarie (*S. Tatarica* L., *Goniolimon Tataricum* Boiss.) et maritime (*S. maritima* Sm., *Armeria maritima* Willd.).

Habitat. — Le staticé monopétale croît dans le midi de l'Europe. Le staticé limonium se trouve aussi dans l'ouest. Le staticé à larges feuilles habite le Caucase. Ces plantes ne sont guère cultivées que dans les jardins botaniques ou d'agrément, où on les propage de graines ou d'éclats de pied.

Parties usitées. — Les racines, les feuilles.

Récolte. — Au moyen âge, les Grecs et les Arabes employaient, sous le nom de *Behen*, deux racines différentes : l'une, le *Behen blanc*, qui a été attribué par Tournefort au *Centaurea Behen*, de la famille des Synanthérées, tribu des Carduacées; on lui substituait souvent la racine du *Behen nostras* ou *Cucubalus Behen*, de la famille des Caryophyllées; l'autre, le *Behen rouge*, était une racine d'un rouge noirâtre, compacte, styptique, un peu aromatique; on l'attribuait alors, mais à tort, au *Statice limonium* L.; on ne trouve plus cette racine dans le commerce de la droguerie; cependant, à une époque encore récente, on a importé à Marseille, du port russe de Taganrog, sous le nom de *Kermès*, une quantité considérable d'une racine que l'on a reconnue pour le *Katran rouge* de Pallas, employé au tannage des peaux. C'était pour Pallas une espèce voisine du *S. limonium*, et que Smith a appelée *S. latifolia*.

Composition chimique. — La racine du behen rouge possède une saveur astringente, un goût particulier qui se rapproche de celui du tabac. Elle est très-riche en tannin; aussi l'a-t-on employée pour le tannage.

Usages. — Dans les anciens auteurs, on trouve le behen rouge prescrit contre les hémorrhagies, les crachements de sang, la dysenterie; aux États-Unis, on le prescrivait contre les maux de gorge, et les docteurs Hews et Baillies ont constaté son efficacité contre les angines, les aphtes, la dysenterie. D'après Rehmann (*Nouv. Journ. de médecine*, t. V, p. 209), dans quelques contrées d'Amérique, les racines du *S. speciosa* L. sont un remède populaire contre les relâchements de l'utérus. On trouve souvent sur ces plantes des galles qui ont été figurées par Bocconi, comme on en remarque sur plusieurs plantes qui contiennent du tannin (Mérat et Delens, *Dict.*, VI, 528). Aux États-Unis, le *S. Caroliniana* Valth. est employé comme astringent; on assure que sa racine sert à falsifier celle du *Coptis trifolia* Salisb.

STILLINGIE

Stillingia sebifera Michx. *Croton sebiferum* L.
(Euphorbiacées-Crotonées.)

La Stillingie porte-suif ou Arbre à suif est un arbre dont le port rappelle celui du peuplier noir. Sa tige, droite, couverte d'une écorce gris blanchâtre, se divise en rameaux longs, flexibles, glabres, portant, surtout dans leur moitié supérieure, des feuilles alternes, pétiolées, stipulées, ovales-rhomboïdes, plus larges que longues, acuminées, entières, glabres, munies à leur base de deux petites glandes sessiles. Les fleurs sont réunies, au sommet des rameaux, en épis droits, compactes, longs de $0^m,05$. Les mâles, qui constituent les trois quarts supérieurs de la longueur de l'épi, sont très-petites, brièvement pédicellées ; elles présentent un calice très-court, à peine denté ou presque entier, et trois à cinq étamines peu saillantes. Les femelles, qui sont peu nombreuses à la base de l'épi, ont un ovaire arrondi, surmonté d'un style filiforme terminé par trois stigmates recourbés. Le fruit est une capsule ovoïde, pointue, dure, glabre, brunâtre, à trois côtes arrondies, à trois loges bivalves, contenant chacune une graine arrondie d'un côté, et plane de l'autre, couverte d'une matière sébacée blanche et ferme.

On peut citer encore la Stillingie des bois (*S. sylvatica* L.), sous-arbrisseau à racines épaisses, à tiges droites, portant des feuilles sessiles, ovales ou lancéolées, dentées, luisantes ; à fleurs petites, jaunâtres, en épi terminal, les mâles à peine plus longues que la bractée qui les accompagne.

Habitat. — L'arbre à suif est originaire de la Chine, où il croît au bord des ruisseaux. Il est presque naturalisé dans plusieurs parties de l'Amérique du Nord, et même dans le midi de la France, aux environs de Perpignan. La stillingie des bois habite les forêts de la Caroline et de la Floride.

Parties usitées. — Les graines.

Récolte. — Les graines du *Stillingia sylvatica* viennent de la Caroline ; celles du *S. sebifera* ou *Croton sebiferum* sont très-communes en Chine ; c'est l'Arbre à suif des Chinois.

Composition chimique. — Les graines de l'arbre à suif donnent, par expression à chaud, une huile concrète très-employée par les

Chinois, et dont ils se servent surtout pour faire de la chandelle.

Usages. — D'après Barton, la stillingie des bois est regardée, à la Caroline, comme un spécifique des maladies syphilitiques. Le suif de la stillingie porte-suif est employé en Chine à plusieurs usages, et de la même manière que la graisse de porc. Hamilton dit que la décoction de la plante, mêlée avec l'huile de semences de moutarde, est employée pour frictionner les personnes atteintes de fièvres nocturnes (Ainslie, *Mat. méd.*, t. II, p. 403).

STRAMOINE

Datura Stramonium L.
(Solanées.)

La Stramoine ou Pomme épineuse est une plante annuelle, à racine rameuse, fibreuse, blanchâtre. La tige, haute de $0^m,50$ à un mètre, cylindrique, robuste, glabre, dressée, rameuse, dichotome, porte des feuilles alternes, longuement pétiolées, assez grandes, ovales-acuminées, sinuées, anguleuses, glabres, d'un vert sombre. Les fleurs, très-grandes, blanches, terminent de courts pédoncules solitaires aux angles de bifurcation des rameaux. Elles présentent un calice longuement tubuleux, à cinq lobes carénés, aigus ; une corolle en entonnoir, à tube dépassant de beaucoup le calice, marqué de cinq plis longitudinaux, à limbe divisé en cinq lobes aigus ; cinq étamines incluses. Le fruit est une capsule ovoïde, dressée, épaisse, coriace, couverte de fortes épines, à deux loges subdivisées chacune en deux fausses loges, contenant des graines noires (Pl. 39).

Habitat. — Originaire de l'Amérique du Nord, cette plante est aujourd'hui naturalisée dans nos climats ; elle croit dans les décombres, au bord des chemins, etc. On ne la cultive que dans les jardins botaniques.

Parties usitées. — Les feuilles, les fleurs, les graines.

Récolte. — Les feuilles doivent être récoltées en juillet, à l'époque de la floraison. Fraîches, elles servent à préparer un extrait, et elles entrent dans la composition du *Baume tranquille*. On doit les faire dessécher avec soin pour les conserver ; la dessiccation leur enlève leur odeur et leur saveur, sans nuire à leurs propriétés ; en séchant, elles se replient sur elles-mêmes. Les graines sont récoltées au moment de la déhiscence du fruit ; on les fait sécher avec soin ;

elles sont petites, noires, réniformes, un peu aplaties, à épisperme chagriné. Avant leur complète maturité, elles sont jaunâtres.

Composition chimique. — D'après Promnitz, les feuilles de stramoine présentent en centièmes la composition suivante : fibre, 3,15 ; gomme, 0,58 ; matière extractive, 0,60 ; fécule, 0,64 ; albumine, 0,15 ; résine, 0,12 ; sels de chaux et de magnésie, 0,23 ; eau, 93,25 ; perte, 1,28. Les cendres renferment, d'après Souchay, de la potasse, de la soude, de la chaux, de la magnésie, des oxydes de fer et de manganèse, de la silice, de l'acide phosphorique. Brandes a extrait du stramonium une base organique à laquelle il a donné le nom de *daturine*. D'après Geiger, Hesse et Mein, elle serait identique à l'atropine. Cependant elle paraît s'en distinguer par ses propriétés physiologiques. Ainsi, elle dilate la pupille comme le fait l'atropine, mais avec moins d'intensité. De plus, son action est plus passagère. Planta a constaté qu'elle avait la même composition que l'atropine : seulement elle n'est pas précipitée par le chlorure de platine, et le précipité formé par le chlorure d'or est blanc, tandis que l'atropine précipite en isabelle par le chlorure de platine et en jaune par le chlorure d'or.

La daturine se dépose de ses dissolutions alcooliques en prismes bien nets incolores, très-brillants, et groupés. Comme l'atropine elle peut être représentée par $C^{34}H^{23}AzO^6$.

Usages. — L'histoire des solanées vireuses est enveloppée d'une grande obscurité. On sait que Dioscoride a connu et employé le stramonium et plusieurs autres plantes de la même famille : mais, malgré les discussions nombreuses qui se sont élevées à ce sujet, il est impossible de savoir s'il a parlé de la belladone, de la mandragore ou du datura.

Les effets physiologiques du datura varient suivant les doses auxquelles on l'administre. A dose modérée, il produit de légers vertiges, avec propension au sommeil, diminution de l'énergie musculaire et de la sensibilité, dilatation de la pupille, trouble de la vue, accélération du pouls, soif, diurèse ou sueurs. A dose plus élevée, il survient des vertiges, de la stupeur, un sentiment d'affaiblissement général, dilatation énorme des pupilles, trouble de la vue, agitation, spasmes, délire furieux, hallucinations, insomnie, éruption scarlatiniforme, astriction et sécheresse au pharynx, avec impossibilité d'avaler, cardialgie, vomissements, quelquefois diarrhée, envie fréquente d'uriner, peu ou point d'urines ; plus tard survient un collapsus général, le refroidissement et la mort. L'action qu'exerce le stramonium, et surtout les semences, sur le système nerveux, le délire furieux, gai ou triste, qu'il détermine, les hallucinations singulières, les visions fantastiques qu'il détermine lui ont valu les noms d'*herbe aux sorciers, d'herbe au diable*. En effet, dans les siècles d'ignorance, les prétendus sorciers l'employaient pour enivrer les individus superstitieux qu'ils faisaient assister au sabbat ; les enchanteurs s'en servaient pour procurer aux amants des plaisirs imaginaires. Faber (*Strychnomania*, p. 33) dit que les Indiens emploient une espèce de datura sous le nom de *Banque*. Les Arabes et les Turcs, sous le nom de *Maslac* ou de *Mastlac*, préparent avec cette plante de prétendus philtres amoureux. Les femmes de l'Inde en font prendre à leurs maris pour tromper leur vigilance après avoir troublé leur raison (*Éphémérides des curieux de la nature*, 2ᵉ décade, année VIII, p. 299). M. Michéa a constaté ses effets aphrodisiaques bien prononcés, même chez des vieillards.

Les empoisonnements par la stramoine sont rares ; on en compte cependant quelques cas dans la science. Duguier (*Journal de Vandermont*, t. VII, p. 330) raconte qu'un homme prit par erreur trois fruits de *datura stramonium* pour des fruits de bardane : il éprouva des vertiges, du bégaiement, une grande sécheresse à la gorge, une torpeur générale qui dura sept heures. Il se réveilla avec un délire furieux ; le soir, néanmoins, il était rétabli. On trouve plusieurs autres exemples d'empoisonnements dans les *Traités* d'Orfila et de Christison.

Toutes les parties de la stramoine sont vireuses ; cependant les semences sont regardées comme plus actives. Toutes les préparations pharmaceutiques de cette plante sont toniques, même la fumée de la plante brûlée, que l'on fait souvent aspirer aux asthmatiques, soit seule, soit mélangée à d'autres solanées, à la digitale, aux plantes aromatiques, etc. En lavement, ces préparations agissent plus rapidement que par l'estomac ; elles sont également absorbées par la peau saine et surtout par la peau dénudée.

L'empoisonnement par les divers *datura* doit être combattu par les vomitifs, les purgatifs, l'infusion de café. Les bains froids et l'opium seront employés pour calmer les symptômes nerveux ; plus tard on fera prendre des boissons acides.

Storck paraît être le premier qui ait employé la stramoine : il l'essaya dans la folie, la chorée et l'épilepsie : il obtint d'assez bons résultats. Avant lui, Odhelius, médecin de l'hôpital de Stockolm, prétendit avoir guéri quatorze épileptiques avec cette plante, mais Gveding fait remarquer que les malades d'Odhelius étaient sortis trop tôt de l'hôpital. Cependant Bretonneau (de Tours) a obtenu d'incontestables succès par l'emploi de la stramoine dans les diverses névroses; les cas de guérison de l'épilepsie par la belladone, qui agit comme la stramoine, cas cités par ce célèbre médecin et par Debreyne, rendent plus probables les faits exprimés par Storck et par Odhelius.

La stramoine a été employée surtout dans les maladies mentales. Schneider, Bernard, Amelung ont cité des cas de guérison, et M. Moreau (de Tours) a spécifié d'une manière précise quels sont les cas dans lesquels ce médicament peut rendre des services pour le traitement de la folie.

James Begbie, M. Lenoir et d'autres médecins ont eu souvent l'occasion de constater les bons effets de la stramoine dans le tétanos traumatique.

D'après le docteur Sims et le docteur Anderson, ce dernier médecin à Madras, l'usage de fumer de la stramoine contre l'asthme est commun dans l'Hindoustan; il s'est propagé chez nous et procure souvent un grand soulagement. Ces faits ont été constatés par Krimer, Meyer, Laennec, Cayol, Bretonneau et M. Trousseau; celui-ci fait mêler les feuilles avec la sauge.

Dans la chorée, les succès de la stramoine sont très-douteux. Dans la coqueluche et dans les névralgies, il produit d'assez bons effets. En général, il agit à peu près comme la belladone. Il en est de même dans l'incontinence d'urine, et toutes les fois qu'il s'agit de combattre l'élément douleur, soit par des applications locales, soit par l'usage interne. Les douleurs rhumatismales et les névralgies superficielles ont été souvent guéries par les applications endermiques ou énendermiques de la stramoine.

La daturine est très-rare et très-difficile à obtenir. M. Jobert de Lamballe la préfère à l'atropine et à ses sels pour déterminer la dilatation de la pupille, parce que son action est moins prolongée et qu'elle se produit avec moins d'intensité.

La stramoine est très en usage dans la médecine homœopathique, pour des maladies très-diverses. On en prépare une teinture mère et on la prescrit à des atténuations et à des dilutions excessives. Son signe est *Mso* et son abréviation *Stram*.

STRYCHNOS

Strychnos Ignatia L. *Ignatia amara* L.
(Apocynées – Strychnées.)

Le Strychnos fève de Saint-Ignace ou Igasure est un arbre assez élevé, à rameaux cylindriques, longs, presque sarmenteux, glabres, portant des feuilles opposées, presque sessiles, ovales acuminées, entières, planes, glabres. Les fleurs, blanches, odorantes, sont disposées en petites grappes courtes, axillaires. Elles présentent un calice monosépale, à cinq divisions profondes ; une corolle tubuleuse, à cinq divisions ; cinq étamines libres, insérées au sommet du tube ; un ovaire simple, à deux loges multiovulées, surmonté d'un style simple terminé par un stigmate en tête. Le fruit est une baie ovoïde, assez grosse, à enveloppe sèche, crustacée, cassante et glabre, renfermant une pulpe charnue et aqueuse, dans laquelle sont disséminées quinze à vingt-cinq graines longues, anguleuses, striées, glabres, brun pâle, à albumen dur, corné et verdâtre.

Nous avons déjà fait connaître la principale espèce de ce genre, la Noix vomique (*Flore médicale*, t. II, p. 430). Nous citerons encore les suivantes :

1° Le Strychnos Tieuté (*S. Tieute* L.), arbrisseau grimpant à racines pivotantes et traçantes, brun foncé, à tige rougeâtre, divisée en rameaux verts, lisses, portant des feuilles ovales-aiguës, d'un vert sombre, et des vrilles opposées aux feuilles.

2° Le Strychnos Bois de couleuvre (*S. colubrina* L.), à racine ligneuse, dure et marbrée ; à feuilles ovales-aiguës et à vrilles simples.

3° Le Strychnos des buveurs (*S. potatorum* L.), arbrisseau à feuilles opposées, pétiolées, ovales-aiguës, et à fleurs en panicules.

4° Le Strychnos faux-quinquina (*S. pseudo-quina* A. S.-H.).

5° Le Strychnos non vénéneux (*S. innocua*).

Habitat. — Le strychnos fève de Saint-Ignace et les trois espèces que nous avons citées ensuite (*S. Tieute*, *S. colubrina*, *S. potatorum*) croissent sur le continent de l'Inde, à Java, aux Philippines, etc. Le strychnos non vénéneux a été trouvé en Nubie et au Sénégal. Le strychnos faux-quinquina habite diverses provinces du Brésil.

Parties usitées. — Le bois, les écorces, les semences.

Récolte. — Nous parlerons moins ici de la récolte que de la distinction à faire dans les espèces. Les fèves de Saint-Ignace et les plantes qui les produisent ont été décrites en 1699 par Ray et Petiver, sur la communication qui leur avait été faite par le père Camille, jésuite. Plus tard, elles furent décrites de nouveau par Linné fils et Loureiro. Les fèves sont de la grosseur d'une olive ou un peu plus grosses, arrondies, convexes, à trois ou quatre faces anguleuses, présentant à une de leurs extrémités une ouverture qui correspond à la base de l'embryon. Elles sont recouvertes d'un épisperme blanchâtre, ou réduites, par les frottements, à un albumen corné, dur, translucide, inodore et très-amer.

Plusieurs strychnos ont porté le nom de Bois de couleuvre (*Schorakatu-valli-conivam* Rheede ; *strychnos colubrina* L.). Rumphius a fait connaître une substance nommée *Capi ullar*, à laquelle il donne le nom de *Lignum colubrinum*. D'après Commelin, le bois des deux strychnos *Nux vomica* et *colubrina* forme le bois de couleuvre, mais le second porte plus spécialement ce nom. Cependant, d'après Roxburgh, on lui substitue souvent le premier, en raison de sa rareté.

Le bois de couleuvre paraît provenir d'une racine de grosseur variable. ne présentant pas d'aubier, avec une écorce mince. Il est compacte, brun foncé, avec des taches superficielles jaunes orangées. Il ressemble un peu au bois de chêne, mais on l'en distingue à ses fibres ligneuses, ondulées, satinées et luisantes. D'ailleurs, il varie dans ses propriétés physiques, quoiqu'il conserve toujours le même aspect.

Nous avons dit ailleurs (*Flore médicale*, t. II, p. 430) que l'écorce de fausse angusture était produite par le vomiquier (*S. Nux vomica*), et nous l'avons distinguée de l'angusture vraie (*Flore médicale*, t. I, p. 89).

Composition chimique. — L'écorce de *Strychnos pseudochina* a été analysée par Vauquelin, qui y a trouvé une matière amère très-abondante, une substance résineuse particulière, de la gomme et un acide ; elle ne renferme pas d'alcaloïdes. M. Ségalas a injecté des solutions de son extrait dans les veines de plusieurs animaux, sans que ceux-ci aient éprouvé aucun des symptômes produits par la noix vomique.

La fève de Saint-Ignace renferme les mêmes principes que la noix vomique (voir *Flore médicale*, t. II, p. 432) ; mais, d'après Pelletier et Caventou, elle est plus riche en strychnine ; il est probable qu'elle renferme aussi de l'igasurine, corps découvert par M. Desnoix dans la noix vomique, et qui, d'après des travaux récents, serait un mélange de plusieurs alcaloïdes.

On ne possède pas d'analyse complète de l'upas Tieuté. Cependant Pelletier et Caventou y ont trouvé de la strychnine, une matière colorante d'un brun rougeâtre, absolument semblable à celle qui existe dans le lichen de l'écorce de la fausse angusture ; cette matière, d'après les mêmes expérimentateurs, est caractérisée par la propriété de devenir verte par l'acide nitrique concentré. Leschenault (*Annales du mus. d'hist. nat.*, t. XVI, p. 479), après avoir fait la description de la racine de strychnos Tieuté, laquelle est de la grosseur du bras, ligneuse et recouverte d'une écorce mince, d'un brun rougeâtre, d'une saveur amère, ajoute que c'est cette racine qui fournit la gomme résine avec laquelle on prépare l'upas, qu'on n'obtient celle-ci que par ébullition, et que, si l'on coupe la racine fraîche, il en sort une grande quantité d'eau sans saveur et nullement nuisible.

Pelletier et Caventou ont aussi examiné l'upas antiar, produit, comme on l'a dit, de l'*Antiaris toxicaria* ; ils n'y ont pas trouvé de strychnine, mais ils y ont rencontré un principe amer, qui leur a paru alcalin, et, selon eux, ce principe agit à la fois sur le système nerveux et sur l'estomac.

Richard Schomburgk a donné une analyse chimique de la moelle du *Strychnos toxifera* qui, malgré son nom et sa structure organique, ne contient, d'après M. Boussingault, aucune trace de strychnine (*Reisen in British Guiana*, 1ʳᵉ part., p. 441-463).

MM. Boussingault et Roullin ont extrait du *Curare* un alcaloïde qu'ils ont nommé *Curarine* ; ils y ont trouvé en outre une substance grasse, de la gomme, une matière colorante rouge, de la résine, une substance végéto-animale. Par la calcination il laisse des cendres qui renferment de la magnésie, de l'alumine et de la silice.

La curarine, étudiée par MM. Pelletier et Petroz, est en masses solides, transparentes ou translucides, soluble dans l'eau et dans l'alcool, insoluble dans l'éther et dans les essences. Elle est amère, rougit le papier de curcuma, verdit le sirop de violettes et ramène au bleu le tournesol rougi par un acide ; elle forme avec les acides des sels solubles et incristallisables ; l'acide azotique la colore en rouge de sang ; l'acide sulfurique lui donne une belle teinte de laque commune. La solution de noix de galle précipite celle de curarine en blanc. Le précipité est soluble dans l'alcool. D'après M. Heintz, la curarine est azotée.

Les semences du strychnos des buveurs (*S. potatorum* L.), appelé aussi *Tittan cotte*, présentent un caractère singulier qui fait exception à la règle générale : on croit que les végétaux d'une même famille, et à plus forte raison d'un même genre, jouissent ordinairement des mêmes propriétés chimiques et thérapeutiques ; or les semences de ce strychnos, loin d'être amères et vénéneuses, sont employées, dans l'Inde, à éclaircir l'eau destinée à la boisson des habitants ; elles sont riches en un mucilage, que l'on croit être de la pectine, qui agirait en formant avec les bases terreuses de l'eau des combinaisons insolubles.

Usages. — La fève de Saint-Ignace est employée dans les mêmes cas et de la même manière que la noix vomique ; elle fait partie des gouttes noires de Baumé, si usitées, à la dose de une à six gouttes, contre les coliques venteuses, spasmodiques, les dyspepsies et les gastralgies.

Les empoisonnements par la fève de Saint-Ignace sont assez fréquents. Les symptômes qu'elle détermine sont les mêmes que ceux de la noix vomique et de la strychnine.

Les expériences faites en Pologne sur le traitement du choléra par la noix vomique semblent démontrer que l'usage que font les Indiens des fèves de Saint-Ignace, dans les mêmes cas, est inefficace. D'après Loureiro, ils l'emploient encore comme tonique, emménagogue, incisive, anthelminthique ; ils s'en servent contre la cardialgie, les fièvres intermittentes, la suppression des règles, la morsure des animaux venimeux, etc., etc.; mais il dit qu'il faut l'administrer à dose plus élevée que la noix vomique, contrairement à l'opinion de Linné fils, qui dit avec raison qu'elle est plus vénéneuse : ce qui ferait supposer que ce n'est pas la véritable fève de Saint-Ignace que Loureiro a vu employer. Avons-nous besoin d'ajouter que dans l'épilepsie la fève de Saint-Ignace n'a produit aucun bon résultat, quoiqu'on ait prétendu le contraire. Bien que très-amères et très-vénéneuses, les graines des strychnos sont attaquées par les vers.

Magendie et Delile ont expérimenté l'upas Tieuté rapporté par Leschenault : ils ont vu qu'il faisait périr des animaux dans un temps plus ou moins long, mais toujours très-court et produisant une sorte d'asphyxie causée par un tétanos général, et surtout celui des muscles de la poitrine.

Aux îles Moluques et aux îles de la Société, les naturels emploient pour empoisonner leurs flèches l'*upas Antiar* et l'*upas Tieuté* : l'un est le produit de l'*Antiaris toxicaria* de Leschenault, de la famille des Artocarpées ; le second est le *S. Tieuté*, plante grimpante, décrite par Leschenault. D'après Pelletier et Caventou, l'upas Tieuté est l'extrait de cette plante ; il est solide, brun rougeâtre, un peu translucide.

Les Indiens des diverses contrées de l'Amérique, et plus particulièrement ceux de l'Orénoque, du Cassiquiare, du Rio-Negro et de l'Atabapo, se servent pour empoisonner leurs flèches de plusieurs poisons de nature analogue, désignés sous les noms de *Curare*, *Urari*, *Wourali*, *Woorara*, *Ticuna*, dont on ne connaît pas la composition d'une manière certaine, mais qui paraissent être faits avec plusieurs *strychnos*. Quand Alexandre de Humboldt fit connaître le premier les procédés de préparation du *curare*, il ne détermina pas d'une manière suffisante le genre de végétal qui le produit. « Nous possédons, dit-il, la liane dont on extrait le *curare* à Esmeralda, sur le haut Orénoque. Malheureusement nous n'avons pu trouver cette plante en fleur ; elle a une physionomie très-voisine de celle des strychnées. » Et ensuite il ajoute : « Depuis que j'ai écrit sur le *curare* ou *urari*, noms que déjà sir Walter Raleigh, au commencement du dix-septième siècle, donne à la plante et au poison, les deux frères Robert et Richard Schomburgk ont fait connaître d'une manière plus précise la nature et la préparation de cette substance, dont le premier j'ai apporté une certaine quantité en Europe. Richard Schomburgk a trouvé la liane en fleur dans la Guyane, sur les bords du Pomeroon et du Siruru, chez les Caraïbes qui ne savent cependant pas préparer le poison (*Tableaux de la nature*, nouvelle édit. in-8°, Paris, 1865, p. 55). » Humboldt, dans ce même ouvrage, dit que c'est l'ongle de leur pouce que les Otomaques empoisonnent souvent avec du *curare*. On a cité le *S. toxifera* Benth., le *Rouhamon Guianense* Aublet, et le

Rouhamon Curare D. C. comme en faisant partie. On dit en outre qu'on y ajoute du venin de certains animaux, et notamment ceux des crapauds et des serpents. D'après les travaux de M. Bureau (*De la Famille des Loganiacées*, Thèses de Paris, 1856), le *S. toxifera* est la plante la plus importante parmi celles qui entrent dans la préparation du *curare*. Il y est mêlé avec le *S. cogens;* mais le *S. toxifera* n'est pas indispensable à la préparation du poison ; il y est remplacé, dans certaines localités, par des Strychnées douées de propriétés semblables. Tel serait, entre autres, le *S. Castelneana*, que M. Weddell a fait connaître dans l'*Histoire du voyage* de M. de Castelnau (t. V, p. 22), et qui est employé à la préparation par les Indiens *Ticunas*, *Pebas*, *Yuaguas* et *Orégones*. Nous verrons bientôt que le *curare* agit sur l'économie animale tout autrement que la strychnine, ce qui doit faire admettre que ce n'est pas à cet alcaloïde qu'il doit ses effets toxiques.

Au Brésil, on emploie comme tonique et fébrifuge l'écorce du *strychnos pseudo-quina* A. S. H. sous le nom de *Quina do Campo;* elle n'est nullement vénéneuse; on l'appelle *copalchi* : elle est mince, de couleur jaune, granuleuse, et développe dans la bouche une amertume désagréable, suivie d'une saveur astringente. L'analyse a fourni une matière différente de la strychnine. D'après Vauquelin, elle ne contient aucun des principes actifs de la fausse angusture, de la noix vomique et de la féve de Saint-Ignace. L'écorce rapportée de Rio de Janeiro, par M. Guillemin, est en fragments courts, irréguliers, demi-roulés, avec un liber mince ou très-épais, sans intermédiaire, d'un gris plus ou moins foncé, blanc à l'intérieur, à cassure grenue; sa saveur est très-amère. Au-dessus du liber on trouve des couches tubéreuses, crevassées, recouvertes d'un épiderme blanc crétacé, présentant à l'intérieur une belle couleur orangée, et d'une saveur amère. Cette écorce, quoique privée de brucine, rougit par l'acide azotique. On a quelquefois confondu cette écorce avec le *Quinquina bicolor* (*Solanum pseudoquina*).

Le *S. innocua* Delile donne des fruits à pulpe acidule, non vénéneux. D'après M. Leprieur, on les mange au Sénégal, et il paraît que l'on mange également à Madagascar ceux du *S. spinosa* Lamk. Ils sont un peu astringents et présentent des graines plumeuses. On croit que cette espèce est celle qui a été décrite par Desvaux sous le nom de

S. Flacourtii, que l'on nomme à Madagascar *Voutac*, et son fruit *pomme de voutac*, et à Maurice, *boîte à savonnette*. Étienne de Flacourt, qui fut un des premiers à faire des essais de colonisation française à Madagascar, en 1648, et qui a laissé un curieux ouvrage sur cette île, nomme la plante *Cydonum Bengalense*.

Le *curare* a été introduit dans la thérapeutique. Il résulte des expériences physiologiques de Virchow et de Münter : « 1° que le *curare* ou *urari* ne parait pas agir par sa simple application à l'extérieur, et ne donne guère la mort que lorsqu'il est absorbé par les tissus dénudés; 2° que le *curare* n'appartient pas aux poisons tétaniques, mais qu'il produit une espèce de paralysie, c'est-à-dire qu'il suspend les mouvements musculaires volontaires, en laissant fonctionner les muscles indépendants de la volonté, tels que le cœur et les intestins. » On a cru pendant longtemps qu'il n'était pas absorbé par les muqueuses; on sait aujourd'hui qu'il y a des exceptions à cette règle, et qu'il est absorbé par celle des bronches et par la muqueuse rectale du lapin. M. Claude Bernard, à son tour, a vu qu'il était sans effet sur les organes actifs de la circulation, et qu'il n'enlevait pas au sang ses aptitudes physiologiques; il abolit les manifestations du système nerveux, et laisse intact le système musculaire, ce qui a permis de démontrer que la contractilité musculaire et l'irritabilité des nerfs moteurs sont deux propriétés distinctes; il laisse intacts les nerfs sensitifs, les muscles et tous les autres tissus de l'économie. Le sulfocyanure de potassium, au contraire, détruit la contractilité musculaire, sans affecter primitivement le système nerveux, tandis que la strychnine abolit les fonctions des nerfs du sentiment, et laisse intacts les nerfs moteurs et le système musculaire.

M. Alvaro-Reynoso, de la Havane, a reconnu que le chlore et le brome décomposent le *curare* et neutralisent ses effets; l'iode l'altère sans le détruire.

M. Vella, de Turin, a préconisé le *curare*, à la dose d'un demi à trois milligrammes, en injections sous-cutanées, contre le tétanos traumatique. M. Thiercelin l'a employé à dose beaucoup plus élevée contre l'épilepsie; mais, depuis, les expériences de MM. Follin et Gintrac, de Bordeaux, ce médicament, qu'il est d'ailleurs très-difficile de se procurer pur, a beaucoup perdu de son importance thérapeutique.

La fève de Saint-Ignace est employée en médecine homœopa-

thique sous le nom d'*Ignatia amara*. Son signe est *Ain*, son abréviation *Ign*. On en prépare des triturations et une teinture mère. Pour
la pulvériser, on la coupe en petits fragments, à l'aide d'un couteau.
On la fait sécher et on triture dans un mortier en fer chauffé ; puis
on en triture cinq centigrammes avec quantité suffisante de sucre de
lait.

Pour préparer la teinture mère, on met les semences entières
dans un verre ; on les recouvre d'eau distillée. Après deux jours,
elles ont absorbé toute l'eau. On les broie dans un mortier et on y
ajoute trois fois leur poids d'alcool. La première dilution se fait avec
cinq gouttes de teinture et quatre-vingt-quinze gouttes d'alcool.

SUMAC

Rhus radicans et toxicodendron L.
(Térébinthacées-Pistaciées.)

Le Sumac vénéneux, appelé aussi vulgairement Sumac à la gale ou
à la puce , est un arbrisseau à racines traçantes. La tige , longue de
plusieurs mètres, grimpante , radicante , se divise en rameaux nombreux portant des feuilles alternes, longuement pétiolées, à trois folioles ovales, acuminées, entières , glabres ou pubescentes, les deux
latérales sessiles, la terminale pétiolée. Les fleurs, dioïques, petites,
verdâtres, sont disposées en courtes grappes axillaires dressées. Les
mâles ont un calice assez petit, profondément partagé en cinq divisions aiguës ; une corolle à cinq pétales ovales, lancéolés, beaucoup
plus longs que le calice, recourbés en dehors ; cinq étamines dressées, saillantes, insérées au pourtour d'un disque annulaire et périgyne, à filets subulés, à anthères cordiformes et obtuses. Les fleurs
femelles ont le calice et la corolle semblables à ceux des fleurs mâles,
mais beaucoup plus petits ; cinq étamines rudimentaires ; un ovaire
globuleux, uniovulé, entouré d'un disque périgyne et surmonté d'un
style court, terminé par un stigmate trifide. Le fruit est une petite
drupe sèche, striée, contenant un noyau monosperme.

Le Sumac vénéneux présente deux variétés, que Linné et d'autres
auteurs ont regardées comme deux espèces distinctes : l'une à feuilles glabres (*R. radicans*), l'autre à feuilles pubescentes (*R. toxicodendron*).

Nous citerons encore les Sumacs des corroyeurs, appelés aussi

Roure et Vinaigrier (*R. coriaria* L.), copal (*R. copallinum* L.),
(*R. vernix* L.), fustet vernis (*R. cotinus* L.), de Virginie (*R. typhinum* L.), etc.

Habitat. — Le sumac vénéneux est originaire de l'Amérique du
Nord, particulièrement de la Virginie et du Canada ; il peut croître
en plein air sous nos climats. Le copal vient du même pays, ainsi que
le sumac de Virginie. Le sumac vernis croît en Chine et au Japon.
Les autres espèces habitent l'Europe méridionale. Les sumacs ne sont
guère cultivés que dans les jardins botaniques et d'agrément.

Parties usitées. — Les racines, les écorces, les feuilles, les
graines.

Récolte. — On emploie les diverses parties des sumacs à l'état
frais ; elles perdent presque toutes leurs propriétés par la dessiccation. La récolte se fait à l'époque de la floraison.

Composition chimique. — Toutes les plantes du genre *Rhus* laissent
dégager spontanément, et surtout lorsqu'on les blesse, des émanations très-irritantes, pouvant produire à distance des érythèmes, et
même des vésicules. Ces émanations irritantes se dissipent par la
dessiccation et par la coction des plantes. D'après Van Mons, elles
sont produites par un hydrogène carboné chargé de miasmes dont
la nature est inconnue ; il serait plus rationnel d'attribuer ces effets à
des huiles volatiles.

Van Mons a analysé le sumac à feuilles glabres : il y a trouvé du
tannin, de l'acide acétique, un peu de gomme, un peu de résine,
de la chlorophylle, un principe hydrocarboné fugace, auquel les
plantes du même genre devraient leurs propriétés irritantes.

Usages. — Les préparations des sumacs à feuilles glabres et des
sumacs à feuilles pubescentes sont à peu près les seules que l'on ait
employées dans la médecine européenne. Leur usage est très-difficile à régler, ce qui tient aux altérations que le suc de ces plantes
éprouve par l'action de la chaleur. On a vanté ces préparations contre
les paralysies et certaines dermatoses. Elles sont aujourd'hui à peu
près inusitées. Les deux plantes jouissent d'ailleurs des mêmes propriétés. Leur suc et même leurs émanations déterminent une vive
irritation, qui disparaît par l'usage des mucilagineux. Malgré les observations favorables de Du Fresnoi, de Monti, de Rossi, de Fouquier, de Delille-Flayac et de plusieurs autres auteurs qui ont vanté
les préparations de ces deux espèces contre les dartres et autres ma-

ladies de la peau, et contre les paralysies, elles sont aujourd'hui inusitées dans la médecine française.

L'Arbre à vernis, ou Vernis du Japon (*R. Vernix*), est assez répandu dans les jardins et les pépinières de France. C'est vers la septième année qu'on commence l'exploitation, quand l'arbre, à un mètre du sol, atteint un diamètre de 0^m,03 à 0^m,04 ; elle se pratique de juin à septembre ; le vernis recueilli plus tôt serait aqueux et de qualité inférieure. Les incisions au moyen desquelles on extrait le suc sont pratiquées le matin, avant le lever du soleil ; on les fait successivement au-dessus les unes des autres ; on en fait deux, chacune dans deux sens opposés, de manière à en avoir à cinq ou à six hauteurs, ce qui fait dix à douze par arbre. Lorsque l'arbre a atteint l'âge de dix ou douze ans, on fait trois ou quatre incisions chaque fois, au lieu de deux ; chaque incision ne doit pas avoir plus de 0^m,06 à 0^m,07 de long ; elles doivent être un peu obliques ; on les pratique de façon à ce que la lèvre inférieure fasse saillie, de telle sorte que le suc ne puisse pas se répandre. A la base de chacune d'elles on fixe une écaille d'huître, pour recueillir le suc ; on retire ces écailles tous les jours et on les remplace par d'autres.

On distingue les qualités du vernis selon l'époque à laquelle on l'a recueilli : celui du printemps est de troisième qualité ; celui de la fin de la saison (fin août-septembre) est de deuxième, et celui de l'été (juin, juillet et premiers jours d'août) est de première. On préfère celui qui est fourni par des arbres qui croissent dans un sol pierreux et légèrement frais.

C'est ce vernis qui sert à la fabrication des laques de Chine et du Japon ; celui du commerce est souvent mêlé d'huiles ; il est impropre à cette fabrication. D'après le Père Duhalde (*Description de l'empire de la Chine*, etc. Paris, 1735), mille pieds d'arbre peuvent produire dans une nuit vingt livres de vernis, ce qui fait environ dix grammes par arbre. D'après M. E. Simon, ce chiffre est un peu au-dessous de la réalité : il peut être porté de douze à dix-huit grammes. Chaque arbre, de juin à septembre, peut produire de mille à douze cents grammes de vernis. Celui-ci vaut, dans les lieux de production, de 3 fr. 50 à 5 francs le kilogramme. Le Père Duhalde a indiqué les précautions dont il faut s'entourer pendant cette récolte, car tous les sumacs sont extrêmement vénéneux.

Le *Rhus copallinum* fournit la fausse gomme-copal, matière résineuse solide, cassante, transparente, d'un blanc jaunâtre plus ou moins foncé, insoluble dans l'eau, difficilement soluble dans l'alcool, l'éther et les huiles essentielles, qui forme, comme celle du *Rhus vernix* et de l'*Elæocarpus copallifera*, la base des vernis les plus solides. Cette gomme est stimulante, et néanmoins elle n'est employée qu'industriellement.

Les fruits du sumac des corroyeurs passent pour astringents ; autrefois on les a prescrits contre les cours du ventre et le scorbut. Ehrenberg dit qu'on a vanté les graines contre la dysenterie, et l'écorce contre la fièvre et la rage. Les anciens employaient les fruits, dont la saveur est d'ailleurs acide et agréable, pour assaisonner les viandes ; les Turcs ont aussi cet usage et y ajoutent les feuilles ; de là serait venu à ce sumac le nom de Vinaigrier, qu'il porte aussi. Dans certaines parties de l'Espagne et de l'Italie, on a emprunté de l'antiquité l'usage des jeunes rameaux de cet arbre, desséchés et réduits en poudre, pour tanner les cuirs, principalement les peaux de chèvre dont on fait le maroquin. L'écorce des tiges teint en jaune, celle des racines en brun.

Le sumac fustet (*R. cotinus*), dont les fleurs, froissées, ont une odeur térébenthinée et citronnée, produit une écorce qui, dans certains pays, sert à teindre le maroquin en jaune. Suivant Zsulder, cette même écorce a été employée comme fébrifuge en Hongrie et en Servie. Le sumac fustet passait autrefois pour avoir les mêmes propriétés médicinales que le sumac des corroyeurs, quoiqu'il ait toujours été moins employé. Au commencement de notre siècle, quand la guerre maritime privait le continent de quinquina, le médecin hongrois Soldos proposa le fustet pour le remplacer ; mais ce qu'il recueillit de plus clair de son idée, ce fut de gagner le prix de cent ducats, accordé par l'empereur d'Autriche à celui qui aurait trouvé des succédanées aux drogues exotiques les plus usitées en médecine. Le bois de fustet, assez dur, de couleur jaune, susceptible d'un beau poli, est employé chez les luthiers et les ébénistes.

Les *R. glabrum* L., *metopion* L., *striatum* Ruiz et Pavon, *succedanea* L., *typhinum* L., sont employés à divers usages, mais peu en médecine.

Sous le nom de *R. vernix*, on a confondu le *R. vernicifera* L., et le *R. venenata* D.C., qui viennent de l'Amérique septentrionale. On nomme ce dernier *Poison Sumac*.

Les *Rhus toxicodendron* et *vernix* sont usités en médecine homœopathique : le premier sous le signe *Srh t*, et l'abréviation *Rhus Tox;*
et le second *Srh v*, et *Rhus vern.*

SUREAU

Sambucus nigra et racemosa L..
(Caprifoliacées–Sambucées.)

Le Sureau noir ou commun (*S. nigra* L.) est un petit arbre ou un
grand arbrisseau, dont la tige, haute de 4 à 5 mètres, se divise en
rameaux opposés, couverts d'une écorce grisâtre et verruqueuse, portant des feuilles opposées, pétiolées, imparipennées, à folioles opposées, presque sessiles, ovales, acuminées, un peu échancrées en cœur
à la base et dentées sur les bords, d'un vert foncé. Les fleurs, blanches ou blanc jaunâtre, odorantes, sont disposées en cymes corymbiformes planes au sommet des rameaux. Elles présentent un calice
adhérent, turbiné, à cinq dents étalées ; une corolle monopétale,
régulière, rotacée, profondément divisée en cinq lobes ovales-arrondis, étalés ; cinq étamines un peu saillantes, à filets courts, à anthères
cordiformes ; un ovaire infère, ovoïde, à trois loges uniovulées, surmonté d'un disque tuberculeux, glanduleux et blanchâtre, qui supporte trois stigmates sessiles. Le fruit est une petite baie arrondie,
pisiforme, noire, luisante, couronnée par les dents du calice, et renfermant trois graines.

Cette espèce présente une variété à feuilles très-découpées, que
plusieurs auteurs ont élevée au rang d'espèce (*S. laciniata* Mill.).

Le Sureau à grappes (*S. racemosa* L.) diffère surtout du précédent
par ses feuilles à folioles ovales-lancéolées et finement dentées ; par
ses fleurs blanchâtres, disposées en panicules ovoïdes compactes ;
enfin par ses fruits d'un rouge écarlate.

A ce genre appartient encore l'Hièble (*S. Ebulus* L.), qui a été l'objet d'un article spécial (*Fl. méd.*, t. II, p. 142).

Habitat. — La première espèce est commune dans les diverses régions de l'Europe centrale ; elle croît dans les bois et les
haies. Le sureau à grappes habite surtout les bois montueux. Ces
deux espèces ne sont cultivées que dans les jardins botaniques
ou d'agrément ; la première sert aussi quelquefois à faire des
haies.

Parties usitées. — L'écorce, la moelle, les feuilles, les fleurs, les fruits, les semences.

Récolte. — C'est la seconde écorce (liber) des jeunes branches et des racines de sureau que l'on emploie en médecine; on la récolte à l'automne, après la chute des feuilles. Lorsque l'épiderme (enveloppe herbacée) est devenu gris et tuberculeux, de vert qu'il était, on détache les premières couches de l'écorce avec un couteau, ou l'on divise en longs filaments la partie interne (liber et partie de l'enveloppe herbacée), et l'on fait sécher. Celle du commerce est sous la forme de lanières étroites, d'un blanc verdâtre, d'une odeur faible, d'une saveur douce et astringente.

La moelle, ou tissu cellulaire de l'intérieur de la tige, est récoltée sur les jeunes pousses lorsqu'elle est relativement très-développée; on l'enlève par cylindres blancs que l'on fait sécher. Elle sert à préparer les moxas; elle entre dans la composition de l'électrophore à balles de sureau et d'autres instruments de physique.

Les feuilles ne sont guère employées que fraîches, on les récolte au moment du besoin et pendant tout l'été.

Les fleurs doivent être cueillies vers la fin de juin, lorsqu'elles sont parfaitement développées; on les fait sécher, tantôt isolément, tantôt sur leur pédoncule; dans tous les cas la dessiccation doit être prompte. Il faut conserver ces fleurs à l'abri de l'humidité, et ne pas les récolter lorsqu'elles sont mouillées par la pluie ou par la rosée; autrement elles noircissent et perdent l'odeur très-agréable qu'elles exhalent lorsqu'elles sont bien récoltées et parfaitement desséchées.

Composition chimique. — On ne connaît pas la nature du principe purgatif qui existe dans les différentes parties du sureau. Kramer a trouvé dans l'écorce de l'acide valérianique, de l'acide tannique, du sucre, de la gomme, une matière extractive, de la pectine, des sels.

Les feuilles, lorsqu'on les froisse, dégagent une odeur vireuse; les fleurs fraîches répandent une odeur forte, assez désagréable; lorsqu'elles sont sèches, au contraire, leur odeur est plus faible et plus supportable, leur saveur est amère. D'après Eliason (*Journ. des pharm.*, t. IX, p. 245), elles renferment une huile volatile, du soufre, du gluten, de l'albumine végétale, de la résine, un principe astringent, de l'extractif azoté, de l'extractif oxydé, des sels de chaux et de potasse; d'après Gleitzmann, l'eau de sureau contient beaucoup d'ammoniaque; elle précipite abondamment par l'acétate de plomb et le sublimé corrosif.

Les fruits, rougeâtres d'abord, deviennent d'un beau noir lorsqu'ils sont mûrs; ils renferment un suc rouge-brun, qui devient violet au contact des alcalis, et rouge vif par les acides.

On ne connaît pas le principe purgatif de ces baies; elles contiennent des acides malique et citrique, de la gomme, du sucre, une matière colorante rouge, qui passe au violet, au bleu ou au vert par les alcalis, selon les proportions.

Usages. — Toutes les parties du sureau jouissent des mêmes propriétés et sont employées dans les mêmes cas que les parties correspondantes de l'hièble, dont nous avons déjà parlé. Les propriétés purgatives, vomitives et narcotiques de l'écorce sont connues depuis longtemps. Jérôme Bock dit Tragus, Dodoëns, et Petrus-Forestus en faisaient un très-grand usage; Boërhaave employait son suc comme hydragogue; Gaubius et Sydenham prescrivaient l'écorce bouillie dans du lait ou dans du vin contre l'hydropisie; Buchan la regardait comme le meilleur remède contre l'ascite. Oubliée pendant longtemps, l'écorce de sureau a été remise en honneur par Bichat, et surtout par Martin-Solon, qui la regarde comme un des émétocathartiques les plus efficaces, pour dissiper les accidents de l'ascite, lorsqu'il n'existe aucune phlegmasie des viscères abdominaux.

Quoique préconisée par Réveillé-Parise, Bergé, Hospital, Mallet, etc., contre les hydropisies, par Vandeberg comme diurétique, par Borgettidivri contre l'épilepsie, la seconde écorce de sureau est rarement prescrite par les médecins français, mais c'est un remède encore populaire contre ces maladies.

Les feuilles sont plus actives; elles sont laxatives, purgatives et diurétiques. Nos paysans, en Bretagne surtout, en font un fréquent usage. Hippocrate les prescrivait contre les hydropisies, et, d'après Vauters, les paysans flamands les font bouillir avec du lait pour se purger. Bartin dit qu'en Belgique on les mange en salade dans le même but. Quelquefois on les fait frire dans du beurre, ou on les broie avec du miel, et on les emploie contre les engorgements des viscères abdominaux, la néphrite chronique, la gravelle, la diarrhée et les dysenteries chroniques. Les feuilles fraîches en cataplasmes jouissent de la réputation de calmer les douleurs hémorrhoïdales;

d'après Vallet, il y a plus de deux siècles que leur extrait est employé à cet usage.

Les fleurs de sureau fraîches sont légèrement laxatives ; sèches, elles sont employées journellement en infusions comme émollientes, calmantes et diaphorétiques. On s'en sert pour aromatiser certaines boissons fermentées des ménages et pour imiter les vins de Frontignan, de Lunel et de Sauterne. On en fait usage pour parfumer un vinaigre de toilette.

Les baies ne sont guère employées que sous la forme de rob. On en prépare un extrait nommé *Rob de sureau;* c'est un laxatif actif. Hippocrate employait les fruits comme diurétiques dans les hydropisies. On les emploie quelquefois comme sudorifiques dans le rhumatisme. Le jus obtenu par expression, étant fermenté, produit une boisson assez usitée en Angleterre. Du temps de Pline on se servait des fruits pour colorer les cheveux. Les oiseleurs s'en servent comme d'un appât pour les oiseaux. On les a souvent employés pour colorer frauduleusement les vins.

Les semences partagent les propriétés purgatives de la plante ; elles renferment une huile fixe qu'on extrait par ébullition dans l'eau ou par expression. Ettmüller l'a vantée comme un excellent éméto-cathartique à la dose de quelques gouttes à quatre grammes.

Le bois de sureau est cassant, blanc, rempli d'une moelle légère, blanche, poreuse, nommée quelquefois *médulline,* qui, étant imprégnée de nitre, constitue de bons moxas. Le bois de la souche sert à faire des stéthoscopes, des plessimètres, des peignes, des boîtes, des cuillers et autres petits objets.

SURELLE

Oxalis Acetosella et corniculata L.
(Oxalidées.)

La Surelle acide (*O. Acetosella* L.), appelée aussi Oxalide, Oseille, Alleluia, Pain de coucou, etc., est une plante vivace, à rhizome noueux, écailleux, rameux, traçant, muni de radicelles fibreuses et blanchâtres. Les feuilles, toutes radicales, réunies cinq ou six à l'extrémité du rhizome, sont longuement pétiolées, composées de trois folioles arrondies, obcordées, pubescentes, pliées en deux sur la nervure médiane. Les fleurs, blanches, assez grandes, sont solitaires à l'extrémité des pédoncules radicaux, longs de 0^m,10 à 0^m,12, et munis, vers leur partie moyenne, de deux bractées très-petites. Elles présentent un calice à cinq sépales, un peu soudés à la base ; une corolle à cinq pétales obovales, obtus, très-minces, deux ou trois fois plus longs que le calice ; dix étamines à filets grêles et subulés, alternativement longs et courts, soudés dans leur partie inférieure; un ovaire libre, ovoïde, à cinq loges biovulées, surmonté de cinq styles caducs. Le fruit est une capsule ovoïde, à cinq angles, membraneuse-herbacée, à cinq loges renfermant chacune deux graines luisantes, comprimées et striées longitudinalement. (Pl. 40).

La Surelle corniculée (*O. corniculata* L.) est aussi vivace ; ses racines sont fibreuses. Ses tiges, longues de 0^m,20 à 0^m,30, couchées, radicantes, rameuses, portent des feuilles alternes, munies de stipules, à trois folioles obcordées, pubescentes et un peu glauques. Les fleurs, petites, jaunes, groupées en ombelles pauciflores à l'extrémité de pédoncules axillaires, ont un calice à cinq sépales lancéolés ; une corolle à cinq pétales échancrés, deux fois plus longs que le calice. Le fruit est une capsule pentagone et pyramidale, portée sur un pédicelle réfracté.

Habitat. — Ces deux plantes, confondues sous le nom vulgaire d'*Alleluia*, croissent dans diverses régions de l'Europe centrale et méridionale; la seconde est plus rare au nord. On les cultive dans quelques jardins maraîchers ou d'agrément.

Parties usitées. — Les feuilles, la plante entière.

Récolte. — La surelle est très-abondante dans certaines contrées, et particulièrement en Suisse. Elle fleurit et on la fauche vers le temps de Pâques, d'où lui est venu son nom d'*Alleluia*. Par la dessiccation elle perd une partie de ses propriétés. On l'emploie le plus souvent à l'état frais.

Composition chimique. — Cette plante est inodore; sa saveur acide très-prononcée est due au bioxalate de potasse; par calcination, on obtient des cendres très-riches en carbonate de potasse. Le sel d'oseille qu'on extrait de la plante est blanc, en cristaux aigus, opaques, acides, peu solubles dans l'eau ; ils précipitent abondamment les sels de chaux.

Usages. — On regarde généralement la surelle comme un bon succédané de l'oseille des jardins (*Rumex acetosa*; voir l'article Oseille, t. II, p. 480 de la *Flore médicale*). Elle est rafraîchissante, températive, diurétique et antiscorbutique. Quoique Johan Frank l'ait employée avec succès dans une épidémie de fièvres malignes, elle est aujourd'hui tout à fait inusitée dans ce cas. On la remplace par l'oseille ordinaire et le jus de citron. Rosenstein dit s'être bien trouvé de son emploi dans les fièvres bilieuses, inflammatoires et le scorbut. On la préconise comme diurétique, mais Chamberet fait remarquer qu'elle peut être nuisible aux calculeux, en formant des calculs rénaux muraux (d'oxalate de chaux).

Ainsi que l'oseille commune, la surelle a quelquefois été employée comme résolutive à l'extérieur, pour hâter la maturité des tumeurs scrofuleuses et des abcès froids.

C'est surtout de la surelle acide que l'on extrait, en Suisse, le sel d'oseille ou bioxalate de potasse, mêlé souvent de quadroxalate (Wollaston), pour préparer le sel. On broie la plante fraîche entre deux meules; on l'exprime et on clarifie le jus à chaud, avec du lait, après filtration et décoloration au charbon; on fait cristalliser. Le sel obtenu est purifié par des cristallisations répétées. Il est très-employé en teinture; on s'en sert dans les ménages pour enlever les taches d'encre sur les linges blancs.

Le sel d'oseille ou bioxalate de potasse a été employé en médecine dans diverses inflammations. Quoique Welth l'ait recommandé dans la métro - péritonite puerpérale et que Von Brenner ait publié des observations constatant ses bons effets dans ces cas, il est à peu près inusité en thérapeutique; il entre cependant dans la composition des pastilles contre la soif.

L'acide oxalique et le sel d'oseille sont des poisons violents qui agissent tout à la fois comme irritants et comme excitants du système nerveux. Quoiqu'on les ait proposés l'un et l'autre comme antiphlogistiques et qu'on ait conseillé leur emploi à petites doses contre un grand nombre de phlegmasies, ils sont tout à fait inusités aujourd'hui. L'empoisonnement produit par cet acide et par ce sel doit être combattu par la magnésie, les blancs d'œufs et les émollients.

On mange quelquefois les tubercules de l'oxalide crénelée (*Oxalis crenata* Jacq.), espèce apportée du Pérou, que l'on cultive dans les jardins. Les *Oxalis cernua* et *compressa* servent, au Cap, à extraire le sel d'oseille. Au Brésil, on emploie l'*O. cordata* A. S. H. contre les affections fébriles. Dans l'Inde, les feuilles de l'*O. corniculata*

sont administrées comme rafraîchissantes. Au Pérou l'*O. dodecandra*
porte le nom de *Vinaigrillo*; il y est employé comme astringent
dans les crachements de sang. Nous signalerons encore comme étant
employés à des usages analogues, les *O. fulva* A. S. H.; *futescens* L.;
racemosa Sav.; *repens*, Thunb.; *sensitiva* L., ou *Todda-Vaddi* des
Indiens (*Biophytum sensitivum* D. C.; *Oxalis sensitiva* L.), que ceux-ci
célèbrent comme une plante enchantée, à cause de l'irritabilité de
ses feuilles, analogue à celle que l'on observe dans la Sensitive.
On en fait des infusions miellées contre l'asthme et la phthisie.

TABAC

Nicotiana Tabacum et rustica L.
(Solanées.)

Le Tabac ou Nicotiana (*N. Tabacum* L., *N. Havanensis* Lag.), appelé aussi Petun, Herbe à la reine, etc., est une plante annuelle, couverte, sur toutes ses parties, de poils glanduleux visqueux. Sa tige, haute de 2 mètres et plus, cylindrique, robuste, dressée, rameuse au sommet, porte des feuilles alternes, sessiles, un peu embrassantes, très-grandes, oblongues, lancéolées, molles, douces au toucher, d'un beau vert. Les fleurs, grandes, roses, munies de bractées, sont disposées en grappes dont l'ensemble forme une grande panicule terminale. Elles présentent un calice ovoïde, oblong, persistant, à cinq segments linéaires, aigus ; une corolle à entonnoir, à tube long s'évasant au sommet, à limbe partagé en cinq divisions aiguës, étalées ; cinq étamines incluses ; un ovaire ovoïde, à deux loges multiovulées, surmonté d'un style simple terminé par un stigmate en tête. Le fruit est une capsule ovoïde, renfermant des graines noires très-petites et très-nombreuses.

Le Tabac rustique (*N. rustica* L.), appelé improprement Tabac femelle, est aussi une plante annuelle, velue, glutineuse dans toutes ses parties. Sa tige, haute d'un mètre au plus, cylindrique, droite, ferme, rameuse, porte des feuilles alternes, pétiolées, ovales, obtuses, entières, luisantes, d'un vert pâle. Les fleurs, d'un jaune verdâtre, sont groupées en panicule terminale serrée. Elles présentent un calice ovoïde, large, à cinq dents courtes et aiguës ; une corolle en coupe, à tube pubescent, à limbe glabre, étalé, divisé en cinq lobes obtus. Le fruit est une capsule arrondie.

Nous avons à citer encore les Tabacs glauques (*N. glauca* Grah.), à feuilles étroites (*N. angustifolia* L.), de Maryland (*N. macrophylla* Spreng.), de Virginie (*N. Virginica* Hort., *N. Lehmanni* Ag.), à longues fleurs (*N. longiflora* Cav., *N. angustifolia* R. et P., non L.), etc.

Habitat. — Les tabacs sont originaires de l'Amérique, particulièrement des régions centrales. Ils sont aujourd'hui cultivés en grand sur presque tous les points du globe.

Culture. — Quoique originaire des contrées chaudes de l'Amérique, le tabac, en qualité de plante annuelle, réussit très-bien dans nos climats tempérés, ou même un peu froids, à la condition que les semis en soient faits sur couche bien abritée, que le jeune plant soit garanti avec soin de la gelée et qu'il soit mis en place seulement après les froids. Toute terre convient à cette plante, pourvu qu'elle ne soit ni humide, ni trop forte ; néanmoins la qualité du sol influe beaucoup sur celle des produits qu'elle donne ; de plus, pour sa réussite complète et pour son parfait développement, elle exige que le terrain qui doit la recevoir soit parfaitement préparé au moyen de trois labours à la charrue et bien fumé. Le semis se fait en février, ou au plus tard dans la première quinzaine de mars. Lorsque le jeune plant a pris un peu de force et que les gelées ne paraissent plus à redouter, on repique en place en espaçant les pieds d'après le nombre déterminé pour chaque hectare par la régie ; cet espacement varie de 7 à 10 décimètres environ. La croissance de la plante est rapide ; pendant son développement, on donne un nouveau labour à la bêche, on rapproche la terre des pieds, on sarcle avec soin, on enlève les feuilles voisines du sol qui sont presque toujours jaunies et terreuses, on enlève la cime des plantes, enfin on abat les rejets. Ces dernières opérations ont pour objet de porter toute la force végétative sur les feuilles conservées en nombre déterminé, qui seules doivent servir à la préparation du tabac.

PARTIES USITÉES. — Les feuilles ; rarement les graines.

RÉCOLTE. — La récolte des feuilles de tabac, dans nos pays, se fait dans les mois d'août et de septembre, six ou sept mois après la germination. Nous croyons devoir entrer, au sujet du tabac, dans des détails étendus ; cette plante intéresse tout à la fois l'agriculture, la chimie, l'industrie et la médecine ; elle constitue (en 1866) pour six départements français un revenu de plus de 10 millions ; elle occupe de 7 à 8,000 ouvriers, et rapporte (à cette même date) au gouvernement plus de 100 millions.

On classe les tabacs en quatre séries : les *tabacs exotiques*, les *tabacs du Levant*, les *tabacs d'Europe* et les *tabacs indigènes*.

Dans les tabacs exotiques on remarque : le *Virginie*, qui est gras, corsé, très-aromatique, recherché pour préparer la poudre ; le *Kentucky*, à grandes feuilles, moins gras et moins fort, il sert à différentes fabrications ; le *Maryland*, à grandes feuilles, très-léger, employé exclusivement pour le tabac à fumer ; le *Havane*, si estimé pour les cigares, et qui passe pour n'avoir pas son pareil ; le *Java*, d'une odeur poivrée, qui est fort employé en cigares; le *Chine*, très-fin, très-léger, mais d'un goût médiocre.

Les tabacs du Levant se distinguent par leur petit feuillage; ils sont très-légers, possèdent un goût fade, une odeur de miel, et rendent peu de services.

Dans les tabacs d'Europe, on comprend le *Hollande*, qui est assez fort, excellent en poudre. Les tabacs de *Hongrie* sont de deux espèces : le *Debretzin*, employé pour les cigares, et le *Szghedin*, qui possède une désagréable odeur de morue; ce dernier n'entre que dans le tabac à fumer.

Les tabacs français comprennent le *Lot*, fort corsé, à odeur de cacao; le *Lot-et-Garonne*, qui est le même, mais moins estimé; le *Nord*, qui est fort, corsé, à feuilles longues et étroites; il est très-ammoniacal et très-bon pour priser. Le *Pas-de-Calais* ressemble au précédent, mais il est moins fort. L'*Alsace* est léger, à feuilles larges, à tissu fin. Enfin, l'*Ille-et-Vilaine*, à grosses côtes, à tissu épais, spongieux, moisit facilement, il est peu estimé. Ajoutons que depuis quelques années on cultive le tabac dans d'autres départements, parmi lesquels nous citerons la Gironde, le Gers, les Landes, les Hautes et Basses-Pyrénées.

Composition chimique. — Vauquelin est le premier chimiste qui ait analysé le tabac. Plus tard, un grand nombre de savants, parmi lesquels nous citerons MM. Zeize, Reimann et Posselt, Boutron et Henry, Barral, Melsens, Schlœsiaz, Goupil, Beauchef, etc., ont étudié cette plante. Il résulte de ces diverses analyses que le tabac renferme les corps suivants :

1° Une base organique volatile, la *nicotine*.

2° Des bases minérales, potasse, chaux, magnésie, ammoniaque.

3° Acides organiques, malique, citrique, acétique, oxalique, pectique, ulmique.

4° Acides minéraux, azotique, chlorhydrique, sulfurique, phosphorique.

5° Corps neutres organiques, résine jaune, résine verte, cire ou graisse, matières azotées, cellulose.

6° Autres corps minéraux, silice, sable.

La nicotine $C^{20}H^{14}Az^2$ a été découverte par MM. Reimann et Posselt, étudiée par MM. Boutron et Henry, Barral, Melsens, Schlœsiaz, T. Wertheim, Wurtz, Kékulé et Planta, Raewskzy. C'est un liquide incolore, brunissant à l'air, d'une odeur âcre, d'une saveur brûlante, plus lourde que l'eau, extrêmement vénéneuse. Elle bout à 250°. Elle est soluble dans l'alcool, les huiles, les essences. Comme base puissante, elle forme des sels déliquescents, solubles dans l'alcool ; le tartrate, l'oxalate et le phosphate cristallisant. Elle préexiste dans le tabac, et elle n'est pas due, comme on l'avait supposé, aux divers traitements que l'on fait subir à la plante. Les divers tabacs donnent de 10 à 20 pour 100 de cendres. Voici quelles sont les quantités de nicotine et d'ammoniaque fournies par les sortes les plus employées :

Noms des tabacs.	Nicotine p. 100.		Ammoniaque p. 100 de tabac sec.
Virginie, séché à 100°........................	6.87		0.153
Kentucky —	6.09		0.332
Maryland —	2.99		0.212
Cigares Primera à 15 c., séché à 100°, moins de	2.00	Havane.	0.870
— Lot —	2.96		0.910
— Lot-et-Gar. —	2.34		»
— Nord —	6.58		0.815
— Ille-et-Vilaine —	6.29		»
— Pas-de-Calais —	4.94		»
— Alsace —	3.21		0.630
Tabac en poudre........................	2.04		

Préparation. — Dans les manufactures de tabac, le travail est réparti entre plusieurs divisions. La première prépare les feuilles pour toutes les fabrications ; chacune des autres prépare les produits suivants : 1° tabacs à priser ou râpés parfaits ; 2° rôles à mâcher, à fumer, carottes diverses ; 3° tabacs à fumer ou *scaferlatis* ; 4° cigares divers.

Les feuilles, après avoir été triées, sont mouillées ; la *mouillade* s'exécute dans des salles dallées, divisées en travées. Les feuilles, étalées en couches minces, sont mouillées avec de l'eau salée de densité variable. Ces opérations préparatoires se bornent là pour les feuilles destinées à la poudre, aux rôles et aux cigares ; mais, pour les tabacs à fumer, on procède à l'*écôtage*, qui a pour but d'enlever à la partie inférieure la portion de la nervure médiane qui fait saillie.

Pour le tabac à priser on préfère les tabacs gras et corsés, comme le virginie, et les tabacs forts, comme le nord, le lot, le hollande. Le premier donne l'arome, les autres le montant. Après la mouillade, les feuilles sont hachées à l'aide de machines ; puis on les divise en masses considérables ; la fermentation s'opère, et la température s'élève de 60° à 75°; mais elle n'est pas également répartie, on le comprend, dans toute la masse, et on trouve souvent des *cordons* de parties noires carbonisées. Les ouvriers de Paris appellent *Bouilli* tout tabac fermenté en noir, mais non carbonisé; celui-ci s'appelle *Rôti*. Il faut, dans une bonne fermentation, chercher à produire le plus de bouilli et le moins de rôti possible. Quelquefois il se forme dans les masses de larges fentes par suite du tassement; l'air pénétrant alors déterminera les *coups de feu*; il faut donc avoir le soin de fermer les ouvertures avec du tabac.

La fermentation dure cinq ou six mois; ses produits sont complexes et variables. Quand elle est finie, on démolit les tas, et on procède au repassage à l'aide de moulins. Le tamisage s'opère en même temps. Le fin est appelé *Râpé sec*; le gros est repassé dans les moulins. Le *Râpé sec* contient peu d'eau. Il n'a pas le montant et le parfum que le consommateur exige; on les lui donne par la *fermentation en case*. Pour cela on procède à un mouillage à l'eau salée, de telle sorte que le *Râpé sec* acquerra environ 38 pour 100 d'humidité.

Il prend alors le nom de *Râpé parfait*. Après un tamisage qui a pour but de répartir l'humidité, on l'enferme dans des cases de bois de chêne qui peuvent en contenir de 25 à 50 kilogrammes, on l'y laisse huit à dix mois. Pendant cette seconde fermentation, la température s'élève de 50° à 55°: le tabac noircit, prend du montant, devient ammoniacal; mais le parfum est encore marqué par un goût aigre, ce que l'on attribue à une fermentation insuffisante. On le transvase alors dans une nouvelle case en le mélangeant, afin de ranimer le *travail*. On répète cette opération au bout de deux mois, et quelquefois une troisième est jugée nécessaire pour donner la couleur, le montant et le goût désirables. Lorsque les cases *sont à maturité*, on porte les tabacs dans une salle dont les murs et le plancher sont recouverts de bois, on y mélange de 300 à 400,000 kilogrammes de tabac, on les tamise pour les fondre, on les laisse là six semaines, puis on met en barils. Le tabac est fini après vingt mois environ de préparation.

Les tabacs en rôles, peu importants, sont de deux sortes : les *Rôles ordinaires* et les *Rôles menus-filés*. Les premiers sont des cordes en feuilles de tabac, mouillées et écôtées; les feuilles fortes (lot, nord, lot-et-garonne) forment l'intérieur, et les autres (virginie) l'enve-

loppe ou *robe*. On fabrique ces cordes par un mécanisme analogue
à celui qui est employé pour celles de chanvre ; pour les rôles menus-
filés on emploie du virginie supérieur.

Pour le tabac à fumer, les feuilles, après avoir été triées, mouillées, écôtées, sont hachées au moyen de machines. Après le *hachage*
le tabac passe à l'atelier de *torréfaction*, dans lequel se trouvent de
longues tables horizontales formées par des tuyaux de cuivre où circule de la vapeur d'eau surchauffée à 120°. On étale le tabac sur ces
tables, en le remuant sans cesse. Cette opération a pour but d'enlever au tabac l'excès d'humidité, et de lui faire acquérir le *piré* qu'il
n'acquerrait pas à l'air libre. Ainsi obtenu, le scaferlati torréfié est
séché sur des claies à l'air libre à une température de 22°, et perd
ainsi 4 à 5 pour 100 d'eau. On en forme des masses de 8,000 kilogrammes et on met en paquets.

Le scaferlati ordinaire porte le nom vulgaire de *Caporal*. Il est
formé d'un mélange de feuilles de divers pays ; mais on fabrique, en
outre, des scaferlatis étrangers avec l'une des cinq espèces suivantes :
maryland, virginie, varinas, levant, latakié.

Pendant longtemps on n'a fait en France que des cigares à 10 centimes, dits cigares étrangers, et des cigares à 5 centimes ordinaires,
à bouts tordus, et à bouts coupés ; mais aujourd'hui on fabrique des
cigares avec le tabac havane pur, à 15 centimes, qui font grande concurrence à ceux de Cuba.

On distingue deux sortes de feuilles pour les cigares : les feuilles
pour robes, qui doivent être grandes, belles et saines, et les feuilles
pour intérieur, qu'on recherche de bonne qualité ; celles-ci sont hu-
mectées et écôtées. Les feuilles pour robes sont mouillées et passées
aux *coupeuses de robes*, qui les écôtent, les étalent sur une planchette,
les coupent de la grandeur voulue, les disposent en paquets qui
sont passés aux cigarières ; les rognures entrent dans l'intérieur. Les
cigarières procèdent à la fabrication avec une grande dextérité.

Un cigare bien fait doit présenter partout une égale résistance,
lorsqu'on le presse entre les doigts ; il ne doit présenter ni déchi-
rures, ni bosses, ni défauts de forme ; son enveloppe ne doit pas être
trop serrée ; autrement il serait impossible de le fumer. Après la confection des cigares, on les dessèche à 22° ou 24°.

Histoire et usages. — De Prades, qui a fait une histoire du tabac,
dit que les Espagnols le connurent d'abord dans la province de

Tabasco, ou Yucatan, d'où il aurait pris son nom de tabac, tandis que d'autres prétendent qu'il l'a emprunté à l'île de Tabago, l'une des petites Antilles, et que d'autres encore disent que les naturels que Christophe Colomb trouva à l'île de San-Salvador, en y abordant, fumaient la plante sous le nom de *Tabaco*. Quoi qu'il en soit, ce fut, à ce qu'il paraît, en 1515, que le découvreur de l'Amérique envoya en Europe des graines de la plante, qui fut uniquement cultivée d'abord au point de vue médicinal. Olivier de Serres a rapporté toutes les vertus qu'on lui attribuait alors. Jean Nicot, seigneur de Villemain, né en 1530 à Nîmes, mort à Paris en 1600, auteur du *Trésor de la langue française, tant ancienne que moderne* (qui est le premier dictionnaire français connu) et d'autres ouvrages, secrétaire du roi Henri II, puis ambassadeur de François II en Portugal, fit connaître le tabac, en 1559, au grand prieur de France, à son arrivée à Lisbonne, d'où il prit le nom d'*Herbe au grand prieur*, et, par lui, à la reine Catherine de Médicis, d'où il reçut le nom d'*Herbe à la reine*, et d'*Herbe médicée*, tandis qu'il tirait de Nicot lui-même le nom de *Nicotiane* et d'*Herbe à l'ambassadeur*. D'autre part, on rapporte que le cardinal de Sainte-Croix, nonce en Portugal, et Nicolas Tournabon, légat en France, ayant les premiers introduit la plante en France, l'appelèrent chacun de son nom, *Sainte-Croix* et *Tournabon*. Thevet passe aussi pour avoir été l'un de ses introducteurs en France dans le même temps que Nicot. Francis Drake l'apporta en Angleterre en 1560. Bientôt le tabac fut adopté avec une sorte d'enthousiasme, tant pour être prisé que pour être fumé. Raphaël Thorius, célèbre médecin anglais du règne de Jacques Ier, le chanta dans un poëme latin (*Hymnus Tabaci*, Utrecht, 1644), et Jean Néander, médecin de Brême, publia tout un traité en son honneur (*Tabacologia*, Leyde, 1622, in-4°, avec figures). Mais, dans le même temps, le tabac trouvait de redoutables adversaires. Le roi d'Angleterre Jacques Ier écrivit contre lui son *Misocapnos*. Amurat IV, sultan des Turcs, le czar de Moscovie, le roi de Perse, en défendirent l'usage à leurs sujets, là sous peine de perdre la vie, ici sous peine d'avoir le nez coupé. Une bulle du pape Urbain VIII excommunia ceux qui priseraient du tabac dans les églises. En Transylvanie, on expropriait ceux qui le cultivaient. Le Père Labat dit que cette plante fut comme une pomme de discorde, qui alluma une guerre très-vive entre les savants, et il raconte qu'en 1699, Fagon, premier médecin de

Louis XIV, n'ayant pu se trouver à une thèse de médecine contre le
tabac, à laquelle il devait présider, en chargea un autre médecin dont
le nez ne fut pas d'accord avec la langue, car, à chaque fois qu'il
allait ouvrir la bouche pour parler contre la plante, il ouvrait une
boîte et y puisait une prise pour l'aspirer. Simon Paulli, prélat, médecin et botaniste danois, publia un *Traité de l'abus du tabac et du
thé* (1681, in-4°), dans lequel il dit que celui qui fume se gâte le
cerveau et se noircit l'intérieur du crâne. Borri, dans une lettre écrite
au célèbre docteur danois Thomas Barthelin, rapportait d'une personne qui s'était desséché le cerveau à force de prendre du tabac,
qu'après sa mort on ne lui avait trouvé dans la tête qu'un petit
grumeau noir, composé de plusieurs membranes. En revanche,
Thomas Willis, célèbre médecin anglais, présentait le tabac comme
un des premiers remèdes narcotiques, et cherchait à exposer ses
effets tout à fait contradictoires, qui sont, selon lui, d'échauffer et de
rafraîchir, de provoquer et de chasser le sommeil, de donner de
l'appétit et de l'ôter. Parmi ceux qui ont écrit sur le tabac avant
notre siècle, on cite encore Magnen, dit Magnenus, médecin français
né à Luxeuil, qui professa la médecine à Pavie et qui a laissé, entre
autres ouvrages, un Traité *de Tabaco* (Pavie, 1648), Gilles Everhard,
Scrhover, Charles Étienne, Jean Libaldus, Victor Pallu, Barustein,
Marradon, Scriverius, Lauremberg, Alstedius, etc.

De nos jours, M. Poiret a parlé du tabac dans des termes peu en-
gageants, mais qui paraissent n'avoir converti personne. « Qui aurait pu soupçonner, dit-il, que la découverte d'une plante vireuse,
nauséabonde, d'une saveur âcre et brûlante, d'une odeur repoussante, ne s'annonçant que par des propriétés délétères, aurait une si
grande influence sur l'état social de toutes les nations, tant de l'ancien que du nouveau continent; qu'elle serait devenue l'objet d'un
commerce très-étendu; que sa culture se serait répandue avec plus
de rapidité que celle des plantes les plus utiles, et qu'elle aurait
fourni à l'Europe la base d'un impôt très-productif? Quels sont donc
les grands avantages que le tabac a pu offrir à l'homme, pour qu'il
soit devenu d'un usage aussi général que nous le voyons aujourd'hui?
Rien autre que d'irriter les membranes de l'odorat et du goût, dans
lesquelles il détermine une augmentation de vitalité agréable à ceux
dont les sensations sont rendues inertes par la vie inactive, par l'oisi-
veté ou par le besoin de distraction? »

Quoiqu'il soit difficile de préciser quelle différence réelle existe entre les propriétés toxiques et les qualités thérapeutiques du tabac et celles des autres Solanées, on distingue cette plante des autres, et on la regarde comme plus irritante. Cela est très-certainement exact lorsqu'il s'agit du tabac qui a subi dans les manufactures les manipulations que nous venons d'indiquer sommairement; mais on n'emploie en médecine que les feuilles de tabac telles qu'on les récolte et desséchées; il faudrait bien se garder de substituer à celles-ci le tabac de la régie.

Le tabac fumé détermine, comme la stramoine et la belladone, des vertiges, de l'ivresse, des troubles de la vue, des nausées, des vomissements, et souvent de la diarrhée. A l'intérieur, c'est un poison violent. Quoique les toxicologistes le placent parmi les narcotiques âcres, il ne détermine aucune inflammation locale par le fait de son application sur une partie, et en général il produit plutôt l'excitation et l'insomnie que le narcotisme; de sorte qu'il ne serait réellement ni narcotique, ni âcre.

Le tabac ne possède pas de propriétés spéciales assez importantes pour occuper, de nos jours, une place considérable dans la matière médicale. Il n'en a pas toujours été ainsi. Boërhaave conseillait les applications des feuilles fraîches de tabac sur le front et sur les tempes dans les douleurs névralgiques. Le même moyen, ou mieux, l'application de la décoction ou de l'extrait, est utile pour calmer les douleurs de la goutte ou du rhumatisme. Dans les odontalgies, les frictions ou les collutoires avec la solution d'extrait sont certainement plus efficaces que l'usage de la pipe ou de la chique, conseillé dans ce cas.

Zwinger d'abord, Fischer ensuite, ont regardé l'usage du tabac comme très-efficace dans les paralysies. A petites doses et employé avec persévérance, il exerce une action stimulante sur le cerveau, le cervelet et la moëlle épinière; il a réussi dans l'incontinence d'urine, causée par la paralysie du sphincter de la vessie, ainsi que dans les paralysies des membres inférieurs; mais en général, dans ces cas, on préfère employer la belladone.

D'après Thomas et Anderson, le tabac appliqué topiquement ou à l'intérieur aurait réussi dans le tétanos. La poudre prisée a souvent été salutaire contre certaines céphalalgies; mais son usage immodéré peut déterminer des accidents graves, et les dartres rougeâtres au nez et à la face dont sont quelquefois atteints les fumeurs n'ont pas d'autres causes. Mais le tabac prisé avec précaution peut rendre des services toutes les fois que l'on voudra augmenter les sécrétions nasales, quand on cherchera à déterminer une révulsion; dans les cas d'ophthalmies chroniques, de catarrhes de la trompe d'Eustache, et de ceux du tambour; enfin pour combattre le larmoiement qui tient à l'endurcissement des muscles de la partie inférieure du canal nasal.

La décoction ou l'extrait de tabac, sous forme de pommades, sont des remèdes populaires contre la gale de l'homme et des animaux, et dans certaines affections de la peau; mais toujours les frictions doivent être faites avec précaution, parce que, par le fait de l'absorption, il pourrait survenir des accidents graves d'empoisonnement. Le docteur Namias a cité un cas de mort d'un contrebandier qui avait passé du tabac enroulé autour de son corps.

Dans l'asthme nerveux, le tabac fumé ou administré sagement à l'intérieur a donné de bons résultats. Robert Page l'employait avec succès en lavements contre la pneumonie. Szerlecki et Bauer s'en sont bien trouvés dans l'hémoptysie active. Les expériences de Schubarth ont prouvé que cette plante exerçait une action sédative dans la circulation, et une dérivation salutaire sur les plexus nerveux gastriques.

Dans les asphyxies, et surtout dans l'asphyxie par submersion, les lavements de tabac ont joui d'une immense réputation. Portal a cherché à démontrer non-seulement l'inutilité, mais encore les dangers de cette méthode de traitement; ces opinions sont aujourd'hui généralement admises; toutefois les fumigations rectales de tabac peuvent rendre des services dans ces cas; Gaubius a même imaginé un instrument pour les administrer.

Les fumigations de tabac ont été encore employées avec succès dans l'iléus (Sydenham), les hernies étranglées (Schœffer), la colique de plomb (Gravel), les maladies de l'appareil génito-urinaire (Fowler), les hydropisies (Magnanus, Garnett, Augustin, J.-R. Smith), la goutte, la dysenterie, la tympanite, etc. Murray fait remarquer que la peste fait d'immenses ravages chez les Orientaux qui font un usage habituel du tabac, et M. Legrand Du Saule attribue à la fréquentation des estaminets les paralysies générales et les maladies mentales dont la fréquence augmente chaque jour. On connaît l'histoire du poëte Santeuil qui mourut, dit-on, dans d'horribles douleurs, après avoir bu un verre de vin dans lequel un mauvais plaisant avait jeté du tabac d'Espagne. Les qualités délétères du tabac ont été constatées par une série d'expériences suivies et concluantes sur des animaux ; ainsi d'affreux accidents et la mort même ont été les résultats de son introduction, soit en décoction, soit en fumée, dans l'estomac ou dans le rectum, soit dans le tissu cellulaire, ou de son injection dans les veines, soit enfin de son application immédiate sur de simples excoriations. On a des exemples d'hommes morts apoplectiques et tombés en somnolence, pour avoir aspiré par le nez une trop grande quantité de fumée de tabac. On cite l'histoire de trois enfants qui périrent dans d'horribles convulsions pour avoir eu la tête frottée d'une décoction de tabac faussement indiquée pour les guérir de la teigne. D'une huile empyreumatique extraite du tabac, une seule goutte mise sur la langue d'un chien, ou introduite dans le rectum, suffit pour tuer l'animal au milieu de convulsions. Enfin, pour se convaincre du danger même des émanations de ce végétal, il n'y a qu'à considérer, dans les manufactures de tabac, le teint hâve, la maigreur des ouvriers qui le manipulent, et qui sont sujets aux vomissements, aux coliques, à la céphalalgie, au flux de sang, aux affections de poitrine, etc.

Le tabac est employé en médecine homœopathique. Son signe est *Mk*, et son abréviation *Tab*. On fait une teinture mère avec les feuilles sèches du tabac de la Havane et de la Virginie. On n'emploie pas les feuilles fraîches cultivées.

TAMARINIER

Tamarindus Indica L.
(Légumineuses-Césalpiniées.)

Le Tamarinier est un grand arbre, dont la tige, couverte d'une écorce brune, se divise vers le sommet en rameaux portant des feuilles alternes, paripennées, composées de dix à quinze paires de folioles opposées, presque sessiles, petites, ovales, obtuses, entières, glabres. Les fleurs, assez grandes, jaune verdâtre, sont réunies en grappes terminales. Elles présentent un calice turbiné, à limbe divisé en quatre lobes presque égaux, caducs ; une corolle à trois pétales ondulés, redressés, dépassant le calice ; trois étamines monadelphes, déclinées; un ovaire allongé, étroit, courbé en faux, pubescent, surmonté d'un style recourbé terminé par un stigmate en tête. Le fruit est une gousse longue de $0^m,10$ à $0^m,15$, épaisse, un peu recourbée, brun rougeâtre, renfermant une pulpe rougeâtre acidule, dans laquelle se trouvent quelques graines anguleuses, comprimées, luisantes et d'un brun noirâtre. (Pl. 41).

Habitat. — Cet arbre est originaire de l'Inde, d'où il a été introduit en Arabie, en Égypte et jusqu'en Amérique. On ne le cultive, en Europe, que dans les jardins botaniques, où il exige la serre chaude.

Parties usitées. — Les fruits, la pulpe qu'on en extrait.

Récolte. — La pulpe de tamarin nous arrive toute préparée; il existe, d'après De Candolle (*Prodr.*, t. II, p. 489), une différence constante entre le fruit du tamarinier oriental et celui d'Amérique : le premier est au moins six fois plus long que large et il contient de huit à douze graines; le second est à peine trois fois plus long que large et contient une à quatre semences. On récolte le fruit à sa maturité. C'est dans le mésocarpe que l'on trouve une pulpe jaunâtre, acide et sucrée, telle que nous la recevons; elle contient encore des filaments et des semences; on la concentre dans des bassines de cuivre; aussi contient-elle presque toujours des traces de ce métal; elle est d'un brun rougeâtre, acide, astringente, un peu sucrée; elle est souvent falsifiée avec la pulpe des pruneaux et l'acide tartrique. On y reconnaît la présence du cuivre au moyen d'une lame de fer; il faut rejeter celle qui en renferme des proportions notables.

Composition chimique. — Vauquelin a trouvé que cent parties de pulpe de tamarin contenaient (*Ann. de Chim.*, t. V, p. 92) : acide citrique, 9,40; acide tartrique, 1,55; acide malique, 1,45; bitartrate de potasse, 3,25; sucre, 12,50; gomme, 4,70; pectine, 6,25; parenchyme, 34,35; eau, 27,55.

Usages. — La pulpe de tamarin est regardée comme laxative et anti-putride; elle entre dans un grand nombre d'électuaires, tels que le *Lénitif*, le *Catholicum double*, etc. Dans l'Hindoustan, la plante porte, d'après Rheede, le nom de *Balam-pulli* (*Hort. Malab.*)

Dans tous les lieux où croît le tamarin, on emploie ses fruits comme alimentaires, rafraîchissants; on en prépare des sorbets, des boissons, des confitures. D'après Sonnini (*Voyage*, t. II, p. 211), les voyageurs en emportent à travers le désert pour se désaltérer ; les Nègres mêlent la pulpe au riz, au sucre et au miel ; les Hollandais en font, dans l'Inde, une sorte de bière.

Le tamarin a été administré autrefois très-fréquemment dans les fièvres, les inflammations intestinales, les coliques bilieuses, la dysenterie. On le regarde comme astringent, à cause de son acidité ; on l'administre en lavements, en potions, en tisanes, aux mêmes doses et dans les mêmes cas que la Casse (*Voyez* ce mot, t. I, p. 284). D'après les Arabes, ses propriétés laxatives ne sont pas aussi marquées que celles de cette dernière ; Prosper Alpin et Fallope le prescrivaient contre la gonorrhée ; les Hindous le faisaient prendre contre les hémorrhagies.

A Ceylan, on prépare avec les fleurs du tamarinier une sorte de conserve qu'on fait prendre dans les obstructions du foie et de la rate. D'après Tournefort, dans les pays chauds, l'arbre laisse exsuder un suc visqueux, qui se dessèche en une poussière ressemblant à du tartre : c'est probablement la manne produite par le tamarinier dont parle Olivier (*Journ. de Bot.*, t. V, p. 10), mais il est plus probable qu'il s'agit ici de la manne du *tamarix*. Prosper Alpin rapporte que les Arabes se servent des feuilles en infusion comme vermifuge pour les enfants (*de plantis Ægypt.*, p. 35). La pulpe est seule et rarement employée en France. Le bois de l'arbre est recherché pour les constructions. Les bestiaux mangent les feuilles. Des gousses on tire une base pour la teinture en noir.

TAMARIX

Tamarix Gallica et Germanica L.
(Tamariscinées.)

Le Tamarix commun ou de France (*T. Gallica* L., *T. Narbonensis* Lob.) est un grand arbrisseau, à racines traçantes. La tige atteint quelquefois la hauteur de dix mètres, et se divise, dès la base, en rameaux nombreux, épars, allongés, grêles, dressés, portant des feuilles alternes, sessiles, très-petites, imbriquées, élargies à la base, embrassantes, acuminées, un peu charnues, d'un vert glauque, d'abord appliquées, puis étalées. Les fleurs, roses ou pourprées, très-petites, très-nombreuses, sont groupées en épis compactes, dont la réunion constitue de grandes panicules terminales. Elles présentent un calice à cinq divisions profondes, ovales, aiguës, persistantes : une corolle à cinq pétales marcescents ; cinq étamines, à filets légèrement soudés à la base, à anthères apiculées ; un ovaire à une seule loge multiovulée, inséré sur un disque hypogyne anguleux-lobé, et surmonté de trois styles libres, terminés chacun par un stigmate oblique et élargi au sommet. Le fruit est une petite capsule pyramidale, renfermant un grand nombre de graines très-petites.

Le Tamarix d'Allemagne (*T. Germanica* L., *Myricaria Germanica* Desv.) est un sous-arbrisseau, dont la tige, haute de deux à trois mètres, se divise en rameaux raides, glabres, portant des feuilles alternes, sessiles, linéaires-lancéolées, d'un vert glauque. Les fleurs, violacées, munies de bractées, sont groupées en épis terminaux solitaires. Elles ont un calice à cinq divisions linéaires-lancéolées, aiguës, carénées, scarieuses sur les bords ; une corolle à cinq pétales lancéolés-aigus ; dix étamines monadelphes ; un ovaire à une seule loge multiovulée, surmonté d'un stigmate sessile. Le fruit est une capsule pyramidale.

Nous citerons encore le Tamarix à manne (*T. mannifera* Ehrenb.)

HABITAT. — Les tamarins de France et d'Allemagne sont répandus dans les diverses régions de l'Europe et sur les bords du bassin Méditerranéen ; ils croissent surtout au bord des eaux. Le tamarin à manne habite les déserts de l'Arabie.

PARTIES USITÉES. — Les feuilles, l'écorce.

RÉCOLTE. — On récolte les feuilles de tamarix ou tamarisque pendant toute la belle saison ; les écorces sont détachées au printemps ; elles sont, dans le commerce, sous la forme de fragments de grosseur variable, d'un brun noirâtre à l'extérieur, d'un brun rougeâtre à l'intérieur ; mais, ce qui les distingue parfaitement, c'est le réseau fin et régulier que forment à l'intérieur les fibres du liber.

COMPOSITION CHIMIQUE. — L'écorce est un peu acerbe et amère ; ses cendres ont été signalées comme étant très-riches en sulfate de soude ; mais De Candolle fait remarquer, avec raison, que c'est là un fait commun à toutes les plantes qui poussent sur les bords de la mer. Les feuilles sont amères ; elles renferment du tannin, ainsi que les écorces.

USAGES. — D'après Fernel, Sennert et Boërhaave, l'écorce de tamarisque possède des propriétés toniques, sudorifiques et apéritives ; Roques reconnaît que son amertume et sa qualité acerbe la placent

parmi les astringents, et qu'elle est propre à combattre les divers
écoulements muqueux ou sanguins, la diarrhée, la dysenterie, etc.
D'après Alexander (*Dict. de botan. et de pharm.*, p. 574), elle peut
être comparée, par ses effets, à l'écorce de frêne. On l'administre en
poudre ou en décoction contre la goutte, l'hydropisie, etc.

Nous signalerons encore comme jouissant des mêmes propriétés le
T. Germanica L., le *T. Africana*, le *T. articulata* Vahl, qui est le
même que le T. *orientalis* de Forskal. D'après De Candolle, le *T. Ca-
nariensis* de Willdenow n'est qu'une variété du *T. Gallica*; on le
trouve aux Canaries, et il en découle une sorte de gomme.

D'après Gmelin, en Sibérie, on fait des feuilles du *T. Germanica*
le même usage que du thé. Sur le mont Sinaï on trouve une variété
du *T. Gallica* (*T. mannifera* d'Ehrenberg, *Tarfa* des Arabes et *Atlé*
des indigènes); il en découle une manne par suite de la piqûre du
Coccus manniparus. Le *T. sinensis* Loureiro fournit des galles, utilisées pour la teinture. Pierre Belon dit qu'à l'époque de son voyage
dans le Levant (1547 à 1550) on les employait en médecine; il
ajoute que les feuilles sont bonnes contre les engorgements de la rate.
Le bois, d'après Prosper Alpini (*De plantis exoticis*, 1627), serait bon
dans la syphilis, et la décoction de l'écorce serait emménagogue.
Pallas dit que les Cosaques de l'Oural, autrefois Jaïk, appliquent
les feuilles du *T. Gallica* sur les plaies pour les guérir et qu'on les
mêle à la graisse de blaireau pour le même usage (*Voyage en diverses
parties de l'empire russe*, 1771-1776). Le bois a été regardé comme
propre à remplacer celui de gayac. Les feuilles servent, en Dane-
mark, à remplacer le houblon dans la fabrication de la bière.

TAMNE

Tamus communis L.
(Dioscorées.)

Le Tamne commun, appelé vulgairement Vigne noire, Sceau de la
vierge, Herbe aux femmes battues, etc., est une plante vivace, à rhizome épais, charnu, tubéreux, gris noirâtre, blanchâtre à l'intérieur,
muni de radicelles minces très-longues. La tige, haute de quatre à
cinq mètres, cylindrique, grêle, rameuse, glabre, sarmenteuse, volubile, porte des feuilles alternes, longuement pétiolées, ovales, profondément cordées à la base, aiguës au sommet, entières, luisantes,

d'un beau vert, molles, à nervures ramifiées. Les fleurs, dioïques, blanc verdâtre ou jaunâtre, petites, sont réunies en grappes axillaires assez lâches. Les mâles ont un périanthe pétaloïde, à tube court, à limbe partagé en six divisions presque égales, ovales, obtuses, étalées, disposées sur deux rangs; six étamines, à anthères ovoïdes arrondies. Les fleurs femelles ont le périanthe à tube oblong, soudé avec l'ovaire, qui est infère, à trois loges biovulées, surmonté de trois styles soudés à la base, libres et réfléchis au sommet, terminés chacun par un stigmate étalé et bifide. Le fruit est une baie d'un rouge vif, succulente, du volume d'une petite cerise, ordinairement à trois loges, qui renferment chacune deux graines à albumen charnu épais, et à testa membraneux.

Habitat. — Cette plante est commune en Europe; elle croît de préférence dans les lieux frais et ombragés, les bois, les haies, etc.

Culture. — Le tame commun n'est guère cultivé que dans les jardins botaniques et dans les parcs d'agrément. Il demande une exposition demi-ombragée, une terre légère et fraîche. On le propage de graines, qu'on sème en pépinière, en planche, depuis avril jusqu'en juillet; on repique les plants en pépinière, et on les plante à demeure au printemps suivant. On peut aussi le multiplier par la division de ses rhizomes, en ayant soin de conserver un œil à chaque tronçon.

On a proposé dernièrement de cultiver en grand cette plante comme féculente. Comme cette culture est très-facile, on pourrait utiliser ainsi les terrains humides et improductifs.

Parties usitées. — Les racines, les jeunes pousses.

Récolte. — Les racines de notre *Tamus vulgaris* sont récoltées à l'automne : on les coupe par tronçons lorsqu'on veut les faire sécher.

Composition chimique. — On ne sait rien sur la composition chimique de cette plante. La racine possède une odeur forte, une saveur amère et âcre.

Usages. — La racine de tame commun a été regardée comme purgative, diurétique et apéritive; elle renferme un suc visqueux, très-âcre et nauséabond. D'après Lobel, elle agit sur l'appareil urinaire et utérin. On prétend qu'elle favorise l'expulsion des graviers; on lui a même attribué des propriétés emménagogues.

La racine de tame ratissée et pilée est employée dans les campagnes contre les contusions, sur lesquelles on l'applique, d'où lui est venu le nom d'Herbe aux femmes battues. Celse la conseillait contre les poux ; enfin les paysans croient que les jeunes pousses, mangées comme asperges, combattent avec succès les fièvres intermittentes. Cette plante est d'ailleurs peu employée.

D'après Matthiole (*Comment. sur Dioscoride,* p. 467), les Arabes mangent les jeunes pousses de cette plante, crues ou cuites, en salade. En Italie, on les vend en bottes comme des asperges et on les accommode de même ; selon Paterson les Hottentots se nourrissent, au cap de Bonne-Espérance, avec les énormes racines du *T. elephuntipes* L.

TANAISIE

Tanacetum vulgare L.
(Composées - Sénécionidées.)

La Tanaisie commune, appelée aussi Barbotine ou Herbe aux vers, est une plante vivace, à rhizome ligneux, long et rameux. Les tiges, hautes de $0^m,50$ à 1 mètre, arrondies, fortement striées, fermes, glabres, dressées, simples, portent des feuilles alternes, à pétiole ailé, à limbe pennatiséqué, divisé en segments oblongs, incisés dentés, d'un beau vert ; ces feuilles sont parsemées de points glanduleux, odorantes, aromatiques. Les fleurs, d'un beau jaune, sont groupées en capitules hémisphériques très-nombreux et constituant par leur ensemble un corymbe terminal compacte. Elles sont insérées sur un réceptacle convexe, nu, glabre, et entourées d'un involucre à folioles inégales, obtuses, glabres, scarieuses au sommet, imbriquées. Chaque fleur présente un calice membraneux denté ; une corolle (*fleuron*) tubuleuse, à trois ou cinq dents ; cinq étamines, à anthères soudées ; un ovaire infère, uniovulé, surmonté d'un style simple terminé par un stigmate bifide. Les fruits sont des akènes anguleux surmontés d'un rebord membraneux denté.

Cette plante présente une variété à feuilles crépues.

Plusieurs auteurs rapportent à ce genre la balsamite, qui a été l'objet d'un article spécial.

Habitat. — La tanaisie est répandue dans les régions centrales et méridionales de l'Europe ; on la trouve dans les champs, les lieux pierreux et incultes, au bord des chemins, sur les berges des rivières. Elle est fréquemment cultivée dans les jardins.

CULTURE. — La tanaisie demande une exposition chaude, une terre franche, un peu sablonneuse et fraîche. On peut la propager de graines, semées en place au printemps, ou en pépinière à l'automne. Mais le plus souvent on la multiplie par éclats de pied, faits vers la fin de l'hiver. Elle ne demande aucun soin particulier.

PARTIES USITÉES. — Les feuilles, les sommités fleuries, les fruits.

RÉCOLTE. — Les feuilles et les sommités fleuries doivent être récoltées en pleine floraison. On coupe les inflorescences, on les dispose en paquets et en guirlandes et on les fait sécher au grenier ou à l'étuve ; la dessiccation ne leur fait rien perdre de leurs propriétés. Les fruits sont récoltés en septembre.

COMPOSITION CHIMIQUE. — L'odeur forte, pénétrante, aromatique, agréable que dégage la tanaisie indique suffisamment qu'elle renferme une huile essentielle à laquelle il faut attribuer ses propriétés. M. Peschier y a trouvé, outre l'huile volatile, une huile grasse, une résine, une matière céreuse, de la chlorophylle, de la gomme, un principe colorant jaune et de l'extractif. On a signalé, dans les feuilles isolées, de l'acide gallique, du tannin ; dans les fleurs un principe alcalin particulier ; un acide qu'on a nommé *acide tanacétique*, et des sels.

USAGES. — La tanaisie jouit vulgairement de la réputation d'être tonique, excitante, vermifuge et emménagogue. Césalpin (*De plantis*, 1583), dit qu'il l'a employée avec succès contre les fièvres intermittentes. On l'a encore administrée dans les cas d'atonie du tube digestif, dans la chlorose, l'aménorrhée, la leucorrhée, l'hystérie, mais surtout contre les affections vermineuses. C'est un des meilleurs succédanés de l'absinthe, et M. Cazin estime autant les fruits de tanaisie que le semen-contra (on désigne, dans les pharmacies, sous ce nom, formé par abréviation de *semen contra vermes*, les extrémités non entièrement fleuries de quelques espèces d'*Artemisia*.) Wauters les préfère à ce dernier, et Coste et Willemet assurent qu'en Lorraine on les vend pour le semen-contra. On a même, dans quelques cas, proposé les cataplasmes de tanaisie appliqués sur le ventre pour tuer les ascarides lombricoïdes. Étienne–François Geoffroy employait ce moyen à l'Hôtel-Dieu de Paris, dans le siècle dernier ; M. Cazin assure qu'il s'en est bien trouvé en y ajoutant du lait, des feuilles de pêcher, de la gratiole, de l'huile ou de l'absinthe. Linné dit que les Lapones font usage des fleurs et des feuilles dans les bains de vapeur qu'elles prennent avant l'accouchement, à l'effet de dilater les voies que l'enfant doit franchir.

Bradley a attribué à la tanaisie des propriétés antigoutteuses que l'observation chimique n'a pas justifiées. Il en est de même pour l'hydropisie dans laquelle le médecin allemand Payer (*Éphém. d'Allem.*, décade 2, an II) l'aurait préconisée.

L'alcool de tanaisie était vanté par Tournefort contre les douleurs rhumatismales. Hercule Saxonia employait le suc de la plante contre les gerçures des mains. Les cataplasmes préparés à l'eau ou au vin ont été employés comme résolutifs, détersifs et anti-septiques, contre les entorses, les contusions, les engorgements lymphatiques, les ulcères atoniques, sordides, gangréneux, etc. Dubois de Tournay va jusqu'à leur attribuer la propriété de guérir la carie des os.

Dans la Finlande, on retire des feuilles une teinture jaune-vert. Dans d'autres contrées également voisines du pôle arctique, on les mange comme assaisonnement, ou bien on en extrait le suc pour le mettre en petite quantité dans des gâteaux qu'on s'offre au printemps. En Allemagne, on substitue souvent la tanaisie au houblon pour la fabrication de la bière.

Les médecins homœopathes font usage de la tanaisie surtout comme vermifuge : ils la prescrivent sous le signe *Mta* et l'abréviation *Tanacet*.

TECK

Tectona grandis L..F. *Theka grandis* Lam.
(Verbénacées - Viticées.)

Le Teck est un grand arbre dont le tronc, droit, très-gros, couvert d'une écorce épaisse, rugueuse, grisâtre, se divise en branches étalées, subdivisées en rameaux tétragones, articulés, un peu pubescents au sommet, gris cendré, portant des feuilles opposées, brièvement pétiolées, amples, presque ovales, rétrécies à la base et décurrentes, aiguës au sommet, entières, étalées, un peu pendantes, d'un vert foncé et parsemé de points blanchâtres en dessus, veloutées et à nervures saillantes en dessous. Les fleurs sont disposées en grandes panicules terminales étalées, à pédoncules opposés, pubescents, glanduleux, gris cendré, munis de bractées opposées, sessiles, lancéolées aiguës. Chaque fleur présente un calice campanulé, tomenteux, blanc cendré, à cinq ou six divisions égales ; une corolle blanche, odorante, dépassant à peine le calice, à tube court, pubescent en dehors et parsemé de points noirâtres, à limbe partagé en cinq ou six divisions planes, ovales ; cinq étamines saillantes, à filets très-courts, à anthères globuleuses ; un ovaire ovoïde, velu, blanchâtre, entouré d'un disque glanduleux, urcéolé, rouge orangé, et surmonté d'un style simple, filiforme, saillant, que termine un stigmate à deux ou trois divisions obtuses. Le fruit est une drupe arrondie, du volume d'une noisette, quadrilobée, entourée par le calice persistant, renflé, membraneux. A l'intérieur se trouve un noyau arrondi, surmonté d'un tubercule et divisé en quatre loges, dont chacune renferme une graine comprimée.

HABITAT. — Cet arbre croît dans les Indes Orientales, sur les côtes de Malabar, de Coromandel, dans les îles de Ceylan et de Java. Il habite surtout les forêts, dans les plaines et sur les côteaux voisins des grands cours d'eau qui débordent périodiquement. Il végète mieux et acquiert un plus grand développement dans les terrains profonds, fermes, argilo-sableux. On espère pouvoir le naturaliser en Algérie.

PARTIES USITÉES. — Le bois, les feuilles, les fruits.

RÉCOLTE. — Les Anglais tirent de leurs colonies des Indes Orientales le bois de teck qu'ils emploient dans leurs constructions navales. Dans le commerce, on confond le teck sous les noms vulgaires de Bois puant et de Chêne de l'Inde. On en distigue trois variétés qui sont : le *Djati*, décoré de très-larges feuilles ; le *Sung-gu*, qui monte très-haut et demande un siècle d'existence avant de pouvoir être utilisé, et le *Soen-goe*, dont on mange le fruit.

COMPOSITION CHIMIQUE. — L'opinion commune est que la sève qui circule dans les diverses parties du bois de teck a des propriétés vénéneuses très-intenses, et que c'est même à cela que ce bois doit d'être à l'abri de toutes larves d'insectes ; mais cette opinion est aujourd'hui fort contestée. Le teck doit probablement son odeur à quelque huile essentielle ou à quelque résine qui n'a pas été isolée.

USAGES. — Les Malais emploient, dit-on, le teck en décoction contre le choléra. Les fleurs ont été données comme diurétiques, et les feuilles comme astringentes. Ces dernières servent à teindre en rouge. Mais le principal mérite du teck est dans la dureté et l'inaltérabilité de son bois qui lui donnent la préférence sur tout autre pour les constructions, quoiqu'on lui ait prêté des propriétés vénéneuses. On a prétendu qu'un médecin indhou, ayant voulu s'assurer de l'action nuisible du bois de teck, était mort victime de son dévouement (*Bull. des scienc. méd. de Férussac*, t. III, p. 183 – 186). On ajoute qu'en 1824 des charpentiers anglais moururent pour s'être blessés avec le bois de teck. Merat et Delens ont peu de confiance dans l'exactitude de ces deux faits qui, d'après eux, n'auraient été annoncés que par des journaux politiques. D'ailleurs, ajoutent-ils, la mort a pu survenir à la suite de panaris ou de tétanos résultant de blessures faites par un bois quelconque ; en outre, le bois de teck, par sa consistance et sa structure, est très-disposé à produire des esquilles. Depuis 1824, les faits signalés à cette époque ne paraissent pas s'être reproduits. D'un autre côté, Rhéede, qui parle de ce végétal (*Malab.*, t. IV, p. 27), et qui le nomme *Takka*, *Katou-takka*, dit que l'on fait entrer son fruit dans le bétel, en place de noix d'Arec, et que la poudre de son écorce sert à modérer l'ardeur de la bile. M. Perrottet en a vu une variété à Java dont on mange le fruit (*Catal. raisonné in Ann. de la Société Linn.*, mai 1824). Rumphius qui en traite tout au long (*Amb.*, III, t. 18) sous le nom de *Jatus*, *Cauju-jati*, ne parle pas de ses propriétés toxiques. Il est un de ceux qui disent qu'on l'a employé contre le choléra ; il ajoute que l'infusion des feuilles, quoique nauséeuse et amère, est usitée en guise de thé.

Les Chinois et les Malais font, avec le bois, des vases pour mettre de l'eau ; Rhéede assure que les premières eaux que l'on met dans ces vases sont amères, mais que les autres ont la propriété de faciliter la digestion.

TÉRÉBINTHE

Pistacia Terebinthus L.
(Térébinthacées - Pistaciées.)

Le Térébinthe est un arbrisseau dont la tige, haute de 3 à 4 mètres, se divise en rameaux portant des feuilles alternes, pétiolées, imparipennées, composées de sept ou neuf folioles ovales, lancéolées, aiguës, entières, glabres, luisantes et d'un vert foncé en dessus, vert blanchâtre en dessous. Les fleurs, dioïques, petites, rouge pourpre, sont groupées en panicules terminales. Elles présentent un calice à trois divisions linéaires très-profondes, et sont dépourvues de corolle. Les mâles sont accompagnées d'écailles chargées de poils roussâtres, et ont cinq étamines. Les femelles ont un ovaire à une seule loge uniovulée, surmonté de trois stigmates épais. Le fruit est une petite drupe sèche, violette et presque globuleuse (Pl. 42).

HABITAT. — Le térébinthe est répandu sur tout le pourtour du bassin méditerranéen; il croît dans les lieux arides, les sols pierreux et même entre les rochers. Il est surtout commun dans les îles de l'Archipel. On ne le cultive que dans les jardins botaniques, où on le propage de graines et de marcottes. Dans le Nord, il exige l'orangerie.

PARTIES USITÉES. — Les écorces, le suc résineux ou térébenthine de Chio, les galles.

RÉCOLTE. — La térébenthine de Chio, produite par le *Pistacia Terebinthus*, s'écoule spontanément pendant l'été des fissures de l'écorce; mais, pour l'obtenir en plus grande quantité, on pratique au printemps des incisions sur le tronc et sur les principales branches. Le suc coule sur des pierres placées au pied des arbres. On le ramasse tous les matins pour le purifier; on le filtre dans de petits paniers exposés au soleil. Un arbre des plus grands n'en fournit pas plus de 300 à 400 grammes par an; aussi ce suc est-il très-rare et d'un prix élevé.

Le térébinthe est souvent piqué par un puceron, l'*Aphis Pistachiæ* L. A la suite de la piqûre qui est faite sur les feuilles, il se produit des galles rondes du volume d'une noisette, rougeâtres lorsqu'elles sont mûres, devenant noires en vieillissant, et remplies d'un suc résineux d'une odeur térébinthacée. On les cueille avant leur développement pour la teinture sur soie. Si on les laisse croître, elles s'allongent en forme de corne, jusqu'à prendre 0^m,15 à 0^m,17 de longueur. Ce sont les *Pommes de Sodome* de quelques auteurs, nom qui leur avait été donné, parce que Linné avait présumé, d'après Hasselquist, qu'elles étaient le fruit d'un *Solanum* qui croît près de l'ancienne Sodome et qu'il avait nommé *Solanum Sodomeum*. Il croît des galles analogues sur divers arbres du même genre.

COMPOSITION CHIMIQUE. — La térébenthine est consistante, presque solide, nébuleuse, presque opaque, d'un jaune verdâtre. Son odeur est faible; mais lorsqu'elle est renfermée dans un bocal, son parfum devient assez fort et agréable; il rappelle celui du fenouil ou de la résine élémi. Sa saveur est parfumée, sans âcreté. Elle est soluble dans l'éther, et laisse dans l'alcool un résidu glutineux; elle se comporte comme le ferait le mastic. Aussi les éditeurs des OEuvres du médecin arabe Jean Mesué disent-ils qu'à défaut de térébenthine de Chio, c'est le mastic qui doit la remplacer et non les racines des conifères. La térébenthine de Chio, soumise à la distillation, produit une petite quantité d'une essence hydro-carbonée analogue à celle des autres térébenthines, et des matières résineuses solides jouant le rôle d'acides, lesquelles n'ont pas été étudiées. La galle de térébenthine renferme du tannin.

Usages. — Les propriétés thérapeutiques de la térébenthine de Chio sont absolument les mêmes que celles de la térébenthine des pins, du sapin et du mélèze, dont nous avons parlé ailleurs (voyez ces mots). On s'en sert de la même manière, aux mêmes doses et dans les mêmes cas; seulement elle est plus rarement employée.

Les fruits du térébinthe sont acerbes; on en mange la drupe marinée et les amandes, qui sont blanches, en Syrie et en Perse. Ces amandes sont recouvertes d'une pellicule d'un bleu azuré, d'où le nom de *Granum viride* qu'on leur a donné. L'écorce, qui est employée comme de l'encens, brûle en répandant une odeur forte et pénétrante. D'après Pierre Belon, le térébinthe produirait une espèce de mastic qu'il appelle *Résine dure* pour la distinguer de la térébenthine. Il ajoute qu'on l'emploie aux mêmes usages.

THAPSIE

Thapsia villosa et Garganica L.
(Ombellifères - Thapsiées.)

La Thapsie velue (*T. villosa* L.), vulgairement appelée Malherbe, est une plante vivace, à racine épaisse, jaune en dehors, blanche en dedans. La tige, haute d'un à deux mètres, cylindrique, cannelée, lisse, dressée, peu rameuse, porte des feuilles alternes, velues, à pétiole engaînant, à limbe grand, trois fois ailé, à segments oblongs, sinués ou pennatifides, d'un vert glauque à la face inférieure. Les fleurs, jaunes, sont groupées en ombelles terminales, dépourvues d'involucre et d'involucelles. L'ombelle centrale est grande, fertile, de 15 à 25 rayons; les latérales, plus petites et ordinairement stériles; Chaque fleur présente un calice à cinq dents; une corolle à cinq pétales ovales, acuminés, entiers : cinq étamines épigynes, saillantes; un ovaire infère, à deux loges uniovulées, couronné par un disque

glanduleux et surmonté de deux styles divergents. Le fruit est un diakène large, comprimé par le dos, strié, entouré d'une aile membraneuse, échancrée à ses deux extrémités.

La Thapsie du Gargano (*T. Garganica* L.) a reçu les noms vulgaires
de Turbith bâtard ou des montagnes, Faux turbith, Panacée d'Esculape, etc. C'est une plante vivace, à racine épaisse, charnue, rem-
plie d'un suc laiteux. Sa tige porte des feuilles très-grandes, étalées,
plusieurs fois ailées, à segments allongés, lancéolés, aigus, entiers.
Les fleurs sont jaunes et forment de larges ombelles.

HABITAT. — Ces deux plantes croissent dans toutes les régions qui
entourent la Méditerranée. On les trouve dans les champs, les lieux
stériles et ombragés, sur la pente des côteaux, etc.

CULTURE. — Les thapsies préfèrent une exposition chaude, et une
terre forte, meuble et profonde. On les propage de graines semées
en pépinière, au printemps, ou bien aussitôt après leur maturité.
Dans le nord, ces plantes exigent un abri durant l'hiver.

PARTIES USITÉES. — La racine, l'écorce, les feuilles, les fruits.

RÉCOLTE. — D'après Poiret, les racines des thapsies devraient être
récoltées à l'automne; elles perdent la plus grande partie de leur
force en se desséchant.

COMPOSITION CHIMIQUE. — Les différentes parties des thapsies, mais
surtout les fruits et l'écorce, fournissent par la chaleur, ou lorsqu'on
les traite par des dissolvants, une matière résineuse jaunâtre, extrêmement âcre et irritante. Elle est insoluble dans l'eau et se dissout dans l'alcool.

USAGES. — Sprengel dit (*Histoire de la médecine*, t. I, 317) que Hippocrate employait le *T. Asclepium* L. comme évacuant. On le désignait
dans quelques ouvrages sous le nom de *Panacée d'Esculape*. Dans les
États du nord de l'Afrique, on emploie le suc âcre qui s'écoule de l'écorce
et des racines du *T. Garganica* contre les maladies de la peau. D'après
Poiret (*Voyage en Barbarie*, t. II, p. 138), il détermine une vive inflammation locale avec éruptions miliaires. M. Reboulleau a mis cette propriété irritante à profit pour préparer un sparadrap de thapsie qui,
lorsqu'on l'applique sur la peau, détermine une vive irritation avec
de nombreuses éruptions miliaires très-intenses. Il peut remplacer
l'huile de croton à l'extérieur, et il est d'une application plus facile.
Ce sparadrap est très-employé depuis quelques années.

Les anciens croyaient que la poudre de racine de thapsie pouvait remplacer l'ipécacuanha. Loiseleur-Deslongchamps (*Succédanés*, etc., p. 76) a vu, au contraire, que, même à fortes doses, elle ne déterminait ni vomissements ni purgation.

THÉ

Thea Sinensis Rich. *T. bohea* et *viridis* L.
(Théacées.)

Le Thé de Chine est un grand arbrisseau dont la tige, haute de 8 à 10 mètres, se divise en rameaux portant des feuilles alternes, courtement pétiolées, longues de $0^m,06$ à $0^m,08$, ovales-oblongues, un peu aiguës, légèrement dentées, coriaces, glabres, un peu luisantes, d'un vert foncé. Les fleurs, blanches, sont groupées en petits corymbes axillaires. Elles présentent un calice très-court, persistant, à cinq divisions ovales, arrondies, obtuses; une corolle très-grande, à cinq pétales (rarement plus) un peu inégaux, arrondis, très-concaves, souvent échancrés au sommet, étalés; des étamines nombreuses, à filets grêles et subulés, à anthères didymes; un ovaire arrondi, velu, à trois loges biovulées, surmonté d'un style simple à la base, trifide au sommet et terminé par trois stigmates. Le fruit est une capsule formée de trois coques arrondies, dont une ou deux avortent souvent, renfermant chacune deux graines souvent réduites à une seule par avortement (Pl. 43).

Les nombreuses variétés de thé que l'on trouve dans le commerce sont toutes rapportées à deux arbustes de Chine, les *T. bohea* et *T. viridis*. Le premier a les feuilles plus courtes et les fleurs hexapétalées; dans le second les feuilles sont plus longues et les fleurs portent neuf pétales; mais comme le nombre des pétales peut varier, quelques auteurs, et Lettsom en particulier, regardent ces deux arbustes comme deux variétés d'une même espèce, le *Thea sinensis*.

Habitat. — Cet arbrisseau croît en Chine, au Japon et dans les régions voisines, où il est l'objet de cultures très-étendues; on le cultive aussi aux Indes Orientales et au Brésil.

Culture. — En Chine, le thé se cultive en plein champ; il se plaît particulièrement sur la pente des côteaux exposés au midi et dans le voisinage des rivières et des ruisseaux. Les Japonais cultivent le thé autour des haies et sur les bords de leurs champs, sans avoir

égard à la qualité du sol. Les graines sont semées avec leurs capsules ; on creuse, de distance en distance, des trous de quatre à cinq
pouces de profondeur, dans chacun desquels on en met six au
moins, et douze au plus. On pense que ce nombre est nécessaire,
parce que ces graines devenant rances en peu de temps, il n'en
germe souvent qu'une sur quatre ou cinq. A mesure que le jeune
arbrisseau s'élève, on engraisse le sol; on y met chaque année de la
fiente humaine mêlée de terre, ce que d'autres négligent de faire.
Cependant le terroir doit être au moins fumé quand l'arbrisseau
approche de trois ans, et avant que les feuilles soient propres à être
cueillies ; car à cet âge il les porte bonnes et en abondance. A six
ou sept ans, il a la hauteur d'un homme ; mais, comme alors il commence à donner moins de feuilles, il est dans l'usage de rajeunir les
pieds ; on coupe à cet effet le tronc, et, l'année suivante, il sort de la
tige une quantité de rejetons et de jeunes branches qui fournissent
une ample récolte. Quelques cultivateurs retardent cette coupe, et
laissent croître l'arbrisseau pendant dix ans avant de le rabattre.

Parties usitées. — Les feuilles.

Récolte. —Les feuilles de thé se récoltent trois fois par an. Quand
le temps de les cueillir est arrivé, on loue à la journée des ouvriers
qui, accoutumés à ce travail, sont très-habiles et très-prompts à remplir leur tâche ; ils ne les arrachent pas par poignées, mais une à
une, en observant de grandes précautions. Quelque minutieux que
ce travail puisse paraître, ils en ramassent depuis quatre jusqu'à dix
ou quinze livres par jour. Plus on tarde et plus la récolte est forte ;
mais on n'obtient la quantité qu'aux dépens de la qualité, parce que
le meilleur thé se fait avec les plus petites feuilles et les plus nouvellement écloses. La première récolte a lieu à la fin de février ou
au commencement de mars. L'arbrisseau ne porte alors que peu de
feuilles, à peine développées, et n'ayant guère plus de deux ou trois
jours de crue ; elles sont gluantes, petites, tendres, et réputées les
meilleures de toutes ; aussi les réserve-t-on pour l'empereur et les
grands de sa cour, ce pourquoi elles portent le nom de *thé impérial*;
on leur donne aussi quelquefois celui de *fleur du thé*. La seconde
récolte, qui est la première de ceux qui n'en font que deux par an,
commence à la fin de mars ou dans les premiers jours d'avril. Les
feuilles alors sont beaucoup plus grandes, et n'ont pas perdu de leur
saveur. Quelques-unes sont parvenues à leur perfection, d'autres ne

sont qu'à moitié venues : on les cueille indifféremment ; mais, dans la suite, avant de leur donner la préparation ordinaire, on les range dans leurs diverses classes, selon leur grandeur et leur bonté. Les feuilles de cette récolte, qui n'ont pas encore toute leur crue, approchent de celles de la première, et on les vend sur le même pied ; c'est par cette raison qu'on les trie avec soin et qu'on les sépare des plus grandes et des plus grossières ; enfin, la troisième récolte, qui est la plus abondante, se fait un mois après la seconde, et lorsque les feuilles ont acquis toute leur dimension et leur épaisseur. Quelques personnes négligent les deux premières et s'en tiennent uniquement à celle-ci. Les feuilles qu'elle fournit sont pareillement triées et l'on en compose trois classes ; la dernière comprend les feuilles les plus grossières, celles qui sont destinées au peuple.

Les feuilles des jeunes arbrisseaux sont meilleures que celles des vieux ; elles varient aussi suivant les provinces, dont le sol leur communique plus ou moins de goût, plus ou moins de parfum. Kæmpfer prétend que le *thé bouy* du Chinois, qui est rare et cher dans le pays même, correspond, pour la qualité et le prix, au *thé impérial* des Japonais ; il se compose, comme celui-ci, des plus jeunes feuilles qu'on cueille les premières. Ainsi, dans l'un et l'autre empire, c'est particulièrement sur l'âge des feuilles qu'on établit la distinction à faire entre les trois principales sortes de thé. Celui de première qualité, après avoir été préparé, est appelé au Japon *ficki tsjaa*, c'est-à-dire *thé moulu*, parce qu'il est réduit en poudre que l'on hume dans de l'eau chaude ; on le nomme aussi *udsi tsjaa* et *tacke gacki tsjaa*, du nom de quelques lieux particuliers où il croît ; on le regarde comme supérieur aux autres à cause de l'excellence du sol de ces lieux, et parce que les feuilles en sont toujours cueillies sur des arbrisseaux de trois ans. Le thé de la seconde qualité s'appelle *tootsjaa*, c'est-à-dire thé chinois, parce qu'on le prépare à la manière de ce peuple. Ceux qui tiennent des cabarets à thé, ou qui le vendent en feuilles, subdivisent cette classe en quatre autres qui diffèrent en mérite et en prix ; et c'est à la troisième de ces classes qu'appartient la plus grande quantité du thé qui est apporté de la Chine en Europe. On doit faire observer que les feuilles, pendant tout le temps qu'elles restent attachées à l'arbrisseau, sont sujettes à des changements prompts et fréquents, relativement à leur grandeur et à leur bonté ; de sorte que si l'on néglige le temps propre pour les cueillir, elles peuvent, dans

une seule nuit, perdre beaucoup de leur qualité. La troisième sorte
de thé, nommée *ban tsjaa*, se compose des feuilles de la dernière
récolte, qui sont devenues trop fortes et trop grossières pour être
préparées à la manière des Chinois, c'est-à-dire séchées sur des
poêles et frisées. Quoique les moins estimées, elles conservent plus
que les autres les vertus de la plante, les feuilles des premières caté-
gories ne pouvant rester exposées à l'air ou supporter même une
simple décoction, sans perdre une grande partie de leurs principes
volatils (Samuel Ball, *An account of the cultivation and manufacture
of Tea in China*, in-8° de 382 pages).

Toutes les variétés de thés du commerce se divisent en deux groupes,
qui paraissent ne différer guère que par les procédés de fabrication :
les *thés verts*, simplement desséchés et le plus souvent colorés au
moyen d'une poudre faite avec du plâtre et de l'indigo : ils sont plus
astringents et plus aromatiques ; et les *thés noirs*, qui ont une couleur brune, due sans doute à ce qu'on leur fait subir une sorte de
fermentation : ils sont plus doux. Parmi les thés verts, on compte
les variétés *Hyson*, *Hyson junior* ou *thé Hyswen*, *Choulan*, *Hyson-
skin*, *poudre à canon*, *thé impérial* ou *perlé*, *Tun-ke*, *Singlo* ou
Songlo. Parmi les thés noirs on distingue les variétés dites *Péko*,
Péko d'Assam, *Orange péko*, *Péko noir*, *Congo* ou *Congon*, *Souchong* ou *Saatchon*, *Pouchong*, *Ning-yong*, *Hou-long*, *Campoy*,
Coper, *Bohea* ou *Bouy*.

Le thé hyswen est en feuilles roulées longitudinalement qui se dé-
roulent dans l'eau ; elles sont glabres d'un côté, pubescentes de
l'autre, dentées. Il est vert sombre, bleuâtre. Il contient beaucoup de
tannin.

Le thé choulan ressemble au précédent ; il s'en distingue par
son odeur particulière, qui lui est donnée par les fleurs de l'olivier odorant (*Olea fragrans* Thunb. *Jasminées*). Ce thé est très-estimé. D'autres thés doivent également leur odeur à des plantes
étrangères avec lesquelles on les mêle. Nous citerons le *Camellia
Sassanqua* et surtout les roses-*thé*.

Le thé perlé se distingue par sa forme ramassée, par sa couleur
plus brune quoique cendrée, son odeur agréable. On voit qu'il est
fait avec des feuilles qui ont été roulées à la main.

Le thé poudre à canon, quoique provenant de feuilles plus grandes,
est encore plus roulé que le précédent ; les feuilles ont été coupées

en trois ou quatre avant d'être roulées; très-sèches, elles se réduisent, par le frottement, en petits grains.

Les thé noir, thé bouy, thé souchong, sont d'un brun noirâtre, d'une odeur agréable, moins astringents que le thé hyswen, plus légers, plus grêles, et roulés comme lui dans leur longueur. Lorsque les feuilles sont développées dans l'eau, on voit qu'elles sont elliptiques ou lancéolaires, dentées, brunes, plus épaisses que celles du hyswen. Elles sont peu riches en tannin.

Le thé peko, que M. Guibourt, croit être l'espèce précédente la mieux choisie, a cependant une odeur plus agréable. Il est mêlé de filets argentés formés par des feuilles plus pubescentes.

Préparation, conservation. — Il y a, à la Chine et au Japon, plusieurs manières de préparer les feuilles de thé ; mais la préparation la plus générale qu'elles reçoivent est la suivante :

Aussitôt que les feuilles sont cueillies, on les fait sécher ou rôtir sur le feu dans une platine de fer ; et lorsqu'elles sont chaudes, on les roule, avec la paume de la main, sur une natte, jusqu'à ce qu'elles deviennent comme frisées. Par cette opération, elles sont dépouillées de leur eau surabondante, et rendues plus propres à la consommation ; elles sont d'un moindre volume et plus faciles à conserver. Au Japon, il y a des bâtiments publics où ceux qui n'ont pas chez eux-mêmes, par suite de leur peu de fortune, les moyens nécessaires pour la préparation du thé, peuvent apporter leur récolte pour la sécher. Ces bâtiments contiennent depuis cinq jusqu'à dix ou vingt petits fourneaux, hauts d'environ trois pieds ; chacun d'eux porte une platine de fer large et plate, ronde ou carrée, attachée sur le côté qui est au-dessus de la bouche du fourneau, ce qui garantit tout à la fois l'ouvrier de la chaleur du fourneau et empêche les feuilles de tomber. Des ouvriers, assis autour d'une table longue et basse, couverte de nattes sur lesquelles on met les feuilles, sont occupés à les rouler. La platine de fer étant chauffée jusqu'à un certain degré par un petit feu allumé dans le fourneau qui est dessous, on met sur cette platine quelques livres de feuilles nouvellement cueillies. Ces feuilles, fraîches et pleines de séve, pétillent quand elles touchent la platine, et c'est l'affaire de l'ouvrier de les remuer avec toute la vivacité possible et avec les mains nues, jusqu'à ce qu'elles deviennent si chaudes qu'il ne puisse pas aisément en supporter la chaleur : alors il enlève les feuilles avec une sorte de pelle res-

semblant assez à un éventail, et il les verse sur des nattes; ceux des-
tinés à les mêler en prennent une petite quantité à la fois, les roulent
dans leurs mains et dans une même direction, tandis que d'autres
les éventent continuellement, afin qu'elles puissent se refroidir le
plus tôt possible, et conserver mieux leur frisure; à chaque répétition
l'on chauffe moins la platine, et l'opération se répète avec plus de
lenteur et de précaution; alors le thé est trié selon sa grandeur et sa
qualité, et déposé en magasin, soit pour l'usage domestique, soit
pour l'exportation. Comme les feuilles de thé impérial doivent être
ordinairement réduites en poudre avant qu'on en fasse usage, elles
sont rôties à un degré plus grand de sécheresse. Quelques-unes de
ces feuilles étant cueillies fort jeunes, petites et tendres, on les plonge
d'abord dans l'eau chaude; on les en retire vivement et on les fait
sécher sans les rouler. Les gens de la campagne prennent moins de
précautions; ils rôtissent leurs feuilles dans des vases de terre, opération très-simple qui répond à toutes les autres indications, qui leur
occasionne moins de dépenses, moins d'embarras, et leur facilite les
moyens de vendre le thé à meilleur marché. Pour compléter la préparation de celui qu'on destine à être exporté, on le retire des vases
où on l'avait enfermé, et on le sèche une seconde fois à un feu
doux, afin qu'il soit dépouillé de toute l'humidité qui pourrait s'y
trouver encore, ou qu'il aurait pu contracter depuis la première opération pendant la saison des pluies. Ensuite il peut être conservé fort
longtemps sans se gâter. Mais il faut le garantir avec soin de l'air;
car l'air, surtout quand il est chaud, en dissipe les parties volatiles
qui sont extrêmement subtiles. Kæmpfer croyait que le thé importé
en Europe en était privé en grande partie, parce qu'il n'avait jamais
pu lui trouver ce goût agréable et cette vertu modérément rafraîchissante qu'il possède à un degré éminent dans son pays natal.

Les Chinois conservent leurs thés les plus précieux dans des vases
coniques, de la forme de pains de sucre, faits d'étain et de plomb,
revêtus de fines nattes de bambou, ou dans des boîtes de bois carrées,
recouvertes de plomb laminé, de feuilles sèches et de papier; il est
expédié de la sorte en pays étrangers. Au Japon, le thé commun se
conserve dans des pots de terre dont l'ouverture est étroite. Le *ban
tsjaa* ou le thé le plus grossier est mis, par les gens de la campagne,
dans des corbeilles de paille, en forme de barils, qu'ils placent sous
le toit de leurs maisons près des ouvertures par où la fumée s'échappe,

pensant qu'il n'en souffre aucun dommage. En effet, comme on l'a déjà remarqué, ce thé grossier n'est pas aussi sujet à être éventé que l'autre ; car, quoiqu'il ait moins de vertu, il retient mieux celle qu'il a, et il n'est pas nécessaire de le préserver de l'air autant que le thé de haute qualité. Le thé impérial et celui dont les gens riches font usage sont conservés dans des vases de porcelaine, particulièrement dans ceux qu'on appelle *maatsubo*, remarquables en raison de leur antiquité et de leur prix. Le thé commun est mis dans des pots d'où on le retire pour l'empaqueter dans des boîtes ou dans des caisses ; on en expédie ainsi beaucoup en Europe. On a prétendu que les Chinois ne nous envoyaient que le thé qui, pour leur usage, avait déjà été infusé. Cette fable ridicule a trouvé sans doute son origine dans l'opération de la vapeur d'eau bouillante qu'on fait subir au thé pour le préparer (Samuel Ball, *An account of the cultivation and manufacture of Tea in China*).

Au Brésil, où Guillemin a étudié, pendant plusieurs années, la manière de cultiver et de préparer le thé, on dessèche les feuilles dans un chaudron de fer immédiatement après les avoir récoltées ; on chauffe à 100° en remuant constamment. Lorsque les feuilles sont amollies et devenues souples, on les place sur une claie où on les comprime de manière à en faire sortir un suc âpre et amer ; on les dessèche alors de nouveau dans la chaudière, en agitant avec la main, pour en détacher le duvet cotonneux qui les recouvre. Pendant cette opération, elles se roulent, se crispent et prennent la forme du thé du commerce. On soumet ensuite le thé au crible et au triage.

COMPOSITION CHIMIQUE. — D'après M. Mulder, voici quelle est la composition chimique des deux variétés de thé, thé vert et thé noir :

	Thé vert.	Thé noir.
Essence	0.79	0.60
Chlorophylle, matière verte	2.22	1.84
Cire	0.28	» »
Résine	2.22	3.64
Gomme	8.56	7.28
Tannin	17.80	12.88
Théine ou caféine	0.43	0.46
Matière extractive	22.80	21.36
Substance colorante particulière	23.60	19.12
Albumine	3.00	2.80
Fibres (cellulose)	17.08	23.32
Cendres	5.56	5.24

D'après M. Payen, le thé hyswen contient de 2,6 à 3,4 pour cent de *théine*. Celle-ci est la même substance que la *caféine* $= C^5 H^2 Az^2 O^2$ ou $C^{16} H^{10} Az^4 O^3$, dont nous avons parlé ailleurs (*Voyez* CAFÉIER, *Flore médicale*, t. I, p. 213-214).

USAGES. — Tout le monde connaît les usages vulgaires du thé ; son infusion est un des digestifs les plus efficaces ; elle convient parfaitement dans les cas d'indigestions gastriques et intestinales ; elle est aussi diurétique, mais surtout sudorifique. Le thé convient bien aux constitutions molles, lymphatiques, aux habitants des climats froids, humides, brumeux, comme ceux de la Hollande et de l'Angleterre. Pris comme boisson d'agrément, c'est un excellent diffusible ; mais, à haute dose, il agit fortement sur le système nerveux et à peu près à la manière du café ; comme lui il éveille l'esprit, détermine une agitation qui commande le mouvement et cause l'insomnie. L'abus du thé peut aussi déterminer des dyspepsies. Il y a donc des cas dans lesquels le thé, comme le café, doit être contre-indiqué. Nous ne pourrions d'ailleurs que répéter à son sujet ce que nous avons déjà dit du café (Voyez *Flore médicale*, t. I, p. 213).

L'infusion de thé est assez fortement azotée pour que l'on observe, lorsqu'on l'édulcore avec du sucre raffiné et renfermant de la chaux, une odeur et une saveur ammoniacale prononcées, dues à l'action de la chaux sur les matières azotées.

L'introduction de l'usage du thé en Europe ne remonte pas au delà du dix-septième siècle. Aujourd'hui cet usage y est presque général.

Quant à la manière d'employer le thé à la Chine et au Japon, les uns le prennent par infusion, d'autres le pulvérisent avec de petites meules de pierre qu'on tourne à la main ; ils le broient la veille ou le jour qu'ils veulent en prendre ; c'est l'usage des gens riches. On verse de l'eau bouillante dans les tasses, et l'on y jette une certaine quantité de thé pulvérisé, que l'on mêle à l'eau, en l'agitant circulairement avec un moussoir de bois. Les habitants des campagnes le prennent en décoction : ils font bouillir de l'eau dans la marmite, puis ils y jettent quelques poignées de feuilles de thé de troisième qualité, plus ou moins, selon la consommation qu'on veut faire. Quelquefois, ils font bouillir les feuilles de thé enfermées dans un sac, afin qu'elles ne se mélangent pas avec l'eau. Le thé qui a perdu ses qualités alimentaires est employé à teindre les soies auxquelles il communique une belle couleur brune.

En médecine homœopathique comme en médecine allopathique, le thé est peu employé, à part l'usage qu'on en fait comme boisson digestive. Cependant il est inscrit dans le Codex homœopathique sous le signe *Ath* et l'abréviation *Thea*.

On donne improprement le nom de thé au produit de certaines plantes. On nomme : *thé d'Amérique*, la capraire et l'ayapana ; *thé de Bogota*, la symploque ; *thé de Bourbon*, l'angrec ; *thé du Chili*, le psoralier ; *thé d'Europe*, la véronique ; *thé de France*, la sauge, la mélisse officinale, le grémil ; *thé du Labrador*, le lédon ; *thé du Mexique*, la capraire biflore et l'amboisie ansérine ; *thé des Norwégiens*, la ronce du Nord ; *thé de Simon Paulli*, le galé ; *thé du Paraguay*, le psoralier, l'érythroxyle, et surtout une espèce de houx nommée aussi *Maté* ; *thé de Suisse* ou *thé suisse*, le falltrank.

THLASPI

Thlaspi Bursa pastoris L. *Capsella Bursa pastoris* Mœnch.
(Crucifères - Thlaspidées.)

Le Thlaspi bourse à berger est une plante annuelle, dont la tige, haute de 0ᵐ,25 à 0ᵐ,50, pubescente, dressée, simple ou rameuse, porte des feuilles alternes, pubescentes ; les radicales lyrées ou pinnatifides, atténuées en pétiole, disposées en rosette ; les supérieures sessiles, embrassantes, sagittées, ordinairement entières. Les fleurs, blanches, petites, sont réunies en grappe terminale. Elles présentent un calice à quatre sépales égaux, dressés ; une corolle à quatre pétales opposés en croix ; six étamines tétradynames ; un ovaire libre, à deux loges pluriovulées, surmonté d'un style court terminé par un stigmate en tête. Le fruit est une silicule triangulaire obcordée, comprimée perpendiculairement à la cloison, terminée par le style court persistant, s'ouvrant en deux valves naviculaires, et divisée, par une cloison linéaire étroite, en deux loges qui renferment chacune plusieurs graines oblongues comprimées.

Habitat. — Cette plante est excessivement commune dans toute l'Europe ; elle croît dans les lieux incultes et cultivés, les décombres, au bord des chemins, etc.

Parties usitées. — La plante entière.

Récolte. — On doit faire la récolte avant la floraison. On emploie la plante verte ; elle perd ses propriétés par la dessiccation.

COMPOSITION CHIMIQUE. — Cette plante est inodore lorsqu'elle est intacte ; mais, si on la froisse, elle exhale l'odeur des crucifères ; sa saveur est un peu piquante ; elle renferme une résine amère et un peu de tannin.

USAGES. — La bourse à berger est astringente ; on l'a employée contre les diarrhées, les hémorrhagies passives, la dysenterie. Dioscoride la recommandait dans l'hémoptysie. Dodoëns la considérait comme très-efficace dans les hémorrhagies ; Boërhaave la regardait comme astringente ; Murray (*Apparitus medicaminum tum simplicium*, etc., 1776-1792) croit peu à ses vertus ; Lieutaud (*Précis de la matière médicale*, 1766) lui attribuait des propriétés fébrifuges. Elle était très-peu employée lorsque, il y a quelques années, le docteur Lejeune la préconisa contre les maladies de poitrine. Mais c'est surtout M. Lange qui a beaucoup vanté, et, on peut le dire, exagéré ses propriétés contre les métrorrhagies passives ; elle provoque les règles, dit-il, lorsque leur retard tient à une inertie de l'utérus. Dubois de Tournay la prescrit, dit-il, avec succès contre l'hématurie, et Ray conseillait de l'introduire dans le nez, pour arrêter les hémorrhagies nasales. Les semences excitent, dit-on, la salivation.

M. Hannon, de Bruxelles, a plus récemment encore préconisé la bourse à berger comme dépurative, stimulante, contre les scrofules, le scorbut, et les fièvres intermittentes. On peut lui substituer, dit ce praticien, le *T. alliaceum* L. et *T. arvense* L. ; il en fait préparer une tisane, une eau distillée, un alcoolat, un vin, une teinture, un sirop, un extrait, etc.

La graine de thlaspi entrait dans la thériaque. On croit que c'est celle du *T. campestre* L. (*Lepidium campestre* B.) qui était employée à cet usage. Elle est ovoïde, noirâtre ; elle paraît toute couverte d'aspérités rangées par lignes parallèles et serrées ; elle possède une saveur âcre et piquante ; elle vient de la Provence et du Languedoc.

D'après Garidel, on mange en salade les feuilles des *T. alpestre* L. et *perfoliatum* L.

THUIA

Thuia Occidentalis et *Orientalis* L.
(Conifères-Cupressinées.)

Le Thuia d'Occident, appelé aussi Arbre de vie, est un arbre dont la tige, haute de 8 à 10 mètres, se divise en rameaux étalés, d'un vert brunâtre, flexibles, portant des feuilles très-petites, glanduleuses, imbriquées, serrées, souvent roussâtres. Les fleurs, monoïques sur des rameaux différents, verdâtres, sont groupées en chatons terminaux, très-petits. Les chatons mâles sont ovoïdes et se composent d'écailles, à l'aisselle desquelles se trouvent des étamines nombreuses. Les chatons femelles sont un peu déprimés, et présentent des écailles imbriquées sur quatre rangs, étalées et portant à leur face interne deux corps qu'on a considérés comme des ovules nus. Le fruit est un cône ovoïde, élargi au sommet, à écailles intérieures tronquées, bossues au-dessous du sommet et recouvrant des graines ailées.

Le Thuia d'Orient (*T. Orientalis* L., *Biota Orientalis* Endl.), confondu avec le précédent sous le nom vulgaire d'Arbre de vie, s'en distingue par sa taille un peu plus petite ; ses rameaux distiques, dressés, d'un vert gai ; ses cônes ovoïdes, à écailles intérieures obtuses, mucronées au-dessous du sommet, et ses graines à peine ailées.

Le Thuia articulé ou à sandaraque (*T. articulata* Desf., *Callitris quadrivalvis* Vent.) est un arbrisseau à tige droite, à rameaux articulés, comprimés, striés, portant des feuilles lancéolées, aiguës, imbriquées sur quatre faces, articulées à leur base. Le fruit est un cône quadrangulaire, à écailles imbriquées sous le sommet.

HABITAT. — Le thuia d'Occident est originaire du Canada et du nord des États-Unis. Le thuia d'Orient croît en Chine. Le thuia articulé habite les montagnes de l'Algérie.

CULTURE. — Ces arbres ne sont pas cultivés pour l'usage médical. Mais les deux premiers sont fréquemment plantés dans les jardins, où on en fait des haies, des palissades, des brise-vents, etc. On les propage de graines et de boutures. Le thuia articulé exige l'orangerie sous le climat de Paris.

PARTIES USITÉES. — Les feuilles et le bois.

RÉCOLTE. — On récolte les feuilles pendant toute la belle saison. Le bois se coupe à l'automne.

La résine connue sous le nom de sandaraque est le produit du Thuia articulé (*Thuia articulata* Desf.), qui croît en Algérie, dans le Maroc, etc. Cette résine existe sous la forme de larmes claires, luisantes, presque transparentes, d'un blanc jaunâtre. En la faisant dissoudre dans l'esprit de vin, elle fournit un vernis assez tendre et qui s'égratigne aisément.

Composition chimique. — La résine de sandaraque ressemble beaucoup au mastic (*Pistacia Lentiscus*, Térébinthacées), mais ses larmes sont plus jaunes et plus allongées ; leur cassure est vitreuse, transparente ; leur odeur est résineuse, leur saveur nulle ; elles se brisent sous les dents sans se ramollir et y adhérer, ce que fait le mastic ; elles sont insolubles dans l'eau et dans les essences, solubles dans l'alcool avec lequel elles forment des vernis ; elles se dissolvent peu dans l'éther.

M. Bonastre a obtenu par distillation du *Thuia occidentalis* une huile essentielle analogue à celle de térébenthine.

Usages. — En Angleterre et en Écosse on emploie l'essence obtenue de la distillation des feuilles de thuia comme vermifuge ; celle du *Thuia orientalis* jouit des mêmes propriétés physiques, chimiques et thérapeutiques. Ces deux arbres produisent un peu de matière résineuse analogue à la sandaraque.

La sandaraque a été regardée comme stimulante, diurétique, astringente, absorbante. D'après Ainslie (*Mat. ind.*, t. I, p. 380), elle est employée dans l'Inde contre les hémorrhoïdes et la diarrhée.

On dit le bois de thuia incorruptible. Il répand une odeur désagréable. On fait avec les souches et les tiges des meubles qui sont recherchés.

La sandaraque, dissoute dans l'esprit de vin, fournit, comme on l'a dit, un vernis assez tendre. Réduite en poudre fine, elle sert à vernir le papier, à lui donner plus de consistance, à l'empêcher de boire, surtout lorsqu'on est obligé de le gratter pour enlever l'écriture.

La teinture faite avec les feuilles de *Thuia articulata* et celle faite avec les feuilles de *Thuia occidentalis* ont été employées en frictions contre les douleurs. On les a préconisées contre les végétations syphilitiques.

En médecine homœopathique, le *Thuia occidentalis* est très-employé : on prépare une teinture mère avec les rameaux portant les feuilles et les fleurs ; on les récolte pour cela en avril et mai, c'est-à-dire un peu avant la floraison. Le signe du thuia est *Atj* et son abréviation *Thuja*.

THYM

Thymus vulgaris et *Serpyllum* L.
(Labiées-Satureiées.)

Le Thym commun (*T. vulgaris* L.), appelé dans le midi de la France Frigoule ou Pote, est un sous-arbrisseau, à racines ligneuses, dures, rameuses et tortueuses. Les tiges, hautes de $0^m,15$ à $0^m,25$, ligneuses à la base, herbacées au sommet, presque cylindriques, rameuses, diffuses, portent des feuilles opposées, sessiles, très-petites, ovales-lancéolées, à bords roulés en dessous, ponctuées à la face supérieure, blanchâtres à l'inférieure. Les fleurs, roses, quelquefois presque blanches, sont réunies en petits glomérules axillaires, dont l'ensemble constitue des grappes terminales feuillées. Elles présentent un calice tubuleux campanulé, strié, à deux lèvres, la supérieure à trois dents, l'inférieure à deux dents ; une corolle à deux lèvres, la supérieure à peine échancrée, l'inférieure à trois lobes égaux et obtus ; quatre étamines incluses, didynames ; un ovaire surmonté d'un style saillant. Le fruit se compose de quatre akènes ovoïdes-arrondis.

Le Serpolet (*T. Serpyllum* L.), appelé aussi Thym bâtard, diffère du précédent par sa taille un peu plus petite ; ses rameaux tétragones, pubescents, ascendants ; ses feuilles obtuses, atténuées en pétiole à la base, à bords non enroulés en dessous ; ses fleurs groupées en épis courts, souvent presque globuleux, d'autres fois interrompus ; sa corolle à lèvre supérieure plus profondément échancrée, à lèvre inférieure à trois lobes un peu inégaux.

HABITAT. — Le thym est très-répandu dans les régions méridionales de l'Europe ; il croît dans les lieux montueux, secs, rocailleux, exposés au soleil. Le serpolet s'avance jusque dans le nord ; on le trouve dans les bois, les pâturages, sur les pelouses sèches, au bord des chemins.

CULTURE. — Le thym n'est pas cultivé exclusivement pour l'usage médical ; on le trouve fréquemment planté en bordures dans les jardins maraîchers. Il préfère une exposition méridionale, une terre légère et chaude. On le propage facilement par éclats de touffes, faits en mars. Les bordures sont tondues après la floraison et renouvelées tous les trois ou quatre ans. Le serpolet se cultive de la même manière, mais plus rarement.

Parties usitées. — Les feuilles et les sommités fleuries.

Récolte. — Le thym et le serpolet doivent être récoltés en pleine floraison ; on les dispose en petits paquets et en guirlandes, et on les fait sécher au séchoir ; ils perdent très-peu de leurs propriétés par la dessiccation.

Composition chimique. — La saveur du thym et celle du serpolet sont amères, chaudes et aromatiques. Ces plantes renferment deux principes distincts : l'un amer, légèrement astringent, est formé d'une matière extractive et de tannin ; l'autre, aromatique, est dû à une huile essentielle.

L'essence de thym, agitée avec une dissolution concentrée de potasse, se sépare en deux parties : l'une qui se dissout, qu'on nomme *thymol* ; une autre qui reste est appelée *thymène* ; celui-ci possède l'odeur du thym ; il est liquide, incolore ; il bout à 165° ; il forme, avec l'acide chlorhydrique, un camphre artificiel qui a pour formule $= C^{20}H^{18}HCl$ (Lallemand).

Le thymol se dépose souvent en prismes rhomboïdaux obliques ; il possède une odeur agréable de thym ; il fond à 44° et distille à 230° ; il est soluble dans l'alcool et l'éther, peu soluble dans l'eau.

Le serpolet renferme une essence analogue, sinon absolument identique à celle du thym ; l'une et l'autre sont extraites par distillation des plantes fraîches au contact de l'eau.

Usages. — Le thym et le serpolet possèdent des propriétés excitantes dont on tire parti toutes les fois qu'il s'agit de stimuler l'organisme. On les emploie en infusion légère dans l'atonie du tube digestif, les flatuosités, les affections asthéniques, telles que la leucorrhée, l'aménorrhée, qui ont pour cause un défaut d'énergie des organes, les catarrhes chroniques, etc. Van Swieten, l'un des plus illustres médecins du dix-huitième siècle, prescrivait les fumigations de ces plantes contre le lumbago. M. Cazenave a employé les lotions faites avec leur infusion contre la gale, en y faisant ajouter du vinaigre. Les infusions aqueuse ou vineuse ont été préconisées pour le pansement des ulcères atoniques, dans les engorgements indolents ; on en prépare des bains qui sont favorables contre le lymphatisme, dans les rhumatismes chroniques, la goutte atonique.

Depuis que Capuron l'a conseillée, l'infusion de serpolet a souvent été administrée contre la coqueluche ; elle agit bien contre les gastralgies, lorsqu'on la prend comme du thé. Linné lui attribuait la propriété de dissiper l'ivresse et la céphalalgie. Champier, plus connu sous le nom de Campegius, comparait, au seizième siècle, son action à celle du marc et la conseillait dans l'asthme et l'hémoptysie. Ses propriétés vermifuges sont très-douteuses. La poudre de serpolet a joui en Italie d'une grande réputation contre les hémorrhagies nasales et utérines.

Malgré tout ce qui vient d'être dit, le thym et le serpolet sont aujourd'hui d'un rare usage dans la médecine ordinaire.

En médecine homœopathique, on emploie quelquefois le thym comme excitant général ; on en prépare une teinture mère ; son signe est *Sty.* et son abréviation *Thym.*

TILLEUL

Tilia Europæa L.
(Tiliacées.)

Le Tilleul d'Europe est un grand arbre, à racines traçantes. La tige, haute de 15 à 20 mètres, cylindrique, droite, régulière, couverte d'une écorce grisâtre, rugueuse, épaisse, gercée à la base, lisse au sommet, se divise en branches et en rameaux rougeâtres, portant des feuilles alternes, pétiolées, arrondies, cordiformes, acuminées, dentées, glabres ou pubescentes, à nervures saillantes en dessous et offrant dans leurs angles de ramification des faisceaux de poils persistants. Les fleurs, jaune blanchâtre, odorantes, sont groupées en corymbes axillaires, dont le pédoncule commun est soudé, dans une grande partie de sa longueur, avec une bractée membraneuse, ovale, allongée, réticulée, blanchâtre. Elles présentent un calice à cinq sépales libres, étroits, concaves, caduc ; une corolle à cinq pétales ovales, dentés au sommet ; des étamines nombreuses, à anthères arrondies, bilobées ; un ovaire globuleux, à cinq loges biovulées, surmonté d'un style simple terminé par un stigmate à cinq lobes. Le fruit est une capsule globuleuse, pisiforme, presque ligneux, velu, à cinq côtes saillantes, à une seule loge renfermant une ou deux graines.

Le Tilleul d'Europe présente deux variétés, que plusieurs auteurs ont élevées au rang d'espèces. Ce sont : 1° le Tilleul de Hollande ou à grandes feuilles (*T. platyphyllos* Scop., *T. grandifolia* Ehrh., *T. pauciflora* Hayn.), à feuilles pubescentes sur toute la face inférieure, à corymbes offrant seulement deux ou trois fleurs ; 2° le Tilleul sauvage ou à petites feuilles (*T. microphylla* Willd., *T. parvifolia* Ehrh.), à feuilles plus petites, glabres en dessous, ne présentant de poils qu'aux angles des nervures, à corymbes composés de quatre à huit fleurs.

HABITAT. — Le tilleul est répandu dans toute l'Europe ; on le trouve dans les bois. Il est fréquemment planté dans les jardins, les parcs et les promenades publiques.

PARTIES USITÉES. — Le bois, l'écorce, les fleurs.

RÉCOLTE. — Les fleurs de tilleul doivent être récoltées lorsqu'elles sont bien épanouies ; il faut choisir un temps sec, et les faire sécher rapidement au soleil ; le plus souvent on les trouve dans le commerce avec leurs bractées, mais il faut préférer celles qui sont mondées, c'est-à-dire privées de ces appendices ; elles perdent la plus grande partie de leur bonne odeur par la dessiccation ; il faut les conserver dans un sac fermé, dans un lieu sec, à l'abri de la lumière ; mal desséchées, elles sont rouges ou noires ; bien préparées, elles sont jaunâtres.

Le bois et l'écorce sont récoltés à l'automne.

COMPOSITION CHIMIQUE. — Les fleurs de tilleul possèdent une odeur suave. M. Roux, pharmacien à Nîmes, en a extrait une matière colorante. Elles renferment une huile volatile odorante, du tannin, du sucre, de la gomme, de la chlorophylle. Par des cohobations répétées, M. Brossat, pharmacien à Bourgoin, en a isolé l'huile essentielle en opérant sur les fleurs peu développées. Les fleurs et l'écorce renferment un principe mucilagineux abondant ; la sève contient du sucre ; les feuilles se couvrent pendant l'été d'une exsudation mielleuse que les abeilles recherchent. Avec la sève fermentée on obtient une liqueur alcoolique assez agréable.

USAGES. — Les fleurs de tilleul ne sont employées que sous la forme d'infusion et d'eau distillée. Ces préparations sont regardées comme antispasmodiques et légèrement sudorifiques ; on en fait un très-fréquent usage dans les affections nerveuses, telles que l'hystérie, la cardialgie, les vomissements nerveux, l'hypocondrie ; elles agissent aussi bien que le thé, dans les indigestions. Quoiqu'on attribue les mêmes propriétés aux jeunes bourgeons, ils ne sont pas employés.

Dans les désordres nerveux, et surtout dans l'hystérie, on a souvent usé avec succès des bains prolongés préparés avec l'infusion de tilleul. Dans les Pyrénées, et surtout à Cauterets, on les emploie fréquemment pour calmer l'excitation passagère produite par les eaux. M. Rostan, qui a préconisé cette médication, en a obtenu les meilleurs effets contre les spasmes.

Quoique Frédéric Hoffmann ait vanté la matière mucilagineuse de l'écorce et des feuilles de tilleul contre les brûlures, la diarrhée, la gastro-entérite, les plaies enflammées, etc., elle n'est guère employée. L'amande oléagineuse pulvérisée a été regardée comme souveraine contre les hémorrhagies nasales.

Le bois est blanc et léger; il sert à préparer un charbon très-léger que quelques praticiens préfèrent à celui de peuplier contre les gastralgies et les dyspepsies. Seidel a recommandé sa poudre pour le pansement des brûlures et autres plaies. Toutes les espèces de tilleul possèdent les mêmes propriétés.

Le bois de tilleul est estimé par les menuisiers, les tourneurs, les sculpteurs, les sabotiers et les boisseliers. Réduit en charbon, il est estimé des artistes pour tracer des esquisses. L'écorce, ou pour mieux dire le liber, renferme un tissu fibreux très-résistant; on en fait des nattes, des toiles d'emballage, mais surtout des câbles ou des cordes à puits.

Quoique rarement prescrit par les médecins homœopathes, le tilleul est inscrit dans leur Codex sous le signe *Atl* et l'abréviation *Til*. C'est la teinture mère préparée avec les fleurs que l'on emploie.

TITHYMALE

Euphorbia Cyparissias et exigua L.
(Euphorbiacées-Euphorbiées.)

Le Tithymale ou Euphorbe cyprès (*E. Cyparissias* L.) est une plante vivace, à rhizome presque ligneux, rameux, traçant. Les tiges, hautes de $0^m,20$ à $0^m,40$, dressées, rameuses, diffuses, portent des feuilles alternes, nombreuses, rapprochées, sessiles, linéaires, entières, glabres; celles des rameaux stériles très-étroites, filiformes et rapprochées en pinceau. Les fleurs, monoïques, petites, jaune verdâtre, accompagnées de bractées libres, ovales, acuminées, quelquefois rougeâtres, sont groupées en ombelles terminales à rayons nombreux, entourées d'un involucre formé de feuilles semblables aux feuilles caulinaires. Les fleurs mâles, assez nombreuses, présentent une seule étamine. La fleur femelle, unique dans chaque ombelle et longuement pédonculée, a un ovaire à trois loges uniovulées, surmonté de trois styles bifides. Le fruit est une capsule formée de trois coques finement chagrinées et renfermant chacune une graine fauve et lisse.

Le petit Tithymale (*E. exigua* L.) est une plante annuelle ; elle se distingue encore de la précédente par sa taille deux fois plus petite ; ses feuilles aiguës, un peu fermes ; ses ombelles à rayons peu nombreux, mais plusieurs fois bifurqués ; ses bractées linéaires-lancéolées, mucronées, à base élargie et échancrée en cœur ; ses capsules petites, renfermant des graines ovoïdes, presque tétragones, ternes, rugueuses, ridées transversalement et d'un gris cendré ou noirâtre.

On a donné aussi et l'on donne souvent encore le nom de Tithymale à plusieurs autres espèces du même genre. Telles sont les Euphorbes réveille-matin (*E. helioscopia* L), des bois (*E. sylvatica* L.), Pithyuse (*E. Pithyusa* L.), des marais (*E. palustris* L.), etc.

Habitat. — Ces plantes sont abondamment répandues dans les diverses régions de l'Europe. On les trouve dans les lieux stériles et sablonneux, les prés secs, sur les côteaux arides, au bord des chemins et des fossés, dans les bois, quelquefois dans les lieux humides ou marécageux, etc. Elles ne sont cultivées que dans les jardins botaniques.

Parties usitées. — Les racines, les feuilles et les fruits.

Récolte. — On récolte les diverses euphorbes dont nous allons parler un peu avant la floraison ; elles perdent la plus grande partie de leurs propriétés par la dessiccation. Les racines doivent être cueillies à l'automne, et les graines à la maturité du fruit.

Composition chimique. — Deux principes dominent dans les euphorbes : l'un est une matière ciro-résineuse, âcre, très-irritante, qui donne à la sève de ces plantes le suc blanchâtre qu'on y remarque ; l'autre est une huile fine purgative ou laxative, que l'on peut extraire par expression ou par les dissolvants de l'albumen où elle existe toujours en abondance. En général les huiles des euphorbiacées sont solubles dans l'alcool. C'est surtout dans le suc que paraît résider le principe qui donne aux Euphorbiacées des propriétés analogues, mais qui se produisent inégalement dans les diverses espèces, de manière que l'action de ce suc, réduite dans les unes à n'entraîner qu'une irritation légère, par l'emploi des autres détermine une vive inflammation jusqu'au point où elle devient un violent poison. Les diverses parties où les vaisseaux propres abondent, la racine, les feuilles, l'écorce surtout, produiront sur l'économie animale des effets énergiques ; les graines sont aussi dans ce cas, surtout par leur embryon, doué de propriétés plus actives que le périsperme. On trouve en outre dans le suc laiteux des Euphorbiacées le principe connu sous le nom de caoutchouc, et qui s'extrait surtout en grande abondance de l'*Hevea guinanensis* Aubl. (*Jatropha elastica* Lin. fils, *Siphonia elastica* Pers.).

Usages. — Les espèces d'euphorbe le plus particulièrement dites Tithymales sont l'*E. helioscopia*, dont le suc a été indiqué pour cautériser les verrues, l'*E. Lathyris*, qui fournit une huile bonne à brûler dans ses graines, purgatif très-violent, malheureusement trop employé par les habitants des campagnes. On appelle aussi d'ordinaire Tithymale le Turbith noir des marais (*E. palustris*), et on étend ce nom à presque toutes les euphorbes exotiques.

L'euphorbe *Réveille-Matin* (*E. helioscopia* L.) était considérée comme la moins active de ses congénères ; Hippocrate et Dioscoride faisaient prendre son lait dans de la pulpe de figues ; Pline rapporte que la poudre de sa graine était administrée dans du miel ; Actuarius, célèbre médecin grec du treizième siècle, le premier qui ait donné la description des purgatifs doux, tels que la casse, le séné, la manne, faisait torréfier les feuilles de cette euphorbe dans un vase de terre neuf ; puis, après les avoir pulvérisées, il les donnait à manger avec de la farine d'orge et du miel. Les feuilles fraiches ont été employées comme rubéfiantes et même vésicantes.

L'euphorbe des marais (*E. palustris* L.) est extrêmement âcre et active ; d'après Pallas, les paysans russes se purgent avec son suc ; ils l'emploient dans les maladies chroniques, les obstructions des organes abdominaux, les fièvres intermittentes. Elle est inusitée chez nous.

L'écorce de l'euphorbe de Gérard (*E. Gerardiana* Jacq.) a été indiquée par Loiseleur-Deslongchamps comme un bon succédané de l'ipécacuanha ; on a signalé pour le même usage l'*E. Ipecacuanha*, l'euphorbe de bois (*E. sylvatica* L.). Nous citerons encore, comme jouissant des mêmes propriétés vomitives, *E. Peplus* L , *E. Chama-*

syce L., *E. exigua* L., *E. Characias*. D'après Gilibert (*Histoire des plantes d'Europe*, 1798), elles ont des degrés d'activité différents, et peuvent être souvent utilisées.

Parmi les espèces exotiques nous citerons l'*E. anacampseroides* Lamk., l'*E. tithymaloïdes* L. (*Pedilanthus padifolius*), fort employé à Curaçao en décoction, d'après Jacquin, jusque dans les maladies vénériennes; et en Amérique sous le nom de *Panopilino*, contre les suppressions des menstrues (Jacq., *Americ.*, t. XCII). A la Havane, d'après Humboldt, on l'appelle *Dictame royal*; selon Poiteau, on la nomme *Ipécacuanha* à Saint-Domingue. L'*Euphorbia pilulifera* L. (*capitata* Lamk) croît au Brésil, où il est appelé *Caiacia* par les naturels, et *Ervade cobres* (herbe des couleuvres) par les Portugais. On l'applique recuit et contusé sur la morsure des animaux venimeux.

L'*Euphorbia corollata* L. est employé dans l'Amérique septentrionale comme émétique et cathartique contre les hydropisies. L'*E. cotinifolia* L. est usité au Brésil pour stupéfier les poissons. L'*E. heptagona* L. sert à empoisonner les flèches des Éthiopiens. En Amérique l'*E. hypericifolia* L. est regardé comme astringent et narcotique; d'après de Martius, il possède les mêmes propriétés que l'*E. linearis* Retz, qui croît au Brésil; en Cochinchine on forme des haies avec l'*E. nerüfolia* L., qui est le *Ligularia* de Rumphius. Loureiro dit qu'il est âcre, vomitif, et que son action purgative est incertaine (*Flora Cochin.*, p. 366). Commerson a obtenu à Rio-Janeiro une euphorbe que l'on emploie contre les ophthalmies; il la nomme *E. ophthalmica* Comm. Sous le nom de *Laitera*, on emploie comme purgatives, au Brésil, les feuilles de l'*E. papillosa* A. Saint-Hil. L'*E. portulacoïdes* L. est la *Pichna* de Feuillée; elle est employée comme purgative au Chili. Aux Antilles, on se purge avec les graines de l'*E. puniceu* Sw.; et les médecins tamouls, au Malabare, emploient la poudre de l'*E. thymifolia* L. de l'Indhoustan contre les maladies vénériennes. L'*E. Tirucalli* L. tire son nom du malabar *tiru-calli* (Rhéede, t. VII, p. 44). D'après Ainslie (*Mat. indic.*, t. II, p. 134), les Indhous l'emploient comme vésicante. Enfin, en Russie, la décoction de l'*E. villosa* W. est employée contre la rage.

(Voir les articles Esule et Euphorbe, t. II, p. 27, et t. II, p. 33 de la *Flore médicale*.

TORMENTILLE

Tormentilla erecta L. *T. officinalis* Curt. *Potentilla Tormentilla* Sibth.
(Rosacées-Dryadées.)

La Tormentille est une plante vivace, à souche épaisse, peu allongée, tuberculeuse, inégale, rugueuse, brunâtre, rampante, peu garnie de chevelu. Les tiges, hautes de $0^m,20$ à $0^m,40$, nombreuses, grêles, diffuses, couchées ou ascendantes, rameuses, portent des feuilles alternes, munies de stipules, les radicales pétiolées, les caulinaires sessiles, à trois ou cinq folioles oblongues, atténuées à la base, dentées, vertes sur leurs deux faces. Les fleurs, jaunes, petites, pédonculées, sont groupées en cimes terminales feuillées. Elles présentent un calice à quatre (rarement cinq) divisions, accompagné d'un calicule ayant le même nombre de folioles ; une corolle à quatre (rarement cinq) pétales ovales, dépassant à peine le calice ; des étamines nombreuses, insérées sur le calice ; un pistil composé de carpelles nombreux, uniloculaires, insérés sur un réceptacle sec, et surmontés chacun d'un style et d'un stigmate simples. Le fruit se compose de nombreux akènes lisses, insérés sur le réceptacle convexe persistant.

HABITAT. — La tormentille est répandue en Europe ; elle croît dans les bois, les pâturages, sur les bruyères, etc.

PARTIES USITÉES. — La souche.

RÉCOLTE. — On doit préférer la souche de la plante sauvage. On la récolte pendant la belle saison, on la débarrasse des tiges et des radicelles, et on la fait sécher entière à l'étuve ou au soleil. Dans le commerce elle est de la grosseur du doigt, irrégulière, formée souvent de tubercules réunis ; elle est brune au dehors, rougeâtre au dedans, dure, compacte, pesante ; elle présente à sa surface de petites dépressions d'où partent les radicelles. Elle est plus droite, moins rouge, moins friable et moins astringente que la Bistorte, qui lui ressemble au premier abord.

COMPOSITION CHIMIQUE. — La racine de tormentille est inodore ; sa saveur est astringente, styptique, un peu aromatique. Meisner (*Journ. de chimie médic.*, t. VI, p. 537) y a trouvé un cinquième de tannin, de la gomme, de la myricine, de la cérine, une matière rouge, de l'extractif, un extrait gommeux, des traces d'huile volatile, et du ligneux. MM. Soubeiran et Daussi ont démontré par leurs expériences que la racine de tormentille pouvait être substituée avec avantage à celle de ratanhia ; la grande quantité de tannin qu'elle renferme l'a fait employer aux îles Féroë pour le tannage des cuirs. D'après un mémoire inséré dans les *Annales de chimie et de physique*, une livre et demie de poudre de tormentille équivaut à sept livres de tan.

Usages. — La racine de tormentille est incontestablement un des astringents des plus énergiques que l'on puisse employer ; trop négligée de nos jours, elle doit être placée pour sa force immédiatement après le kino et le cachou, et à côté du ratanhia, que l'on préfère cependant, peut-être par ce seul motif qu'il vient de l'étranger. C'est donc avec raison que Haller préférait la tormentille à toute autre plante astringente, et qu'il l'employait dans tous les écoulements muqueux, dans les hémorrhagies passives. Quant à son action dans les fièvres intermittentes, elle est plus douteuse. Mais c'est surtout dans les diarrhées et la dysenterie qu'elle a été fréquemment employée. D'après Loiseleur-Deslongchamps et Marquis, elle ne doit être administrée dans ces cas que lorsque la période d'irritation est passée. Cullen, qui dit s'être bien trouvé de l'emploi de cette racine contre les fièvres intermittentes, la prescrivait surtout contre la leucorrhée atonique (*A treatise of the materia medica*, 1789). Quoique Gilibert assure avoir vu guérir de la phthisie par suite de son usage, on ne la prescrit guère dans ce cas, si ce n'est toutefois pour combattre les hémoptysies.

La poudre ou la décoction aqueuse ou vineuse ont été souvent employées pour résoudre les contusions, les ecchymoses, contre le ramollissement des gencives, pour hâter la cicatrisation des ulcères. Le docteur Morin, de Rouen, s'en est servi contre les panaris.

TROÈNE

Ligustrum vulgare L.
(Oléinées - Oléées.)

Le Troène est un arbrisseau dont la tige, haute de 2 à 4 mètres, se divise, dès la base, en rameaux flexibles, couverts d'une écorce grisâtre, ordinairement opposés, portant des feuilles opposées, brièvement pétiolées, oblongues ou lancéolées, fermes, glabres, luisantes en dessus, presque persistantes. Les fleurs, blanches, portées sur de courts pédoncules munis à leur base de bractées linéaires, sont groupées en panicules pyramidales au sommet des rameaux. Elles présentent un calice petit, urcéolé, à quatre dents, caduc; une corolle en entonnoir, à tube très-long, à limbe divisé en quatre lobes; deux étamines insérées sur le tube de la corolle; un ovaire à deux loges biovulées, surmonté d'un style simple terminé par un stigmate bifide. Le fruit est une baie globuleuse, pisiforme, noire, contenant deux ou quatre graines.

Habitat. — Le troène est commun en Europe; on le trouve dans les haies, les buissons, sur la lisière des bois, etc. Il est quelquefois cultivé dans les jardins d'agrément.

Parties usitées. — Les feuilles, les fleurs, les fruits.

Récolte. — Les feuilles et les fleurs sont récoltées pendant l'été; les fruits mûrissent à l'automne. En Hollande on les mêle à ceux du nerprun pour les falsifier; on les distingue par leur surface lisse et en ce qu'ils donnent un suc rougeâtre qui est employé, dit-on, pour colorer artificiellement le vin, tandis que les baies du nerprun donnent un suc vert, et qu'elles ont trois ou quatre loges monospermes.

Composition chimique. — Les fleurs du troène présentent une faible odeur assez agréable; les feuilles sont acerbes, légèrement piquantes; leur décoction noircit par le sulfate de fer.

Usages. — Quoiqu'on ait quelquefois fait usage de la décoction des feuilles de troène comme détersive et vulnéraire, contre les maux de gorge, les aphthes, les stomatites, les ulcérations scorbutiques ou autres de la bouche, etc., elle est peu employée. On l'a quelquefois administrée contre les diarrhées chroniques; il est vrai que M. Cazin ajoute qu'alors on l'additionne de quelques gouttes d'acide sulfurique ou d'acide chlorhydrique. De nos jours les différentes parties du troène sont bien rarement employées en médecine. C'est sur le troène que l'on trouve le plus souvent la cantharide vésicante (*Cantharis vesicatoria*, *Lytta vesicatoria*).

La matière colorante des baies de troène est encore employée pour l'enluminure et pour préparer l'encre des chapeliers. Les branches, flexibles, servent dans les campagnes à faire des liens et des ouvrages de vannerie. Le bois, assez dur et peu attaquable par les insectes, peut servir d'échalas.

TROLLIE

Trollius Europœus L.
(Renonculacées - Helléborées.)

La Trollie d'Europe, vulgairement appelée Boule-d'or, est une plante vivace, à rhizome noirâtre, muni de radicelles fortes et fibreuses. La tige, haute de 0ᵐ,30 à 0ᵐ,40, simple, dressée, porte des feuilles alternes, longuement pétiolées, palmatifides, à cinq lobes profondément incisés-dentés, d'un vert sombre en dessus, plus pâle en dessous. Les fleurs, grandes, d'un beau jaune d'or, odorantes, sont solitaires et terminales. Elles présentent un calice de dix à quinze sépales colorés, pétaloïdes, ovales, concaves, connivents, caducs; une corolle de dix à vingt pétales très-petits, à onglet tubuleux, à limbe plane et spatulé ; des étamines nombreuses, disposées sur plusieurs rangs ; un gynécée composé de nombreux carpelles à une seule loge pluriovulée, libres, surmontés chacun d'un style et d'un stigmate simples. Le fruit se compose de follicules libres, sessiles, cylindriques, coriaces, disposés en spirale sur plusieurs rangs et contenant des graines anguleuses (Pl. 44).

La Trollie d'Asie (*T. Asiaticus* L.) diffère de l'espèce précédente par sa taille deux fois plus petite ; ses feuilles plus grandes, plus longuement pétiolées, plus profondément découpées; ses fleurs plus petites, plus étalées, à pétales d'un beau jaune orangé.

On peut citer encore les Trollies du Caucase (*T. Caucasicus* Stev.) et de Chine (*T. Sinensis* Bunge).

Habitat. — Les trollies croissent généralement dans les pâturages montueux, les vallées. Leurs noms spécifiques font suffisamment connaître leur patrie.

Culture. — Les trollies préfèrent une exposition méridionale un peu ombragée, une terre franche, légère, humide. On les propage de graines semées en place au printemps, ou d'éclats de pied à l'automne.

Parties usitées. — La plante entière.

Récolte. — Les fleurs terminales jaunes de cette plante et le nombre très-grand de pétales qu'elle présente la font ressembler, au premier aspect, à certaines renoncules à fleurs doubles; le célèbre médecin naturaliste suédois Pierre Kalm assure que ces deux genres de plantes ont même entre eux de grandes analogies de propriétés.

Elles perdent la plus grande partie de leurs principes actifs par la dessiccation.

Composition chimique. — Les trollies, comme les renoncules, doivent leurs propriétés âcres assez actives à un principe irritant mal défini dans sa nature, mais qui paraît se détruire par l'action de la chaleur.

Usages. — D'après Willemet, la trollie d'Europe est employée en Russie dans les maladies douteuses et obscures ; indication aussi vague que les propriétés de la plante elle-même. Kalm assure qu'elle a guéri un scorbutique déclaré incurable par les médecins. C'est dans tous les cas une plante suspecte.

TULIPIER

Liriodendron Tulipifera L. *L. procerum* Salisb.
(Magnoliacées - Magnoliées.)

Le Tulipier de Virginie, vulgairement appelé Arbre aux tulipes, Bois jaune, etc., est un grand arbre à racines à la fois pivotantes et traçantes, peu garnies de chevelu. La tige, haute de 30 à 40 mètres, cylindrique, régulière, droite, couverte d'une écorce brune et lisse dans le jeune âge, grisâtre et fendillée dans la vieillesse, se divise en rameaux nombreux, étalés, portant des feuilles alternes, longuement pétiolées, à stipules grandes, ovales, glauques, caduques, à limbe large, à quatre lobes, tronqué au sommet, d'un vert clair en dessus, blanchâtre en dessous. Les fleurs, très-grandes, assez nombreuses, jaune verdâtre, tachées de rouge feu ou orange, légèrement odorantes, sont portées sur de longs pédoncules solitaires à l'extrémité des rameaux. Elles présentent un calice à trois sépales réfléchis ; une corolle à six pétales dressés ; des étamines nombreuses, dressées, à filets grêles, à anthères linéaires ; un pistil composé de carpelles uniloculaires, biovulés, imbriqués en épi, surmontés chacun d'un style conique, comprimé, recourbé au sommet et terminé par un stigmate interne. Le fruit est constitué par une réunion de samares ligneuses, à styles endurcis, planes, comprimés, réunies en strobiles, indéhiscentes, et se détachant, à la maturité, de l'axe, qui seul est persistant (pl. 45).

Habitat. — Le tulipier est originaire de l'Amérique du Nord, où on le trouve depuis le Canada jusqu'à la Floride ; il croît de préférence sur les bords des rivières et des cours d'eau, dans les prairies sujettes aux inondations. Il est aujourd'hui presque naturalisé en France et dans une grande partie de l'Europe.

CULTURE. — Sans être précisément très-délicat, cet arbre demande quelques soins. Toutefois les détails de sa culture concernent surtout l'art forestier et le jardinage d'agrément.

PARTIES USITÉES. — L'écorce, surtout celle de la racine, les feuilles, le bois, les graines.

RÉCOLTE. — La racine, qui est jaune et cassante, se récolte à l'automne. Les écorces des branches sont récoltées pendant que l'arbre est en fleurs; elles sont amères, très-aromatiques, jaunâtres, fibreuses, peu compactes.

COMPOSITION CHIMIQUE. — Tromsdorff et Carminati (*Ann. de chimie*, t. LXXX, p. 215) ont successivement analysé l'écorce du tulipier : ils y ont trouvé beaucoup de tannin uni à un principe amer et à un autre mucilagineux. Elle exhale un odeur aromatique qui rappelle celle du cédrat. M. Bouchardat y a trouvé une huile volatile, du piperin, du tannin, une résine molle, un alcali végétal, etc. D'après M. Emmet, elle renferme un principe à la fois amer et aromatique qui a reçu le nom de *Liriodendrine*, qui paraît être le principe actif de ce végétal et être analogue à la salicine.

USAGES. — C'est surtout comme succédané du quinquina que l'écorce du tulipier a été vantée. Schœff (*Mat. méd. amer.*), Barton, Chapmann, Young, etc. (*Amer. Museum*, t. XII) l'ont préconisée contre les fièvres intermittentes. Hildenbrand, à Vienne, et Carminati, en Italie, en ont également fait usage. D'après Burton, il n'y a pas de meilleur remède pour guérir l'hystérie, surtout lorsqu'on l'associe au laudanum. On l'a administrée contre la pneumonie, la phthisie pulmonaire, la goutte, le rhumatisme et la dysenterie. Elle est encore regardée comme un excellent vermifuge. Les feuilles écrasées et appliquées sur le front guérissent, dit-on, les maux de tête. Les semences sont regardées comme apéritives.

D'après Bosc (Louis-Augustin-Guillaume), on prépare avec l'écorce du tulipier de Virginie un légume de table assez agréable ; elle sert à parfumer diverses liqueurs des îles, et les Canadiens emploient la racine pour adoucir l'amertume de la bière de bourgeons de sapin dit *sapinette*.

TURGÉNIE

Turgenia latifolia Hoffm. *Caucalis latifolia* L.
(Ombellifères - Caucalinées.)

La Turgénie à larges feuilles est une plante annuelle, dont la tige, haute de 0^m,30 à 0^m,60, striée, scabre ou hispide, très-rude, rameuse, porte des feuilles alternes, pétiolées, pennatiséquées, à segments oblongs, pubescents, scabres, partagés en lobes oblongs ou triangulaires. Les fleurs, pourpres, plus rarement rosées ou blanches, sont groupées en ombelles terminales, formées d'un petit nombre de rayons robustes et anguleux, entourées d'un involucre de deux ou trois folioles égales, oblongues, concaves, scarieuses, et munies d'involucelles à cinq folioles semblables. Elles présentent un calice adhérent, à cinq dents sétacées ; une corolle à cinq pétales étalés ; cinq étamines saillantes ; un ovaire infère, à deux loges uniovulées, couronné d'un disque surmonté de deux styles divergents. Le fruit est un diakène assez gros, épineux, scabre, muni de côtes ailées.

HABITAT. — Cette plante est assez commune en Europe ; elle croît dans les moissons maigres et dans les champs en friche.

PARTIES USITÉES. — Les feuilles et les rameaux, les fruits.

RÉCOLTE. — On la récolte un peu avant la floraison. Elle n'est employée qu'à l'état frais. Les fruits sont contractés par les côtés ; les vallécules présentent un seul canal oléifère.

COMPOSITION CHIMIQUE. — Cette plante présente une odeur fort commune à un grand nombre d'ombellifères. Les fruits contiennent une huile essentielle qui n'a pas été analysée.

USAGES. — L'odeur que dégage cette plante fait supposer qu'elle possède des propriétés stimulantes à peu près inusitées aujourd'hui : elle a été employée autrefois contre les flatuosités et les coliques venteuses.

TUSSILAGE

Tussilago Farfara et *Petasites* L.
(Composées - Eupatoriées.)

Le Tussilage commun (*T. Farfara* L.), vulgairement appelé Pas d'âne, est une plante vivace, à rhizome rampant, charnu, rameux, grêle, brunâtre. Les feuilles, toutes radicales, sont longuement pétiolées, très-grandes, arrondies, cordées, sinuées-anguleuses, à lobes dentés, tormenteuses-blanchâtres en dessous, vert-clair en dessus. Les tiges florifères ou hampes, qui se développent avant les feuilles, sont hautes de 0ᵐ,10 à 0ᵐ,20, sont cotonneuses et portent quelques écailles rougeâtres. Les fleurs, jaunes, sont groupées en capitules solitaires à l'extrémité des tiges, et insérées sur un réceptacle nu, presque plan, entouré d'un involucre à folioles disposées sur un ou deux rangs et muni à sa base d'écailles plus petites. Elles présentent un calice en aigrette ; une corolle tubuleuse au centre du capitule, ligulée à la circonférence ; cinq étamines à anthères soudées ; un ovaire infère, uniovulé, surmonté d'un style simple terminé par un stigmate bifide. Les fruits sont des akènes oblongs, cylindriques, un peu striés, surmontés d'une aigrette à soies capillaires très-longues, disposées sur un ou plusieurs rangs.

Le Tussilage pétasite (*T. Petasites* L., *Petasites vulgaris* Desf., *P. officinalis* Mœnch.), vulgairement appelé Pétasite, Herbe aux teigneux, etc., est aussi vivace. Ses feuilles, toutes radicales, sont simplement pubescentes en dessous, et ressemblent, pour les autres caractères, à celles de l'espèce précédente. Les tiges, hautes de 0ᵐ,25 à 0ᵐ,50, épaisses, pubescentes-cotonneuses, portent des écailles lancéolées-linéaires, très-longues, pubescentes. Les fleurs, rougeâtres, presque dioïques, sont groupées en capitules dont l'ensemble constitue une grappe terminale ovoïde ou oblongue, compacte.

Le Tussilage odorant (*T. suaveolens* Desf., *Petasites fragrans* Presl, *Nardosmia fragrans* Rchb.), vulgairement Héliotrope d'hiver, se reconnaît à ses fleurs odorantes, d'un blanc carné passant successivement au rose et au pourpre, groupées en capitules dont l'ensemble constitue un thyrse ovoïde.

Habitat. — Ces plantes sont répandues dans les diverses régions de l'Europe ; elles croissent surtout dans les endroits humides. On ne les cultive que dans les jardins botaniques ou d'agrément.

Parties usitées. — Les feuilles, les inflorescences ou fleurs-composées, les rhizomes.

Récolte. — Les fleurs de cette plante paraissent avant les feuilles ; on les récolte en février, mars et avril ; on coupe les capitules entiers et on les fait sécher au soleil ; ils doivent conserver leur belle couleur jaune par la dessiccation ; on récolte les feuilles en automne ; il faut les faire sécher à l'étuve avec le plus grand soin, et les conserver dans un endroit sec, parce qu'elles sont très-hygrométriques et que l'humidité les altère.

Composition chimique. — Les fleurs possèdent une odeur agréable, une saveur douce et aromatique; les feuilles sont très-mucilagineuses et amères; elles renferment de l'amidon. D'après Murray, la racine est tellement spongieuse que, lorsqu'elle est sèche, elle prend feu comme de l'amadou; elle est regardée comme astringente.

Usages. — Les feuilles et fleurs du tussilage ont été employées surtout contre la toux, d'où leur vient le nom de la plante formé de *tussis*, toux et d'*agere*, dans le sens de pousser, chasser, qui chasse la toux.

Les fleurs sont regardées comme émollientes et expectorantes; on les place à côté du pied de chat, de la mauve et de la guimauve; elles font partie des *fleurs pectorales, quatre fleurs* ou *mille fleurs*. En France on se sert des fleurs séchées; en Allemagne on emploie de préférence les feuilles. L'infusion des fleurs a été considérée comme héroïque dans la diathèse dite scrofuleuse. Fuller affirme que celle des feuilles et des racines l'emporte sur tous les autres remèdes pour la guérison des écrouelles.

La racine du tussilage, bouillie dans du lait, était employée par Hippocrate contre les ulcérations des poumons. D'après Dioscoride, Galien et Pline, la fumée des feuilles servait contre la toux et l'asthme. En Suède, selon Linné, on les prise en guise de tabac dans ces maladies. Boyle dit que ces fumigations sont plus efficaces quand on y ajoute de la fleur de soufre. Hiller prétend avoir guéri plusieurs phthisiques par le seul emploi de cette plante. C'est surtout contre la phthisie scrofuleuse que les feuilles ont été vantées par Thomas Fuller, Peyrilhe, Cullen, Jean Allen, et Bodard; ces auteurs ont rapporté plusieurs cas de guérison. Ces observations ont été appuyées par celles de Gaultier de Claubry et de Munaret. D'après M. Cazin, les fleurs produisent de très-bons effets contre l'engorgement des glandes, dans les éruptions cutanées, la teigne et dans les maladies de poitrine dépendant du vice scrofuleux; ce savant médecin a rapporté plusieurs observations à l'appui de son opinion. A l'intérieur les feuilles et les fleurs ont été souvent employées en cataplasmes comme maturatives.

Le tussilage pétasite (*T. petasites*) ou *herbe aux teigneux* a été regardé comme vermifuge et sudorifique ; les fleurs sont considérées comme pectorales ; les feuilles sont émollientes et l'on s'en sert pour résoudre les tumeurs. Elles ont été aussi données comme diaphorétiques et diurétiques. On les emploie, dans les campagnes, contre la teigne. C'est l'espèce qui est employée par les médecins homœopathes, qui la prescrivent sous le signe *Ots* et l'abréviation *Tuss. pet.*

Le tussilage odorant (T. *fragrans*) possède les mêmes propriétés que ses congénères ; son infusion est, d'après Roques, un peu stimulante et expectorante.

La racine du *T. Japonica* L. est très-amère ; elle est employée au Japon comme contre-poison.

ULMAIRE

Spiræa Ulmaria L.
(Rosacées – Spirées.)

L'Ulmaire ou Reine des prés est une plante vivace, à racines fibreuses, touffues. Les tiges, hautes d'un mètre et plus, anguleuses, glabres, dressées, peu rameuses, portent des feuilles alternes, pétiolées, grandes, pennatifides, à segments nombreux, très-inégaux, ovales, dentés, vertes et glabres en dessus, blanchâtres et pubescentes en dessous. Les fleurs, blanches, petites, très-nombreuses, odorantes, sont groupées en corymbes terminaux rameux. Elles présentent un calice à cinq divisions ; une corolle à cinq pétales arrondis, longuement onguiculés ; des étamines nombreuses ; un pistil composé de carpelles distincts, peu nombreux, pluriovulés, surmontés chacun d'un style et d'un stigmate simples. Le fruit se compose de carpelles secs, glabres, polyspermes, déhiscents, contournés en spirales sur un seul verticille (Pl. 46).

Habitat. — Cette plante est répandue en Europe ; elle croit dans les lieux humides ou marécageux des prés et des bois, au bord des eaux, etc.

Culture. — L'ulmaire veut un sol humide et de fréquents arrosements. On la propage de graines semées en place, au printemps et à l'automne. On la multiplie encore facilement par rejetons ou éclats de pieds.

Parties usitées. — Les racines, les feuilles et les fleurs.

Récolte. — Les racines doivent être arrachées à l'automne ; les feuilles sont cueillies avant la floraison, et les inflorescences lorsque les fleurs sont parfaitement épanouies. Les feuilles, en séchant, deviennent d'un vert grisâtre, et les feuilles jaunissent, en même temps qu'elles perdent une portion de leur arôme.

Composition chimique. — Les racines et les feuilles sont inodores et d'une saveur légèrement astringente ; les tiges fournissent à la teinture une couleur jaune, franche et solide ; les fleurs renferment une huile essentielle qui a été isolée par M. Pagenstacher, pharmacien à Berne. Cette essence est très-remarquable par sa composition chimique ; elle a été étudiée par plusieurs chimistes, et plus spécialement par M. Piria.

L'essence d'ulmaire, comme la plupart des autres essences, est formée de deux huiles essentielles : l'une, acide, a été nommée *acide salycileux* $= C^{14}H^6O^4$ ou $C^{14}H^5O^4,H$, *hydrure de salycile acide spiroïleux* ; elle est isomère avec l'acide benzoïque sublimé ; elle forme, avec les baies des sels isomériques avec les benzoates, mais bien différents par leurs propriétés. M. Piria a obtenu artificiellement cette essence en traitant par distillation la salicine avec le bichromate de potasse et l'acide sulfurique ; dans cette opération, la salicine, qui égale $= C^{42}H^{23}O^{22}$, gagne O et perd $''HO$; il reste alors $C^{42}H^{18}O^{12}$, qui égale trois fois $C^{14}H^6O^4$.

L'essence pure d'ulmaire, ou acide salycileux, est liquide, incolore, d'une odeur qui rappelle celle des amandes amères ; sa saveur est brûlante ; elle tache la peau en jaune ; sa densité est plus grande que celle de l'eau ; elle bout à 196° ; elle brûle avec une flamme fuligineuse ; elle se solidifie à — 20° ; elle donne une belle coloration violette aux persels de fer. L'autre essence contenue dans l'huile de reine des prés est un hydrogène carboné.

Usages. — L'ulmaire, autrefois employée en médecine comme sudorifique, résolutive, et aussi comme astringente et tonique, était à peu près oubliée, lorsque M. Obriot, curé de Trémilly, fit connaitre les succès qu'il avait obtenus de son emploi dans les hydropisies. Les observations de M. Teissier, de Lyon, confirmèrent les résultats annoncés : ce médecin constata en même temps que l'ulmaire possédait bien réellement des propriétés astringentes et toniques. C'est surtout sous la forme de tisane que ces fleurs sont administrées ; on peut cependant en préparer un sirop qui a été souvent prescrit. Toutefois, il a paru à M. Teissier que les fleurs étaient moins actives que les feuilles et les racines. On les a employées comme vulnéraires.

M. Guitard, de Toulouse, a retiré de grands avantages de la décoction d'ulmaire dans un cas d'ascite symptomatique d'une tumeur pylorique ; cette même décoction a réussi à M. Cazin dans un anasarque, suite d'une métrorrhagie très-abondante survenue après l'accouchement ; elle détermine dans ce cas une diurèse abondante.

M. Hannon, de Bruxelles, a préconisé comme diurétiques et dyalitiques l'acide salycileux et les *salycilites alcalins* employés à très-faible dose.

Dans quelques pays, on mouille avec soin les fleurs d'ulmaire pour les mettre à infuser dans la bière et le vin, dans le but de communiquer à ces liquides une odeur et une saveur assez semblables à celles du vin de Malvoisie. Les feuilles sont employées pour la teinture en noir ; on s'en sert aussi comme fourrage pour les moutons et les chèvres.

L'ulmaire est inscrite au codex homœopathique sous le signe *Ass* et l'abréviation *Sp. ulm.*

ULVE

Ulva lactuca et *umbilicalis* L.
(Algues-Ulvacées.)

L'Ulve laitue (*U. lactuca* L.), vulgairement appelée Laitue de mer, est une plante marine, présentant une sorte de souche de laquelle naissent plusieurs frondes ou expansions foliacées, agrégées, membraneuses, très-minces, transparentes, d'un vert pâle, lisses, très-variables de forme et de grandeur ; tantôt courtes, larges, presque uniformes dans toute leur longueur, simples, obtuses ; tantôt beaucoup plus longues, élargies à la base, étroites au sommet, simples ou presque digitées, à lobes aigus ou obtus ; tantôt enfin étroites, allongées, atténuées à leur base en une sorte de pétiole, s'élargissant insensiblement vers le sommet, ou très-aiguës. Ces frondes, plus ou moins ondulées et crépues sur leurs bords, ressemblent un peu à la laitue frisée.

L'Ulve à larges feuilles (*U. latifolia* L., *U. saccharifera* Strom.) est regardée comme une simple variété de la précédente. Elle en diffère par sa base pédicellée, fixée aux rochers par des crampons radiciformes noirâtres et fibreux ; par ses frondes beaucoup plus grandes, d'un vert tendre et un peu jaunâtre.

L'Ulve ombiliquée (*U. umbilicalis* L.) consiste en une fronde ou expansion membraneuse ombiliquée, attachée aux rochers par sa partie centrale, sessile, large, étalée, violacée, plus mince et moins lobée que l'Ulve laitue, arrondie, à bords tantôt presque entiers, tantôt légèrement ondulés ou sinués, tantôt déchirés irrégulièrement. Elle est souvent marquée de trous ovales, de grandeur variable, et présente des taches brunes, très-petites, disposées en cercle ou en anneau, qu'on a regardées comme des organes de fructification.

HABITAT. — Ces plantes croissent dans l'océan et dans la plupart des mers de l'Europe. Elles sont fixées sur les rochers, les coquilles,

les corps sous-marins. Les flots les rejettent quelquefois en grande abondance sur le rivage.

PARTIES USITÉES. — Les plantes entières.

RÉCOLTE. — Les ulves, comme les autres algues, sont récoltées à diverses époques, lorsque les vagues les jettent sur le rivage.

COMPOSITION CHIMIQUE. — Les ulves renferment les mêmes principes que les autres algues, c'est-à-dire qu'elles contiennent de l'iode à l'état d'iodure alcalin.

USAGES. — Les ulves servent à la nourriture des hommes et des bestiaux en quelques pays. Plusieurs peuples du Nord mangent l'ulve laitue après l'avoir dessalée ; il en est de même des *U. compressa, umbilicalis, plicata, purpurea,* etc. L'*U. intestinalis* L., qui flotte dans les ruisseaux tranquilles, a été autrefois employée en médecine. Pallas rapporte qu'en Sibérie on se sert de plusieurs ulves pour guérir les maladies des jambes, des yeux, et quelques maux internes. Il cite surtout l'*Ulva penniformis*, qui porte le nom de *Beurre d'eau,* et deux autres espèces que l'on appelle *Beurre de terre* et *Beurre de fourmi,* la première croissant aux pieds des sapins, la seconde dans les fourmilières.

UNXIE

Unxia camphorata L.
(Composées-Corymbifères.)

L'Unxie camphrée est une plante à tiges droites, grêles, presque filiformes, herbacées, hautes d'environ $0^m,65$, dichotomes, hérissées de poils courts, un peu renflées aux points d'insertion des feuilles, qui sont opposées, sessiles, lancéolées, entières, aiguës, rétrécies à la base, molles, hispides sur leurs deux faces, marquées de cinq nervures longitudinales, simples et parallèles. Les fleurs sont groupées en capitules très-petits, solitaires, terminaux ou situés dans les bifurcations des rameaux, et portés par des pédoncules courts, simples, droits, filiformes, velus. L'involucre se compose de cinq ou six folioles égales, simples, ovales-lancéolées, aiguës, hispides ; les fleurs du centre sont tubuleuses et présentent cinq dents au sommet ; celles de la circonférence sont ligulées, peu nombreuses, courtes, étalées. Les fruits sont des akènes ovoïdes, très-durs, dépourvus d'aigrettes, insérés sur un réceptacle plane et nu.

L'Unxie hérissée (*U. hirsuta* Rich.) ressemble beaucoup à la précédente, dont elle se distingue surtout par la forme de ses feuilles, par ses capitules plus garnis de fleurs. Elle est hérissée, dans toutes ses parties, de poils nombreux. Ses tiges portent des feuilles opposées, ovales, un peu allongées, presque cordiformes, entières, un peu obtuses au sommet, velues sur leurs deux faces. Les capitules ont, au centre, des fleurons nombreux.

Habitat. — Ces deux plantes se trouvent à la Guyane et dans quelques régions voisines. Elles croissent surtout dans les plaines sablonneuses. Elles sont inconnues, en Europe, à l'état vivant.

Parties usitées. — La plante entière.

Composition chimique. — L'odeur fortement camphrée de cette plante est due à une huile essentielle dont l'analyse n'a pas été faite ; elle renferme, en outre, un principe amer et abondant.

Usages. — Cette plante n'est employée qu'à Surinam ; elle est inconnue dans la matière médicale européenne. A Surinam, on fait grand usage de l'unxie camphrée contre les douleurs rhumatismales, et surtout le lumbago (*Encyclop. botan.*, t. VIII, p. 188). On l'applique sur les points douloureux, ou l'on en fait des lotions et des fomentations.

UPAS ANTIAR

Antiaris toxicaria Lesch.
(Artocarpées.)

L'Upas Antiar, appelé aussi Antiore, Antjar, Antsjiar et Antshar, est un grand arbre, dont la tige est très-forte, couverte d'une écorce épaisse, lisse, blanchâtre, laissant écouler, par incision, un suc laiteux, gommo-résineux, blanc jaunâtre. Elle se divise en rameaux, qui portent des feuilles alternes, courtement pétiolées, ovales, dentées ou sinueuses, d'un vert pâle, couvertes de poils courts et rudes, à nervures saillantes. Les fleurs sont monoïques. Les mâles, portées sur un réceptacle discoïde, écailleux, multiflore, ont un périanthe à trois ou quatre divisions et un nombre égal d'étamines à filets très-courts. Les femelles, insérées sur un réceptacle turbiné, écailleux, uniflore, s'accroissant avec le fruit, sont dépourvues de périanthe, et ont un ovaire uniovulé, surmonté d'un style bifide. Le fruit est une drupe monosperme.

Habitat. — Cet arbre croît dans l'Indhoustan, à Java, à Bornéo et en général dans toutes les îles de la Sonde et des Moluques. On ne le cultive, en Europe, que dans les jardins botaniques, où il exige la serre chaude.

PARTIES USITÉES. — Le suc.

RÉCOLTE. — Lorsqu'on fait des incisions à l'upas antiar, il en découle un suc gommo-résineux, amer, blanc sur les jeunes branches, jaunâtre sur les vieilles. Celui qui a été rapporté vers la fin du siècle dernier, par le naturaliste Deschamps, l'un des compagnons de d'Entrecasteaux, dont Rumphius a parlé sous le nom d'*Arbor toxicaria* et qui est le fameux *Boon-upas* ou *Boûn-oupas* sur le compte duquel on a publié tant d'écrits exagérés, était noirâtre, liquide, d'une consistance sirupeuse. Les habitants de Java le préparent mystérieusement en y ajoutant diverses substances qui diminuent son action plutôt que de l'augmenter. D'après le docteur Horsfield, le suc frais est très-actif, contrairement à l'opinion des Javanais, qui le regardent comme inerte; il ne perd pas de sa force en vieillissant. A Bornéo on le laisse se concréter, au lieu de le conserver en consistance de mélasse, comme à Java. Les Javanais le renferment dans des étuis en bambou bien bouchés, car il s'altère à l'air.

COMPOSITION CHIMIQUE. — MM. Pelletier et Caventou ont trouvé dans l'upas antiar une résine élastique de l'apparence du caoutchouc, une matière gommeuse, une substance amère soluble dans l'eau et dans l'alcool, qui paraît renfermer un alcaloïde; c'est la partie active. On n'y a pas trouvé de strychnine. (*Annales de chim. et de phys.*, t. XXVI, p. 44.)

USAGES. — Le suc de l'upas antiar est employé par les indigènes des pays où croît cette plante, pour empoisonner leurs armes de guerre et de chasse. Les animaux piqués par les flèches ainsi préparées éprouvent des convulsions, des vomissements de matières noirâtres, des déjections alvines abondantes; il survient ensuite des accidents tétaniques, et les animaux succombent dans un temps plus ou moins long, selon leur force et selon la dose. Fœrsch prétend qu'on fait mourir les femmes adultères avec ce poison; elles succomberaient, suivant lui, en six minutes.

La préparation de ce poison, dit Leschenault, se fait à froid, dans un vase de terre; on mêle à la gomme-résine les graines du *Capsicum fruticosum*, du poivre, de l'ail, les racines du *Kœmpferia galanga*, du *Maranta maluccensis*, du *Costus arabicus*; on mélange lentement chacune de ces substances écrasées, à l'exception des graines du *Capsicum fruticosum*, que l'on enfonce précipitamment, une à une, au fond du vase au moyen d'une petite broche de bois. Chaque graine occasionne une légère fermentation et remonte à la surface, d'où on la retire pour en mettre une autre, jusqu'au nombre de huit à dix ; alors la préparation est terminée.

L'upas antiar a été étudié au point de vue physiologique par le docteur Horsfield, par Magendie et Delile. Après la mort, on ne trouve aucune trace de poison dans les organes, seulement le cœur et les vaisseaux sanguins sont remplis de sang noir comme après l'asphyxie. Les animaux périssent d'autant plus rapidement qu'ils sont plus jeunes et qu'on introduit le poison dans les veines. On peut manger impunément la chair des animaux tués par l'upas. Administré par l'estomac, il agit avec moins d'énergie.

M. Delile, attribuant la mort produite par l'upas antiar à l'asphyxie, a proposé de traiter cet empoisonnement par l'introduction artificielle de l'air ; il a réussi dans un cas, mais le plus souvent les animaux périssent avant qu'on ait pu les secourir. Le sel marin et l'opium n'ont produit aucun bon effet ; la compression, les lotions des plaies, l'application des ventouses et la cautérisation, lorsque le poison a été inoculé, les vomitifs et les purgatifs employés en temps opportun, lorsqu'il a été pris par l'estomac, sont les seuls moyens rationnels qu'il faille conseiller.

UVETTE

Ephedra distachya L.
(Conifères – Gnétacées.)

L'Uvette à deux épis, vulgairement appelée Raisin de mer, est un arbrisseau, dont le port rappelle celui des prêles. La tige, haute d'un mètre environ, dure, tortueuse, grisâtre, se divise en rameaux nombreux, cylindriques, grêles, verticillés, articulés, munis à chaque nœud d'une petite gaîne membraneuse, à deux dents opposées, qui paraissent être les rudiments de deux feuilles avortées. Les fleurs, dioïques, très-petites, jaunâtres, sont disposées en petits chatons axillaires. Elles ont un calice bifide et sont dépourvues de corolle. Les mâles ont six à huit étamines monadelphes. Les femelles se composent de quelques écailles persistantes, tronquées, urcéolées, à l'aisselle desquelles se trouvent deux ovaires uniovulés.

Le fruit est un petit strobile bacciforme rouge, constitué par les écailles accrues, rapprochées et devenant charnues après la floraison ; il renferme deux graines coriaces, planes d'un côté et convexes de l'autre.

HABITAT. — Cet arbrisseau croît sur tout le pourtour du bassin méditerranéen ; on le trouve particulièrement sur les plages sablonneuses maritimes. Il n'est cultivé que dans les jardins botaniques.

PARTIES USITÉES. — Les feuilles, les fruits, les semences.

RÉCOLTE. — On récolte les feuilles pendant toute la belle saison, les fruits à leur maturité.

COMPOSITION CHIMIQUE. — Les fruits sont légèrement acides et sucrés ; les feuilles renferment une matière résineuse.

USAGES. — Sur les bords de la Méditerranée, les fruits de l'uvette ou éphèdre à deux épis sont employés contre les fièvres malignes et les maladies aiguës ; leur suc se prend par cuillerées ; ils sont employés comme astringents ; les sommités des tiges sont aussi astringentes et détersives ; les graines possèdent les mêmes propriétés ; on les a, dit-on, employées contre les flux diarrhéiques, la leucorrhée, etc.

En Hongrie et en Sibérie, on emploie aux mêmes usages l'*Ephedra monostachya* L. D'après Gmelin, on en mange les fruits qui sont très-rafraîchissants.

VALÉRIANE

Valeriana officinalis L.
(Valérianées.)

La Valériane officinale est une plante vivace, à souche verticale, tronquée, brun fauve, à fibres épaisses. La tige, haute de 0^m,50 à 1^m, cylindrique, striée, fistuleuse, velue, dressée, un peu rameuse au sommet, porte des feuilles opposées, les inférieures pétiolées, les supérieures sessiles, pennatiséquées, très-profondément découpées en segments lancéolés, étroits, aigus, entiers ou dentés, pubescents. Les fleurs, petites, blanc rosé, sont groupées en cymes corymbiformes axillaires et terminales. Elles présentent un calice adhérent, ovoïde, allongé, strié, à limbe roulé en dedans pendant la floraison, se déroulant à la maturité en une aigrette plumeuse qui couronne le fruit; une corolle tubuleuse, à tube légèrement bossu à la base, à limbe partagé en cinq divisions un peu inégales, obtuses, étalées; trois étamines saillantes, insérées sur le tube, un ovaire infère, uniovulé, surmonté d'un style simple, filiforme, grêle, saillant, terminé par un stigmate trifide. Le fruit est un akène ovoïde, allongé, strié, surmonté d'une aigrette plumeuse (pl. 47).

On peut citer encore les Valérianes grande (*V. Phu.* L.), petite ou dioïque (*V. dioïca* L.), celtique (*V. celtica* L.), couchée (*V. supina* L.), rouge (*V. rubra* L., *Centranthus ruber* D. C.), etc.

Habitat. — La valériane est très-répandue en Europe; elle croît quelquefois dans les endroits secs, mais plus souvent dans les lieux humides et ombragés, les prairies marécageuses, au bord des eaux, etc.

Culture. — La valériane qui croît à l'état spontané suffit aux besoins de la médecine. La culture ne pourrait d'ailleurs qu'en affaiblir les propriétés; aussi n'est-elle pratiquée que dans les jardins botaniques. Cette plante croît dans tous les sols, et se propage facilement, soit par graines semées en place au printemps, soit par éclats de pied faits au printemps ou à l'automne.

Parties usitées. — La racine.

Récolte. — On récolte la racine au printemps, avant la pousse des tiges; on préfère celle qui croît dans des lieux secs et montagneux; son odeur et sa saveur sont, dit-on, plus fortes et ses propriétés plus

développées; il faut la choisir grosse, bien développée, âgée de trois
ans au moins. On la fait dessécher à l'étuve ; l'odeur se développe par
la dessiccation. Elle est souvent falsifiée dans le commerce avec la
racine du *Scabiosa succisa*, que l'on reconnaîtra toujours en ce qu'elle
est inodore, et que son extrémité est tronquée.

On trouve dans le commerce deux variétés de racine de valériane :
l'une est formée de radicelles blanches, cylindriques, pleines, d'apparence cornée; on y remarque une terre adhérente, sèche et sablonneuse, qui indique le sol dans lequel la plante a végété ; l'autre,
qui a dû croître dans un sol marécageux, porte sur ses radicelles une
terre noire et compacte, dure, argileuse; les radicelles sont d'un gris
foncé, plus déliées et ridées, ce qui tient à la plus grande quantité
d'eau fournie par des dessiccations. On a cru que cette racine était
produite par le *V. dioïca*, et c'est encore aujourd'hui l'opinion de
quelques auteurs ; mais la différence des lieux suffirait pour expliquer celle des deux racines. Cependant il est certain que la racine du
V. dioïca est souvent mêlée à celle de la valériane officinale. Quelquefois on y trouve encore celle de la Grande valériane (*V. Phu L.*),
ou *nard de Crète* ; elle jouit des mêmes propriétés que la valériane
officinale, mais à un degré moins actif.

La valériane celtique ou *nard celtique* croit sur les montagnes de
la Suisse et du Tyrol ; on trouve sa racine dans le commerce sous la
forme de petits paquets ronds et plats; elle est mélangée à de la
mousse ; elle présente une souche courte couverte d'écailles blanchâtres et de radicelles brunes ; son odeur, très-forte, rappelle celle
de la valériane ; quoique très-active, elle n'est pas employée.

COMPOSITION CHIMIQUE. — D'après M. Trommsdorff, la racine de
valériane contient pour cent parties : essence et acide valérianique,
1,041 ; matière insoluble dans l'alcool, 12,500; gomme, 9,375 ;
résine, 6,250 ; amidon, 1,563 ; ligneux, 69,270. Soumise à la distillation avec de l'eau, la valériane fournit une essence complexe et
de l'acide *valérianique* ou *valérique* découvert par Pentz, déterminé
par M. Grotz, et étudié par MM. Trommsdorff, Ettling, Dumas et
Stas, Cahours et Gerhart. D'après M. Ettling, lorsqu'il est anhydre,
il a pour formule $C^{10}H^9O^3$, et quand il est hydraté, $C^{10}H^9O^3,HO$
$= C^{10}H^{10}O^4$. Il est identique aux acides *amylique*, *viburnique* et
phocénique. Il peut être formé par l'oxydation de l'alcool de pommes
de terre; en effet :

$$C^{10}H^{12}O^2 + O^4 = C^{10}H^{10}O^4 + 2\,HO$$

Alcool amylique.   Acide
valérianique hydraté.

MM. Grotz, Trommsdorff et Ettling, avaient vu que l'essence de valériane brute était formée de deux huiles essentielles. D'après M. Gerhard, lorsqu'elle est récente, elle ne contient pas d'acide valérianique ; elle résulterait du mélange de deux huiles neutres. L'une, oxygénée, et qu'il a nommée *valéral*, serait l'aldéhyde valérique et se transformerait en acide valérianique par oxydation ; en effet :

$$C^{12}H^{10}O^2 + O^2 = C^{12}H^{10}O^4$$

Valéral.   Acide
valérianique hydraté.

L'autre essence serait seulement hydrocarbonée et analogue à l'essence naturelle du *Dryobanalops aromatica*, et qui, pour cette raison, se nomme *Bornéenne* ; sa formule est $C^{20}H^{16}$. Il est rare de trouver de l'essence de valériane sans acide valérianique ; mais la racine fraîche, qui est inodore, n'en contient probablement pas ; ce qui est contraire à l'opinion de M. Pierlot.

Usages. — D'après tous les auteurs, depuis Dioscoride jusqu'à nos jours, excepté Barbier d'Amiens, la valériane serait excitante ; elle augmenterait la chaleur animale, activerait la circulation, amènerait des sueurs, et produirait un trouble fébrile passager, comme le feraient le poivre, la cannelle, le gingembre, etc. Il est reconnu aujourd'hui que la valériane détermine rarement de tels effets ; elle fait éprouver d'abord un peu de céphalalgie, de l'incertitude et un peu de susceptibilité de l'ouïe, de la vue et de la myotilité, des vertiges fugaces ; tels sont le plus souvent les phénomènes remarqués chez certaines femmes et chez quelques animaux ; elle bouleverse la sensibilité et les fonctions musculaires : elle agit en excitant des phénomènes nerveux, artificiels, analogues aux spasmes morbides ; c'est par conséquent en agissant sur le système nerveux cérébro-spinal, par la voie du système ganglionaire, que la valériane produit ses effets.

La valériane décrite par Dioscoride et Aétius, employée par Arétée, abandonnée ensuite, fut, dit-on, tirée de l'oubli par le napolitain Fabius Colonna qui était épileptique et prétendit s'être guéri par l'emploi de la valériane ; quelques auteurs en ont tiré la conséquence qu'il était hystérique et non épileptique. Plus tard, un médecin romain, Dominique Panardi, prétendit avoir obtenu les mêmes succès. Si ces observations sont susceptibles de laisser des doutes, on ne peut cependant pas s'empêcher d'accorder quelque confiance à celles rapportées par Haller, de Haen, Sauvages, Willis, Marchant, Tissot, Guarin, Boërhaave, etc. Il est bien certain aujourd'hui que si la valériane ne guérit pas l'épilepsie elle-même, elle est d'un très-grand secours pour guérir le vertige, les convulsions épileptiformes, l'hystérie, ces états nerveux spasmodiques si fréquents chez les femmes. C'est surtout à J. Fred. Bismarck, dans une thèse publiée à Hale, et à J. Fred. Stanke, dans un semblable travail, paru à Amsterdam, que l'on doit les premiers aperçus, sur les véritables effets de la valériane. Plus tard, Hill, Marcus, Herz entrevirent sa véritable action.

Dans l'hystérie, la valériane est employée en infusion ou en décoction sous la forme de poudre, d'extrait, de sirop, de pilules, de teintures, de potions et surtout en lavements; elle agit d'autant mieux que les formes de la maladie sont plus incomplètes et plus bizarres; elle est aussi d'un bon usage contre les vertiges et la chorée. M. Rayer l'a employée avec succès contre la polydipsie, et dans la polyurie. Malgré les faits rapportés par Bautrin, Bouhille, Carminati, etc., ses propriétés fébrifuges sont très-douteuses. Junker l'employait comme diurétique et diaphorétique dans les exanthèmes rentrés. On la vante pour certaines maladies des yeux, mais c'est surtout dans l'amaurose commençante, dans l'obscurcissement de la vue, dans tous les cas où les phénomènes morbides sont plutôt cérébraux que propres à la vision, que la valériane produit d'excellents effets.

Mindererus appliquait la valériane en épithèmes sur les membres débilités, dans les affections anciennes, et sur la tête, dans la migraine.

Depuis quelque temps on a beaucoup employé l'acide valérianique et les valérianates, et particulièrement celui de quinine, pour combattre les névralgies périodiques et les accidents nerveux qui accompagnent quelquefois les fièvres intermittentes; le valérianate de zinc, et surtout celui d'ammoniaque contre l'épilepsie, l'hystérie, la chorée, etc. Toutes ces préparations, quoi qu'on en ait pu dire, ne paraissent pas agir mieux que la valériane elle-même.

En médecine homœopathique, on fait le plus grand cas de la valériane, et on la prescrit très-fréquemment contre une foule de maladies. Son signe est *Avr* et son abréviation *Valer*. On en prépare une teinture mère.

VANILLE

Vanilla planifolia et *aromatica* Swartz.
(Orchidées - Aréthusées.)

La Vanille à feuilles planes (*V. planifolia*) est un sous-arbrisseau à tige très-longue, grimpante, portant des feuilles alternes, oblongues-lancéolées, planes, légèrement striées, épaisses, charnues et comme articulées sur la tige. Les fleurs, assez grandes, verdâtres, un peu charnues, sont réunies en grappes courtes. Elles présentent un périanthe presque herbacé, articulé sur l'ovaire, à six divisions peu étalées ; les trois extérieures et deux des intérieures oblongues, dressées, un peu obtuses, semblables entre elles et libres à la base ; la troisième intérieure (*labelle*), unie avec la colonne, à limbe presque entier, échancré au sommet, crénelé, crispé, concave, recourbé des deux côtés, verruqueux au-dessous du sommet, portant vers son milieu des lamelles courtes, transversales, dentées, imbriquées à rebours, qui le font paraître comme barbu ; une colonne (*gynostême*) allongée, velue en avant ; une anthère terminale, operculaire, à deux masses polliniques bilobées et granuleuses. Le fruit est une capsule siliquiforme, très-longue, charnue, pulpeuse à l'intérieur et très-aromatique.

La Vanille aromatique (*V. aromatica* Swartz, *Epidendron Vanilla* L.) est caractérisée par ses feuilles oblongues ; ses fleurs d'un blanc verdâtre, en grappes terminales ; ses fruits longs de 0^m,16 à 0^m,22.

La Vanille à fleurs jaunes (*V. lutescens* Moq.-Tand.), qui n'est pas employée en médecine, diffère de la précédente par ses feuilles ovales ; ses fleurs d'un beau jaune, en grappes axillaires ; ses fruits longs de 0^m,10 à 0^m,15.

HABITAT. — Ces trois espèces, et plusieurs autres, dont il sera parlé tout à l'heure, sont originaires des régions tropicales de l'Amérique. Elles croissent dans les bois, où elles grimpent en s'accrochant le long des arbres. On cultive les deux premières dans nos colonies. En Europe, elles exigent la serre chaude, où elles peuvent donner de très-bons produits.

PARTIES USITÉES. — Les fruits, improprement appelés *gousses*.

RÉCOLTE. — On cueille les fruits avant leur parfaite maturité pour éviter qu'ils ne laissent échapper les sucs qu'ils contiennent ; on les enduit d'huile de coco, d'acajou ou de ricin, afin de conserver leur souplesse et d'en éloigner les insectes ; on en fait de petites bottes que l'on enferme dans des boîtes de fer-blanc. On emploie encore un autre procédé qui consiste à tremper les gousses de vanille mûres dans de l'eau bouillante, pendant un demi-quart d'heure ; on les laisse égoutter et on les expose pendant quinze jours à l'ombre, dans un courant d'air ; elles deviennent alors molles, grasses et noirâtres, d'une odeur agréable ; on les roule ensuite dans du papier huilé. Enfin, on assure que les Mexicains préparent leur vanille par une sorte de fermentation qu'ils arrêtent à temps. Le fruit vert est inodore ; il ne prend d'odeur qu'en mûrissant. Linné attribuait cette odeur aux graines, mais il est certain qu'elle est due à la pulpe. D'après M. Perrottet, quand la vanille fraîche et récente paraît avoir de l'odeur, cela est dû à la fleur du *Pothos odoratissima* Perr., qu'on y mêle, à la Guiane.

Les vanilles du commerce sont de trois sortes ; deux d'entre elles peuvent être des variétés de la même espèce, mais la troisième appartient à une espèce différente.

La plus estimée est la *Vanilla sativa*, appelée dans le pays *Baynilla mansa*, et aussi *Vanille Leq*. La longueur des gousses (capsules charnues) est de 0ᵐ,16 à 0ᵐ,20, épaisse de 0ᵐ,007 à 0ᵐ,009 ; elle est ridée dans sa longueur, rétrécie aux deux extrémités, recourbée à la base, molle, visqueuse, brun rougeâtre foncé, d'une odeur forte, rappelant celle du baume de Pérou, mais plus suave. Conservée dans un lieu sec et dans un vase imparfaitement fermé, elle se recouvre de petits cristaux blancs brillants, qu'on avait pris pour des acides benzoïque ou cinnamique ; on dit alors que la *vanille est givrée*.

La seconde espèce est la *Vanilla sylvestris* de Schiede, appelée vulgairement *Simarona* ou *bâtarde* ; elle paraît être une variété de la précédente, mais elle est plus courte, plus grêle, moins grasse, plus rouge, moins aromatique et elle ne givre pas.

La troisième espèce est la *Vanilla Pompona* de Schiede, appelée par les Espagnols *Vanille Pompona*, par les Mexicains *Bova*, c'est-à-dire *bouffie*, dont les gousses, longues de 0ᵐ,14 à 0ᵐ,19, mais larges de 0ᵐ,014 à 0ᵐ,021, sont brunes, noires, molles, visqueuses, presque toujours ouvertes ; leur odeur est forte, moins agréable que celle des précédentes, moins balsamique ; elle présente un goût de fermenté.

On l'emploie surtout pour la confiserie, les liqueurs et l'art culinaire ; elle coûte beaucoup moins cher que les précédentes.

La *Vanilla planifolia*, que l'on cultive depuis quelques années en France, en Belgique et en Hollande, y a produit plusieurs fois des fruits de bonne qualité ; ils sont aussi aromatiques, aussi fins et aussi suaves que la vanille du commerce ; mais cette culture exige des serres chaudes et de très-grands soins ; on féconde la plante artificiellement. Il vient quelquefois de l'Inde une vanille jaunâtre, peu estimée et peu usitée.

COMPOSITION CHIMIQUE. — D'après Bucholz, la vanille contient une huile grasse, de la résine molle, de l'extrait amer, du sucre, une substance amyloïde, de la coumarine ; elle ne donne pas d'huile volatile à la distillation ; elle cède ses principes actifs à l'eau et à l'alcool.

Le givre de la vanille, qui a été d'abord considéré comme de l'acide benzoïque ou de l'acide cinnamique, et plus tard comme de la *coumarine*, paraît être un corps particulier que M. Gobley a nommé *vanilline*. Cette substance se dépose quelquefois dans la teinture de vanille. M. A. Vée a vu que le givre de la vanille fondait à 78° c., qu'il était soluble dans l'eau bouillante, que sa solution rougissait le tournesol ; tandis que la *coumarine*, matière cristallisable de la fève Tonka, du mélilot, de l'aspérule odorante, du faham, des *Orchis fusca* et *anthropophora*, etc., fond à 68 et non à 50, comme le disent la plupart des auteurs ; l'acide benzoïque fond à 120° et l'acide cinnamique à 129°.

USAGES. — La vanille est employée sous forme de teinture ou de poudre ; on en prépare également des tablettes. La poudre est faite par intermède, c'est-à-dire qu'on y ajoute quatre parties de sucre sur une de vanille pour la pulvériser ; on obtient ainsi le sucre vanillé, si employé dans l'art culinaire, pour la fabrication des liqueurs, du chocolat, des confiseries et des pâtisseries. Mais il arrive souvent aussi que, dans les restaurants de bas étage, et pour préparer les liqueurs communes, on remplace le délicieux parfum de la vanille par des balles d'avoine noire, qui ont en effet une odeur qui rappelle celle de la vanille, mais qui sont bien loin d'avoir sa suavité.

La vanille est regardée comme un stimulant aromatique précieux. Les anciens la disaient nervine, céphalique et exhilarante ; elle possède de plus des propriétés aphrodisiaques très-marquées. On peut prendre le sucre vanillé à la dose de deux à dix grammes ; mais le plus souvent c'est comme objet d'agrément et non comme médicament que la vanille est employée, et alors elle est associée aux arômes, aux confiseries, aux liqueurs, au chocolat surtout.

VARAIRE

Veratrum album et *nigrum* L.
(Mélanthacées - Vératrées.)

Le Varaire blanc (*V. album* L.), vulgairement appelé Varasco, Hellébore blanc, Vératre, etc., est une plante vivace, à racine charnue, tubéreuse, fusiforme, allongée, grise, munie de nombreuses fibrilles grisâtres, pivotante. La tige, haute de 1 mètre à 1^m,50, cylindrique, épaisse, striée, glabre ou à peine pubescente, dressée, porte des feuilles alternes, embrassantes, grandes, ovales, acuminées, entières, glabres, d'un vert clair, plissées longitudinalement, à plis parallèles aux nervures. Les fleurs, blanc verdâtre, munies de bractées, sont réunies en grappes dont l'ensemble forme une grande panicule rameuse terminale. Elles présentent un périanthe à six divisions sessiles, oblongues, lancéolées, glanduleuses à la base, blanches en dessus, vertes en dessous, très-étalées, persistantes ; six étamines dressées, saillantes ; un pistil composé de trois carpelles libres, pluriovulés, surmontés d'autant de styles courts et divergents terminés par des stigmates simples. Le fruit se compose de trois capsules allongées, uniloculaires, renfermant un grand nombre de graines ovoïdesoblongues.

Le Varaire noir (*V. nigrum* L.) est regardé par plusieurs auteurs comme une simple variété du précédent, dont il diffère par sa taille un peu plus petite ; ses feuilles plus grandes ; ses bractées plus courtes ; ses fleurs pourpre noirâtre, disposées en grappe terminale rameuse à la base et simple au sommet.

A ce genre appartient encore la Cévadille (*V. Sabadilla* Retz), qui a été l'objet d'un article spécial (t. I, p. 308).

Habitat. — Le varaire habite les contrées centrales et méridionales de l'Europe ; on le trouve surtout dans les pâturages élevés des régions montagneuses. Il n'est guère cultivé que dans les jardins botaniques, où on le propage par éclats.

Parties usitées. — Les racines.

Récolte. — La racine de varaire blanc se récolte à l'automne. Quand on l'a dépouillée de la terre et quelquefois de ses radicelles, on la fait sécher. Celle du commerce nous arrive de la Suisse, sous forme de cônes tronqués de $0^m,27$ de diamètre, longs de $0^m,06$ à $0^m,08$; elle est blanche à l'intérieur, noire et ridée en dehors ; les radicelles, lorsqu'elles existent, sont longues de $0^m,08$ à $0^m,10$, blanches à l'intérieur, jaunes à l'extérieur ; elles sont de la grosseur d'une plume de corbeau ; par son aspect, la racine ressemble un peu à la racine d'asperges, mais les radicelles de l'asperge sont plus longues et moins pleines.

La racine de varaire noir n'est pas employée, quoiqu'on lui attribue les mêmes propriétés qu'à la précédente ; elle est sous forme d'un tronçon très-court garni d'un grand nombre de radicelles contenant un principe colorant jaune, plus abondant que dans la racine de varaire blanc.

Composition chimique. — Le varaire blanc a été analysé par MM. Pelletier et Caventou, qui y ont trouvé du gallate acide de vératrine, une matière colorante jaune, de l'amidon, du ligneux, de la gomme, une substance grasse composée d'élaïne, de la stéarine et un acide volatil (*Ann. de phys. et de chimie*, t. XIV, p. 81).

On a cru pendant longtemps que la racine de varaire blanc devait toutes ses propriétés à la vératrine, dont nous avons fait connaître ailleurs la composition et les propriétés physiques, chimiques, physiologiques et thérapeutiques (*Voyez* Cévadille, *Flore médicale*, t. I, p. 308). Mais M. Simon a trouvé dans cette racine une autre base organique qu'il a nommée *Jervine*, et qui, d'après M. Will, est composée de $C^{60}H^{45}Az^2O^5$; elle est incolore, à peu près insoluble dans l'eau et dans l'ammoniaque, assez soluble dans l'alcool à 104° ; elle perd quatre équivalents d'eau de cristallisation ; elle fond à une température plus élevée et se décompose vers 200° ; elle forme des sels solubles avec les acides. Son action physiologique n'a pas été étudiée ; la *jervine* n'a pas été employée en médecine.

Usages. — Le varaire est un poison très-violent ; appliqué sur la peau dénudée, ses principes actifs sont rapidement absorbés ; il amène alors des vomissements et diverses lésions du système nerveux, auxquels les animaux succombent promptement ; il détermine de vives inflammations locales, principalement du canal digestif. Les expériences de Schadel, Scheel, Courten, Wiborg, etc., ont démon-

tré que ce poison, introduit dans les veines, tuait très-promptement ;
il détermine alors les phénomènes suivants : respiration pénible,
ralentissement du pouls, nausées, vomissements, ptyalisme, station
et progression difficiles, tremblement des membres, et alors la circulation peut s'accélérer ; convulsions, opisthotonos ou emprosthotonos
et mort. A l'autopsie, on trouve les poumons lourds, gorgés de sang,
présentant des taches brunes, quelquefois emphysémateux ; le cœur,
particulièrement à droite, est distendu par un sang noir, se fluidi-
fiant à l'air ; la vésicule biliaire est gonflée de bile, le foie est gorgé
de sang ; on trouve en outre des traces d'inflammation dans tout le
canal digestif.

A petite dose, la racine de varaire blanc est vomitive et purgative ; elle peut même causer les vomissemeuts par son application
externe (Ettmuller) ; elle produit les mêmes effets appliquée sous
forme de suppositoires (Schreder). On dit que, respirée par le nez, elle
peut produire des hémorrhagies nasales, des métrorrhagies, l'avortement, des suffocations et même la mort.

Hippocrate, Galien, Celse, Dioscoride, etc., parlent de cette
plante ; on l'employait comme vomitive et purgative dans une foule
de maladies. D'après Greding, Wendt, Avenbrugger, Smith, Hahne-
mann, Reil, Vogel, on s'en servait surtout pour rétablir l'équilibre
des fonctions organiques, lorsqu'il était rompu par un ébranlement du
système nerveux.

La poudre de varaire blanc a été employée contre un grand nombre
de maladies de la peau, et surtout contre le *porrigo favosa* et la gale ;
on l'a appliquée sur le sacrum en poudre ou en pommade, dans les
cas de menstruation difficile. La teinture a été employée à l'extérieur
contre les taches hépatiques.

Les homœopathes emploient la racine de varaire blanc dans un
grand nombre de maladies ; ils la préfèrent fraîche. Son signe est
Mvt et son abréviation *Veratr*.

VAREC

Fucus Helminthocorton et crispus L.
(Algues-Fucacées.)

Le Varec vermifuge (*F. Helminthocorton* L., *Ceramium* Roth, *Corallina* D.C.), vulgairement Mousse de Corse, Mousse de mer, et,

en pharmacie, Helminthocorton et Coralline de Corse, est une petite plante marine, présentant à sa base une sorte de callosité dure et épaisse, d'où s'élèvent des frondes en touffes serrées et enchevêtrées. Ces frondes, grêles, cylindriques, filiformes, presque capillaires, hautes de 0^m,03 à 0^m,06, tantôt d'un fauve corné, tantôt d'un gris rougeâtre ou violacé, se divisent au sommet en rameaux redressés, alternes, ordinairement simples, les derniers formant quelquefois une dichotomie irrégulière, à deux divisions inégales, allongées, finement aiguës, à peine articulées. On observe aussi de petits tubercules hémisphériques, latéraux, sessiles, épars, et qui paraissent être des organes de fructification.

Le Varec crépu (*F. crispus* L., *Chondrus* D.C.), vulgairement Carraghen ou Mousse perlée, est une petite algue qui adhère aux rochers par une callosité arrondie, un peu comprimée, d'où s'élèvent de nombreuses frondes agrégées, hautes de 0^m,10 à 0^m,20, formant à leur base une sorte de pédicule qui s'élargit en une fronde un peu membraneuse, coriace, transparente, vert brunâtre, plusieurs fois bifurquée, les dernières bifurcations étant découpées au point de faire paraître la plante entière déchiquetée, crépue ou frisée.

Ce genre, qui a servi à en former plusieurs, renferme encore un grand nombre d'autres espèces, parmi lesquelles on peut citer les Varecs vésiculeux (*F. vesiculosus* L.), dentelé (*F. serratus* L.), polymorphe (*F. polymorphus* L.), etc.

La Coralline blanche ou officinale (*Corallina officinalis* L.) a été l'objet de nombreuses discussions parmi les naturalistes. Quelques-uns, tels que Ellis, Linné, Lamarck, Lamouroux, l'ont regardée comme un polypier, tandis que Pallas, Spallanzani l'ont regardée comme une plante. Cette dernière opinion est aujourd'hui adoptée, et M. Decaisne a fait une famille des Corallinées, dans le sous-ordre des Algues choristosporées.

La Coralline blanche est sous la forme de touffes formées de très-petites frondes articulées et ramifiées; à l'abri de la lumière, elle devient blanche; elle est toujours opaque, cassante, riche en carbonate de chaux répandu dans toute la masse; les organes de fructification sont formés de conceptacles pédicellés, ovoïdes, ouverts à l'extrémité, qui naissent à l'aisselle des articles de la tige ou des ramifications, et qui contiennent des sacs nommés *périspores* ou *sporidies*, renfermant chacun quatre spores superposées.

En dehors des *fucus* alimentaires dont nous parlerons bientôt, nous citerons encore comme étant employés assez souvent en médecine, surtout depuis quelques années, les *fucus vesiculosus, serratus*, etc., et les nombreux hybrides de ces plantes.

Habitat. — Les varecs croissent dans les eaux salées, où ils se fixent aux rochers et aux corps sous-marins par une sorte d'empâtement radiciforme. Le varec vermifuge habite plus particulièrement la Méditerranée, où cependant les autres algues-fucacées sont rares.

Parties usitées. — Les plantes entières.

Récolte. — Les différents varecs ou varechs, appelés *Goëmons* sur la côte de Bretagne, sont récoltés pendant la belle saison sur les rochers qui bordent la mer, ou bien on les ramasse sur le rivage lorsque les vagues les y apportent; on les fait sécher et on les emploie alors tantôt pour l'usage de la médecine, tantôt comme engrais; ailleurs on les incinère pour tirer de leurs cendres, par lixiviation, le carbonate de soude et des eaux-mères dont on extrait de l'iode et du brome.

Le varec vermifuge est un mélange d'un très-grand nombre de petites espèces d'algues, qui croissent sur les rivages de la Corse, que l'on ramasse et qu'on expédie mélangés de graviers et d'impuretés; on y a compté jusqu'à vingt-deux espèces d'algues qui n'ont pu être comprises dans les seuls genres de Linné, ce qui a obligé à en faire de nouveaux : celui qui domine est le *Gigartina Helminthocorton* Lamk. On y trouve encore les *fucus fœniculaceus, purpureus, incurvatus, plumosus, pilosus, aculeatus* Esper.; *barbatus* L.; *ericoïdes* L.; *fasciola* Roth; *plicatus, sedoides*; les *Corallina officinalis et rubens*; les *Conferva fasciculata, catenata, œgagropila, albida, scoparia*; les *Ulva Pavonia* L., *squamaria* Gmelin, *Lactuca* L.

Le varec crépu se distingue par sa blancheur parfaite; dans le commerce, il est sec, crispé, blanc jaunâtre, d'une odeur faible; sa saveur est fade et mucilagineuse; plongé dans l'eau, il augmente de volume; il devient blanc et gélatineux à l'ébullition; il s'y dissout presque complétement et forme cinq ou six fois son poids d'une gelée épaisse, consistante et insipide (*Journ. de chim. med.*, t. VIII, p. 662).

Composition chimique. — Tous les *fucus*, et nous pourrions dire toutes les algues, sont riches en soude et en iode; celui-ci domine surtout dans les *Laminaria* et le *Fucus vesiculosus*. Il n'en est pas moins vrai que l'on peut en extraire de tous les végétaux qui composent la famille des algues.

Bouvier a donné l'analyse suivante de la mousse de Corse : gélatine végétale, 60,2 ; squelette végétal, 11,0; sulfate de chaux, 11,2 ; sel marin, 9,2 ; carbonate de chaux, 7,5 ; fer, magnésie, silice, phosphate de chaux, 1,7 ; total : 100,8 (*Ann. de chim. et de phys.*, t. IX). D'après cette analyse, la mousse de Corse renfermerait 60 pour cent de matière formant gelée avec l'eau ; or, bouillie avec de l'eau, elle ne se prend pas en masses. M. Guibourt pense que l'état humide dans lequel les droguistes tiennent cette substance peut détruire la matière gélatineuse. La mousse de Corse contient une petite quantité d'iode.

Le carraghen fournit à l'eau une grande quantité de mucilage. Dupasquier a vu qu'il contenait une certaine quantité d'iode. M. E. Mouchon a donné pour son emploi une certaine quantité de formules que l'on peut calquer sur celles du lichen. Les plus employées sont la tisane et la gelée.

D'après Bouvier, la coralline blanche renferme : carbonate de chaux, 61,6 ; carbonate de magnésie, 7,4 ; sulfate de chaux, 1,9 ; chlorure de sodium, 1,0 ; silice, 0,7 ; phosphate de chaux, 0,3 ; oxyde de fer, 0,2 ; gélatine, 6,6 ; albumine, 6,4 ; eau, 14,1 (*Ann. de chim. et de phys.*, t. VIII, p. 308). On s'est beaucoup appuyé sur cette analyse comme preuve de la nature animale de la coralline, mais rien ne prouve que les corps nommés gélatine et albumine soient bien de la gélatine et de l'albumine animales ; d'ailleurs, cette dernière existe dans presque toutes les plantes (Guibourt, *Hist. des droguès*, quatrième éd., t. II, p. 52).

Usages. — L'usage de la mousse de Corse ou varec vermifuge comme anthelmintique remonte à une très-haute antiquité ; on l'employait comme médicament dans les îles de la Grèce du temps de Théophraste et de Dioscoride ; c'est probablement le *Muscus marinus* de Pline et des vieux auteurs. Mais ce n'est qu'en 1775, d'après Sprengel, qu'un médecin corse, Stephanopoli, fit connaître les propriétés anthelmintiques de ce médicament : il l'appelait *Leminthochorton*. Schwendomann et Latourette, médecins de Lyon, publièrent un mémoire sur cette plante, et le dernier lui donna le nom de *Fucus Helminthocorton*, qui lui est resté.

Aujourd'hui le varec vermifuge est employé sous forme de tisane, et le plus souvent de gelée. Cette gelée se prépare avec du vin blanc ou rouge; on y ajoute de la gélatine ou de la colle de poisson, car elle ne produit pas par elle-même assez de matière mucilagineuse pour faire prendre l'eau en gelée. Un médecin anglais, William Farr, a fait un travail sur l'emploi de la mousse de Corse contre le cancer non ulcéré; il prétend que ce fut l'empereur Napoléon Iᵉʳ qui apporta à Sainte-Hélène l'usage que l'on faisait en Corse du varec crépu contre cette terrible maladie; on y ajoutait un peu de rhubarbe. Le docteur Oohlhoof pense que cette plante doit ses propriétés à l'iode qu'elle contient.

Le varec crépu ou carraghen a été très-employé comme adoucissant et analeptique; ses propriétés le rapprochent des fécules et des gommes; il agit comme le font l'arrow-root, le salep, le sagou, le tapioka, etc. Cependant il renferme des traces d'iode, et pour cette raison il doit avoir une autre action.

Les propriétés anthelminthiques de l'Helminthocorton sont très-anciennement connues; Matthiole parle d'un enfant auquel sa poudre aurait fait rendre plus de cent vers. Brasavole (*Examen medicamentorum*, Venise, 1539 à 1555), cite des cas semblables. On devait la priver de ses impuretés, administrer sa poudre dans du miel à la dose de 4 à 20 grammes. La plante dont parlent les anciens était très-friable, tandis que la mousse de Corse serait à peu près impossible à pulvériser.

Nous avons dit ailleurs (*Voyez* LAMINAIRE, *Flore médicale*, t. II, p. 205-207) l'usage que l'on faisait de quelques *Fucus*, *Laminaria*, etc., et, entre autres, du *Laminaria digitata*, pour dilater les plaies et les trajets fistuleux. Nous devons citer encore l'usage très-fréquent que l'on fait des préparations de *Fucus vesiculosus* (tisane, gelée, extrait alcoolique, sirop) contre l'obésité. Pline lui attribuait, comme aux autres *fucus* d'ailleurs, des propriétés anti-goutteuses; Jérôme Gaubius, au dix-huitième siècle, et Baster disaient qu'on les appliquait sur les tumeurs comme fondants; Lucas Steller prescrivait le *Fucus vesiculosus* contre la diarrhée. Le charbon que produit cette plante était autrefois très-usité sous le nom d'*Ethiops végétal*; Russel l'employait contre le goître.

Le *Fucus vesiculosus* a été analysé par Stackhouse, et plus récemment par M. H.-F. Gaultier de Claubry (Voyez *Annales de chimie*,

t. XXXV, p. 273, t. XLIX, p. 269), et par John (*Journ. de Schweiz,* t. XIII, p. 464). C'est surtout de cette plante et du *F. saccharinus* que Courtois a extrait l'iode en 1812; et, suivant M. Gaultier de Claubry, c'est le *Fucus saccharinus* qui en fournit le plus.

On sait que l'iode doit être rangé parmi les stimulants; il agit directement sur le système reproducteur et particulièrement sur l'utérus, d'après M. Coindet; aussi est-il regardé comme un des emménagogues les plus puissants. A la dose d'un gros, un gros et demi, il détermine l'ulcération de la membrane muqueuse de l'estomac, et la mort. Des observations nombreuses ont prouvé qu'il pouvait faire disparaître complétement ou incomplétement la plupart des goîtres, et que son usage était également suivi de succès dans une multitude d'affections scrofuleuses; on le prescrivait jadis à l'intérieur à la dose d'un grain dissous dans 12 onces d'eau distillée et mêlé à 12 grains de sel commun. Extérieurement on le prescrit soit en solution iodurée plus chargée d'iode, soit sous forme de pommade dans laquelle on fait entrer l'hydriodate de potasse, l'iodure de soufre et les iodures de mercure; il serait imprudent d'administrer à l'intérieur une forte dose d'iode qui ne manquerait pas d'agir comme poison (Orfila, *Éléments de chimie,* 1831, t. I, p. 156).

Nous terminerons cet article, relatif aux usages des *Fucus,* par une énumération rapide de ceux qui servent d'aliment. On mange, à Madagascar, le *F. Amansii* Lamx.; dans l'Inde, d'après Rumphius, le *F. bracteatus* Gmel.; en Écosse, le *F. ciliatus* Gmel.; en Asie, d'après Steller, le *F. Clathrus;* en Écosse et en Irlande, les *F. digitatus, dulcis, edulis, palmatus;* en Russie, le *F. muricatus,* qu'on nomme *dsileng;* en Islande, le *F. serratus.* Les Chinois font des cordages avec le *F. Tendo* Esp. et fabriquent une gelée très-tenace avec le *F. tenax* Turner. A Valparaiso et au Chili, on vend sur les marchés un *fucus* que les Espagnols nomment *Poireau de mer,* pour mettre dans les potages : c'est le *F. porroidea* Bory, et peut-être le *Durvillea utilis* Bory.

Le *Fucus potatorum* de la Nouvelle-Hollande présente de gros renflements creux qui le font employer comme vase à boire. On en fait des sacs, des bourses, des tasses (Labillardière, *Voyage,* t. I, p. 127).

Enfin, c'est quelquefois en partie avec le *Fucus coralloïdes* Poiret, qui appartient maintenant au genre *Gelidium,* que l'hirondelle salangane fabrique son nid, si recherché en Chine comme mets exquis.

Cette plante, qu'on n'y rencontre pas d'une manière constante, se trouve mêlée à une substance animale sécrétée et régurgitée par l'oiseau, et qui forme la matière même du nid. On en a extrait une substance gélatineuse que l'on a nommée *gelose* et *cubilose* (Payen).

VÉLAR

Erysimum officinale et *Barbarea* L.
(Crucifères – Sisymbriées.)

Le Vélar officinal (*E. officinale* L., *Sisymbrium officinale* Scop.), appelé aussi Sisymbre officinal, Herbe au chantre, etc., est une plante annuelle, à racine pivotante, un peu fibreuse. La tige, haute de 0^m,35 à 0^m,65, un peu anguleuse, grisâtre, velue, rude, rameuse, dressée, porte des feuilles alternes, pétiolées, pubescentes, rudes, les inférieures roncinées, pennatifides, les supérieures hastées. Les fleurs, jaunes, très-petites, sont disposées en grappes grêles, spiciformes, terminales. Elles présentent un calice à quatre sépales pubescents, un peu connivents ; une corolle à quatre pétales spatulés, entiers, plus longs que le calice ; quatre étamines tétradynames saillantes ; un ovaire pluriovulé, surmonté d'un stigmate presque sessile. Le fruit est une silique oblongue-conique, velue, anguleuse, courtement pédonculée (Pl. 48).

Le Vélar Barbarée (*E. Barbarea* L., *Barbarea vulgaris* R. Br.), vulgairement appelé Herbe de Sainte-Barbe, Herbe aux charpentiers, Rondotte, Girarde, etc., est une plante vivace, dont les tiges, hautes de 0^m,30 à 0^m,60, portent des feuilles alternes, les inférieures lyrées à lobe terminal arrondi, les supérieures obovales, dentées, embrassantes. Les fleurs sont jaunes, et les fruits sont des siliques linéaires, presque cylindriques, courtes, terminées par un bec allongé.

Le Vélar précoce (*E. præcox* D. C., *Barbarea patula* Fries, *B. præcox* R. Br.), se distingue du précédent par ses feuilles supérieures pinnatifides à lobes oblongs linéaires, par ses siliques très-longues, et par sa saveur piquante analogue à celle du Cresson.

Habitat. — Ces plantes sont très-communes en Europe ; on les trouve dans les lieux incultes, les décombres, au voisinage des habitations, au bord des chemins et des fossés, dans les lieux herbeux, etc. Elles ne sont cultivées que dans les jardins botaniques.

Parties usitées. — Les feuilles fraiches et les graines.

Récolte. — Le plus souvent cette plante s'emploie fraîche ; on la cueille en juin ; cependant on la fait quelquefois dessécher, et elle perd très-peu de ses propriétés par la dessiccation ; on la récolte alors lorsqu'elle commence à passer fleur. Le vélar Barbarée est toujours employé frais ; il est plus actif lorsqu'il est en fleurs ; les graines sont cueillies avant la déhiscence spontanée des fruits ; on les fait dessécher avant de les enfermer dans des vases secs.

Composition chimique. — Le vélar officinal est inodore lorsqu'il est intact ; mais si on le froisse il répand une légère odeur qui rappelle un peu celle du cresson ; sa saveur est âcre et piquante ; il renferme les mêmes principes que les autres crucifères, comme le cresson, mais en moins grande quantité.

Usages. — On a regardé le vélar comme stimulant et expectorant ; on l'a vanté contre le catharre pulmonaire chronique, mais surtout contre l'enrouement et l'aphonie. Rondelet, le premier, l'employa pour les chantres qui avaient perdu leur voix. Lobel et Vicat ont vanté son sirop contre l'enrouement. M. Cazin dit l'avoir vu souvent réussir dans les affections catarrhales, et l'avoir employé avec succès dans les stomatites et les amygdalites chroniques ; il n'agit cependant pas mieux alors que ne le feraient le cresson et le cochléaria.

Les graines du vélar officinal sont rubéfiantes, mais moins que la moutarde ; elles sont réputées antiscorbutiques ; celles du vélar Barbarée ont été autrefois employées comme apéritives.

Anciennement, on appliquait sur les tumeurs, et même sur les cancers, un onguent de vélar obtenu en pilant la plante avec du miel ; on y ajoutait quelquefois un peu d'oxyde de plomb, et on le mettait sur les tumeurs lymphatiques et scrofuleuses.

Le vélar Barbarée jouit, dit-on, des mêmes propriétés que le cresson, mais il est moins actif ; à l'extérieur on l'a appliqué sur les tumeurs comme résolutif. On le mange quelquefois en salade.

Ces plantes sont aujourd'hui très-rarement employées ; néanmoins le vélar fait partie d'un sirop très-composé que l'on trouve encore dans les pharmacies sous les noms de *sirop d'Erysimum composé* ou de *vélar,* ou *des chantres,* ou de *Tortelle.*

Rarement usité dans la médecine ordinaire, le vélar paraît l'être encore moins en médecine homœopathique ; cependant il est inscrit au Codex des homœopathes sous le signe *Mey* et l'abréviation *Erysim.*

VERGE D'OR

Solidago Virga-aurea L.
(Composées-Astérées.)

La Verge d'or est une plante vivace, à rhizome traçant, fibreux. La tige, haute de 0ᵐ,50 à un mètre, un peu anguleuse, dure, raide, simple, dressée, glabre ou à peine pubescente, d'un vert clair, porte des feuilles alternes, d'un beau vert ; les inférieures ovales ou oblongues, ordinairement dentées, atténuées en pétiole ; les caulinaires oblongues-lancéolées, atténuées aux deux extrémités. Les fleurs, d'un beau jaune d'or, sont groupées en capitules réunis en grappes, qui sont rapprochées elles-mêmes de manière à constituer une panicule terminale oblongue compacte. Elles sont insérées sur un réceptacle nu, presque plan, entouré d'un involucre à folioles imbriquées. Chaque fleur présente un calice en aigrette ; une corolle tubuleuse dans les fleurs du disque, ligulée dans celles de la circonférence, qui sont étalées et rayonnantes ; cinq étamines à anthères soudées ; un ovaire infère, surmonté d'un style simple, saillant, terminé par un stigmate bifide. Les fruits sont des akènes cylindriques, striés, surmontés d'une aigrette simple, à soies capillaires, courtes et blanchâtres.

La Verge d'or du Canada (*S. Canadensis* L.), appelée aussi Gerbe d'or, est une plante vivace, à tige haute de 1 à 2 mètres, velue, dressée, portant des feuilles alternes, lancéolées, acuminées, dentées, scabres, marquées de trois nervures. Les fleurs, d'un beau jaune d'or, forment des capitules très-petits, disposés en grappes unilatérales effilées, arquées, rameuses, étalées, dont l'ensemble constitue une vaste panicule terminale feuillée.

Nous nommerons aussi la Verge d'or toujours verte (*Solidago sempervirens* L.), et la Verge d'or odorante (*S. odora* H. Kew).

Habitat. — La première espèce est commune en Europe ; elle croît dans les lieux montueux, les buissons, les pâturages, sur la lisière et dans les clairières des bois. La seconde, originaire du Canada, est aujourd'hui naturalisée dans nos contrées. Les deux dernières croissent dans l'Amérique du Nord.

Parties usitées. — La plante, les sommités fleuries.

Récolte. — La plante doit être récoltée avant la floraison ; on cueille les sommets au moment où les fleurs commencent à s'ouvrir, parce que les réceptacles étant assez charnus, les fleurs continuent à se développer pendant la dessiccation, et que si on les cueillait trop tard, elles monteraient en graines et se détacheraient du réceptacle.

Composition chimique. — Cette plante est un peu amère et astringente ; elle renferme du tannin ; elle est inodore, si ce n'est lorsqu'on la brise ; elle répand alors une odeur semblable à celle des plantes de la même famille.

Usages. — Le nom générique de cette plante, solidage (*solidago*), vient de *solidare*, affermir, fortifier, souder, à cause des propriétés vulnéraires qu'on lui a attribuées. On l'appliquait en poudre pour hâter la cicatrisation des vieux ulcères. Elle entre dans la composition du *faltrank*, ou *vulnéraire suisse*. On la regarde aussi comme astringente et diurétique. On la conseillait autrefois dans une foule de maladies ; Geoffroy, Haller, Vogel, Linné, Chomel l'ancien, la regardaient comme très-efficace dans un grand nombre d'affections. Arnaud de Villeneuve la considérait comme un excellent lithontriptique ; ses propriétés diurétiques étaient très-souvent mises à profit dans les affections chroniques des reins et de la vessie, dans l'anasarque.

L'infusion de la verge d'or odorante (*Solidago odora*) a été employée, aux États-Unis, comme astringente dans la dysenterie et l'ulcération des intestins. La verge d'or toujours verte (*S. sempervirens*) est, d'après Cornuti, très-réputée au Canada pour la guérison des blessures.

Les feuilles et les fleurs de verge d'or teignent en jaune. Avec l'alun et la potasse, on en obtient une *laque jaune*.

VÉRONIQUE
Veronica officinalis et beccabunga L..
(Personées – Véronicées.)

La Véronique officinale, vulgairement appelée Véronique mâle ou Thé d'Europe, est une plante vivace, à souche rameuse, chevelue. Les tiges, hautes de $0^m,15$ à $0^m,30$, cylindriques, raides, rameuses, très-velues, couchées et souvent radicantes à la base, redressées au sommet, portent des feuilles opposées, brièvement pétiolées, ovales ou oblongues, un peu aiguës, dentées, velues. Les fleurs, bleu pâle ou blanc rosé, munies de bractées, sont disposées en grappes axillaires peu compactes. Elles présentent un calice à quatre divisions presque égales, très-courtes, lancéolées, velues ; une corolle rotacée, à quatre divisions, la supérieure plus grande, l'inférieure plus petite ; deux étamines saillantes et divergentes ; un ovaire à deux loges pluriovulées, surmonté d'un style simple terminé par un stigmate bilobé. Le fruit est une capsule assez petite, pubescente, ciliée, glanduleuse, triangulaire, à deux loges polyspermes.

La Véronique cressonnée (*V. beccabunga* L.), vulgairement appelée Beccabonga, Cresson de cheval, etc., est aussi vivace. Les tiges, hautes de 0^m,30 à 0^m,60, cylindriques, fistuleuses, charnues, épaisses, fermes, glabres, portent des feuilles opposées, pétiolées, ovales ou oblongues, obtuses, dentées, charnues et glabres. Les fleurs, violettes ou d'un beau bleu, sont disposées en grappes axillaires ordinairement opposées. Le fruit est une capsule assez petite, glabre, renflée, arrondie, à peine échancrée au sommet.

Nous citerons encore les Véroniques mouron (*V. Anagallis* L.), petit chêne ou chênette (*V. chamædris* L.), à trois feuilles (*V. triphyllos* L., *V. digitata* Lamk), blanche (*V. incana* L.), teucriette, ou des prés (*V. teucrium* L.), en épis (*V. spicata* L.), à feuilles de lierre (*V. hederæfolia* L.), etc.

HABITAT. — La véronique officinale est commune en Europe ; elle croît sur les coteaux boisés, dans les pâturages, au bord des chemins ombragés, etc. Les véroniques cressonnée et mouron croissent dans les lieux humides et marécageux, au bord des fossés et des ruisseaux. Ces plantes ne sont cultivées que dans les jardins botaniques.

PARTIES USITÉES. — Les feuilles et les sommités fleuries.

RÉCOLTE. — On cueille la véronique pendant et après la floraison ; on la monde des feuilles desséchées rouges ou noirâtres, on sépare les racines et on fait dessécher en guirlandes, au séchoir ou au soleil ; on opère de même pour les véroniques petit chêne, gémandrée et en épis ; quant au Beccabonga, il faut préférer celui qui croît au bord de l'eau, et non dans l'eau ; celui-ci est moins actif. Comme cette plante perd toutes ses propriétés par la dessiccation, on ne l'emploie que fraîche.

COMPOSITION CHIMIQUE. — La véronique officinale est inodore ; elle a une saveur amère, chaude et styptique ; on en prépare une eau distillée qui est très-peu aromatique ; elle renferme une matière extractive et très-peu de tannin. D'après Cartheuzer, l'extrait alcoolique est beaucoup plus amer que l'extrait aqueux.

Le beccabonga, d'abord peu sapide, acquiert, lorsqu'il est en fleurs, une saveur amère et acerbe, puis âcre et piquante, rappelant un peu celle du cresson ; il doit cette saveur piquante à une huile essentielle, analogue à celle de quelques crucifères.

Usages. — Dans une dissertation publiée à Hale, en 1693, Frédéric Hoffmann proposa la véronique pour remplacer le thé ; aussi pendant longtemps cette plante a-t-elle été employée, surtout en Allemagne, sous le nom de *thé d'Europe*. Plus tard, on proposa d'ajouter à la véronique des feuilles de Béhen et de Botrys.

On croit que la véronique agit comme excitante et stimulante, qu'elle provoque la sécrétion urinaire et facilite l'expectoration ; c'est surtout dans les maladies de poitrine, comme les catarrhes pulmonaires chroniques, la phthisie, les bronchites, etc., qu'on l'a employée. D'après Johan Franke, elle pourrait guérir toutes les maladies. Éraste, Gesner, Elsner, Craton la prescrivaient contre les affections calculeuses ; Murray pensait, au contraire, que par ses propriétés astringentes, elle devait plutôt condenser les calculs que les dissoudre. Sa décoction a été vantée dans les fièvres intermittentes ; c'est tout au plus si, nonobstant les qualités qu'on lui a si généralement attribuées, la véronique officinale peut rendre quelques services comme tonique léger dans les convalescences des fièvres muqueuses, dans l'asthme et les bronchites.

La décoction et l'eau distillée de véronique, employées autrefois contre la gale, les dartres, et pour le pansement des ulcères, sont aujourd'hui tout à fait abandonnées.

Les véroniques petit chêne (*V. chamædris*), teucriette *V. teucrium*), en épis (*V. spicata*) jouissent à peu près des mêmes propriétés que la véronique officinale, et peuvent lui être substituées. D'après Pallas, la véronique blanche (*V. incana*) est broutée, en Sibérie, par les bestiaux, qui sont ainsi guéris de la gale ; cet auteur assure que son suc est caustique et qu'il peut déterminer la vésication sur la peau de l'homme.

La véronique cressonnée (*V. beccabunga*), ou du moins son suc clarifié, a été souvent prescrit comme excitant, diurétique et antiscorbutique. Boërhaave, Simon Paulii, Vogel et Forestus ont exalté ses vertus. Murray les a révoquées en doute. M. Guersant père a démontré que cette plante pouvait, dans quelques cas, remplacer le cresson. A l'extérieur, Forestus la conseillait pour le pansement des ulcères scorbutiques ; les paysans l'employaient souvent en cataplasmes contre les panaris ; ou la regarde, ainsi appliquée, comme détersive et résolutive. La véronique mouron (*V. Anagallis*) jouit des mêmes propriétés.

La véronique est, de nos jours, très-peu usitée en médecine ordinaire.

Elle est comprise dans le Codex des homœopathes sous le signe *A en* et l'abréviation *Véron.*

VERVEINE

Verbena officinalis L.
(Verbénacées - Verbénées.)

La Verveine officinale ou commune, appelée autrefois Herbe sacrée, est une plante vivace, à racine fusiforme, jaunâtre, peu garnie de chevelu. La tige, haute de $0^m,35$ à $0,65$, tétragone, raide, dressée ou ascendante, rameuse, à angles scabres, porte des feuilles opposées, presque sessiles, ovales ou oblongues, profondément découpées en lobes dentés, pubescentes et scabres. Les fleurs, petites, violet pâle, sont groupées en épi terminal lâche effilé. Elles présentent un calice tubuleux, à cinq dents, persistant et se fendant à la maturité ; une corolle à tube assez long, un peu arqué, à limbe presque bilabié, divisé en cinq lobes obtus ; quatre étamines incluses, didynames ; un ovaire à quatre loges uniovulées ; inséré sur un disque charnu et surmonté d'un style simple terminé par un stigmate en tête. Le fruit se compose de quatre akènes, qui se séparent à la maturité.

La Verveine à trois feuilles, ou Verveine citronnelle, Verveine odorante (*V. triphylla* Lhér., *Lippia citriodora* Kunth, *Aloysia citriodora* Ort.), est un arbrisseau dont la tige, haute de 1 à 2 mètres, se divise en rameaux tétragones, glabres, striés, scabres, portant des feuilles verticillées par trois, courtement pétiolées, lancéolées, aiguës, entières, scabres en dessus et aux bords, ponctuées-glanduleuses en dessous, d'un beau vert, très-odorantes. Les fleurs sont petites et groupées en épis verticillés dont l'ensemble forme une panicule terminale. Elles présentent un calice à dents courtes, aiguës ; bivalve à la maturité ; une corolle blanche en dehors, bleu purpurin en dedans, à deux lèvres ; la supérieure bilobée, l'inférieure trifide ; quatre étamines didynames incluses; un ovaire à deux loges uniovulées, surmonté d'un style simple à stigmate latéral. Le fruit est une drupe sèche, à deux loges monospermes.

Habitat. — La verveine officinale est commune en Europe; elle croît dans les lieux stériles, les décombres, au bord des chemins, etc. La verveine odorante, qui est indigène du Pérou et du Chili, est fréquemment cultivée dans nos jardins, où on la multiplie de boutures et de marcottes.

Parties usitées. — Les feuilles et les sommités fleuries.

Récolte. — Il faut cueillir la verveine officinale avant la floraison; on doit choisir les rameaux bien garnis de feuilles, et faire sécher promptement. La verveine citronnelle ou odorante est surtout employée fraîche; on doit la cueillir aussi au moment de la floraison.

Composition chimique. — La verveine officinale est inodore; sa saveur est légèrement amère; elle paraît contenir un tannin particulier; appliquée en cataplasmes, elle colore la peau en beau rouge, ce qui avait fait croire qu'elle possédait la propriété d'attirer le sang au dehors.

La verveine citronnelle possède une odeur des plus agréables, qui rappelle tout à fait celle du citron; et elle doit cette odeur à une huile essentielle qu'on peut extraire par distillation. Elle possède une saveur légèrement amère, piquante et très-aromatique. Cette plante, d'ailleurs, n'a pas encore été analysée.

En parfumerie, on nomme encore essence de verveine ou de citronnelle, et les Anglais appellent *Lemon-grass*, l'essence extraite de la Schœnante (*Andropogon Schœnanthus*), de la famille des Graminées; mais il est très-important de ne pas confondre ces deux essences entre elles.

Usages. — Le nom de verveine vient, d'après quelques auteurs, de *Herba Veneris*, à cause des propriétés aphrodisiaques que lui attribuaient les anciens. Les prêtres s'en servaient pour les sacrifices, d'où le nom d'Herbe sacrée (*Herba sacra*). Les druides la faisaient entrer dans l'*eau lustrale*. Les magiciens et les sorciers en faisaient aussi grand usage.

En médecine, la verveine officinale était regardée comme astringente, résolutive, diaphorétique, antispasmodique, vulnéraire, etc. Elle a été préconisée contre les fièvres intermittentes, les épanchements cellulaires, l'ictère, les ulcères, les ophthalmies, la pleurésie, etc. On prétendait qu'elle augmentait le lait des nourrices, qu'elle prévenait l'avortement ; seulement on ajoutait qu'il fallait la faire bouillir avec des écrevisses. Wadel, Boërhaave, Linné, Chomel l'ancien et bien d'autres ont vanté ses propriétés fébrifuges. D'après M. Mottet, c'est un remède populaire employé encore de nos jours aux environs de Limoges contre les fièvres automnales.

A l'extérieur, et sous forme de cataplasmes, la verveine officinale a été employée contre les douleurs nerveuses, les rhumatismes, la pleurodynie, les céphalalgies. Itard s'en est servi contre les névralgies de l'oreille. Aujourd'hui elle n'est plus usitée dans notre médecine ordinaire.

La verveine citronnelle est, dit-on, stomachique et antispasmodique ; on peut l'employer dans les mêmes cas que la mélisse, la menthe et les feuilles d'oranger, c'est-à-dire dans les mauvaises digestions, les dyspepsies, les flatuosités, la gastralgie ; elle excite l'estomac et les fonctions de la peau. On l'a proposée pour remplacer le thé.

La verveine est quelquefois employée en médecine homœopathique ; son signe est *Avb* et son abréviation *Verbena*.

VIGNE

Vitis vinifera L.
(Ampélidées.)

La Vigne est un arbrisseau sarmenteux, de grandeur variable. Sa tige, tortueuse, couverte d'une écorce grisâtre ou rougeâtre, gercée, fibreuse, peu adhérente, se divise en rameaux (*sarments*) alternes, noueux, flexibles, à écorce lisse, brun rougeâtre et fibreuse, munis de vrilles par lesquelles ils s'accrochent aux corps voisins. Ils portent des feuilles alternes, longuement pétiolées, planes, échancrées à la base, palmées, à cinq lobes aigus et dentés, d'un vert foncé en dessus, tomenteuses-blanchâtres en dessous. Les fleurs, très-petites, verdâtres, sont groupées en panicules rameuses (vulgairement *grappes*) opposées aux feuilles. Elles présentent un calice très-petit, étalé, cupuliforme, à cinq dents ; une corolle à cinq pétales libres dans leur partie inférieure, unis au sommet en une sorte de coiffe qui se détache d'une seule pièce ; cinq étamines opposées aux pétales, à filets grêles et subulés, à anthères cordiformes ; un ovaire libre, ovoïde, acuminé, à deux loges biovulées, inséré sur un disque annulaire et surmonté d'un stigmate en tête, presque sessile, un peu bilobé. Le fruit est une baie ovoïde ou globuleuse, de couleur et de grosseur variables, renfermant un petit nombre de graines.

Cet arbrisseau a produit par la culture un grand nombre de variétés dans la forme, le volume, la couleur, la saveur du fruit, ainsi que dans les époques de floraison et de maturation. L'une des plus remarquables est celle dont le fruit, appelé Raisin de Corinthe, est complétement dépourvu de graines.

HABITAT. — Originaire de l'Asie, la vigne a été introduite en Grèce, en Italie, dans le midi de la Gaule, et s'est successivement propagée dans presque toutes les régions tempérées du globe. Cultivée en grand dans les vignobles, on la trouve sous forme de treilles dans les jardins, et souvent aussi dans les serres.

PARTIES USITÉES. — Les feuilles, la sève, le bois, les fruits.

RÉCOLTE. — Les feuilles de vigne sont récoltées pendant toute la belle saison. Les raisins pour conserves à l'état frais doivent être cueillis avant leur parfaite maturité ; on les met sur la paille ou on les suspend, en ayant le soin d'en distraire les grains au fur et à mesure qu'ils pourrissent ; par des moyens particuliers on peut les conserver jusqu'à Pâques et au delà. Pour la fabrication du vin, le raisin est récolté à sa parfaite maturité.

Quand on veut conserver les raisins pour les usages économiques ou médicinaux, on les fait dessécher dans des étuves. Voici les principales espèces que l'on fait sécher :

1° *Raisins de Damas*, autrefois très-employés, rares aujourd'hui ; ils sont gros, aplatis, fermes ; chaque grain contient deux pepins. On les reçoit dans des boîtes nommées *bustes*. On leur substitue les *raisins de Calabre*, qui sont gras, mollasses et sucrés, ainsi que les raisins dits *Jubis*.

2° *Raisins de Malaga*, venant d'Espagne, très-usités en pharmacie et pour les desserts sous le nom de *Raisins de Damas*. Ils viennent en caisses de 7 à 30 kilogrammes ; les grappes sont entières, les rafles anguleuses et d'un jaune rougeâtre, les grains sont longs de $0^m.24$ à $0^m.27$, larges de $0^m.015$ à $0^m.17$; leur teinte est violacée, leur saveur est sucrée ; ils renferment deux pepins qu'on aperçoit à travers le péricarpe.

3° *Raisins au soleil*, qui viennent aussi d'Espagne, plus petits que les précédents, sans rafles, ridés et sillonnés en tous sens, d'une couleur rouge prononcée sur les parties saillantes, et polies par le frottement, tandis que les sillons sont d'une couleur bleu glauque; ils manquent souvent de pepins; ils sont opaques. Leur saveur est sucrée et aigrelette.

4° *Raisins de Provence, raisins en caisses, raisins aux jubis.* D'après Pomet, ces raisins viennent surtout de Roquevaire et d'Ouriol. On les cueille en grappes à leur maturité, et on les trempe dans une lessive chaude de carbonate de soude; on les fait sécher au soleil sur des claies, puis on les enferme dans des caisses de 9 à 20 kilogrammes. Ils sont en partie pourvus de leur rafle et en partie égrenés; ils sont d'un jaune blond et demi-transparents, lorsqu'ils sont récents; mais ils deviennent rapidement opaques par suite de la cristallisation de la glycose à leur surface. Leur saveur est sucrée et acidulée. Ils contiennent de deux à quatre semences volumineuses.

5° *Raisins de Samos*, en grappes et égrenés. Ils ressemblent à ceux de Provence, mais ils sont plus petits et plus serrés; ils ont deux pepins. C'est avec ces fruits que l'on fait, dans l'île de Samos, les vins de *Malvoisie*.

6° *Raisins de Smyrne*, sans rafles, isolés, pourvus de chacun un pédoncule, ovales ou elliptiques, un peu aplatis, longs de $0^m,12$ à $0^m,14$, larges de $0^m,07$ à $0^m,10$, d'un blond pâle, presque transparents à la lumière, complétement privés de semences, propres et réguliers, très-sucrés et ayant goût de raisin muscat.

7° *Raisins de Corinthe.* Il vient très-peu de ces raisins de Corinthe même; ce sont surtout Anatolikon, petite ville de la Grèce occidentale, Missolonghi, Lépante, Patras, l'île de Céphalonie et celle de Zante qui les fournissent. Aujourd'hui ils sont très-petits, isolés, arrondis, avec des semences presque imperceptibles, qui manquent même souvent. Les Anglais en font un commerce considérable pour la confection de leur plat national le *plum-pudding*. Ce sont ces raisins que l'on préfère en pharmacie.

Raisins du Maroc, égrenés, noirs, arrondis, sucrés. Ils contiennent d'une à trois semences qui les rendent peu agréables.

COMPOSITION CHIMIQUE. — La saveur astringente et légèrement acide que présentent les feuilles de vigne est due au tannin et au bitartrate de potasse qu'elles renferment. La sève, qui coule assez abondamment lorsqu'on taille la vigne, est incolore, limpide, transparente, inodore et insipide. D'après Deyeux, elle contient une matière végéto-animale qui fait qu'elle se putréfie à l'air. On y trouve en outre de l'acide acétique et de l'acétate de chaux. Le bois donne par incinération un résidu dans lequel le carbonate de potasse domine. Le fruit ou raisin avant la maturité porte le nom de *verjus*; son suc est acide, peu sucré; il renferme de la pectine, de la pectose, et peu ou pas d'acide pectique. Le jus du raisin mûr, qui porte le nom de *moût*, contient de l'eau, du sucre, de la pectine, de l'acide pectique, une matière albumineuse azotée, du tannin, des sels, parmi lesquels nous devons citer le bitartrate de potasse et le tartrate de chaux, des acides tartrique, malique, citrique, libres ou combinés. Saturé par de la craie et filtré, on lui enlève ses acides libres, et on transforme le bitartrate de potasse en tartrate neutre. Le jus ainsi obtenu, quand il est évaporé en consistance de sirop épais, est connu sous le nom de *sirop de raisin* ou *vin cuit*.

Le vin proprement dit est le produit de la fermentation du jus de raisin au contact ou en dessus du contact des pellicules (épicarpes), des graines et des rafles.

On distingue quatre sortes principales de vins : ce sont les *vins blancs*, les *vins rouges*, les *vins de liqueur* et les *vins gazeux* ou *mousseux*.

A peu de chose près, les diverses espèces de vins renferment les mêmes éléments : ce sont l'eau, l'alcool, le tannin, les acides acétique, propionique, tartrique, malique, citrique, succinique; du sucre, une ou plusieurs matières azotées, de l'aldehyde, une matière colorante jaune (vins blancs), une matière colorante bleue (cyanine ou *œnocyanum*), de la glycérine; diverses substances odorantes désignées sous le nom de *Bouquet de vin*, et qui sont spéciales pour chaque espèce, une huile essentielle particulière, découverte par M. Deleschamps, et que MM. Liebig et Pelouze ont reconnu être de l'éther œnanthique; enfin des sels parmi lesquels il faut citer en première ligne le tartre ou bitartrate de potasse, le tartrate de chaux, le sulfate de potasse, et le chlorure de potassium, du tartrate de fer, de la magnésie, de la soude, etc.

Les vins blancs contiennent peu de tannin et pas de cyanine; ceux qui sont de médiocre qualité renferment une matière albuminoïde nommée *Glaïadine*, qui fait subir au sucre qu'ils contiennent la fermentation visqueuse; ce qu'on exprime en disant qu'ils *tournent au gras*, c'est-à-dire qu'ils deviennent visqueux, épais, filants. On empêche cette maladie des vins en y ajoutant du tannin ou en faisant macérer le moût sur les grappes; les vins blancs peuvent être fabriqués avec les raisins blancs et rouges indistinctement; mais dans ce cas, on a le soin de séparer les pellicules.

Les vins rouges sont riches en tannin; ils contiennent à la fois la matière colorante jaune et la cyanine, qui est bleue et qui rougit au contact des acides.

Les vins de liqueurs, dits aussi *vins généreux* (mais ce nom peut s'appliquer à tous les vins qui renferment plus de 12 pour 100 d'alcool), sont ceux qui renferment encore une certaine proportion de sucre. Ils sont généralement riches en alcool : tels sont le constance, le malaga, le rancio, le frontignan, le grenache, le lacryma-christi, le tokai, etc. Quelquefois ces vins sont fabriqués avec des moûts concentrés ou en y ajoutant des raisins secs.

Les vins gazeux ou mousseux sont blancs ou rosés; les champagnes, quoique blancs, sont faits avec des raisins noirs, comme il va être expliqué tout à l'heure; tous sont additionnés de sucre candi. Leur fabrication exige de grands soins.

La couleur des vins rouges est due aux pellicules des raisins noirs restées dans le moût pendant la fermentation. Le principe colorant de ces pellicules rougit sous l'action de l'acide libre du vin, et se dissout à mesure que l'acide devient alcoolique. En outre, ces pellicules et les rafles des raisins cèdent au vin une assez forte proportion de tannin qui détermine leur astringence. Il résulte de là qu'on peut faire des vins blancs avec des raisins rouges, ou, comme on dit d'ordinaire, noirs; il suffit pour cela de séparer le moût d'avec les pellicules pendant la fermentation. C'est ainsi que l'on procède pour les vins blancs de Champagne, pour lesquels on préfère généralement les raisins noirs comme donnant un vin plus alcoolique.

Le principe sucré du raisin se développe à mesure que ce fruit atteint sa maturité. De là vient que les vignes des pays méridionaux donnent des raisins et des moûts plus sucrés. Une conséquence naturelle de ce fait, c'est que les vins formés avec ces moûts sucrés renferment une plus forte proportion d'alcool.

Voici, à cet égard, un certain nombre d'exemples. Les chiffres que nous allons donner, en partie d'après M. Payen, en partie d'après Gay-Lussac et d'autres auteurs, exprimant la proportion d'alcool *pur*, ou à 0,793 de densité, contenu dans 100 parties de vin, sont sensiblement plus faibles que ceux donnés antérieurement par Brandes, lesquels exprimaient seulement la proportion d'alcool à 0,825 de densité.

Noms des vins.	Alcool.	Noms des vins.	Alcool.
Marsala.	25.09	Volnay.	11.00
Madère.	20.48	Mâcon.	10.00
Porto	20.00	Saint-Émilion	09.18
Banyuls-sur-Mer (Roussillon)	18.03	Saumur	09.09
Bagnols (Gard).	17.00	Saint-Estèphe	09.07
Grenache, Madère vieux,	16.00	Château-Latour,	09.03
Collioure (Roussillon).	15.59	Tokay (Hongrie)	09.01
Jurançon rouge.	15.07	Léoville	09.01
Malaga.	15.01	Haut-Brion.	09.00
Saint-Georges (Hérault).	15.00	Cos-Destournel,	09.00
Sauterne blanc.	15.00	Branne-Mouton	09.00
Barsac (1er cru)	14.07	Vin au détail (Paris)	08.08
Id. (3e cru)	12.01	Château-Laffitte	08.07
Vins du Rhin de 10 à	11.09	Château-Margaux.	08.07
Frontignan	11.08	Vins du Cher	08.07
Champagne mousseux.	11.06	Vins de lies pressées (Paris).	07.06

Comme comparaison, nous ajouterons à ce tableau celui de la richesse alcoolique de quelques autres des boissons les plus usitées.

Noms des boissons.	Alcool.	Noms des boissons.	Alcool.
Cidre fort.	09.01	Bière de Strasbourg.	03.09
Cidre ordinaire.	05.05	Porter de Londres	03.09
Poiré.	06.07	Bière de Lille.	02.09
Ale de Burton.	08.02	Bière de Paris.	01.09

Pour déterminer la proportion d'alcool contenue dans un vin on se sert de l'appareil distillatoire de Gay-Lussac ou de celui de M. Salleron, de l'ébullioscope de Conati ou de l'œnomètre de M. Tabarié.

En général un vin naturel doit donner de 80 à 150 pour 1000 d'alcool au volume supposé anhydre, et renfermer 20 à 22 pour 1000 de matières tierces séchées à 105°.

Les vins sont sujets à des maladies connues sous les noms d'*inertie*, de *pousse*, de *graisse*, d'*acide*, d'*astringence*, d'*amer* et de *fleur*. Quelques-unes de ces maladies peuvent être guéries ou modifiées par des traitements particuliers.

Le vinaigre est le résultat de la transformation de l'alcool du vin en acide acétique, transformation qui se fait sous l'influence des matières organiques azotées, et, d'après M. Pasteur, par le développement d'un mycoderme qu'il appelle *Mycoderma aceti*, de même que la fermentation alcoolique se fait sous l'influence du développement du *Mycoderma vini*. Sans nier d'une manière absolue le rôle important des êtres organisés dans la fermentation alcoolique et dans la transformation de l'alcool en acide acétique, nous croyons que ces deux phénomènes peuvent avoir lieu sans la présence de germes organisés. Il est incontestable, en effet, que l'alcool est transformé en acide acétique et en aldéhyde dans la lampe sans flamme de Davy, et lorsqu'on arrose le noir de platine avec de l'alcool (Dœbereiner). D'un autre côté, des grains de raisin intacts, lavés à l'hydrogène et écrasés sous la cloche à mercure, fermentent lorsqu'on y introduit de l'air ou de l'oxygène exempt de germes, comme l'air extrait des fruits du baguenaudier (*Colutea arborescens*, Légumineuses), ou de l'oxygène provenant de la destruction de l'oxyde d'argent décomposé dans le sein du liquide lui-même à l'aide de la chaleur.

D'ailleurs la transformation de l'alcool en aldéhyde et en acide acétique s'explique très-bien par l'équation suivante :

$$C^4 H^6 O^2 + O^2 = 2\,HO + C^4 H^4 O^2 + O^2 = C^4 H^4 O^4 = C^4 H^3 O^3 HO$$

Alcool.   aldéhyde.   acide acétique mono-hydraté.

Sous le nom de *vinaigre* on ne doit entendre que celui de vin ; par conséquent sa qualité sera en rapport avec celle des vins qui auront servi à le fabriquer. Toutes les liqueurs alcooliques, bière, cidre, alcools de grains, alcool de fécule, de betteraves, etc., peuvent être acétifiées ; mais il faut alors, pour les désigner, faire suivre le nom générique de vinaigre du nom spécifique indiquant l'origine, et dire alors : vinaigre de bière, de cidre, de grain, de fécule, de betteraves, etc., ou tout simplement d'alcool. Quant à l'acide acétique du vin qui, lorsqu'il est pur, est identique avec celui que l'on obtient par la distillation du bois, il peut servir à préparer des vinaigres de médiocre qualité.

Les acides acétiques employés en médecine sont les suivants :

1° L'acide acétique cristallisable ou monohydraté $= C^4 H^4 O^4$;

2° Le vinaigre radical, extrait du verdet, qui contient de l'acétone ;

3° Le vinaigre distillé, obtenu par la distillation du vinaigre de vin, qui se distingue par l'odeur agréable qu'il répand, et qui est dû à l'éther acétique qu'il renferme ;

4° Le vinaigre de vin proprement dit, qui doit contenir de 8 à 10 pour 100 d'acide acétique monohydraté. Celui-ci est déterminé à l'aide de l'acétimètre de MM. Salleron et Reveil.

L'alcool de vin $= C^4H^6O^2$ n'est jamais employé qu'en médecine à l'état de pureté absolue ; il renferme le plus souvent de l'eau. Ce sont les alcools à 95°, 85°, 75° et 55° centésimaux dont on fait le plus fréquent usage ; ce qui veut dire que ces alcools renferment 95, 85, 75 et 55 pour 100 d'alcool réel.

Les eaux-de-vie, dont on fait une si grande consommation en médecine, dans les arts et en économie domestique, renferment de 50 à 65 pour 100 d'alcool. Les plus estimées sont les suivantes :

1° Cognacs, qui comprennent les fines champagnes, les aigrefeuilles, les saintonges, etc. ;

2° Armagnacs, qui sont divisés en haut et bas armagnacs et ténesse ;

3° Les montpelliers, les rhums ou alcools de mélasse ;

4° Toutes les liqueurs sucrées donnent par fermentation de l'alcool plus ou moins souillé, les huiles essentielles ou autres substances odorantes contenues dans les liquides sucrés qui les ont fournis ; aussi désigne-t-on ces alcools sous les noms spécifiques d'eaux-de-vie de vin, de grains, de genièvre, de betterave, etc.

L'alcool de vin, plus ou moins concentré, est le seul qui soit employé en médecine, quoiqu'il soit possible là, comme en industrie, de lui substituer les alcools de graines, de fécule ou de betterave.

Les vins blancs et le vinaigre sont les véhicules des préparations pharmaceutiques que l'on désigne sous les noms de vins et vinaigres médicinaux, et de teintures alcooliques ou *alcoolés*, *œnolés* et *acétolés*. Toutes ces préparations prennent les noms d'*alcoolatures* et d'*acétolatures* lorsqu'elles sont faites avec les plantes fraîches, et d'*alcoolats* et d'*acétolats* si elles sont obtenues par distillation.

La crème de tartre ou bitartrate de potasse $= C^8H^4O^{10}KOHO$ est le produit de la purification du tartre brut des tonneaux. Au moyen de l'argile, elle est très-employée en médecine et en industrie. La crème de tartre soluble, ou tartrate borico-potassique, est de la crème de tartre dans laquelle l'équivalent d'eau est remplacé par un équivalent d'acide borique $= C^8H^4O^{10}KOBO^3$.

L'acide tartrique que l'on extrait du tartre est un acide bibasique qui peut donner naissance à la série des sels suivants :

1°	Acide tartrique	$C^8H^4O^{10}$ 2 HO
2°	Tartrate neutre	$C^8H^4O^{10}$ 2 MO
3°	Tartrate acide	$C^8H^4O^{10}$ MO HO
4°	Tartrate double	$C^8H^4O^{10}$ MO M'O
5°	Tartrate double (émétique)	$C^8H^8O^{10}$ MO, M^2O^3.

M étant dans ces formules un métal quelconque, on peut obtenir des combinaisons dans lesquelles les acides corrénique ou autominique remplacent un équivalent d'eau.

L'acide tartrique se présente sous deux modifications qui sont également disymétriques, et ont sur la lumière polarisée des actions égales et inverses. L'une de ces modifications est hémiédrique droite, et dévie vers la droite la lumière polarisée : on l'appelle *acide tartrique droit* ou *acide œnhodiémique;* la seconde est hémiédrique à gauche, et dévie vers la gauche le plan de polarisation des rayons lumineux : on la nomme *acide tartrique gauche,* ou acide *levo-racémique.* Ces deux modifications de l'acide tartrique ont la même composition.

L'acide tartrique du commerce cristallise en prismes rhomboïdaux obliques, terminés par des sommets dièdres; il est soluble dans l'eau, et dévie vers la droite le plan de polarisation des rayons lumineux; il précipite l'eau de chaux, mais il ne précipite pas les sels de chaux à acide minéral.

Usages. — Les feuilles de vigne sont regardées comme astringentes; on les emploie dans la diarrhée chronique, les hémorrhagies passives, la ménorrhagie, les épistaxis. On fait un extrait astringent avec les bourgeons.

La sève a joui autrefois d'une grande réputation contre les dartres, les ophthalmies; elle n'est plus employée.

Les raisins mûrs sont rafraîchissants et laxatifs; on les emploie dans un grand nombre de maladies. La *cure par le raisin* est appliquée depuis quelques années avec succès en Allemagne et ailleurs contre un grand nombre d'affections chroniques, et entre autres contre celles des voies digestives. Cette cure consiste à se nourrir exclusivement de raisins pendant quinze jours ou trois semaines, et à les manger autant que possible sur pied.

Les bains de marc de raisin ont été employés autrefois contre les maladies articulaires, contre les rhumatismes, etc.

Les pepins contiennent environ 20 pour 100 d'une huile verte que l'on a préconisée contre les douleurs.

Les différentes espèces de vin sont employées journellement en médecine, *intus et extra*. Il nous est impossible d'énumérer tous les cas dans lesquels ils peuvent recevoir d'utiles applications. Contentons-nous de dire que les vins blancs sont stimulants et diurétiques, les vins rouges toniques, astringents, et les vins de liqueur, toniques, stimulants. Les injections et les lotions de vin rouge ont été employées souvent avec succès. On administre quelquefois ce vin en lavements. L'infusion de roses vineuses était autrefois très-employée en injections dans les cavités closes, pour déterminer l'inflammation adhésive.

L'alcool est un stimulant diffusible que l'on emploie souvent en lotions, injections et à l'intérieur; il sert de véhicule aux alcoolés, alcoolats et alcoolatures; c'est un dissolvant précieux pour le pharmacien et pour le chimiste. On l'emploie seul ou avec l'eau camphrée Trichon contre les douleurs. Le rhum, la bonne eau-de-vie, les vins généreux sont administrés fréquemment contre le choléra et dans tous les cas où il s'agira de stimuler fortement l'organisme. Dans ces derniers temps, un grand nombre de phlegmasies ont été traitées au moyen de l'alcool, et M. Tripier a traité la phthisie par l'eau-de-vie à haute dose. Les bains locaux vineux, les frictions, les cataplasmes au vin sont utiles comme antiseptiques. Les frictions d'eau-de-vie sont prescrites par M. Bouvier comme toniques et dérivatives dans les déviations de la taille, le mal de Pott, etc.

L'acide acétique concentré, appliqué sur la peau, détermine une prompte vésication et même une vive cautérisation. On le fait respirer seul ou associé à des essences, dans le cas de lymphatisme, de syncopes, etc. Plus ou moins étendu, il sert à détruire les bourgeons charnus, les végétations syphilitiques, les verrues, etc.

Le vinaigre de vin étendu d'eau est un excellent rafraîchissant, et un tempérant précieux dans les maladies inflammatoires, les fièvres muqueuses et adynamiques, les hémorrhagies. On l'a employé contre la gale. *L'Oxycrat*, souvent employé en tisane, est un mélange d'eau et de vinaigre.

L'acide tartrique sert à préparer le sirop tartrique, seule forme sous laquelle on l'emploie en médecine. Ce sirop est la base de limonades que l'on prescrit dans tous les cas où l'on fait usage de l'eau vinaigrée. L'acide tartrique, avec le bicarbonate de soude, entre dans la potion antiémétique de Rivière.

La Crème de tartre ou bitartrate de potasse est laxative. Elle est rarement employée en raison de son peu de solubilité dans l'eau. On préfère employer la crème de tartre soluble ou *Tartrate borico-potassique*, à la dose de 15 à 40 grammes pour un litre d'eau.

Les usages domestiques des produits de la vigne seraient trop longs à énumérer. Nous en avons déjà indiqué plusieurs.

Avec le *verjus*, qui n'a pas cessé d'être employé dans l'art culinaire, on préparait autrefois un sirop. Le *vin cuit*, dont nous avons parlé, peut être d'une grande ressource pour les ménages. Si au lieu de faire évaporer le jus saturé, on le fait cuire avec divers fruits ou racines, tels que pommes, poires, melons, carottes, betteraves et surtout coings, on obtient l'espèce de marmelade connue sous le nom de *raisiné*.

Les raisins secs, particulièrement ceux de Maroc, macérés dans l'eau, donnent une boisson agréable que l'on fait fermenter et qui peut remplacer le vin dans les années de disette.

VIOLETTE

Viola odorata et canina L., etc.
(Violariées.)

La Violette odorante (*V. odorata* L.), vulgairement appelée Violette de Mars, est une plante vivace, à rhizome rampant, noueux, rameux, blanchâtre, muni de nombreuses radicelles fibreuses et chevelues. Les feuilles, toutes radicales ou naissant sur des stolons radicaux très-longs, croissent par touffes ; elles sont accompagnées de stipules ovales ou lancéolées, entières, ciliées, et se composent d'un pétiole très-long, canaliculé en dessus, et d'un limbe ovale, arrondi, profondément cordé ou réniforme, aigu, crénelé, pubescent, d'un vert foncé. Les fleurs, violettes ou d'un bleu pourpré, plus rarement blanches, très-odorantes, sont solitaires à l'extrémité de pédoncules axillaires ou radicaux, longs de 0^m,10 à 0^m,20. Elles présentent un calice à cinq sépales prolongés au-dessous de leur insertion, persistants ; une corolle irrégulière, à cinq pétales inégaux, libres, marcescents, l'inférieur prolongé en éperon au-dessous de son insertion ; cinq étamines incluses, à filets très-courts, élargis, libres, à anthères conniventes, terminées au sommet par un appendice membraneux, les deux inférieures ayant leur connectif prolongé à sa base en un appendice charnu logé dans la cavité de l'éperon ; un ovaire à une seule loge multiovulée, surmonté d'un style simple terminé par un stigmate en bec aigu. Le fruit est une capsule globuleuse, velue, uniloculaire, polysperme (Pl. 49).

La Violette canine (*V. canina* L.) est également vivace ; elle se distingue de la précédente par sa souche rameuse, dépourvue de stolons, à ramifications terminées par des tiges florifères hautes de 0^m,15 à 0^m,30, ascendantes, rameuses ; ses fleurs inodores, violettes, à éperon blanchâtre ; ses capsules ovoïdes-oblongues et glabres.

Nous avons consacré un article à la Pensée sauvage (*Viola arvensis* L.; *V. tricolor* Bbrst) (voir page 40 de ce volume).

Habitat. — La violette odorante est très-répandue en Europe. Elle croît dans les bois, les buissons, les haies, les lieux herbeux et ombragés ; on la cultive fréquemment en bordure dans les jardins. La violette canine habite les bruyères, la lisière des bois, les pelouses sablonneuses.

Citons aussi les Violettes à éperon (*V. calcarata* L.), des Alpes ; blanche (*V. alba* Besser); toujours en fleur (*V. semperflorens* Hort.) ; suave (*V. suavis* Bbrst.), indigènes de l'Europe. L'Amérique possède les Violettes à tige courte (*V. brevicaulis* Mart.; *V. decumbens* Gmel.), du Brésil ; clandestine (*V. clandestina* Pursh), de Pensylvanie ; pédiaire ou Pensée d'Amérique (*V. pedata* L.) des États-Unis); à feuilles de Polygale (*V. polygalæfolia* Poiret), des Antilles ; à feuilles d'Orties (*V. urticæfolium* Mart.), du Brésil ; diandre (*V. diandra* L.), de Cayenne. Au Malabar se trouve la Violette à neuf semences (*V. ennensperma* L.).

Parties usitées. — Les rhizomes, vulgairement racines, les feuilles, les fleurs et les fruits.

Récolte. — Les rhizomes de violette doivent être récoltés à l'automne ; on les débarrasse de la terre et on les fait sécher ; les feuilles, rarement employées, sont cueillies en juin et juillet ; les fruits, peu usités aussi, doivent être récoltés un peu avant leur déhiscence ; les fleurs doivent être cueillies le matin, en mars, par un temps sec. On doit préférer à toutes les espèces, la violette odorante des bois ; c'est cependant le plus souvent de la plante cultivée dont on fait usage. Cette culture se fait en grand aux environs de Paris et de Toulouse. Souvent on trouve mélangées à la violette du commerce les fleurs de violettes à éperon, de violettes canines, de violettes tricolores, etc.; on y a même trouvé des fleurs de Mauve et de Vipérine. Les fleurs de violettes sont le plus souvent séchées entières; quelquefois cependant on les monde de leur calice et de leur onglet; dans tous les cas, l'opération doit être faite promptement et avec le plus grand soin; il faut, de plus, d'après le conseil de M. Save, les enfermer, sèches et chaudes, dans des flacons bien bouchés que l'on maintient à l'étuve; puis on goudronne et on conserve à l'abri de la lumière et de l'humidité.

Composition chimique. — Tout le monde connaît l'odeur douce et suave de la violette; son parfum, assez fugace, ne peut pas être obtenu par distillation, mais on peut l'obtenir à l'aide d'un des procédés dont nous avons parlé ailleurs (*Voyez* RÉSÉDA, t. III, p. 203). En parfumerie commune et en confiserie, on imite l'odeur de la violette avec le rhizome de l'Iris.

M. Boullay a extrait des différentes parties de la violette, et surtout des rhizomes, une substance qu'il a nommée *émétine indigène* ou *violine*: c'est une poudre blanche, âcre, nauséeuse, peu soluble dans l'eau, soluble dans l'alcool, insoluble dans l'éther, les huiles fines et volatiles; elle se combine avec les acides; elle existe dans la plante à l'état de *malate*; elle est analogue, sinon identique, à l'*émétine* de l'Ipécacuanha.

M. Paretti a trouvé dans les fleurs de violettes deux acides, l'un rouge et l'autre blanc; il y a trouvé en outre du sucre, de la cire, de la chaux, du fer. La matière colorante de la violette rougit par les acides les plus faibles; elle est verdie par les alcalis.

Usages. — Dioscoride et d'autres auteurs ont dit que les émanations de la violette étaient utiles dans l'épilepsie, et Baglivi affirme qu'elles sont efficaces dans les affections nerveuses et convulsives. Les fleurs, sous forme de sirop ou d'infusion, sont employées journellement comme béchiques, émollientes et diaphorétiques; on les prescrit dans un très-grand nombre de maladies. Les feuilles ont été employées en lavements contre les irritations intestinales, et en cataplasmes comme maturatives. Linné et Hoffmann regardaient la violette comme vomitive. Bichat en faisait préparer une émulsion pour les enfants. Ray et Schrœder employaient la même préparation comme purgative. Enfin, le rhizome de violette est regardé comme le meilleur succédané de l'Ipécacuanha. Les expériences de Bretonneau nous ont appris que lorsqu'on appliquait la poudre de ce rhizome sur les muqueuses ou sur la peau dénudée, elle donnait lieu aux mêmes accidents d'inflammation que la poudre d'Ipécacuanha. C'est surtout comme éméto-cathartique que, depuis Coste et Willemet, on en a fait usage. Dans tous les cas, on administre cette poudre dans les mêmes circonstances que l'Ipécacuanha ; seulement on en élève un peu la dose. Les rhizomes de toutes les variétés du genre *Viola* paraissent jouir de propriétés identiques.

En Pensylvanie, les Indiens se servent de la violette clandestine pour la guérison des plaies. Le rhizome de la violette à feuilles de *Polygala* est usité aux Antilles comme émétique ; il en est de même, au Brésil, des Violettes à feuilles d'Orties et à tige courte, etc. Au Malabar, le rhizome de la violette à neuf semences est également tenu pour émétique.

La violette est surtout employée par les médecins homœopathes ; ils préfèrent les fleurs doubles, avec lesquelles ils préparent une teinture mère. Le signe est *Avo. o* et l'abréviation *Viola. od.*

On connaît les usages de la violette dans la parfumerie. Ses fleurs servent aussi à teindre l'eau-de-vie et les sucreries.

VIORNE

Viburnum Lantana et *Opulus* L., etc.
(Caprifoliacées-Sambucées.)

La Viorne cotonneuse (*V. Lantana* L.), vulgairement nommée Mancienne, Mantanne, Bardeau, etc., est un arbrisseau à rameaux flexibles, couverts d'une écorce grisâtre, pubescents et pulvérulents au sommet, portant des feuilles opposées, pétiolées, ovales ou oblongues, dentées, tomenteuses en dessous, à nervures saillantes. Les fleurs, blanches, sont disposées en corymbes rameux, terminaux, planes, à pédoncules cotonneux. Elles présentent un calice à tube adhérent, à limbe divisé en cinq lobes très-petits ; une corolle rotacée, à cinq divisions ; cinq étamines, insérées sur le tube de la corolle ; un ovaire infère, à trois loges uniovulées, surmonté de trois stigmates sessiles. Le fruit est une drupe comprimée, d'abord rouge vif, puis noire, uniloculaire et monosperme par avortement, couronnée par le limbe persistant du calice.

La Viorne Obier (*V. Opulus* L.), vulgairement Obier ou Aubier, Caillebot, Sureau des marais, etc., est un arbrisseau à rameaux cassants, glabres, couverts d'une écorce gris cendré, portant des feuilles opposées, à pétiole glanduleux, muni de stipules linéaires ou découpées, à limbe palmé, profondément divisé en trois lobes sinués dentés, glabre en dessus, blanchâtre et pubescent en dessous. Les fleurs sont blanches et groupées en corymbe faux, celles du centre fertiles à corolle campanulée-rotacée, celles de la circonférence stériles rayonnantes à corolle rotacée très-ample. Les fruits sont des baies globuleuses, d'un rouge vif.

Cette espèce présente une variété stérile (*V. roseum* L.), connue sous le nom de Boule de neige et de Rose de Gueldre, à fleurs toutes stériles, rotacées, en corymbe serré globuleux.

La Viorne-Tin (*V. Tinus* L.), vulgairement Laurier-Tin ou Lauretin, se reconnaît à ses feuilles persistantes, à ses fleurs un peu rosées et à ses fruits noir bleuâtre.

Habitat. — Ces arbrisseaux sont très-répandus en Europe; on les trouve dans les bois et dans les haies. Ils sont fréquemment cultivés, les derniers surtout, dans les jardins d'agrément.

Citons encore la Viorne de la Caroline (*V. carsinoïde* L.) ou Thé de la Caroline; et la Viorne du Canada (*V. canadensis*; dentée (*V. dentatum* L.), de l'Amérique septentrionale.

Parties usitées. — L'écorce, les fruits.

Récolte. — L'écorce, rarement employée, peut être récoltée pendant toute l'année; les fruits sont cueillis à leur maturité.

Composition chimique. — L'écorce des viornes renferme un principe âcre qui peut produire la vésication; elle contient une substance visqueuse, épaisse, gluante; aussi s'en sert-on, ainsi que des jeunes rameaux, pour fabriquer de la glu (Bulliard, *Plant. vén.*, p. 376). Les fruits renferment un acide qu'on avait d'abord appelé *viburnique*, mais qui a dû prendre celui de *valérianique*, depuis que l'on a reconnu son identité avec celui que l'on extrait de la Valériane qui dérive de l'alcool de pomme de terre, et que l'on trouve également dans la graisse de marsouin ou de phoque. Sa formule est $= C^{10}H^9O^3HO$, ou $C^{10}H^{10}O^4$, de sorte que les acides nommés tour à tour acides *valérianique, viburnique, amylique* et *phocénique* constituent un seul et même acide.

Usages. — Les feuilles et les baies des viornes passent pour être astringentes et anti-dysentériques. Les Russes mangent les fruits, que l'on emploie aussi en gargarismes. On mange les baies de la Viorne-Obier en Sibérie. On dit que les baies de la Viorne-Tin sont purgatives ; néanmoins elles sont inusitées (*Encyclopédie botanique,* t. VIII, p. 551); celles de la Viorne à larges feuilles (*V. latifolium* H. par.) sont purgatives, quoiqu'on ne les emploie pas. Les fruits de la viorne du Canada servent, en Suisse, à faire de l'encre; les feuilles teignent en jaune paille la laine alunée ; les branches, très-flexibles, servent à faire des liens solides. L'infusion des feuilles de la viorne de la Caroline passe pour fort agréable; aussi l'a-t-on nommée Thé de la Caroline. Les naturels se servent des jeunes rameaux de cette plante pour faire des flèches.

VIPÉRINE

Echium vulgare L. *E. violaceum* With. (non Linné), etc.
(Borraginées-Borragées.)

La Vipérine commune, appelée aussi Herbe aux vipères, est une plante bisannuelle, à racine fusiforme, simple, très-longue, épaisse, brunâtre, pivotante. La tige, haute de $0^m,35$ à $0^m,65$, cylindrique, ferme, rude, simple, dressée, verte, hérissée de poils blancs, longs, raides, presque piquants, insérés sur des tubercules noirâtres, porte des feuilles alternes, sessiles, étroites, longues, lancéolées ou linéaires, entières, d'un vert foncé, couvertes de poils raides et piquants ; les radicales plus grandes, oblongues-lancéolées, atténuées à la base et étalées en rosette. Les fleurs, bleu violacé, plus rarement roses ou blanches, presque sessiles, sont disposées en grappes axillaires simples, feuillées, dont l'ensemble constitue une grande panicule terminale. Elles présentent un calice à cinq divisions longues, étroites, aiguës, hérissées de longs poils blancs; une corolle à tube assez court, évasé, à gorge nue, à limbe oblique, presque bilabié, divisé en cinq lobes inégaux ; cinq étamines saillantes, à filets très-longs, inégaux, arqués, à anthères allongées; un pistil composé de quatre carpelles libres, uniovulés, surmontés d'un style filiforme, saillant, terminé par un stigmate bifide. Le fruit se compose de quatre akènes arrondis, acuminés, rugueux, situés au fond du calice persistant.

Ce genre renferme encore un grand nombre d'espèces, parmi lesquelles on remarque les Vipérines blanchâtre (*E. candicans* Jacq.);

violette (*E. violaceum* L.); pyramidale (*E. pyramidale* Lapeyr., *E. asperrimum* Lamk); à feuilles de Plantain (*E. plantagineum* L.); à feuilles de Cynoglosse (*E. cynoglossoïdes* Desf.); à grandes fleurs (*E. grandiflorum* Andr., *E. formosum* Pers.); rouge (*E. creticum* Pallas, *E. italicum* Gmel.; *E. rubrum* L.), dont la racine passe pour être l'*Orcanette d'Orient,* qu'il ne faut pas confondre avec la véritable Orcanette ou Alkanna (voir au mot ORCANETTE, t. II, p. 462), laquelle est produite par le *Lithospermum* L. (*Anchusa tinctoria* Desf.; *Alkanna tinctoria* Tausch).

HABITAT. — Les vipérines commune, violette, rouge, pyramidale, sont très-abondamment répandues en Europe ; elles croissent dans les lieux incultes, au bord des chemins, sur les côteaux pierreux, etc. Les autres espèces citées sont originaires des îles Canaries, du cap de Bonne-Espérance et du Brésil. Ces plantes ne sont cultivées que dans les jardins botaniques ou d'agrément.

PARTIES USITÉES. — Les feuilles, les fleurs, la racine.

RÉCOLTE. — Les feuilles doivent être choisies avant la floraison, comme nous l'avons dit pour la Bourrache ; elles sont alors mucilagineuses et émollientes ; plus tard, lorsque la plante est en fleurs, les feuilles abondent en principe amer extractif et elles sont plus spécialement toniques et amères, tandis qu'à la maturité des fruits, elles jouissent de propriétés diurétiques très-prononcées. Les fleurs doivent être cueillies bien ouvertes, le matin, lorsque la rosée est dissipée ; par la dessiccation elles conservent beaucoup mieux leur couleur bleue que celles de la Bourrache ; aussi sont-elles souvent vendues à leur place ; néanmoins on les distingue facilement à leur forme tubulaire et à l'absence d'appendices à la gorge de la corolle.

COMPOSITION CHIMIQUE. — Les différentes parties de la vipérine sont, comme nous venons de le dire, successivement émollientes, riches en extractif amer et en nitrate de potasse ; sous le rapport de leur composition comme sous celui de leurs propriétés, elles sont tout à fait comparables à la Bourrache et à la Buglosse dont nous avons parlé (voir ces mots, tome I de la *Flore médicale,* p. 194 et 203).

USAGES. — Le nom de Vipérine donné à la plante qui nous occupe vient, dit-on, de εχις, vipère, à cause de la ressemblance prétendue de ses fruits avec une tête de vipère, ce qui est bien loin d'être exact. Pour quelques auteurs, elle porte ce nom pour une triple cause, d'abord pour la forme de ses fruits, pour les taches blanches

de ses feuilles et pour la propriété qu'on lui a attribuée, sans doute
en raison du superstitieux principe des signatures si en vogue au
moyen âge, de guérir les morsures de ce reptile. Sa racine a été
autrefois administrée dans du vin contre l'épilepsie. Elle n'est plus
usitée. Dans ce cas, les feuilles et les sommités des vipérines passent
pour émollientes et béchiques. Au Brésil, on emploie la vipérine
à feuilles de plantain comme la Bourrache. La racine de la plupart
des vipérines teint en rouge. La couleur que contient celle de la
vipérine pyramidale est employée comme fard.

XANTHIE

Xanthium strumarium et spinosum L., etc.
(Ambrosiacées.)

La Xanthie commune (*X. strumarium* L., *X. vulgaris* Lamk), appelée aussi Lampourde, Petit Glouteron, Petite Bardane, Herbe aux écrouelles, etc., est une plante annuelle, dont la tige, haute de 0ᵐ,40 à 0ᵐ,80, anguleuse, robuste, dressée, rameuse, porte des feuilles alternes, pétiolées, presque cordiformes, scabres, blanchâtres en dessous, les inférieures à trois lobes dentés. Les fleurs, vertes, sont groupées en capitules rapprochés en épis courts, axillaires, les supérieures mâles, les inférieures femelles. Les capitules mâles sont entourés d'un involucre arrondi, à folioles libres disposées sur un seul rang; le réceptacle est cylindrique, muni de paillettes, et porte des fleurs à corolle tubuleuse-claviforme, renfermant cinq étamines à anthères libres et un pistil rudimentaire. Les capitules femelles ont un involucre ovoïde, à folioles imbriquées, soudées en une enveloppe capsulaire, épineuse, renfermant deux fleurs à calice monosépale, membraneux, adhérent, à corolle tubuleuse-filiforme, à ovaire infère, uniovulé, surmonté d'un style filiforme terminé par un stigmate bifide. Le fruit se compose de l'involucre capsulaire devenu ligneux, très-épineux, terminé par deux becs coniques et divisé en deux loges qui renferment chacune un akène comprimé.

La Xanthie épineuse (*X. spinosum* L.) est aussi annuelle; elle se distingue de la précédente par sa taille un peu plus petite ; sa tige armée de longues épines jaunes, tripartites, situées, comme des stipules, de chaque côté de l'insertion des feuilles, qui sont divisées en trois lobes, le médian lancéolé très-long, et dont la face inférieure est blanche et cotonneuse.

Habitat. — Ces plantes croissent dans les régions centrales et méridionales de l'Europe. On les trouve dans les lieux humides, les décombres, au bord des chemins et des fossés, etc.

Une autre espèce de ce genre, la Xanthie cathartique (*X. catharticum* K.), est propre à l'Amérique méridionale.

Parties usitées. — Les racines, les feuilles.

Récolte. — Les racines se récoltent à l'automne, les feuilles pendant la floraison.

Composition chimique. — Les xanthies, commune et épineuse, sont inodores; leur saveur est amère, un peu âcre; les racines renferment une matière colorante jaune, d'où leur est venu leur nom générique de ξανθός, jaune.

Usages. — Le nom de *Xanthium* vient de ce que les Grecs et les Romains employaient cette plante pour teindre les cheveux en jaune. Le surnom de *strumarium* donné à la lampourde ou xanthie vulgaire vient de la propriété que l'on attribuait à cette plante de guérir les scrofules. C'est pour la même cause qu'on l'a appelée Herbe aux écrouelles. Dioscoride dit qu'on employait aussi la xanthie contre la gale. Les feuilles ont été usitées comme amères, astringentes dans les maladies de la peau. Aujourd'hui la xanthie vulgaire n'est plus usitée. Au Pérou, on se sert, sous le nom de *Cazema Roncha*, comme purgatif, de la xanthie cathartique (H. B., K., *Nova gen. et spec.*, t. IV, p. 275).

XANTHORHIZE

Xanthorhiza aplifolia l'Hérit. *X. tinctoria* Woods.
(Renonculacées - Pœoniées.)

La Xanthorhize à feuilles de Persil est un arbuste à racines jaunes, rameuses. La tige, haute de 0ᵐ,80 à 1 mètre, cylindrique, jaunâtre, se divise en rameaux pourpre brunâtre, portant des feuilles alternes, pétiolées, pennatiséquées, à segments peu nombreux, ovales, acuminés, incisés-dentés. Les fleurs, d'un pourpre brun, souvent unisexuelles par avortement, sont groupées en panicules lâches, pendantes. Elles présentent un calice à cinq sépales égaux, pétaloïdes; une corolle à cinq pétales hypogynes, glanduliformes, stipités, tronqués, bilobés; cinq à dix étamines libres, à anthères oblongues; un pistil composé de cinq à dix carpelles pluriovulés, surmontés chacun d'un style court. Le fruit se compose de cinq à dix follicules sessiles, comprimés, monospermes par avortement et surmontés du style persistant.

Habitat. — Cette plante croît dans l'Amérique du Nord, particulièrement dans la Géorgie, la Caroline et la Virginie; on la trouve sur les bords ombragés des rivières. Elle est cultivée quelquefois dans nos jardins d'agrément, où elle croît en plein air et se multiplie d'éclats de pieds.

PARTIES USITÉES. — Les feuilles, les racines.

RÉCOLTE. — La racine de xanthorhize à feuilles de persil nous vient de l'Amérique du Nord; on commence à la trouver dans le commerce de la droguerie, spécialement en Angleterre.

COMPOSITION CHIMIQUE. — Cette plante tire son nom de la couleur jaune de ses racines, ξανθός, jaune, et ρίζα, racine. La racine et le bois renferment une matière colorante jaune, amère, peu âcre; elle contient une matière résineuse. M. Perrens en a extrait de la *berbérine*, principe amer déjà trouvé dans plusieurs plantes des familles des Berbéridées, des Ménispermées, des Anonacées, des Renonculacées.

USAGES. — La racine des Xanthorhizes est un tonique amer très-puissant, se rapprochant du *Quassia amara*. En Amérique, on l'emploie dans les mêmes cas que les bois amers (*Quassia amara*, *Simaruba*, etc., voir pages 154 et 304 de ce volume).

XYLOPIE

Xylopia sericea St-Hil. *Anoxa carminativa* Aund., et *X. glabra* L., *frutescens* Aubl., etc.
(Anonacées-Xylopiées.)

La Xylopie soyeuse est un arbre, dont la tige, haute de 7 à 8 mètres, se divise en rameaux couverts d'un duvet roussâtre, et portant des feuilles alternes, à pétioles courts et articulés à la base, à limbe lancéolé, aigu, entier, glabre et lisse en dessus, soyeux en dessous. Les fleurs, groupées par trois sur des pédoncules courts, présentent un calice cupuliforme, caduc, à trois divisions; une corolle à six pétales oblongs-linéaires, concaves à la base, alternant sur deux rangs, les intérieurs plus petits; des étamines nombreuses, claviformes, à filets très-courts; un pistil composé d'ovaires nombreux, libres, sessiles, uniloculaires, pluriovulés, surmontés chacun d'un style terminé par un stigmate aigu. Le fruit se compose de baies presque sèches, ovoïdes, un peu comprimées, glabres, lisses, renfermant deux à quatre graines oblongues.

La Xylopie glabre (*X. glabra* L.) est un arbre de 10 à 15 mètres, à rameaux glabres, portant des feuilles alternes, brièvement pétiolées, ovales, oblongues, entières, luisantes, glabres sur les deux faces.

Les fleurs, solitaires à l'extrémité de pédoncules axillaires, ont un calice petit ; une corolle à pétales linéaires. Les fruits sont des baies sèches, glabres.

La Xylopie frutescente (*X. frutescens* Aubl., *X. setosa* Poir.) est un arbrisseau de 2 mètres au plus, à écorce lisse et cendrée, divisé en rameaux distiques, grêles, effilés, velus, qui portent des feuilles alternes, sessiles, ovales–lancéolées, étroites, allongées, aiguës, lisses, vert clair en dessus, cendrées en dessous. Les fleurs ont un calice velu ; une corolle à six pétales, les extérieurs épais, velus, les intérieurs plus petits. Le fruit est une baie sèche, rougeâtre, glabre, contenant deux graines.

Nous citerons encore la Xylopie à grandes fleurs (*X. grandiflora* A. S. H.), et la Xylopie à feuilles longues (*X. longifolia* A. D. C.)

HABITAT. — Les xylopies croissent dans les régions centrales de l'Amérique, depuis les Antilles jusqu'au Brésil. On les trouve sur les montagnes, dans les bois, les savanes, etc.

PARTIES USITÉES. — Les bois, les écorces, les fruits.

RÉCOLTE. — On récolte les fruits des xylopies à leur maturité ; on ne les emploie que sur les lieux de production.

COMPOSITION CHIMIQUE. — Le bois de ces arbres est extrêmement amer : c'est ce qui les a fait appeler par P. Browne *Xylopicron*, dont le nom de *Xylopia* est un dérivé et une abréviation. Les fruits sont aromatiques très-àcres et poivrés. Les différentes parties des Xylopies ont aussi un goût àcre et aromatique, dû à une huile essentielle.

USAGES. — Les différentes parties des xylopies sont amères, toniques et stimulantes.

Les fruits de la xylopie soyeuse sont très-aromatiques et ont l'odeur du poivre ; on pourait s'en servir comme condiment. L'écorce de l'arbre sert pour faire des, liens, des câbles et des cordages.

Les fruits de la xylopie glabre sont amers et stomachiques ; on en fait des macérations amères. La décoction du bois est employée contre la colique. Les pigeons qui mangent les fruits de cet arbre ont une chair amère qui les fait rechercher. Le bois est également très-amer ; il n'est jamais attaqué par les insectes ; les marchandises que l'on renferme dans des caisses faites avec ce bois prennent rapidement la saveur amère ; on le conseille pour faire des cases destinées à conserver les collections d'insectes.

Les Nègres emploient les fruits de la xylopie frutescente en guise de poivre. Les graines sont stomachiques et digestives. D'après Guillaume Pison (*Historia naturalis Brasiliæ*, 1648), on les applique sur les morsures des serpents. L'écorce est aromatique et piquante. Avec les fibres de cette écorce, on fait des cordages.

Les fruits de la xylopie à grandes fleurs sont usités comme carminatifs au Brésil; on les associe aux fébrifuges. On les cueille avant leur maturité, et on les pulvérise pour les employer comme condiments.

Les fruits de la xylopie à longues feuilles, espèce des bords de l'Orénoque, sont aussi regardés et employés comme un bon fébrifuge.

Du reste, la plupart des xylopies ont des qualités analogues.

Les *Xylopia acuminata* Don et *X. minorides* Don, ont des semences noires et fétides. Cette fétidité est due à l'abondance d'une huile essentielle qui leur donne des propriétés stimulantes très-prononcées.

ZÉDOAIRE

Kaempferia rotunda et *longa* L.
(Amomées.)

La Zédoaire ronde ou officinale, vulgairement Herbe à Kæmpfer, Herbe au mal d'estomac, est une plante vivace, à rhizome charnu, blanchâtre ; la tige, haute de $0^m,35$ à $0^m,65$, porte des feuilles longues d'environ $0^m,15$ sur $0^m,05$ de largeur, dressées, lancéolées, entières, vertes en dessus, pourpres en dessous. Les fleurs, qui paraissent avant les feuilles, sont très-grandes, blanches, mêlées de violet pâle, entourées chacune d'une bractée spathiforme tubuleuse, mince et pétaloïde, et réunies au nombre de quatre ou six dans une spathe radicale. Elles présentent un périanthe pétaloïde, gamosépale, irrégulier, à tube long et grêle, à limbe partagé en six divisions disposées sur deux rangs, les trois extérieures linéaires-aiguës et au moins aussi longues que le tube, les trois intérieures plus larges, inégales et formant comme deux lèvres, la supérieure formée des deux divisions les plus étroites, ovales, aiguës et redressées, l'inférieure formée de la troisième division, qui est deux fois plus large, recourbée et profondément bifide ; une étamine à filet court, épais, inséré au sommet du tube du calice, à anthère surmontée d'un appendice pétaloïde, bifide ; un ovaire infère, à trois loges pluriovulées, surmonté d'un style grêle, filiforme, terminé par un stigmate en entonnoir, à bords ciliés. Le fruit est une capsule globuleuse, à trois loges polyspermes, s'ouvrant en trois valves (Pl. 50).

On a désigné aussi sous le nom de Zédoaire plusieurs plantes plus ou moins voisines de la précédente, notamment le *Kæmpferia longa* L., l'*Amomum Zedoaria* W., le *Curcuma Zedoaria* Roxb., le *Zingiber xanthorhizon* Roxb., etc.

Habitat. — La zédoaire croît dans les régions chaudes de l'Hindoustan et de la Chine. On ne la voit, en Europe, que dans les jardins botaniques, où elle exige la serre chaude.

Parties usitées. — Les rhizomes, improprement appelés racines.

Récolte. — Les zédoaires, longue et ronde, sont fournies par la même plante. Quelquefois aussi on trouve aussi dans le commerce une zédoaire jaune.

La zédoaire longue est un peu moins grosse et moins longue que le petit doigt ; elle est grisâtre, ridée, cornée à l'intérieur, d'une saveur amère, camphrée, d'une odeur aromatique, rappelant celle du gingembre, auquel elle ressemble un peu ; mais celui-ci est palmé, articulé, aplati, tandis que la zédoaire longue est formée d'un seul morceau, non divisé, non aplati, comprimé en différents sens.

La zédoaire ronde est de la grosseur d'un œuf de pigeon, coupée par quartiers, portant à sa surface courbe des pointes épineuses, marquées d'anneaux circulaires, portant sur un des points de leur circonférence une cicatrice ronde de 0ᵐ,009 à 0ᵐ,011, provenant de la section d'un prolongement cylindrique qui unissait les deux tubercules entre eux ; elle est bleue, grisâtre au dehors, compacte, grise, cornée à l'intérieur, amère et camphrée ; son odeur, quoique plus faible, est analogue à celle de la zédoaire longue.

La zédoaire jaune est peu connue : on la trouve quelquefois mêlée à la ronde, à laquelle elle ressemble ; elle s'en distingue toutefois par sa couleur jaune, par son odeur et sa saveur, qui tiennent à la fois de celle du Curcuma et de la zédoaire proprement dite ; elle s'écarte du curcuma rond par son volume plus grand, sa surface anguleuse, sa couleur plus blanche à l'extérieur, moins jaune à l'intérieur. On a aussi donné le nom de zédoaire jaune au *Zingiber Cassumunar* Roxb.

Composition chimique. — Comme les autres rhizomes d'Amomées, la zédoaire contient une résine molle, une huile volatile, concrète (camphre?), une matière extractive, de la gomme, de l'amidon, une matière azotée ; on en retire une fécule plus estimée, par les Hindous, que celle de l'arrow-root.

Usages. — La zédoaire est considérée comme un excellent stomachique. Les Arabes la regardaient comme digestive, vermifuge, alexipharmaque et sudorifique. On l'a employée à l'intérieur contre la morsure des animaux venimeux. On en a extrait du camphre ou une matière très-analogue. La zédoaire entre dans les eaux *thériacale*, *impériale*, *générale*, *antihystérique*, les électuaires *Nicolaï*, *Philonium*, *Romanum*, l'*orvietanum Prestantius*, la *Poudre d'ambre*, la *Thériaque d'Andromaque*, le *Diascordium*, etc., et dans un grand nombre d'alcoolats composés ; elle entre aussi dans la composition de quelques liqueurs de table.

La zédoaire est aujourd'hui très-rarement employée en médecine française; cependant elle sert à préparer une teinture, et on l'administre en poudre à la dose de 4 à 8 grammes et au-dessus. La fécule de zédoaire est usitée aux Indes-Orientales, contre la diarrhée et la dysenterie.

Voir aux mots CURCUMA, t. I, p. 432; GALANGA, t. II, p. 78; GINGEMBRE, t. II, p. 75.

FIN DU TROISIÈME ET DERNIER VOLUME

DE LA FLORE MÉDICALE.

TABLE DES MATIÈRES

P

X

Z

FIN DE LA TABLE DU TROISIÈME VOLUME

DE LA FLORE MÉDICALE.

TABLE

OU

CATALOGUE ALPHABÉTIQUE DES PLANTES

DONT LA DESCRIPTION, LA CULTURE, LES USAGES SONT DONNÉS
DANS LA FLORE MÉDICALE.

(Les noms des familles sont en PETITES CAPITALES ; — les noms latins ou scientifiques
en italiques ; — les noms français ou vulgaires en romain.)

A

III.   31*

B

C

D

E

F

G

H

I

J

K

L

M

O

P

Q

R

S

T

U

V

W

X

Y

Z

FIN DU TROISIÈME ET DERNIER VOLUME DE LA FLORE MÉDICALE

DU XIXᵉ SIÈCLE.

Paris. — Imprimerie de P.-A. BOURDIER et Cᵉ, 6, rue des Poitevins.